U0463367

新时代 的伦理道德之思

《道德与文明》论文集萃

侯晓韧 主编

杨义芹 副主编

天津社会科学院出版社

图书在版编目（CIP）数据

新时代的伦理道德之思：《道德与文明》论文集萃／
侯晓韧主编；杨义芹副主编. -- 天津：天津社会科学
院出版社，2022.12
　　ISBN 978-7-5563-0867-5

Ⅰ.①新…　Ⅱ.①侯…　②杨…　Ⅲ.①伦理学 – 文集
Ⅳ.①B82-53

中国版本图书馆 CIP 数据核字（2022）第 232882 号

新时代的伦理道德之思：《道德与文明》论文集萃
XINSHIDAI DE LUNLI DAODE ZHI SI：《DAODE YU WENMING》LUNWEN JICUI

选题策划：高　潮
责任编辑：胡宇尘
责任校对：王　丽
装帧设计：高馨月
出版发行：天津社会科学院出版社
地　　址：天津市南开区迎水道 7 号
邮　　编：300191
电话/传真：（022）23360165
印　　刷：北京盛通印刷股份有限公司

开　　本：787×1092 毫米　1/16
印　　张：43
字　　数：620 千字
版　　次：2022 年 12 月第 1 版　2022 年 12 月第 1 次印刷
定　　价：128.00 元

版权所有　　翻印必究

序

以文化自信
引领中国自主伦理学知识体系建设

孙春晨

文化自信是一个民族或一个国家对自身文化价值的充分肯定,对自身文化生命力的坚定信念。一个民族和国家是否具有文化自信,对于民族的生存和国家的发展具有非常重要的意义。优秀道德文化传统是一个民族和国家文化自信的重要源泉,在人类精神世界中,道德文化传统不仅具有强大和持久的力量,被视为人类有价值和有意义生活的必要构成部分,而且任何一个社会道德文化的改造和伦理知识的创新,都是在道德文化传统的基础上完成的。道德文化传统的视界虽然带有历史性的特征,但这并不意味着道德文化传统只是简单地叙说历史上曾经发生过什么或曾经有过什么,而是由于道德文化传统对人类的现实生活具有重大的借鉴价值。多元文化时代的文化自信,不是对传统文化和价值观念的绝对认同,也不是一成不变地坚守和保存本土的"固有文化",更不是奉行"文化封闭主义",而在于确立并弘扬中华民族文化的主体性,以积极的和主动的姿态包容并蓄,批判性地吸收传统文化和价值观念的合理内核,发现其有助于推进中国式现代化进程、建立良善社会伦理秩序、培育现代人道德品性的有益成分。

以文化自信引领中国自主伦理学知识体系建设,就是要充分展示中华民族道德文化传统的智慧魅力和现代价值。中国自主伦理学知识体系扎根并生长在中华五千年文明的伦理传统之中,建设中国自主的伦理学知识体系,必须建立在文化自信的基础之上。党的二十大报告指出:"中华优秀传统文化源远流长、博大精深,是中华文明的智慧结晶,其中蕴含的天下为公、民为邦本、为政以德、革故鼎新、任人唯贤、天人合一、自强不息、厚德载物、讲信修睦、亲仁善邻等,是中国人民在长期生产生活中积累的宇宙观、天下观、社会观、道德观的重要体现,同科学社会主义价值观主张具有高度契合性。"①中华民族有着悠久而深厚的文化传统,中华道德文明绵延数千年,形成了自身独特的道德文化传统和伦理知识体系,潜移默化地影响着中国人的价值观念和行为方式,中国道德文化传统叙写了一部中华民族绵延不绝的文化生活史。以儒家思想为代表的中国道德文化传统已然成为中华民族道德生活中生生不息的文化遗传基因,是当代中国人的道德生活无法抛却或摆脱的传统纽带,是一种"活着的"、具有强大生命力的民族道德文化精神,不论过去还是现在,都是中国人日常生活中为人处世的行为准则,具有非常重要的时代意义。

中国道德文化传统作为一种历史形成的伦理知识、价值观念和行为规范,之所以能够为世代中国人所广泛接受,是因为它有着独特的道德教育和文化传播方式,将日用而不觉的共同价值观念与人们的日常生活联系起来,有效地介入了人们的日常人伦关系,成为人们处理社会伦理事务、应对道德生活冲突的基本行为规则。中国道德文化传统坚持经世致用原则,注重发挥文以化人、文以载道、文以明德的教化功能,把对个人的道德教化与社会治理和个体道德品性的培育结合起来,达到推进社会和谐友善发展的目的。因此,中国道德文化传统既是一种体现中华民族伦理精神的观念传统,并因其适应时代变迁的持久生命力而构成了当代中国道德文化发展的精神支撑;中国道德文化传统还是一种融入普通人日常道德生活和伦理交往的规范传统,它向当代社会提供了处理日常生活伦理关系和道德冲突、进行道德教育和培育公民道德品性的成功范例。

---

① 习近平:《高举中国特色社会主义伟大旗帜 为全面建设社会主义现代化国家而团结奋斗——在中国共产党第二十次全国代表大会上的报告》,《光明日报》2022年10月26日。

以文化自信引领中国自主伦理学知识体系建设,必须采取包容并蓄和开放融合的态度。树立道德文化自信既要保持"大国风范",也要有"开放格局";既要立足中华民族的道德文化传统,也要与世界道德文化交流和共享。在多元文化并存的全球化时代,一个民族的文化总是在"涵化"的过程中发展的,中国文化传统和价值观念不可避免地要与其他国家和地区的文化传统和价值观念发生碰撞与交流。在建设中国自主伦理学知识体系中,强调对本民族道德文化传统和价值观念的尊重与认同,并不是要否定具有普遍意义的人类共同价值观,而是要坚守"和平、发展、公平、正义、民主、自由"的全人类共同价值。文化多元性和文明多样性是人类精神生活领域的基本特征,也是人类文明的无限魅力所在。全人类共同价值主张,多元文化和价值观念既存在差异性,又具有共享性,人类多样的文明形态没有高低优劣之分,不同的文明形态能够也应该交流和互鉴。不论是中华文明,还是世界上其他样式的文明,都属于全人类文化创造和文明发展的成果。人类多样的文明形态在价值意义上是平等的,它们各有千秋,每一种文明都是独特的文化存在。一切文明成果都值得尊重和珍惜,文明因交流而多彩,文明因互鉴而丰富。

全人类共同价值在不同民族道德文化中的表现形式和实现方式不可能完全相同,而是呈现出与民族道德文化底色相适应的多样性形态。理解和认同全人类共同价值,不可能脱离地方性的道德文化传统,而且全人类共同价值的实现方式也不可能存在统一的模式,必然带有各自民族道德文化传统的特色。全人类共同价值旨在构建以合作共赢为核心目标的新型国际关系,打造人类命运共同体,建立平等相待、互商互谅的伙伴关系,营造公道正义、共建共享的安全格局,谋求开放创新、包容互惠的发展前景,促进和而不同、兼收并蓄的文明交流,构筑尊崇自然、绿色发展的生态体系。人类命运共同体的这些努力目标和方向正体现了全人类共同价值的本质要求。当代中华民族道德文化的活力,不是体现在抛弃旧传统再造新传统,而是体现在能在何种程度上吸收人类不同文明的发展成果,从而再铸合乎时代发展需要的中华民族文化传统和中国自主伦理学知识体系。

序

以文化自信引领中国自主伦理学知识体系建设,需要回应中国式现代化进程中的时代之问。马克思指出,问题是时代的声音,"问题是时代的格言,是表现时代自己内心状态的最实际的呼声。"①现实伦理问题是时代的声音和最实际的呼声,也是伦理学理论创新的起点。百年未有之大变局带来了诸多国际和国内的现实伦理问题,比如因国际间政治经济和文化冲突导致的"世界怎么了"的问题、各种不确定因素和全球生态危机引发的"人类向何处去"的问题,等等。建设中国自主伦理学知识体系,必须坚定文化自信、把握时代脉搏、聆听时代声音,确立以时代之问为导向的研究态度,自觉回应和回答源于当代世界和中国经济社会和文化发展中的重大现实伦理问题,并以此为前提,构建当代中国马克思主义伦理学的新形态,实现伦理学的理论创新和实践创新。中国自主伦理学知识体系建设是否成功,并不取决于伦理学知识体系构造得多么完备或完整,更多地取决于伦理学知识体系能否满足当代中国社会现实的伦理秩序和道德生活之需要。

中国式现代化的显著特征是人口规模巨大的现代化,是全体人民共同富裕的现代化,是物质文明和精神文明相协调的现代化,是人与自然和谐共生的现代化,是走和平发展道路的现代化。对中华文明和中国文化传统的自觉与自信直接影响着中国式现代化的道路选择,中国式现代化提供了人类文明新形态的中国方案,是中华民族文化自觉和文化自信的产物。中国式现代化道路的实践创新孕育了丰富的时代伦理主题,需要中国化马克思主义伦理学从前瞻性的战略高度加以研究。中国针对世界之变、时代之变和历史之变而引致的中国之问、世界之问、人民之问和时代之问,提出了一系列的解决方案与实践蓝图,包含着中国式的伦理思想智慧和道德实践主张。人民至上、共同富裕、全人类共同价值、人类命运共同体、人类文明新形态等具有中国特色的伦理话语,是当代中国道德文化自信的时代性表达,为建设中国自主伦理学知识体系提供了重要的思想资源,伦理学研究

---

① 《马克思恩格斯全集》第 1 卷,人民出版社 1995 年版,第 203 页。

者理应从人类文明新形态的高度审视中国式现代化道路所内蕴的中国价值和世界意义。

今年是中国伦理学会会刊《道德与文明》创刊 40 周年。40 年栉风沐雨,40 年征途漫漫。作为伦理学专业期刊,《道德与文明》密切关注我国经济社会和文化变迁中的伦理问题,见证了我国改革开放后伦理观念和道德生活发展的历史;《道德与文明》始终坚持学术探索精神,跟随时代的脉搏一起跳动,实现了伦理学理论研究和道德生活实践的有机结合;《道德与文明》切实履行学界所赋予的学术使命,成为推进中国自主伦理学知识体系建设的重要平台。白居易在《与元九书》中说:"文章合为时而著,歌诗合为事而作。"所谓"为时""为事",就是要感国运之变化,应时代之变迁,立时代之潮头,发时代之先声。生活实践没有止境,伦理学的理论创新也没有止境。与时俱进的《道德与文明》将与伦理学界同仁携手同行,为我国伦理学事业的高质量发展做出更大的贡献。

（作者系中国伦理学会会长、《道德与文明》主编）

目 录

中国梦：中国精神的百年凝聚

徐惟诚

摘　要　实现中国梦，只能靠中国人自己的努力奋斗，而不能靠任何人的恩赐。有了中国人自己的努力奋斗，任何人的阻挠都是徒劳的。实现中国梦是中国人的理想，中国人的追求，中国人的期望。

中国人正在为实现中华民族伟大复兴的中国梦持续奋斗。

一百余年来，中国人为实现中国梦，经历了长期的艰苦探索和奋斗。这也是中国精神不断得到弘扬和凝聚的历程。

19 世纪中叶，鸦片战争的炮声惊醒了中国人。面临帝国主义列强的侵略，国土被宰割，财富被掠夺，人民被宰杀，面临国破家亡、亡国灭种的威胁，中华民族到了最危险的时候，中国人民奋起抗争，寻求救亡图存、振兴中华之道。从此，历经奋斗、失败、再奋斗，终于找到了中国共产党的领导，实现了新民主主义革命的胜利，建立了人民自己的共和国。在建设新中国的过程中，又历经艰难曲折，才找到中国特色社会主义道路，开拓民族复兴的伟大征程，取得了辉煌的成就。中国精神始终是贯穿在这一百多年历史中的一条主线。

中国精神最基本的内涵，一是爱国，二是革新，近代主要表现为变革、革命，当代主要表现为改革创新。

中国是一个小生产的大国。小生产的弱点是眼界的狭窄和处境的分散，也就是孙中山所说的"一盘散沙"。但是中国又是有着悠久爱国主义传统的国家,长期统一的多民族国家的历史为爱国主义提供了坚实的基础;共同的语言、文字、风俗、习惯、生活方式形成了强大的凝聚力;长期的交往、交融构成了坚固的利益共同体。当代道德建设都讲"修身、齐家、治国、平天下",把爱国作为最高的价值追求,"尽忠报国"受到普遍的景仰,卖国、祸国、误国则受到广泛的唾弃。每当国家处于危急存亡之秋,这种爱国精神就会强烈地迸发出来。顾亭林说的"天下兴亡,匹夫有责"迅速成为全民族的共识。

人们认识到个人利益同国家民族利益之间存在着密不可分的依存关系。"覆巢之下,复有完卵乎?"(《世说新语·言语》)国家好了,个人才能好。个人聪明才智的价值,只有在为国效力的过程中,才能得到最充分最有意义的发挥,报国的青春才能焕发出耀眼的光辉。

正是这样的精神,使无数仁人志士,在国难临头之际,发出了"苟利国家生死以"(林则徐语)的誓言。正是这样的精神,使全国上下亿万民众迅速团结起来,万众一心。一盘散沙变成了坚强的力量,变成了血肉铸成的新的万里长城。共同的伟大目标、共同的中国梦,使各种不同的利害关系、各种不同的主张都能够得到磨合调整,在最大限度上形成共识,共同奋斗;使每个人、每个局部的努力奋斗,能够汇聚成浩浩荡荡、无坚不摧的力量。有了实现振兴中华的中国梦的最高追求,中华民族长期优秀的道德传统随之得到新的生发,发出新的光辉。适应新的时期需要的革命道德迅速形成。无数为实现中国梦献身,做出贡献的志士仁人组成了近现代中国史上的璀璨群星。

中华文明延续五千年,始终历久弥新,引领着中华民族的灵魂,一个重要的条件就是能够不断地与时俱进。商汤《盘铭》说:"苟日新,又日新,日日新。"《周易·系辞下传》亦说:"穷则变,变则通,通则久。"不断地革故鼎新,才能永葆青春。几千年来的中国,实际上处在不断地适应新的情况,不断发展进步之中。其中就包含着不断地吸收外来文化的有益成分。"海纳百川,有容乃大。"近代以来的中国经历了"不变法不足以图存",通过革命推翻旧中国,建立新中国的进程。当代中国的发展更离不开改革创新。

这是当代中国精神的重要特征。

实现中国梦，只能靠中国人自己努力奋斗，而不能靠任何人的恩赐。有了中国人自己的努力奋斗，别人的任何阻挠都是徒劳的。《周易·乾卦》曰："天行健，君子以自强不息。"最靠得住的就是自力更生。相信人民，相信人民自己的力量，就要打破束缚这种力量的障碍，打破束缚生产力的障碍。改革创新的要义就在于解放生产力。包产到户激发了亿万农民的劳动积极性。农民工进城迅速提高了亿万劳动者的劳动价值。劳动创造世界，中国梦的实现离不开中国人的劳动创造。改革创新作为当代中国的时代精神，就是树立了以解放中国人的生产力作为价值判断的标准，从而更加尊重劳动，尊重创造，同时也就要更加尊重知识，尊重科学。改革开放四十多年的实践表明，以勤劳勇敢著称的中国人，劳动创造的积极性、劳动创造的能力、劳动创造的成果，总体上都达到了前所未有的水平。这是我们当前各种伟大成就的根本来源，也是实现中国梦伟大理想的信心依据。

实现中国梦是中国人的理想，中国人的追求，中国人的期望。理想的确立，在人生价值体系中起着引领的作用。正确的理想目标有利于各种道德规范的形成和互相协同，是各种正能量最重要的源泉。古人说："志当存高远。"正确人生观的确立，从立志开始。"为中华之崛起而读书"（周恩来语），"心事浩茫连广宇"（鲁迅语），就自然和安于现状、故步自封、贪图享受、因循守旧、不求进取划清了界限，就能够永葆朝气，不断地进取。

实现中国梦，把个人对幸福生活的追求，同国家、民族的振兴紧密地联系在一起。这就不但为个人生活的不断改善提供了最坚实的基础，同时也为个人的成长进步和实现自身价值提供了最广阔的舞台和最充分的机遇。每个人在为实现中国梦而奋斗的过程中都必然会得到社会其他成员的各种不同的支持，同时也以自己的劳动向他人提供各种服务与支持。这是一个协力奋斗的过程。在这个过程中，人们自然体会到，越是能与他人沟通、理解、协调、互爱、互助、互利、互让，越是能够得到更多的成功。我们每个人都生活在不同的群体和集体之中，为群体和集体做出的贡献越多，我们

中国梦：中国精神的百年凝聚

获得的自由也就越多。这正是建设社会主义和谐社会的基础。社会的和谐,是实现中国梦的必要条件,也是中国梦所包含的重要内容。

21世纪上半叶,中国人民距离中华民族伟大复兴的中国梦的实现比以往任何时候都更加接近了。但是,前途仍然多艰,需要克服的难题仍然甚多。继续发扬中国精神,团结一心,自强不息,永远朝气蓬勃,不断走向胜利,这是当代中国人民的历史使命,也是伦理学界的光荣任务。

(徐惟诚,中共中央宣传部原常务副部长;本文发表于2013年第4期)

关于社会主义公正原则的几个问题

罗国杰

摘　要　公正原则既是社会主义社会的一个重要的价值导向和指导原则,也是道德建设的一个十分重要的原则。从伦理道德方面考察,在社会主义的众多道德原则中,又有着不同层次的关系。弄清社会主义总的价值导向和社会主义道德原则的区别和联系,不论在理论上还是在实践上都有重要的意义。

一、对公正的历史考察

公正内在地包含公平和正义两方面的含义,是政治学、社会学和伦理学所研究的一个重要原则。从伦理学角度来说,按照一定社会的道德核心、道德原则和道德规范去行动的,就是公平的、正义的、应当的、合乎道德的。“义”和“不义”就具有了与应当和不应当、善和恶、道德和不道德同等的意义。

早在春秋战国时期,儒家的孔子、孟子等人就极端强调“义”(正义)的重要。对于从事行政工作的人的要求,是“君子之仕也,行其义也”(《论语·微子》)。“正义”一词,最早见于《荀子》:“不学问,无正义,以富利为隆,是俗人者也。”(《荀子·儒效》)荀子认为,如果没有知识,不知道什么是“正义”,只知道追求财富和私利,就只能是一个粗俗而没有道德的人。又说:“故正义之臣设,则朝廷不颇;谏诤辅拂之人信,则君过不远”(《荀子·臣道》），意思是说，如果国君能任用具有"正义"感的大臣，那么朝中的事情就不会偏邪；如果敢于谏诤的人能够得到信任，国君的过错就能很快得到纠正。秦汉以后的思想家也从不同的角度对"义""正义"思想进行了阐述。两汉时期，思想家们认识到，"处尊位者，以有公道而无私说"（《淮南子·诠言》）。当政者推行社会公正，不仅是一个道德问题，而且是一种社会责任。"夫公族不正则法令不行，股肱不正则奸邪兴起。"（《盐铁论·讼贤》）当政者的职责和其职务本身要求他按社会公正的原则去处理社会事务。董仲舒主张"正其道不谋其利，修其理不计其功"，而且，"君子修国曰：此将率为也哉……公心以是非，赏善诛恶而王泽洽，始于除患，正一而万物备"（《春秋繁露·盟会要》）。当政者是维护社会公道和正义的人，他们要以公正之心处理问题，要有"公心"。王充认为："国之所以存者，礼义也。民无礼义，倾国危主。"（《论衡·非韩》）因此，当政者自身的公正对于社会公正的实现与社会治理的和谐具有根本性的意义。基于这样的认识，汉代学者格外强调当政者应万事出于公心，以公正治国。两宋时期，二程主张"不论利害，惟看义当为与不当为"（《二程遗书》卷十七），格外强调"义"的重要性，认为符合义的事情，无论利害都要去做。朱熹认为："凡事不可先有个利心，才说到利，必害于义。"（《朱子语类》卷五十一）在事情的处理上也格外强调"义"作为行动原则的重要性，指出为"人"必须能够明辨义利、正邪、善恶与是非。明末清初的启蒙思想家李贽提出"人必有私"（《藏书·德业儒臣后论》），强调了自私自利之心是人的自然禀赋。清代的颜元总结完成了中国古代的义利之辨，指出谋利、计功是正义、明道的目的。

在古代希腊，"正义"是四大主德之一。柏拉图认为，社会中的每个人按照自己的等级地位做自己应当做的事就是正义。中世纪的神学家们认为，"正义"就是要求人的肉体归顺于灵魂，而灵魂则应当归顺于上帝。文艺复兴以来，资产阶级的思想家们更加重视"正义"在政治、伦理学中的重要意义。对资产阶级来说，"正义"是反对封建专制和教会统治的锐利武器。他们以维护"正义"为旗帜，为争得自身的解放而同封建压迫和神权专制对抗。在资产阶级看来，"正义"和"真理"几乎成了意义相同的词。他们认为，依照"社会契约"和"天赋人权"所建立起来的社会正义法则是神圣不可侵犯的。这一"社会正义"的法则是永恒的。他们把符合资产阶级的政治、伦理要求作为"正义"的标准，把一切违背资产阶级利益的原则和行动说成是"非正义"的。社会的正义，成为人们追求和奋斗的价值目标。资产阶级取得统治以后，"正义"也随着资产阶级地位的变化而不断变化。目前，对于处在经济发展不同阶段的国家，"正义"具有不同的意义。在发展中国家，"正义"依然是争取民族独立和国家富强的重要原则，而极少数的西方超级大国，则把"正义"当作推行资产阶级价值观和干涉别国事务的一种重要武器。

由此可见，公正是古今中外历代进步思想家和仁人志士长期不懈追求的理想原则，也是人类社会形成后所面临的一个非常重要的问题。

二、公正是社会主义道德建设的一个重要原则

公正作为一种观念化的表现，主要指社会成员的权益或利益符合公认的既定的标准。一般来说，它包括权利公平、机会公平、规则公平和分配公平四个方面，其中，机会公平也称为起点公平，规则公平也称为过程、程序公平，分配公平也称为结果公平。权利公平是公平的内在要求，它体现的是全体社会成员在参与各项社会活动方面享有平等的资格。机会公平是公平的前提和基础，要求社会提供的生存、发展、享受的机会对于每一个社会成员都是均等的。规则公平是实现公平的必要条件和保障，要求公民参与经济、政治和社会等各项活动的过程应该公开透明，不允许某些人通过对过程的控制牟取不正当利益。分配公平是整个社会公平的根本内涵、实质所在和最高层次。分配公平，一方面指每个劳动者都能获得与其劳动和贡献相当的利益；另一方面指在分配的结果上要兼顾全体公民的利益，防止过于悬殊的贫富差距，以利于共同富裕的逐步实现。

公正是体现人与人之间平等关系的价值准则，它是历史的、具体的、相

对的。一般来说,公正可分为经济的、政治的、法律的和道德的几个方面,永恒不变的公正是根本不存在的。"在道德上是公平的甚至在法律上是公平的,从社会上来看可能远不是公平的。社会的公平或不公平,只能用一门科学来断定,那就是研究生产和交换这种与物质事实有关的科学——政治经济学。"[1]"只要与生产方式相适应,就是正义的;只要与生产方式相矛盾,就是非正义的。"[2]因此,"衡量社会公平的标准必须看是否有利于社会生产力发展和社会进步"[3]。

需要强调的是,社会主义公正原则和集体主义原则不是同一层次的原则,集体主义内含着自由、公正、仁爱等。与社会主义集体主义原则处于同一层次的应该是原始社会的平均主义原则、封建社会的整体主义原则以及资本主义社会的个人主义原则。当代化的仁、义、礼、智、信,社会主义化的公正、人道等都可以作为集体主义这一基本道德原则下的具体原则和规范。如集体主义对道德高尚者的补偿就内含着公正原则,提倡对他人、社会的奉献就内含着仁爱原则等。

在谈到社会公正的问题时,有必要涉及市场经济条件下公平与效率的关系问题。公平是社会主义的本质要求。建设社会主义和谐社会,必须把公平作为价值准则置于重要的地位,无论是社会制度的安排,还是法律条文的制定或改革措施的选择,都必须把公平作为一个重要的价值准则。我们在发展经济、提高经济效率的同时,不能以牺牲公平为代价。"我们是社会主义国家,我们的发展不能以牺牲精神文明为代价,不能以牺牲生态环境为代价,更不能以牺牲人的生命为代价。"[4]无论在什么时间、什么阶段,不管我们怎样强调发展和效率,我们都应该切实采取措施维护社会公平。道德建设也不能例外。社会主义市场经济条件下的道德建设必须从社会主义发展的大局和全局着眼,确立社会主义公正观的基础地位。要将公正作为社会主义道德建设的一个重要原则,让公正理念深入人心,通过广泛的宣传、教育,积极营造更加注重公正的社会氛围。

三、社会主义公正与资本主义公正的本质区别

社会主义的公正与资本主义的公正既有继承的关系,又有本质的区别。不仅在资产阶级上升时期,资产阶级高举人道主义的旗帜,高唱"自由、平等、博爱",而且当前西方新自由主义的思想家们也大力提倡公平和正义,高举公平和正义的旗帜,并鼓吹资本主义社会是一个最重视公平和正义的社会。新自由主义的代表哈耶克和弗里德曼等人所提出的理论,其目的是要使资本主义的经济得到更快的发展,维护资本主义社会的稳定。我们知道,社会公平不是自然而然可以达到的,它必须依靠社会的各种必要的措施。对于一个人来说,任何公平的获得都必须依赖必要的物质条件。没有必要的物质条件,任何公平都只能是不切实际和不能兑现的空话。

首先,在资本主义社会,劳动人民是无法平等地享受各种权利的,如选举权、被选举权、居住权和财产权等。其次,由于每个人先天和后天的差别,已经注定了不可能有相同的机会。一个出身于城市、富有和政治地位较高的人,他的子女受教育的机会就必然优越于那些出身于乡村、贫穷和劳动者家庭的人,因此人们不可能享有公平的机会。再次,规则公平是实现公平的重要保证。在社会主义社会中,规则对于每个人都是同样适用的,但这些规则的应用是要有一定的知识、文化和政治水平来保证的。最后,在资产阶级掌握政权的社会,每个劳动者都不可能获得与其劳动和贡献相当的物质利益,结果是造成社会的贫富悬殊和两极分化,根本无法实现分配公平。

实事求是地说,资本主义社会的一些经济学家对于新自由主义经济学的分配结果是相当清楚和明确的,他们知道,新自由主义的理论强调的"效率优先"所导致的必然结果就是社会贫富差距的拉大和严重的两极分化,但他们仍然把哈耶克和弗里德曼的理论奉为圭臬,认为只有这一理论才能解决当前的经济问题,才能促进生产力的发展。更值得我们注意的

是,我国的一些经济学家把我国所实行的"效率优先、兼顾公平"的分配政策同哈耶克和弗里德曼的理论混为一谈,他们把"效率优先"绝对化,并力图使这一理论成为永恒的政策。他们不懂得,我国在分配问题上所实行的"效率优先、兼顾公平"的政策,是由我国尚处于社会主义初级阶段的具体情况所决定的,在经济和社会发展到了一定程度的时候,我们就可能或必须改变这一政策。我们是社会主义国家,社会主义的本质绝不能允许出现一个贫富悬殊和两极分化的社会,而是要消灭剥削、消灭贫困、消除两极分化,达到共同富裕的目的。

"注重效率与维护社会公平相协调"的原则是社会主义道德同一切剥削阶级特别是资产阶级道德的一个重要区别,是为"解放生产力,发展生产力,消灭剥削,消除两极分化,最终实现共同富裕"的根本目的服务的。我们是社会主义国家,在建设社会主义现代化的过程中,既要大力发展生产力,注重经济效率,又要从最大多数人的根本利益出发,为了实现共同富裕的目的,坚决而有效地维护社会公平。从整个社会的发展来看,我们既不能因强调"社会公平"而妨害效率,也不能因重视"经济效率"而损害社会公平。贫穷不是社会主义,两极分化更不是社会主义。从"经济效率"上说,我们允许一部分人通过诚实劳动、合法经营先富起来,但从"社会公平"来看,我们又必须让先富带动后富,先富帮助后富,使全体人民共享改革发展的成果,使全体人民朝着共同富裕的方向稳步前进。通过发展保障社会公平正义,不断促进社会和谐。实现社会公平正义是中国共产党人的一贯主张,是发展中国特色社会主义的重大任务。要按照民主法治、公平正义、诚信友爱、充满活力、安定有序、人与自然和谐相处的总要求和共同建设、共同享有的原则,着力解决人民最关心、最直接、最现实的利益问题,努力形成全体人民各尽其能、各得其所而又和谐相处的局面,为发展提供良好的社会环境。

四、公平与效率的关系

公平与效率的关系是一个涉及哲学、经济学、伦理学、政治学、法学等各个学科的重大问题。自从罗尔斯在他的《正义论》中提出了公平与效率的关系问题之后，在西方的政治伦理学中，就展开了关于这一问题的广泛而深入的讨论。公平与效率作为人类社会孜孜以求的两大目标，既对立又统一，二者的关系问题也是我国改革开放以来所面临的一个重大理论问题。

从西方政治家和学者的理论来看，当前关于公平与效率的关系大体上有三种观点（或称三种理论），即"重视公平、兼顾效率""公平与效率兼顾"和"重视效率、兼顾公平"。这三种理论相互争论，成为西方阐发公平与效率问题的主要理论和观点。就其实质来说，这三派理论争论的焦点不是别的，就是一个对伦理道德在资本主义社会中的作用的认识问题。主张"重视公平、兼顾效率"的人的出发点，是既要维护资本主义的经济发展，又要注意对人民的思想教育，要把实现社会的公平作为更重要的前提；主张"公平与效率兼顾"的人，认为公平与效率并重才是医治资本主义社会所出现的各种病态的最好药方；主张"重视效率、兼顾公平"的人，认为对于资本主义社会来说，要把效率的问题放到首要的地位，才能使资本主义社会得到长远的发展。

改革开放前，我国是一个强调"平均"的国家，使效率大受影响；改革开放以来，尤其是实行市场取向的改革后，在分配问题上提出要"以按劳分配为主体，其他分配方式为补充，兼顾效率与公平"。随着形势的发展，一些人就进一步把它提升为"效率优先、兼顾公平"，并把这一提法扩展到社会的各个领域。他们认为，在市场经济条件下，任何情况和任何领域都只能是效率优先、兼顾公平，他们把"效率优先、兼顾公平"的原则看作永恒的、绝不可以改变的原则。应该看到，强调"效率优先、兼顾公平"的原则，在我国改革开放初期，充分调动了广大人民群众的主动性和创造性，对经济的迅速发展起到了积极的作用。但是,这种看法的错误在于,它只看到经济而看不到社会的政治、文化、教育和伦理等方面的问题,没有认识到"效率优先、兼顾公平"只是就经济领域中的分配方式而言的,并不是适用于政治、社会、文化、教育和伦理领域的普遍原则。因此,在这一原则的指导下,一些不公平问题也随之而来并日益凸显。事实上,社会主义市场经济条件下,公平与效率的关系呈现出历史的、具体的、相对的变化。经济发展到一定的程度,特别是建立了社会主义市场经济体制以后,效率和效益意识逐步深入人心,效率问题得到了解决,应该更多地强调公平理念。在经济、社会、道德等不同领域,采取相应的制度措施,正确处理二者之间的矛盾,有利于广大人民群众最大利益的实现,有利于经济的发展和社会的和谐,有利于国家政权的巩固。从伦理道德的视角来看待和分析二者的关系,"效率与公平的统一"更应该被理解为"公平优先、兼顾效率"。在道德体系建设中,要充分体现社会主义的优越性,就应当强调"公平"的重要。把广大人民群众的根本利益和集体主义的思想融入处理效率与公平关系问题的过程中,要充分认识到,任何只顾效率而损害公平的思想和行为都是错误的。在我们的社会主义社会中,只有做到"效率与公平统一",注重社会的"公平",才能够在全社会形成团结互助、平等友爱、共同前进的人际关系,才能保证社会主义市场经济的健康发展。

与公平相对的效率,可以从多种学科角度和多种意义来观察。支持哪种效率,为什么支持这种效率,并不是随意的,而是由人类自身的价值需要决定的。效率不是孤立的存在,而是一个涉及一系列利益关系的系统,它要回答的不仅是"怎样才能提高效率",而且更涉及实行这样的"效率"的结果将对什么人有利、它的最终目标将要引导社会沿着什么样的道路前进的重大问题。

参考文献:

[1]　马克思,恩格斯.马克思恩格斯全集:第25卷[M].北京:人民出版社,2001:488.

［2］ 马克思,恩格斯.马克思恩格斯文集:第7卷[M].北京:人民出版社,2009:379.

［3］ 江泽民.江泽民文选:第1卷[M].北京:人民出版社,2006:48.

［4］ 胡锦涛.不能以牺牲精神文明为代价换取经济发展[EB/OL].(2008－12－18)
［2012－07－05］.http://www.chinanews.com/gn/news/2008/12－18/1492724.shtml.

（罗国杰,中国人民大学伦理学与道德建设研究中心教授、博士生导师;本文发表于2012年第5期）

志于道，据于德

——理想信念与道德建设

陈 瑛

摘 要 构筑中国梦，实现中国梦，必须要"志于道，据于德"。建设中国特色社会主义事业，实现民族复兴、人民幸福，必须重视和发展道德的作用，传承以爱国主义为核心的中华传统美德，加强社会主义思想道德建设，以我们的道德思想和实践，支撑起我们民族复兴的擎天大厦。

构筑中国梦，实现中国梦，首要的就是要树立远大而坚定的理想信念。用我们中国古代思想家的话说，就是要先"志于道"：理想就是"道"，信念就是"志"。再进一步就是要"据于德"：用社会主义思想道德建设促进并实现我们的"道"，早日全面建成小康社会和社会主义现代化的强国，实现中华民族的伟大复兴。

一

人要有志，做人必须立志，要志于道。

我们知道，人与一般的物质不同，与动物也不同，人具有发达的大脑，能够思想；更重要的是，人类具有社会性、实践性，具有自觉能动性，通过自身的社会实践，人类能够把握事物的本质和规律，能够将思想与实践、现在与未来辩证地结合起来：以未来引导和鼓舞现在；以现在踏实地追求未来。

"志"就是人用来沟通思想与实践、现在和未来的汇集点。

"志"对于我们有什么作用？

首先，志，也就是理想信念，不是幻想，不是妄想，它在人的社会实践中产生，却又能以理想指导现实，以未来烛照现今的理念。志是引导我们翻山越岭的指南针、漂洋过海的方向盘，它能够指导我们民族、国家和每个人的人生道路、目标方向，使我们居高望远、心明眼亮，不但摆脱了"耻恶衣恶食者"的庸俗境界，而且知道了社会应当怎样发展，人生的道路该往哪里走，不至于因为各种主客观条件的诱惑和影响而迷失方向。"志不立，天下无可成之事……如无舵之舟，无衔之马，漂荡奔逸，终亦何所底乎？"（王阳明：《教条示龙场诸生·立志》）立志表明我们人生的自觉，使我们的人生真正具有了意义和价值。

其次，理想信念是做人做事的动力，它以目的、动机的形式，为我们提供前进的决心和勇气。树立了理想信念，人们就会在正确认识的引导下，激发并逐渐增强道德情感、道德意志，并且付诸社会实践。用孟子的话说，就是"志，气之帅也"（《孟子·公孙丑上》）。一旦志松懈，就会犹豫徘徊，踌躇不前，丧失前进的劲头。正如清代思想家颜元所说："志不真则心不热，心不热则功不贤。"（《颜习斋先生言行录》）而"强行者有志"（《道德经》），有志也就能够"强行"。如果像批评的那样，明明知道"义所当为，力所能为，心欲有为"，却又"亲友挽得回，妻孥劝得止"，那"只是无志"（吕坤：《呻吟语·应务》）。

再次，理想信念具有稳定性和持久性的特点。古人已经认识到，人类的行为能够矢志不移，保持初终一致。正如王夫之所说："志于道而以道正其志，则志有所持也，盖志，初终一揆者也。"（《读四书大全说》卷八）许多人在前进的道路上，由于客观环境复杂多变，道路蜿蜒曲折，而人的主观认识又总是有着各种各样的局限性，往往会陷入迷途：有些人遇到困难挫折，可能会迷茫退缩，甚至干脆放弃初衷；也有些人遇到暂时的顺利，取得个别的成绩之时，会沾沾自喜，贪恋个人的享乐而改变方向。但是，理想信念能够使人坚强起来，不动摇、不懈怠、不折腾，顽强奋斗、艰苦奋斗、不懈奋斗,不达目的誓不罢休。真正的人,用孟子的话说,就是"立天下之正位,行天下之大道。得志与民由之,不得志独行其道。富贵不能淫,贫贱不能移,威武不能屈"(《孟子·滕文公下》)。

我们所立之志,必须符合"道",要"志于道"。这也就是说,做人不但要有志,而且要"志存高远"。不能汲汲于个人的钱色权势、暂时的得失进退。我们当然应当追逐个人的"梦",但是国家和民族的命运与我们个人的命运紧紧相连,它也决定着我们的个人命运;我们必须把个人的"梦"与我们的"中国梦"结合起来,而且要在追求"中国梦"之中来实现自己个人的"梦";并以自己个人的"梦"支撑起国家民族的"梦"。要以顶天立地、扭转乾坤的气魄,追求"富天下,强天下,安天下"(颜元:《颜元集·存治篇》),"为天地立心,为生民立命,为往圣继绝学,为万世开太平"(张载:《近思录拾遗》)。

二

什么是"道"?"道者,万物之所然也,万理之所稽也。"(《韩非子·解老》)它虽然高高在上,是"大者远者"(《左传·襄公三十一年》),却又"道之在天下,平施于日用之间"(陈亮:《陈亮集·经书发题》)。其基本含义就是指社会发展的最终依据和根本规律,以及最理想的社会发展方向。

中国古代人民对于"道"的追求和理解,最早出现在《礼记·礼运》篇,那里详细记述了它的两个部分,即"大道"和"小康"。所谓"大道",就是"天下为公","选贤与能,讲信修睦。故人不独亲其亲,不独子其子。使老有所终,壮有所用,幼有所长,鳏寡孤独废疾者皆有所养","货恶其弃于地也,不必藏于己;力恶其不出于身也,不必为己"的"大同社会"(《礼记·礼运》)。它确实尽善尽美,然而历经数千年,人们已经认识到这种"大道"早已消亡,即使如禹、汤、文、武、成王、周公这类的圣贤,也无力回天,只能退而求其次,追求所谓的"小康",即"大人世及以为礼,城郭沟池以为固,礼义以为纪,以正君臣,以笃父子,以睦兄弟,以和夫妇,以设制度,以立田里,以贤勇智,以功为己"(《礼记·礼运》)。

中国人民在共产党的领导下,经历了长期的革命、建设和改革的实践,依照马克思主义的教导,根据各个时期世情、国情、党情的深刻变化,又一次确定了我们自己的"道"和"梦",那就是通过推翻帝国主义和封建主义在中国的统治,建立新中国,然后进行社会主义革命和建设,经过社会主义初级阶段,逐步进入高级阶段,并最终到达共产主义,实现在社会生产力高度发展的基础上彻底消灭阶级和剥削,建立真正的自由人联合体的"大道"。在现阶段,即社会主义初级阶段,我们的"道"和"梦"是沿着中国特色社会主义道路前进,全面建成富强、民主、文明、和谐的小康社会,即经济持续发展、人民民主不断扩大、文化软实力显著增强、人民生活水平全面提高、资源节约型、环境友好型社会,实现社会主义现代化和中华民族的伟大复兴。这其中,中国特色社会主义是当代中国发展进步的根本方向,是我们的"道"和"梦"的核心,它包括三个组成部分,即中国特色社会主义制度、中国特色社会主义道路以及中国特色社会主义理论体系;其中道路是实现途径,理论体系是行动指南,制度是根本保障。三位一体,相互依存、相互促进、共同发展。这样一来,我们的"道"和"梦"会发展得更加丰富、完备和科学。

道路决定命运。中国人民从古到今遇到的两种"大道"和"小康":一个是本于天地鬼神,只有少数君子和圣人能够把握的空想;一个是立足于历史发展规律,代表最大多数人民群众利益的科学理论。这就注定了前者是无奈的怀念和憧憬,而只有后者才是科学正确的"道"。人民群众在共产党的领导下,以马克思主义为指导,在革命、建设和改革的实践中构筑"中国梦",才使我们用了不到一百年的时间,走过了西方几百年才走过的路,彻底改变了中国的面貌和人民的命运,重新铸造了民族的辉煌;更重要的是,它将继续引领我们从胜利走向胜利,让伟大的中华民族迈向更加灿烂的未来。

三

"道"与"德"从来都是联系在一起的:"道"是"德"的灵魂和根本,

"德"是"道"的体现和延伸。"德"既是"道"在人们思想行为上的体现，同时也是实现"道"的必需。遵道本身就是德，遵道必然重德。所以孔子说"志于道，据于德"（《论语·述而》），孟子更是强调要"遵德乐道"，以至于后人经常用"道德"这个概念和术语取代"德"。先秦儒家在《礼记·礼运》篇里，曾以建立小康社会为例，反复论述道德的社会作用，肯定它与宗教、法律一体，能够"以正君臣，以笃父子，以睦兄弟，以和夫妇"，维护正常的人与人之间的关系，稳定社会秩序。甚至在他们看来，道德是比宗教和法律更为重要的宝贝。

为什么古代中国人这么看重道德？从一般意义上说，道德比宗教更现实，比法律更普遍：宗教和法律离不开道德，它们之中蕴含着道德的精神；而须臾离不开道德的人，却可以不信仰宗教，或者终生不直接触碰法律。从狭义上说，中国古代不像西方那样是"古典的古代"，而是经由"亚细亚生产方式"过渡而来的，在一定程度上保留了血缘关系制度，因此在调节人与人的关系上，"温情脉脉"的道德，远比"冷冰冰"的法律更为适宜，道德作为正面力量鼓舞人们积极向上，攀升到更高的人生境界，在文化上具有特别重要的意义，起到了社会意识形态所起不到的作用。于是我们看到，道德在中国人民的心目中居于多么重要的地位，它对中华民族的发展繁荣发挥了多么伟大的作用。中国传统美德一直是中国人民前进的动力。

"志于道"，就要"据于德"。今天，当我们树立了自己的"道"和"梦"，信仰社会主义和共产主义，建设中国特色社会主义事业，实现民族复兴之时，首先我们必须确定与它相适应的"德"是什么，无疑，这个"德"就是以为人民服务为核心，以集体主义为原则的社会主义道德，这个方向不能犹豫动摇。有人相信"自私是人的本性"，也有人怀疑提倡社会主义道德会"脱离实际""脱离群众"，这都是错误的。要相信群众、相信科学，在当今中国，只有与传统美德相承接、与法律相适应的社会主义道德，才最符合时代的潮流，反映和代表着大多数人的根本利益，最为人民群众所拥护和欢迎。

今天，我们应当像先辈那样，执于我们的"道"和"梦"，即信仰社会主义和共产主义,建设中国特色社会主义事业,实现民族复兴,人民幸福,这就必须重视和发挥道德的作用,全心全意地为人民服务,特别是要传承以爱国主义为核心的中华传统美德,从这里入手,加强社会主义思想道德建设,让热爱劳动、勤俭节约、诚实守信、仁爱孝敬等美德深入人心。另外,要发展我们的传统道德,增添时代之内容,赋予它们以时代的意义,特别是要发扬改革创新的精神。以我们的中国力量,以我们的道德思想和实践,支撑起民族复兴的擎天大厦。

"路漫漫其修远兮,吾将上下而求索。"(屈原:《离骚》)中华民族的社会主义思想道德建设是极其艰巨的,困难很多,这不仅是因为我们国家大、人口多,更由于我们面临情况的复杂,例如,市场经济的诸多负面影响。另外,我们现在还背负着沉重的历史包袱。正如马克思在1867年谈到欧洲大陆诸国情况时所说的:"不仅苦于资本主义生产的发展,而且苦于资本主义生产的不发展。除了现代的灾难而外,压迫着我们的还有许多遗留下来的灾难,这些灾难的产生,是由于古老的陈旧的生产方式以及伴随着它们的过时的社会关系和政治关系还在苟延残喘。不仅活人使我们受苦,而且死人也使我们受苦。死人抓住活人!"[1]数千年的中华悠久历史留给我们的固然有许多传统美德,但也有诸如自私散漫、狭隘保守等种种不良习气阻碍着我们前进,对此我们要有足够的思想准备,足够的决心和耐心。

"志于道,据于德",以实现"中国梦",在履行历史和时代交给我们的这个神圣使命面前,我们伦理学工作者责无旁贷,而且必须走在前头。

参考文献:

[1]　马克思,恩格斯. 马克思恩格斯选集:第 2 卷[M]. 北京:人民出版社,1995:100 - 101.

(陈瑛,中国伦理学会名誉会长,中国社会科学院哲学所研究员;本文发表于 2013 年第 4 期)

志于道,据于德
——理想信念与道德建设

论儒家的王道精神

——以孔孟为中心

李景林

摘　要　儒家的王道论,体现了一种"道义至上"的精神。孔孟区分"王""霸",既强调二者在内在价值原则层面上的根本区别,亦特别注重二者在惠及社会及其功业成就层面所存在的意义相关性和重叠性。儒家强调,作为伦理共同体的最高原则,必须是"仁义"或道义,而绝不能是"利"。唯以道义为终极目的和最高原则,功利事功乃能被点化、升华而使真正作为"人"的价值实现出来,从而构成"王道"的本真内涵和内在要素。儒家的王道论可以概括为一种在道义原则基础上的道义—功利一体论。在国际关系原则方面,儒家的王道论特别强调天道、天意、仁心、民心、民意、民情之内在一致性,突出了道义至上原则的超越性意义。这种王道精神,在今天仍具有重要的理论和现实意义。

儒家主张王道。王道的精神,其核心是对道义原则的强调,可以概括为一种"道义至上主义"的精神。先秦"天下"的概念,与今天世界或国际社会的概念略等。因此,先秦儒家的王道论,既涉及国家内部的施政原则,同时,亦涉及国际关系的原则。儒家的王道精神,在今天仍具有重要的现实意义。

一、从孔子论管仲谈起

在《论语》中，我们看到孔子对管子有似乎完全相反的两种评论。第一种评论是赞扬性的，见《论语·宪问》篇：

子路曰："桓公杀公子纠，召忽死之，管仲不死。"曰："未仁乎？"子曰："桓公九合诸侯，不以兵车，管仲之力也。如其仁！如其仁！"

子贡曰："管仲非仁者与？桓公杀公子纠，不能死，又相之。"子曰："管仲相桓公，霸诸侯，一匡天下，民到于今受其赐。微管仲，吾其被发左衽矣。岂若匹夫匹妇之为谅也，自经于沟渎而莫之知也。"

这两段评论是正面的，可以说是对管仲极尽赞扬之能事。另一方面，是负面的评价，此见《论语·八佾》篇：

子曰："管仲之器小哉！"或曰："管仲俭乎？"曰："管氏有三归，官事不摄，焉得俭？""然则管仲知礼乎？"曰："邦君树塞门，管氏亦树塞门。邦君为两君之好，有反坫，管氏亦有反坫。管氏而知礼，孰不知礼？"

这一评论，乍看与《论语·宪问》篇的评论完全相反。后人因此引发歧义，是很自然的事。其实，时人在对管子的评价上，就已存在着不同的看法。上引《论语·宪问》篇的两段评论，就是孔子对弟子相关疑惑的解答。今人对孔子所谓"如其仁"是否是许管仲以"仁"颇有争议。要回答这个问题，不能就事论事，问题的关键在于孔子对仁的内涵的规定。"颜渊问仁。子曰：'克己复礼为仁……'颜渊曰：'请问其目。'子曰：'非礼勿视，非礼勿听，非礼勿言，非礼勿动。'"（《论语·颜渊》）孔子论"仁"，一个重要的规定就是"克己复礼为仁"。不仅如此，必须"视听言动"，动容周旋不违于"礼"，才能真正叫作"克己复礼"。管仲为臣而僭邦君之礼，孔子深恶之，谓之"器小""不知礼"。以此衡之，孔子不许其为仁，是很明显的事情。

上引《论语·宪问》和《论语·八佾》篇孔子对管仲的评论，表现了两个不同的评价角度。在《论语·宪问》篇中，孔子盛赞管仲相桓公，霸诸侯,匡扶天下,利泽百姓,维系华夏文化的成就,是从事功效果的角度讲问题。邢昺《尔雅义疏》谓此两章孔子评价管仲,是"但美管仲之功,亦不言召忽不当死";朱子《四书集注》亦说《论语·宪问》中两章孔子对管仲的评价,其要乃在"称其功",谓"管仲虽未得为仁人,而其利泽及人,则有仁之功矣",都指出了这一点。而《论语·八佾》篇的批评性评价,则是从为政、为人臣和做人或行为原则的角度讲问题。这是两个不同层面的问题,二者并不矛盾。

《论语·雍也》载:"子贡曰:'如有博施于民而能济众,何如? 可谓仁乎?'子曰:'何事于仁! 必也圣乎! 尧舜其犹病诸! 夫仁者,己欲立而立人,己欲达而达人。能近取譬,可谓仁之方也已。'"《论语·宪问》载:"子路问君子。子曰:'修己以敬。'曰:'如斯而已乎?'曰:'修己以安人。'曰:'如斯而已乎?'曰:'修己以安百姓。修己以安百姓,尧舜其犹病诸!'"这两章都讲到事功成就的问题。"仁"这一概念,注重在德性的内在性一面。"圣"训"通"①,强调的是内外、人我乃至天人的一体贯通。君子成就仁德,必以诚敬修己为本。修己非独成己而已,同时亦要在成人上才能得以完成。"成人"当然必不同程度地显于功业、事功效果。然功业、事功效果之成就与大小,与人所处之历史境遇有关,受种种历史和现实条件之限制。用孔子的话说,此乃属于"命"的范围。因此,就"博施济众"和"修己以安百姓"而言,以尧舜之圣,亦有所难能。君子修己,固有不同程度的功业效果,但却不能以功业效果作为评断仁德之依据。"博施济众"当为己立人、己达达人之极致,故亦包含于仁、圣之全体大用中。然"仁"之要在"修己",仅以"博施济众"之事功,则不可当仁、圣之名。

在《论语·宪问》篇孔子对管仲的评论中,孔子明言管仲"相桓公,霸诸侯,一匡天下",所行为"霸道"。仅就事功成就来说,这霸道虽可以与圣人的"王道"相比拟,但就价值而言,"霸"与"王",却有着根本性、原则性

① "圣",古书常训"通"。如《白虎通·圣人》篇:"圣者通也,道也,声也。道无所不通,明无所不照,闻声知情,与天地合德,日月合明,四时合序,鬼神合吉凶。"

的区别。"子曰:'如有王者,必世而后仁。'"(《论语·子路》)可见,孔子已经对"霸""王"之别做出了明确的规定。而"王道"的根本特性,则在于以"仁"为其根本的原则。"孔子曰:'道二:仁与不仁而已矣。'"(《孟子·离娄上》)"道",出于"仁"则入于"不仁",不能有第三条道路。"王""霸"之辨,在儒家是很严格的。孔子评价管仲"器小"。为什么说管仲"器小"?张栻有一个很好的解释:"管氏急于功利,而不知道义之趋,大抵其器小也。"(张栻:《癸巳论语解》卷二)这个解释是有根据的。[①] 管仲相齐,虽有匡扶天下、利泽百姓之功,然其内在的原则,实为功利;故其所为只能是霸道,而与仁道或王道无涉。

孟子继承和发展了孔子的王道思想,但把"王""霸"之辨,阐述得更明确,这就是"以力假仁者霸","以德行仁者王"。如《孟子·公孙丑上》:

> 孟子曰:"以力假仁者霸,霸必有大国;以德行仁者王,王不待大——汤以七十里,文王以百里。以力服人者,非心服也,力不赡也;以德服人者,中心悦而诚服也,如七十子之服孔子也。诗云:'自西自东,自南自北,无思不服。'此之谓也。"

可以看到,孟子对"王""霸"的区分,其思想实源自孔子。但孟子的"王""霸"论,对"王""霸"的分野做出了更加清晰的概念界定。在孟子看来,霸者非不行"仁",然其行仁,却只是手段;其为政和治理天下,靠的则是强力。故"霸必有大国",必须要借助于"大国"的力量。王者之行,则是"以德服人",以仁德和道义作为其内在的目的和原则,所依赖者非强力。所谓"王不待大",特别强调,王道所依据者为道义的力量,而非大国之强力。孟子的王者"以德服人"说,与孔子"居其所而众星共之""德风德草""修文德"以"来远人"的德治、德化思想也是一致的。用"以德行仁"和

---

① 上引《论语·雍也》篇子贡从"博施济众"的事功效果角度问"仁"。孔子并不直接否定其说,而是转从"忠恕"行仁之方答其关于"仁"之问。子贡性善言辞机辩,又长于经商,为一器用之才,孔子对子贡亦有"女器也"(《论语·公冶长》)的评价。《论语·公冶长》篇:"子贡曰:我不欲人之加诸我也,吾亦欲无加诸人。子曰:赐也,非尔所及也。"孔子讲"君子不器"(《论语·为政》),《礼记·学记》谓"大道不器"。子贡不能真正理解孔子的忠恕行人之道,而仅能从事功角度把握"仁",与其器识之局限有关。

"以力假仁"来判分"王""霸",特别强调了王道与霸道在内在道德目的和价值原则上的根本区别性。

值得注意的是,在上述孔子有关管仲的评论中,我们既可以看到"王"与"霸"在内在价值原则层面上的根本分野,也可以看到"王"与"霸"在惠及社会乃至人类之功业成就的层面上具有相关性和重叠性。这就使得儒家能够在严厉批评"霸道"的同时,又在价值上给予其充分的肯定。

比较而言,孟子具有一种更强的尊王贱霸意识。他对于弟子拿自己与管仲相提并论,表示出特别的不屑①,明确对齐宣王表示:"仲尼之徒无道桓文之事者,是以后世无传焉,臣未之闻也。无以,则王乎?"(《孟子·梁惠王上》)但同时,在《孟子》书中,亦常常表现出对霸者之功业成就的赞赏和肯定。如《孟子·尽心上》载:"孟子曰:'霸者之民,欢虞如也,王者之民皞皞如也。'""尧舜,性之也;汤武,身之也;五霸,假之也。久假而不归,恶知其非有也。"这都表现出某种对"霸"或"霸者"之成就的肯定。而孟子在论述"王道"时,特别注重王道之惠民的事功内涵,这一点,比孔子更为突出。

二、道义至上与事功成就

儒家的王道原则强调"道义至上"。这个道义至上的原则,对国家内部的施政和国际之间的关系都是适用的。

就国家内部的施政原则而言,孔子讲德治,孟子则特别强调施政必须以仁义为最高原则。孟子见梁惠王,开篇即提出了这一原则。《孟子·梁惠王上》载:

孟子见梁惠王。王曰:"叟! 不远千里而来,亦将有以利吾国乎?"孟子对曰:"王! 何必曰利? 亦有仁义而已矣。王曰,'何以利吾国?'大夫曰,'何以利吾家?'士庶人曰,'何以利吾身?'上下交征利而

---

① 见《孟子·公孙丑上》首章。

国危矣。万乘之国，弑其君者，必千乘之家；千乘之国，弑其君者，必百乘之家。万取千焉，千取百焉，不为不多矣。苟为后义而先利，不夺不餍。未有仁而遗其亲者也；未有义而后其君者也。王亦曰仁义而已矣，何必曰利？”

《孟子·告子下》记孟子批评宋牼以利害说秦楚罢兵事，亦论到这一点：

> 先生之志则大矣，先生之号，则不可。先生以利说秦楚之王，秦楚之王悦于利，以罢三军之师，是三军之士乐罢而悦于利也。为人臣者怀利以事其君，为人子者怀利以事其父，为人弟者怀利以事其兄，是君臣、父子、兄弟终去仁义，怀利以相接，然而不亡者，未之有也。先生以仁义说秦楚之王，秦楚之王悦于仁义，而罢三军之师，是三军之士乐罢而悦于仁义也。为人臣者怀仁义以事其君，为人子者怀仁义以事其父，为人弟者怀仁义以事其兄，是君臣、父子、兄弟去利，怀仁义以相接也，然而不王者，未之有也。何必曰利？

在孟子的时代，时君世主皆以富国强兵相尚。孟子乃倡言王道、仁政，时人以孟子之说为“迂远而阔于事情”（《史记·孟子荀卿列传》），不合时宜，是很自然的。不过，细绎孟子之意，他所谓“有仁义而已”，“何必曰利”，其实并非不讲“利”，亦并非把义、利对峙起来。“先生之号，则不可”，这个“号”，就是公开申明的原则。孟子所强调的，是指明一个伦理共同体内部的最高原则，必须是“仁义”，而绝不能是“利”。道理即在于：上下交征利，而国危矣。《孟子·告子下》篇孟子对宋牼的评论，更从正负两面申述此义，凸显了以“仁义”“王道”为最高施政原则的根本性意义。《孟子·公孙丑上》记孟子论“古圣人”在王道原则上的相同之点说：“得百里之地而君之，皆能以朝诸侯，有天下；行一不义，杀一不辜，而得天下，皆不为也。是则同。”可以看到，孟子对这一最高原则的执行，也是要求非常之严格的。

但是，就前述“王”“霸”在事功层面的意义相关和重叠性而言，儒家又是必然要肯定事功的。从孟子对王道、仁政的论述中，我们可以清楚地看到这一点。在判分"王""霸"以建立王道的神圣原则这一点上,孟子陈义甚高,其对"道义至上"原则的坚持,亦无丝毫妥协的余地;但是,在论及王道于事功层面的落实时,其身段却放得相当的低。儒家此义,颇值得玩味。我们来看下面的几段论述:

《孟子·梁惠王下》孟子与齐宣王论王政云:

王曰:"王政可得闻与?"对曰:"昔者文王之治岐也,耕者九一,仕者世禄,关市讥而不征,泽梁无禁,罪人不孥。老而无妻曰鳏,老而无夫曰寡,老而无子曰独,幼而无父曰孤。此四者,天下之穷民而无告者。文王发政施仁,必先斯四者。诗云,'哿矣富人,哀此茕独。'"

鳏寡独孤,其生存的条件最差。"文王发政施仁,必先斯四者。"此论王政,实乃由百姓最基本的生存满足讲起。

《孟子·梁惠王上》亦云:

不违农时,谷不可胜食也;数罟不入洿池;鱼鳖不可胜食也;斧斤以时入山林,材木不可胜用也。谷与鱼鳖不可胜食,材木不可胜用,是使民养生丧死无憾也。养生丧死无憾,王道之始也。

五亩之宅,树之以桑,五十者可以衣帛矣;鸡豚狗彘之畜,无失其时,七十者可以食肉矣。百亩之田,勿夺其时,数口之家可以无饥矣。谨庠序之教,申之以孝悌之义,颁白者不负戴于道路矣。七十者衣帛食肉,黎民不饥不寒,然而不王者,未之有也。

此以"使民养生丧死无憾"为"王道之始"。与前所陈"道义至上"的王道原则相比,可以说,其身段摆得是相当的低。这个"王道之始"的"始"字,非仅"初始"之义,同时,亦有"本始"、基础之义。故《孟子·梁惠王上》下文对齐宣王讲明君"制民之产",即言:"王欲行之,则盍反其本矣:五亩之宅,树之以桑,五十者可以衣帛矣。鸡豚狗彘之畜,无失其时,七十者可以食肉矣。百亩之田,勿夺其时,八口之家可以无饥矣。谨庠序之教,申之以孝悌之义,颁白者不负戴于道路矣。老者衣帛食肉,黎民不饥不寒,然而不王者,未之有也。""盍反其本",这个"本",即"本始"之义。这个"本",仍然不过是"使民养生丧死无憾"而已。《孟子·滕文公上》中孟子谓行

"仁政必自经界始",强调应先"制民之产",以使之有"恒产"因而有"恒心",然后设为庠序之教,使之"明人伦"之道。这里,首先考虑的亦是民生和经济问题。

因此,孟子既不否定一般人的情欲要求,亦不否定执政者的情欲要求。齐宣王自谓有"好世俗之乐""好货""好色"的毛病,因而不能行仁政。孟子则答云:"今王与百姓同乐,则王矣。""王如好货,与百姓同之,于王何有!"王如能使治下"内无怨女,外无旷夫",则"王如好色,与百姓同之,于王何有!"(《孟子·梁惠王下》)与民同欲,满足人民的情欲要求,人君虽多欲,亦无碍于仁政之行。《孟子·离娄上》亦说:"桀纣之失天下也,失其民也。失其民者,失其心也。得天下有道,得其民,斯得天下矣。得其民有道,得其心,斯得民矣。得其心有道,所欲与之聚之,所恶勿施尔也。民之归仁也,犹水之就下,兽之走圹也。故为渊驱鱼者,獭也。为丛驱爵者,鹯也。为汤武驱民者,桀与纣也。今天下之君有好仁者,则诸侯皆为之驱矣。虽欲无王,不可得已。"这里,更把从民之欲、恶理解为人君"好仁"之表现。

但是,儒家的王道对事功和人的欲望要求的肯定,仍以道义为其内在的原则和价值指向。在这一点上,它与"霸道"有着根本的区别。《孟子·梁惠王下》记载有孟子与齐宣王很有趣的一段话,对于理解儒家道义原则与事功二者间的关系,很有启发意义:

> 齐宣王见孟子于雪宫。王曰:"贤者亦有此乐乎?"孟子对曰:"有。人不得,则非其上矣。不得而非其上者,非也;为民上而不与民同乐者,亦非也。乐民之乐者,民亦乐其乐。忧民之忧者,民亦忧其忧。乐以天下,忧以天下,然而不王者,未之有也。"

从这一段对话可以看到,人君能够"与民同乐",从民之欲、恶,其实并不是一件简单的事情。为人子者,以父母之乐为乐,以父母之忧为忧,昏定晨省,冬温夏凊,真切地关心父母的饮食起居和喜恶忧乐,其所思所行其实已超越了"忧""乐"之情感和情绪及物质欲望的满足本身,而本然地具有"孝"的道德价值。为人君之于臣、为人臣之于君、为人父之于子等,亦皆如此。"乐民之乐","忧民之忧","乐以天下,忧以天下",讲的即是这个道

论儒家的王道精神
——以孔孟为中心

理。"乐民之乐","忧民之忧","乐以天下,忧以天下",其动机和目的,亦并不在"乐""忧"的情欲、情绪和功利本身,而是内在地指向于道义原则。范希文谓士当"先天下之忧而忧,后天下之乐而乐"。非超越个体私己之情,置己身于度外,而怀兼济天下之志者,不能达此境界。因此,《孟子·梁惠王下》所言与民同乐,"乐民之乐","忧民之忧","乐以天下,忧以天下",其忧其乐,实已超越了"忧""乐"的情欲和功利意义,而具有纯粹的仁道或道义的价值。张栻《癸巳孟子说》所谓"乐民之乐者,以民之乐为己之乐也;忧民之忧者,以民之忧为己之忧也……忧乐不以己而以天下,是天理之公也"(张栻:《癸巳孟子说》卷一),讲的就是这个道理。由此可知,儒家所谓"与民同乐"之说,实非以功利为原则,而是以纯粹的道义为社会或伦理共同体的最高原则。

儒家强调王政必首先能够使民富庶而无饥馑,其意义亦首在对百姓之"人道"关切,而非出于事功之目的。《孟子·梁惠王上》中孟子在批评执政者不能与民同欲、同乐,而使民限于饥馑穷困时,引孔子的话说:"仲尼曰:'始作俑者,其无后乎!'为其象人而用之也。如之何其使斯民饥而死也?"以人偶陪葬,在孔子看来,是不人道的行为。孟子引此以批评使民饥而死者,其深意正表现为一"人道"之原则和对人之存在的"人道"关切。可见,儒家论王政,强调必首先能够使民得其养,其要亦非以功利为目的。孟子言"王道"至平易,然就其内在的原则而言,则体现出一种仁义或道义至上的精神。

孟子所阐述的王道原则,与"霸道"在事功、功利层面具有一种意义重叠的关系。但儒家的"王道论"之特点,是突出了在"道义至上"原则基础上道义与功利的内在统一性。在儒家看来,唯以道义为终极目的和最高原则,乃能点化和升华此功利、事功为王道之本真内涵;同时,唯有保有此被升华和转化了的事功成就在自身中,王道才能具有充盈丰富的活的生命内容,而不失之于抽象偏枯。我们可以把儒家的王道论简要地表述为:一种在道义原则基础上的道义—功利一体论。

三、论天人——国际关系中王道原则的超越性意义

先秦人所理解的"天下",其意义犹今所谓世界或国际社会。东周各国间之关系与当代国际关系多有相似之处。春秋五霸挟天子以令诸侯,与今日美国、北约对联合国之关系,亦颇相仿佛。先秦儒的王道理论,对国际关系问题多有讨论,其对我们今天理解和建立国际关系的原则,亦颇有启示意义。

"孔子曰:'天下有道,则礼乐征伐自天子出;天下无道,则礼乐征伐自诸侯出。'"(《论语·季氏》)"天子",实即孔子理想中的圣王,并非指时王而言。司马迁论孔子作《春秋》之意说:"是非二百四十二年之中,以为天下仪表。贬天子,退诸侯,讨大夫,以达王事而已矣。"又,"夫《春秋》上明三王之道,下辨人事之纪,别嫌疑,明是非,定犹豫,善善恶恶,贤贤贱不肖,存亡国,继绝世,补敝起废,王道之大者也。"(《史记·太史公自序》)"贬天子,退诸侯,讨大夫,以达王事",是以一超越于时王的价值原则以评判现实政治。此所谓"王道",即是一超越性的价值原则。在现实中,国际之间的关系,往往系于一霸主的力量加以维系。当今美国之于北约,进而之于联合国,即可目之为这样的一种霸主,其所行,是霸道而非王道。因此,必须建立一超越的原则以对之有所约束。对这一点,孟子有很深入的讨论。

世界上有大国,有小国,有强国,有弱国。孟子在论及国际关系中"以大事小"和"以小事大"的问题时,即赋予了国际关系原则以超越性的意义。《孟子·梁惠王下》载:

> 齐宣王问曰:"交邻国有道乎?"孟子对曰:"有。惟仁者为能以大事小,是故汤事葛,文王事昆夷。惟智者为能以小事大,故太王事獯鬻,勾践事吴。以大事小者,乐天者也;以小事大者,畏天者也。乐天者保天下,畏天者保其国。诗云:'畏天之威,于时保之。'"

此处从"以小事大"和"以大事小"两个角度,来讨论处理国际关系的

王道原则。孟子这里所谓"乐天"和"畏天",其义实一。朱子《孟子集注》曰:"大之事小,小之事大,皆理之当然也。自然合理,故曰乐天;不敢违理,故曰畏天。""乐天""畏天",二者互文见义,强调的都是将"天"或"天命"作为至当必然法则的敬畏。孟子引《诗经·周颂·我将》"畏天之威,于时保之"诗句以证成其"乐天者保天下,畏天者保其国"之说,就表明了这一点。

在这里,孟子是把国际关系的原则与人君对天、天命的态度联系起来进行讨论的。要理解这一点,需要对儒家的天命观念略作说明。

"乐天知命故不忧。"(《易·系辞上》)"乐天"实即"乐天知命"。孔子把是否"知命""知天命""畏天命"看作区别君子和小人的一个根本尺度。"孔子曰:'不知命,无以为君子也。'"(《论语·尧曰》)"孔子曰:'君子有三畏:畏天命,畏大人,畏圣人之言。小人不知天命而不畏也,狎大人,侮圣人之言。'"(《论语·季氏》)孔子自述"五十而知天命,六十而耳顺,七十而从心所欲,不逾矩"(《论语·为政》)。"耳顺""从心所欲不逾矩",为人之道德自由的表现。可见,知天命、畏天命,乃是人达到德性人格完成的前提和内在基础。而儒家所谓知天命和畏天命,其内容实质上是人对道义作为人类存在之至当必然法则的终极性敬畏和自觉。"天命之谓性。"(《礼记·中庸》)人性禀自天命。此乃就人的存在之整体而言的"性"和"命"。在这个意义上,凡人所得自于天者,皆可称作"性",亦皆可称作"命"。自天之命于人而言谓之"命",自人之得此而成就其为人而言谓之"性"。这个意义上的"性""命",其内容是相同的,其"命"即"性","性"即"命"。此一义之"性""命",可以称为广义的"性""命"。

与此相对,儒家又有狭义的所谓"性""命"。上述"天命之谓性"的内容,大体包括两个方面:至善的道德法则与情欲要求(及与之相关的事功效果)。从广义而言,此两者皆可以称作"性",亦皆可以称作"命"。但是,儒家的天命、性命论不止于此。以人作为类的类性及其至当必然法则为判准,儒家复对上述广义之"性""命"做了进一步的区分。其经典的表述,可见《易·说卦传》和《孟子·尽心下》。前者云:"穷理尽性以至于命。"后者云:"口之于味也,目之于色也,耳之于声也,鼻之于臭也,四肢之于安佚也,性也,有命焉,君子不谓性也;仁之于父子也,义之于君臣也,礼之于宾主也,知之于贤者也,圣人之于天道也,命也,有性焉,君子不谓命也。"《说卦传》言"尽性至命",是已在"性""命"间做出区分。孟子则明确指出了这一区分的内容:君子乃仅以"仁义礼智圣"诸道德规定为"性";而仅以"口目耳鼻四肢"诸感官情欲的满足为"命"。这个意义上的"性""命",可以称作狭义的"性""命"。

对"性""命"做这种狭义区分的根据在于,人对二者的决定之权及取之之道,有根本性的区别。"为仁由己,而由人乎哉?"(《论语·颜渊》)"子曰:仁远乎哉? 我欲仁,斯仁至矣。""求仁而得仁,又何怨?"(《论语·述而》)"有能一日用其力于仁矣乎? 我未见力不足者。"(《论语·里仁》)"为仁"是人唯一可凭自己的能力而不借助于外力所能做到的事情。人"欲仁仁至""求仁得仁",表明"仁"是人之最本己的能力,行仁由义乃是人之作为人的天职和使命所在。孔子讲"仁者人也"(《礼记·中庸》),其根据即在于此。而人的功名利禄、事功效果之事,却非人力所能直接控制者,因此只能称作"命"①。循此思理,孟子乃提出"可欲之谓善"(《孟子·尽心下》)之说。所谓"可欲之谓善",实即孔子所言"欲仁仁至""求仁得仁"。《孟子·告子上》有言:"仁义礼智,非由外铄我也,我固有之也,弗思耳矣。故曰,'求则得之,舍则失之。'或相倍蓰而无算者,不能尽其才者也。"《孟子·尽心上》亦云:"求则得之,舍则失之,是求有益于得也,求在我者也。求之有道,得之有命,是求无益于得也,求在外者也。"人对仁义礼智诸德,是求则得,舍则失,其决定完全出乎我的意志之自由抉择;而人的情欲要求及事功效果,则非人所可以直接决定者,故只能由乎仁义之道而行,而将得与不得的事功效果付之于"命"。

这样,儒家所谓"天命"或"天命之谓性",便不是一个现成性的概念。

---

① 如《论语·颜渊》:"子夏曰:商闻之矣:死生有命,富贵在天。"《论语·宪问》:"子曰:道之将行也与,命也;道之将废也与,命也,公伯寮其如命何?"都表明了这一点。

"天命"及人所得自于天命之"性",须经由人的终极性的价值抉择及其担当践履的历程乃能得以实现。这就是儒家所谓的"居易以俟命"或"修身以立命"。

《礼记·中庸》载:"君子居易以俟命,小人行险以徼幸。"《孟子·尽心上》亦云:"尽其心者,知其性也。知其性,则知天矣。存其心,养其性,所以事天也。夭寿不贰,修身以俟之,所以立命也。"又:"莫非命也,顺受其正,是故知命者不立乎岩墙之下。尽其道而死者,正命也;桎梏死者,非正命也。"人的价值的实现表现为天人的合一。这个天人之合的意义,集中表现在"立命"和"正命"这两个重要的概念上。所谓"正命",是言"命"虽为天道之必然,却具有正面(正命)与负面(非正命)的内在价值区别;所谓"立命",则揭示出了赋予人的存在以"正命"并由之而达成天命实现的超越性价值之根源所在。

康德以理性的自己立法和自我决定来规定意志自律的原则①,并通过人同属于两个世界——感觉世界和理智世界——的存在方式,来确立人之遵从道德法则的必然性和神圣天职以及人作为道德法则之主体及人格的观念②。孔孟以"求仁得仁""欲仁仁至"亦即"可欲之谓善"为判准来区分"义""命"或"性""命",确立仁义为人心之唯一能够自作主宰、自我决定的普遍性价值原则。这种确立超越性价值原则的方式和思理,与康德颇有相似之处。但是,在儒家的义理系统中,"义""命"或"性""命"虽有内在的区分,却同出于"天命"(所谓"天命之谓性"),并不像康德那样分属两个世界。在儒家看来,从个体、家族到国家、天下,在实存上都具有其特定的际遇和历史境遇,是谓其"命"(即上文所谓"狭义的命")。但这"命"却非某种现成性的给予。借用康德的说法,仁义作为道德自律的唯一原则,乃人之为人的必然选择。孟子讲"无义无命",正是要强调,在狭义的"性"

---

① 参阅康德:《道德形而上学原理》,苗力田译,上海世纪出版集团、上海人民出版社 2005 年版第 52 页以下。

② 参阅康德:《实践理性批判》,韩水法译,商务印书馆 1999 年版第 94 页以下。

"命"或"义""命"之间,具有一种价值实现意义上的内在的因果关联性①。
人在其特定的历史际遇中,若出于功利的考量,意图对之有所改变,其结果
在价值上乃为负面,亦即孟子所说的"非正命"。孟子所谓"立命",则是主
张人直面其实存之历史际遇,以其人道之抉择,躬行仁义以正定其命,乃能
赋予其"命"以正面的存在价值,此即孟子所谓"正命"。由乎此,那作为
"天命之谓性"的天命之总体,乃能得以实现;而人的行为及人类历史之发
展,方能入乎人道之正途。而这"正命"之实现,正出于人的价值抉择之所
"立"。这"立命"所具有的奠立人的存在超越性价值的赋值作用,既出于
人的必然的道德抉择,同时亦本原于天道。君子成就其为君子,圣王成就
其为圣王,皆本原于此。儒家既言君子"畏天",又言王者"畏天",这对天
的敬畏,同时亦即对人类超越性道德法则的敬畏。儒家确立其至当必然道
德法则的方式,体现了一种天人合一的精神,这是其不同于康德之处。

　　由此可知,孟子以"畏天"之义讨论国际关系问题,所强调的正是王道
或道义原则作为处理国际关系之原则的至上性意义。这王道和道义原则,
对儒家而言是一个普遍的原则,但对比于国家内部的施政原则来说,孟子
更强调了这道义原则作为"天道"的超越性意义。这是因为,一国或一伦
理共同体内之行事,尚存在着各种外部之制约性或强制性;而处理天下或
国际的关系,在现实中,则已无外部之制约,易流于为强权者所恣意操纵。
因此,儒家言国际的王道原则,尤其强调其超越性,凸显出这种原则之高于
强权的神圣性意义。

　　上引《孟子·梁惠王下》所言"以小事大"和"以大事小",为国际事务
之两端。孟子讨论国际关系的原则,很好地运用了孔子"叩其两端而竭
焉"的方法,以"以大事小"和"以小事大"这"两端"为例,对国际关系中的
王道原则进行了深入的讨论。

①　《孟子·万章上》记孟子驳斥当时"孔子于卫主痈疽,于齐主侍人瘠环"的流言说:"孔子进以礼,
退以义,得之不得曰'有命',而主痈疽与侍人瘠环,是无义无命也。"是言有德者之"义"的抉择,
乃使之获得"正命"。从这个意义说,唯君子有"义",因而有"命"(正命);小人无"义",其所得结
果,乃为"非正命"。故从道德价值言之,"义、命"之间,乃有一种必然的因果关联性。

《孟子·梁惠王下》言"仁者能以大事小",引"汤事葛,文王事昆夷"为例。《孟子·滕文公下》乃举"汤事葛"之事,详细阐发了王政征伐之义:

> 孟子曰:"汤居亳,与葛为邻,葛伯放而不祀。汤使人问之曰:'何为不祀?'曰:'无以供牺牲也。'汤使遗之牛羊。葛伯食之,又不以祀。汤又使人问之曰:'何为不祀?'曰:'无以供粢盛也。'汤使亳众往为之耕,老弱馈食。葛伯率其民,要其有酒食黍稻者夺之,不授者杀之。有童子以黍肉饷,杀而夺之。《书》曰:'葛伯仇饷。'此之谓也。为其杀是童子而征之,四海之内皆曰:'非富天下也,为匹夫匹妇复雠也。''汤始征,自葛载',十一征而无敌于天下。东面而征,西夷怨;南面而征,北狄怨。曰:'奚为后我?'民之望之,若大旱之望雨也。归市者弗止,芸者不变,诛其君,吊其民,如时雨降。民大悦。《书》曰:'徯我后,后来其无罚!''有攸不惟臣,东征,绥厥士女,匪厥玄黄,绍我周王见休,惟臣附于大邑周。'其君子实玄黄于匪以迎其君子,其小人箪食壶浆以迎其小人;救民于水火之中,取其残而已矣。《太誓》曰:'我武惟扬,侵于之疆,则取于残,杀伐用张,于汤有光。'不行王政云尔,苟行王政,四海之内皆举首而望之,欲以为君;齐楚虽大,何畏焉?"

汤之事葛,是以大事小。然其行事,并非因其无外在的强力制约而恣意妄为,亦一本于天道之必然。

此处所说王政征伐,其行事必仁至义尽然后为之,正体现了上述道义至上的原则精神。孟子言《春秋》大义,特重正名。其对"征"与"战",尤其有严格的区别。"春秋无义战……征者,上伐下也,敌国不相征也。"又:"有人曰:'我善为陈,我善为战。'大罪也。国君好仁,天下无敌焉。南面而征,北狄怨,东面而征,西夷怨……征之为言正也。各欲正己也,焉用战?"(《孟子·尽心下》)"君不行仁政而富之,皆弃于孔子者也,况于为之强战?争地以战,杀人盈野;争城以战,杀人盈城,此所谓率土地而食人肉,罪不容于死。故善战者服上刑,连诸侯者次之,辟草莱、任土地者次之。"(《孟子·离娄上》)王政有征伐而无战争。"征"与"战",其根本的分野在"正"与"争"。"战"的本质是"争",其目的指向要在于私利。战争导致残杀,可说是"率土地而食人肉",故孟子深恶之。这一观念,与孔子"善人为邦百年,亦可以胜残去杀"的思想是一致的。"征之为言正也",其原则在道义,故孟子亟称之。王道有征伐,而此征伐之"正"或其行为之正义,乃一本之于天。是以王者之征伐,表现出对天的一种敬畏的态度。叫作"畏天之威,于时保之"(《诗经·周颂·我将》),叫作"顺天者存,逆天者亡"(《孟子·离娄上》)。

这种"天"的必然和超越性力量,亦有其现实的表现。王道之征伐,在客观上表现为顺乎天而应乎人,在主观上则必以道义为唯一的目的。所以,征伐之事,必不得已而为之,此亦是对违背道义之国君的一种强制性的力量。这种力量,其实质乃是"天工人其代之"。而此代天工者,则命之为"天民"①"天吏"②。朱子释"天吏""天民"曰:"顺天行道者天民;顺天为政者天吏也。"(朱熹:《孟子精义》卷十三)圣王之征伐,"文王一怒而安天下之民","武王亦一怒而安天下之民"(《孟子·梁惠王下》)。文王之"怒"、武王之"怒",已完全超越了私情和功利,乃顺天之道而行。此就个体言,为能"从心所欲不逾矩",此即所谓"乐天者也"。就现实言,其能"顺乎天而应乎人"(《易·革卦象传》),所谓"东征而西怨","南征而北怨",就表现了这一点。故王道道义至上原则之"天"的超越性,仍落实而表现于民心、民意。

关于"以小事大"之例,可见《孟子·梁惠王下》。滕文公问以小国事大国,孟子答云:

> 昔者大王居邠,狄人侵之。事之以皮币,不得免焉;事之以犬马,不得免焉;事之以珠玉,不得免焉;乃属其耆老而告之曰:"狄人之所欲者,吾土地也。吾闻之也:君子不以其所以养人者害人。二三子何患乎无君?我将去之。"去邠,踰梁山,邑于岐山之下居焉。邠人曰:

---

① 《孟子·尽心上》:"有天民者,达可行于天下,而后行之者也。"
② 孟子认为,仁者"无敌于天下",而"无敌于天下者,天吏也"(参见《孟子·公孙丑上》)。齐人沈同问:"燕可伐与?"孟子回答"可"。孟子的意思是,"为天吏,则可以伐之"。"天吏"之伐,是代天行道,顺乎天而应乎人者也。(参见《孟子·公孙丑下》)

"仁人也,不可失也。"从之者如归市。

又:

> 滕文公问曰:"齐人将筑薛,吾甚恐,如之何则可?"孟子对曰:"昔者大王居邠,狄人侵之,去之岐山之下居焉。非择而取之,不得已也。苟为善,后世子孙必有王者矣。君子创业垂统,为可继也。若夫成功,则天也。君如彼何哉?强为善而已矣。"

此所谓"以小事大"之"畏天",与上文所谓"以大事小"之"乐天",其义实一,皆所以顺天而行,行事之所必至,而非据主观之私意行事。其所奉行的原则,是道义。太王事獯鬻(狄),是以小事大,太王行事,唯百姓之生命为目的,而不以君位为念。此亦体现了一种以道义为上而不计功利,居易以俟命之精神。同时,孟子据此强调指出,德与福之间,有一种必然的联系。

总之,在国际关系原则方面,儒家的王道论特别突出了道义至上原则的超越性意义。其表现为天道、天意、仁心、民心、民意、民情之内在的一致性,从而使之具有一种"先天而天弗违,后天而奉天时"的必然性的力量。

结 语

综上所论,儒家的王道论,乃是一种道义原则基础上的道义—功利一体论。它涵容功利事功,却体现了一种道义至上的精神。这种王道精神,在今天仍具有重要的理论和现实意义。

儒家的王道论,主张在伦理共同体内部,必须以道义为最高的目的和原则。今人往往认为儒家的道义至上追求陈义过高,无法实行。其实,儒家的王道论,虽有很强的原则性,但又很平实。长期以来,我们社会生活中所奉行的实质上就是一种"上下交征利"的原则。我们过去有一个价值理念:"毫不利己,专门利人",又强调阶级、集体、国家等不同层次的利益,其核心实质上就是一个"利"字。既以"利"为号召,"利人"最终将无从落实。中国社会半个多世纪以来道德建设的结果已证明了这一点。20 世纪80 年代大学生张华救老农牺牲这一事件,曾引起一番大学生救农民"值不值得"价值观讨论。今人衡量成功的标准,仍然还是"利"。这表明,现代流行在我们社会生活里面的核心价值就是"利",这是要不得的。美国大片《拯救大兵瑞恩》,八个人救一个大兵,值不值得？在一个伦理共同体中,其最高的原则乃是道义或至善的原则。人是目的,应该救人,就不能计较功利,不能讨价还价。这个"应该"或"应当",是社会的道义原则。在一个伦理共同体内,道义原则必须挺立起来。《荀子·礼论》云:"人一之于礼义,则两得之矣;一之于情性,则两丧之矣。故儒者将使人两得之者也。"《孟子·尽心上》亦云:"形色,天性也;惟圣人然后可以践形。"一方面,作为核心的道义价值挺立起来,人的功利性层面作为整体才能真正得到实现;同时,功利性亦才能被点化、升华,从而使真正作为"人"的价值实现出来。此为中外、古今之通谊,吾人亦当深长思之。

儒家论国际关系原则,亦贯彻了一种道义至上的精神,并特别强调这道义原则作为"天道""天命"的超越性与必然性的意义。国际关系的原则,与"天下"的观念相关。对人类的整体存在而言,"天下"为无外,为至大。因此,一方面,国际关系的原则,具有关涉人类存在整体的意义,乃直接关联于超越和形上的境域;另一方面,大国尤其是强国在现实上已不再有实质上的外部制约性,故国际关系的原则极易为霸权者所任性操纵。今日的国际关系,往往缺乏一贯性和自洽性的原则。如美国作为当今国际社会之"桓文",一方面常以正义的面目在国际事务中出现;另一方面,又常常不加掩饰地以本国国家利益作为出师名义。这实已成为一种为国际社会所容忍的惯例,由此导致了国际事务处理中行事原则的随意性。如何认识和建立国际关系"王道原则"的必然性和内在一致性,乃是当今国际社会所面临的一项重要课题。儒家王道思想所倡导的道义至上主义精神,在今天的国际事务的处理中,仍具有重要的现实意义。

(李景林,北京师范大学价值与文化研究中心、哲学与社会学学院教授、博士生导师;本文发表于2012年第4期)

论儒家的王道精神
——以孔孟为中心

略论儒家心性修养论

温克勤

摘　要　儒家认为人的道德行为建立在心性修养的基础上,心性修养是由道德认知到道德践行的不可或缺的连接环节或桥梁。先秦儒家孔孟荀和儒家经典《礼记·大学》为儒家心性修养论奠定了思想理论基础。汉唐儒家学者继承、传播和维护了传统儒家的心性修养论。宋明儒家学者将儒家心性修养论发展得更为理论化、精致化。探讨儒家心性修养论,在批判其历史和阶级局限性的同时,吸收和借鉴其有价值的、合理的因素,为社会主义道德建设服务,是时代发展提出的任务。

儒家认为人的道德行为建立在心性修养的基础上,故十分强调心性修养在道德修养过程中的重要意义。儒家心性修养论的形成发展大致经历了从孔孟荀和《礼记·大学》的思想理论奠基,到汉唐儒家学者对其继承、传播和维护,再到宋明儒学的更加理论化、精致化发展的三个阶段。

一、先秦儒家孔孟荀和《礼记·大学》中的心性修养论

先秦儒家孔孟荀在各自不同的人性预设基础上提出自己的心性修养论;《礼记·大学》提出儒家道德修养“八条目”,阐述了“诚意”“正心”心性修养的目标或要求,从而为儒家心性修养论奠定了思想理论基础。

（一）孔子提出了"性相近，习相远"（《论语·阳货》）的人性预设

朱熹对之解释说："此所谓性，兼气质而言者也。气质之性有美恶之不同矣，然以其初而言，则皆不甚远也，但习于善则善，习于恶则恶，于是始相远耳。"（《四书集注·论语·阳货注》）孔子的人性论命题，肯定了人性之可变及后天修习的意义。孔子所主张的"志于道，据于德，依于仁""喻于义"以及"学礼""学诗"等，就是告诫人们修养心性、发扬善性，使心"一于善而无自欺"。在孔子看来，正是因为人们重视了心性修养，才能做到"克己复礼""约之以礼"。他特别强调人在面临外界诱惑或境遇窘迫时，能够心"一于善"，恪守仁义道德。

孔子强调心性修养，还体现在他对"三戒""三畏"的倡导上。孔子讲："君子有三戒。少之时血气未定，戒之在色；及其壮也，血气方刚，戒之在斗；及其老也，血气既衰，戒之在得。"（《论语·季氏》）朱熹注曰："范氏曰：圣人同于人者血气也，异于人者志气也。血气有时而衰，志气则无时而衰也……君子养其志气，故不为血气所动，是以年弥高而德弥邵也。"（《四书集注·论语·季氏注》）这里所谓"养其志气"，也就是修养心性。人若能始终恪守仁义道德，不为"血气所动"，就必须注重心性修养。孔子倡导"君子有三畏，畏天命，畏大人，畏圣人之言"（《论语·季氏》）。但人能否做得到，也看其是否注重心性修养。朱熹在《四书集注》中讲："尹氏曰：'三畏者，修己之诚当然也；小人不务修身诚己，则何畏之有？'"在孔子和儒家看来，人能做到"三畏"，也是由其注重心性修养所致。

孔子讲心性修养强调辨明义利关系。他认为君子和小人的区分即在于"喻于义"还是"喻于利"。但他并非完全排斥利，如讲"富与贵，是人之所欲也"（《论语·里仁》），他所反对的只是见利忘义，"放于利而行"（《论语·里仁》）。"义以为上"（《论语·阳货》）、"义以为质"（《论语·卫灵公》）、"义然后取"（《论语·宪问》），是他所主张的价值取向和要求达到的道德水准。

（二）孟子提出人性善的预设，认为人有与生俱来的善良意识（"良知""良能"）

所谓"恻隐之心，人皆有之，羞恶之心，人皆有之，恭敬之心，人皆有之，是非之心，人皆有之"（《孟子·告子上》），"恻隐之心，仁之端也，羞恶之心，义之端也，辞让之心，礼之端也，是非之心，智之端也"（《孟子·公孙丑上》）。人在生活实践中能够持守"四心""四端"，以仁义礼智存心，即可以做一个"居仁由义"的道德君子，而如果因外界的诱惑干扰将其丧失，即所谓"陷溺其心者""放其良心者"（《孟子·告子上》），则会沦为"穿穴踰墙"（《孟子·尽心下》）的小人。为此他提出"存心"或"求放心"的心性修养论。"学问之道无他，求放心而已矣"（《孟子·告子上》）。"君子之所以异于人者，以其存心也。君子以仁存心，以礼存心。"（《孟子·离娄下》）在"存心""求放心"的要求下，孟子还提出了一套具体的修养方法。一是"养心善于寡欲"。"其为人也寡欲，虽有不存焉者，寡矣；其为人也多欲，虽有存焉者，寡矣。"（《孟子·尽心下》）二是"先立乎其大者"。"耳目之官（'小体'）不思，而蔽于物，物交物则引之而已矣。心之官（'大体'）则思，思则得之，不思则不得也……先立乎其大者，则其小者弗所夺也。"（《孟子·告子上》）三是"养浩然之气"。此气"至大至刚""配义与道"（《孟子·公孙丑上》），实际上讲的是一种志气、骨气。朱熹讲，人养得此气，将有助于"敬守其志。"（《四书集注·孟子·公孙丑上》）四是思诚。孟子将"诚"提升到"天道""人道"的本体论高度予以强调，"诚者，天之道也，思诚者，人之道也"（《孟子·离娄上》）。人在道德修养过程中，只有"思诚"，真实无欺地修养心性，才能达至"尽心知性知天"和"万物皆备于我"（《孟子·尽心上》）的"天人合一"的修养境界，也才能排除一切外界的诱惑干扰，实现"富贵不淫，贫贱不移，威武不屈"的"大丈夫"人格理想。

同孔子一样，孟子讲心性修养也强调辨明义利关系。孟子讲："非其义也，非其道也，禄之以天下，弗顾也；系马千驷，弗视也。非其义也，非其道也，一介不以与人，一介不以取诸人。"（《孟子·万章上》）孟子认为道义的价值不仅高于财富、官爵，而且比生命还可贵。"生亦我所欲也，义亦我所欲也,二者不可得兼,舍生而取义者也。"(《孟子·告子上》)在他看来,正是这种重道义、重精神生活的价值取向成就着人们的善行举,决定着人们的道德水准和人格品位。

（三）荀子将人性预设为恶,认为人有"好利""疾恶""好声色"等自然本能

这种自然本能如果任其发展就会造成相互争夺,以至"犯分乱理而归于暴"(《荀子·性恶》)。因此他主张必须用礼义加以约束节制,即通过礼义的修养、教育化恶为善,亦即所谓"化性起伪",这里"伪"是"人为"的意思。可见荀子和孟子在人性预设上尽管迥然不同,但在重视道德修养和道德教育上却是别无二致的。孟子主性善,通过"存心""养心""求放心",以恢复其原初的道德心("良知""良能");荀子主性恶,通过"化性起伪",使人性化于礼义道德、习惯于礼义道德,"长迁而不反其初"(《荀子·不苟》)。荀子也很注重心性修养。他讲:"修志意,正身行"(《荀子·富国》)。"修志意"就是修养"一于善"的心性,它是"正身行"的心灵基础。他还提出"治气养心之术",主张用"礼"调治人的险诈、猛戾、急躁、褊狭、卑下、怠慢等不正之心(《荀子·修身》)。所谓"治气养心之术"讲的也就是心性修养。荀子也强调"诚"在心性修养中的重要作用,"君子养心莫善于诚,致诚则无它事矣,唯仁之为守,唯义之为行"(《荀子·不苟》)。人真诚无欺地"养心",即能做到一心一意地"守仁""行义"。

值得重视的是,荀子对"乐"的养心化人功能已有较深入的认识。他讲:"夫声乐之入人也深,其化人也速","乐中平则民和而不流,乐肃庄则民齐而不乱",乐"可以善民心,其感人深,其移风俗易"(《荀子·乐论》)。又讲:"君子以钟鼓道志,以琴瑟乐心。"在他看来,"乐"和"礼"的社会功能不同,"乐和同,礼别异",但二者都是"管乎人心"(《荀子·乐论》)的,都关乎人的心性修养。荀子提出并探讨了作为认识论的"解蔽"与心性修养的关系问题,同样也是值得重视的。荀子认为人的所知所好如果偏于一隅,那么在认识好恶上便会发生"遮蔽",即片面性。他举例说,人如果用功利的观点看问题,那么天下之道就无复仁义都是功利了,"故由用谓之,

道尽利矣";如果用欲望的眼光看问题,那么天下之道就没有别的都是快意享乐了,"由俗(欲)谓之,道尽嗛(qiè,通'慊',满足、快意)矣"。他认为"用""欲"等,"皆道之一隅也",而道者"体常而尽变,一隅不足以举之"。在他看来,要解除遮蔽就要"知道","心一于道",使心处于一种"虚壹而静"的状态;"不以所已臧(藏)害所将受,谓之虚","不以夫(彼)一害此一,谓之壹","不以梦剧(梦想、嚣烦)乱知,谓之静"。这样便可以做到"导之以理,养之以清(冲和之气)",便"足以定是非,决嫌疑",而不会因"小物引之","惑其心而乱其行"(《荀子·解蔽》)。这些论述,无疑拓展和深化了对心性修养的认识。

荀子的心性修养论,在价值取向上同孔孟一样,强调辨明义利关系。他提出"先义而后利者荣,先利而后义者辱"(《荀子·荣辱》),以及主张"以理导欲""节欲"(《荀子·正名》)等。但他又讲:"虽为守门,欲不可去"(《荀子·正名》),"义与利者,人所两有也"(《荀子·大略》)。可见他不仅继承了孔孟的传统,同时也吸取了墨子学派和管子学派的功利主义合理因素。

(四)《礼记·大学》中的心性修养论

战国至西汉初成书的《礼记·大学》,从理论上系统整理了孔孟荀的道德修养论,将其概括为"格物、致知、诚意、正心、修身、齐家、治国、平天下"八条目。篇中对"诚意""正心"的心性修养工夫给予了深入的阐述。

《礼记·大学》讲:"所谓诚其意者,毋自欺也,如恶恶臭,如好好色。此之谓自谦(读如慊,qiè),故君子慎其独也。"朱熹注曰:"诚其意者,自修之首也。毋者,禁止之辞。自欺云者,知为善以去恶,而心之所发有未实也。谦,快也,足也。独者,人所不知而己所独之地也。言欲自修者,知为善以去恶,则当实用其力,而禁止其自欺。使其恶恶则如恶恶臭,好善则如好好色。皆务决去,而求必得之,以自快足于己,不可徒苟且,以殉外而为人也。然其实与不实,盖有他人所不及知而己独知者,故必谨之于此以审其几焉。"(《四书集注·大学注》)这是讲,修养心性须真诚无欺、实用其力。就像恶恶臭、好好色那样真切,且于一人独处时也谨慎从事、深自警戒,绝不行苟且、放纵自己。

在阐释"正心"时,《礼记·大学》讲:"所谓修身在正其心者,身有所忿懥则不得其正,有所恐惧则不得其正,有所好乐则不得其正,有所忧患则不得其正。"这是讲,心有愤怒、恐惧、好乐、忧患等不良情绪,将会影响人的道德意识,使心不得其正。《礼记·大学》对"诚意""正心"心性修养的阐述,指出了在道德修养和道德行为中,人们的意识和心理的重要意义,要求人们既要发挥自觉能动性去真诚地追求,还要注意排除原来思虑中的各种干扰。

同先秦儒家一样,《大学》讲心性修养的价值取向也是重视道德精神追求。如讲"富润屋,德润身""德者本也,财者末也""不以利为利,以义为利"以及"诚于中形于外"等。

孙中山对《大学》讲的"八条目"道德修养论曾给予很高的评价,指出它"把一个人从内发扬到外,由一个人的内部做起,推到平天下为止。像这样精微开展的理论,无论外国什么样的政治家都没有见到,都没有说出……"[1]所谓"从内发扬到外","由一个人的内部做起",就是从个人的道德认知特别是从个人的心性修养做起。它们是修身、齐家、治国、平天下的前提和基础。

二、汉唐儒家董仲舒、扬雄、韩愈的心性修养论

西汉武帝实行董仲舒"罢黜百家,独崇儒术"的建议,儒家思想开始占据统治地位。在汉唐时期,董仲舒、扬雄和韩愈继承、传播了传统儒家的心性修养论。韩愈更面对佛、道对儒学的冲击做出回应,致力于维护儒家的心性修养论。

董仲舒的心性修养论建立在神学目的论的基础上,将天(神)视为心性道德的最高根据和原则。

董仲舒讲:"天令之谓命,命非圣人不行。质朴之谓性,性非教化不成。人欲为情,情非度制不节。"(《举贤良对策》三)意谓有意志的"天"为

最高根据,圣人、教化、度制都是奉天而为的。这种神学目的论的论证是不足取的,但其强调人的性、情需要教化、节制,人需要自觉地修养心性,则是有其合理因素的。他还讲:"天生之,地养之,人成之。天生之以孝悌,地养之以衣食,人成之以礼乐,三者相为手足,合以成体,不可一无也。无孝悌则亡其所以生,无衣食则亡其所以养,无礼乐则亡其所以成也。三者皆亡,则民如麋鹿,各从其欲,家自为俗。"(《春秋繁露·立元神》)又讲:"天之为人性命,使行仁义而羞可耻,非若鸟兽然,苟为生,苟为利而已。"(《春秋繁露·竹林》)不难看出,这乃是对孟子"人禽之辨"的展开论述或发挥。为此,他强调人应注重礼义修养,以礼义养心,"君子非礼而不言,非礼而不动。好色而无礼则流,饮食无礼则争,流争则乱,故礼,体情而防乱者也。民之情,不能制其欲使之度礼。目视正色,耳听正声,口食正味,身行正道,非夺之情也,所以安之情也"(《春秋繁露·天道施》)。这里他提出礼义养心是"安情"而非"夺情",既反对了放纵情欲,又反对了禁欲主义。这同他讲的"义者心之养也,利者体之养也"的旨趣是一致的。但他更强调"义者养心","体莫贵于心,故养莫重于义,义之养生人大于利"。他论证说,"今人大有义而甚无利,虽贫虽贱,尚荣其行以自好而乐生,原、宪、曾、闵之属是也。人甚有利而为无义,虽甚富,则羞辱大,罹恶深,祸患重。非立死其罪者,即旋伤殃忧尔,莫能乐生而终其身,刑戮夭折之民是也"(《春秋繁露·身之养莫重于义》)。在人性预设问题上,董仲舒调和孟子性善论与荀子性恶论,提出"性三品"说,即"圣人之性""中民之性""斗筲之性"(上、中、下或善、中、恶)三品。"圣人之性"近于全善,"斗筲之性"近于全恶,而"中民之性"可善可恶、可上可下。他之所以强调"中民之性"经过教化可以改变,乃在于为其提出的"教,政之本也;狱,政之者也"(《春秋繁露·精华》)提供理论基础。

在心性修养的价值指向上,董仲舒更为强调辨明义利关系,提出"正其谊(义)不谋其利,明其道不计其功"的命题。这一命题只讲行为动机不讲行为效果,有片面性、绝对化倾向。但从心性修养角度看,也不无合理因素。从他的整个思想看,他也并未将义与利绝对对立起来,完全排斥人的利欲。董仲舒强调心性修养以恪守"三纲五常"、维护封建大一统为道德价值目标,则反映了时代的需要和特点。

西汉儒家学者扬雄讲:"学者,所以修性也。视、听、言、貌、思,性所有也。学则正,否则邪。"(《扬子法言·学行》)他明确地讲"学"是为了"修性"即心性修养,认为这是决定一个人行正道还是走邪路的关键所在。他还讲:"人而不学,虽无忧,如禽何? 学者,所以求为君子也。求而不得者有矣夫,未有不求而得者也。"(《扬子法言·学行》)一个人肯学、能修养心性,就可能成为一个道德高尚的人,否则,则绝不能,甚至会与禽兽无异。在人性预设问题上,扬雄主张人性"善恶混",并提出"修其善则为善人,修其恶则为恶人"(《扬子法言·修身》),强调人要注重心性修养,"修善"而绝不"修恶"。他强调"修性"须着力辨明义(道)利关系,"大人之学也为道,小人之学也为利,子为道乎,为利乎","吾闻先生相与言,则以仁与义,市井相与言,则以财与利"(《扬子法言·学行》)。他提出一个注重心性修养的人应"取四重,去四轻":"言重则有法,行重则有德,貌重则有威,好重则有观","言轻则招忧,行轻则招辜,貌轻则招辱,好轻则招淫"(《扬子法言·问道》)。这种辨明利义关系、"取四重,去四轻"的心性修养目标和道德人格理想是儒家所一贯倡导的。他还提出"折诸圣"的是非善恶判断标准,"万物纷错则悬诸天,众言诸乱则折诸圣"(《扬子法言·修身》),以及强调修养心性须用心于"仁、义、礼、智、信"(《扬子法言·修身》)等,则反映了汉代尊孔崇儒的时代特征。

唐代韩愈,被苏轼称作"文起八代之衰,道济天下之溺"(《潮州韩文公庙碑》),《旧唐书·本传》中也称他"大抵以兴起名教,弘奖仁义为事"。与两汉时期不同,魏晋南北朝以来道家和佛教逐渐兴盛,儒学受到挑战和冲击。佛道提倡"清净寂灭"的"治心"说,主张灭绝情欲,以达到"外天下国家""出世"与"无为"目的。韩愈提出"道统说",以儒家倡导的"先王之道"和"有为"的心性修养论与之相抗衡。他指出"古之所谓正心而诚意者,将以有为也"(《韩昌黎集·原道》)。"有为"即"修身、齐家、治国、平天下"。他强调儒家的"治心""养心"在于修养仁义道德,并以人性中存在

略论儒家心性修养论

的仁礼信义智"五德"之多寡将人性共分为上中下三品,认为通过修养和教化,人性的品级是可以改变的,"上之性就学而愈明,下之性畏威而寡罪"(《韩昌黎集·原性》)。对于"情",他也以仁礼信义智"五德"衡量,而区分为上中下三品。在他看来,人皆有情有欲,如果七情"动而处其中"、无过无不及,那即是合乎仁义等"五德"的。他的"性情三品"说既从理论上论证了心性修养的必要性、重要性和可能性,同时也批驳了佛、道的"灭情见性""清静无为"说。

韩愈强调心性修养须"责己严,责人宽"。"古之君子,其责己也,重以周,以其人也,轻以约。重以周,故不怠;轻以约,人乐为善。"(《韩昌黎集·原毁》)同时心性修养须以圣人为目标,他认为圣人并非高不可攀,"彼人也,予人也,彼能是,而我乃不能是?""早夜以思,去其不如舜者,就其如舜者。"(《韩昌黎集·原毁》)这里体现了他对传统儒家重视道德修养并自觉发挥主观能动性思想的继承和发挥。

三、宋明儒家程颐、朱熹、陆九渊、王守仁的心性修养论

宋明时期,以程颐、朱熹、陆九渊、王守仁为代表的儒家学者继承和发展了传统儒家思想特别是它的心性修养论。

程朱理学派提出"格物致知""居敬穷理"的心性修养论,即通过形而下的事物体认形而上的"理"("天理")。在这一过程中,他们十分重视"敬""居敬"的重要作用。程颐讲:"涵养须用敬,进学则在致知"(《遗书》卷十八),"学莫大于致知,养心莫大于礼义"(《遗书》卷十六)。在他看来,所谓"敬",一是保持思想高度集中,"敬只是主一也。……存此,则自然天理明"(《遗书》卷十五);二是排除一切外界干扰,使内心保持绝对的中和状态,"既不之东,也不之西,如是则只是中"(《遗书》卷十五);三是在体能上要"整齐严肃",使"非僻之奸"无从而入(《遗书》卷十五)。朱熹对于"居敬"更加强调。他讲:"'敬'之一字,真圣门之纲领,存养之要法。"(《朱子语类》卷十二)又讲"敬"为"入德之门""立脚去处""最要紧处"

"穷理之本"等。他讲的敬并非"块然兀坐,耳无所闻,目无所见,心无所思,而后谓之敬"。在他看来,敬"只是内无妄思,外无妄动","有所畏惧,不敢放纵"(《朱子语类》卷十二)。他还提出"敬,只是此心作主宰",并发挥张载的"心统性情"说,认为"统有二义:一是'统犹兼也',二是'统是主宰'"(《朱子语类》卷九十八)。在朱熹看来,要做到"居敬"、涵养德性,就要发挥"心作主宰"的功用。

程朱理学派主张"性即理",认为"理"("天理")不仅是宇宙的本体,而且是道德的本原。人的思想行为都要受到"理"即封建道德纲常的约束。所谓"敬""居敬"就是自觉地接受"理"的约束。"视听言动,非理不为,礼即是理也"(《遗书》卷十五),"一言一语,一动一作,一坐一立,一饭一食,都有是非,是底便是天理,非底便是人欲"(《朱子语类》卷三十八),"盖修德之实,在乎去人欲,存天理"(《朱子文集》是三十七《与刘共父》之二)。

"存理去欲"即理欲之辨,它与义利之辨、公私之辨三位一体,构成程朱理学派心性修养的价值指向。需要注意的是,尽管在其整个思想体系中并没有将理欲、义利、公私完全对立起来,其所要去的"人欲"亦多指过分之欲、邪恶之欲,但"存理去欲"的片面性、绝对化的讲法使封建道德纲常更加严酷化,以至被后人称作"以理杀人",这也是需要指出的。

与程朱理学派不同,陆王心学派提出"心即理"的命题,认为作为宇宙最高最后存在根据和道德本原的"理"("天理")即在人的心里,同心是相同的概念。陆九渊讲:"道(理)未有外乎其心者"(《陆九渊集》卷十九《敬斋记》),"宇宙便是吾心,吾心即是宇宙"(《陆九渊集》卷三十六《年谱》);王守仁则讲:"天理在人心……天理即是良知"(《王阳明全集》卷三《传习录下》),"心即理也,天下又有心外之事,心外之理乎? 事父不成去父上求个孝的理? 事君不可从君上求个忠的理? ……都只在此心"(《王阳明全集》卷一《传习录上》)。

由此他们提出"发明本心"和"致良知"的心性修养论。陆九渊讲:"苟此心之存,则此理自明。"(《陆九渊集》卷三十四《语录上》)"只存一字,自

略论儒家心性修养论

可使人明得此理,此理本天所以与我,非由外铄。明得此理,即是主宰,真能为主,则外物不能移,邪说不能惑。"(《陆九渊集》卷一《与曾宅之》)他还讲道:"收拾精神,自作主宰,万物皆备于我,有何欠阙? 当恻隐时自然恻隐,当羞恶时自然羞恶,当宽裕温柔时自然宽裕温柔,当发强刚毅时自然发强刚毅"(《陆九渊集》卷三十五《语录下》)以及"学苟知本,方经皆我注脚"(《陆九渊集》卷三十四《语录上》)等。在著名的鹅湖之争中,他以发明本心、道不外铄的心性修养工夫与朱熹的"格物穷理"相对峙,在认识论上表现出主观唯心论和非理性主义倾向,但同时也凸显了意志独立和反传统教条束缚的主体意识。

王守仁则提出"致良知"的心性修养工夫。他讲:"知是心之本体,心自然会知,见父自然知孝,见兄自然知弟,见孺子入井自然知恻隐。此便是良知,不假外求。"(《传习录上》)又讲:"致吾心良知之天理于事事物物,则事事物物皆得其理矣。"(《王阳明全集》卷二《传习录中·答顾东桥书》)他所提出的"致良知"心性修养工夫主要有:一是"立志""责志"。要求除掉"凡一毫私欲之萌"以及"怠心""忽心""操心""忿心""贪心""傲心""吝心"等,"只念念要存天理"(《传习录上》);二是"省察克治"。要求时时检查自己的行为,彻底除掉人欲私心,达到良知纯备,也即是"思诚,只思一个天理"(《传习录上》);三是践行"一体之仁",即彻底除掉"私欲""隘陋"之蔽,"以天地万物为一体""视天下犹一家,中国犹一人"(《王阳明全集》卷二十六《大学问》)。王守仁"致良知"的心性修养论同陆九渊一样强调心的主宰作用和人的主体意识。他讲:"天地万物俱在我良知的发用流行处,何处又何尝又有一物超于良知之外。"(《传习录下》)"尔那一点良知是尔自家的准则。尔意念着处,他是便知是,非便知非,更瞒他一些不得。"(《传习录下》)"自己良知原与圣人一般,若体认得自己良知明白,即圣人气象不在圣人而在我矣。"(《传习录中·启问道通书》)"良知良能,愚夫愚妇与圣人同。"(《传习录中·答顾东桥书》)"人人胸中各有圣人"(《传习录下》)等。

程朱理学派与陆王心学派的心性修养论既相互对峙又相互补充。它们在"存理去欲"的心性修养目标和价值指向上是一致的。只是程朱理学派将"理"抬到天上,从而使外在的约束更加严酷,而陆王心学派则将"理"置于人的心中,从而更为强化了内在的约束。因此,揭露批判它们维护和强化封建主义统治的历史作用是理所当然的。至于它们从道德形上学或本体论立论,深入分析心性、性命、性情、理欲、知行等哲学、伦理学重要范畴,将性体与道本(打通天、理、心性)、心性修养与宇宙人生、知与行结合起来,即内在即超越、天人合一、知行合一,以及融合佛、道人生哲学中的思辨智慧等,从而使它们的心性修养论具有了更丰富的思想内涵和更精致的理论形式,则是应该予以重视和认真探讨的。

结 语

心性修养论是儒家伦理思想的重要内容。在中国传统文化中,不只儒家讲心性修养,道、佛两家也讲。梁启超曾讲过,老子、庄子、佛学"都是教我们本钱的方法——操练心境的学问"[2]。但儒家的心性修养与道、佛有所不同。儒家是既讲"心性"又讲"事功",既讲"内圣"又讲"外王",而道佛两家则只讲"心性"不讲"事功",只讲"内圣"不讲"外王"。难怪有人批评它们"只讲上达,不讲下学""只有上半截,没有下半截"。儒家正是以此二者的结合而与道、佛相区别的。可是长期以来,人们视儒家心性修养为空谈心性,只讲虚的不讲实的,这是欠公允的。实际上注重心性修养,注意内在良知的培养,并以此导引人的善行义举,是符合人类道德发生发展规律的。从道德修养和道德教育实践来看,如果只讲道德知识灌输,只讲道德规范约束,而不注重切实地心性修养,不讲"诚意""正心",也是难以达到"知行统一"的实际效果的。在现代社会生活中,拜金主义、享乐主义、极端个人主义思想泛滥,价值理性工具理性相割裂,道德功利化、技能化、谋略化趋向日益严重,要医治道德失范、诚信缺失等消极道德现象,尤其要引导人们重视心性修养,在诚意、正心上下功夫,树立正确的道德观念。

诚然,儒家心性修养论具有夸大精神作用的唯心论倾向,揭露和批判这种理论偏失是理所应当的。然而,不应以此而全然抹杀它的合理因素。儒家的心性修养论发展了主观意识的能动方面,即人在道德精神生活领域应积极地回应外界的影响作用,重视正确观念的引导从而做出正确的道德抉择。注重心性修养是道德自律、道德自觉的最集中的表现或最重要的表征。从一定意义说,讲心性修养就是讲道德自律、道德自觉。儒家心性修养论之所以引人注目,就在于它充分体现了道德的这一特质。所以,我们应重视儒家心性修养论的探讨,在批判其时代的和阶级的局限性的同时,吸收和借鉴其有价值的合理的因素,为社会主义道德建设服务,这是时代发展提出的任务。

参考文献:

[1] 孙中山.孙中山选集[M].北京:人民出版社,1956:684.

[2] 梁启超.饮冰室合集·专集之三十五[M].北京:中华书局,1989:2.

(温克勤,天津社会科学院研究员;本文发表于2012年第5期)

论中国古代士人的使命感

张锡勤

摘　要　中国古代的士、士人即知识分子、知识阶层,他们是中国古代社会基本价值、准则(道)的坚守、维护者,因而具有自觉的使命感、责任感,以"任重道远"自策、自勉。中国古代士人的使命感、责任感主要表现在文化传承、社会批判、道德教化、匡救社会危机诸方面。中国古代士人的使命感、责任感为近代以来的中国知识分子所继承,但与古代传统士人相比,中国近代以来新型知识分子的社会使命感、责任感又有了新的内容、要求。

中国古代的士、士人,简言之即知识分子、知识阶层。他们中的优秀分子(即古人说的"士君子")以坚守、维护社会基本价值、基本准则("道")为己任,是一批具有自觉使命感、责任感的人。中国古代士人的使命感、责任感不仅为同时代的世人所称道、景仰,也深深影响了近代以来的新型知识分子。

一

士、士人是中国古代社会的特殊群体,故本文先对士的产生、演变简要回顾。在商周,士是负责各种具体事务的最低一级贵族。这种士,史界多称为"贵族士"。到春秋时代,士的地位、构成开始发生变化。众所周知,春秋战国是中国古代社会大变动的时代。随着旧制度逐渐瓦解,旧贵族的地位不断下降,一些平民的地位则因社会变动得以上升。于是,士这一介乎贵族与平民之间的阶层,人数不断扩大。而且,士的构成也逐渐多为知识人,这同社会变动过程中的文化下移有直接关系。自周室东迁之后,周王室日渐式微,周初的一些封国也先后灭亡。于是,"学在官府"的文化垄断局面一步步被突破,出现了所谓"天子失官,学在四夷"(《左传·昭公十七年》)的状况。乡校与私人办学的兴起,使长期被"官府"垄断的知识文化流布于民间。这样,就出现了一批有知识才能且有信念、理想的新型士人,他们是中国知识分子的原型。由于社会有需求,这批新士人队伍不断扩大,成为与农、工、商并列的"四民"之一,且成为四民之首。

新士人的产生,是春秋战国时期中国社会结构、阶级关系变化的产物,而赋予新士人灵魂、品格、理想的则是孔子和原始儒家。他们是特殊士人精神的塑造者。正是他们提出了理想士人的标准,这些标准为后世优秀士人所坚守,成为中国古代优秀知识分子的传统。

孔子和原始儒家对士的根本要求是使自己终身成为道的坚守、维护、弘扬者。《论语》一则言"志于道"(《论语·述而》),再则言"士志于道"(《论语·里仁》)正是此意。"士志于道"就是说,作为一名真正的士,应终身不懈地向往、追求、维护道;而且,由于"人能弘道"(《论语·卫灵公》),士又应是道的弘扬者。总之,真正的士是离不开道的。

所谓"道",简言之即社会的基本价值、基本准则,它是一个社会赖以存在、得以正常运转并发展的根本保证,所维护的是社会的整体利益。自然,孔子所说的道乃是那时社会的基本价值、准则。孔子和原始儒家要求士志于道,是要求士成为那时社会基本价值、准则的维护者。所以,孔子和原始儒家从一开始塑造理想士人,便赋予他们使命感、责任感和勇于承担责任的担当精神。

二

　　孔子和原始儒家认为,由于道要靠士去贯彻、落实、维护、弘扬,因此,士首先应是一个自觉接受、拳拳服膺道,能将道落实为自身实际行动的人,是一个道德高尚的人。所以,孔、孟、荀对士应具有的品德做了多方面的说明。为节省篇幅,下面主要举《论语》为例。

　　子贡问曰:"何如斯可谓之士矣?"子曰:"行己有耻,使于四方不辱君命,可谓士矣。"曰:"敢问其次?"曰:"宗族称孝焉,乡党称悌焉。"曰:"敢问其次?"曰:"言必信,行必果,硁硁然小人也! 抑亦可以为次矣。"(《子路》)

　　子路问曰:"何如斯可谓之士矣?"子曰:"切切、偲偲,怡怡如也,可谓士矣。朋友切切、偲偲,兄弟怡怡。"(《子路》)

　　志士仁人,无求生以害仁,有杀身以成仁。(《卫灵公》)

　　子张曰:"士见危致命,见得思义,祭思敬,丧思哀,其可矣。"(《子张》)

　　士志于道,而耻恶衣恶食者,未足与议也。(《里仁》)

　　士而怀居,不足以为士矣。(《宪问》)

　　《孟子》的相关记载有:"王子垫问曰:'士何事?'孟子曰:'尚志。'曰:'何谓尚志?'曰:'仁义而已矣。'"(《孟子·尽心上》)"无恒产而有恒心者,惟士能为。"(《孟子·梁惠王上》)荀子在《非十二子》篇中将士分为从政的"仕士"和在野的"处士"。荀子认为,"仕士"应是"厚敦者也,合群者也,乐富贵者也("富"当作"可",可贵系指道德),乐分施者也,远罪过者也,务事理者也"。而"处士"则是"德盛者也,能静者也,修正者也,知命者也,著是者也"("著是"当作"著定",意为有定守而不随流俗)。

　　孔、孟、荀对士的要求虽包括才干、能力,但主要是道德。士自然必须恪守基本道德(如仁义、孝悌、忠信、友爱、宽厚、守礼、知耻、远罪),理应是这方面的楷模。但作为士,又应是"德盛"者,尚应有更高要求,比如"见危

论中国古代士人的使命感

致命""临难毋苟免"(《礼记·曲礼上》),在"天下无道"时能"以身殉道"(《孟子·尽心上》)。由于士无恒产,因此,对士而言,为守道、行道而耐得住穷困就显得更为重要。所以,孔、孟、荀一再指出:"士君子不为贫穷怠乎道"(《荀子·修身》),如果贪图安逸生活("怀居"),以恶衣恶食为耻,便"不足为士"了。孔子所以一再盛赞颜回之贤,原因之一就是他"一箪食,一瓢饮,在陋巷,人不堪其忧,回也不改其乐"(《论语·雍也》)。孔子本人也是"饭疏食饮水,曲肱而枕之",却觉得"乐亦在其中矣"(《论语·述而》)。他们都是以道德理性的实现、满足为乐,而不在乎外部物质生活环境的优劣。孔子说:"君子忧道不忧贫"(《论语·卫灵公》),在他看来,真正的士君子所担心的乃是道能否实现、落实、不受损害,而不是自身的贫穷。

孔子曾说:"修己以安人","修己以安百姓"(《论语·宪问》),就是说,想要安人、安百姓,前提是搞好自身的道德修养,使自己成为有德之人。而《大学》讲修齐治平的次第,则更明确地指出:"身修而后家齐,家齐而后国治,国治而后天下平",认为欲治国平天下当从修身做起。孔子和原始儒家既赋予士人守道、行道、卫道、弘道的责任、使命,自然要对他们进行道德品质、理想人格的塑造。这是因为,士人只有具有高尚的品质,才能承担自己的责任、使命;只有具有高尚的品质,才能获得社会的信任、景仰,从而产生实实在在的社会影响。显然,只会夸夸其谈而不实有其事、实有其德,是不能取信于人、取信于社会,从而完成自己的责任、使命的。所谓"铁肩担道义",没有一副铁肩(自身硬)是担当不了道义的。应该说,后世优秀的士人都是"德盛"者,他们都能正确地处理公私、义利、理欲、苦乐、荣辱、生死关系,将天下国家置于一己之上,受到社会的景仰,因而不同程度地完成了守道、行道、卫道、弘道的责任、使命,成为古代社会的脊梁。

三

孔子和原始儒家对新士人的塑造,从一开始即郑重赋予使命感、责任

感,让他们懂得自己是一批肩负重任的人。《论语》有云:

> 曾子曰:"士不可以不弘毅,任重而道远。仁以为己任,不亦重乎? 死而后已,不亦远乎?"(《泰伯》)

两千五百多年来,中国的士人一直以这段话自策、自警、自勉,直到今天影响犹在。所谓"任重道远",不只是落实、推行、弘扬仁德,使之普及于社会,更有治国平天下的要求、责任,意味是深长的。高度自信且极度豪放的孟子曾说:"如欲平治天下,当今之世,舍我其谁也?"(《孟子·公孙丑下》)此语虽狂,但透出的则是冲天豪气和胸怀天下的高度责任感。后世士人也有类似的壮志豪言。比如,东汉末的著名"党人"陈蕃,在少年时曾说:"大丈夫处世,当扫除天下。"(《后汉书》卷六十六,《陈王列传》)另一"党人"范滂也是青年时即"慨然有澄清天下之志"(《后汉书》卷六十七,《党锢列传》)。这可以说是中国古代诸多有志之士的共同志向。后世一些有志之士的确是"身无半文而心忧天下"。诚然,以为仅靠自己和自己的同道者奋斗即可平治、澄清天下是不现实的,"舍我其谁"一类话更是表现了某些士人的自大、狂傲,但从中我们可以看到他们对责任、使命的高度自觉,看到他们对国家命运、社会安危、国计民生(自然也包括对朝廷、社稷)的深切关怀,所反映的乃是可贵的以国事、民事为己事的精神。

西汉的董仲舒曾对士做了这样的解说:"士者,事也。"(《春秋繁露·深察名号》)后来,东汉的《白虎通》《说文解字》也做了同样的解释。这一解说为后世所认同。鸦片战争前,中国的社会危机日益深重,民族危机也渐露端倪。要求变革的思想家包世臣为了激励知识分子走出故纸堆,关心国计民生,担负社会责任,他又对这一传统说法做了新的解释:

> 士者,事也。士无专事,凡民事皆士事。(《安吴四种》卷十)

就是说,士虽无专事,但一切"民事"均应是士人所应关心、从事的事。这就把士人的责任明确化了。这一解说虽晚,但这一认识应该说早就有了。比如,明末东林书院那副为人所熟知的对联:"风声、雨声、读书声,声声入耳;家事、国事、天下事,事事关心",即是此意。在中国古代,士人的责任感是越来越自觉的。明代中晚期著名思想家吕坤曾说:

世道、人心、民生、国计，此是士君子四大责任。(《呻吟语·应务》)

此四者大体涵盖了社会生活的各个基本方面，将四者定为士人的"责任"，反映了认识的深化。

早在先秦，士即有"仕士"与"处士"之别，即在朝、在野之分。对于在位的"仕士"来说，他们的责任自然更大。吕坤认为，当官只是尽责，"治一邑则任一邑之重，治一郡则任一郡之重，治天下则任天下之重，朝夕思虑其事，日夜经纪其务，一物失所不遑安席，一事失理不遑安食"(《呻吟语·修身》)。"官职高一步，责任便大一步，忧勤便增一步"(《呻吟语·治道》)，必须把官职的高低看作责任的大小。视当官为尽责，反映的正是古代优秀士人的责任感。至于在野的优秀士人，他们虽无职务，但同样关心民生朝政。这便是范仲淹在《岳阳楼记》中所说的："居庙堂之高，则忧其民；处江湖之远，则忧其君。"明末以顾宪成为首领的"东林党"人，他们虽退居东林书院论学、讲学，但"讲习之余，往往讽议朝政，裁量人物"(《明史》卷二百三十一，《顾宪成传》)，因而招致宦官集团的仇视。东汉末的"党人"因拒绝与把持朝政的宦官集团合作而退居乡里，但并未忘怀朝政。他们"品核公卿，裁量执政"，"树立风声，抗论惛俗"，一时形成"匹夫抗愤，处士横议"的局面。他们"以遁世为非义，故屡退而不去；以仁义为己任，虽道远而弥厉"(《后汉书》卷六十七，《党锢列传》；《后汉书》卷六十六，《陈王列传》)，受到时人和后人的景仰。范仲淹在《岳阳楼记》中以自问自答的方式赞叹说，那些忧国忧民之士"进亦忧，退亦忧。然则何时而乐耶？其必曰：'先天下之忧而忧，后天下之乐而乐'"。这是对古代优秀士人使命感、责任感的最好概括。

到了近代，一批新型知识分子因受西方近代权利义务观的影响，他们对人们应具有的社会责任感做了更好的表述。梁启超说："人生于天地之间，各有责任。知责任者，大丈夫之始也；行责任者，大丈夫之终也；自放弃其责任，则是自放弃其所以为人之具也。"(《饮冰室合集》文集之五，《呵旁观者文》)1900 年，正值民族灾难空前深重的年代，麦孟华改写顾炎武的名句,提出了"天下兴亡,匹夫有责"的口号(《清议报》第三十八册,《论中国之存亡决定于今日》),它迅速广为流传,成为中国家喻户晓的名言。中国近代新型知识分子的责任观同中国古代优秀士人的责任观是一脉相承的。

四

自孔子起,以孔孟为代表的中国士人始终将守道、行道、卫道、弘道视为自己的使命、责任,它具体表现在以下诸方面。

其一是文化传承。《中庸》云:"仲尼祖述尧舜,宪章文武"。孔子始终以传承、弘扬上自尧舜下至文武周公的精神、文化为己任。为此,他整理删定六经,做出了巨大的历史贡献。诸多孔门弟子以及后起的孟、荀对于整理、阐释、传播上古文化和孔子学说均做出了重要贡献。这一传统为后世士人所继承、发扬,他们一直以"为往圣继绝学"、继往开来为自己的责任、使命。这种薪火相传的事业即使在动荡的年代也不曾中断。秦始皇焚书,使中国上古典籍遭到全国性的空前浩劫。项羽火烧咸阳,又使秦宫所存典籍再毁于火。上古典籍得以流传至今,全赖汉初一批年事已高的经师口授。一幅"伏生传经图"足以令人动容。自宋以来,随着书院兴起,私人讲学盛行,刻印书籍规模日大,这种文化传承的实绩更加明显。中国文化之所以经历劫难而从未中断,同中国古代优秀士人以传道为己任的责任感是分不开的。

其二是对社会的批判。优秀士人始终以维护社会基本价值、基本准则为己任。在政治上,他们希望统治者贯彻儒家"民惟邦本"的理念,做到轻徭薄赋,使民以时,爱惜民力,让民众丰年温饱,灾年免于死亡。家给人足、天下太平是他们的最高理想。可是,由于诸多统治者的自私、短视、贪婪、暴虐,他们不断激化社会矛盾,使得"道"不断遭到背离、破坏。在中国历史上,大致说来"天下无道"之日多于"天下有道"之日。而且,由于"道"带有理想性,难以逐一落实,故而即使在政治比较清明、社会比较安定的时日,背离道的举措和现象也时有发生。因此,为维护道而批判现实,为坚持

"民惟邦本"(《尚书·五子之歌》)的理念而为民请命成为优秀士人的一大重要任务。面对种种社会现实问题,他们或是苦口婆心地劝诫,陈说利害,提出建设性意见;或是慷慨陈词,猛烈抨击,以期引起震动。从流传至今的历代"名臣奏议"、诸多名士文集,我们都能见到这类政论,一些文字至今仍使后人震撼、感动。为维护道,古代士人表现了可贵的"威武不能屈"的精神。从把持朝政的种种邪恶势力(外戚、宦官、权奸、佞臣),到为恶一方的豪强和虎狼之吏,都是他们批评、抨击的对象。早在先秦,儒家便提出"从道不从君,从义不从父"(《荀子·子道》)的原则,主张"故当不义,则子不可不争于父,臣不可不争于君"(《孝经·谏诤章》),明确认为,当君父违背道义之时,所从的是道义而不是君、父。所以,中国古代士人的社会批判不少是直接正面地向君主提出的。这类犯颜直谏,其尖锐程度往往令人吃惊。概言之,作为社会基本价值、准则的自觉维护者,中国古代优秀士人从未放弃社会批判的责任,这对维护社会正义,伸张社会正气,兴利除弊,协调社会矛盾,保持社会稳定,都曾起了重要作用。中国古代社会之所以能屡屡摆脱社会危机,由乱而治,这同一代代优秀士人持续的社会监督、批判是有关系的。

其三是道德教化。为求"道"的实现,中国古代士人在进行社会批判的同时又自觉从事道德建设,承担道德教化的使命。中国自古即重视对民众的教化,以至从中央到地方均有专人掌管教化。但这项"以教化民"的工作,主力军、施行者还是士人。对于这项使命,士人是自觉的。荀子说:"儒者在本朝则美政,在下位则美俗"(《荀子·儒效》),后世也有"上士贞其身,移风易俗"(《明儒学案》卷六十)之说。在中国古代,优秀士人既是帝王师也是庶民师,他们在这方面所做的工作是多方面的。后世的乡学、社学既是普及文化的场所,也是"导民善俗""以成其德"的场所,而主其事者主要是乡里士人。自"乡规民约"兴起后,它对提升民德、建立社会和谐、安定社会秩序曾起了重要作用,而其倡导者也是士人。著名的《蓝田吕氏乡约》便是北宋理学家吕大防、吕大钧兄弟发起制订的。中国士人多重家教,他们曾制订各种家训、家规。这类规、训不仅影响一家、一族、一方,甚至影响后世。比如,《颜氏家训》《袁氏世范》、朱伯庐的《治家格言》、曾国藩的家训等便产生了这种影响。明清的文士曾留下了一批"清言"集（例如吕坤的《呻吟语》、洪应明的《菜根谭》等）,其中诸多清新隽永、意味深长的名句、警语、格言对于人们陶冶情操、怡情养性、为人处世、安身立命均有启迪,至今仍为人们所喜爱。宋元以来,戏剧、小说、说唱艺术兴起。这类文学形式固然以娱乐为主,但又明显具有"觉世""醒世""警世"的意图、功能。创作这些作品,也是士人为教化所做的工作。

其四是匡救社会危机。中国古代士人的使命感、家国情怀在社会出现危机的时刻表现得更为炽烈。由封建制度的内在矛盾所决定,中国古代社会屡屡出现或大或小的危机。由于士人具有深刻的忧患意识、敏锐的洞察力并熟悉历史经验,他们是社会危机最早的察觉者,是人群中的"先知",是最早敲起警钟的人。在危机刚露端倪之时,他们是社会变革的呼吁、推动者。在中国古代的几次变革中,士人均起了这样的作用。东汉末,由于桓灵昏淫、宦官专权,暴风雨（黄巾起义）即将来临。这时,起而抗争、力图匡救的是李膺、陈蕃等"党人"。1126 年,金兵大举南下,包围汴京,昏庸的宋钦宗为向金求和竟罢免抵抗派首领李纲,自毁长城。危急之时,"太学诸生陈东等上书于宣德门","军民不期而集者数万人"（《宋史纪事本末》卷五十六）,迫使钦宗收回成命。明末"东林党"人与宦官集团的斗争、清初江南士人的抗清斗争,都具有这样的性质。鸦片战争前夜,社会危机日益深重,民族危机也已显现端倪,呼吁清朝政府主动"自改革"的便是龚自珍、魏源、包世臣等一批主张经世致用的士人。后来,康有为、梁启超等呼吁、发动变法维新更是为人所共知。而到危局已现之时,优秀士人则是勇打先锋、率众力挽狂澜的领头人。在这些时刻,为了匡时救世、力挽狂澜,不少优秀士人甘冒杀身灭族之险,真正做到杀身成仁、以身殉道,他们的使命感、担当精神以最炽烈的形式得以显现。

五

士虽是一个具有自身特质的社会阶层，但它毕竟从属于中国古代的统治阶级即地主阶级，因此，他们所坚守、维护的"道"只能是中国古代封建社会的基本价值、准则。他们的使命、责任指向只能是中国古代的封建制度、社会秩序。作为社会基本价值、准则的"道"，不是抽象的而是具体的，只能是某一社会、某一时代的基本价值、准则。这种历史局限是不言而喻的。自从中国近代出现了新的经济、政治力量，在社会转型的过程中，中国传统士人转化为新型知识分子。他们是新的经济、政治力量的代言人，阶级属性发生了变化。他们自觉继承并大大发扬了中国古代士人的使命感、担当精神，但两者所坚守、维护的"道"是不相同的。中国近代新型知识分子心目中的"道"，乃是他们欲图建立、并正在建立中的新型社会的基本价值、准则。他们所担负的乃是在中国建立新型社会，实现中华民族独立、振兴的新使命、新责任。概言之，从古代到近代，中国知识分子的使命感、责任感始终未变，但其具体使命、责任则是随着时代变迁而发展变化的。

最后尚需述及的是，由于儒家是封建等级制度的维护者，因此，他们的责任观是受等级地位限制的，不妨将其称之为"等级责任"观。在《论语》中，孔子曾两次说："不在其位，不谋其政。"（《泰伯》篇、《宪问》篇）在他看来，众多的"不在位"者既不必谋政也不应谋政，他们与政是没有关系的。对此，后来朱熹做了更明白的解说。他认为，之所以应该"不在其位，不谋其政"是因为人们身居不同等级地位是"各有分限"的，所以，"田野之人，不得谋朝廷之政"（《朱子语类》卷三十五，《论语十七·泰伯篇·不在其位章》）。所谓"田野之人不得谋朝廷之政"，在中国古代几成定规，影响所及，更使得不少家庭、家族的家规、族规严格规定家人、族人"不许谈朝廷政事"。这种"莫谈国事"的训诫、禁忌势必严重扼杀广大民众的政治热情，使他们对国事采取与己无关、漠不关心的态度。到近代，这种观念受到严复、梁启超等新学家的严厉批判。他们指出，那时中国人之所以爱国心薄弱,对国家民族的前途命运"漠然不少动于心"(《饮冰室合集》文集之十四,《论中国国民之品格》),同这种观念的长期影响是分不开的。经由近代新学家的批判,随着"主权在民"说开始在中国传播,这种观念的影响逐渐削弱。而随着西方近代权利义务观的输入,人人皆有应享之权利和应尽之义务的观念逐步取代了中国古代那种"等级责任"观。

（张锡勤,黑龙江大学中国近现代思想文化研究中心、哲学学院教授、博士生导师;本文发表于2013年第5期）

孔子思想的道德力量

陈　来

摘　要　孔子思想的道德塑造力量,使儒家文明成为"道德的文明"。这一力量主要源自孔子思想中的崇德、贵仁、尊义、守中、尚和等内容。具体而言,孔子坚持道德重于一切的态度,他以仁爱为道德之首,主张他者先于自我,道义高于功利,以中庸排斥极端,以和谐取代冲突。孔子思想的道德力量对未来中国的发展将继续发挥重要影响。

孔子与其所创立的儒学是中华文化的主干和主体部分,并且长期居于主导地位。孔子与儒学奠定了中华文化的核心价值,对于中华文明的传承和发展产生了深刻的影响。孔子与儒学在塑造中华文化及其精神方面起了不可替代的作用。因而,在历史上,尤其是近代以来,孔子已经在相当程度上成为中华文化的标志。

孔子思想最重要的作用是确立了中国文化的价值理性,奠立了中华文明的道德基础,塑造了中国文化的价值观,赋予了中国文化基本的道德精神和道德力量,使儒家文明成为"道德的文明"。中国在历史上被称为"礼义之邦"就是突出了这个文明国家具有成熟的道德文明,而且这一成熟的道德文明成为这个国家整体文化的突出特征,道德力量成为中华文明最突出的软实力,这一切都来源于孔子与儒学的道德塑造力量。

那么,孔子思想中的哪些内容在中华文明中发挥了以上所说的作用?

崇　德

"崇德"是孔子的原话,见于《论语》,亦见于《尚书》武成篇"惇信明义,崇德报功",但武成篇的成熟时代可能稍晚。自西周以来,中国文化已经开始不断发展重视"德"的倾向,孔子在此基础上,更加强调"德"的重要性。孔子思想中处处体现了"崇德"的精神。崇德就是把道德置于首要的地位,在任何事情上皆是如此,无论政治、外交、内政、个人,都要以道德价值作为处理和评价事务的根本立场,对人对事都须先从道德的角度加以审视,坚持道德重于一切的态度。如在治国理政方面,孔子强调:"道之以政,齐之以刑,民免而无耻。道之以德,齐之以礼,有耻且格。"(《论语·为政》)就是说用政令领导国家,人民可以服从但没有道德心;用道德和礼俗来领导国家,人民乐于服从而且有道德心。孔子不相信强力、暴力能成为治理国家的根本原则,孔子的理想是用道德的、文化的力量,用非暴力、非法律的形式实现对国家、社会的管理和领导。孔子的这一思想也就是"以德治国"。这是孔子"崇德"精神最明显的例子。事实上,无论涉及国家、社会、个人,孔子对道德理想、道德政治、道德美德、道德人格、道德修养的论述,处处都体现了崇德的精神,并成为中国文化的道德基础。为了方便,以下我们只从仁、义、中和四个基本观念入手,来呈现孔子道德思想的主要特征。

贵　仁

在《论语》中,有一百多处谈到"仁"。仁是孔子谈论最多、最重视的道德概念,因此战国末期的思想界已经把孔子的思想归结为"孔子贵仁"(《吕氏春秋·审分览》)。贵仁是指孔子在诸多的道德概念中最重视仁,仁是孔子思想中最重要的伦理原则,是孔子思想中最高的美德,也是孔子的社会理想。仁的性质是仁慈博爱,仁在孔子看来也是全德之称,代表了所有的德行,仁在儒家思想中又代表了最高的精神境界。在中华文明的发展中,仁成为中华文明核心价值的首要道德概念。仁的含义可见于《论语》中最著名的例子:"樊迟问仁,子曰爱人。"(《论语·颜渊》)孔子重视家庭伦理,但在家庭伦理的基础上,又提出了普遍的人际伦理"仁者爱人",把仁设定为人们认可的共同价值。仁有多重表现形式,在伦理上是博爱、慈惠、能恕,在情感上是恻隐、不忍、同情,在价值上是关怀、宽容、和谐,在行为上是和平、共生、互助、扶弱以及珍爱生命、善待万物等。同时,仁是孔子和儒家思想的核心,仁爱为道德之首,在2500年以来的历史中业已成为中华文明道德精神的最集中的表达。

孔子不仅突出了仁的重要性,而且把仁展开为两方面的实践原理,即"己所不欲,勿施于人"(《论语·卫灵公》)和"己欲立而立人,己欲达而达人"(《论语·雍也》)。前者亦称为恕,后者亦称为忠。孔子说忠恕便是他的一贯之道。从恕来说,自己所不想要的,绝不要施加给别人。从忠来说,自己要发展、幸福,也要使他人发展、幸福。孔子不主张"己之所欲,必施于人",即自己认为是好的,一定要施加给别人。这就避免了强加于人的霸权心态和行为。中国现代新儒家思想家梁漱溟提出,儒家伦理就是"互以对方为重",以此来说明忠恕之道的伦理态度,就是说,儒家伦理的出发点是尊重对方的需要,而不是把他者作为自我的实现对象。儒家伦理不是突出自我,而是突出他者;坚持他者优先,他者先于自我,这是仁的伦理出发点。20世纪90年代以来,"己所不欲、勿施于人"已经被确认为世界伦理的金律,而在中华文明2500年以来的发展历程中,孔子仁学的这一教诲早已深入人心,化为中华文明的道德精神。

尊 义

在孔子看来,处理"义"和"利"的关系是人类文明永恒的道德主题。他说:"君子喻于义,小人喻于利"(《论语·里仁》);又说"君子义以为上"(《论语·阳货》)。《礼记·坊记》引孔子说"忘义而争利,以亡其身"。孟子尤其重视义利之辨,汉代大儒董仲舒明确强调儒家义的立场与功利追求的对立:正其义不谋其利,明其道不计其功。这里的义都是指道德原则,利是指功利原则及私利要求。孔子坚持认为,君子即道德高尚的人,其特征和品质是尊义、明义,任何时候都以义为上、为先,坚持道义高于功利。他把追逐功利看作小人的本质,提出争利必亡,"见利而让,义也"(《礼记·乐记》)的道德信念。这种义利之辨不仅是崇德的一种体现,更具体地影响了中国文化的价值偏好。在儒家思想中,义与利的这种关系,不仅适用于个人,也适用于社会、国家。孔子的儒学主张"国不以利为利,以义为利"(《大学》),即国家不能只追逐财富利益,而应该把对道义的追求看作最根本的利益。现代化的过程在极大促进了人类生产力的同时,也在相当程度上破坏了传统"义—利"的平衡,使社会文化向着"工具—功利"的一边片面发展,孔子的这一思想可以对现代社会文化的发展偏向形成一种制约。

"义"不仅在一般意义上指道德原则,在孔子以及孔子之后的儒学中,"义"还被赋予了"正义"的规范含义。"仁以爱之,义以正之""仁近于乐,义近于礼"(《礼记·乐记》),便突出了义的这种规范意义。孔子弟子子思的学生孟子将仁义并提,把"义"提高到与"仁"并立的地位,使得此后"仁义"成为儒学中最突出的道德价值。在儒学中"义"的正义含义,强调对善恶是非要做出明确的区分判断,对惩恶扬善下果断的决心。义不仅是个人的德性,也是社会的价值。就现实世界而言,仁导向社会和谐,义导向社会正义;仁导向世界和平,义导向国际正义,二者缺一不可。

守 中

孔子很重视"中庸"。中的本意是不偏不倚。中的一个意义是"时中",指对道德原则的把握要随时代环境变化而调整,从而达到无时不中,避免道德原则与时代脱节,使道德原则的应用实践能与时代环境的变化相协调,避免道德准则的固化僵化。"庸"是注重变中有常,庸即是不变之常。尽管时代环境不断变化,尽管人要不断适应时代环境变化,道德生活中终归有一些不随时代移易的普遍原则。"中"就代表了这样的原则,这是孔子中庸思想更加强调的一面。

中庸思想更受关注的意义是反对"过"和"不及"。《论语》中说"过犹不及"(《论语·先进》),始终主张以中庸排斥极端。《中庸》说"智者过之,愚者不及也""贤者过之,不肖者不及也",有智慧的人和有道德的人容易犯的错误是"过",而愚人、小人容易犯的过失是"不及"。孔子主张"执其两端用其中","中立而不倚"(《中庸》)。不倚就是不偏向过之或不及任何一个极端。所以中即是不偏、不倚。虽然,人类实践中的偏倚是难以避免的,但中庸的思想总是提醒我们注意每一时代社会的两种极端主张,力求不走极端,避免极端,不断调整以接近中道。由于极端往往是少数者的主张,因而中道才必然是符合大多数人民要求的选择。孔子弟子子思所作的《中庸》中,不仅把中庸作为实践方法,同时强调中庸具有道德价值,认为中庸是道德君子才能掌握的德性,这与亚里士多德的观点是一致的。事实上,道德上的差失无非都是对道德原则过或不及的偏离,这种中道思想和中庸之德赋予了儒家与中华文明以稳健的性格。在中华文明的历史上,在儒家思想所主导的时代,都不曾发生极端政策的失误,这体现了中庸价值的内在引导和约束。

尚　和

早在孔子之前和孔子同时代的智者,都曾提出了"和同之辩",强调"和"与"同"的不同。和是不同事物的调和,同是单一事物的重复;和是不同元素的和谐相合,同是单纯的同一。这些和同之辩的讨论都主张和优于同,和合优于单一,认为差别性、多样性是事物发展的前提,不同事物的配合、调和是事物发展的根本条件,崇尚多样性,反对单一性。因为单一性往往是强迫的同一,而和合、调和意味着对差异和多样性的包容、宽容,这也正是民主的基础。

孔子正式提出"君子和而不同,小人同而不和"(《论语·子路》),还提出"和为贵"(《论语·学而》)。"和而不同"的思想既肯定差别,又注重和谐,在差别的基础上寻求和谐,这比早期的"和同之辩"更进了一步。孔子还认为,和是君子的胸怀、气度、境界。孔子追求的和也是建立在多样性共存基础上的和谐观。

儒家经典《尚书》已经提出"协和万邦","以和邦国",奠定了中华文明世界观的交往典范。孔子以后,在"和合"观念的基础上,"和"的和谐意义更为突出。以和谐取代冲突,追求一个和平共处的世界是中华文明数千年来持久不断的理想。六十多年前的万隆会议及其所形成的和平共处五项原则的共识,从中可以看到中华文明基本价值在当代中国的影响。国家间的和平共处是人类的普遍理想。孔子与儒家思想关于与外部世界关系的主张,其基本特征是尚文不尚武,尚柔不尚勇。孔子主张对于远方的世界应"修文德以来之"(《论语·季氏》),就是主张发展文化价值和软实力来吸引外部世界建立友好关系。

21世纪中国领导人的演讲,以自强不息、以民为本、以德治国、以和为贵、协和万邦为核心,自觉地汲取中国文化的主流价值资源,正面宣示对中国文明的承继,用以解释中国政策的文化背景,呈现中国的未来方向。以"和谐社会"为中心的国内政治理念和口号,也体现着类似的努力,即探求以中国文化为基础来构建共同价值观、巩固国家的凝聚力,建设社会的精神文明。大量、积极地运用中国文化的资源以重建和巩固政治合法性,已经成为21世纪初中国领导人的特色。放眼未来,这种顺应时代的发展只会增强,不会减弱。2013年11月下旬,习近平以党和国家领导人的身份到访曲阜和孔府,并发表重要讲话,这具有重要的象征意义。选择在曲阜发表有关中华文化和孔子儒学的讲话,明确强调继承中华文化和儒家文化的优秀传统,弘扬儒家的美德和价值观,表明了对孔子与儒家思想的道德力量的深刻认识。习近平在2014年纪念孔子诞辰2565周年国际学术研讨会暨国际儒学联合会第五届会员大会开幕会上的讲话中指出,孔子和儒家的思想"蕴藏着解决当代人类面临的难题的重要启示",肯定其中含有超越时空、跨越国度、有当代价值和永恒魅力的部分。这些都是中国国家领导人在文化与价值引领方面的重大宣示，显示出孔子及其思想不仅对当代中国有重要的意义，对未来中国的发展也将继续发挥重要的影响。因此，"中国梦"内在地含有道德追求的目标，这是不可忽视的。21世纪中国的复兴必然同时是其固有的中华文明的复兴和发展，在孔子和儒家传统及核心价值的影响下，对富强的追求并不是当代中国发展的全部，对道德文明与世界和平的追求将永远是中国发展的目标价值。

（陈来，清华大学国学研究院院长，教授、博士生导师；本文发表于2016年第1期）

注：本文是作者2015年11月在印度尼西亚大学举办的"中国梦：孔子与现代中国"学术交流研讨会上所作的主题报告。

中国文化的"忠恕之道"与"和而不同"

李存山

摘　要　"忠恕之道"是儒家的"行仁之方",它一方面主张人与人之间的平等互利,另一方面又强调在平等互利中尊重他人的独立意志,不要以己之意志强加于他人。因为在这一道德准则中蕴含着承认个体的差异性及其不可侵夺的独立意志的思想,所以它又与儒家所主张的"和而不同"联系在一起。近代以来,中国在对外关系中主张的"振兴中华"与"永不称霸""和平共处五项原则"等,都可谓传承和弘扬了中国文化的"忠恕之道"与"和而不同"的优秀传统。

一、"仁"与"忠恕"

中国传统文化包括先秦诸子以及儒释道三教等,而以儒家文化为其主流。儒家文化以"仁者爱人"为核心思想或最高范畴,这里的"仁者爱人"包括爱所有的人,并可兼及"爱物"①。孔子说:"吾道一以贯之",这里的"吾道",应就是指"仁"道;他的学生曾子(曾参)说:"夫子之道,忠恕而已矣"(《论语·里仁》),这里是指推行、实践仁道的"一以贯之"的方法、准则就是"忠恕"。

---

① 《论语·颜渊》篇记载:"樊迟问仁,子曰:爱人。"《吕氏春秋·爱类》篇说:"仁于他物,不仁于人,不得为仁。不仁于他物,独仁于人,犹若为仁。仁也者,仁乎其类者也。"孟子说:"仁者爱人"(《孟子·离娄下》),又说:"亲亲而仁民,仁民而爱物"(《孟子·尽心下》)。

孔子说："夫仁者,己欲立而立人,己欲达而达人。能近取譬,可谓仁之方也已。"(《论语·雍也》)这里的"己欲立而立人,己欲达而达人"就是忠;"能近取譬"就是推己及人,由近及远;"仁之方"就是"行仁之方",亦即推行、实践仁道的方法、准则。

《论语·卫灵公》记载孔子与其学生子贡(端木赐)的对话:"子贡问曰:'有一言而可以终身行之者乎?'子曰:'其恕乎! 己所不欲,勿施于人。'"由此可见,在忠恕之道中孔子更加重视的是"恕",即"己所不欲,勿施于人"。《论语·公冶长》又记载:"子贡曰:'我不欲人之加诸我也,吾亦欲无加诸人。'子曰:'赐也,非尔所及也。'"这里的"加"是侵加、强加的意思。"己所不欲,勿施于人",首先就是把他人看作与自己一样的具有独立意志的同类①:我不欲别人强加于我,我也不要强加于别人。孔子说"赐也,非尔所及也",意谓做到这一点很不容易②。

儒家经典《大学》将忠恕之道又称为"絜矩之道"。朱熹《大学章句》:"絜,度也;矩,所以为方也。""絜矩"犹如言"规矩",就是指基本的道德准则。《大学》云:

> 所恶于上,毋以使下;所恶于下,毋以事上;所恶于前,毋以先后;
> 所恶于后,毋以从前;所恶于右,毋以交于左;所恶于左,毋以交于右。
> 此之谓絜矩之道。

这是用上下、前后、左右来喻指一切人际关系,都要奉行"己所不欲,勿施于人"的道德准则。宋儒朱熹在《大学章句》中认为"所操者约,而所及者广,此平天下之要道也"。这里的"所操者约"是指其为最基本的道德准则,而"所及者广"是指其为最普遍的道德准则。

"忠恕之道"一方面主张人与人之间的平等互利,即"己欲立而立人,己欲达而达人",另一方面又强调在平等互利中尊重他人的独立意志,不

---

① 孔子说:"三军可夺帅也,匹夫不可夺志也。"(《论语·子罕》)这就把每一个人都看作具有不可侵夺的独立意志的人。

② 宋儒程颐说:"'我不欲人之加诸我也,我亦欲无加诸人',《中庸》曰'施诸己而不愿,亦勿施于人',正解此两句。然此两句甚难行,故孔子曰'赐也,非尔所及也。'"(《程氏遗书》卷十八)

要以己之意志强加于他人,即"我不欲人之加诸我也,吾亦欲无加诸人","己所不欲,勿施于人"。因为这是最基本、最普遍的道德准则,所以它不仅适用于古代,而且适用于现代;不仅适用于个体的人际关系,而且适用于群体的民族、国家关系。

二、"和而不同"

因为在"己所不欲,勿施于人"的道德准则中蕴含着承认个体的差异性及其不可侵夺的独立意志的思想,所以这一道德准则又与儒家所主张的"和而不同"联系在一起。孔子说:"君子和而不同,小人同而不和。"(《论语·子路》)"和"就是人际关系的和谐,而要保持人际关系的和谐,就要奉行"忠恕"的道义原则;"同"是指单一的相同,它或是强使他人随同于自己,或是假使自己苟同于他人,实际上这两种"同"都是为了牟取个人的私利。

在孔子之前,已有两位政治家、思想家论述了"和"与"同"的区别。一位是西周末年的太史伯阳(又称史伯),他说:"夫和实生物,同则不继。以他平他谓之和,故能丰长而物归之;若以同裨同,尽乃弃矣。"(《国语·郑语》)意思是说,和谐才能使万物生长,不同的因素相互协调平衡就叫作"和";而"同"是单一的因素简单相加,这样就不会有事物的发展。另一位是春秋时期的齐相晏婴,他用烹调肉羹和演奏音乐来比喻和谐,厨师将鱼肉、水、火、盐、酱等相配合才能做出好的肉羹,乐师以不同的音调、节奏、韵律相配合才能演奏出好的音乐,如果只是"以水济水"或"琴瑟之专一",那就不会有美食和音乐(《左传》昭公二十年)。

在孔子之后,和谐更受到重视。《中庸》说:"中也者,天下之大本也;和也者,天下之达道也。""中"是不失其应有的度而恰到好处,"和"是各种不同因素的协调平衡,"中和"被视为世界的根本和普遍的道理、原则。《中庸》又说:"万物并育而不相害,道并行而不相悖。"世界万物本来是多种多样、多姿多彩的,世界上的道路也是多种多样、纷繁复杂的,而在儒家看来,万物各自生育而不相妨害,不同的道路并存而不违背趋向总体的善,这就是"中和"的理想状态。

汉儒董仲舒说:"中者,天地之所终始也,而和者,天地之所生成也。夫德莫大于和,而道莫正于中。……天地之道,虽有不和者,必归之于和……虽有不中者,必止之于中。"(《春秋繁露·循天之道》)这是把"中和"视为天地间所本然的、最高的和终极理想的状态,后来张载称此状态为"太和"(《正蒙·太和》)。"天地之道,虽有不和者,必归之于和",这既是儒家的世界观,也是儒家的社会理想。后来宋儒张载也说:"有象斯有对,对必反其为;有反斯有仇,仇必和而解。"(《正蒙·太和》)

儒家文化主张效法天地的"大德",而"天地之大德"就是生生不息,不断创造出"日日新,又日新"的繁荣多彩的事物。《中庸》说:"博厚所以载物也,高明所以覆物也,悠久所以成物也。博厚配地,高明配天,悠久无疆。""高明"是效法天的高尚光明、运行无息,"博厚"是效法地的博大宽厚、承载万物,有了"高明"和"博厚",世界就可以"悠久无疆"。《周易·系辞上》说:"富有之谓大业,日新之谓盛德。""富有"是因其"博厚"而包容了众多的事物,"日新"是因其"高明"而刚健笃实,日新其德。《周易·象传》说:"天行健,君子以自强不息";"地势坤,君子以厚德载物"。"自强不息"就是效法天的"高明","厚德载物"就是效法地的"博厚"。因此,中国文化精神有两个显著特点:一是崇尚道德,自强不息地建设一个道德理想的世界;二是博大宽厚,能够包容众多不同的文化而达至和谐。

三、对外关系中的"忠恕之道"与"和而不同"

自 1840 年鸦片战争之后,中国受到西方列强的侵略和欺凌。因而,"救亡图存""振兴中华"就成为中国近现代历史的一个主题。

在中国近现代史上,最先明确提出"振兴中华"的是孙中山。他在1894 年的《檀香山兴中会章程》中提出:"是会之设,专为振兴中华、维持国体起见。盖我中华受外国欺凌,已非一日……苦厄日深,为害何极!兹特联络中外华人,创兴是会,以申民志而扶国宗。"[1]后来,孙中山明确提出了民族、民权、民生的三民主义。针对一些人把民族主义与世界主义对立起来,1924年孙中山解释其"民族主义"时指出:"我们受屈民族,必先要把我们民族自由平等的地位恢复起来之后,才配得来讲世界主义……我们要发达世界主义,先要民族主义巩固才行……世界主义实藏在民族主义之内。"[2]孙中山的民族主义,也就是求中国统一、独立、富强,"要中国和外国平等的主义"[3]。因此,当孙中山提出"振兴中华"和"民族主义"时,就已包含了反对帝国主义的世界霸权和中国如果强盛起来也"永不称霸"的思想。他说:"爱和平就是中国人的一个大道德"[2](230),"这种特别的好道德,便是我们民族的精神"[2](247)。"中国如果强盛起来,我们不但是要恢复民族的地位,还要对于世界负一个大责任……现在世界列强所走的路是灭人国家的;如果中国强盛起来,也要去灭人国家,也去学列强的帝国主义,走相同的路,便是蹈他们的覆辙。所以我们要先决定一种政策,要济弱扶倾,才是尽我们民族的天职。"[2](253)"对于弱小民族要扶持他,对于世界的列强要抵抗他","担负这个责任,便是我们民族的真精神"[2](254)。

蔡元培曾评论孙中山的民族主义,"既谋本民族的独立,又谋各民族的平等,是为国家主义与世界主义的折中"[4]。这种"折中"从方法论上说继承了儒家传统的"中庸"之道,而在内容上则是在新时代的"民族国家"观念中继承和发扬了中国传统的"忠恕之道",即"己欲立而立人,己欲达而达人","己所不欲,勿施于人"。

1949年以后,新生的中华人民共和国处在东西方两大阵营的冷战之中。难能可贵的是,在20世纪50年代,由周恩来总理首倡,中印、中缅总理在联合声明中共同提出了"和平共处五项原则",即"互相尊重主权和领土完整,互不侵犯,互不干涉内政,平等互利,和平共处",这为建立新型的国际关系奠定了基础,得到世界上愈来愈多国家的普遍认可,逐渐成为处理国际关系的基本准则。这一准则实际上也体现了中国传统的"忠恕之道",所谓"互相尊重主权和领土完整,互不侵犯,互不干涉内政"就是"己所不欲,勿施于人",要捍卫本国的主权和领土完整,反对他国的侵犯和干涉本国的内政,亦须尊重他国的主权和领土完整,不侵犯他国,不干涉他国的内政;所谓"平等互利"就是"己欲立而立人,己欲达而达人",各民族国家之间在政治上平等,在经济上互利。

1963年4月24日,周恩来总理在与时任埃及部长执行委员会主席的阿里·萨布里谈话时说:"中国人办外事的一些哲学思想",如"不要将己见强加于人""决不开第一枪""来而不往,非礼也""退避三舍"等,"来自我们的文化传统,不全是马克思主义的教育"[5]。他所说的"哲学思想""文化传统",从根本上说就是中国传统的"忠恕之道"。

中国改革开放以后,用"以经济建设为中心"取代了此前的"以阶级斗争为纲",进而提出了"以人为本""和谐社会"等重要思想,这也是与中国文化的优秀传统相契合的。在国际关系中,中国政府更加坚定地奉行"和平共处五项原则",并且提出了"与邻为善""和谐世界""文明对话"等外交方针。当中国的经济实力迅速增强时,一些人或是出于误解,或是别有用心,不断散布"中国威胁论",实际上中国政府多次重申的"永不称霸",既是中国鉴于国际形势的明智选择,又是根源于中国文化的优秀传统。在当前的国际政治关系中,中国主张"对话而不对抗,结伴而不结盟"。在当前的国际经济关系中,中国主张共赢互利,各民族国家相互协作,共同发展。这些都是传承和弘扬了中国文化的"忠恕之道"与"和而不同"的优秀传统。中国将与其他民族国家一起建构一个和平的、和谐的"人类命运共同体"。

参考文献:

[1] 孙中山. 孙中山全集:第1卷[M]. 北京:中华书局,1986:19.

[2] 孙中山. 孙中山全集:第9卷[M]. 北京:中华书局,1986:210,226.

[3] 孙中山. 孙中山全集:第10卷[M]. 北京:中华书局,1986:19.

[4] 蔡元培. 蔡元培全集:第5卷[M]. 北京:中华书局,1988:488.

[5] 周恩来. 周恩来外交文选[M]. 北京:中央文献出版社,1990:327-328.

(李存山,中国社会科学院哲学研究所中国哲学研究室主任,研究员、博士生导师,中华孔子学会副会长,中国哲学史学会副会长,《中国哲学

史》杂志主编;本文发表于 2016 年第 3 期)

注:本文根据作者 2016 年 1 月在开罗大学召开的"和而不同,和中共进:中埃文化交流与互鉴"研讨会上的发言整理而成。

君子的意义与德行

楼宇烈

摘　要　君子是中国文化的重要内容,主要涉及德行方面。君子的作用是引领风气、引领社会、传承文化。君子的德行可从多方面加以描述,如孝、诚敬,礼义廉耻等。君子之学是为己之学,要靠反求诸己、不断学习、切实践履来培养君子人格。

君子的意义

君子是中国文化的一个重要内容。"君子"一词很难界定,勉强相应于西方文化中的绅士(Gentleman)。现有的研究表明,君子一词出现在儒家之前,或者说在孔子之前,春秋之前。君子主要是指社会的掌权者、当权者,后世也有在这个意义上使用的,如"无君子莫治野人,无野人莫养君子"(《孟子·滕文公上》)。我们都希望社会的管理者是像样的君子,这里面带有一定的文化的素养或者一个道德的含义,因为中国历代文化都强调统治者作为一个民族的表率,要引导社会,引导民众,通过教育来化导民众。君子既是一个统治者,同时在某种意义上讲也是一个教育者。《礼记·学记》开篇就讲"建国君营,教学为先",就是说建立一个国家,君子来管理一个国家,要把教育放在第一位;通过教育来教化民众,改变社会的风俗;通过教育达到的最后目标是"化民成俗",形成一个良好的社会氛围。虽然君子是一个在上位的统治者或者管理者,但这主要是指社会地位、身份的不同,相对于小人、野人来讲的。孔子以后,君子的概念发生了比较大的变化,君子从社会地位的标志转变为人格品格的标志。孔子主要从道德的理念来给"君子"做一个这样的规定,这在以后整个中国文化中形成了主流。君子跟小人的差别主要是在道德上、品格上的差别,是学养、德行的分别,这是一个很大的变化。

当然中国文化中也不是仅有"君子"这一个词,与君子含义相近的,一个是"士"(所以我们有时候说"士君子"),再一个是圣人。士与君子,有相同之处,也有不同。后来荀子给这三个概念做了相当明晰的解释,他说"好法而行,士也"(《荀子·修身第二》)。这个"法"既包括理,也包括现在讲的法律。遵循一定的规律办事,侧重于从现实的做人做事方面来实现和遵守这个"法"。荀子接着讲,"笃志而体,君子也"(《荀子·修身第二》)。笃志,是指实实在在去做,志向非常坚定,所讲的君子特别强调君子的志向坚定,"体"就是实践,身体力行。所以这个君子既有远大的、坚定的志向,又能够很实在地去实践,也就相当于《中庸》里所谓"博学之,慎思之,审问之,明辨之,笃行之",要实实在在地去做。而"齐明而不竭,圣人也"。"齐明"就是对各种各样的道理都非常清楚。对天地人之理都看得很清楚,而且没有停止,不断向上,不断探索,去认识世界,认识人生,这就是圣人。荀子给"士""君子""圣人"做了相当清楚的定义,有三个层次,圣人是最高的。这里面实际上也贯穿了一个统一,士、君子、圣人都是遵循一个做人的根本道理,遵循社会应该遵守的一个理法去做的,而且要坚持不懈、不断地提升。君子和圣人的差别在于,圣人更理想化一些,所以孔子讲自己算不上圣人,圣人只可能是少数,不可能人人都是圣人。当然,从道理来讲,人人都可以成为圣人,可是真正能够成为圣人,成为能够流传千古的圣人,那绝对是少数,圣人更理想,更完美。君子是我们在现实生活中可以达到的道德楷模,所以君子更现实、更实际,我们达不到做圣人的程度,但是可以做一个君子,所以这两者也是有一些区别的。但总的来讲,君子、圣人都是德行上的楷模,所以我们用"博雅"来形容君子最恰当,所谓"博"就是学识丰富,"雅"就是品行端正。要做个君子就要学识丰富、品行端正，"博雅"两个字是君子所要具备的一个基本素养，所以君子也称作"博雅君子"。

我们定义君子是很明确的，君子有社会身份差异的意涵，不过更重要的是在德行方面。君子的社会作用，首先是引领社会风气。"君子之德风，小人之德草，草上之风，必偃"（《论语·颜渊》)，就是说君子的德行就像一阵风一样，小人的品德就像草一样，风往哪儿吹，草就往哪儿倒。君子起引领的作用，是社会正能量的体现，他能够引领社会。要做个君子就不能"赶时髦"，"赶时髦"是会丧失某些气节的。君子要成为一个社会的引领者。宋代的张载在《正蒙》里面也说，"君子于民，导始为德而禁其为非"，就是指君子引导民按照社会的德行前进。引领就必须以身作则，要身教，自己先做到。"身教胜于言教"，君子能够以身作则地"身教"，所以说"君子不出家而成教于国"（《礼记·大学》)。君子不用出门就可以使国家的百姓受到教育，就因为他身体力行，做出榜样，以自己的行为教育大家。君子"不赏而民劝，不怒而民威于铁钺"（《礼记·中庸》)。

君子的另一个作用是传承文化。文化的传承靠君子来延续，社会上如果没有专治于文化传承的人，那文化就会中断。文化在不断地前进，不断地发展，不断地变化，随时代的变化，文化的内涵和形式都会发生各种各样的变化，但是文化的根本精神不能放弃，这要靠君子来传承。我们要传承传统文化，并不是要大家拘泥于外在的各种各样的形式，而是要把文化的灵魂和精神传承下来。礼仪的根本精神集中起来讲主要在两个方面。一个是"大报本也"，大报本就是不要忘掉我们从哪儿来、我们的生命从哪儿来，记着我们的本。中国讲礼有三本，"天地者，生之本也；先祖者，类之本也；君师者，治之本也"（《荀子·礼论》)。君就是国家象征；师，是师长、老师；治，是治理的治，治我自己，也就是让我懂得怎样做个人。所以教育、教化非常重要，能够让人成为一个真正的人。"天地君亲师"是我们生命的本源。儒家教育归根结底是让人通过教育恢复人性，改变兽性。孟子是复性，性善；荀子是化性，性恶，要改变。礼是大报本，原始返终，要追到最后的根源上去，这是礼的一个核心的东西，所以我们要知恩报恩。礼的第二个重要内容是"敬",这体现在人与人之间要相互尊敬,不仅要相互尊敬,自己也要尊敬自己,去掉敬,礼仪都是虚设的。所有的礼仪都体现了一个核心精神:相互尊敬。仪式可以变化很多,但这个内涵不能丢掉,丢掉了就会手足无措。《孟子》里有个例子,弟子问孟子:"我见了人都很恭敬,给他们鞠躬,但总觉得别人对我的鞠躬行礼没什么特别的反应,这是怎么回事?"孟子说:"你问别人干什么?问问你自己,你是真正出于内心对他的尊重而给别人行礼的,还是作为一种形式给他敬个礼?"这是有很大差别的,礼里面的敬是出于内心的,不是形式上的。当然,我们首先要从形式上开始,最根本的是不能丢掉礼,君子的一个责任就是传承这种文化的根本精神。

君子还有引领社会的作用。引领在某种意义上就是营造一种氛围,一种习俗。一个社会的良好习俗非常重要,三百多年前,欧洲的启蒙思想家孟德斯鸠在其《论法的精神》里面就讲到,"当一个民族有良好风俗的时候,法律就是简单的"[1]。什么都要用法律来管理,社会是管不过来的,要靠大家道德的自觉,形成一个良好的社会习俗。要靠君子去营造这样一个氛围,大家都是坦荡君子,都是谦谦君子,那这个社会就互相谦让,互相尊敬,互相讲诚信。社会不可能没有不正之风,也不可能没有负能量,整个社会永远处在一个正负之间的平衡中,君子应当成为社会风气的引领者。

君子的德行

作为一个君子要具备什么样的品德?对君子要求很多,有一个字的要求,有两个字的要求,有三个字的要求,有四个字的要求,等等。一个字的要求就是"孝"。百善孝为先,这跟中国文化是有密切关系的。西方文化把孝归为对上帝的敬,因为所有的人都是上帝的子孙。中国文化讲天地生万物,万物包含人类,人类有人类的祖先,所以我们要孝我们的祖先,最直接的就是我们的父母。孝是中国文化的核心,和生命观是有密切关系的,生命是父母所生,所以要报答父母,父母要养育教育子女,子女就要孝顺敬重父母,这是相互的关系,是一种自然的关系,孝不是强制的、强迫的。魏晋时期,王弼对孝做了非常好的诠释,他说:"自然亲爱为孝"(《论语义疏》),父母子女之间就是自然亲爱的关系,孝是一种自然亲爱的伦理。相比于西方文化,中国的传统文化更强调职责,强调尽伦尽职,教导人们通过礼乐教化明白自己的身份,然后按照自己的身份去尽自己的职责。过去我们都讲孝首先要光宗耀祖,其实这是孝的最充分的体现,让父母能够在大众面前露脸,被称为"大孝"。"大孝尊亲"(《大戴礼记》),让父母得到社会的尊重,得到大家的认同。"其次不辱"(《大戴礼记》),不能给祖先争光争彩,至少不能让父母受到社会的羞辱。"其下能养",能养父母是孝里面最低的要求。所以孝有三:大孝尊亲,其次不辱,其下能养。孝体现在方方面面,尤其是通过丧礼来体现。中国很重视丧礼,守丧三年就为了报答父母的养育之恩。丧礼是"慎终",非常慎重地对待死去的,祭礼是"追远",追逐我们远去的祖先。《论语》说"慎终追远,民德归厚",大家都不忘本,都记着祖先对我们的养育之恩,教育之恩,社会有这样的风气,民风才能淳朴。这不是一个简单的事情。礼仪是可以千变万化的,过去守丧三年,现在不需要,改为在家里设一个牌位;也不见得一定要天天祭祀,初一、十五去祭祀一下,也是可以的。但是现在这种社会氛围越来越淡薄了,我们要重新认识孝的社会意义。

两个字的品德是:诚敬。南宋的朱熹曾经讲过,为人行事,诚敬二字,做人做事把握这两个字就可以了。诚者勿自欺,勿妄为,不要自己去欺骗自己,不要妄为,想怎么做就怎么做。敬是不怠慢,不放荡,我们要敬畏别人,也要敬畏自己,同时也要敬畏所从事的各种各样的事业。事业也需要我们敬畏,不能怠慢。一个人如果能够根据这两个字去做,一生这样做,就是"君子人与? 君子人也"(《论语·泰伯》)。有人问孔子:"人做到这样,是君子吗?"孔子答曰:"当然是君子!"勿自欺,不妄为,不怠慢,不放荡,这个人就具有了君子的品德了。

三个字是智、仁、勇。智、仁、勇三个字的含义,我们现在理解得比较肤浅,一般以为智是有智慧,仁是爱人,勇是勇敢、勇气,其实不然。《中庸》

对这三个字做了非常深刻的诠释："好学近乎知"（《礼记·中庸》），作为一个君子就要好学，不断地学，学无止境，不断上进，只有学习才能不断上进；仁，也不是我们一般理解的"爱人"，"力行近乎仁"（《礼记·中庸》），要去做，踏踏实实地去做才是"仁"；至于勇，知耻而后勇，懂得羞耻的人才能勇，真正有勇气的人是能够发现自己错误就去改正的。具备智、仁、勇的人才能成为君子。

四个字是礼、义、廉、耻。一个君子最基本要守礼，敬人。守礼，就是做自己身份该做的事，每个人在社会中都有一个身份，这个身份不是指地位，更重要的是人在社会家庭中间的身份。儒家讲的"五伦"是礼的一个非常重要的内容。父子、夫妇、长幼、朋友，这都是自然的关系，无法逃避。守礼就是按照身份做该做的事情，就是尽伦尽责。君臣是从社会关系来讲的，一个正常运作的社会，人与人之间是要有分工的，需要有不同的地位角色，否则就会成为无政府主义状态。在中国文化中，君臣之间的关系不是父子、夫妇、长幼这样的自然关系，也要尽量想办法把它变成这种自然关系，所以君臣关系常常化解为君父、臣子，官员也让他化解为父母官、子民，要按父母子女关系处理这种关系。义，就是该怎么做，不该怎么做，这是人特有的。人要明白什么能做，什么不能做，一不小心，一念之差就会变为禽兽，所以孟子老讲，人与禽兽的差别几希，一点点，有时候就是在一念之间，人要懂得什么该做、什么不该做，要掌握这样一个方向。"义者，宜也"（《礼记·中庸》）；"义者，人路也"（《孟子·告子上》），人应该走人的路，不要去走禽兽的路。廉，正直、清廉，做人正直才能起表率作用，一个正直的人才能够诚信。"君子坦荡荡，小人长戚戚。"（《论语·述而》）君子做什么事情都是可以让大家知道的，可以让大家看到的，正因为他有正直的心，所以他才能做到这一点。第四个是耻，羞耻。做人要懂得羞耻。我们通过礼的教育，道德的教育，目的就是要让人们有一种羞耻心，使他的行为能够非常方正。《论语》讲"道之以政，齐之以刑，民免而无耻"（《论语·为政》），也就是用政治、政教的方法告诉大家，一定要守住一个底线，要走正路。用法律去规范大家走正路，所达到的结果是"民免而无耻"。

"无耻",就是没有羞耻心,不足以让人感觉到这样做是不对的。而"道之以德,齐之以礼,有耻且格"(《论语·为政》),通过道德教育的办法,启发人的道德自觉性,然后用礼来规范。有羞耻心的人,行为一定是有"格"的,就是方方正正的。所以四个字就是礼、义、廉、耻。

君子的养成

君子品德怎么养成?环境非常重要,但环境的影响又不是绝对的,不是决定因素,因为决定因素还在人自己身上。中国文化始终是反求诸己的,历来是为己之学,"古之学者为己,今之学者为人"(《论语·宪问》)。所谓"为己之学"也可以说是"君子之学"。荀子明确讲过,"君子之学,美其身也"(《荀子·劝学》)。君子学习是使自己成为更加完美的人,君子的学问是"入乎耳,著乎心,布乎四体"(《荀子·劝学》)的。从耳朵听进去,留在心里,落实到行动中去,使得自己变得更加完美。"小人之学"或者"今之学者"是为人的,"为人之学也,以为禽犊"(《荀子·劝学》),把学到的东西看作飞禽走兽。禽犊就是人所拥有的财富,这些东西也可以说是显示给别人看的,所以"为人之学",就是入乎耳,出乎口,口耳之间四寸而已,根本不落到心里面去,更不落到行动上去。中国文化始终强调为己之学,强调成为一个君子主要靠自己,要反求诸己。通过自我的不断提升,不埋怨环境,不随波逐流,能够"笃志而体",有坚定的志向,而又去身体力行,这才是君子。另外还要寻求名师良友,荀子讲最直接的就是向身边的君子学习。古代人注重择邻、择友,就是要寻求好的环境、好的朋友。不仅如此,我们还可以放开眼界,向天地万物学习。中国文化中用很多东西来比喻君子,反过来讲君子要向这些物去学习,比如水、玉、莲花等。周敦颐《爱莲说》讲莲是花中君子,是因为它具有"中通外直,出淤泥而不染,濯清涟而不妖"的品格,可以远远地去欣赏它,不能近处欺负它。《论语》里有君子不器、君子不党、君子不同,这与从万物中学习是有直接关系的。还有"岁寒三友""四君子花",它们都有很多值得我们欣赏、学习的品德。君子并非高不可攀,只要我们能够谦虚谨慎,向天地万物学习,向良师益友去学习,每个人都可以成为君子。

君子具体的品德实在太多了,先秦文献提到"君子"的不下两千处,把重复的、意义不是很大的去掉,至少也有一千五百个词是可以用的。我们不须多讲,努力做到以上所讲的"一二三四"就可以了,也就是:孝,诚、敬,智、仁、勇,礼、义、廉、耻。如果一个人能取一言而终身奉行,坚定不移,笃志而体,就是君子。真正做到君子不在于多,而在于实实在在地终身奉行。

参考文献:

[1] 〔法〕孟德斯鸠. 论法的精神[M]. 张雁深,译. 北京:商务印书馆,1981:317.

(楼宇烈,北京大学哲学系教授、博士生导师;本文发表于 2016 年第 6 期)

注:本文根据作者在"梁启超先生《君子》演讲一百周年纪念会"上所作的报告整理而成。

君子的意义与德行

政治实践与人的德性

——儒学视域中的为政和成人

杨国荣

摘　要　儒家注重为政与为政者人格修养之间的关联。在总体上,儒家所理解的政治实践主体以贤和能的统一为指向,其中贤主要涉及内在德性。对儒家而言,人的德性关乎为政的价值方向,并从内在的方面担保了为政过程的正当性。在儒家看来,为政者品格的养成离不开后天的修为,有鉴于此,儒家对修身予以高度重视。修身过程展开于不同方面,德性和品格也体现于多样的关系并在以上关系的展开中获得具体内涵。与为政过程无法分离的德性和人格,同时涉及"如何培养"的问题。在儒家看来,人格的培养与"性"和"习"、本体和工夫的互动相关联,并最后落实于知与行的统一。

一

如何展开政治实践? 在这一问题上大致有两种不同的理念或进路。其一趋向于将政治实践的过程与一定的制度、体制的运作联系在一起,其注重之点在于体制、制度自身的力量,而体制、制度之外的个人品格和德性则被推向边缘。西方近代以来的一些政治哲学和政治学的理论,常常体现了以上进路。他们倾向于区分个人领域和社会领域或私人领域和公共领域,政治实践中权力的运作过程主要属于公共领域,而人格的修养则被置于个人领域或私人领域之中,二者互不相干;权力的运作过程或政治实践的展开过程也相应地无涉人格修养。

另一进路以儒学为代表,其特点在于注重体制的运作过程和人格修养之间的关联。儒家的政治理念之一便是:"其身正,不令而行;其身不正,虽令不从。"(《论语·子路》)这里的"其"即执政者或运用权力者,"身"则关乎权力运用者的品格。质言之,如果运用权力者本身人格完美,则他所颁布的各种行政命令、政策便会得到比较好的实施和贯彻;反之,如果"其身不正",即执政者本身品行修养有所欠缺,则他颁布的政令、政策在实践中往往很难真正得到落实。在此,制度、体制方面的运作过程与体制的运作者(政治实践的实践主体)自身的人格修养这两者并非截然分开。

在以上方面,儒家思想中值得关注的观念之一是"礼之用,和为贵"(《论语·学而》)。宽泛而言,"礼"至少包括两个方面:其一为体制,即政治、伦理等方面的制度,其二则是与这种制度相关的规范系统,后者规定什么可以做、什么不能做,并具体关涉从天子到庶人的言行举止。相对于"礼","和"在广义上既涉及伦理的原则,也关乎内在的德性。从现实的作用看,"和"可以从两个方面去理解:在消极的层面,它意味着通过人与人之间的相互沟通来消除彼此之间的紧张或对抗;在积极的层面,"和"则在于通过同心协力,在实践过程中共同达到相关的目标。如前所述,"礼"首先属于制度层面,按照传统儒家的看法,制度的运作过程离不开一定的道德原则以及执政者本身德性的制约。所谓"礼之用,和为贵",便体现了这一点。这种看法,不同于前述近代以来西方政治哲学的某些主张。

传统儒学从不同方面对以上观点做了具体的说明。对儒学而言,如果仅仅限于体制层面的程序、形式来运作而缺乏一定价值观念的引导,政治领域中的治理活动就容易成为技术化的操作过程,并引发种种问题。孟子在谈到"术"的作用特点时,便涉及这一方面。"术"属于技术性、操作性的方面,在孟子看来,"术"的操作者一定要谨慎,所谓"术不可不慎"。他举了如下例子:制造弓箭的人总是希望自己所制的弓箭能置人于死地;反之,制造盔甲的人则往往担心弓箭会穿过盔甲(《孟子·公孙丑上》)。从

"术"的这种操作与人的关联来看,其中的内在动机似乎有很大的差异:前者欲置人于死地,后者则唯恐伤及人。按孟子之见,以上两种精神趋向的差异并非先天本性使然,而是当事者所从事的不同职业所决定的:这些职业涉及的技术性操作本身有不同的规定。弓箭的技术性要求是必须锋利,能够穿透盔甲;而盔甲的技术性要求则是保护人,使之不为箭所伤。这些技术性的活动自身具有运作惯性,如果仅仅停留在其技术规程本身,则人的观念便会不知不觉地跟着它走,逐渐失去应有的价值方向。同样,政治运作过程中也有类似的问题。从程序性、形式性的方面看,制度运作侧重于按照一定的规程来展开。这样的过程如果完全按照惯性发展,其价值方向常常也会变得模糊,正是在此意义上,孟子特别强调"术不可不慎"。

政治实践的主体应该具有何种品格? 在这方面,传统儒学提出了多种看法,在总体上,其基本要求是贤和能的统一。孟子已提出"尊贤使能",《礼记》也主张"举贤与能",二者都把贤和能提到重要的位置。这里的"贤"主要侧重于人的内在德性或道德品格,这种德性规定了政治实践的价值方向,并关乎权力运作的具体目标。与方向性相关的是正当性。如何保证权力的运用、政治实践的展开具有正当性? 对儒家来说,内在德性的引导在此具有不可忽视的作用,"贤能"之"贤"主要侧重于规定权力运作的方向性,使之朝向价值上正当的目标。"能"则关乎能力、才干,主要涉及政治实践过程的有效性。政治实践的过程最终是为了解决方方面面的问题,这里就有是否有效,亦即能否成功达到实践目标的问题。政治实践总是无法回避有效性和正当性的问题,儒家强调"贤能"统一,一方面试图以此保证政治实践过程的正当性,另一方面则试图由此实现政治实践过程的有效性。

在传统儒学中,与"尊贤使能"相关的是"内圣外王",后者构成了儒家的价值理想,其中包括"内圣"和"外王"两个方面。"内圣"主要侧重于政治实践主体自身的品格和德性,"外王"则更多地与实际的政治实践过程相联系。在传统儒家看来,这两者彼此相关,不能分离。"内圣"并不仅仅是个体内在的规定,它同时需要在现实的政治实践过程("外王")中得到体现。对孔子而言，"圣"并非仅有内在的仁爱品格，而且同时以"博施于民而能济众"（《论语·雍也》）为特点，即能够给广大的民众以实际的利益。另一方面，"外王"也需要"内圣"的指导。在儒家的观念中，"外王"最后指向的是王道的理想，后者与"王霸之辩"联系在一起。"王道"主要指以道德的力量和方式来实现对社会的治理和整合，"霸道"则是依赖强权、武力、刑法来治理社会。按照儒家的理解，作为广义上政治实践的"外王"如果离开了"内圣"的引导，就有可能从"王道"走向"霸道"，从而脱离儒家理想的政治目标，在这一意义上，"外王"同样离不开"内圣"。"内圣"和"外王"的如上统一，意味着内在的品格和外在的政治实践之间存在着互相制约和互动的关系。

二

在儒家看来，政治实践主体的品格并不是自然或先天的，其养成离不开后天的修为。有鉴于此，儒家对修身予以高度的重视。《大学》提出格物、致知、诚意、正心、修身、齐家、治国、平天下，这也可以被广义地理解为政治实践领域中的八项条目，其内容可区分为两个方面：一是"格物、致知、诚意、正心"，另一是"修身、齐家、治国、平天下"。在涉及以上诸方面的整个过程中，"修身"构成了极为重要的环节，正是以此为前提，《大学》强调："自天子以至于庶人，一是皆以修身为本。"从"修身"出发，进而"齐家、治国、平天下"，"修身"在这里具有基础性的作用，而前面提到的"格物、致知、诚意、正心"，则可理解为"修身"的具体内涵。当然，如果进一步考察，则可注意到，"格物、致知、诚意、正心"也可以分为两个方面。"格物、致知"主要偏重于培养自觉的理性意识：通过认识对象、认识世界逐渐使人自身多方面地达到理性的自觉；"诚意、正心"更多地侧重于养成内在的道德意识，并使之真正实有诸己。"格物、致知"和"诚意、正心"的统一，总体上表现为自觉的理性意识与真诚的道德意识的交融，这同时也构成了"修身"的具体内涵。

在儒学中，"修身"的过程与人的自我理解紧密地联系在一起。对人自身的这种理解可以区分为两个方面："什么是人"与"什么是理想的人"。进一步看，第一个问题又与儒学中的"人禽之辨"相联系：从孔子、孟子到荀子，儒家从不同方面展开了"人禽之辨"。什么是人？人和动物（禽兽）的区别究竟在哪里？对此可以有不同的理解，诸如："人是使用语言的动物""人是理性的动物""人是政治的动物"等。儒家对"什么是人"也有自身的看法，这种理解又基于人与其他存在的比较。荀子在这方面有概要的论述："水火有气而无生，草木有生而无知，禽兽有知而无义；人有气、有生、有知亦且有义，故最为天下贵也。"（《荀子·王制》）质言之，人不同于其他存在的根本之点，在于他不仅由一定的质料（气）所构成、具有生命、具有感知能力，而且有"义"，即内在的道德意识，正是后者使人成为天下万物中最有价值的存在（"最为天下贵"）。

与"何为人"相关的是"何为理想的人"。人通过修养过程最后将达到什么样的人格目标？这一问题在儒家那里涉及"圣凡之辩"。前面提到的"人禽之辨"侧重于人和其他对象的区别，"圣凡之辩"则关乎人的既成形态与理想形态的区分。这里的"圣"即圣人，其特点在于已达到道德上的完美性，"凡"则是既成的普通人，他虽有"义"，但尚未达到至善之境。与之相关，"修身"具体便表现为一个由凡而圣的过程，后者表现为从仅仅具有道德意识逐渐走向道德上的完美。

在儒家那里，"由凡而圣"的修身过程同时又与"为己之学"相联系。孔子已区分"为人"之学和"为己"之学。这里的"为己"并非仅仅表现为追求个人的一己之利，"为人"也不是为他人谋利，二者主要不是以利益关系为关注点。"为己"之学中的"为己"，首先以自我的完成、自我的人格升华为目标，与之相对的"为人"则是仅仅做给别人看：相关个体也许在行为过程中也遵循了道德原则，但其行为却是为了获得社会和他人的赞誉。按照儒家的理解，以"由凡而圣"或"成圣"为目标的修身过程，应该以自我的充实、自我的提升为指向，而不是仅仅摆个样子、做给别人看，以获得外在的某种赞誉。以"为己之学"扬弃"为人之学"，构成了儒家"修身"理论的内在特点。

"修身"的内容涉及哪些方面？儒家从不同的角度对此进行了讨论。首先是"志于道"，即向道而行、以道为人生的目标和方向。在中国文化中，"道"可以从两个层面加以理解。在形而上的层面，"道"常常被视为整个世界或宇宙的最高原理；在价值的层面，"道"则关联着人的存在，指不同形式的社会理想，包括道德理想、文化理想等。所谓"志于道"，主要涉及"道"的后一意义，其内在旨趣是以一定的社会理想为自身的追求目标。按儒家的理解，人格的修养需要形成和确立社会或人生的理想，"志于道"即以此为内容。只有在人生的理想确立之后，才能形成人的价值方向，并在具体的实践（包括"为政"的政治实践）中懂得走向何方。所谓"君子谋道不谋食"（《论语·卫灵公》），也从一个方面体现了这一点：谋道可以视为理想的追求，谋食则是仅仅专注于物质利益，对儒家而言，无论是为人还是为政，都应选择前者（谋道）而拒斥后者（谋食）。

宋明时期，哲学家们进一步赋予人生理想意义上的"道"以更具体的内涵，在张载那里，这一点得到了集中的体现。张载提出了著名的"四为之说"："为天地立心，为生民立道，为去圣继绝学，为万世开太平。"[1]在人和世界的关系上，儒家肯定人能够"赞天地之化育""制天命而用之"，后者意味着人可以通过自身的努力作用于外部对象，使外部世界成为合乎人的需要和理想的存在。这样，对儒家来说，人生活于其间的这一世界并不是天地未开之前的洪荒之世，其形成包含了人自身的参与：人在这一现实的世界形成过程中具有不可或缺的作用。这一思想的前提是区分人生活于其中的现实世界与本然形态的洪荒之世，肯定现实的世界乃是经过人的实践过程和作用而形成的。从人与世界的关系看，所谓"为天地立心"，所确认的就是人是唯一能够作用于这一世界、具有创造力量的存在，同时，也只有人能够按照自身的理想去改变这一世界，并赋予世界以多样的意义：在人类出现之前，世界本没有意义，正是通过人的历史活动过程，逐渐地使这一世界越来越合乎人的理想，并形成了多方面的意义。要而言之，"为天地立心"主要强调人的创造性力量以及人赋予这一世界以价值意义的能力。

"为生民立道"关乎人与自身的关系,后者的内涵主要体现于对人自身历史走向的规定。人不仅和外部世界发生联系,而且也面临着与自身的关系。按照"为生民立道"这一观念,在人和人自身的关系上,人究竟走向何方,并不是由外在力量决定的。人类的命运、历史的发展方向,都取决于人自身。这一看法不同于基督教视域中的上帝决定论:按照基督教的理论,人是上帝的产物,世界的意义也最终源于上帝,从而,人的命运以及他自身的存在意义,并不取决于人自身。与之相对,近代以来,特别是 19 世纪末以来,出现了"上帝死了"的口号,由此,最高的造物主以及意义的终极之源似乎也失去了存在根据。与之相联系的,是从超验力量对人的决定,走向另外一个极端——虚无主义:既然上帝死了,价值的根源不复存在,那么,一切也就没有意义了。虚无主义的特点即表现为消解意义。相对于此,张载的"为生民立道"之说则强调人类的命运是由人自身决定的。这种观点既不同于超验的上帝决定论,也不同于虚无主义,它肯定人通过自身的努力,可以给世界打上自身的印记,并使世界获得意义。人既被看作人类命运的决定者,也被视为自身价值方向的确定者。

"为去圣继绝学"涉及文化的创造和延续过程。这里的"去圣"可以广义地理解为前人,前人创造了丰富的文明形态、多样的文化成果,后人的使命就在于继承和发展这些文化成果。在儒学看来,这种文化成果体现了人类的文化历史命脉,后者不能在某一个时代被终结,而应绵绵不断地得到延续。与之相联系,"为去圣继绝学"同时意味着延续人类的文化历史命脉。众所周知,文化在历史衍化中更内在地体现了人的价值创造,文化成果也相应地可以视为人类文化创造能力的集中展现,"为去圣继绝学"所凸显的正是延续人类文化历史命脉这一庄严使命。

"为万世开太平"包含了人类永久和平的观念。大约在 18 世纪末,关于人类的永久和平的观念开始在西方被明确提出来,康德的一篇著名论文便是《论永久和平》。不过,在儒家那里,"为万世开太平"的内在含义并不仅仅限于国与国之间的关系,它同时也意味着追求完美的人类社会理想,包含着走向完美社会形态的要求。众所周知，《礼记》中已提出了"大同"的理想，"大同"可以视为历史上中国人心目中的社会理想，"为万世开太平"与以上追求显然具有相通性。

"为天地立心，为生民立道，为去圣继绝学，为万世开太平"这四个价值命题既体现了理想的追求，又包含着使命的意识。"理想的追求"主要涉及应当追求什么，"使命的意识"则突出了应当承担什么。"应当追求什么"和"应当承担什么"这两者相互统一，而在它们的背后是更普遍意义上的社会责任意识。理想的追求，主要从方向、目标上规定了人的责任，而人的使命则从应当承担什么这一角度，给予人的责任以深沉的历史内涵。这种责任意识涉及社会生活的各个方面，并与治国平天下的过程具有更为切近的关系。作为政治实践的主体，为政者应更自觉地以确立以上意识作为人格修养的具体内容。

在传统儒学中，人格的修养同时又与"养浩然之气"相联系。"气"这一概念在中国哲学中含义比较广，它既可以在物质的意义上使用，也可以在精神的意义上运用，所谓"浩然正气"，便更多地涉及精神的层面，表现为内在的精神力量。"养浩然之气"概要而言即是培养个体的凛然正气。历史上，文天祥曾写过《正气歌》，其中也提到了"浩然之气"："天地有正气，于人曰浩然"，在此，人的"浩然之气"便与天地正气合二为一，展现为昂扬的精神力量。按照传统儒学的理解，这样的精神力量同时给人以精神的支柱，使人不管处于何种境地，始终都能够坚持道德操守。孟子便肯定了这一点："富贵不能淫，贫贱不能移，威武不能屈。"（《孟子·滕文公下》）在此，孟子既以上述品格为理想人格的特征，也将其视为"浩然之气"的体现形式。对传统儒学而言，在必要的时候，为了理想甚至可以献出自身的生命，孔子所说的"志士仁人，无求生以害仁，有杀身以成仁"（《论语·卫灵公》）便强调了这一点。"仁"是孔子思想中的核心概念，其基本含义是肯定人之为人的内在价值；对孔子而言，为了维护这一价值原则，即使杀身也应在所不惜，后来孟子提出"舍身而取义"，表达的也是类似的观念。这些看法构成了儒家理想人格精神的具体内容，为政过程中的政治气节便与之直接相关。

在儒家那里，人格修养作为一个具体的过程，同时又关乎"自省"或"内省"等形式。在《论语》中已可以看到如下观念："吾日三省吾身：为人谋而不忠乎？与朋友交而不信乎？传不习乎？"（《论语·学而》）这里首先把反省提到重要的位置，而反省的主体则是自我。具体而言，反省的内容包括："为人谋而不忠乎"，即替人谋划、考虑是不是真正尽心尽力了；"与朋友交而不信乎"，即与朋友交往的时候是不是做到诚信、守信了；"传不习乎"，"传"指前人的学问、学说和理论，对这些内容，是否加以温习、践行了。这三个方面都涉及自我和他人的关系。对传统儒学来说，个体存在于世，总是处于多方面的关联之中。在与他人交往过程中，其所作所为到底是不是合宜、是不是合乎道德的原则和规范，都需要经常加以反省。孔子还提到："见贤思齐焉，见不贤而内自省也。"（《论语·里仁》）所谓"贤"，即道德完美的人，遇见这样的贤人，首先就应从内心思忖：如何向他看齐、向他学习？同样，看到在品格方面有所欠缺的人，也需要反省：自己是不是和这些人有类似的问题？在这里，反省呈现正面和反面双重形式：正面意义上，反省意味着积极走向完美的人格；反面意义上，反省则以如何避免德性的不完美为指向。人格自身的修养当然也需要外在的培养、教育，但是比较而言，个体自身的反省往往具有更为主导的作用，它可以通过对自我的评价，不断地给人以自我警醒，时时发现自身可能的不足。按照传统儒家的理解，这种反省意识和评价意识对人格的修养是不可或缺的。儒家在谈到自我的反省意识时，也兼及反省的具体方式。孔子便提出了"四毋"的观念：第一是"毋意"，即不要凭空地去揣度；第二是"毋必"，即不要绝对地加以肯定，以避免将自己的看法绝对化；第三是"毋固"，即不要拘泥、固执，拒绝变通；第四是"毋我"，即不要自以为是，从自我的成见出发去看问题（《论语·子罕》）。如果具有这样反省的意识，便如同具有了精神的护栏，可以及时对自己的言行和所作所为进行自我评价，并做出相应的调整，这样，即使有过失，也不至走得太远。自我的反省、不断的警醒，既构成了一般意义上人格修养的内容，也内在地制约着为政者的治国实践：为政不仅涉及个人,而且影响社会,其主体是否时时保持反省和警醒意识,也相应地具有尤为重要的意义。

在人格的修养过程中,儒家关注的另一个问题是"慎独"。《大学》《中庸》《荀子》以及后来儒学的其他经典都反复提到这一问题。对儒家来说,"慎独"是人格修养的一个重要环节和方面。所谓"慎独",也就是在他人的目光不在场、外在舆论监督阙如的情况下,依然坚持道德的操守。在他人的目光和外在舆论的监督都不存在的情况下,人应如何作为? 从日常生活到政治权力的运用,都会面临这一问题。就日常生活而言,在无人监控的情况下,言行不合于礼,常常不必有顾虑;在权力的运用过程中也有类似问题,因为权力的运用并不是无时无刻都处于监督之下的,它也会在监督缺位的情况下运作。以上情境属于广义的独处,在独处情境下坚持道德操守,较之非独处时的坚守,更为困难。儒家之所以要强调"慎独",便是有见于"慎独"之不易。

"慎独"在逻辑上与前面提及的"为己之学"相关:慎独的前提是自我的所作所为并不是做给别人看,而是以自我成就("为己")为指向。正缘于此,因而即使他人不在场、外在监督缺席,自我依然需要坚持道德操守。同时,行为需要一以贯之,在不同的场合,包括人前人后,人的行为都应当始终如一,人的德性也应具有稳定性;如果仅仅在他人目光下行为才合乎伦理、政治规范,而在他人缺席的时候却是另一个样,那就表明自我的德性还缺乏一贯性、稳定性。进一步看,这一类行为一方面具有被迫性:行为乃是迫于外在压力或他人的监督,不得不如此;另一方面也表明行为主体缺乏真诚性:行为不是源自内心,而仅仅是示之于人。与之相对,"慎独"意味着将关注之点转向自我的完善,与之相关的行为也出于个体的意愿而非基于外在强加。这里既强调了德性的真诚性,也突出了德性的恒定性或始终一贯性。儒家一再强调德性的真诚和稳定,认为人的内在品格应当实有诸己、稳定如一,如此,行为才能达到自然中道,即无须勉强,自然而然地合乎行为规范。儒家强调"为政以德",作为治国的前提,其中的"德"便包括为政者自身德性的真诚性与一贯性。

三

德性和品格往往体现于不同的关系中，正是在多样的关系之中，儒家所追求的内在品格和德性展现出自身更为具体的内涵。

儒家很早就提出"仁民而爱物"的观念。这里涉及两个方面：一个是如何对待人，一个是如何对待物。在如何对待人的问题上，儒家的基本原则即仁道原则，它基于孔子的思想：孔子思想系统中最重要的概念便是"仁"，基本含义则是"爱人"。当孔子的学生樊迟问何为"仁"时，孔子的回答便是："爱人"(《论语·颜渊》)。所谓"爱人"，其基本含义即肯定人之为人的内在价值，并把人作为有自身价值的对象来对待。《论语》中有如下记载：一次孔子听说马厩失火，马上急切地探询："伤人乎?"(《论语·乡党》)按理说，马厩与马相关，因而马厩失火时首先应该了解是不是伤到了马，但孔子的问题却恰恰涉及人而不是马。在这里，可以看到人与马的区分，而孔子关心的首要之点是放在人上，内在前提是：唯有人才真正具有自身的价值。这当然并不是说马毫无价值，在当时的历史条件下，马有多方面的功能：它有军事上的用途，也可以作为运输工具来使用，等等。但是按照儒家的理解，马的这些作用只具有工具的意义，即为人所用，而人自身却有内在价值，不能被视为工具。"伤人乎"所蕴含的真正意义，便是把人看作与物或工具不同的、具有内在价值的对象。这同时体现了仁道的原则，而所谓"仁民"，也意味着用这样的仁道原则来对待他人。

与"仁民"相关的是"爱物"。"仁民"涉及人与人的关系，"爱物"则关乎人和物的关系。对儒家来说，物虽不同于人，但它依然应当成为人珍惜、爱护的对象。人和人的关系与人和物的关系不同：对待他人，应以仁道为原则，所谓"仁民"；对待物，则主要以珍惜、爱惜为方式，此即"爱物"。对物的这种珍惜、爱护，与注重自然本身的法则及整个自然环境的保护联系在一起。对人类的活动，如捕鱼、狩猎，以及砍伐树木等，儒家特别强调要注重"时"，所谓"时"，也就是一定的时间、条件。在动物、植物生长的时期,不能随意地展开渔猎、砍伐等活动,这就是"爱物"的具体展现。

由"仁民爱物",儒家又进一步引出"万物一体""民胞物与"的观念。所谓"万物一体""民胞物与",也就是将人和世界的其他一切对象,即人和天地万物,都看作一个生存共同体。"民胞物与"可以视为"仁民爱物"的具体引申,"民胞"意味着将其他的人类成员都看作自己的同胞,并如同胞一般来对待;"物与"则是把人之外的其他一切对象视为息息相关的交往伙伴。"万物一体""仁民爱物"从总体上看便是要求在人和自然、人和天地万物之间建立起和谐、协调的关系,以此避免人和自然之间的对抗和冲突。近代以来,在天人关系的演进中,人之外的天地万物更多地被看作为人所利用、征服的对象。比较而言,传统儒学则更多地把如何维护天和人、人和天地万物的和谐关系,看作天人之辩的题中应有之义,这种意识和广义上的"天人合一"观念也紧密地联系在一起:从人和自然的关系来看,"天人合一"所指向的便是人和万物的和谐关联,避免仅仅把自然当作征服、利用的对象。要而言之,在如何对待人的问题上,"仁民爱物"观念体现了仁道的道德意识;在如何对待物的问题上,它则体现了生态伦理的意识。对儒家而言,二者都应体现于为政的政治实践,所谓"道之以德"(《论语·为政》)、"斧斤以时入山林"(《孟子·梁惠王上》),便从不同方面表明了这一点。

从广义上的天人之辩进入更内在的人与人之间的关系,便面临自我和群体、自我和社会之间的关联问题。《大学》提出"修身、齐家、治国、平天下"已涉及自我和外部社会、自我和群体之间的关系。对儒学而言,个体一方面应当独善其身、培养自身的德性和人格;另一方面又要兼济天下、承担社会的责任。孔子所谓"修己以安人"便非常概要地表述了自我和他人之间的以上关联:"修己"侧重于自我本身的完善以及自我人格境界的提升;"安人"更多地涉及个体对社会的责任,后者的关注之点主要在于如何实现社会整体的价值。在儒学看来,"修己"需要落实于"安人",其中主体的完善和社会的关切紧密联系在一起。以"为政"即政治实践而言,按孔子的理解,为政者首先应"敬事而信","敬"即一丝不苟,毫不马虎,所谓

"敬事",即认真对待所承担的政治事务;"信"则是注重诚信。同时又要"节用而爱人","节用"即节俭,"爱人"则是以关爱的方式对待被治理的对象(民众)。此外还需要"使民以时",即在征用民力的时候,一定要考虑农时、季节,避免在农忙之际大规模地动用民力(《论语·学而》)。在此,执政者的个人品格便体现于以上社会关切。这种观念演化到后来,形成"先天下之忧而忧,后天下之乐而乐"的群体意识。

人的存在(包括政治实践)过程中,常常面临"情"和"理"的关系,行为的主体,包括为政者的具体人格,也无法回避"情"和"理"的协调。对儒家而言,在自我的层面,所谓"情"和"理"的统一意味着既应形成理性的意识,也要培养健全的情感。儒家提出"格物致知,诚意正心",其中,"格物致知"更多地与培养、提升自觉的理性意识相联系。儒家很早就开始注重健全的情感,孔子提出"仁"的观念,"仁"之中就包含关切他人的情感;孟子进一步提出"恻隐之心""不忍人之心",亦即对他人的同情意识,这也属于健全的情感。从自我德性的修养来看,完美的人格不仅应当明乎理,而且应当通乎情,由此达到"理"和"情"的统一。

同样,从人与人之间的交往看,儒家首先肯定应当彼此说理,而不应强加于人。为政者在教化过程中,需要以理服人,而不是独断地给出某种定论;在实践(包括为政)过程中,则应以说理的方式让人理解,通过理性的引导使人接受某种规范。同时,儒家又强调,与人相处,需要注重情感沟通、尊重他人的意愿:重情的具体含义之一就是尊重他人的内在意愿,而对他人情感的关注同时也包含对其内在意愿的尊重。在人与人的互动中,一方面要晓之以理,另一方面又要动之以情。在处理人与人之间关系时,如果仅仅讲理性或"理",则这种关系常常会变成单纯法理意义上的关系,缺乏人间的温情。近代以来,在片面强调理性的趋向之下,人与人之间温情脉脉的这一面往往会退隐、淡漠,政治领域中形式、程序的非人格方面,则被提到至上地位。儒学之注重情,对化解以上偏向,无疑具有重要意义。

概要而言,儒家肯定,"为政"或政治实践中应注重"情"和"理"的统一。为政过程,既要合理,又要合情;既要入理,也要入情。这种观念一方面有助于避免仅仅注重理性而引向刚性的法理关系,另一方面也有助于克服仅仅注重情感而导致无视礼法等偏向。今天,在思考重建合理性时,如何把"情"和"理"协调起来,依然是一个无法回避的问题。重建合理性,不能单纯从工具、技术意义上着眼,它同时也应当对人的情感规定以及人与人之间的情感沟通给予必要的关注。无论从个体人格看,还是就个体间的交往言,儒学所肯定的"合情合理"及"情"与"理"的统一,都值得关注。

谈儒学,常常会提及"忠恕之道"。分开来看,这里包括两个方面:即"忠"与"恕"。所谓"忠"的内涵是"己欲立而立人,己欲达而达人",也就是说,自己希望达到的,也同时努力地帮助他人去达到;"恕"则指"己所不欲,勿施于人",即自己不想别人以某种方式对待自己,也绝不以这种方式对待他人。不难看到,"忠"主要侧重于对他人的积极关切:自己认为某种目标是好的,则千方百计地努力帮助别人去实现这一目标。相形之下,"恕"侧重的是避免强加于人,其中更多地体现了宽容的原则。仅仅讲"忠"(即单纯注重对他人的关切),有时难免会引向消极的后果:凡自己认为有益,便不管别人愿意与否,都一意推行,在为政过程中,这样做常常会导致外在的强制或权威主义式的行为方式。从日用行常到为政过程,"忠"和"恕"都不可偏废;二者的这种统一,具体表现为积极关切和宽容原则之间的协调。

作为"恕"的引申,儒家又讲"道并行而不相悖"。这里的"道"以不同的社会理想、原则等为内容,所谓"道并行而不相悖",意即现实生活中的人可以追求多样的理想、原则,这些不同的理想、原则并非相互否定、排斥,而是可以并存于观念世界。这里的核心是以宽容的原则来对待不同的理想追求,允许不同价值原则的相互并存。在近代政治领域,有所谓"积极自由"和"消极自由"的分野。所谓"积极自由",主要是争取、达到意义上的自由(free to),引申而言,即努力地去帮助人们实现某一目标;所谓"消极自由",则是摆脱外在干预(free from)。从现实的层面看,仅仅讲"积极自由",可能会导向意义强加,并进而走向权威主义;单纯讲"消极自由"则可能会弱化意义的追求,并进一步引向虚无主义。儒学所提出的"忠"和

"恕",在某种意义上与"积极自由"和"消极自由"之分具有理论上的相关性:如果说,"忠"近于积极自由,那么"恕"则与消极自由具有相通性,而"忠"和"恕"的统一,则蕴含着对"积极自由"和"消极自由"之对峙的扬弃和超越。

"忠"和"恕"既是行为的原则,也是主体的品格。作为原则,它们表现为人与人交往过程中应当遵循的规范;作为品格,则是个体应当具有的德性。在这里,规范意义上的原则和人格意义上的德性彼此交融,二者的这种统一,同时也体现于为政的政治实践过程。

四

与"为政"过程无法分离的德性和人格,同时涉及"如何培养"的问题。在儒家那里,人格的培养首先与"性"和"习"相关联。众所周知,孔子已提出"性相近也,习相远也"(《论语·阳货》)的观念,这里的"性",其直接的含义是指人性,它同时又为人在后天的发展提供了可能;"习"宽泛而言则包括两个方面:一是习俗,二是习行,习俗涉及外在环境,习行则是个人的努力过程。"性"作为人后天发展的可能性,主要为人格发展提供了内在根据:人格的发展,总是从最初的可能性出发,缺乏这种可能,人格的培养也就失去了内在的根据。除了"性"所体现的内在根据,人格发展的具体过程又离不开"习"(习俗和习行)。孔子所说的"性相近也,习相远也",已概要地论述了人格培养的以上方面。

在传统儒学中,"性"与"习"的统一后来逐渐又和"本体"与"工夫"联系在一起。这里的"本体"有两个方面的含义:第一方面的含义与前面提到的"性相近"中的"性"具有一致性,指人先天具有、同时又构成后天发展根据的可能性;第二方面的含义则涉及人在学习、实践过程中逐渐形成的精神结构,近于内在的意识系统或精神系统。作为内在的精神结构或精神系统的本体本身又具体地包括两个方面:其一与知识内容相关,其二则涉及人的德性。本体中与德性相关的方面以价值取向、价值观念为内容,主要规定了人格发展的方向;本体中的知识结构则更多地涉及人格发展的方式问题。前者从发展目标上规定了人格的培养,制约着人成就为什么、走向何方;后者则从方式、途径等方面,为人格的培养过程提供引导。

与本体相关的是工夫,后者与"习相远"中的"习"相联系,主要表现为个人的努力过程。工夫在人格的培养过程中同样不可或缺:人格的培养过程固然需要以内在本体为出发点,但同样离不开人自身多方面的努力过程。工夫和本体相互作用的过程,同时涉及儒家的另一个观念,即知行合一。进一步分析工夫的内涵,便可注意到,其具体内容即知与行。"知"涉及对世界的认识、对人以及人与人之间关系的理解;"行"则是身体力行的实践过程。说到底,工夫即以知与行为其主要内容。就工夫本身而言,知和行二者不可偏废:知总是要落实于行,行则受到知的制约。从主导的方面来看,儒学往往更多地关注"行",强调知识观念最后要落实于具体的行为过程。孔子即强调"敏于事而慎于言",并以此为"好学"的内在特点(《论语·学而》)。"敏于事"即勤于做事,属于广义上的行。对儒家来说,是否身体力行,能不能将已经了解、把握的知识付诸实行,这不仅是判断"好学"与否的准则,而且构成了人区别于禽兽的重要之点。荀子便明确地指出:"为之,人也;舍之,禽兽也。"(《荀子·劝学》)"为之"即实际地按理性之知(首先是道德之知)去做,"舍之",则是未能落于行动。在这里,是否行便构成了人和其他动物的分水岭。王阳明提出"知行合一",以此概括知和行的统一关系。从更广的层面看,这同时也体现了儒家对知和行的理解:强调知和行之间的互动、统一,构成了儒学的特点之一;而知与行的合一,则既是儒家人格培养的重要途径,也构成了儒家"为政"过程的重要原则。

参考文献:

[1] 张载集[M].北京:中华书局,1978:376.

(杨国荣,华东师范大学中国现代思想文化研究所暨哲学系教授;本文发表于2017年第2期)

儒家德政思想的理论逻辑

杨　明

自孔孟肇始,如何构建理想的道德化政治秩序成为儒学致力探讨的一大主题,并形成了儒家特有的"德政"思想。传统儒家德政思想内涵丰富,对"谁来执政"(君子群体与圣王)、"如何执政"(为政以德)、"执政状态"("居其所而众星共之"的圣王气象)等一系列政治问题进行了回答。

"性善论"作为一种美好的"人性期待",是儒家德政思想的逻辑起点。儒学对"人性"问题的总的立场以及对"人性"发展的理想期待是"善",整个儒家德政思想是奠基于"人性善"的道德预期之上的。从根本上讲,儒家思想体系是以"礼"分别人禽而演绎出来的一套成己成人的学问,立足点在"人禽之别",即孟子所说的"人之所以异于禽兽者几希"(《孟子·离娄下》),从此处经由修养功夫以成己而成人。基于此,儒家提出了一套合内外、合人我、合天人的"致中和"的价值理念,发展出一套"格致诚正修齐治平"的贯通内外的思想体系,"它是以个人为中心,向内延伸到他的主观世界,向外延伸到他的客观世界。这就是以修身为中心,向内延伸到正心、诚意、致知,向外延伸到齐家、治国、平天下"[1]。儒家这套"格致诚正修齐治平"的思想体系所遵循的最高原则是"中",所追求的最高境界是"和"。"'和'是价值观,表征的是事物存在的最佳状态,它所具有的和谐、协调、平衡、秩序、协同、和合的性质体现了中华民族根本的价值取向和追求。'中'是方法论,表征的是事物存在和发展的最佳结构、最佳关系和人的行为的最佳方式,进而成为中华民族构建和调节主客体关系的最一般的方法论原则。由'中'达'和'是中华民族特有的道德哲学和生存智慧。"[2]正如《中庸》所言:"中也者,天下之大本也;和也者,天下之达道也。致中和,天地位焉,万物育焉。"因此,儒学作为一个思想体系,必然落实于修己安人。

在儒家思想体系中,从总体上看,其知识架构基本可分为人生哲学和政治哲学,而其政治哲学即所谓"德政"思想。儒家德政思想首要回答的问题是"谁来执政",它认为为政者应当是君子。《论语》开篇《学而》就说:"学而时习之,不亦说乎? 有朋自远方来,不亦乐乎? 人不知而不愠,不亦君子乎?"这句话落脚点就是君子。君子,既指道德高尚的"有德者",又指为政的"有位者",是"德"和"位"的统一。最高的为政者则是圣王。那么,如何为政呢? 儒家对此做出了明确的回答,这就是"为政以德"。《论语·为政》开篇即曰:"为政以德,譬如北辰,居其所而众星共之。"这句话的意思是说,"为政以德"的状态就像北极星一样,居于中心而不动,其他星星有规律地围着它而运行。朱熹对这句话解释说:"政之为言正也,所以正人之不正也。德之为言得也,得于心而不失也……言众星四面旋绕而归向之也。为政以德,则无为而天下归之,其象如此。"[3]也就是说,在朱熹看来,"政"与"德"是内外合一的,如果说"政"意在摒弃不端行为以正己正人的话,那么"德"则重在强调恪守内在道德良心,所谓"得于心而不失"。至于"其象如此","象"就是"卦象"的"象",朱熹这样解释孔子的话意在表达"为政以德"是一种圣王气象。可见,对于为政以德的重要性,孔子早就有了明确认知。

"为政以德"被儒家视为一种最理想的治国状态,那么,"圣王"该如何具体实践并达到这一治国状态呢?《论语·为政》又有一句话说:"道之以政,齐之以刑,民免而无耻;道之以德,齐之以礼,有耻且格。"在此,孔子提及两种相辅相成的治国思路。一是"道之以政,齐之以刑"。政就是行政法令,刑就是刑法责罚,即通过政令、刑罚的威力来为政。这种方式虽然让百姓畏惧惩罚而不敢作乱,但终究不是理想之治,久而久之必定导致"民免而无耻"这种严重的后果。"礼义廉耻,国之四维","无耻"不仅会导致道德上的严重后果,而且对于国家治理也会带来严重后果。正因为这样,就必须要进一步采取"道之以德,齐之以礼"的治国思路。"齐"代表具体操作上的规范,"道"则是抽象的引领方针,即用德来引导,用礼来规范,这样百姓就会"有耻且格",对何为光荣、何为耻辱有一个基本的价值判断。"格"就是考试"及格"的"格","格"是对"政"的一种设定、一种向往,以及对"政"的一种自我要求。在儒家那里,治国实践中最高的引领就是"德",这也是中华文化中重要的传统政治智慧。中国共产党对这一传统政治智慧进行了有益借鉴,比如我们强调领导干部要讲政德,要"明大德、守公德、严私德",说的就是这个意思。

作为现实政治的实践,"为政以德"的落脚点就是"惠民"与"推恩"。在"惠民"方面,儒家提出了一系列"为政以德"的具体措施。孟子晋见梁惠王时就说:"五亩之宅,树之以桑,五十者可以衣帛矣;鸡豚狗彘之畜,无失其时,七十者可以食肉矣;百亩之田,勿夺其时,数口之家可以无饥矣;谨庠序之教,申之以孝悌之义,颁白者不负戴于道路矣。七十者衣帛食肉,黎民不饥不寒,然而不王者,未之有也。"(《孟子·梁惠王上》)在此,孟子提出了种植作物、畜养动物、文化教育等一系列"惠民"的具体措施,他认为这就是王道理想。至于"推恩",就是孟子所说的"推恩足以保四海,不推恩无以保妻子。古之人所以大过人者,无他焉,善推其所为而已矣"(《孟子·梁惠王上》)。也就是要以"不忍人之心,行不忍人之政"。孟子说:"人皆有不忍人之心。先王有不忍人之心,斯有不忍人之政矣。以不忍人之心,行不忍人之政,治天下可运之掌上。"(《孟子·公孙丑上》)儒家所讲的"为政以德",最终也落实到对统治者的德行要求,强调"政者,正也。子帅以正,孰敢不正?"(《论语·颜渊》)要满足民众在利益上的现实要求,要体察民众的现实疾苦,要施行仁政、反对暴政等,这些都是儒家德政思想的有益成分。

儒家的德政思想自成系统、自圆其说,是一种颇具道德理想主义的政治伦理学说。那么,中国历史上像儒家所说的这样美好的德政有没有实现过呢?应该看到,并没有完全实现的"案例"。至于孔子本人也曾对德政难以实现而发出了"道不行,乘桴浮于海"(《论语·公冶长》)的深深感慨。笔者以为,儒家理想的德政之所以难以完全实现,恰恰是因为这一思想所依据的"人性善"是一种理想的人性论。强调"人禽之别",这一认识是深刻的,但是忽视"人性恶"的一面,就必然使得儒家德政思想落入道德理想主义的窠臼。这一思想倾向,可能是包括儒家在内的整个中国传统政治伦理的内在局限性。马克思主义认为,人的本质在其现实性上是一切社会关系的总和[4],把人放置在具体的历史的从而现实的社会关系的大平台上,我们才可以愈加接近对人的本质的科学认识。只有在对人的本质的科学理解的基础上,我们才可能找到包括政治伦理在内的各种伦理设计的现实路径。在这个意义上说,儒家德政思想必须要进行现代转化和创新发展。

参考文献:

[1]　冯友兰.中国哲学史新编(中)[M].北京:人民出版社,2001:150.

[2]　杨明.中和精神与和谐社会[J].江海学刊,2005,(4).

[3]　朱熹.四书集注[M].北京:中华书局,2010:53.

[4]　马克思,恩格斯.马克思恩格斯选集:第1卷[M].北京:人民出版社,2012:139.

(杨明,中共江苏省委党校副校长,南京大学哲学系教授、博士生导师,东方道德研究中心主任;本文发表于2018年第5期)

儒家德政思想的理论逻辑

儒家思想中的道德与伦理

陈　赟

　　摘　要　道德与伦理的杂糅与僭用折射出"道出于二"的时代病候,从思想上贞定二者的分际,意味着一种治疗。尽管黑格尔与李泽厚都以各自的方式处理这一分际,尤其是黑格尔提供了一种理论性参照,但儒家对道德与伦理的思考具有值得注意的内涵,道德处理的是性分问题,回答的是人是什么的问题,它指向的是主体与自身、主体与天道乃至世界整体的关系;而伦理处理的则是位分与职分问题,回答的是我是谁的问题,它指向政治社会中人与人的关系,以便为我的权责定位,因而它往往集中体现为人的名分。道德生活在伦理秩序中客观化、现实化,并以调节者而非构成者身份参与伦理秩序的生成,同时也对陷落的伦理生活提供抵抗与转化的资源。伦理秩序往往以身份或角色的名义,发动对人的动员,其目的在于以规训的方式把个人转换为共同体的成员,对政治社会而言则是化"人"为"民";与之相反,道德所要求的则是超越具体社会身份与角色的完整之"人"。

　　沈曾植曾将近代以来价值观上的困惑与各种文化——其实质是各种不同价值——之间未经消化的杂糅相关联,在《与金蟄伯》中,他借用佛教术语,把欧华思想糅合的近代现象视为"嗔":"近世欧华糅合,贪嗔痴相,倍倍增多,曰路德之嗔,曰罗斯伯尔之嗔,曰托尔斯泰之嗔,曰马克斯之嗔。"[1]王国维则将近代以来的文化困境概括为"道出于二":"自三代至于近世,道出于一而已。泰西通商以后,西学西政之书输入中国,于是修身齐家治国平天下之道乃出于二。"[2] 各种不同思想与文明系统的要素,并没有被在适当的架构内按照更具综观高度的"建筑术"予以统一安置,使之各得其所,故而不可避免地陷入紊乱、紧张与冲突。道德的观念与伦理生活亦往往受此影响。

一、道德与伦理的分际:黑格尔和李泽厚的处理

在当代语境中,道德与伦理似无根本区别,道德往往被理解为"社会意识形态之一,是人们共同生活及其行为的准则和规范"。这一理解内蕴着某种西方近代的信念前提与理论预设,但却非古典中国思想的体现。将道德纳入社会意识的形态,有两点值得注意:一是道德归属在意识领域,而不是外在行为或活动区域,二是道德的意识归属在社会架构之内,其意识是社会性的,而不是超社会性的或非社会性的,由此而导致了对道德的第三点理解,即如果道德是人与人之间共同生活与行为的准则和规范,那么人与自己相处时、人与其他存在者相处时、人与"天"相处时是否在道德的辖区之内呢? 上述通行的道德观念,通常作为对个体的要求而被实施,在价值评价中,给予"不道德"的评价,已经意味着一种批评,但人们却很少说"不伦理"或"不够伦理"这样的表达。

如果对上述道德观念进行解剖,可以视之为将黑格尔所谓的道德与伦理杂糅的结果,唯其如此,才有了既是作为意识之形态的道德,又是作为社会规范的道德的统一体。本来,即便是在西方语境中,道德(Moral、Moralität)与伦理(ethos、Ethik、Sittlichkeit)也往往是不可分割的,甚至是难以分别其内涵的同义词。但黑格尔对之进行了区分:"道德的立场,从它的形态上看,所以就是主观意志的法。按照这种法,意志,仅当它是自身的某种东西,而且它自身在其中是作为某种主观的东西,才得到承认并且是某种东西。"[3] 道德的主观性表现在,"在道德性中,自我规定可被设想为尚未达到所是都惊喜的纯粹骚动和活动","在道德的东西中意志还是与

自在存在的东西相关联,所以它的立足点是差异,而这一立足点的发展过程就是主体意志与它概念的同一化。所以,尚在道德性中的应该只有在伦理的东西中才能达到"[3](198)。在黑格尔那里,道德仍然属于意识的形态,所谓向内诉求的良知即归属在道德之域,道德之义重在动机之纯净以及理性主体之自我规定、自主立法,而不在其展开的后果及功效,也不在其所处的人文脉络与社会情境,一言以蔽之,道德是人的主体性的标识,它是一种"应当",道德的主体更多的是一种个别的理性意志。而伦理则是在现行体制中得以机制化了的现实伦常,它是"当然"在共同体生活中的落实,伦理内化到现行体制中,作为社会生活的机制化力量而存在,作为社会或共同体成员的责任意识之展开,"伦理意指我们对我们作为其一部分的一个现行社会所应担负起来的道德职责。这些职责是建立在现行规则和用法基础之上的……伦理的重要特征是,它责成我们造就出本已存在的东西"[4],因而,伦理的主体并不是一个个别的理性意志,而是克服了"实然"与"当然"鸿沟的作为共同生活的规范。如果道德可归在个人内在主观习惯之域,那么伦理则展开在家庭、社会与国家之域,它其实是将个人纳入共同体的生活中,将道德与家庭、社会和国家的习俗、惯例、体制等结合在一起,从而使道德在共同体生活中达到圆满性的方式,也是主观性的道德达到其现实性的方式。正因为伦理渗透在现行的习俗、体制、机制等中,因而具有更为持久和强大的力量。如果说道德的主体是个体之"我",甚至是《庄子》意义上的"遗物离人而立于独"的个体,在那里,个人要么与他自己,要么与超越的天道发生关系,那么,伦理的主体则是作为共同体成员之"我们",只有在作为共同体的民族或国家里,个人才能克服个别性,获得普遍性,民族或国家对黑格尔而言是个人的"实体"①。黑格尔甚至说:"这

---

① 黑格尔主张:"单单只有在'国家'里人们才有着'理性的存在'。所有教育的目的都在于要确保个体不会停留在一个主观的阶段,而是要在国家里成为一个客观的存在。'个体'固然可以利用'国家'作为手段去达成他或此或彼的'私人'目的,但只有当每一位个体都克尽其本分,并且摆脱那些非本质性的枝节,那方才是真理之所在。人们要把所有成就都归功于国家,只有在国家里他才可成就其本质性的存在。所有个人的价值、所有精神的实在性,都是单独拜国家所赐。"参见李荣添:《历史之理性:黑格尔历史哲学导论述析》,台湾学生书局1993年版,第255页。

些伦理的规定就是实体性或个人的普遍本质,个体只是作为一种偶性的东西才同它发生关系。个体存在与否,对客观的伦理秩序是无所谓的,唯有客观的伦理秩序才是用以治理个人生活的持久东西和力量。因此,各个民族都把伦理性看作永恒的正义,作为自在自为存在着的诸神,相对于诸神,个人虚浮的忙碌只不过是玩跷跷板的游戏罢了。"[3](285)在黑格尔那里,作为自然存在的个体只有与普遍而客观的伦理关联,借助于整个民族的力量,才能获得现实性[5]。从黑格尔视域而言,同样用伦理表达自己伦理学思想的康德,其所达到的只是道德(Moralität),而不是伦理(Sittlichkeit):"康德的语言习惯偏爱于使用道德这个术语,他的哲学的实践原则几乎完全限于道德这个概念,简直致使伦理的立场不可能成立,甚至着重地取消了伦理并对它感到愤慨。"[3](77)

黑格尔对道德与伦理的区分有其成见①,但在剥离其重伦理而轻道德、重国家而轻个人的立场后,仍然可以在一定程度上保留这一区分。毕竟,在客观性或现实性的伦理生活之外,道德仍有其不可忽视的意义,且道德与伦理各有其畛域,不容混淆,可相互通达而不可相互代换。事实上,李泽厚曾提出两种道德的区分,即宗教性道德和社会性道德的区分[6]。李泽厚认为,宗教性道德是绝对主义的伦理学,相信并竭力论证存在着一种不仅超越人类个体而且也超越人类总体的"天意""上帝""理性",正是它们制定了人类的道德律令或伦理规则,这些道德律令或规则具有普遍性、绝对性;社会性道德,本是一定时代、地域、民族、集团,即一定时空条件环境下的或大或小的人类群体为维持、保护、延续其生存、生活所要求的共同行为方式、准则或标准。社会性道德是一种逐渐形成并不断演化、微调以适应不断变化着的生存环境的产物,是一种非人为设计的长久习俗。社会性道德才是道德的本质,而宗教性道德只是社会性道德以超人世、超社会等"异化"面貌出现的社会性道德,是通过经验变先验方式而建立的,而任何

---

① 汉语中康德的《道德形而上学》中的"道德",在康德的辞典中,并不是 Moral,而是 Sitten;其《道德形而上学的奠基》同样使用的是 Sitten.

先验或超验的普遍必然只是一定历史时期的客观社会性的经验产物。在李泽厚看来,宗教性道德与社会性道德在中国传统语境中始终没有分开,而是纠缠在一起;这已经不适应现代社会,现代道德只能是宗教性道德与社会性道德分离架构下的社会性道德,其基础是现代化的工具——社会本体之上的,以经验性个人(生存、利益、幸福等)为单位,为主体,以抽象个人和虚幻的"无负荷自我"的平等性的社会契约为基础,因而个人与个人自由就构成道德生活的主要聚焦点,这种现代社会性的道德的普世性来自世界经济生活的趋同化或一体化。这种道德只有对错,而没有善恶。而传统的宗教性道德往往将善恶判断与各种不同的教义、文化、传统、意识形态等相连,因此反而达不到其主张的普遍性。但宗教性道德所处理的人性善恶、人生意义、终极价值之类的宗教性课题,是现代社会性道德所悬置的。因而,宗教性道德如果被纳入私德即限制在私人领域,还是可以范导者或调节者而不是以建构者身份与社会性道德发生关系。

李泽厚"两德论"中的宗教性道德颇为接近我们所说的道德,而他所谓的社会性道德则接近这里的伦理。如果说伦理的视域被限定在人与人的关系架构下,那么道德则将视域引向人与人的关系之外,譬如在人与自己的关系中、在人与天的关系中,这是不同的层次或畛域的问题。李泽厚思路的要点在于以私德安排道德,而以伦理作为公德,如此,道德本身就成了无关于公共建制的私人的、主观的价值选择项。这本身已经是"世俗时代"[7]业已发生的"视域下移"的后果,所谓"视域下移"意味着观看视野从天人之际的纵向视域下降到人与人之间的水平视域,于是人被界定为"社会人",社会关系被视为人的本质,天地人或宇宙人已经不再被作为人的可能性被想象。道德与伦理完全被下降为社会现象,用以维系现代法权性个体构成的社会集合之安全与秩序,不再对生存意义负责。因而,虽然李泽厚通过"两德论"对道德与伦理的关系进行了分别,但问题在于,在急切拥抱现代性的驱动下,反而无法从古今之争的大视域重审道德与伦理的分际。耐人寻味的是,"两德论"又恰恰是希望立足于古今视域的连接上,采用"西体中用"的方式,把传统儒家的"天地国亲师"的宗教性道德作为以个人权利与社会契约为主导的现代伦理的范导者,当然是以私德的方式,即与情感相联系,作为个体心安理得甚至安身立命的私人道德。正是在这里,我们看到了"两德论"的内在紊乱。毕竟"天地君亲师"这样一种本来在共同体内部呈现而颇具有客观性与现实性的伦理反而被作为私德,被作为道德来对待了,相反传统儒家所谓的仁义礼智信五常之德完全没有被注意。李泽厚希望达到重塑中国社会重人情和中国传统为心理依归的社会理想,但反而没有触及儒家道德与伦理思想的核心和关键,即道德与伦理作为挺立人之所以为人者,在李泽厚的"两德论"里其实并不具有本质性的意义,更准确地说,李泽厚放弃了儒家思想对人性的理解,所以对于儒家的借重只能是"天地国亲师"这个仅仅涉乎习俗、规制、仪式、信仰等客观性的伦理生活层面的东西,而且他还将其主观化了。

二、重访道德与伦理的分际:从儒家思想的视域出发

当代对儒家人伦的理解被定格在五伦上,但对古典哲学而言,它是以下两者的结合:一是仁义礼智信等五常之德,一是君臣、父子、夫妇、兄弟、朋友等所谓五伦。所谓"吾圣人之道,由仁义礼智以为道德,忠孝爱敬以尽人伦"[8],严格地说,仁义礼智信等作为性中之德,可归在道德之域,如果只是在人与人之间的横向层次内则无法得到充分理解;而君臣、父子等则无法被归结在道德之域,应属伦理之域,它的确发生在人与人之间的水平层次而非纵向层次。如果分别以五常之德与五伦来探讨道德与伦理,或许会深化对二者及其分际的理解。

从儒家思想的视域来看,道德之区域未必是主观意识之域,仁义礼智信并不是启蒙心态下的主体自我立法而建立的品质,也不是理性意志的展开和体现,相反,是在超越了人间政治社会秩序的更大视域中"得之于天"的品质,它是天、人连续性的体现。道德也并不仅仅是良知或善良意志的问题,而是同时包含着良知与良能的问题,自发性运作的良知良能不仅仅负责良知所承载的道德判断,而且还引发道德行动,因而它是知行合一的,

既是道德判断能力,也是道德践履能力。从意识之形态的视角去看道德,必然省略其中的良能部分。孟子以"不虑而知""不学而能"规定良知与良能,并非说道德的觉悟与展开不需要立足于学习过程,而是说道德中的良知和良能作为自发运作的机制,它有超越人的意志与建构,即得之于天的向度,"良能良知,皆无所由,乃出于天,不系于人"[9]。但这并不是说它始终处于发用的状态,而是有时因人自身的原因在沉睡,因而需要被唤起;因人自身的原因微弱不定,因而需要被巩固,但人无论如何努力都不能制作它、建构它。良知良能必须作为人的内在能力,即人性的本有内容来理解,"'人之所不学而能,不虑而知者',即性之谓也。学、虑,习也。学者学此,虑者虑此,而未学则已能,未虑则已知,故学之、虑之,皆以践其所与知、与能之实,而充其已知、已能之理耳"[10]。

《孟子·告子上》说:"仁义礼智,非外铄我也,我固有之也,弗思耳矣。"道德超越了人的建构,必须被视为"天之与我者",即"在人之天"来理解;人内在地即具有"天德",乃是人与宇宙连续性的体现。这种连续性体现在仁义礼智,或者与元亨利贞关联①,或者与金木水火土五行关联②。之所以被命名为性中之天德,那是说它既非人所能给予,亦非人所能剥夺,德性是人必须接纳的东西,它包含着被动给予的向度,即不能从主体设定的价值化机制加以理解的东西,但是这并不是说人对于道德只具有完全的被

---

① 朱熹云:"仁义礼智,便是元亨利贞。"(载《朱子语类》卷6,《朱子全书》第14册,上海古籍出版社、安徽教育出版社2002年版,第246页)盖卿所录朱熹与门人关于性与天道的问答也涉及这一点:"吉甫问性与天道。曰:'譬如一条长连底物事,其流行者是天道,人得之者为性。'《乾》之'元亨利贞',天道也,人得之,则为仁义礼智之性。"(载《朱子语类》卷28,《朱子全书》第15册,第1035页)朱熹又云:"性,以赋于我之分而言;天,以公共道理(倪录作'公共之本原')而言。天便脱模是一个大底人,人便是一个小底天,吾之仁义礼智即天之元亨利贞。凡吾之所有者,皆自彼而来也。故知吾性,则自然知天矣。"(载《朱子语类》卷60,《朱子全书》第16册,第1937页)王夫之云:"且在性之所谓仁义礼智者,有其本而已,继乎天之元亨利贞而得名者也,在率性之前而不在修道之后。"(载《读四书大全说》卷4"论语·学而篇",《船山全书》第6册,第593页)王夫之又云:"元亨利贞,天之德也。仁义礼知,人之德也。'君子行此四德者',则以与天合德,而道行乎其间矣。此子路未入之室,抑颜子之'欲从末繇'者也,故曰'知德者鲜'。"(载《读四书大全说》卷6"论语·卫灵公篇",《船山全书》第6册,第824页)

② 朱熹云:"仁木,义金,礼火,智水,信土。"(载《朱子语类》卷6"性理三",《朱子全书》第14册,第243页)

动性,这里同样包含着主体主动构成的维度,仁义礼智信五德乃是天人合撰的共同作品。这种被动给予和主动构成体现在《孟子·尽心上》的"所性"概念中:"广土众民,君子欲之,所乐不存焉。中天下而立,定四海之民,君子乐之,所性不存焉。君子所性,虽大行不加焉,虽穷居不损焉,分定故也。君子所性,仁义礼智根于心,其生色也睟然,见于面,盎于背,施于四体,四体不言而喻。"仁义礼智信并非性之全体与本然,而是主体"所性之德"[10](821、829、835)。

朱熹对此理解之核心是:"其所得于天者,则不以是而有所加损也。"[11]朱熹又云:"所性而有者也,天道也。"[11](49)"所性"为天之所命,"天"与"命"并不能被视为实体化的推动者,也不必在李泽厚的超验的宗教性与绝对性上加以理解,而是意味着一种超出了人为而自行发生的运作机制,可以称为"天的机制"。《孟子·万章上》云:"皆天也,非人之所能为也。莫之为而为者,天也。莫之致而至者,命也。"它是一种没有给予者的给予,一种没有推动者的推动,由此天及其所命意味着是一种运作之自发性,给予之自发性。"所性"源自天之无给予者的给予,故而作为道德性的仁义礼智信五常之德,系"所性于天命者",是某种自己来到自身的能力,是故谓之良能,即便是学习修养,也只是调动、触发这一自发性。这意味着五常之德超出了价值化机制,后者在主体化了的人的视角性观看与评价中、在有用性中生成,价值化机制是将质性各个差异的存在者纳入同一价值刻度的方式,价值化机制因而可以称为"人的机制",在这种机制中,人被刻画为"主体"。然而"所性"却超出了这种主观化的机制,而展现出无法主观化的"价值阙如"①之维度,即无法被价值化机制所穿透,"所性"是那种必须从自身出发被领会、从自身出发被理解的东西。价值作为"人的机制",对于"所性"而言总是不充分的,这是因为"所性"背后的"主体"是天而不是人。胡宏指出:"五典,天所命也;五常,天所性也。"[8](1379)船山也

---

① "价值阙如",参见云格尔:《价值阙如之真理》,张宪译,载王晓朝、杨熙楠主编:《现代性与末世论》,广西师范大学出版社 2006 年版,第 133—160 页。

儒家思想中的道德与伦理

强调:"仁义,性之德也。性之德者,天德也。"[10](896) 既然仁义礼智并非主体通过使用与评价而设定的价值,那么道德性本身也就不能被理解为与事实相对的价值,更准确地说,无论是事实还是价值,均不是抵达仁义礼智的恰当方式,道德具有一种不能为事实与价值所把捉的不透明性,但它同时又能引发并促成价值与事实。仁义礼智一旦发用呈现,它就以不言而喻的方式被体验,不言而喻意味着知之深切,言之不能及而心无不悉,切于身心之所安而不可离,如痛痒之在身,委屈微细,无所不察,言不能及而心自分明。由于天不必在超验实体维度上加以理解,而是在更大更广的气化世界及其秩序不能透明化给予的纵深层次,只要在主体有限性被意识到的地方,天命便作为限制而对之显现,因而世界的祛魅本身并不构成对儒家天命的挑战与解构,相反,天命的概念使得主体之人通过内在之德而与更大更广的秩序关联起来:"此天之所被,人莫之致而自至,故谓之命……圣人说命,皆就在天之气化无心而及物者言之。天无一日而息其命,人无一日而不承命于天。"[10](678-679) 人之"所性"之所以生成变化,便在于命不息而性日生,故而人也必须借此以成其性。

但当"性"为"所性"之际,便已非性之本然,而是已经包含了人的主动构成向度。就性之作为被给予者的向度而言,不仅仁义礼智,而且声色臭味安逸,都是人人所有之性;就人之所有而言,并非仁义礼智比声色臭味更普遍而声色臭味更特殊,真实情况毋宁是普遍与特殊并不能把握二者,《孟子·告子上》其实是用"大体"与"小体"来指涉两者。但若就性之构成向度而言,"养其大者为大人,养其小者为小人"(《孟子·告子上》)。因而在性之构成方面,人们的"所性"不同,这种不同是对小体、大体的不同认取造成的。

仁义礼智是君子的"所性",形色却非其"所性",《孟子·尽心下》云:

> 口之于味也,目之于色也,耳之于声也,鼻之于臭也,四肢之于安佚也,性也。有命焉,君子不谓性也。仁之于父子也,义之于君臣也,礼之于宾主也,知之于贤者也,圣人之于天道也,命也。有性焉,君子不谓命也。

之所以君子所性仁义礼智,而非声色臭味,乃是君子在给予性中有所择,有所受,这种选择与接受本身就是人对道德的主动构成的维度。船山说:"'所欲'者,以之为欲也。'所乐'者,以之为乐也。'所性'者,率之为性也。"[10](1131)所谓的"所性"已经包含"以……为性",即从天的被动给予——命——中选择一部分内容,而非全部,作为人之性。就性之本然而言,所有人都是一样的,但不同存在层次的人"所性"并不相同:"性者,人之同也;命于天者同,则君子之性即众人之性也。众人不知性,君子知性;众人不养性,君子养性;是君子之所性者,非众人之所性也。声色臭味安佚,众人所性也。仁义礼智,君子所性也;实见其受于天者于未发之中,存省其得于己者于必中之节也。……故性者,众人之所同也;而以此为性,因以尽之者,君子所独也。"[10](1131-1132)

君子所性为仁义礼智,而非形色,则其所性者为"天与"之大体,而非"天与"之小体;但对于圣人而言,则形色亦其"所性",圣人之践形,其实就是从声色臭味中见其天德,《孟子·尽心上》曰:"形色,天性也。惟圣人然后可以践形。"焦循指出:"孟子言人性之善异乎禽兽也。形色即是天性,禽兽之形色不同乎人,故禽兽之性不同乎人。惟其为人之形、人之色,所以为人之性。圣人尽人之性,正所以践人之形。苟拂乎人性之善,则以人之形而入于禽兽矣,不践形矣。孟子此章言性,至精至明。"[12]到了圣人境地,不仅道德性是人之所以为人的特征,即便是生物性也能为道德性所充实而彰显人性的本质与光辉,因而道德性不再与精神性、理性等所意味着的大体捆绑,而是小体不小、大体不大,一皆是人之所以为人之本质。

道德的被动给予的向度与主动构成的向度,相反相成,共同构成了儒家对道德的理解。可以将这种理解看作道德实在论与建构论的统一。道德是天人之间的连续性的体现,但人所能建构的乃至人的建构能力本身,都不是人的发明,而是源自一种更高的被给予性。因而在道德之极,往往有其实而忘其名,道德更多是"价值阙如"之真理,因而并不能归结为基于主体意志的主观化建构。如果反过来按照现代人的解释,仁义礼智信就会被认为是社会化的道德,它只是人的事情,是与事实相对的价值,它被认为可以在社会框架内得到充分说明,至于它被提升到天的高度,则被视为人的有意识的建构。这样的看法背后假设了浮士德式的自负的现代个人形象。

与仁义礼智不同,伦理关系中的君臣、父子、夫妇、兄弟、朋友五伦,关涉的则是政治—社会中人与人的关系,伦理意味着由此关系而产生的社会或政治的种种不同责任,它可以视为政治社会中因名位不同而产生的与角色相应的职责。借用儒家的语汇,道德集中在人的"性分",而伦理聚焦于人的"位分"与"职分",它们都不是意识的形态,虽然它们可以纳入意识的观照对象。性分的问题,其实就是"人是什么"的问题,它可以理解为某一存在者的类本质,对人而言,"性分"意味着人之所以为人的分界和边际。能够提出人之所以为人的性分这一问题,是基于超出了人的背景,即一个将人与非人(人以外的其他存在者)同时包含在其中的更宽厚的背景。传统的"人禽之辨"正是在这个背景中提出的,它不能被还原为政治—社会内部的问题,或者说不能仅仅在政治—社会这一背景下加以理解。故而,"性分"问题往往关涉人在宇宙中的地位与意义,作为一个问题,它的提出往往基于宇宙论秩序的背景,或形而上学背景,或神学的背景。总之,性分唯有在天人之际的纵向视域中才得以成为问题。如果换用孟子的表述,道德归属"天爵",则包含位分与职分之道的伦理往往与"人爵"相关。因为道德主要并不涉及政治社会中通过种种方式建构的身份与角色,尽所有身份与角色的总和也并不足以完全通达"性分",然而伦理却无法脱离这种身份与角色来思考。

然而,人总是生活在政治—社会中,总是生活在伦常角色与礼法身份中,伦理生活面向具体的普遍性,角色与身份的归宿与责任,其意义在于社会秩序的建构与有机团结,指向人在人间的认同与归宿。这种伦理生活不能被视为主观性的内在之德的附属形式,如王夫之所说:"人之为伦,固有父子,而非缘人心之孝慈乃始有父子,则既非徒心有之而实无体矣;乃得至诚之经纶,而子臣弟友之伦始弘,固已。"[10](834)"位分"与人所处的社会地位与角色有关,它或许并非自觉的社会分工的产物,但人与人交往、互动过程中所产生的角色化同时也意味着一种责任的分际,譬如当两个人在交际过程中分别以父与子的角色出现时,父、子就分别构成他们的位分,这一位分要求父和子作为不同的责任方,以其义务完成二者之间交往的角色伦理责任。"职分"则与人的职位有关,它指向行业之道或职业伦理对人的要求。无论是位分,还是职分,都是在政治—社会内部框架中达成的,它回应的并不是人是什么或人之所以为人者何在的问题,而是"我是谁"的问题。"我是谁"的问题,一开始就假设了"我"作为一个个体在人类社会内部的前提,而不会涉及人以外的其他存在者。它自始至终都将人置放在人与人的关系架构下,因而关系性构成了位分与职分的关键。追问"我是谁",也就是追问"我"的伦理"身份"以及与这个身份相应的责任,"我"的身份就是"我"在某一个社会中的定位,明白了这个定位,才能理解与这个身份相应的责任,何者当为,何者不当为。说"我"是一位父亲与说"我"是一个教师,同时意味着亮出了"我"的责任,这一责任之所以是社会性的,是因为它将"我"与他人联系在一起,必须通过与他者的关系,"我"才能提出、理解并完成"我"的相应责任,后者意味着"我"对自己与他人交互关系中的自我承诺,而在政治—社会之外的视域内,无法回答"我的责任"在哪里这样的问题。在这个意义上,位分与职分回应的并不是"我"在宇宙中的位置,而是"我"在政治—社会中的位置。另一方面,伦理生活也是将"我"纳入政治—社会的秩序中的某种方式,它使得"我"既可以以此分辨别人,也可以以此自我理解。

伦理作为共同生活的秩序,它建立在默认一致即意志协调的基础上,通过习俗、宗教、体制等一系列机制化方式构成,尤其是伦理生活基于家庭生活的原型并由这个原型而扩展①,它将人的伦理身位的区分渗透到集体与个人的无意识中,整个人文世界都构成滋养它的象境,而此人文象境以象征、暗示乃至强制等各种方式唤起人的伦理身位意识,以至于作为第二自然而存在。但相对于仁义礼智所表达的道德性,伦理具有建构性的意

---

① 《易·家人·象传》云:"父父、子子、兄兄、弟弟、夫夫、妇妇而家道正。"在此基础上增加君君、友友,即构成伦常之大体。

味,它被视为圣人制作而构筑的人文世界。"于是先圣乃仰观天文,俯察地理,图画乾坤,以定人道,民始开悟,知有父子之亲,君臣之义,夫妇之别,长幼之序。于是百官立,王道乃生。"①父子之亲、君臣之义、夫妇之别、长幼之序作为人道,并不是在意识中,而是在礼中,即连接风俗与制度的礼中,得以被固定下来,因而它不再是意识的形态,而是具有超出了意识的客观性内容,它被作为人类所独有的"人道"而被建构起来。《礼记·丧服小记》载:"亲亲,尊尊,长长,男女之有别,人道之大者也。"亲亲、尊尊、长长、男女有别,不是道德上的应当,而是通过体制化、机制化方式被纳入生活秩序中的具有现实性的规范。这种规范虽然有其自然演化的一面,但更重要的是人之所立:"夫立君臣,等上下,使父子有礼,六亲有纪,此非天之所为,人之所设也。夫人之所设,不为不立,不植则僵,不修则坏。"[13]当然,人之所设、所立②,亦因乎民性。《淮南子·泰族训》载:"先王之制法也,因民之所好而为之节文者也。因其好色而制婚姻之礼,故男女有别。因其喜音而制雅颂之声,故俗不流。因其宁家室,乐妻子,教之以顺,故父子有亲。因其喜朋友,而教之以悌,故长幼有序。然后修朝聘以明贵贱,飨饮习射,以明长幼,时搜振旅,以习用兵也。入学庠序,以修人伦。此皆人之所有于性,而圣人之所匠成也。"

《论语·颜渊》记载,孔子回答齐景公问政时说"君君,臣臣,父父,子子",这其实并不是孔子所发明的道理,而是古之明训③。《谷梁传·宣公十五年》载:"君不君,臣不臣,此天下所以倾也。"只有当每个人在共同生活秩序中责权的层次各得其所时,他才真正地从属于伦理共同体,而礼制便是确认并巩固伦理责权的方式。一个权责位分或职分作为道德之

---

① 参见陆贾著、王利器撰:《新语校注》,中华书局1986年版,第9页。《孟子·滕文公上》曰:"人之有道也,饱食暖衣,逸居而无教,则近于禽兽。圣人有忧之,使契为司徒,教以人伦:父子有亲,君臣有义,夫妇有别,长幼有序,朋友有信。"缘此,伦常并不是自然给予的,或自然界本有的,而是依照圣人的教化方式与制作方式建立的。

② 《管子·君臣下》曰:"古者,未知君臣上下之别,未有夫妇妃匹之合,兽处群居,以力相征。"大致相近的意思见《白虎通·号篇》《论衡·齐世篇》《庄子·盗跖篇》等。

③ 《国语·晋语四》记载晋勃鞮之言曰:"君君臣臣,是谓明训。"

"实"，即对应着相应的伦理之"名"，《白虎通·三纲六纪篇》载："君臣者何谓也？君，群也，下之所归心。臣者，缠坚也，属志自坚固。父子者何谓也？父者，矩也，以法度教子。子者，孳孳无已也。故《孝经》曰：'父有争子，则身不陷于不义。'此君臣父子称名之实也。"名即是伦理身位之"分"，《吕氏春秋·处方篇》载："凡为治必先定分。君臣父子夫妇六者当位，则下不踰节，而上不苟为矣。少不悍辟，而长不简慢矣"，"同异之分，贵贱之别，长幼之义，此先王之所慎，而治乱之纪也"。伦理又被称为名教，就是因为它将伦理身位的权责化为"分"，并以礼的方式固定此"分"。《左传·庄公十八年》所记载的"名位不同，礼亦异数"，正是通过不同的礼数来辨别不同主体在政治社会中的身份与权责。

关于礼与分的关系，司马光在《资治通鉴》卷一"周纪"中有透彻之论述，当然，这种分析是从统治而不完全是从伦理视角给出的：

天子之职莫大于礼，礼莫大于分，分莫大于名。何谓礼？纪纲是也。何谓分？君、臣是也。何谓名？公、侯、卿、大夫是也。夫以四海之广，兆民之众，受制于一人，虽有绝伦之力，高世之智，莫不奔走而服役者，岂非以礼为之纪纲哉！是故天子统三公，三公率诸侯，诸侯制卿大夫，卿大夫治士庶人。贵以临贱，贱以承贵。上之使下犹心腹之运手足，根本之制支叶，下之事上犹手足之卫心腹，支叶之庇本根，然后能上下相保而国家治安。故曰天子之职莫大于礼也。文王序易，以乾、坤为首。孔子系之曰："天尊地卑，乾坤定矣。卑高以陈，贵贱位矣。"言君臣之位犹天地之不可易也。《春秋》抑诸侯，尊王室，王人虽微，序于诸侯之上，以是见圣人于君臣之际未尝不惓惓也。非有桀、纣之暴，汤、武之仁，人归之，天命之，君臣之分当守节伏死而已矣。是故以微子而代纣则成汤配天矣，以季札而君吴则太伯血食矣，然二子宁亡国而不为者，诚以礼之大节不可乱也。故曰礼莫大于分也。夫礼，辨贵贱，序亲疏，裁群物，制庶事，非名不著，非器不形。名以命之，器以别之，然后上下粲然有伦，此礼之大经也。名器既亡，则礼安得独在哉！昔仲叔于奚有功于卫，辞邑而请繁缨，孔子以为不如多与之邑。

惟名与器，不可以假人，君之所司也；政亡则国家从之。卫君待孔子而为政，孔子欲先正名，以为名不正则民无所措手足。夫繁缨，小物也，而孔子惜之；正名，细务也，而孔子先之：诚以名器既乱则上下无以相保故也。……故曰分莫大于名也。

这里的关键是"礼莫大于分，分莫大于名"，换言之，伦理秩序的最核心者乃是名分，有了名分，就有了这么做的正当性，没有名分，也就没有正当性。伦理之所以不同于道德，就在于道德可以是心中所具之德，发与不发无害于其为道德，作为能力，虽其一生未发，亦不可谓之无德；但礼却是以制度化、体制化的方式因而也是以机制化、客观化的方式对权责的区分与合理性界域的贞定。王夫之正确地指出，如果说仁义礼智信五常之德关联着天人之连续①，那么，作为伦理生活秩序的"礼"则是人道之独："天之生人，甘食悦色，几与物同。仁义智信之心，人得其全，而物亦得其一曲。其为人所独有而鸟兽之所必无者，礼而已矣。故'礼'者，人道也。礼隐于心而不能着之于外，则仁义智信之心虽或偶发，亦因天机之乍动，与虎狼之父子、蜂蚁之君臣无别，而人道毁矣。君子遭时之不造，礼教堕，文物圮，人将胥沦于禽兽，如之何其不惧邪？"[14] 这里的礼即伦理秩序，它并非内在德性所可范围②，而是将内在德性展开为人文世界因而有着客观化的表现形式，例如风俗习惯、典章制度、政治法律、科学艺术等都是礼的范围，在这个意义上，"六艺"皆为礼典，《史记·太史公自序》谓《春秋》为礼义之大宗，船山谓礼"是《易》《诗》《书》《春秋》之实蕴也"[14](9)。

仁义礼智信五常之德与君君臣臣父父子子之伦理有何关系？《孟子·离娄上》载："仁之实，事亲是也；义之实，从兄是也。"仁义礼智具于心而为德性，它虽然可以呈现，但那只能是通过"思"而获得的内在呈现，也即对着能思者一人的呈现。一旦发之于外，见之于事，则获得客观化的呈

---

① 仁义礼智信作为五常之德与仁义礼作为道所指并非同一，这里涉及的是道、德的分别。

② 仅仅从性中之德上，所可见的与其说是人禽之异，毋宁说是天人之间的连续性，在天命流行层次，人与物并无区隔："仁义只是性上事，却未曾到元亨利贞、品物流行中拣出人禽异处。君子守先待后，为天地古今立人极，须随在体认，乃可以配天而治物。"参见王夫之：《读四书大全说》卷9"孟子·离娄下篇"，《船山全书》第6册，第1029页。

现，这种客观化意味着个体本有的内在之德因着客观化的表现而获得可感性，连通人我之际的活动，这就是伦理生活。伦理生活将个人内在之德带入到人与人共同生活的脉络中。但正因为如此，孝悌作为伦理生活之现实与作为道德的仁义礼智信分属不同层位。程颐之所以不同意汉儒将孝悌视为仁之本的观念，而是将之修改为孝悌是践履仁义之本[9](125)，就是因为他提出了一个在后世引起广泛争议的看法，即仁义礼智才是性之德，而孝悌无法作为性之德来对待。

> 问："'孝弟为仁之本'，此是由孝弟可以至仁否？"曰："非也。谓行仁自孝弟始。盖孝弟是仁之一事，谓之行仁之本则可，谓之是仁之本则不可。盖仁是性（一作本）也，孝弟是用也。性中只有仁义礼智四者，几曾有孝弟来？（赵本作几曾有许多般数来？）仁主于爱，爱莫大于爱亲。故曰：'孝弟也者，其为仁之本欤！'"[9](183)

这一看法甚至引起了朱熹的不安、后世的深排①。其实，程颐的看法并非孤例，谢良佐谓"孝弟非仁"，王伯安谓"仁祇求于心，不必求诸父兄事物"[15]，皆可相通。陈淳同样区分忠信孝悌与仁义礼智："忠信是就人用工夫上立字。大抵性中只有个仁义礼智四位，万善皆从此而生，此四位实为万善之总括。如忠信、如孝弟等类，皆在万善之中。孝弟便是个仁之实，但到那事亲从兄处，方始目之曰孝弟。忠信便只是五常实理之发，但到那接物发言处，方始名之曰忠信。"[16]后世对程颐上论的批驳，显然是在世俗化的视野中否认性德可以形而上的方式独存，从而否认道德与伦理的区别，其实质是以伦理代道德。判定一个人是否忠孝，并不能通过其"所性"来判断，而必须看他的所作所为，虽然我们在一定意义上也可以说："若所性之孝，不以父母之不存而损；所性之弟，不以兄弟之有故而损。周公善继人志，大舜与象俱喜，固不以有待为加损也。至于英才之不得，则所谓'人不

---

① 程树德谓《集注》外注尚有程子'性中只有仁义礼智，曷尝有孝弟来'一段。明季讲家深诋之，谓与告子义外同病。清初汉学家诋之尤力。考朱子《文集》〈答范伯崇〉云：'性中只有仁义礼智，曷尝有孝弟来。此语亦要体会得，若差了，即不成道理。'是朱子先已疑之矣。疑之而仍采为注者，门户标榜之习中之也。是书既不标榜，亦不攻击，故不如删去以归简净"。参见程树德：《论语集释》，中华书局1990年版，第15页。

知而不愠',其又何损于性中成己、成物之能耶?"[10](1130) 但是,从"所性"的意义讨论忠孝等伦理,将其作为德性来看待,也只是说他有忠孝的潜在能力,但对于伦理生活而言,只有能力而没有行为的展开与表现,就会沦为虚寂。然而对道德性而言,则不必展开在活动中,虽然不得其实在化表现,但其在思中的唤起仍然有其意义。不与事接、不与人交的存养之功,可以指向仁义礼智,但却不能指向忠孝或孝悌。

伦理是道德的现实化与客观化,如果不能在伦理生活及其人文制度中展开,那么道德的发用需要依赖主体的充分自觉,这对中人以上的极少数人或许是可能的,但对大多数人而言,则几乎是不可能的,即便对于中人以上的人,如果没有伦理的落实,仁义礼智的发用也会有先后次序轻重缓急的问题。《礼记·曲礼》提出:"道德仁义,非礼不成。"这不是说,仁义礼智信如果没有礼就不存在,而是说,道德出于天,由天而"生",通过伦理生活才能最终完"成"。正如刘彝所云:"仁也,义也,知也,信也,虽有其理而无定形,附于行事而后著者也。惟礼,事为之物,物为之名,有数有度,有文有质,咸有等降上下之制,以载乎五常之道。然则五常之道同本乎性,待礼之行,然后四者附之以行,此礼之所以为大,而百行资之以成其德焉。"[17] 道德如果不能通过伦理生活来展现,就不能被纳入人文化成的世界,而只能对那些理性主体显现,而不是进入常人的视听言动之中。《论语·微子》言:"长幼之节,不可废也。君臣之义,如之何其废之? 欲洁其身,而乱大伦。"此为子路对隐居修德不仕者的批评,这种批评之所以中肯,就在于脱离伦理生活的道德助长隐修之风,从而脱离作为人的生存维度的世界性,这是问题的一个方面。

另一方面,在伦理生活已经被败坏的情况下,主体通过道德性的存心养德,可以挑战败坏了的风俗习惯。譬如在天下无道之时,政教颓坏、人心不古,主体仍然可以以德润身,道之不在天下而犹可见之一身。因而主体之超拔流俗,皆有赖于道德,道德所携带着的源自天的力量,可以成为个体对于陷落的政治社会共同体中的种种人为之体制、机制。而且,如果没有道德的力量,"伦理"生活本身就会沦落为恶的共谋或默成。当年孔子与宰我讨论三年之丧，二人的着眼点不同，冯厚斋曰："宰我之所惜者，礼乐也。夫子之所以责者，仁也。仁人心而爱之理也，孩提之童，生而无不知爱其亲者，故仁之实，事亲是也。礼所以节文之，乐所以乐之，岂有不仁而能行礼乐者乎？"[18] 宰我的出发点是礼乐，即伦理，而孔子的出发点则是道德，没有道德的伦理，会成为人性自我颠覆的场域与异化力量。更重要的是，特定社会里具体个人的位分与职分的多重化必将导致人的多重化，而只有通过性分的力量才能回归完整性与统一性。故而道德与伦理的统一，乃是儒家的根本主张。道德与伦理的统一意味着，道德不但要与家庭原型及其精神的各种条件与现实状况相结合，而且还必须渗透到习俗中，通过习俗的机制化方式发生作用；而伦理生活作为一种生活方式，必须有道德的支撑，才能获得其逸出现行生活秩序的力量。程瑶田云："吾学之道在有，释氏之道在无。有父子，有君臣，有夫妇，有长幼，有朋友。父子则有亲，君臣则有义，夫妇则有别，长幼则有序，朋友则有信。以有伦故尽伦，以有职故尽职，诚者实有焉而已矣。"[19] 佛教并非不讲道德，但其道德不能在伦理生活中获得肯定性表现，因而其德乃为虚德，它不能与个人在政治社会中的身位结合起来而呈现为一种客观性的生活秩序，相反它只是在与现实秩序相分离的内在精神世界里展现自己，而儒家则致力于这两个世界的统一，唯有这种统一，才能深刻地促成人格的多重维度的统一。

三、"人"与"民"的张力

道德对人的关注，超出了特定社会或共同体的脉络，它在两个维度上展开：一方面，道德将人引向与天道的关系，而天道在某种意义上又关联着存在者整体，因而以天道为中介，道德的主体关切的是存在者整体，这个整体不能化约为特定而具体的社会或共同体；另一方面，道德将人引向与他自己的关系，而他自己同样不能为特定社会中的位分和职分所定义，而是指向人的性分，即人之为人的本分。但伦理生活是具体而特定的社会或共同体中的秩序，因而它不可避免地引向人的位分与职分——政治社会中的名分。就此而言,道德与伦理的张力大致对应于卢梭所刻画的人与公民之间的张力。卢梭深刻地感受到后一种张力:"由于不得不同自然或社会制度进行斗争,所以必须在教育成一个人还是教育成一个公民之间加以选择,因为我们不能同时教育成这两种人。"[20] 与公民对立的人往往被卢梭称为"自然人"。"自然人完全是为他自己而生活的;他是数的单位,是绝对的统一体,只同他自己和他的同胞才有关系。公民只不过是一个分数的单位,是依赖于分母的,它的价值在于他同总体,即同社会的关系。"[20](24) 自然人的观念可能存在着歧义,但卢梭所强调的是,"他首先是人",而不首先是英国人或罗马人或斯巴达人,自然人的天职是取得人品,"一个人应该怎样做人,他就知道怎样做人,他在紧急关头,而且不论对谁,都能尽到做人的本分"[20](28)。这种尽自己作为人的责任,乃是人而不是公民的天职,公民的天职是效忠共同体或社会,譬如爱国主义就是"成为公民(或国民)"的教育的构成部分,但不必是"成为人"的教育的构成部分①。在《社会契约论》中,两者的对照被表述为"人的宗教"与"公民的宗教",基督教作为人的宗教,不但没有让个人心系国家,相反使之与国家分离,人的悲惨状况被视为由人与公民之间的矛盾造成的[21]。譬如,依据卢梭所提供的例子,安提戈涅的困境就在于必须在城邦的法则(伦理)与人道的法则(道德)之间进行选择。我们可以从道德与伦理的视角分析人与公民之间的张力。公民作为生活在特定社会中的人,不得不服从于这个社会的伦理,而每个特定社会都是地方性的,因而其伦理生活本身也具有地方性,不同地方的社会之间的伦理生活难以协调,同样的爱国主义作为不同地方之伦理生活的构成部分,却会造成这些地方伦理生活之间的张力。伦理生活

---

① 在《山中来信》第 1 封中,卢梭强调,爱国主义与人道主义是两种互不相容的情操,特别是对一个国家的人民而言更是如此(参见〔法〕卢梭:《卢梭全集》第 5 卷,商务印书馆 2012 年版,第 304页)。在公民教育中,祖国在哪里,人就在哪里,公民感觉自己是波兰人、法国人或俄罗斯人,而不只是人。爱国主义者对待外国人很冷酷,最幸福的国家是最容易摆脱所有其他国家的那一个,与此相连的是,罗马人的人道精神从来不曾延伸到其领土之外,如果暴力被用在外国人身上从来也不会被禁止。参看〔法〕茨维坦·托多罗夫:《脆弱的幸福:关于卢梭的随笔》,孙伟红译,华东师范大学出版社 2012 年版,第 48—52 页。

因为其地方性而更可能具有柏拉图刻画的"洞穴"的特性,他将个人与共同体捆绑在一起,以至于个人不能同等地同他自身或同他的同类发生关系。卢梭主张,与公民不同的人,作为道德的人,而不是生活在特定伦理生活样式中的人,才可能与自己和同类发生关系。我们不必坚持卢梭在人与公民之间的绝对对立,但他所发现的两者之间的张力,时至今日其意义也并未褪色。其对于成为人与成为公民的区分,为道德与伦理的分际提供了一个切入口。

然而,尽管现代以来的道德—伦理思想都指向主体性的道德,个人自主性被特别强调;但同样更加真实的是,在现代社会中,真正被机制化力量所支持的是伦理,而非道德。机制化力量聚焦的是位分与职分,强化的是人的公民或国民意识,指向的是对现代利维坦的归属,而这种公民(国民)教育,在更本质的意义上可以归属于伦理教育,而非道德教育。以公民的养成为核心的伦理教育指向现代利维坦对个人的规训,而不是道德主体在其中共同自我实现的机制。无论是做大厦的砖瓦,还是做大树的枝叶,或是机器的螺丝钉,等等,曾经在伦理话语中作为观念动员的形式而存在,这一观念动员显示它无法真正渗透在另一方面被理性自主所突出的道德主体的存在中。然而,如今它不再生存于观念中,而是作为机制化力量,内卷地运作着,以非组织、非动员的方式将主体带进其辖区,以至于利维坦的毛细血管渗透到主体的每一个细胞中。

与伦理相关联的位分与职分不断被开采,但道德性的性分却不断被亏空,因为人的性分的问题涉及人是什么的问题,这一问题必须在超出人的社会关系的畛域的层次上才能提出,在人与人以外存在者共属的场域中才能被思及。然而,伦理生活却将社会关系视为定义人的唯一视域,当其采用道德名义时,其所调动的仍然是浸透在观念与体制中的伦理。一旦道德的向度后撤,当个人面对政治社会的无道之理及其陷落的习俗生活时,便没有了可以调动的道德资源与精神力量;而且当人寻求内在的身心安顿时,一切建立在职分与位分上的伦理生活又都变得无济于事,因为脱离了道德性的伦理无法提供生存意义,它的功能指向安全、稳定与秩序,它的运作方式在于使得个人以道德亏欠的方式对伦理负债。正是这种伦理生活的道德亏空才导致自我虚无化,从而为各种灵性市场上的宗教与伪宗教的乘虚而入、泛滥而不止提供了前提条件。以道德名义展开机制化了的教育,在人与公民的天平上,毫无例外地偏向后者。于是,国民教育替代人的教育,用国民教育渗透人文教育,二者并行不悖而各有其能的畛域分化被体制化、机制化的方式消除。

由于视域的下移,人之所以为人的性分问题被降到政治社会的畛域内部,不再承认有超出社会之上的维度,无论性分的观念理解是建构主义的还是实在论的,都无法将两者统一,即不能再视为天人协作的结果,不再视为建构论与实在论的分工与合作,换言之,真正性分概念的匮乏导致了对人的总体理解之不可能,人的观念在社会关系的图像中被支离化、碎片化,人的自我理解实质地被交付给了不断移动着的位分与职分,而缺乏真正性分的调节。在原本意义上,道德之性分与伦理之职分和位分虽然构成主体定位自己的不同层次,但二者并非彼此隔绝。人在政治—社会中的位分与职分并非一次性给定并且始终不变的,相反,它们往往是流动性的,甚至是复合型的。譬如,"我"在孩子面前是父亲,在妻子面前是丈夫,在学生面前则是老师,等等。种种不同的角色与职位界定了"我"的责任,而且即便在面对同一个人时,在不同情境下"我"也会有不同的角色,在家中"我"可能是孩子的父亲,但孩子若在"我"的班上上课,又是"我"的学生,等等。多样的职分与位分之间可能是和谐的,但也可能是紧张的,甚至是冲突的。譬如《血色黄昏》中的两个战士,虽在战场上分属敌对阵营,但在血缘上却又是亲兄弟,两个角色一旦在战斗中相遇,就会陷入尴尬的境地。在这种情况下,性分可以成为职分、位分的更高层面上的调节者。性分虽然并不构成职分、位分的内容,但可以调节者的身份参与位分和职分的整合与自我实现过程。

共同体处在有道状态时,伦理本身即能提供生存的意义,因为伦理生活承载着道德,本身就成为道德的落实;但当共同体处于无道状态时,伦理生活与道德断裂,伦理生活赖以运作的机制转化为价值化的方式,而道德生活则无法被价值化,只能在意义的维度上加以理解,意义具有自在的意义,但价值却不具有自在的价值。因此"生而为人"在道德的层面是有意义的,但在伦理的层面上却必须经由主体的介入即以价值化方式而被赋予价值,亦即作为以主体化方式成为人的前提才能承载价值。

道德之所以可以发现自在的意义,就是因为它本身作为天人连续性的体现,作为天人之间的共振,是在社会与共同体之外的视域来界定主体的。当苏格拉底以哲学的方式探寻真正的人的存在方式的可能性时,他必然背离雅典城邦的诸神①;当柏拉图对荷马与赫西俄德的神话进行解构、当亚里士多德将沉思生活提高到超出伦理—政治生活的高度时,他们服务的都不再是雅典的城邦共同体,相反,他们恰恰解构了古希腊城邦的共同伦理生活②。从更大的视域来看,解构伦理生活的现有形式,是为其更新,即走向新的可能性做准备,但这意味着变更既有的伦理生活,这一点是借助道德的力量来实现的。在传统中国,道德是人与天的纵向贯通,这里的主要问题是由尽心知性而知天的问题,它并不是将人的道德完善导向人与人之间,相反,它是导向人与某种更广更深秩序之关联,并在这个秩序总体中为人的自身定位。譬如,在朱熹看来,仁义礼智信并不是来自人与人的社会组织与社会实在的框架,而是与宇宙中普遍存在的金木水火土的五行或者气化之元亨利贞存在着连续性,这种连续性提供了一种借助于社会之外的力量调整校对社会之内的生活形式的方式。这意味着,道德教育本身应该

---

① 在《论政治经济学》中,卢梭在苏格拉底与卡托之间做了对照:卡托的道德是公民的道路,他效忠的是伦理的共同体,始终心系祖国,为祖国而生,没有祖国就无法生活在这个世界上;而苏格拉底追寻的则是人的道德,他追求个人的美德与智慧,故而他只能以世界而不是雅典作为他的祖国。参见《卢梭全集》第5卷"政治经济学",商务印书馆2012年版,第227—228页。

② 黑格尔指出:作为"道德的发明者"的苏格拉底之出现,意味着思想自身就是世界的本质,思想的绝对的在本身内发现和认识什么是"是"与"善",道德的人是那种生活在反思中的人,个人能够做出最后的决定,同城邦的伦理(国家与风俗)处在对立的地位。苏格拉底虽然继续履行公民职责,但其所服务的却已经不再是希腊的城邦了,它的真正归宿已经不是现存的国家和宗教——伦理生活,而是思想的世界了。柏拉图接着将塑造希腊城邦的伦理生活与集体无意识信仰的荷马与赫西俄德驱逐了他的理想国。亚里士多德发现了比城邦生活更高的理论生活即沉思。雅典与古希腊伦理便告没落。参见〔德〕黑格尔:《历史哲学》,王造时译,上海书店出版社1999年版,第278—279页。

指向广泛意义上的人格的教育,即作为人、成为人的教育,它不能被化约为对某一社会或共同体的效忠、服从。这是社会异化与伦理陷落的解毒剂。

从思想上贞定道德与伦理的分际,乃是防御性与治疗性的,它指向对道德与伦理的误用、滥用与僭用的防范,因而现实化了的伦理生活如果要保持自己的正当性,便不能再以道德的名义发动在自己畛域之外的动员。当然,在理想层面,道德与伦理的结合和统一、人与公民的统一,才是最后的真实。在儒家思想中,二者之间的统一与结合在忠或孝的问题中业已得到展现。在《郭店楚简·鲁穆公问子思》中,鲁穆公询问子思何为忠臣时,子思的回答是恒称其君恶者为忠臣,这意味着在忠中,有着两个维度的关系的整合:主体自己与自己的关系,这是道德的区域;主体以臣的身份与君主的关系,这里涉及的是伦理的区域。忠作为两个维度的整合,意味着以自己与对于自己的关系为基础,并在此基础上处理与他人(君主)的关系,这样,忠于某人就不是如当代语境中所构想的那样绝对地服从某人,相反,而是依照自己对自己之性分的原则来处理自己与他人的关系。子思强调的是,主体依照自己的性分,依照自己的良知准则,即尽己,来对待作为他者的君主,由此才有忠臣的可能性。

参考文献:

[1] 许全胜.沈曾植年谱长编[M].北京:中华书局,2007:509.

[2] 谢维扬,房鑫亮,等.王国维全集:第14卷[M].杭州:浙江教育出版社;广州:广东教育出版社,2009:212.

[3] 〔德〕黑格尔.黑格尔著作集:第7卷(法哲学原理)[M].邓安庆,译.北京:人民出版社,2016:197.

[4] 〔加〕查尔斯·泰勒.黑格尔[M].张国清,朱进东,译.南京:译林出版社,2002:575-576.

[5] 〔德〕黑格尔.精神现象学[M].先刚,译.北京:人民出版社,2013:217.

[6] 李泽厚.伦理学纲要[M].北京:北京大学出版社,2011:13-38.

[7] 〔加〕查尔斯·泰勒.世俗时代[M].张容南,等,译.上海:上海三联书店,2016:3-28.

[8]　黄宗羲.宋元学案[M].黄百家,全祖望,补修.陈金生,梁运华,点校.北京:中华书局,1986:524.

[9]　程颢,程颐.二程集[M].王孝鱼,点校.北京:中华书局,1981:20.

[10]　王夫之.读四书大全说[M]//船山全书:第6册.长沙:岳麓书社,2011:1127.

[11]　朱熹.朱子全书:第6册[M].上海:上海古籍出版社;合肥:安徽教育出版社,2002:432.

[12]　焦循.孟子正义[M].沈文倬,点校.北京:中华书局,1987:938.

[13]　班固.汉书[M].北京:中华书局,1962:2246.

[14]　王夫之.礼记章句[M]//船山全书:第4册.长沙:岳麓书社,2011:17-18.

[15]　程树德.论语集释[M].北京:中华书局,1990:14.

[16]　陈淳.北溪字义[M].熊国祯,高流水,点校.北京:中华书局,1983:26.

[17]　孙希旦.礼记集解[M].沈啸寰,王星贤,点校.北京:中华书局,1989:8.

[18]　刘宝楠.论语正义[M].高流水,点校.北京:中华书局,1990:1240.

[19]　程瑶田.程瑶田全集:第1册[M].陈冠明,等,校点.合肥:黄山书社,2008:46.

[20]　〔法〕卢梭.卢梭全集:第6卷[M].李平沤,译.北京:商务印书馆,2012:23.

[21]　〔法〕茨维坦·托多罗夫.脆弱的幸福:关于卢梭的随笔[M].孙伟红,译.上海:华东师范大学出版社,2012:33.

（陈赟,华东师范大学中国现代思想文化研究所副所长,哲学系教授、博士生导师,教育部长江青年学者;本文发表于2019年第4期）

诚信缘何存在

王淑芹

摘　要　由诚信严重缺失而引发的社会信任危机,已使社会诚信问题成为全社会关注的焦点以及伦理学、经济学、法学、社会学等多学科共同研究的热点。在伦理学的视域中,诚信道德产生的本源是一个根本性问题。采取因素分析法可以发现,诚信之德的缘起与人类的社会交往性、人类行为的思想支配性以及人的利己自然倾向性密切相关。

目前,因诚信道德资源的匮乏而产生的社会消解力和破坏力已使诚信成为全社会关注的焦点以及多种学科共同研究的热点。对诚信道德的思考,不仅需要全面归类非诚信行为的类型、分析社会诚信严重缺失的根源、寻找其治理的对策,而且也要寻根究底,追问诚信道德产生的本源,即诚信之德缘何存在? 对诚信之德何以存在的探究,学界有两种研究理路:一种是因素分析的立论方式;另一种是历史文献梳理与条陈的综论方式。前者力图寻找诚信产生的主要促发因素,后者着力于重要学派或主要代表人物的诚信道德思想。本研究采取的是因素分析法。

诚信道德的缘起,不是偶发的社会现象,它与人类的社会交往性、人类行为的思想支配性以及人的利己自然倾向性密切相关。

一、诚信与人类的社会交往性

  人的社会性存在方式使得人们之间的交往成为一种必然,从而为诚信道德的产生提供了社会基础。人首先是一种有生命的自然性存在。马克思说:"全部人类历史的第一个前提无疑是有生命的个人的存在。"[1]人作为生命有机体,生物机制决定了人的物质需要性。由于大自然没有赐给人类坐享其成的恩泽,所以人类必须通过劳动来满足其需要。为此,马克思指出:"现实中的个人"是"从事活动的,进行物质生产"[1](72)的人。具而言之,人的生存需要引致的生产劳动是人类社会存在的最基本的活动,所以马克思、恩格斯在《德意志意识形态》中明确指出:"我们首先应当确定一切人类生存的第一个前提也就是一切历史的第一个前提,这个前提就是:人们为了能够'创造历史',必须能够生活。但是为了生活,首先就需要衣、食、住以及其他东西。因此第一个历史活动就是生产满足这些需要的资料,即生产物质生活本身。"[2]人类从事物质生产活动不是个体的孤立活动而是群体的共同活动。人的需要的多样性与单个个体生产技能的单一性构成了人的物质需要满足的非自洽性,加之个体抗衡自然能力的弱小,使得人们之间的联合与劳动分工成为一种必然。故此,马克思说:"由于他们的需要即他们的本性,以及他们求得满足的方式,把他们联系起来(两性关系、交往、分工),所以他们必然要发生相互关系。"[2](514)这表明,人在需要驱动下的生产活动只能是在协作基础上的共同劳动,无疑,人们在劳动中必然要结成一定的生产关系。"人们在生产中不仅仅影响自然界,而且也互相影响。他们只有以一定的方式共同活动和互相交换其活动,才能进行生产。为了进行生产,人们相互之间便发生一定的联系和关系;只有在这些社会联系和社会关系的范围内,才会有他们对自然界的影响,才会有生产。"[1](344)生产的协作性以及在生产过程中形成的生产关系以及其他社会关系,无不表明"人本质上是一种关系性中的存在"[3]。也就是说,社会中的"任何个体都处在一定的家庭、氏族、集团、阶级、民族、国家等具体人群关系中"[4]。社会成员的这种社会性存在方式就使得人们之间的交往成为一种生活的必然。用社会学的观点表述就是："人与人的交往是人类社会不可不发生的社会行为。"[5]同样它也表明，社会不管其形式如何，都"是人们交互活动的产物"[6]。

"各种社会主体之间通过信息传递而发生的社会交往活动"[5](59)，在本质上就是传递信息、表达意图和做出反应的互动过程。虽然人们互动的媒介既可以是语言，也可以是手势和表情等，但基本要求是相同的，即人们在交往中都要出于本心而准确表达其思想并"行其言"而守约。为什么人们在交往中需要表达真实思想、说话算数、践行约定呢？因为人们无论是在生产劳动中的协作还是在日常的人际交往中，忠于事物的本来面目、出于本心而表达真实的思想以及坚守承诺，是人们之间相互理解、有效沟通、形成共识以及能够产生协调性集体行动的前提。质言之，人们交往进行的基础是社会成员之间在表述其想法和行动时，要由衷而发且言行一致。唯有如此，人们之间才会彼此领会对方的意图，使思想相互传递，并在相互了解彼此的想法和主张中推测对方的行为方式，由之形成一些比较稳定的预测和行为预期。相反，如若人们在交往中言不由衷、口是心非，言与行缺乏恒常的关联，就会导致交往双方因无法揣摩对方的真实意图和推测未来的彼此行动而难于合作。众所周知，社会的存在是建立在人类合作的基础上的，而人类的合作又是以社会成员持续性关系的形成为前提的。社会成员能够保持持续性关系，是各个交往主体的"意图"能够合谋、对行为的预期能够给予信任的结果。毋庸置疑，人们在交往中能够相互理解并产生协调行动，是由于各交往主体的"思想""意图"表达的真实无妄和按约行事。诚如林火旺教授所言："基于人的一些自然本性，人们必须和其他人分工合作，才能过较好的生活，而人们要能真正地分工合作，必须彼此互相信任，否则一旦互信不存在，彼此尔诈我虞，合作的基础就会丧失，因此'诚实'是人类社会合作互信所必须的。"[7]哈特说得更彻底，如果集体成员间最低限度的合作与容忍是任何人类群体得以生存的必要条件，那么，诚实信用的概念从这一必然性得以产生便似乎不可避免了[8]。

上述分析表明,诚信是以人的社会关系和交往的存在为先决条件的。因为人们之间的交往性和合作性在客观上就衍生出了以诚相待、说话算数、言行一致的诚实信用的道德行为要求。需要申明的是,"诚信"作为一种"关系"的合理秩序的客观道德要求,不仅具有认识论的规则性以及实践论的德性特征,而且也具有本体论的客观性,即诚信是人们交往中的"天道"法则。德国社会学家卢曼也有相同的思想:"我们都把信任作为人性和世界的自明事态的'本性'",这"是一个事实,一个不容置疑的真命题"[9]。

二、诚信与人类行为的思想支配性

人的思想对行为的支配性内蕴了主体的诚信德性诉求。人超越动物所具有的思维和意识使得人类活动具有了能动性、自觉性、自由性、目的性的主体性特征。对此,马克思曾说:"有意识的生命活动把人同动物的生命活动直接区别开来。正是由于这一点,人才是类存在物。或者说,正因为人是类存在物,他才是有意识的存在物,也就是说,他自己的生活对他是对象。仅仅由于这一点,他的活动才是自由的活动。"[10]人活动的意识性和自觉性确证了人的思想观念对其活动的指导性和支配性。"蜜蜂建筑蜂房的本领使人间的许多建筑师感到惭愧。但是,最蹩脚的建筑师从一开始就比最灵巧的蜜蜂高明的地方,是他在用蜂蜡建筑蜂房以前,已经在自己的头脑中把它建成了。劳动过程结束时得到的结果,在这个过程开始时就已经在劳动者的表象中存在着,即已经观念地存在着。"[11]显然,人的活动本身蕴含了主观与客观、言与行、知与行的关系。

人的思想对行动的指导性一方面蕴含了人的思想与行动之间存在着对应性的联动关系,即正确的思想、真实的想法往往会形成心、口、行一致的知行合一行为;另一方面也蕴含了人的思想与行动之间存在着不确定的变数关系,即不出于本心和实情的思想往往会产生心、口、行不一的知行分离现象。不可否认,人的思想的表达和传递,存在着两面性:既可以是出于本心的真实思想和想法,也可以是不出于本心的虚假思想和想法。人的思想在真实与虚假之间的变动性以及履行承诺意愿强弱的变化性,无不增加了表里不一、言行不一的风险性。无论是社会还是个人,对虚假失信的风险承担都是有限度的。对于个人而言,行为预期是人们生活安全的保证。行为的稳定预期除了来自制度的保障外,还有人们在交往中的真诚无欺和遵守约定,一旦笼罩在虚假、欺骗、失信之中,人们就会猜疑、惶恐、不知所措而失去生活的安全感。"如果混乱和平息恐惧是信任的唯一选择,那么就其本质而言,人不得不付出信任。"[9](4)同样,对于社会而言,交往成本是影响经济效率提高和社会有序发展的重要变量因素。社会机体犹如自然界的生态系统具有自我调节能力的生态阈限一样,一旦虚假、欺骗、失信泛滥成灾,高额的社会交往成本、激化的社会矛盾就会挑战社会运行的阀限。正是在这个意义上,德国社会学家卢曼认为:"信任构成了复杂性简化的比较有效的形式。"[9](7)据而言之,人们表达真实思想、信守约定,从结果论来看,是人类个体和群体安全性存在的需要和基础,从道义论来看,它是人类思想意识的道德属性。

三、诚信与人的自利倾向性

人所具有的自利性倾向是诚信道德得以产生的自然基础。"人作为有感觉的生命有机体所具有的欲求和需要,不仅促发了人的社会活动和社会关系的产生,而且也潜设了人活动的倾向性。"[12]人作为生命有机体,生而有满足自身需要的欲求,从而不可避免地具有个人利欲追求的自利性;而人作为感性存在者,欲望的冲动性又易于导致个人利益欲求行动的任意性。概而言之,人作为感性存在者而具有的欲望的冲动性、生命的自保性以及利益追求的自我性等,预制了人具有按照个人欲求和利益去行动的倾向性。[13]这个基本的论断用现代心理学的思想来表述就是:个人的需要和利益是驱动人活动的重要动力。马克思作为唯物主义者,看到并肯定了个人需要的行为驱动性。"任何人如果不同时为了自己的某种需要和为了这种需要的器官而做事,他就什么也不能做。"[2](286) "各个人的出发点总是他们自己。"[1](119) "人的本质是人的真正的社会联系……真正的社会联系并不是由反思产生的,它是由于有了个人的需要和利己主义才出现的,也就是个人在积极实现其存在时的直接产物。"[10](24)毋庸置疑,人的自利倾向是一种客观实在。在此需要说明的是,人的自利性只是人活动的一种倾向性而不是对人性的一种定然性判断,况且人的自利性在人的理性和社会法则的引导与限制下并不必然导致损人利己的行为。所以对于人的这种自利的倾向性,我们无须否认和回避,因为它描述的只是人的活动倾向的一种客观实情,而不是对人性的一种价值判断。

正是由于人的自利倾向是一种变化的行为趋势,存在多种行为选择的可能性,才有思考道德、进行道德教育和提倡道德约束的必要。为此,美国学者约翰·麦克里兰在其《西方政治思想史》中明确指出:"思考道德的时候,我们必须将我们的人类同胞视为不是非常善良,也不是非常邪恶。人天生非常善良,则思考道德是多余的,因为你可以看准他们会好好做人。人天生非常坏,思考道德也是多余,因为你可以看准他们会做坏事。思考道德,是在非常好与非常坏之间思考,而且假设圣贤与恶魔都非常少。"[14]在道德缘起的普遍意义上,正是由于人具有了欲望和自利倾向,才构成了道德对欲望给予合理节制和规制行为的必要。荀子的经典论述尤具说服力。荀子曰:"礼起于何也? 曰:人生而有欲,欲而不得,则不能无求,求而无度量分界,则不能不争;争则乱,乱则穷。先王恶其乱也,故制礼义以分之,以养人之欲,给人以求。使欲必不穷乎物,物必不屈于欲,两者相持而长,是礼之所起也。"[15]倘若人类的理性意志完全能够约制人性感性冲动的任意性和为我性,能够自觉顾全其他人和社会的利益或主动让渡自己的利益,那么,无论是以外在强制为特征的法律、规章制度等维序手段还是以内在约束为特征的道德,显然都没有存在的必要。亚里士多德曾说:"人人都爱自己,而自爱出于天赋,并不是偶发的冲动(人们对于自己的所有物感觉爱好和快意,实际上是自爱的延伸)。自私固然需要受到谴责,但所谴责的不是自爱的本性而是那超过限度的私意。"[16]据此可以推论,人的为我利己倾向性在某种程度上直接构成了对行为主体诚信道德约束的必然性,换言之,人性的自身局限性是诚信道德得以产生的重要诱因。

在理论的逻辑推论层面,人的自利倾向性常会使人在利益欲望的追求和满足中具有牟利的投机倾向,并会诱致人为了谋求自我利益的最大化而说谎、欺骗、爽约失信等。人虽然并不必然具有欺骗失信的天性,但人的自利倾向会在利害关系的作用下发酵膨胀,以致想尽办法弄虚作假、千方百计逃避契约义务。试想,如若人们没有自利的倾向性且不受利害关系的牵制,人们还有必要为了利益最大化而欺骗失信吗?显然,我们不能忽视人的感性冲动和自保自利倾向对诚信道德的冲击与诉求。

在经验的实证层面,社会各领域存在的诚信缺失现象虽然表现形态各异,但本质上都是虚假而不真实、失约而不守信的唯利是图行为。经济生活领域的掺假作伪、商业欺诈、毁弃合约、财务作假、金融诈骗、虚假投标、劣质工程等;政治生活领域的虚报业绩、掺水数字等;学术研究领域的抄袭、剽窃、伪造的学术不端等,无不是人们利欲熏心而牟取"假"后面的最大利益所致。离开虚假背后的利益追求,将无法合理解释人们欺骗失信的行为动因。所以一旦欺骗失信行为能够带来较大的利益或被人们预想为谋求利益最大化的一种有效方式,必会诱致背离诚信的机会主义行径。

显然,人的自利倾向性既构成了社会成员欺骗失信的诱因,又构成了对人诚实守信道德要求的人性基础。

参考文献:

[1] 马克思,恩格斯. 马克思恩格斯选集:第1卷[M].北京:人民出版社,1995:67.

[2] 马克思,恩格斯. 马克思恩格斯全集:第3卷[M].北京:人民出版社,1960:31.

[3] 杨国荣. 伦理与存在[M].上海:华东师范大学出版社,2009:26.

[4] 李泽厚. 伦理学纲要[M].北京:人民日报出版社,2010:6.

[5] 李斌. 社会学[M].武汉:武汉大学出版社,2009:60.

[6] 马克思,恩格斯. 马克思恩格斯选集:第4卷[M].北京:人民出版社,1995:532.

[7] 林火旺. 伦理学[M].台北:五南图书出版公司,2007:10.

[8] 郑强. 合同法诚实信用原则研究[M].北京:法律出版社,2000:38 – 39.

[9] 〔德〕尼古拉斯·卢曼.信任:一个社会复杂性的简化机制[M].瞿铁鹏,李强,译.上海:上海人民出版社,2005:3.

[10] 马克思,恩格斯.马克思恩格斯全集:第42卷[M].北京:人民出版社,1979:96.

[11] 马克思,恩格斯.马克思恩格斯全集:第23卷[M].北京:人民出版社,1972:202.

[12] 王淑芹.道德缘起条件的哲学分析[J].理论与现代化,2006,(1).

[13] 王淑芹.道德法律化正当性的法哲学分析[J].哲学动态,2007,(9).

[14] 〔美〕约翰·麦克里兰.西方政治思想史[M].彭淮栋,译.海口:海南出版社,2003:185.

[15] 王先谦.荀子集解[M].沈啸寰,王星贤,点校.北京:中华书局,1988:346.

[16] 〔古希腊〕亚里士多德.政治学[M].吴寿彭,译.北京:商务印书馆,1995:55.

(王淑芹,首都师范大学政法学院教授、博士生导师,伦理学与道德教育研究所所长;本文发表于2012年第3期)

诚信缘何存在

论德性修养及其与德性教育的关系

江　畅

摘　要　修养是指人们为了达到某种人生境界,根据环境和主客观条件所进行的旨在提高自己的综合素质或某种素质的学习和实践活动,也指通过这种活动所达到的综合素质或某种素质的水平。从人的个性特征看,修养可以划分为观念修养、知识修养、能力修养和品质修养。此外,还有为了获得智慧所进行的智慧修养。品质修养的主要目的是使品质成为有德性的,因而品质修养也可以说是德性修养。德性修养是指人们为了提高自己的道德素质所进行的养成和完善自己德性的学习和实践活动。它是道德修养的基础和关键,也是整个人生修养的必要组成部分,并在整个人生修养中具有基础地位,是使人达到更高人生境界的基础。德性教育与德性修养之间必须实现和谐对接和良性互动,只有这样,两种活动的功能才能得以有效发挥,真正取得德性养成和完善的效果。

修养是人提高综合素质和生存境界的主要途径,更是德性养成和完善的唯一途径。如果将德性的养成和完善过程看作一个德性培育的过程,那么,教育是德性培育的外在作用过程,而修养则是德性培育的内在作用过程,教育最终要通过修养起作用。因此,在德性养成并完善的过程中,修养这种内在作用起着更关键的作用。

一、修养的含义和意义

在中国传统哲学中,修养与修身、修己大致同义,修身、修己就是对自身的修养,其目的是涵养德性。《中庸》第二十章引用孔子的话说:"子曰:'好学近乎知,力行近乎仁,知耻近乎勇。知斯三者,则知所以修身。'"我国伦理学界在讲到道德修养时一般会谈到修养。罗国杰教授主编的《伦理学》在谈到道德修养时就给修养作了这样的界定:"所谓修养,主要是指人们在政治、道德、学术以至技艺等方面所进行了的勤奋学习和涵育锻炼的功夫,以及经过长期努力所达到的一种能力和思想品质。"[1] 但是我国伦理学界研究道德修养相对较多,而研究一般的修养则较少。关于修养,我们大致可以做这样一个一般的界定:所谓修养,是指人们为了达到某种人生境界根据环境和主客观条件所进行的旨在提高自己的综合素质或某种素质的学习和实践活动,有时也指通过这种活动所达到的综合素质或某种素质水平。修养一般主要是指学习和训练活动,在有些情况下指学习和训练活动所达到的水平,因此我们主要在活动的意义上理解修养。从活动的意义上看,修养主要包括以下几方面的含义或特点。

首先,修养的最终目的在于达到某种人生境界,它标志着人生的自觉。修养是人的一种自觉的完善自己的活动,用冯友兰先生的话说,是人的"觉解"活动。它的目的不是指向占有外在的资源,而是指向完善内在的自我,使自我达到某种境界。这是修养活动与人的其他活动的根本不同之处。对于人生的境界,不同思想家有不同的看法。例如,冯友兰先生将人生划分为"自然境界""功利境界""道德境界"和"天地境界";张世英先生将人生划分为"欲求境界""求知境界""道德境界"和"审美境界"[2]。综合这些思想家的观点并考虑当代人类的整体生存状况,我们大致可将人生境界从低到高划分为生存、发展和超越三个层次。

"生存境界"大致相当于冯友兰先生所说的"自然境界"和"功利境界"、张世英先生所说的"欲求境界"。这一境界也是与马斯洛所说的基本需要或生存需要相对接的。处于这种境界的人,他们的一切活动都以自己生存下去为取向,以自己生存欲望的满足为活动轴心。在当代社会有相当多的人特别是那些贫困人口处于这一人生境界。

"发展境界"大致相当于冯友兰先生所说的"道德境界"、张世英先生所说的"求知境界"和"道德境界"。这一境界是与马斯洛所说的发展需要或自我实现需要相对接的。处于这种境界中的人已经不以满足基本生存欲望为轴心活动,而是追求自我实现和个人的全面自由发展。

"超越境界"大致相当于冯友兰先生所说的"天地境界"、张世英先生所说的"审美境界"。处于这种境界的人不仅追求自我实现和发展,而且走出自我、超越自我,将个人融入整体、社群之中,追求个人的自我实现与他人的自我实现、组织的繁荣和谐的共进、双赢。

在三种境界中,现代社会平常人在社会环境特别是教育的影响下都会处于生存境界,只是有的人自觉一些,有的人不那么自觉。因此,这种境界一般不需要通过修养就能达到,人们修养所要追求达到的境界通常是发展境界和超越境界。这里有两点值得注意,其一,正如张世英先生指出的,在现实的人生中,上述境界总是错综复杂地交织在一起的,很难想象一个人只有其中一种境界而不掺杂其他境界。只不过现实的人往往以某一种境界占主导地位,其余次之,于是我们才能在日常生活中区分出不同的人。[2]其二,高层次境界不是对低层次境界的简单否定,而是一种升华,这种升华是在更高的层次、从更广的视野追求低层次欲望的满足,并使之服从于、服务于对高层次欲望满足的追求。

其次,修养的直接目的是提高综合素质或某种素质。人生境界是人生状态的综合指标,而这种综合指标是人的综合素质所达到的水平。因此,人要达到更高的人生境界就需要提高综合素质。对人的综合素质人们有不同的表达,从人格构成的角度看,主要包括人的观念、知识、能力、品质等基本方面。就观念而言,存在着丰富不丰富、正确不正确、先进不先进的问题;就知识而言,存在着渊博不渊博的问题;就能力而言,存在着强弱、大小的问题;就品质而言,存在着是德性还是恶性以及德性是否完善的问题。

修养的目的就是通过提高综合素质达到人生境界的提升,而提高综合素质是修养的直接目的。

修养从总体上看就是要提高观念、知识、能力和德性的水平,但由于每个人的情况不同,所处的环境和情境不同,而且通常不可能四个方面齐头并进,因而在实际的修养活动中,人们常常从某一个方面着手,于是就有了所谓的宇宙观念(世界观)、社会观念(社会历史观)、人生观念(人生观)、价值观念(价值观)等观念方面的修养;有所谓一般知识修养、专业知识修养、理论知识修养等知识修养;有所谓智力修养、专业能力修养、技能修养等能力修养;有所谓利己德性修养、利他德性修养、利群德性修养、利境德性修养等。当然,当人们有了人生境界提升的自觉追求时,也有可能在各方面同时都注意提高自己的素质。不过,即使在这样的情况下,由于多种因素的影响,各种素质的提高一般也有先有后,不可能齐步走。

既然修养是由个别素质到全部素质、从低层次素质到高层次素质的扩展和提升过程,那么,虽然一个人没有总体上达到某一人生境界,但已经具备这种境界所需要的某种素质,在这种情况下,我们可以说某人在某方面具备了良好的修养。一个工程师在追求发展境界的过程中,特别注重提高艺术欣赏的素质并具备了这方面的素质,我们就会说他有良好的艺术修养。当然,也有这样的情形,即本来并没有提升人生境界的追求,但对某方面的知识有特殊的爱好并有一定的造诣,我们也会说他具有某方面的修养。这种造诣虽然不是通过严格意义上的修养获得的,但由于客观上有利于人生境界的提升并具有修养的一些特征,因而也可以称为修养。

再次,修养是学习和实践交融的活动,体现为自我涵育锻炼的功夫。人的综合素质的提高主要是通过学习和实践实现的,但作为修养的学习和实践活动与其他的学习训练不同。这主要体现在它是着眼于提升人生境界来提高综合素质,或者说是为了丰富自我、提升自我、完善自我、超越自我,而不是为了功利的目的。其前提是对人生的反省和对人生价值的觉悟。正因为如此,有学者将修养的学习实践活动看作自我"涵育锻炼"的功夫,以与其他的学习实践活动相区别。所谓自我涵育锻炼,就是自己自觉涵养培育自己的综合素质,并在各种环境和情境下对这种素质进行锻造熔炼,以使之达到运用自如的炉火纯青程度。

最后,修养是主客观因素相互作用的与时俱进的过程。修养不是一个单纯的主观涵育过程,而是一系列主观因素与各种客观因素相互作用的过程。参与修养过程的主观因素有观念、知识、能力、德性等个性心理特征因素以及认识、情感、意志、行为等活动,参与修养过程的客观因素有社会经济、政治、文化环境,人际关系环境,家庭环境,个人的生理状态等。修养是所有这些因素相互作用的结果,其中自我反思意识、自我实现意识、自我完善意识和自我超越意识等自我意识以及人的智慧因素具有关键性的作用。自我意识越强、越有智慧的人越会注重修养,而自我意识和智慧通常也是通过修养获得的,是修养的结果。由于综合素质的形成非一日之功,而且修养过程中的主观因素和客观因素是变动的,因而修养是一个无止境的过程,即使人达到了某种较高的境界也还需要不断修养来维护,更不用说追求更高的境界。因此,人生修养不仅不能停滞下来,而且还得与时俱进。

修养是一个艰苦、长期的过程,那么,人为什么要走这漫长、艰辛的修养之路呢?这是因为只有通过修养人的综合素质才能得到不断提高,人的境界才能得到不断提升。这里的关键问题是人为什么要不断通过提高综合素质来提升自己的人生境界。

人类在漫长的进化过程中积淀了许多动物和其他事物所不具有的规定性,这些规定性集中体现为人性。然而,人性与本能不同,它并不是人一出生就现实地存在的,而是以潜在的形式存在的,需要开发才能变成现实的人性,变成人的现实规定性。提高综合素质说到底就是开发人性的潜能,而修养则是在人的潜能已经有所开发的基础上进一步开发潜能,在已经获得的综合素质的基础上进一步提高综合素质,使人性更充分地体现出来,使人格趋于完善。

人是群体性、社会性动物,在人性中有人类的类性,即哲学家们经常说的"类本质"。这种人类的类性较之人类的个性需要更充分、更深入的开发才能获得。这种开发是一个更艰难的过程,需要人的高度自我意识和人性自觉,需要通过修养的途径来开发。这种开发就是修养。从这个意义上看,人要充分而深入地实现人性的潜能,还不能停留于通过修养达到"发展境界",还需要进一步通过修养超越个人的个性,达到人类的类性,即达到人生的"超越境界"。当然,"超越境界"并不是对"发展境界"和"生存境界"的否定,而是对它们的超越,是包含较低层次境界在其中的升华。当人将"类性"全面而深刻地开发并展现出来时,人就达到了最完善的自我实现,就成就了高尚的人格。

二、德性修养及其在修养中的地位

虽然修养是为了提升人生境界而提高综合素质,但提高综合素质通常并不是齐头并进的,而是从不同的方面开始的,因而修养可以根据侧重提高的综合素质的不同方面大致上划分为不同的类型。

从人的个性特征看,人的综合素质可大致划分为观念素质、知识素质、能力素质和品质素质四个基本方面。其中能力素质不仅可以从能力内涵角度划分为一般能力(主要是智力)、专业能力和技能,也可以从活动的角度划分为认识能力、情感能力、意志能力和行为能力。根据人的综合素质的这些不同方面,人的修养也可以相应地划分为观念修养、知识修养、能力修养和品质修养。此外,还有人们为了获得智慧所进行的智慧修养。不过如果我们将智慧看作理智的最佳状态,那么它是一种意志能力,大致上属于意志修养的范畴。

品质修养的主要目的是使品质成为有德性的,因而品质修养也可以说是德性修养,两者基本同义。所谓德性修养,是指人们为了提高自己的道德素质所进行的养成和完善自己德性的学习和实践活动。

德性修养是为了形成德性而进行的修养。形成德性主要有三种情形:自发形成德性、养成德性和完善德性。自发形成德性主要是在外在的影响下形成德性,不需要修养的作用,而养成德性和完善德性则都是通过修养形成德性。德性修养就是养成德性和完善德性的活动。德性也存在不同的境界。廖申白教授将德性划分为"'达己达人':仁者境界""'极高明而道中庸':仁且智者境界"和"'民胞物与':天地境界"①。我们则将德性划分为"君子"境界、"贤者"境界和"圣人"境界。"君子"境界是指具备基本的德性,"贤者"境界是指具备完备的德性,而"圣人"境界指不仅具备完备的德性,而且具备高尚的德性。德性修养就是要通过德性养成活动使人达到"君子"境界,通过德性完善活动追求"贤者"境界和"圣人"境界。

养成德性、完善德性都是为了提高人的道德素质。人的道德素质是人的综合素质中的直接关系人格完善的素质,而且对所有其他素质都具有基础和保障作用。人的道德素质主要包括三个方面:一是德性,二是德感(道德感,包括良心),三是智慧。其中智慧主要是道德智慧,它不仅是德性和德感的基础,而且是人的卓越道德能力;德感是人的道德情感,既包括作为基本道德情感的良心,也包括人的更高尚的道德情感;而德性则是人的道德品质,是人的道德的品质定势。这三个方面的素质都需要修养才能形成和完善。这三方面素质的修养可统称为道德修养。德感修养是为了形成和完善道德情感,智慧修养是为了形成和完善道德智慧,而德性修养则是为了形成和完善道德品质,形成人的道德品质定式。

德性修养像其他的修养一样,也是一种学习与实践融为一体的知行合一活动。它首先是一种学习活动。德性修养的过程是一个不断学习的过程。德性修养的学习过程也是德性学习的过程和学习德性的过程。德性修养源于德性意识,德性意识对于德性修养具有先决性条件的作用。德性意识就是对德性对于人生重要意义的意识,以及由此产生的对自己德性状态的反思意识。意识到德性的重要性并在此基础上反思自己的德性状态是人们进行德性修养的始点。德性意识主要是通过学习形成的。不仅德性意识是通过学习形成的,德性修养的内容方法更是通过学习获得的。要进行德性修养需要了解德性是什么、德性有哪些基本要求或原则,也需要了解德性怎样养成和完善等,这些都是德性修养方面的知识,需要学习才

①　参见廖申白著:《伦理学概论》,北京师范大学出版社 2009 年版,第 478—482 页。

能获得。德性修养的学习是广义的学习,包括在接受教育过程中的理解学习,也包括对他人的观察学习。人们主要在接受教育过程中学习德性方面的理论知识,培养德性意识,而在与他人交往的过程中通过态度和行为的观察学习德性方面的感性知识,增强德性感受。

德性修养是实践活动,需要"涵育锻炼"的功夫。对于德性修养来说,德性意识是前提,德性知识是基础,但德性作为心理定式需要在行为过程中不断践行才能逐渐形成。这个过程就是德性实践过程或实践德性的过程,也是德性修养的实践过程。作为德性修养的实践活动主要是一个意志的过程。也就是通过意志的作用,一方面使德性知识转变为德性愿望,进而转变为德性谋求,最后转变为行为;另一方面使这个过程不断地重复进行下去,特别是不断将德性要求转变为动机和行为,直到德性要求转变为心理定式、态度倾向和行为习惯。这是德性修养实践的整个过程。在这个过程中,行为的环节具有关键性的意义,因为人们一般都知道德性要求,但要把德性要求转变为动机、付诸行为则是相当有难度的,要在类似的情境中总是如此更需要意志力。把德性要求转变为动机并付诸行为的难度主要在于,不同的情境有不同的影响因素,其中常常有一些具有诱惑力而不容易抵御的妨碍在行为过程中贯彻德性要求的因素。在德性实践方面存在着三种挑战:一是将德性要求转变为动机面临着其他欲望或兴趣的挑战,二是将德性动机转变为行为面临着外在诱惑因素的挑战,三是持续地将德性要求转变为动机和行为面临着自己的其他意愿和外在因素的挑战。由于德性修养的实践过程经常面临着这样一些挑战,因而不少人有践行德性的愿望,但不能付诸实践,或者付诸了一次或多次实践,但不能长期坚持下去。因此,许多人难以养成德性,更难完善德性。

人一辈子有许多不同的学习实践活动,德性修养的学习实践活动与其他的学习实践活动之间的根本区别之一在于,它是一个运用智慧的过程。人们最初学习德性知识并实践德性也许不是一个智慧的过程,而是一个理智的过程,但当他们有了德性意识并在这种意识的作用下反思自己的德性且对德性进行反思、比较、甄别、判断、选择、寻找理由、试错、确认以及将这种确认转变为意愿、谋求和行为的活动时,他就进入了智慧的过程。这种从一般理智到智慧的转变的关键在于,他已经有了德性对人生重要性的意识,并着眼于人更好地生存的终极目标学习和践行德性、养成与完善德性,并以此调整整个个性和人格结构,使德性成为人的个性和人格的一个构成部分,使之从属于和服务于人的更好生存。智慧使人着眼于更好地生存来学习和实践德性,使德性修养活动成为人生走向幸福和完善的过程。

当然,正是在运用智慧的过程中,人的理智转化为智慧。这是因为人们在运用理智进行德性的反思、选择、确认和践行的过程中,人的理智受德性的影响而逐渐智慧化。这是一个人既不断思考又不断行动的能动作为过程,"道德智慧只有通过能动的作为才能获得发展"[3]。在这个过程中,控制具有非常重要的作用,要通过理智的控制,使德性意识和知识转化为智慧。在一定意义上可以说,德性修养的过程也是智慧修养的过程。当一个人的德性养成和完善的时候,他的智慧也相应地形成和完善,一个人有德性,他也就成了一个智慧之人,至少为成为智慧之人提供了德性条件。

德性修养是道德修养中的基础和关键。德性修养使人具有德性,而正是德性使人的情感变成道德的,形成基本的道德情感即良心,并可以在此基础上产生更高尚的德感。人的理智可以控制情感,可以使某种情感成为道德的,但要形成那种持久存在并自发地发生作用的道德情感,则需要德性,因为只有德性才能作为心理定式每时每刻地对情感发生作用,使情感成为道德的。德性修养使人有德性,而德性与理智的结合就形成了智慧。因此,形成智慧与形成德性大致上是一个过程。当然,智慧修养并不限于德性,还有其他的方面,特别是具有高度的智慧还需要知识、能力和观念等方面。但是在当代社会,随着高等教育大众化、普及化时代的到来,每一个正常的成年人都有一定的知识、能力和观念,而缺的往往是德性。如果人们都具有了德性,他们就具有了基本的智慧。人们修养德性的过程实际上也就是修养智慧的过程;人们在具有了基本智慧的基础上还要进一步通过智慧修养变成更有智慧的人,成为具有高度智慧的人。

德性修养不仅是道德修养的基础和关键,而且是整个人生修养的必要组成部分,并在整个人的修养中具有基础地位,是使人达到更高人生境界的基础。人生的不同境界有不同的要求,但较高的境界(发展境界和超越境界)都必须有道德(包括德性)要求,否则它就不能称为人生的更高境界。因此,为了达到更高境界进行的修养必须包括道德的方面,尤其是德性的方面。德性修养是人生修养的有机组成部分,而且不同的人生境界有不同的德性及其修养的要求。同时,德性修养在整个人生修养中具有基础性的地位。人生修养是为了达到更高的人生境界,而更高的人生境界必须以德性为基础。

三、德性教育与德性修养的良性互动

德性教育和德性修养是对人们德性的形成具有能动作用的两种主要活动。德性教育是从外部对个人德性的形成施加影响的德性帮助活动,德性修养是个人自己在德性教育的影响下自主进行的德性塑造活动。对于德性形成而言,德性教育可以通过德性修养起作用,也可以直接起作用,而一旦个人开始进行德性修养,德性教育的作用便退居次要地位,或作用消失。就个人德性的形成而言,德性教育可称之为"德性他助活动",德性修养可称之为"德性自助活动"。通过德性教育直接起作用形成的德性是自发形成的德性,尽管在这种德性形成的过程中个人的自主性也会发生作用,但这种德性不是完全自主选择的,不是自觉的德性,而德性教育通过德性修养形成的德性则是自觉形成的德性,这种德性是人完全自主地选择和塑造的德性,因而是真正自主的德性或自觉的德性。由此看来,德性教育与德性修养既有一致性,又有不同的功能。

德性教育与德性修养的一致性在于,它们都是为了使人形成德性的品质。按亚当·斯密的看法,"当我们考虑任何个体的品质时,我们自然会从两个不同的方面着手:一是它可能对他自己的幸福有影响,二是它可能对其他人的幸福有影响"[4]。这两个方面是德性教育和德性修养所需要共同关注的主要方面。

德性形成的源泉有三种：一是环境，二是教育，三是修养。环境通常是被动地对人们的品质发生影响，人们可以营造德性环境，但德性环境对人们品质的形成的影响不是主动的。德性教育和德性修养与环境不同，它们都是主动地作用于个人使之形成德性。德性教育是一种德性形成的外在主动作用力量，它通过教导、培养和知识传授等途径使人们自发地形成德性或自觉地形成德性，而德性修养则是一种德性形成的内在主动作用力量，它在德性教育的影响下自主养成和完善德性。因此，德性教育与德性修养在根本目的上是一致的。当然，由于德性教育有许多施教者，而且当代是道德与价值多元的时代，因而不同施教者的德性教育内容可能并不一致，有时可能会有矛盾。在这种情况下，再加上人们的文化程度普遍提高，他们可以自己学习各种不同学派的德性理论和知识，因此德性修养的内容也可能与德性教育的内容不尽一致。不过，即便如此，德性教育与德性修养都是指向个人德性形成的，这一点是确定无疑的。

德性的形成有三种不同的层次：一是自发地形成，即在德性教育和环境的影响下通过一定的个人自主作用形成德性；二是养成，即在德性教育的启发和指导下主要通过个人有意识修养形成德性；三是完善，即在德性教育的指导下主要通过个人有意识的修养使德性不断达到更高层次，趋于完善。后面两个层次都是通过德性修养发生作用的，但都离不开教育的影响。显然，德性教育与德性修养在个人的德性形成过程中具有不同的功能或作用。

德性教育主要有两个基本功能：一是通过德性教育使人们自发地形成德性；二是通过德性教育使人们自觉地进行德性修养，形成更完整高尚的德性。前一功能是德性教育的低层次功能。一般来说，只要对人们实施德性教育，它就或多或少地会对人们的品质产生影响，有可能使之朝德性的方向发展。之所以说这种功能是低层次的是因为这种功能还不能使受教育者从被动变为主动，不能使受教育者成为自主的或自觉的德性修养者，而在受教育者没有成为德性修养者的情况下，其所形成的德性一般不可能是完整高尚的，难以抵御外在的干扰和腐蚀。后一功能是德性教育的高层次功能。这种功能是在给受教育者以教导和知识的同时，培养他们的德性意识,使他们在教育的启发和指导下自觉进行德性修养,通过德性修养养成和完善自己的德性。之所以说这种功能是高层次的,是因为这种功能使受教育者变被动为主动,根据自己更好生存的需要构建和塑造自己的德性,所形成的德性是自己甄别、选择、确认的,这样形成的德性不仅可能走向完善,而且更具有抗干扰和腐蚀的能力。

德性教育的这两种功能并不是截然分开的,而往往是相互关联的。完整的德性教育应同时具备这两种功能,但由于完整的德性教育是一个过程,在这个过程的前一阶段主要是发挥前一功能,在后一阶段主要发挥后一功能,而且德性教育是多主体实施的,其中完整的学校德性教育一般同时具有两种功能,而其他德性教育一般只具有前一种功能。这样,如果一个人只是接受了前一阶段的学校德性教育(通常是小学),他就可能难以成为自觉的德性修养者。另一方面,如果学校的德性教育没有完整的规划,内容重复或只停留于德性教导或德性知识的传授,而不渐次进行德性意识的培养,或者德性教育质量不高,受教育者也很难成为自觉的德性修养者。因此,德性教育特别是学校德性教育要充分发挥其功能,需要德性教育本身的完善和高质量。

德性修养也具有两个功能:一是德性养成功能,二是德性完善功能。前一功能是在多少具有自发的德性的前提下,通过德性教育的启发和指导对自己的德性状况进行反思,并在此基础上进行比较、甄别、判断、选择、寻找理由、试错、确认以及将这种确认转变为意愿、谋求和行为。后一功能是在基本德性养成的基础上再在德性教育的指导下拓展德性的范围,提升德性的层次,使德性趋于完善。德性修养的这两种功能是德性修养前后相继的两个过程,或者说是在这两个过程中发挥的两种功能,前者是后者的基础和前提,没有前者就不可能有后者,但有了前者并不必定有后者,因而后者的层次更高。德性修养这两种功能的发挥乃至德性修养本身通常是在德性教育的影响下产生的,德性教育对德性修养及其功能的发挥具有启发、指导、提供依据和知识储备的重要作用。没有德性教育人们就很难自发地进行德性修养,即使进行德性修养也不会使其渐次发挥这两种功能。

德性教育与德性修养之间必须实现和谐对接和良性互动。只有实现了和谐对接和良性互动,德性教育与德性修养两种活动的功能才能发挥得有成效,真正取得德性养成并完善的效果。

德性教育与德性修养的和谐对接主要表现在三个方面:一是德性教育在发挥其帮助人们自发形成德性功能的过程中能为人们德性的养成和完善奠定良好的基础。也就是在人们自发形成德性阶段,德性教育能使受教育者形成尽可能丰富的自发德性,而不形成恶性。自发德性越丰富,德性养成和完善的基础就越好。这种对接要求德性教育要落实到每一个受教育者的品质德性化上,受教育者则能接受教育者的教育并在教育的影响下形成教育者所期望的德性品质。二是德性教育在发挥帮助人们自觉进行德性修养功能的过程中能使受教育者从德性的他助者转变成德性的自助者,从被动转变为主动,自觉养成基本德性。这种对接要求德性教育要落实到每一个受教育者成为德性形成的自主者上,受教育者则能认同教育者的启发和指导并在这种启发和指导下自觉进行德性修养,按自己的意愿形成自己的德性品质。三是德性在发挥上述两种功能的过程中为人们提供的德性知识有助于人们进一步拓展和提升自己的德性,能使人们在基本德性养成的基础上追求德性完善。这种对接要求德性教育要落实到每一个受教育者都能成为终生德性自助者上,受教育者则能在所接受的德性教育的基础上自觉地不断修养德性,使德性日臻完善。

整个和谐对接的过程也就是德性教育与德性修养良性互动的过程。每一种对接都需要德性教育工作者尊重受教育者德性发展的规律,考虑他们的实际情况,注重德性教育的实际效果,并始终着眼于受教育者从德性他助者向德性自助者的转变。同时,每一种对接也都需要受教育者自觉接受德性教育,并在接受教育的过程中积极主动地按照德性教育的要求塑造自己的德性,变被动为主动,走上自觉修养德性、追求德性完善的人生道路。在德性教育与德性修养互动的整个过程中,德性教育具有更重要的作用。尽管人们德性状况的形成和完善最终取决于自己,但德性教育对于人们整个德性的形成、对于人们走上德性修养之路、对于人们追求德性完善以及德性完善都有关键性的影响。我们并不主张德性教育万能,但德性教育与人们的德性状况具有直接相关性。在一个社会中,对人们的德性状况有根本影响的是环境,而有直接影响的则是教育,而且环境也在很大程度上受教育的影响。

在德性教育与德性修养对接和互动方面存在着一个难以克服的困难,即作为德性教育主渠道的学校德性教育通常面对的是群体,而德性修养总是个人的,因而两者之间常常是难以直接对接和互动的。我们不能期望学校德性教育由班级教育变成一对一的教育,在这种情况下,怎样使学校群体性的德性教育与个人性的德性修养对接和互动,是一个很值得研究的问题。这个问题值得进行专门研究,这里提出几点:一是要根据人生长发展的规律增强各级各类学校德性教育的针对性;二是要增强教育内容特别是课堂教学内容的相对普适性,尽可能使教育内容与相关受教育者群体相适应;三是要重视德性教育过程的互动,无论是课堂教学还是日常教导和培养都要避免一味灌输,要在对话交流中达到教育效果;四是要加强个性化教育,特别是在日常的教育和培养过程中要因材施教,帮助有特殊困难的受教育者;五是要始终注重启发受教育者的德性意识和自觉,使受教育者从被动的德性他助者转变为主动的德性自助者,从而更多地依靠他们自己主动地实现与德性教育的对接和互动。

参考文献:

[1] 罗国杰. 伦理学[M]. 北京:人民出版社, 1989:456.

[2] 张世英. 人生的四种境界[J]. 新华文摘, 2010, (7).

[3] John Kekes, *Moral Wisdom and Good Lives*, Ithaca and London:Cornell University Press, 1995, p. 213.

[4] Adam Smith, *The Theory of Moral Sentiments*, ed. by D. D. Raphael and A. L. Macfie, China Social Sciences Publishing House, 1999, p. 212.

(江畅,湖北省道德与文明研究中心主任,湖北大学哲学学院教授、博士生导师,哲学博士;本文发表于 2012 年第 5 期)

论德性修养及其与德性教育的关系

"复杂社会"的多值伦理逻辑困境：
一种恰当的道德态度何以可能

袁祖社

摘　要　在自为的伦理不得不借助于外在制度约束的时代，现代社会道德个体的生存异常艰难，其所面临的是一种与"伦理真实的消亡"相伴而生的多文化因素交织、多值域情景共在、多权变随机制约的巨型"复杂社会"的情境。复杂社会充满了伦理的偶然和道德（动机、选择）的无常，甚至连基本的道德行为之确当与否的辨识和寻常事件的道德判断实践等都变成了一种无所适从的难言的尴尬。现代社会个体该如何"道德地存在"，才能获得作为健全的道德主体之应有的美好的道德生活体验和道德人格尊严？无疑，时代需要一种恰当而果敢的道德作为态度，促使"元规范本位的抽象教化的方式"转化为道德情感自主生成的"情景亲历和境遇体验的方式"，虽然后者常常是要付出难以言表的沉重的身心苦痛和代价的。

"这是最好的时代，也是最坏的时代；这是智慧的时代，也是愚蠢的时代；这是信任的年代，也是怀疑的年代；这是光明的季节，也是黑暗的季节；这是希望的春天，也是失望的冬天；我们的前途无量，同时又感到希望渺茫。"

——狄更斯：《双城记》

伦理之思在我们这个时代面临着为学者们所亲知的两种危险。一曰"去伦理化"。因为在一个制度重于人们的个体判断的时代，人们对以"应然性"规制为目标的伦理所追奉的价值理念产生了深深的质疑,社会生活中屡屡发生的伦理冷漠、伦理嘲讽现象就是明证。二是"泛伦理化"从而"伪伦理化"以及"伦理生活准中性化"的危险。以泛伦理化为例,社会生活中有大量的现象从根本上来说其实是制度的问题,却被一股脑地归之为伦理问题,从而为制度的不作为提供足够的借口。这个时代,伦理被悬置和边缘化,变成了一个可有可无的东西,甚至沦为不必要的虚饰。

我们所希望的伦理学家的责任,是理智地"分析问题",而不应该草率(实质是逃避)地"以'主义'代替'分析'"。我们不必为"后发展时代"各种有关道德生活的花样繁多的叙事和承诺所迷惑,而应以对人之心灵、性灵之本有和应有的庄严的心性伦理秩序无比虔诚、敬畏的名义,求证一个时代现实道德个体之道德生活所应有的高度、深度和道德生活的安全性。

一、面对"道德焦虑":严肃的伦理价值何以不再唯一和高尚

严肃的道德之思——如真正的哲学一样,本应以纯粹性为其基本的逻辑。但在现实世界中,道德之思似乎从来都没有真正纯粹过。不纯粹的道德意味着在其与现实观照的时候,必然会为现实所颠覆。这样的被颠覆的道德的命运,只能是知趣地无限后退。因为它无法强势或者从来就没有强势过。自古及今,不是有那么多人相信"一时之胜在于力,千古之胜在于理"吗?但是如果进一步追究,试问:那个胜了千古的"理"是什么?在哪里?

站在历史和文明的新的节点上,与所有现实的道德个体一样,面对复杂的虚拟化真实甚至镜像化了的当代道德生活景致,伦理学的思考者在一些哪怕是最简单的道德真理和道德实践问题上竟然提不出多少可以对他人以及自己有启发性的伦理新见。

于是陷入道德怀疑主义的伦理学思考者莫名万分惶恐:这个世界上真实有效的难道只是一些境遇性的知性道德真理?作为意识形态,道德不过是一些人发明出来用来蒙蔽他人而后自我蒙蔽的东西而已?因为我们发

现,当神圣高尚的道德观念遭遇世俗的强权、利益和道德个体的任意地无情侵害的时候,所谓伦理正义、所谓道德真理都退避三舍,缄默其言,或者闪烁其词,表现得是那样让人失望。按照伦理观念史的传统,如此这般的伦理之思一定会被人指责为"道德虚无主义"或者"道德相对主义"。面对这样的指责,静下神来,静思默想便会发现,其实提出指责的学者自己也未必能对所谓"虚无"和"相对"提出什么更深刻的识见。

因为从小受到的道德启蒙教育的影响,我们每个人其实在后天的性向里已被嵌入了一种"成为道德人"的文化遗传习性,自觉不自觉地将其作为人生的定位参照。随着个体的成长和道德生活经验的累积,一种批判和反思的道德思考习惯开始养成,我们学会了一系列自向性的道德质询。

一问:自古及今,哪一种伦理道德观念是道德个体值得追求的甚至为之践行一生的?

二问:哪种道德价值是道德个体可真正珍视的,以至于为其可以看轻、看淡甚至决然舍弃掉其他的道德价值?

三问:千百年来,人类的道德知识究竟发生了哪些实质性的、革命性的变革?

四问:当代人类的道德生活样态究竟被增加了哪些迥异于以往时代的新的质素,凭借此可以更新、革命化、纯良人性本身?

……

"道德地生存"正在变得不易,有伦理态度的生存又何其艰难。所谓"有伦理态度的生存"是指要洞悉我们时代的伦理生活的真相,发现其矛盾冲突的根源,然后果敢地做出自己的合理的伦理判断。

这是一个肤浅的缺乏深度的时代。人们放弃了"意义""价值""伦理""信念"等大词,关注当下的即刻感受和所得,不管明天甚至是下一秒钟将要发生的事情。没有人愿意承担,也没有人去思索做一个现代社会的公民,自己究竟应该有哪些伦理承担,不知道有伦理承担和无伦理承担意识和情怀的区别是什么,不知道公民勇敢的伦理承担之于一个转型社会的意义究竟有多么重要。

二、"巨型复杂社会"之多义、多值域伦理生活情境:日益脆弱的道德生活的自主性

我们身处其中的社会,是一个各种生存与生活理念纷然杂陈,难辨其义理的复杂性社会。伦理之思正面临着由传统狭义的"单义伦理型"向多学科合作的"复义或者多义伦理型"的深刻转变。

社会历史与生存情境充满了复杂,处处可见复杂,社会正在变得复杂。复杂成了现代社会的精神气质性内在特征。复杂社会的伦理同样充满了复杂性。伦理的复杂性根源于历史情境的复杂性。伦理并不是超历史的偶在现象,特定历史时代的所有的伦理规范一定会打上其由以产生的那个时代的痕迹和烙印。弗朗西斯·马尔赫恩认为,"历史的结构和事件因此必然在性质上是复杂的,从来不是一种单一模式(连续性/非连续性)或者暂时性的。语境是短暂的和狭窄的(一代人,一场政治危机),但它们同时也是长期的和广泛的(一种语言,一种生产方式,性和性别特权),这些都是同时的"[1]。

伦理思想家们针对巨型复杂社会的伦理现状,提出了不无启发性的判断及其应对之策。譬如,当代法国哲学家吉尔·利波维茨基(Gilles Li-povet - sky)就认为,人类已经进入"后义务时代",人们的行为已经从强制性的无限责任、戒律和绝对义务中解脱出来。在"后义务时代",人类只需要"最低限度"的道德。"如果说道德的历史发展有方向的话,那么其方向便是朝向捍卫人权、朝向果断采取措施以消除忍无可忍之事端,即用'审慎的'伦理或用'抓紧时间'的态度去解决弊端、解除人们的苦痛。"[2]又譬如,以齐格蒙特·鲍曼(Zygmunt Bauman)等为代表的后现代伦理思想家做出了"我们生活的现代社会是一个'有伦理而无道德'的社会"的判断,据此主张后现代伦理要将道德从人为创设的伦理规范的坚硬盔甲中释放出来,将道德"重新个人化"[3]。再譬如,以社会思想家贝克、吉登斯等为代表的一批学者,则以"风险社会"描述后现代社会。在《风险社会》(1986

『复杂社会』的多值伦理逻辑困境:一种恰当的道德态度何以可能

年)中,贝克指出,现代性正从古典工业社会的轮廓中脱颖而出,正在形成一种崭新的形式——(工业的)"风险社会"。在贝克最初的论断中,"'风险社会'指的是一组特定的社会、经济、政治和文化的情景,其特点是不断增长的人为制造的不确定性的普遍逻辑,它要求当前的社会结构、制度和联系向一种包含更多复杂性、偶然性和断裂性的形态转型"[4]。吉登斯同样以"充满高度风险性"对现代社会做病理学诊断:人类"犹如置身于朝向四方急驰狂奔的不可驾驭的力量之中,而不是像处于一辆被小心翼翼控制并熟练地驾驶着的小车中"[5]。

"单义伦理型"无法解释我们的时代,提供不了我们时代个体的生存智慧吁求和预期。"伦理地生存"从而伦理性生存何以如此之难?伦理思想家转向有关个体或者社会群体道德行为赖以发生的"情境"或境遇。早在 1966 年,美国教授弗雷杰就出版了一本《境遇伦理学》的专著。依照弗雷杰的理论:没有一件事是普世公认为对的或是错的;也没有一件事本质上是善的或本质上是恶的。善与恶不是任何事件外加的、根本的、不变的品质;乃是在不同的情况下所采取的行动,或是在不同的状况下对事情的评价;善与恶不存在于本质,乃视情况而定。根据这条原则,世上没有一件事在本质上是对的或是错的。因此,我们在任何情况下所采取的行动必须根据当时的判断,而没有现成的决定可以遵循。[6]

弗雷杰所描述的情况在四十多年后,在中国社会竟成为一种道德现实。看看通过当代中国一个著名歌手之口所道出的一个时代的"伦理生存之痛"。著名摇滚歌手汪峰被认为是一个有人文情怀、有道德良知、有清醒的人生态度、有坚定的自律行为、有信仰、有态度和相对独立的人格,并坚定地选择以音乐的形式表达当代人的道德生存困境的有思想深度的歌手。他的一首歌曲《存在》以对生活意义执着追问的方式,表达了其对当代人伦理选择和道德实践的困惑。其语言之犀利、对现代人道德问题把握之精准,甚至超过了许多专业的伦理学家。歌词是这样的:"多少人走着却困在原地,多少人活着却如同死去;多少人爱着却好似分离,多少人笑着却满含泪滴;谁知道我们该去向何处,谁明白生命已变为何物?是否找个借口继续苟活？或是展翅高飞保持愤怒？我该如何存在？……多少次荣耀却感觉屈辱，多少次狂喜却备受痛楚；多少次幸福却心如刀绞，多少次灿烂却失魂落魄；谁知道我们该梦归何处？谁明白尊严已沦为何物？是否找个理由随波逐流？或是勇敢前行挣脱牢笼？我该如何存在？……谁知道我们该去向何处？谁明白生命已变为何物？是否找个借口继续苟活？或是展翅高飞保持愤怒？谁知道我们该梦归何处？谁明白尊严已沦为何物？是否找个理由随波逐流？或是勇敢前行挣脱牢笼？我该如何存在？"曾几何时，人们充满了明确的革命人生目标牵引下的伦理激情，于是有了"我用青春换此生"的豪言壮语。当革命的伦理激情不再，面对严峻的生存场景和生存境遇，人们发现原来很多东西都可以用来换此生，于是有了"我用身体换此生""我用金钱换此生""我用权力换此生""我用健康换此生"，甚至"我用人格换此生"以及"我用贞节换此生"的多种伦理选择的可能性。

　　歌手陷入了深深的"伦理焦虑"之中。他代替着一代中国人发出了这个时代的呐喊。他在追寻和探求"道德生活真理"的道路上，我们"走着却困在原地"，"爱着却好似分离"，于是我们"多少次幸福却心如刀绞"，"多少次灿烂却失魂落魄"。真正的艺术的音符是一个时代真实的声音的表达。在这样一个灵魂被撕裂、人格被粉碎的年代，想守望一种"精神"，保持一种"品格"，崇奉一种"品行"，践行一种"人格境界"，从而以一种特立独行的方式保持一种"伦理人格的完整性"是何其艰难！

　　仅仅提出"伦理"的"多值"就够了吗？作为一种话语，其新异之处究竟何在？当下的问题是，中国的非确定伦理实践本质上就是正在从一种全生存与生活情境进入一种难以预期的多值情境逻辑，这种情境对于伦理生活中的每一个主体来讲，是一种无可逃避的宿命式"境遇"。境遇逻辑的情形古已有之。在人们的道德生活中，常常会面临着一种"两难"选择，即在道德主体面前有两种或两种以上的道德行为选择，"它们都是有价值的，正当的，而且是必须从中选择一个的，从而使道德主体处于左右为难的道德困境，这就是我们所说的道德境遇"[7]。

境遇的存在基于具体的情境。情境的情形非常之复杂,按照有关学者的研究,情境可分为制度情境、常人情境、关系情境和集群情境四种类型。不同情境有不同的运作逻辑:"制度情境的运作逻辑是法理,关系情境的运作逻辑是日常权威,常人情境的运作逻辑是情理,集群情境的运作逻辑则是语言暴力。"常人情境的运作逻辑是情理、日常道德和互利互惠的平衡原则,甚至包括个人智慧、语言技巧等。在常人情境中人们相互博弈的原则就是平衡、相互给予、互惠、"共存共荣",最终达到儒家所强调的"和"的价值理想。在关系情境中,依照法律法规是无法解决问题的,法律法规甚至人与人之间的情理只能成为"关系"的附庸和手段。关系情境的运作逻辑就是"关系网"的编织,用规范的学术词语说是"日常权威"的运作,只讲情、不讲法、不讲理。语言暴力有三个特点,"即断言法、重复法和传染法"。"广告所以有令人吃惊的威力,原因就在这里。如果我们成百上千次读到,X牌巧克力是最棒的巧克力,我们就会以为自己听到四面八方都在这样说,最终我们会确信事实就是如此。""各种观念、感情、情绪和信念,在群众中都具有病菌一样强大的传染力。"[8]身处这样的情境之中,伦理个体的道德行为之艰难可想而知。[9]

既是情境逻辑,那就必须按照情境逻辑的理性来分析现实伦理个体的具体的道德境遇。我们见得多了的是"主义",我们所缺少的是"主义"背后的"真理"的光亮。在一个真实的社会历史情境中,生存是透明、轻松的。从值域来讲,这是简单的二元单值逻辑。社会生活服从加减法的原则,没有进入几何社会以后的指数、函数等问题。好就是好,坏就是坏,善良与邪恶的界限是如此分明,不需要费心地去认真琢磨生存处所的正义与否,用不着每个人都努力地去成为一个"读心专家"。这样的社会,不需要分别化了的法律、伦理、哲学、宗教、文学、艺术等,因为社会生活本身就在真诚地演绎这些东西。或者法律就是伦理、哲学与宗教等,诸多话语从来不需要被分立,意义从来都是一个重要的完整。

伦理的出现,是科学观念使社会生活分立的结果。在一个领域分立的社会,我们需要判断,需要辨析,于是,怀着"道德的态度"生存就成了一种必需。其实,有道德就有宗教、法律,有道德就有文学、艺术。现代个体所面对的生活世界堪称"艰难时世"。现代人正面对着"暴力""盗窃""侵害""凶杀"等非安全性现实;处于被技术变革所搅乱了的"价值判断"的冲突之中:譬如基因工程及其对生殖的影响,毒品及其对健康和身体的影响,以及结构性失业及其对工作景象的影响。

在特定学术共同体内部,在特定历史时代,为了某个合理的目的的达成,伦理学家们可以自称阵营,自以为是地独立说着专属于自己认为是合适、恰当的话语,这被视为一种应然意义的"合法"。这种方式也构成这一时期伦理学家们的思想方式和生存逻辑。面对一个不尽如人意的文化与意识形态制式,面对因变迁、变革所导致的社会、历史、文化和制度等的非确定样态,伦理学家们尽可以从各自所选定和持守的立场出发,创制一些尽量在自己的圈子内大家都能够理解的概念,表达自己对于这个社会的伦理立场和道德态度。

思想的本质是简约,这是思想的长处,但同时也是思想的一个致命的弱点。观念史的考察表明,任何一种思想类型,任何一种观念,其所遵循的逻辑无论多么精致、见解无论多么深刻,它必定是对复杂鲜活的现实本身主观性剪裁的结果。剪裁,就意味着研究者必然要舍弃掉丰富、多样的社会型制、文化价值制,更没法将理论和现实之间的巨大的可能性的张力空间予以应有的呈现。现代性社会为什么是"复杂社会"?学者们指出的所谓不确定性、多元性、随机性等都只是这个社会的表象。实际上,进化过程中属人意义的生存与生活人群共同体一旦得以诞生,就是一个复杂性的存在,就意味着专属于它那个共同体的复杂性的开始。

我们的伦理研究还只是停留在自亚里士多德以来的单值逻辑的基础之上,我们相信在一个既定的社会系统内,进入既定话语情景中的双方,只要理性足够清晰,说理足够透彻,是完全可以被说服接受某种被认为是"合理"的伦理定式的。以希腊为例,于是就出现了苏格拉底、柏拉图、亚里士多德师徒关于德性、德行可教与不可教的缜密思辨,以及在此基础上,这些先哲们从各自立场、境遇出发所做出的诸多无论在当初还是在现在看来都流于"劝诫"性层面的带有"独断性"的"伦理知识"和相应的"美德伦理范型"。

后世的伦理思想家开始反思并逐渐意识到,每一代的伦理思想其实都是可怀疑的。无论是古希腊还是中国传统社会,当先哲们基于特定的生活境遇提出如此这般、如此那般的伦理学说的时候,前提性根据是什么? 如何保障其确定性?

三、舒适、快乐而后幸福:有尊严的伦理生活之三重境界

作为一种似乎本不应独立存在的文化与思想类型,与其他文化样式一样,严格意义上的"伦理之思"只能源于特定的使个体陷入道德判断和道德选择困局的伦理生活情境。现代社会的伦理个体正陷于一种"心智的迷茫":我们已不知赞美什么,也不知鞭挞什么,或者说,我们正处于伦理混沌状态。我们有一定的力量,同时又无充分的理由去谴责某件事。同样事务,我们在此感到愤慨的,在他处可能受到赞赏……

现代社会的道德个体的道德主体性变得如此之脆弱和不堪一击,现代社会道德个体的道德生活正变得如此难以自主,道德的力量在引导现代人向善的进程中显得如此无力。什么是"多值伦理"? 这种伦理形态是采取何种逻辑得以存在并发挥作用的? 由无数相互冲突的"观念"所造成的社会生活一直是一个可怕的"复杂",复杂是现代社会生活的本相和真相。真实的情景是,中国的伦理教化和道德知识的传播仍然停留在对一种非差异化现实的漠视上。就传统以及当代伦理思想所持的话语和真理性来讲,我们一直处在启蒙的阶段而停滞不前,处在初级现代性学语而已。

这个判断或许马上会招致如下的辩解甚或强烈的反驳,除非生存的样式发生根本性变革,否则,就不要轻易批评伦理思想的无辜。从现实来看,这一批驳不无道理。但是,思想其实没有那么神秘。历史上和现实中,也不知从何时开始,从哪位思想家开始,学者们在追求生存的真谛的时候,以为自己的一些片段言语和"见解"就可以经邦、治世,敦风俗,成清明时世。

这种风气和氛围影响极坏,包括伦理学家在内的大多数思想者都不可避免地沾染上了这种坏习惯,而且传了下去,贻害无穷。正如人们希望人简单一些一样,没有人希望自己生活在一个复杂的社会里。复杂的社会是一个巨成本的社会,人人都必须铆足了精神去拼搏。在公正法律、神圣的制度和严明的规范不断遭到破坏的情形下,伦理其实真的就变成了"弱者的自我安慰"而已。我们不断地替亚当·斯密的"经济人"寻找"中国式"证据,为罗尔斯遭到的误解鸣不平……在伦理境界上,我们为什么没有自己的"主义",总是从别人的理论中为自己找借口?中国人当下面临的伦理问题,或者说一代中国人伦理生活中的最大难题,是对诸多伦理乱象的深深"纠结"。从伦理的视野着眼,我们或许需要以最简明、最直白的语言明确地告诉处于迷茫、困惑和焦躁不安中的中国人,在伦理上中国人哪里出现了问题,我们需要如何做、从何处着眼。

有秩序的美好的社会,从伦理期望上讲,服从的是一种简明性、简单性、直接性原则。在真实消亡的时代,伦理判断必然出现在根据上无所凭依的窘境。于是,我们只能由伦理正当性转向对于伦理生活之"合理性"样态的追求和向往。无论在何种意义上,伦理的生活其实向来都不具有天然的唯一真理的意义。在生存与生活优先的意义上,文化其实是服务于人的生存的。这是我们据以对文化进行伦理期盼和评价的前提。文化在现今时代尽管已经变得很复杂,但是任何一种文化形态,剥离其他的功能定位,其最本质的追求理应是使人的生存与生活变得更为舒适、更为愉快和幸福。这应该是我们对于文化的最基本的伦理期望。当一种文化面对其主体时,如果连最基本的舒适的需求都无法满足,我们无论如何都不能说这种文化是伦理的。

一个风清气正、民风纯良的社会,有赖于道德个体基于良心、良知和良能基础上的坚定而清醒的理智选择,它是现代伦理主体保持道德生活正常化的合法性保障。可以毋庸置疑地说,"有态度地生存"还是"无态度地生存"是判别我们这个时代个体有无伦理自觉和道德理性觉识的标志。前者意味着,我们在为生存而不得不生存的同时必须学会持有一种个性主义的自明伦理的距离和道德的审视(至少保持一份清醒);后者则是被浅表的感性欲望引导的丧失理智选择后的道德懵懂和盲目屈从。

有感于"小型简单社会"(伦理—礼治社会)与"大型复杂社会"(政治—法治社会)的差异化分立现实,有学者提出了"传统伦理向现代道德的转换"的三个方面的主题性内容:"境界伦理"改造为"境遇伦理","美德伦理"改造为"规则伦理",以及"身份伦理"改造为"契约伦理"。[10]问题是,这样一种"三重改造"究竟能否从根本上促使一种新质的道德生活类型与道德境界追求的产生?能否造成一种美好道德生活境界的自主呈现?更紧要的是,这样一种自信满满的道德知识学立场的正当根据是什么?凭什么来保障这种复杂转型的实现?当下的中国,伦理思想、伦理学家的不解在于,我们忽视了或者说没有勇气直面个体的真实的生活境遇。伦理之思在当代社会要获得在场性、解释力的有效性,其真正的用力所在是实现一种根本的转型,即从所谓"规范性伦理"转向"复杂性境遇伦理"。这意味着,伦理学要成为现代人的一种生存智慧参照,就必须静其神、虚其心、恭其行,深情眷顾因转型而处于艰难时世中的被强势社会称为"弱势群体"的生存境遇和可能的命运。

复杂性伦理现实就在我们身边,需要我们用心去认真体验。一是原本就成问题的提法即所谓"底线伦理"失效,二是有关"人类价值"的理想被抽去了得以奠基的基座。早在20世纪70年代,被西方社会一致认为是"一般系统论之父"的奥地利著名学者路德维希·冯·贝塔朗菲就已经对人类价值本身表示了深深的担忧:"对于已经被人们普遍接受了的人类价值这个问题我们还能再说什么呢?然而,有许多令人不安的迹象表明,提出这个问题恰好表明价值已经不再被认为是理所当然的了,已经变得有疑问了。"[11]

反思我们的社会和时代,反思为这个时代提供思想的群体的现状,一个我们不愿意承认但却是异常清楚、不容否认的事实呈现在我们面前:我们正不可救药地陷入一种"集体性的本我沦落"的境地。沦落的本我还有什么资质谈伦理本身?还是得回到作为一切问题之思的母体"存在"本身,存在何等艰难。当著名的宗教人类学家蒂里希思考并写作《存在的勇气》的时候,我想我们能够体会到他的部分心境和用心:"我们连活着都不怕,还怕什么?"这样一来,人的伦理性特质与存在的关系就变成所有社会和个体的人所面临的最为艰难、最为现实,当然也是最为直接、最有挑战性的意义含量最大的唯一的"真问题",所有其他的"人的问题"要么以此为参考,要么以此为基地而衍生。

伦理的方式是作为生活和实践主体的人自己定制的。当"伦理的方式"不断成为问题、作为一个问题困扰着人的时候,人竟然不知所措。现代社会是一个丧失了"伦理真实"的社会,一如杰姆逊所说:"我们的世界是个充满了机械复制的世界,这里原作、原本已经不那么宝贵了。或者我们可以说,类像的特点在于其不表现出任何劳动的痕迹,没有生产的痕迹。原作与摹本都是由人来创造的,而类像看起来不像任何人工作品。"[12] 在这样一个年代,想守望一种"精神",保持一种"品格",崇奉一种"品行",践行一种"人格境界",从而以一种特立独行的方式保持一种"伦理人格的完整性"是何其艰难! 这个时代,每个人怀揣着对财富、功名的梦想而蠢蠢欲动、坐卧不宁。伦理思想的现当代,这一领域的从业者出现前所未有的恐慌和不安。伦理学家们发现并日益强烈、日益深刻地体会到,不仅科学,而且以往和当下的哲学、宗教、法律、艺术等理论形式,都已变得那么不合时宜,那么蹩脚,那么短绌,那么捉襟见肘,那么不自信。

这个时代,伦理学家不能再固守自己的范式,按照自己的方式独白了。在这个时代伦理学家无法回归自己所理解的伦理学的所谓纯粹以及自己伦理之思的纯度,因为他们发现,每个正常的成年人耳濡目染,都拥有着大致等值的道德知识、道德情感、道德意志、目的和道德行动能力,但是我们中的百分之九十以上的人都注定难以成为道德上的问心无愧者。因为在这个时代,我们仍不时从心底里听到这样的呼唤:告诉我,应该怎么做?

参考文献:

[1] 〔英〕特里·伊格尔顿.后现代主义的幻象[M].华明,译.北京:商务印书馆,

2002：60.

[2] 〔法〕吉尔·利波维茨基. 责任的落寞：新民主时期的无痛伦理观[M]. 倪复生，方仁杰，译. 北京：中国人民大学出版社，2007：14.

[3] Zygmunt Bauman, *Life in Fragments*：*Essays in Post - modern Morality*, Blackwell Publishers,1995, p. 34.

[4] BarbaraAdam, Ulrich Beck and Joost van Loon,*The Risk Society and Beyond*：*Critical Issues for Social Theory*. London：Sage Publications, 2000.

[5] 〔英〕安东尼·吉登斯. 现代性的后果[M]. 田禾，译. 南京：译林出版社，2011：16.

[6] 〔美〕约瑟夫·弗雷杰. 境遇伦理学[M]. 程立显，译. 北京：中国社会科学出版社，1989.

[7] 李双进. 关于境遇伦理学的思考[J]. 河北师范大学学报，2002，(6).

[8] 〔法〕古斯塔夫·勒庞. 乌合之众[M]. 冯克利，译. 北京：中央编译出版社，2005：101 - 110.

[9] 费爱华. 情境的类型及其运作逻辑[J]. 广西社会科学, 2007, (3).

[10] 崔卫平. 道德理想和政治理性[N]. 南方周末, 2004 - 03 - 05.

[11] 〔奥〕冯·贝塔朗菲,〔美〕A. 拉威奥斯特. 人的系统观[M]. 张志伟，等，译. 北京：华夏出版社,1989：15.

[12] 〔美〕杰姆逊. 后现代主义与文化理论[M]. 唐小兵，译. 西安：陕西师范大学出版社,1985：199.

（袁祖社,陕西师范大学政治经济学院、马克思主义学院院长,教授、博士生导师,哲学博士;本文发表于 2012 年第 6 期）

共同价值观：超出想象的国家力量

葛晨虹

摘　要　中国道路需要主导理论和共同价值观。中国正处于改革发展的重要时期,社会从单质化向多质或异质化转型,从简单向复杂化发展,各种思想文化在激荡,人们思想的独立性、多元性、差异性显著增强。中国秩序整合,民族精神和民族凝聚力,社会政治文明、精神文明、物质文明、生态文明的协调发展,都离不开来自共同价值观的维系和支撑。

任何一个国家和社会想要有秩序、要发展,就需要建构相应的国家意识和核心价值观。阿尔都塞说,任何一个国家"如果不在掌握政权时对意识形态国家机器并在这套机器中行使领导权的话,那么它的政权就不会持久"[1]。如何建构中国特色的社会主义核心价值体系,核心价值观能否大众化而"落地",能否使民众认同民族、国家和社会发展目标,社会主义核心价值观如何在"中国模式"中显现,这一切既是时代提出的任务,也是一种国家能力。

一、一个解读国家发展理论的新视角

我们可以把核心价值理念理解为解读国家发展理论的一个新视角。一定的社会发展理论具有一定的价值取向,我们把其中的核心观念和理论抽取出来就形成了核心价值体系,其中那些最核心的关键词就是核心价值观。

核心价值理念作为国家发展理论或软实力中的重要部分,对选择国家发展道路和制度提供合理性理论论证和支撑。一个国家和社会的核心价值体系一旦崩溃或失落,整合国家社会的思想文化价值纽带就会不复存在,轻则会使社会经济、文化、政治发展受到阻滞,重则导致整个国家、社会和民族衰亡。正如马克思所说:"如果从观念上来考察,那么一定的意识形态的解体足以使整个时代覆灭。"[2]

核心价值理念及其意识体系还为人们提供精神家园和生活方向。核心价值理念是一个国家、民族的精神和灵魂,是社会发展道路的旗帜,起"一种特有的思想先导作用,尤其是在社会转型或社会危机时期,意识形态常常成为社会动员人们向既定的方向和目标前进的一面思想旗帜"[3]。一个国家的核心价值体系有一个引领文化、理论和发展道路的问题。理论文化的"百花齐放,百家争鸣"不等同于任由各种价值观杂乱无序地发展。中国要走适合自己的发展道路,就要坚守自己的核心价值原则:我们选择了走社会主义道路而不是资本主义道路,就必须以马克思主义理论为指导;同时我们的民族精神和传统文化不能丢,这是中国特色发展道路的本源和文化之根,当然民族精神和爱国主义有一个与时代精神结合发展的问题;再者是必须信守维护法律和道德规范体现的社会基本价值内涵,这是社会法治和德治的基本价值规范。社会主义核心价值体系就是上述各种维度的价值理念的系统表达。

一个价值多元化的社会犹如没有规则的交通秩序,一定会陷于混乱无序。所以要用社会主义核心价值体系引领整合多样化的大众意识和文化取向,如果核心价值观对大众文化起不到应有的主导作用,就谈不上社会"共同价值观"。同时,核心价值体系的"引领"与尊重价值观的"多样"和"差异"是相辅相成的。它们是一种"一元统领""兼容共生"的关系。意识形态及其文化的建设,社会价值的凝聚整合,必须建立在社会上下的"共同价值观"基础之上。葛兰西曾将意识形态的凝聚作用比作"水泥",

他说:"保持整个社会集团的意识形态的统一中,意识形态起了团结统一的水泥作用。"[4]核心价值观为整合中国社会发挥着重要的凝聚力。

法国早期社会学家迪尔克姆(Emile Durkheim,又译涂尔干)在研究社会整合问题时提出,"社会失范"是引发社会无序、松散、人们迷茫甚至自杀的重要原因,在社会发展变迁的过程中,在传统社会的生活习俗、道德规范、信仰变化瓦解的同时,新的价值观如果还没有完全跟进建立,就会产生令人不安和困惑迷茫的社会阶段。美国社会学家默顿进一步把"社会失范"的含义由"无规范"诠释为"规范冲突",认为社会价值观结构的不同组成部分间的冲突以及文化蕴含的价值目标同当下社会的制度环节之间的游离,是造成社会失范的原因。

无论怎样表述,都说明社会意识或社会价值观如果发生冲突,如果旧有规范动摇、瓦解而新的规范没有及时建构起来,如果缺乏核心价值一元整合,不能多样统一,社会价值观就会出现"空场"或者"冲突",就会在变革时代引起社会无序紊乱,使人们失去精神依托而找不到生活方向和意义,导致人们普遍产业无意义感。美国学者理查德·加德勒说:"决定美国资本主义命运和前途的是意识形态,而不是武装力量。"[5]这种论断不仅适合美国,也适合包括中国在内的一切国家。

二、理论大众化:一种必要的国家能力

有这样一个典故:父亲在思考明天的演讲,5岁的儿子总来捣乱。父亲将一本杂志内的世界地图撕碎给儿子:"你把这张世界地图拼对还原,咱们就开始做游戏。"没过几分钟,儿子说图已拼好。父亲疑惑地去看,果然撕碎的地图完整地拼摆在地板上。儿子说:"地图背面有一个人头像,人对了,世界就对了。"

人对了,世界就对了。这样的哲理,许多人用其他话语也曾表达过。马克思说:"批判的武器当然不能代替武器的批判,物质力量只能用物质力量来摧毁,但是理论一经掌握群众,也会变成物质力量。理论只要说服

人,就能掌握群众;而理论只要彻底,就能说服人。所谓彻底,就是抓住事物的根本。但人的根本就是人本身。"[6]毛泽东说:"代表先进阶级的正确思想,一旦被群众掌握,就会变成改造社会、改造世界的物质力量。"[7]在一定意义上我们可以说:打造国家软实力,凝聚民心,整合社会力量,须从理论意识和核心价值观的大众化抓起。

事实上,许多国家都将国家价值意识教育作为国民教育的重要组成部分,以此建构社会思想理论支撑,整合社会共同价值观。韩国政府一直坚持将道德课作为学校教育的主课程,其内容随社会发展而不断完善,但其始终将韩国价值意识教育作为最核心的内容。[8]美国也很注重向国民推行具有美国特色的现代资本主义社会意识形态和价值观体系。美国政府通过稳定的主导机制、灵活的组织形式和完善的评估体系等途径,向美国国民尤其是美国青少年灌输国家价值意识,进而培养美国公民的国民精神。美国政治学家罗伯特·达尔说:"美利坚是一个高度注重意识形态的民族。只是作为个人,他们通常不注意他们的意识形态。因为他们都赞同同样的意识形态,其一致程度令人吃惊。在表达对民主意识形态信仰方面,美国人比世界其他任何民族都更一致。"[9]

可见,任何国家都有一整套适应其社会发展的意识形态教育系统,而国民意识形态教育的核心内容就是进行社会核心价值观的灌输和教育。因为只有这样,才能真正实现社会一元主流价值观对多元价值取向的引领和整合,才能保证国家的共同价值观。

核心价值观的大众化有个"如何化"的问题。《左传》中说:"树德莫如滋。"(《左传·哀公元年》)葛兰西认为,在意识形态为历史所必需的范围内,它们是"心理学的"……实现"文化领导权"的方式是采取"弥漫式的""毛细血管式的"长期渗透和潜移默化,因此由文化、伦理和意识形态构筑的是"一道具有威力的防线"[10]。西方国家在长期的公民教育过程中形成的隐性、渗透的教育方式值得借鉴。隐性教育重视公民教育的广泛性和渗透性,注重在"无意识"的境界中接受教育。此教育方式的特点不是简单地采取灌输教育,而是主张借助于无意识心理学理论,使其在无意识中去感受和体味价值观、道德观、政治观等教育内容,潜移默化地接受教育,增强思想政治教育的实效。隐性教育重视公民教育的广泛性和渗透性,注重感化,在"无意识"的境界中接受教育。在进行隐性教育的同时还要注重实践。一些国家价值观教育很重视通过各种社会实践取得效果。教育不仅在课堂和书本上,也在各种形式的社会实践活动中,如美国等国家通过组织社会考察、志愿服务、教会义工等方式,使人们相互感染,也受到自我教育。

韩国的价值教育更是明确提出了"体会"式教育,许多中学都设有志愿者社会服务或实践课程,实践课程是必修课,有课时要求。学生每年有18个小时的社会服务课程,在升学的时候会有考核,但是现在学生越来越自愿参加社会服务,有的学生每年参加志愿者活动达百余个小时。

三、价值文化软实力与社会整合

社会整合(social integration)是社会学功能结构学派使用的一个核心概念,旨在表达社会中各因素和各部分系统化为一个有机整体的过程和结果。社会学功能学派大师 T. 帕森斯把社会视作一个"系统",社会运行系统涵盖四个子系统:文化系统、社会系统、人格系统以及行为机体系统。由此帕氏明确提出了他的"AGIL"社会整合理论,其中:A(adaptation)指适应,即社会系统适应外部环境的功能;G(goal attainment)指达标,即社会系统谋求实现自身目标的能力;I(integration)指整合,即社会系统协同内部各种关系的功能;L(latercy pattern maintenance)指维护能力,即社会系统维持自身独特发展模式的功能。[1]

帕森斯指出,一个社会只有拥有上述四个基本功能,才能维持其秩序和稳定。这个社会必须具有自己明确的社会发展目标,能随时世变化、与

---

[1] T. 帕森斯和 E. A. 希尔斯:《关于行为一般理论》(纽约,1951 年),第58—60、80—84 页。参见"帕森斯的理论体系",http://hi.baidu.com/%BC%BA%B0%D9%D6%AE/blog/item/25c41739ced8cec8d462251a.html.

时俱进地不断改革和发展,能将社会多样元素和不同部分整合为一个有机整体,能调控社会张力、维持社会秩序和模式。在这四个基本功能中,帕森斯尤其强调社会整合功能。在一定意义上,社会整合就是结构功能主义表示社会核心功能的一个特有概念。

而在社会整合理论中,帕森斯又特别推重价值和文化的整合功能。社会体系的整合非常依赖于共享价值理念及其文化系统。"文化系统"在帕氏理论中占有突出的位置。帕森斯清楚地意识到社会整合与该社会的"共意"或"一致性"有多重要,因此他特别强调社会"共意"即共同价值观存在的必要。帕氏认为正是社会成员认同且受其影响的共同价值观,能产生一种强有力的凝聚力将社会成员整合在一起。他在《社会体系和行动理论的演进》中强调,一个社会要达到整合的目的,必须具备两个不可或缺的条件:一是有足够的社会成员作为社会行动者受到适当的鼓励并按其角色体系而行动;另一就是使社会行动和规范控制在基本秩序之内,避免形成离异或冲突的文化模式。在这两个条件中,我们看到了几个关键词:社会秩序、公民素质、共同价值观。

社会学功能学派强调社会共同价值观存在的意义,同时强调能否通过"内化"使社会成员共享这些价值观也是一种重要的国家能力。这种理论认为"社会化"是调控社会秩序和保证社会整合凝聚的一个原则性环节,"一套共同的价值模式与成员人格的内化的需要——性格结构的整合是社会系统动力学的核心现象。除了稍纵即逝的互动过程外,任何社会系统的稳定取决于这类的整合的程度,这一点可以说是社会学基本的动力学原则"[11]。

一个社会系统组织着社会运转,也调控着个人或群体进行社会互动,而社会成员同心同德的凝聚力、他们的行动目标或动力方向都与他们拥有的价值观相关。许多思想家都有关于"行动理论"的思考,对人们做出意识行为的过程进行考察和探讨。我们只有在社会行动理论中引进价值观念影响因子,才能更清楚地解释社会人群或个体行动目标的一致或差异。帕森斯说,如果过多的社会成员拒绝社会共同价值观,社会严重离心离德,社会稳定将会崩溃。这也正如马克思所说的："如果从观念上来考察，那么一定的意识形态的解体足以使整个时代覆灭。"[2] 纵观社会发展过程，德国在近代的革命和发展以及今日在欧洲甚至世界所居的经济大国地位，与18世纪后德国完成的哲学思辨和文化革命息息相关，而在黑格尔的政治哲学观念中，当年法国大革命的社会政治实践是对自由的辩证历险，它对抽象的绝对自由的追求导致了大革命中的暴力与恐怖。在《精神现象学》中黑格尔专门讨论了法国大革命中的"绝对自由和恐怖"[12]。此外，许多学者都在说，苏联解体的原因也许是多维的，但根本原因之一是人们对社会主义发展失去了价值信念的支持，在理论和文化层面发生了"新思维"的转变。

四、社会合力：核心价值观建设的多维能量

价值观生态从社会理论建构开始。理论是社会发展的思想灵魂，有什么样的理论就有什么样的价值观和文化，就有什么样的发展模式和社会风气。理论为社会价值观生态提供思想基础或支撑。营造正能量的社会理论生态，基本思路应从三个维度出发。

一是构建中国自己的理论范式和体系。总体看，我们国家的理论已有基本的框架和体系，从已公布的《中共中央关于深化文化体制改革　推动社会主义文化大发展大繁荣若干重大问题的决定》看，国家层面对国际竞争中文化实力的重要性已有自觉意识。但在具体论域层面，许多领域还缺乏应有的成熟理论论点，许多问题还没有调研深透。在当前文化大发展的战略部署中，我们应充分认识到价值理论的批判和建构的重心地位，要关注并改变我们理论储备相对不足的状况，在打造中国理论软实力的过程中，中国特色的"理论构建"应当是重中之重。

二是要对诸多理论和价值观进行反思把握。厘清各种理论思潮能更好地把握社会价值导向。市场经济的发展决定了社会利益主体的独立性和多样性，现代社会也给予了人们选择多元、多样价值的自由和空间。改

革开放带来了西方世界形形色色的思潮和价值观。但无论是多元利益主体还是多元价值取向,都必须相容在一元价值理性的统领下,相洽在有序整合的社会组织机制中。如果对各种社会思潮缺乏总体了解和透视,就不可能主动驾驭社会价值导向。

三是做好舆论和大众化的理论阐释。理论阐释力本身也是理论构建和正能量的一部分。当前社会似乎也存在理论阐释力不足的问题。要关注理论如何大众化的问题,从解释力度和广度上,从大众文化建设上,都要做好充足准备。大众文化是社会核心价值体系的重要承载媒介,对于文化这样具有价值意识属性的特殊领域,国家应对其发展承担更多责任,不能简单走"市场化""产业化"道路,文化领域的改革要与社会主义核心价值体系建设结合起来,综合考虑。如果社会一方面在意识形态领域大力强调核心价值理念,同时又不在意其在大众文化中的语境引导,大众文化最终就会远离社会核心价值理论。

要注重解决核心价值观引领舆论氛围的"合成系统"建设。如在宣传教育传递中,存在"话语系统"进一步向大众和日常转换的问题。目前存在着三种"话语方式",即文件规范话语方式、理论学术话语方式、大众日常话语方式。三种方式各有其必要性与合理性,但在落实核心价值体系大众化问题时,要考虑理论、意识形态的语言、文风转换问题,学会运用时代和大众的语言方式解释和表达,提高理论的"阐释能力"。

此外,社会主义教育渠道和大众生活环境"教育"存在一定的"5 + 2 = 0"的现象,即学校教育往往被来自家庭和社会生活的"教育"消解掉了。而坊间大众舆论因为互联网的时代特性而使社会暂时处于"无能为力"的状态。大众舆论是大众的意识观念、心态和经验表达,它本身就是社会个体思想观念互动的一种合力。在一定意义上,大众舆论对大众具有一种潜在"导向"和"教育"作用。大众舆论发育具有一定的自发性,但也可以通过自觉调控和引导培育起来。

在信息化时代,媒体因其公共话语权和特有的社会影响力,在理论解释和社会舆论的营造中,在对公众的价值影响中,其功能和责任都首当其冲。如何理性规导社会舆论之场,如何减少恶性事件渲染和价值观杂音引起的负面影响,都是媒体应认真思考和践行的问题。专家曾断言:"恶性事件过多渲染易加剧公众对社会的恶劣感受",网民曾留言,"加强网络舆论监督,不要让那些为了提高关注度而丧失价值标准的文章在社会上任意蔓延"。因此,负有独特舆论责任的公众媒体应该比常人更多一只"慧眼",能"看透"纷乱社会现象后的本质,能把握局部、角落和全局、主流的区别,能理性掌握舆论宣传的效果和话语分寸,在积极的、阳光的社会价值观正能量营造中发挥更大作为。目前来看,媒体在社会扬荣贬耻的价值观引导力度还要有所加大,诸媒体尤其是新型媒体,必须改变"收视率""点击率"为主导的市场化取向,须知社会价值文化产品和其他产品不同,如何定位"文化事业"和"文化产业"的性质和分寸应从长计议。

　　总之,中国道路需要主导理论和共同价值观。中国正处于改革发展的重要时期,社会从单质化向多质或异质化转型,从简单向复杂化发展,各种思想文化在激荡,人们思想的独立性、多元性、差异性显著增强。中国秩序整合,民族精神和民族凝聚力,社会政治文明、精神文明、物质文明、生态文明的协调发展,都离不开共同价值观的维系和支撑。在这个意义上,中国特色社会主义核心价值体系建设任务的提出是我们在时代发展新阶段中对社会治理方式和社会发展规律的更自觉的把握,也是走"中国模式"发展道路的核心任务和基础工程。在今日中国全方位部署社会发展的思路中,经济发展速度等硬实力和思想文化等软实力,物质建设和精神建设,社会政治秩序和理论文化建构,文化生态和共同价值观,公民素质与国家精神等,一个都不能少。

参考文献:

[1]　陈越.哲学与政治——阿尔都塞读本[M].长春:吉林人民出版社,2003:338.

[2]　马克思,恩格斯.马克思恩格斯全集:第30卷[M].北京:人民出版社,1995:539.

[3]　[美]安东尼·唐斯.民主的经济理论[M].姚洋,邢予青,赖平耀,译.上海:上海

人民出版社,2005:96.

〔4〕〔希腊〕尼科斯·波朗查斯.政治权力与社会阶级[M].叶林,等,译.北京:中国社会科学出版社,1982:218.

〔5〕〔美〕理查德·加德勒.在意识形态领域推销美国[N].纽约时报,1983-03-20.

〔6〕马克思,恩格斯.马克思恩格斯选集:第1卷[M].北京:人民出版社,1995:9.

〔7〕毛泽东.建国以来毛泽东文稿:第10册[M].北京:中央文献出版社,1996:299.

〔8〕〔韩〕汉城大学道德课教育课程改订研究会.第七次中小学道德课教育课改订研究[R]//1997年教育部咨询报告.1997:112.

〔9〕〔美〕杰里尔·罗赛蒂.美国对外政策的政治学[M].周启朋,傅耀祖,译.北京:世界知识出版社,1997:354.

〔10〕〔意〕葛兰西.实践哲学[M].徐温存,译.重庆:重庆出版社,1990:36-64.

〔11〕Talcott Parsons. *The Social System*. Nabu Press, 1951, p.42.

〔12〕〔德〕雅斯贝斯.时代的精神状况[M].王德峰,译.上海:上海译文出版社,1997:6.

(葛晨虹,中国人民大学哲学院教授、教育部伦理学重点研究基地主任;本文发表于2013年第1期)

"'本''末'之辨"说道德

——当前道德治理必须关注的一个问题①

朱贻庭

摘　要　进行道德治理关键在于倡导和坚持正确的道德的价值取向。用中国传统哲学的"本""末"之辨概括道德的价值结构,即"本"指道德之内在本真,亦即德性良知和道义精神;"末"指道德之外在形式,即具体规范。行为主体若是没有或丧失了道德之"本",就不可能自觉地践行道德规范,还有可能利用规范形式欺世盗名、沽名钓誉,道德也就成了追逐名利的工具而被工具化了。因此,即使在市场经济的条件下,也不可能动摇对道德之"本"的坚守,必须张扬德性良知和道义精神这一价值取向。这是道德治理的一个根本之策。

党的十八大报告提出要"深入开展道德领域突出问题专项教育和治理,加强政务诚信、商务诚信、社会诚信和司法公信建设",提出了"道德治理"的问题。按其本义,道德治理是指对不道德(如不诚信)现象的治理,但同时也提出了一个如何治理的问题。笔者认为,要进行道德治理,首先要在理论和实践上对"道德"自身进行一番治理,整肃在道德的价值取向上出现的严重偏颇,确立正确的道德的价值取向。

---

① 本文是作者在 2012 年 10 月庆祝《道德与文明》创刊 30 周年学术研讨会上的发言,发表时作者进行了补充和修改。

一

我国道家创始人老子有言："大道废,有仁义……六亲不和,有孝慈。"(《老子》第十八章)又说:"绝仁弃义,民复孝慈。"(《老子》第十九章)这前后两章所说的"孝慈"是不同的,前者是指孝慈"规范",后者是指孝慈本真,即发自于内心的亲情之爱,一种人性美和人文精神;而作为规范的"孝慈"则是亲情之爱的载体或外在形式。这里反映了这样一种思想:道德既具外在的规范形式,又有内在的德性精神。这种内在与外在之别,魏晋时期天才哲学家王弼用"本"与"末"这两个哲学范畴加以概括:"本"是"体",指"敦朴之德";"末"是"用",指名教纲常(见《老子指略》)。就是说,道德的内在德性良知是道德之"本",道德的外在规范形式是道德之"末"。如树木之生长,本即根本,末即枝叶,根深才能叶茂;唯有德性敦厚,才能自觉地践行道德规范,并在道德规范的践行中进一步提升主体的德性和精神境界,这就叫"崇本以举其末"。"本"与"末",即道德的内在德性良知与外在规范形式的统一,构成了道德价值的基本结构;道德就是在实践中的"本"与"末"——道德的内在德性良知与外在规范形式的现实统一;德性在乎内而德行显于外,或曰"内外兼修""形神统一"。这是对道德结构的一种微观解读,是古代哲学家深刻的道德哲理。

道德价值结构的本、末之辨,也就是德性与德行的关系。两者的统一,就是主体基于德性良知而践行道德规范,并通过规范的践行而实现道德价值。行为的道德价值,既体现利人、利社会的功效,同时又体现履行义务的道义精神。前者是道德价值的外在表征,后者是道德价值的内在规定。履行义务,坚守道义,是德性的本质要求,是道德之为道德的本质规定,体现了道德作为人类生活的一种特殊实践形态的特点。

今天,我们讲道德,同样有一个"本"与"末"的问题。我们已经制定了一个完整的社会主义道德规范体系,并做了大量的投入,进行了大量的宣传教育工作,但是,收效并不理想,多年来还是存在着"一些领域道德失范"①的问题。为什么? 笔者认为,一个重要的原因(这里不涉及道德规范体系的来源问题),就是忽视了道德之"本"。而丧失了"本",讲"道德"也就"心"不在焉,道德规范仍然只是外在的东西,不仅不能入"心",而且还有可能成为如庄子所说的"禽贪者器"。这是道德治理不能不严肃对待的一个根本问题。

二

讲道德,践行道德,本质上就是履行义务,坚守道义。在中国伦理思想史上,"道义"是指合乎"天道""天理"之应当(义),是主体所应担当的道德义务,即所谓"明其道","正其义"。当然,"道义"不是抽象的,它总是通过具体的各种道德规范及其践行而体现。道义虽与功利相对,但道义又高于功利,追求功利必须合乎道义,即所谓"以义制利""见利思义""义然后取"。不为利益所诱、不为权势所倾,坚守道德原则、践行道德义务,这种精神,就是道义精神。

因而,敬畏道义、坚守道义就成了道德人格和德性的本质要求,如"仁""公正"等道义都是德性的定在。"仁"是德性,"公正"也是如此,在中国古代,儒家讲"公正",首指执政者的德性;在古希腊哲人亚里士多德的德性论中,"公正乃德性之首","公正是公正的人出于自愿选择而公正地行动之德性"。《周易·系辞上》说:"成性存存,道义之门";无德性即无道义之坚守,而无道义之坚守也就无道德可言。坚守道义就能弘扬正气,

① 1996 年《中共中央关于加强社会主义精神文明建设若干重要问题的决议》指出:"在社会精神生活方面存在不少问题,有的还相当严重。一些领域道德失范,拜金主义、享乐主义、个人主义滋长。"2001 年《公民道德建设实施纲要》提出:"社会的一些领域和一些地方道德失范,是非、善恶、美丑界限混淆,拜金主义、享乐主义、极端个人主义有所滋长,见利忘义、损公肥私行为时有发生,不讲信用、欺骗欺诈成为社会公害,以权谋私、腐化堕落现象严重存在。"2011 年《中共中央关于深化文化体制改革推动社会主义文化大发展大繁荣若干重大问题的决定》指出:"一些领域道德失范、诚信缺失,一些社会成员人生观、价值观扭曲。"2012 年十八大报告仍然提出:"一些领域存在道德失范、诚信缺失现象。"

也就是孟子说的"浩然之气";"其为气也,配义与道……是集义所生者,非义袭而取之也"(《孟子·公孙丑上》)。凡是坚守"道义"的行为就具有了道义性、道义精神,就占据了道德的制高点。道德之所以具有感人的魅力,就在于道德所具之内在的道义精神;只讲功利而不讲道义,或口讲"道义"而心在功利,在道德的价值取向上就会走向极端功利主义;其功效再大,也会因无道义性而丧失其感人的魅力,得不到人际的亲和力或凝聚力。

其实,道义与功利是统一的。主体在基于德性、出于道义而践行规范的实践中,在实现利人、利社会的功效中,即在道义精神的对象化中反观自身,就会获得一种因自己坚守道义而感验的精神愉悦,即传统儒家所追求的"孔颜乐处"。而有了以坚守道义为乐的精神境界,就能在践履规范的道德实践中为社会做出更大的贡献。可见,道德之本、末统一,实际上就是道义与功利的统一。如果只是关注道德的外在规范形式和外在价值("末"),而不讲内心的德性良知,那么道德就可能丧失其道义本真,就会如王弼所说的那样:"夫敦朴之德不著,而名行之美显尚,则修其所尚而望其誉,修其所道而冀其利。望誉冀利以勤其行,名弥美而诚愈外,利弥重而心愈竞。"(《老子指略》)道德沦为只是行为主体追求功利目的的工具和手段;当然,如果只是关注道德的内在价值和道义精神("本")以及精神的自我慰藉,道德就可能被理解为只是行为主体的德性良知,把道德之"应当"停留在主观领域,或仅仅"为义务而义务",不考虑行为的社会效果,同样陷入了在道德的价值取向上的片面性。这是伦理学史上曾出现过的对道德价值的几种片面的理解,形成了功利论和义务论、德性论等不同的学说和学派,他们各自从不同的侧面对人类道德生活实践做了不同的理论概括。

基于德性的德行(道德实践)既带来功效又彰显道义。功利与道义,道德的这两种价值形态在实践中的相互统一,构成了道德的价值结构。不是基于德性、出于道义的仅仅为了某种功利目的或出于某种外在压力的所谓"德行",即无道义之"诚",没有"善"的内在规定性,就算不上是"道德"的。而不计社会效果和外在价值,仅仅有一颗善良之心,就会如康德的

"绝对命令"那样,陷入空虚的形式主义。宋代思想家叶适说:"既无功利,则道义乃无用之虚语耳。"(《习学记言》)道德的道义与功利这两种价值形态的关系,也就是传统儒家所谓"内圣"与"外王"的统一。

三

长期以来,我们在道德建设上的问题,存在着重"末"而轻"本"、重功利而轻道义的价值倾向。中华人民共和国成立之后的三十年,搞"政治挂帅"导致道德政治化——"政治"取代了道德,实际上奉行了一种极端的"政治功利主义"。"亲不亲,线上分",良心、亲情、友情、人道、人性、诚信等这些构成人类道德文化之本的基本要素,都被斥之为封建地主阶级和资产阶级的东西并遭到否定,一切人伦关系都被归结为阶级关系、政治关系,为了某种功利的需要,可以罔顾是非、善恶,甚至连一些文明社会的基本"道义"也惨遭践踏,致使道德价值被扭曲,道德生态遭破坏。近三十多年来,我国否定了原先的政治路线,在改革开放、建设社会主义市场经济体制的现代化进程中取得了巨大的成就。但既然是现代化就不可能超脱"现代性"的内在紧张。在道德生活领域,权利平等、人格独立、个性自由成为道德进步的突出表现,但市场关系(商品关系)无限扩张又支配着人们的价值取向,人们摆脱"人的依赖关系"后,陷入了"物的依赖性";经济"理性主义"泛滥,"物质主义"改变了人们的生活方式和价值追求,人们陷入"人为物役"的境地。表现在道德的价值取向上,就是以利益或功效为导向,片面强调功利目的,导致道德工具化。所谓道德工具化,就是无视道义,只是从某种(经济的或政治的)功利出发,为了达成功利目的而讲道德,道德成为获取功利目的的手段和工具(如"文化搭台,经济唱戏"),这实质是庸俗的功利主义,进而又造成道德功利化或曰道德被功利化,甚至被利益化。道德被利益化,就是"去道德化":利益、名利、效益、财富成为最大的"公约数"——财富的多寡、权力之大小成为贵贱、尊卑、荣辱、成败的标准;只讲"势荣"而不讲"义荣",所谓"成功人士",除了财富与权位之外,几无"道

——当前道德治理必须关注的一个问题

义"内涵。"尚道义而羞势利"的高风亮节几近绝响,时兴的却是一种凡事只问利害得失、效益大小而不问道义与否的社会风气。这种在道德价值取向上的偏颇,致使道德的本真内涵被金钱淘空,成为没有了灵魂的语词躯壳,甚至成为某些势利者手中的玩物——"禽贪者器"。出现了如明末李贽所说的那样一种情况:"口谈道德而心存高官,志在巨富;既已得高官巨富矣,仍讲道德、说仁义自若也。"(《焚书》卷二《又与焦弱侯》)在这种情况下,社会主义的道德规范是不可能得到真正践行的。这可能就是导致早在 1996 年《中共中央关于加强社会主义精神文明建设若干重要问题的决议》中指出的"一些领域道德失范"的现象至今依然如故的一个重要原因。道德失范并不等于在道德失范的领域没有规范约束,而是有规范不执行或者所谓的"潜规则"盛行,在"道德"(规范词句)的美丽外衣下干着卑劣勾当。口是心非,言行不一,诚信尽失,"道德"竟成了掩饰一些腐败者丑恶灵魂的华丽招牌,成了伪善者或腐败者的通行证。

四

诚然,道德具有工具的属性,而且,道德实践也应该体现为功利效果和社会的正价值,但这不等于道德只是为实现某种功利目的的工具,更不等于道德工具化、功利化、利益化。道德还具有功效价值所不能替代的内在于自身的道义力量。道德虽以经济关系——利益关系为基础,但道德一经产生又获得了相对的独立性。就是说,道德不就是利益关系,也不能还原为利益关系,否则就失去了道德存在的意义,也就等于否定了道德:道德存在的必要性是为了处理好利益关系,为利益关系的处理给予合理性或善的辩护。这种为处理好利益关系的道德,在形式上往往体现为道德规范或行为准则,而人们实践道德规范的动力就是基于内在德性良知的道义精神。道德作为一种特殊的价值存在,其"本质属性"或"本质特征"不在于它的规范形式和外在的功利效果,而在于它的内在德性、良心和道义精神,而正是这种"本质属性",使道德具有了超越功利目的的内在动力。大量的事实表明,在市场经济条件下,在充斥"拜金主义""物质主义"的社会风气中,坚守道德的这一本质属性显得尤为珍贵、迫切。德性和良心都是道德之"本"。良心是义务的自觉,是主体对自己所思所行的自我反思和自我评价,从而从善去恶、坚守"道义"的心理调控机制,是主体自由意志超越功利、选择道义行为的内在定力。良心又是德性的守护者,无良心就会丧失德性。正如黑格尔所说:良心是"创造道德的天才"。曾经在上海浦东马路上发生的一位年轻人救扶倒地老人的事件令人深思。一位老者在马路上突然倒地,当这位年轻人上前去救扶时,许多围观者叫着"当心被讹",试图阻止救扶行为。就在此时,这位年轻人说了一句震撼人心的话:"你们有点良心好吗?"说完便毅然上前去救扶老人。这位年轻人的行为正彰显了"良心"作为道义行为的内在动力的精神力量和道德的本质属性,印证了良心是"创造道德的天才"。我们为什么要表彰见义勇为者?就是因为这些见义勇为者的行为彰显了基于"良心"的"道义"精神,弘扬了社会正气。道德的旗帜始终是基于良心坚守"道义"的大旗,"道义"的光辉始终是道德魅力之所在。康德的道义论,虽受到了黑格尔的批评,但其影响至今不息,缘因正在于其理论闪烁着"道义"的光辉。

现在,我们讲道德、宣传道德,但对道德的道义精神和内在价值的重视依然不足。汶川大地震赈灾时,一位乞丐老人把他乞讨来的全部100元度日钱投入捐款箱。老人的这一义举闪烁着充满光辉的道义精神,感动了无数百姓,产生了巨大的力量。尽量,媒体的镜头、灯光的聚焦点和大幅的版面、庄严的舞台给了那些捐出了千万甚至上亿的钱的人。但在老百姓的心中,最令人感动的还是那位乞丐老人的义举。凡此种种,都足以说明多年来在道德的价值取向上所出现的偏颇。

价值观(价值取向)的问题是关乎道德生态的根本问题。道德治理,就应在道德的价值取向上纠正偏颇,在重视道德的规范形式的同时,强调道德的内在精神;在重视功利原则的同时,强调道德的道义精神。在道德实践中将道德之"本"与"末"——道德的规范形式与内在精神、功利原则与道义精神统一起来。在讲道德规范或道德规范体系的同时,要重视德性、"良心";对个人来说是"良心",对社会来说就是整体向善的"民心",是崇尚道义的社会正气。

王弼曾讲过两句话,一句为"崇本以抑末",一句为"崇本以举其末"。前一句话是说,要振兴世俗道德,应该崇尚道德之根本,也就是道德的内在精神,而不能专注于道德的规范形式——用大力倡导仁义道德规范和道德说教来整治社会风气。其结果可能会适得其反:"患俗薄而兴名行、崇仁义,愈致斯伪,况术之贱此者乎?"(《老子指略》)因此他反对"弃其本而适其末"。后一句话是说,要崇尚道德之根本,以激发人们内在的爱心、良心、道义精神。这样,人们就会自觉自愿地践履道德规范,就会"举其末"。根据当前我国社会的道德价值生态,要进行道德治理,就必须防止和遏制道德功利化和工具化的倾向,抵制"经济人"假设的泛化和事实化,批判"物质主义""拜金主义",唤醒人们内在的"良心"和道义精神,调适社会的"民心",恢复道德的本真状态,大力张扬崇尚道义的社会正气。这当然要有健全的社会公正的制度环境和法制环境,但作为伦理学工作者,就应在理论与实际的结合上坚守伦理学的学科特点,正确阐述、宣传道德的"本质属性"和道德的价值结构,这是我们在道德治理中可以做也应该做的一项十分迫切而重要的工作。

(朱贻庭,华东师范大学哲学系教授;本文发表于 2013 年第 2 期)

如何看待道德与幸福的一致性

田海平

摘　要　从主观性维度看,有自我关注、自我—他者之间的关注和他者关注三种理解方式;以自我关注为中心,亚里士多德的德性伦理打开了试图决定如何生活的个人的主观性视野;介于自我—他者之间的关注,康德的义务论伦理涉及一个能够理解此主观性的"第三方"立场;以他者关注为重点,列维纳斯的他者伦理凸显了他者面容的伦理意义及必须与他者"面对面"的伦理主观性视域。依据关于道德探究的形态学预设,"道德与幸福"之一致性问题的探讨有三种形态分布上的趋向:指向"心灵秩序"的德性至善论;指向"行为法则"的道德自由论;指向"他者面容"的伦理责任论。它们构成了与"幸福"关联的道德探究的道德形态学分布的三条问题轴线:应当如何生活?应当做什么? 应当如何在一起?

如何理解道德和幸福之间的关系? 历来有两种针锋相对的观点:一种观点认为,道德与幸福应当是一回事,二者是一致的、不可分割的,没有幸福的道德是不完整的,也不符合人性的本质和人之发展性的需要,而没有道德的幸福则不是真正意义上的幸福;另一种观点认为,"道德"是一回事,"幸福"是另一回事,两者遵循不同的逻辑——人们谋求幸福,通常是指寻求某种类型的欲望(或需求)之实现和偏好之满足;而人们听命于道德,则更多的是指遵循人之自立法度(人为自己立法并遵循之)的行为准则——因此,成为一个幸福的人,与成为一个道德的人,只有在理想的情况下才是一致的,而在现实生活中两者不一致甚至相互妨碍的情形是屡见不鲜的。

这两种观点,在当今的社会生活中均有代表性。它带来了人们在道德与幸福关系问题上的一系列的困惑。不论是朴实无华的日常言说,还是修辞严谨的哲学话语,这两个概念所产生的主观性歧义都是颇为常见的。那么,在现代性条件下,人们追求幸福生活,能否抛开道德上的考虑? 对于中国社会来说,在经历了三十多年的经济高速发展和社会急速变革之后,中国人的生活质量和个人幸福生活状况都得到了很大的改善,但是,幸福状况的改善能带来道德状况的实质性的改善吗? 显而易见的是,道德与幸福的一致性,是一个有着多种可能性的难题:对于幸福生活的目标预设而言,何种可能的环境提供了人们生活得更好或者更幸福的道德上的条件? 对于现代生活而言,如果没有一种德性或者德行的光辉对人之行为进行范导或引领,一种生活成为一种"好的生活"或者"幸福生活"可能吗? 或者,更一般地说,一种有价值的生活(正如苏格拉底所说的"值得一过的生活"),在道德上值得肯定的生活,是否可能以及如何可能成为一种值得追求的"幸福的生活"?

我们看到,现代人对这些问题是有着各种极为不同的解释和不同的回答的。人们可能基于各种不同的立场来界定一种生活何以是"幸福的"或"道德的"。但是,究竟是什么促成了或者构成了"道德与幸福"的一致,以及我们如何理解"道德与幸福"之一致性,无疑是我们必须最先问及的问题。

一、以主观性看待"道德与幸福"的一致性

本文的议题是思考如何看待"道德"与"幸福"的一致性问题。我们当然不可能预先进行一番调查,去问"你幸福吗"或者"你道德吗",进而以获取一种对问题进行回应的统计数据来回答这一问题。然而,"幸福"在主观性维度与道德的联结,又是我们无法回避的,是该问题的"症结"所在,

且是其最难理解又最为重要的方面。

美国学者托马斯·斯坎伦列举了与主观性相关的比较典型的三种提问视角：(1)从试图决定如何生活的个人的主观性立场提问题；(2)从一个能够理解这种主观性立场的第三方(譬如父母、兄弟、朋友等)提问题；(3)从一个负责任的管理者(或代理人)的角度提问题。[1]我们看到，这三种主观性程度不同的提问视野，可能关乎"道德"或"幸福"以及二者联结的不同的向度。一个人在决定什么生活才是一种"好"生活的时候，他会最大限度地根据他自身的主观条件及主观性诉求。而作为父母、兄弟、朋友等具有同情之理解力及仁爱之意愿的第三方角色，在如何过一种"好"生活问题上所进行的提问，可能既要考虑到主观立场和主观条件，同时又要兼顾到相对客观的境遇、条件和客观中立的诉求。而作为一个管理者(或代理人)，则更多的是从一群人的利益或与自我利益有别的他者利益出发，而不是从自我关注的个人利益出发，提出什么是幸福生活的问题。我们从这三种关涉幸福或道德及其相互联结的主观性方面看，"主观性"程度是随着责任感的逐步增强而依次减弱的：人们总是依据其所承担的责任与义务的范围，来划定好生活或幸福生活的界限。孤独的个人以偏重于自我关注的幸福或道德为中心，往往以一种比较强的主观性将责任与义务的范围压缩到最小，但作为处于特定社会关系中的个人，比如父母、兄弟、朋友，和特定职能的管理者，则必须以满足的方式避免这种主观性之"过度"，以满足相应的社会角色所赋予的责任与义务之诉求。因此，如何成为一个幸福的人，或者换个方式提问，什么使得一个人的生活变得更加幸福美好，诸如此类的问题，通常产生于关于我们的责任和义务的道德论证的过程中。托马斯·斯坎伦写道："既然这些责任和义务至少在某种程度上是根据使人们的生活变得更加美好的需要来确定的，或者至少根据防止它们变得更加糟糕的东西来决定，那么就要论证我们的义务和责任是什么。"[1](195)

在看待道德与幸福一致性问题上，在从一种强主观性的自我关注到一种强客观性的他者关注之间，存在着论证道德(义务和责任)和界定一种好生活(幸福生活)问题上的强弱程度不同的主观性(或者作为其反面的客观性)的层次分布。这似乎或多或少地支持一种多样性地看待"道德与幸福之一致性"的主张,即允许对该问题有各种不同的解释与理解。换言之,这意味着,从简单地断言二者之"同一"到明确声称两者之"不一致"之间有各种可能性的观点。由此看来,幸福在主观性维度与道德的联结问题,与托马斯·斯坎伦提出的问题是紧密相关的。托马斯·斯坎伦如是问:"对于人们的生活而言,是什么使得一种生活成为好生活?"[1](195) 从这一问题所触及的主题而言,不论是谁提问,不论他(或她)站在什么样的立场上提问,也不论他(或她)问及的是谁的好生活及何种好生活,都会产生与相关主体性或主观性的责任与义务的某种关联。

于是,"道德与幸福一致性"的问题,可以表述为:是什么使一种生活(或行为)合于道德从而使倡导这种生活(或行为)的世界成为一个更加幸福美好的世界?从该问题牵涉到的主观性的三层次看,这个问题有三种可能的求解方式:自我关注的主观性,介于自我—他者之间的主观性,他者关注的主观性。这三种可能的求解方式,除了对应于托马斯·斯坎伦所列举的三种提问视角外,在伦理学史上也有相应的学术史支持,可视为一种可供选择的标准。

二、以亚里士多德为中心:从自我关注的主观性看"道德与幸福"的一致性

"道德与幸福"的一致性,首先在一种"自我关注"的主观性范畴中获得阐释。这通常是从试图决定如何生活的个人的主观性视野出发的。古代德性论伦理学便持有这样一种观点,其中,尤以古希腊哲学家亚里士多德的德性伦理学最具代表性。

自我关注的主观性,是从人的自我认识中,特别是从什么样的生活值得一过的反省中,产生关于道德与幸福的同一或联结的德性论题的。在古代德性论中,以亚里士多德为代表的传统德性伦理学,主张将道德与幸福的联结看作心灵的自由状态,进而用美德之心灵来阐明人生之幸福,从而

得出"幸福就是德性的现实展现"的结论。

按照亚里士多德的观点,道德与幸福的一致(或"德福一致")必须在个人追求一种德性生活的现实活动中得以实现。幸福通过德性的培养,通过良好习惯或持之以恒的训练获得,"德性的嘉奖和至善的目的,乃是神圣的东西,是天福"[2]。一个有优秀德性的人,总是为希求美好事物的自由心灵所指引而行为高尚,因而是那种在个人生活或城邦公共生活方面以"活得好"为目的且在个人事务或城邦公共事务方面以"做得好"为目的的人。从这一意义上看,"幸福"就是一种合于德性的现实活动,就是人所追求的最高目的和"最高的善"("至善")。由此可见,以亚里士多德为代表的古代德性论,是在一种目的论主观性范畴下理解道德与幸福之一致性的,它否认了道德与幸福之间不一致的情况,主张以德性作为联结道德与幸福之间的纽带。这是一种典型的传统形态的自我关注的幸福论,它诉诸心灵的功能、人格的完善和理智的思辨,将道德或德性视作幸福的内容和本质。

在这种目的论的至善幸福论中,道德与幸福不是构成"至善"的两种不同要素,而是相互一致、合二为一的:德性是通往幸福的桥梁,幸福是德性的现实展现,因此,人们完全可以按照同一律寻求二者之一致。然而,值得注意的是,古代德性论在主观心灵的目的导向的自我关注中存在着某些微妙的差别,导致了两种不同的德性论:伊壁鸠鲁派的快乐主义和斯多葛派的禁欲主义。伊壁鸠鲁的快乐主义认为,德性(或者德行)就是意识到导致幸福的准则,因此应当将"道德问题"还原为"幸福问题";斯多葛派的禁欲主义者认为,幸福就是意识到自己的德性(或德行),因此应当将"幸福问题"还原为"道德问题"。于是,"心灵"的两种趋向(自然的和超验的)便被归结为:在道德与幸福的一致性中,"幸福"与"道德"何者更为重要?这里透露出,即使在德性论传统中,也存在着对一种好的幸福生活的不同理解:趋向自然德性的快乐主义幸福论,趋向超验幸福的禁欲主义道德论。

三、以康德为中心：从自我—他者之间的主观性看"道德与幸福"的一致性

幸福与道德的一致性，在自我—他者之间的主观性范畴中也获得了某种系统阐释，该问题方式的产生涉及一个能够理解此主观性的"第三方"的立场。在西方道德哲学史上，康德义务论是其典型代表。

自我—他者之间的主观性，设定了主观性的两个来源。其一，是以"自我关注"为主观性根据。它的被还原形式为终极之"自我"，即一个不可再分析或再还原的"我"，哲学史上通常称之为"心灵""灵魂"或"我思"。它的经验形态和感性形式，往往会产生一种"偏私"的自我关注，（借用佛教术语可称之为"我相"）即一种趋向自我愉悦、个人幸福的主观性。其二，是以"他者关注"为主观性根据。它的被还原形式为终极之"物"，即作为超验存在者的存在。以之为主观性根据，意味着赋予针对"自我"意欲和意志进行立法约束的准则以先验效准，且诉诸"人为自己立法"的道德主观性（或道德自由）所必须具有"他者关注"的视野。主观性的这两个来源，形成了"自我—他者"张力之间的"道德与幸福"的复杂性关联，造成了思考"道德与幸福"之一致性的困难。在康德义务论中，这一难题被表述为"纯粹实践理性的二律背反"。我们看到，这涉及理解这种主观性的"第三方"立场。

康德伦理学不赞同古代德性论关于"道德与幸福"之单纯同一的观点。他说："德行的准则和自身幸福的准则在它们的至上实践原则方面是完全不同性质的，而且尽管它们都属于一个至善以便使至善成为可能，但它们是远非一致的，在同一个主体中极力相互限制、相互拆台。所以这个问题：至善在实践上如何可能？不论迄今已做了怎样多的联合尝试，还仍然是一个未解决的课题。"[3]康德通过分析表明，"道德"与"幸福"是"至善"的两个完全不同的要素，因此实践理性中道德原则与幸福原则之间存在着不可避免的"二律背反"：一方面，实践原则中的自身幸福准则，是感

性存在者在一种自我关注的主观性中(出于欲求和偏好)诉诸人之自爱的偏向,因而是在道德之外且不能成为道德之动机的偏好法则;另一方面,实践原则中的德行准则,是理性存在者在一种他者关注的主观性中(出于道德和法则)诉诸敬重之必然性,是绝对的、无条件的道德法则。道德与幸福的二律背反,将心灵的两种关注(自我—他者)纳入一种批判的主体性哲学的框架内,从主观性根据上分别诉诸感性和理性:作为感性存在者的个人,由禀赋、偏好和欲望抢先造就自我,由此产生一种自爱的偏向;而作为理性存在者的人,并不将"自身幸福"当作实践法则的必然原理,相反他(或她)应服从的是普遍性的道德法则。于是,一种好生活或正确行为的主观性根据,必然进入"介于自我—他者之间"的问题域,既受到感性存在者之自我关注的"自爱原则"的支配,又受到理性存在者之他者关注的"敬重原则"的支配。"在一切道德评判中最具重要性的就是以极大的精确性注意到一切准则的主观原则,以便把行动的一切道德性建立在出于义务和出于对法则的敬重的必然性上,而不是建立在出于对这些行动会产生的东西的喜爱和好感的必然性上。"[3](111-112) 这虽非意味着人应当否定照顾自己的感性偏好的使命,然而却要求在道德法则与偏好和欲望(自身幸福准则)发生冲突时,以理性的道德法则为根据做出决定。[4] 因此,康德义务论反对在实践法则中将幸福当作道德的动机,道德法则完全排除了以自爱为主观性根据的幸福对实践法则的影响,它通过自我意识贬黜感性个体而使道德法则在主观上成为敬重之根据。

我们看到,基于"自爱"与基于"敬重"在分析视野中的区分,揭示了"幸福"与"道德"在感性(情感)的"自我关注"和理性(法则)的"他者关注"之间存在的类型分别及其综合联结之可能的问题域。这样一种介于"自我—他者之间"的主观性范畴,有其复杂性,在道德形而上学的意义上,必须由"灵魂"和"上帝"两大"公设"确立其先验根据。从这一意义上,康德义务论冷静地指明了"道德与幸福之一致性"是一种缺乏经验的现实感而又先天必然且必需的实践理性的立法原理。尽管道德学不是一种幸福学说,不提供如何享有幸福的指导和获取幸福的手段,而仅仅处理幸福的理性条件,但这并不意味着"道德与幸福之一致性"不具备可能性,相反,它是人的自我关注(偏好、幸福)和他者关注(法则、道德)在"至善"中的先天综合。因而,道德与幸福在综合视野中的联结,是使"至善"成为可能的两大要素的联结:"幸福和德性是至善的两个在种类上完全不同的要素,所以它们的结合不是分析地能看得出来的……而是这两个概念的综合。"[3](154-155)这种综合不是由经验综合而来,也不是基于经验性原则的任意联结,其可能性条件"必须仅仅建立在先天的知识根据之上"[3](155),因而源自人心中先天综合的法则。显然,康德义务论诉诸人心中的先天知识(如"上帝存在"和"灵魂不朽"),以诠释遵循"德福一致"的道德因果律在实践法则中展现的与德行相匹配的幸福之可能,进而从主观心灵的先验源头将"德福一致"理解为存在于一种理想的"至善"中的必然联结,而从经验的源头上,以实践原则而论,又明确将道德与幸福区分开来,幸福在道德的意愿之外,道德也不一定带来幸福的结果,一种好的趋向理想的关联方式是在与德行相匹配中确立配享的幸福。我们看到,这样一种明晰性,以实践理性之公设(上帝和灵魂)为前提,无疑从道德形而上学的超验根基上为理解"德福一致"的主观性提供了"第三方"的立场:它要权衡"自爱"与"敬重"的精确比配及其关联方式,既要对"自爱"之人如何出于偏私而断言"我的兄弟与我何干"做出阐释,又要对"敬重"之人出于法则而断言"我是我兄弟的守护人"做出论证。

四、以列维纳斯为中心:从他者关注的主观性看"道德与幸福"的一致性

道德与幸福之一致性,还在一种"他者关注"的主观性范畴中获得系统阐释。这种形式的主观性,涉及一种负责任的"管理者"或"代理人"的伦理视野之敞开。在当代思想中,列维纳斯的他者伦理,是其中最具代表性的道德哲学样式之一。

他者关注的主观性,来自当代西方思想对自身传统的深度反思。以今

日之眼光看,举凡被归诸"后现代"之名下的各派哲学,似乎都共享一个基本判断:西方思想以"主体性"或"自我关注"所施行的对他者的压制乃至剥夺,不仅仅是一种"思想病",而且在它的现代性展现方式中,愈来愈演化为诸种"文明病"。这使得他者视域中的"德福一致"问题成为解构主义、后精神分析哲学、女性主义、人类学、后殖民理论、深层生态学、关怀教育学等名目繁多的后现代理论关注的重点。列维纳斯以当代法国哲学的特有语汇,探询人类事务中不可排除的由"他者"(other)所展现的伦理事务领域,在那里,一种"面对面"的与他者相遇的主观性,成为阐释或理解"道德与幸福一致性"的重点。

列维纳斯在第二次世界大战时期的德国战俘营中思考或设想一种"涉及善之难题、时间以及作为向善之运动的与他人之关系"的第一哲学。他写道:"引领一个存在者(existant)趋向善的过程,并非是存在者上升为一种高级存在(existence)的超越行为,而是一个摆脱存在(etre)以及描述它的范畴的过程,是一种出越。然而,出越和幸福都必须立足于存在(etre)。"[5]列维纳斯指认:"存在之问"在一种"同者"暴力中将西方思想引向虚妄之"真实",即"至善"。它问向"存在之存在",却无法理解,也不思及"他者之他者"。哲学据此将道德与幸福进行联结,显然错失了通往"善"的正确方向,而"摆脱""出越""外于"或者超越于"存在",不是以存在之"光明"朗照异质他者(若如此便是剥夺了他者而使之融入"同者"的普照光中了),或者通过将他者"同化"而实施对他者的压制和剥夺,而是通过关注"他者之为他者"而造就一种与寻常不同的主观性,是一门作为第一哲学的伦理学的基本任务。因此,重要的不是获得有关他者之知识,而是在与他者遭遇时,聆听他者,承担"为他者之责任",这是一种伦理地"看"世界的"眼光"或"视力"。"道德经验并不来自视力——它造就视力;伦理学是光学。"[6]作为一种精神的"光学",伦理学既非正确行为的规则体系,也不思考幸福的条件,而是通过开启"他者"对"同者"的质疑,进而使"我"之幸福由他者外在性之"不同"而导入爱与责任之范畴。这是一种"别于存在"的眼光。由此,列维纳斯描述了一种他者视域中"道德与幸福"的关联。他在《总体与无限》中写道:"显然,'我'就是幸福,是家中自在之在场(presence at home with itself)。但是,作为一种在其不足中之充足,它仍然处于'非我'中;那是某种别样东西的快乐,而不是它自己的快乐。它是土生土长的,即是说,植根于它所不是之物之中,而在其根系所及之处,它仍然是独立的和个别的。"[6](143)显然,"幸福"是与"我"之位置的伦理特性密不可分的,"我"也只有在让位于"他人"且是"为了他人"的历时性意义上,才会在"为他"的意义上表明"我"就是"义务"和"责任",同时又表明"我"就是"幸福"。

在这种他者关注的主观性中,为他者的伦理,使道德与幸福、责任与快乐得以保持一致。伦理的主观性被设想成"同一个之中的另一个",因而是"同一"的自我拆散,在其中"同一个"与"同一个"不能相会,它只能作为"另一个"得以展示。于是,"同一个"的"自我",进入他者关注的伦理境域,作为"另一个"的展示,而以忍耐、责任心、爱、良善,成为他者之"人质",是出越而面向他者的"开门辑客"。因此,"我之在此"的自我呈献,既是"我"之展开的"充盈"和"繁盛",同时又是责任心之急切需要履行而体现出的这种需要的"充盈"和"繁盛"。它见证"无限超越自身的方式",标示出幸福与道德之联结的"伦理学的情节"。列维纳斯谈到"伦理学的情节"时写道:"无限超越自身的方式具有一种伦理学的意义,这并不导致制定一个伦理学经验的超验基础的建设计划。没有什么伦理学的经验;有的是一种情节。伦理学是由一种与有限有关系却无关联的无限、由这一悖论描画出来的一个场。这样的关系没有什么包容,却有无限对有限的溢出,是它确定了伦理学的情节。"[7]作为"伦理学的情节",他者对同者的质疑是伦理之始点,它突出了爱的关系中他者外在性的基本地位和居先性,伦理主观性的发生在于他者的外在性。"爱"不是"我"的世界对他者的征服和占有,而是对他者的欢迎与责任。这一伦理"情节",改写了"欲望"的道德身份。"欲望"不同于易于满足的"需求",它是不可满足的,是"欲望之欲望",因而是"形而上学的欲望",就像是亚巴拉罕前往未知之地的"途中"而非奥德修斯历经艰难的"还乡"。欲望是在无限面前无限的忍耐、等待以及永不餍足的趋向盈余和繁盛,趋向并亲近于纯然异质之他者。于是,"我"之幸福、爱的抚慰和荣耀,不再出自一种"付出—回报"的对等交换,而是一种非对称性的单向流动,这种自我呈献(self-giving)的爱使人类成为人类,"我"通过爱他人而找到自身,通过舍己而成己。这表明,在伦理主观性环节上,幸福与道德不由自我关注的欲望而连接,而由他者的外在性之进入而相互一致。外在性的进入,通过与他人相遇而成为可能,通过与他者"面对面"的相遇,伦理之人放弃了主体内在性及其占有性的强制。鲍曼评论说,值此之时,"我就是负责任的我,他是使我负责任的他,在这种他者因此为我之意义的创造中,我的自由,我的伦理的自由才形成"[8]。我们看到,对"他者"的欢迎和热忱好客,是列维纳斯伦理主观性的重心所在,是他所说的"超越的形而上学事件"[6](84)的核心理念。这种他者关注的主观性,总是一再地且永不停歇地质询着"我"之自由并奠定了"我"之主观性的基础,它使责任心、爱和欲望成为有着丰富内涵的伦理情节和伦理事务,没有这种伦理主观性的涵养和滋润,"我"概无可能过一种"幸福的生活"。"伦理之人",因此在爱之中,在为他者的责任之中,在自由之中,既是"幸福之人",又是"道德之人"。

五、与"幸福"关联的道德探究的形态学分布

由上述三种关涉"道德与幸福"之一致性的理解方式看,如果不避简化之嫌,那么不难看到,"幸福"向人们展现为必不可少的与道德相关的主观性连接的三种"形态学分布"。

以亚里士多德为中心的德性伦理范式,代表了传统形态的"德福一致"的理解方式;在传统意义上,它诉诸"追寻德性"之人在"应当如何生活"问题上的一种自我关注的道德探究。

以康德为中心的义务论伦理范式,代表了现代形态的"德—福"二分及其可能联结的理解方式;在现代性意义上,它诉诸"遵循理性"之人在"应当做什么"问题上的介于"自我—他者"之间的道德探究。

以列维纳斯为中心的他者伦理范式,代表了后现代形态的"德—福"关系的理解方式;在后现代性意义上,它诉诸"面向他者"之人在"应当如何在一起"问题上的他者关注的道德探究。

由此,在道德探究的形态上,"道德与幸福"之一致性的问题在三大问题域中获得了相应的历史定位:传统类型之人,从一种本体论形而上学或者宗教形而上学的根源上,通过反省"应当如何生活"的问题,由一种德性至善论的主观性视野切近"道德与幸福"一致性的理解,这确立了一种传统形态的或者传统条件下的"追寻德性"之人的(以德性为基础)"心灵自由"的趋向;现代类型之人,则是从一种批判的形而上学或者道德形而上学的基础上,通过追随"应当做什么"的问题,由一种道德自由论的主观性视野展现了"道德与幸福"的二律背反,因而确立了一种现代形态的或者现代性条件下的"遵从理性"之人的(以法则为基础)"意志自律"("自律自由")的趋向;后现代类型之人,在回应一种超越的形而上学或者欲望的形而上学的伦理情节时,通过面对"应当如何在一起"的问题,以一种伦理责任论的主观性视野重新思考"道德与幸福"的相互连接,这揭示了一种后现代性视域或后现代条件下的"欲望他者"之人的(以爱为基础)"对他人负责"(他律自由)的趋向。①

于是,依据关于道德探究的形态学预设,以及关于"道德与幸福"一致性问题的三种形态区分,我们获得了探讨使生活变得幸福美好的道德哲学的三种形态:指向"心灵秩序"的德性至善论;指向"行为法则"的道德自由论;指向"他者面容"(the face of the other)的伦理责任论。

这里要立即强调指出的是:与幸福关联的道德探究的三种形态,虽然对应于人的三种类型(传统类型、现代类型和后现代类型)且各自有相应的伦理学史上的重要代表及其"中心思想",但这并不意味着可以在"传统—现代—后现代"的形态分布中抽绎出一条由"过去—现在—未来"标

---

① "欲望他者",被列维纳斯表述为一种"形而上学的欲望",它是一种永不满足的为他人的伦理追求,"而不是缺什么就补什么、以占有或拥有为目的的需求"。参见杨大春:《语言·身体·他者:当代法国哲学的三大主题》,生活·读书·新知三联书店 2007 年版,第 286 页。

记的形态演变的线性历史轴线,相反,传统德性论的强劲复兴和康德义务论的当代拓展表明:瞩目于"心灵自由"的传统德性论视域下的"德福一致"论的理解方式,与瞩目于"自律道德"的现代义务论视域下的"德福配享"论的理解方式,仍然是当今人们看待"道德与幸福"关系的两种重要的主观性维度,二者与瞩目于"他律自由"的他者视域下的"德福相契"论一道,构成了三种看待道德与幸福一致性的主要道德哲学范式,且分别代表了"自我关注""'自我—他者'关注"和"他者关注"的三种主观性维度对问题本身的不同理解方式。

我们从这里转换出来的问题是:重要的不仅是我们罗列的伦理学史上三种看待"道德与幸福"关系的主观性视角和对问题的理解方式(这无疑是我们要强调的),我们更为重点强调的是,从这三种主观性维度呈现出来的"德—福"问题方式所触及的道德探究的形态学分布,因为各种解题策略的合理性总是以其问题方式在与幸福关联的道德探究的形态学分布中影响着伦理的类型。因此,在"道德与幸福"关系的讨论中,我们依据一种道德形态学的区分,至少得出一种与幸福相关的道德探究的形态学分布。然而,当我们指证传统德性伦理的代表亚里士多德从心灵自由的功能论证得出"德—福"一致论,抑或现代规范伦理的代表康德从意志自由的追随论证得出"德—福"配享论,或者当代他者伦理的代表列维纳斯从他律自由的转换视域中得出"德—福"相契论,我们实际上展现了"幸福"向人们所显示的道德形态学的三大"问题":应当如何生活? 应当做什么? 应当如何在一起? 这三大问题,构成了与"幸福"关联的道德探究的道德形态学分布的三条轴线,是我们今天理解道德与幸福的一致性不可偏废的基本问题视域。

参考文献:

[1] 〔美〕托马斯·斯坎伦. 价值、欲望和生活质量[M]//〔印〕阿玛蒂亚·森,〔美〕玛莎·努斯鲍姆. 生活质量. 龚群,译. 北京:社会科学文献出版社,2008:195.

[2] 〔古希腊〕亚里士多德. 尼各马科伦理学[M]. 苗力田,译. 北京:中国社会科学出版社,1999:18.

如何看待道德与幸福的一致性

［3］〔德〕康德. 实践理性批判［M］. 邓晓芒,译. 北京:人民出版社,2003:154.

［4］韩水法. 批判的形而上学［M］. 北京:北京大学出版社,2009:132.

［5］〔法〕埃马纽埃尔·列维纳斯. 从存在到存在者［M］. 吴惠仪,译. 南京:江苏教育出版社,2006:1.

［6］Emmanuel Levinas, *Totality and Infinity*, trans. A. Lingis, The Hague/Boston/London:Martinus Nijhoff Publishers,1979, Preface p. 23.

［7］〔法〕列维纳斯. 上帝·死亡和时间［M］. 余中先,译. 北京:三联书店,1997:245－246.

［8］Zygmunt Bauman,*Postmodern Ethics*, Cambridge:Blackwell Publisher,1993, p. 86.

（田海平,东南大学伦理学研究所教授、博士生导师;本文发表于2014年第3期）

进化伦理学与道德规范性

徐向东

摘　要　进化伦理学试图从一种自然主义的角度来探究人类道德的本质和来源,因此对道德规范性得出了一种与传统的道德实在论截然不同的理解。理查德·乔伊斯等人由此试图表明,尽管进化伦理学以某种方式"拆穿"了人类道德的本质,但它未能说明严格意义上的道德规范性。对这一论点的反驳,可以捍卫伦理自然主义。

道德在人类生活中占据一个至关重要的地位,在某种意义上可以比作人类社会的黏合剂:若没有道德以及相关的正义制度,就不可能有持久稳定的社会合作,也不可能有值得向往的人类生活。但是,"为什么要道德"(why to be moral)这一问题始终困惑着人们,对它的探究也就自然地成为道德哲学的核心论题。之所以如此,主要是因为与其他形式的社会规则相比,道德规范被认为具有两个与众不同的特点:第一,道德要求是绝对的,不依赖于个人欲望和倾向而对我们具有约束力;第二,我们对道德生活的体验不仅涉及用一种不依赖于甚至对立于个人欲望的方式来选择和评价行为,也包括一种具有正确欲望的意愿。哲学家们已经试图从各种角度来理解这些特征。然而,大多数传统进路都遇到了自己的困难。相比较而言,假若能够从进化的角度来说明人类道德的突出特征,那么就不仅解决了一个长期令人困惑的根本问题,也表明人类道德可以从一种自然主义的角度得到说明。

从进化的角度来说明道德的本质和起源至少需要回答两个问题。其一,为什么人类的道德能力存在? 或者用进化的措辞来说,它们可能具有什么样的适应作用? 其二,它们是如何出现的? 或者用进化的措辞来说,什么原始的道德能力、在什么样的选择环境中被修改来说明道德能力的系统发生学起源和认知起源? 描述性的进化伦理学只是试图从进化的角度来说明人类的道德能力和道德规范的起源,本身并不寻求为后者提供一个辩护。不过,为了看到这种伦理学是否对日常的道德经验提出了一种令人满意的说明,就需要将它与元伦理学联系起来。本文的主要目的就在于探究这个问题。在第一部分,笔者将简要地重构从进化的角度来理解人类道德的基本线索,第二部分和第三部分主要以乔伊斯的工作为基础,看看进化伦理学是否能够充分说明日常所理解的道德规范性,然后试图反驳乔伊斯等人提出的一个论点,即作为一种伦理自然主义的进化伦理学并未把握严格意义上的道德规范性。

一、道德与进化

对道德的进化探讨取决于对人类道德提出一种特定理解。进化生物学假设人类个体在如下意义上是"自私的":我们所有人都受"自私的基因"控制,把繁衍尽可能多的后代当作我们作为生物有机体的主要目的。[①]如果我们称为"道德"的那种东西主要是围绕社会生活(尤其是社会合作的可能性)而产生出来的,那么进化伦理学的主要任务就在于表明自然选择如何产生了社会合作的规范,并让人们有动机按照这些规范来行动。进化心理学家克雷布斯很好地总结了进化伦理学的基本观念:

> 对于"什么是道德"这一问题,我的回答是由一系列思想构成的,这些思想关系到生活在群体中的人们为了用合作的方式来满足自己

---

① 参见 Richard Dawkins, *The Selfish Gene* (30th anniversary edition), Oxford: Oxford University Press, 2006.

的需要、发展自己的利益而应该如何行动。道德的观念关系到人们有权从与他们发生互动的人那里指望什么,又有责任回报什么。道德的观念规定人们应该遵守维护群体的规则、尊重合法权威、抵制以牺牲他人为代价来满足自己需要的诱惑、帮助他人、以互利的方式来分担负担、报答和行动。道德的观念的这一职能是要诱导个体维护社会秩序,这样做的方式是约束自己的自私欲望和偏见,维护各种关系、促进群体和谐、用有效的方式来解决利益冲突、有效地处理违背规则的人、用为所有人造就一种更好的生活的方式来培养人们的利益或兴趣。[1]

按照这种理解,人类道德首先是从人类对社会合作的需要中凸现出来的,其首要目的是要以各种有效的方式来解决利益的冲突和协调问题。对这个问题的探究大致分为三个阶段①:首先是要说明原始的亲社会行为的进化,然后说明人类特有的亲社会行为的进化,最终说明人类道德感的进化。具体地说,大概可以从五个递进的层面来说明人类道德的起源②:亲缘选择、互惠性利他主义、间接互惠、群体选择或文化选择、道德情感的进化③。

很长时间以来,进化理论家一直对生物利他主义备感困惑:按照行为生物学家对这个概念的定义,一个有机体 A 用一种利他主义方式来对待

---

① Dennis L. Krebs 的论述结构很好地示范了这一点,参见 Dennis L. krebs, *The Origins of Morality:An Evolutionary Account*, Oxford:Oxford University Press,2011. 亦可参见 Richard Joyce, *The Evolution of Morality*, Cambridge,MA:The MIT Press,2006,特别是第 1 至 4 章;J. McKenzie Alexander, *The Structural Evolution of Morality*, Cambridge:Cambridge University Press,2007.

② John Teehan 提出了一个方便的总结,在这里笔者主要沿用他的说法。参见 John Teehan, *In the Name of God:The Evolutionary Origin of Religious Ethics and Violence*, Oxford: Blackwell,2010,pp. 21 – 41. 也可参见 Richard Joyce, *The Evolution of Morality*, Cambridge, MA:The MIT Press, 2006, Philip Kitcher, Biology and Ethics, in David Copp(ed.), *The Oxford Handbook of Ethical Theory*, Oxford:Oxford University Press,2006,pp. 163 – 181. 更详细的论述可参见 Elliott Sober and David Sloan Wilson, *Undo Others:The Evolution and Psychology of Unselfish Behavior*, Cambridge, MA:Harvard University Press, 1998.

③ 这个说明模式实际上是达尔文自己奠定的,参见 Peter J. Richerson and Robert Boyd,Darwinian Evolutionary Ethics:Between Patriotism and Sympathy, in Philip Clayton and Jeffery Schloss(eds.), *Evolution and Ethics*, Grand Rapids, Michigan:William B. Eerdmans Publishing Company,2004, pp. 50 – 60; Dennis L. Krebs, *The Origins of Morality:An Evolutionary Account*, Oxford:Oxford University Press,2011, pp. 40 – 56.

进化伦理学与道德规范性

另一个有机体 B,A 的行为促进了 B 的繁殖成功,却削弱了 A 自身的繁殖成功。哈密尔顿的亲缘选择模型为解决这个难题提供了关键的一步。① 繁殖成功是严格按照从一代传递到下一代的基因的数量来测度的,具有和养育自己的孩子显然是让基因传递到下一代的一种方法,但并不是唯一的方法,因为让跟自己具有同样基因(即具有亲缘关系)的后代以更大的数量幸存下来,实际上也是一种繁殖成功。换句话说,从进化的观点来看,为了让与自己具有亲缘关系的人受益而牺牲自己的直接利益,这种做法也符合长远的自我利益。哈密尔顿由此表明利他主义在亲缘选择的情形中是有可能存在的。但是,若要说明人类道德的进化,亲缘选择模型就面临一个严重问题:它不太容易说明超越血缘关系的利他主义行为如何可能。如果人类社会的发展必然要超越小规模的家庭群体结构,就必须寻求其他方式来说明大规模的利他主义的可能性。特里弗斯等人试图提出一种互惠性利他主义来弥补这个缺陷。② 这种利他主义之所以是"互惠性的",是因为它把期望得到对方回报设定为采取利他主义行为的动机。特里弗斯指出,只要三个条件得到满足,互惠性利他主义就有可能进化出来:第一,必须存在反复出现的利他主义机会;第二,在潜在的利他主义者之间必须有反复出现的互动;第三,潜在的利他主义者必须能够彼此提供与其付出的代价相当的好处。我们都很熟悉的囚徒困境生动地阐明了这种利他主义的核心思想。

然而,互惠性利他主义也不是很令人满意,其中一个主要问题是:即使这种利他主义确有可能是进化的产物③,它仍不足以支持人类道德好像具有的那种普遍的利他主义特征,例如,人们进行合作和愿意帮助陌生人的

---

① 参见 William Hamilton(1964),The Genetic Evolution of Social Behavior,*Journal of Theoretical Biology* 7:1 - 52.

② 参见 Robert Trivers(1971),The Evolution of Reciprocal Altruism,*Quarterly Review of Biology* 46:35 - 57;Robert Axelrod,*The Evolution of Cooperation*,New York:Basic Books,1984.

③ 有些理论家对此深表怀疑:在他们看来,为了表明这种利他主义是进化的产物,特里弗斯等人就需要假设有某种配对设施(pairing device)作用于人类祖先,强制他们去玩反复出现无数次的囚徒困境游戏,但这个假定看来很不合理。参见 Philip Kitcher,Biology and Ethics,in David Copp(ed.),*The Oxford Handbook of Ethical Theory*,Oxford:Oxford University Press,2006,pp.168 - 169.

倾向似乎并不限于要求或指望得到报答的情形。此外，当社会群体的规模变得越来越大时，互惠性利他主义就有可能崩溃，因为其可能性不仅取决于可以合理地预期的报答，也取决于能够用有效的方式来惩罚背叛者，而在一个大型社会中，这些条件或预设都不太可能得到满足。因此，为了说明大规模的合作体制是如何发展出来的，就需要寻求其他因素来说明合作的稳定性。亚历山大为此提出了"间接互惠"的概念①，其本质要点是：互惠可以是间接的——利他主义者所指望的回报不一定要给予本人，也不一定要由利他主义行为的接受者来支付；即使一个有益于他人的品质在某些具体情形中可能会减损其拥有者的适应度，但是，只要它会鼓励其他人（不管他们是不是特定利他主义行为的受益者）对其拥有者进行奖励，或者劝阻其他人去惩罚其拥有者，它就会被选择出来。总之，如果一个人已经具有利他主义倾向，那么，当他因为具有这种品质而从其他人那里得到的奖励胜过他因为履行了利他主义行为而偶然遭受的不利时，这种品质就可以在群体内部进化出来。有些进化心理学家甚至认为，在人类心理结构中，有一种专门对背叛合作进行检测的模块。② 若是这样，一个个体参与社会合作的态度及其在社会合作中的表现就会影响其他人跟他进行合作的可能性，从而影响其适应度。

这种尝试旨在通过诉诸"间接互惠"的概念来说明扩展的利他主义是如何可能的。很不幸，它也面临一些严重问题。首先，就像在互惠性利他主义的情形中一样，这种形式的利他主义能够扩展多远是不清楚的。名誉和社会奖励可能只适用于小型社会：一旦社会规模过大，欺骗（不对一个利他主义行为进行回报）的机会就提高了，而我们也很难发现潜在的欺骗者。如果人们受到欺骗却发现不了欺骗者，他们参与合作和进行回报的倾向就会受到削弱。当社会规模变得越来越大时，搭便车而不被逮住的机会

---

① 参见 Richard Alexander, *The Biology of Moral Systems*, New York: Aldine de Gruyter, 1987.

② 参见 Leda Cosmides and John Tooby, Cognitive Adaption for Social Exchange, in Jerome H. Barkow, Leda Cosmides, and John Tooby (eds.), *The Adapted Mind: Evolutionary Psychology and the Generation of Culture*, New York: Oxford University Press, 1992, pp. 163 – 228.

进化伦理学与道德规范性

就会大大增加。如果这种情况确实存在并能持续下去,得到好处而不回报的诱惑就增加了。可想而知,一个社会越大、越复杂,利他主义的成本和效益就变得越不明显。其次,即使这些问题在一个中等规模的社会中可以得到解决,比如通过设立一种惩罚系统来处理欺骗和搭便车问题,惩罚本身也可能会对进行惩罚的个体施加很大负担,并产生另一种形式的搭便车问题①:惩罚需要付出成本,进行惩罚的人需要投入时间、精力和资源来追踪搭便车者,并有可能让自己遭受风险,因此,自己尽可能不去惩罚违背规则的人、希望其他人去做这件事就变得很有吸引力。这样就产生了所谓的"二阶搭便车者"问题。不管是在哪一个层次上,与自觉遵守规则和强化规则的人相比,成功的搭便车者在某种意义上总是过得更好,于是,对搭便车者来说颇具吸引力的状况就有可能攀升为这样一种状况:每个人都试图从社会合作的漏洞中捞取好处且脱身而出、不受惩罚。如此一来,整个社会合作体制以及有关的规则系统迟早会崩溃。

如何摆脱这种困境?如何降低破坏群体合作的因素?一些理论家试图通过引入文化选择的概念来解决这些问题。② 然而,我们有理由怀疑文化传递本身能够起到加强社会合作、扩展利他主义的作用。首先,某个东西(例如某个观念或信念)在文化上得到传递的可能性取决于它在叙述上引人注目、在情感上有吸引力以及实质上有利。③ 比如说,基督教的天堂观念之所以在文化上得到了传递,可能是因为它符合一种似乎能把人间苦难解释得通的宇宙论。但是,尽管这样一个观念可以在文化上广为传播,我们仍然不太清楚它在什么意义上有助于促进基督教共同体成员的团结,即使这样一个群体因为持有某个共同信念而具有一定程度的社会凝聚力,因此在与其他群体的资源竞争中可以暂时获胜。实际上,很难说这种文化

---

① 参见 R. Boyd, J. Gintis, S. Bowles and P. J. Richerson(2003), The Evolution of Altruistic Punishment, *Proceedings of the National Academy of Science* 100:3531 – 5.

② 参见 Peter J. Richerson and Robert Boyd, *Not by Gene Alone: How Culture Transformed Evolution*, Chicago: The University of Chicago Press, 2005.

③ 参见 Jesse J. Prinz, *The Emotional Construction of Morals*, Oxford: Oxford University Press, 2007, pp. 220 – 222.

传递本身就能扩展利他主义行为的界限。若不把某些"准道德的"因素（例如公平和应得的观念）注入通过群体之间的文化差异来发挥作用的选择中，就不清楚那些选择机制是不是真的能够扩展群体间的社会合作、增强个体间的利他主义倾向。

进化论的故事到此为止似乎陷入了一个困境。如果基因机器的本质"使命"就在于保证有机体的生存和繁殖，那么它发展出来维护和促进那项"使命"的载体也必须服务于这个"目的"；利他主义行为有可能是基因机器通过自然选择而发展出来的工具，但是，假若一种起初是利他主义的习性不再有助于促进有机体的内含适应度，它在自然选择中大概就会被淘汰。从进化的观点来看，合作似乎也只是基因机器为了促进或增强个体的内含适应度而发展出来的工具，而一旦合作被认为不再有助于促成实现这一目的，它就面临崩溃或解体的危险，因此似乎并不存在"真正的"利他主义。

有趣的是，一些理论家认为道德恰好是被进化来解决这个难题的。合作面临的最大障碍就在于：个体总有可能因为受到诱惑而背叛合作。人类祖先或许具有同情性地对待他人、在某些情况下采取利他主义行为的能力，但是，在社会背叛将会带来明显报酬的情形中，这些能力总是脆弱的。[①] 既然欺骗、背叛或者搭便车都是难以抵制的诱惑，利他主义个体如何能够相信自己肯定会得到回报？当然，对方承诺会回报他，但是，他如何确信对方会兑现自己的承诺呢？不错，若不兑现自己的承诺，对方可能会受到惩罚。假若惩罚总是有效的，利他主义者也许就会得到保证。惩罚可以是一种有效的策略，然而，在规模较大的社会中，惩罚背叛者所要付出的成本可能也很高，因此就会面临前面提到的"二阶搭便车者"的问题。因此，如果人类祖先确实形成了规模较大的群体且能开展合作，那必定是因为他们发展出了某种方式来处理背叛、欺骗和搭便车者之类的问题。按照某种理解，人类祖先在进化历程中已经具有的情感资源为解决这类问题提

---

① 弗朗斯·德瓦尔对黑猩猩行为的研究被认为很好地表明了这一点。参见 Frans de Waal, *Chimpanzee Politics*, Baltimore: John Hopkins University Press, 1984.

供了关键内容。情感不仅包含着认知的要素,实际上也是自然选择的产物——"自然选择……把情感塑造出来,用它们来调节生物有机体的生理、心理和行为参量,以对(环境中的)威胁和机会进行适应性的回应"[1]。例如,一个人在受到攻击的时候会感到恐慌,这种情感反应会导致他在生理、心理和行为方面调整自己,以回应受到的威胁。有了情感,个体就可以用一种能够对其适应度产生正面影响的方式来回应环境或其他个体。可以设想,与使用惩罚手段相比,用愤怒、蔑视、厌恶、谴责、责备之类的情感反应来回应欺骗、背叛、搭便车之类的行为,可能是一种更便利的做法,而只要这些情感态度深入人心并得到普遍运用,它们可能也是一种相对有效的手段。特别需要注意的是,情感承诺(例如友爱)具有长期稳定的效应,一般来说并不受制于对当下的自我利益的理性计算。总的来说,假若我们已经有了这样一种情感反应系统,在适当条件下,我们就可以用负面情感去回应打破规则、对互惠合作和相互承诺进行威胁的人,用正面情感去回应对它们进行支持和维护的人,从而以这种方式促进社会合作、增强社会凝聚力。于是,按照某些理论家的说法,我们有理由认为道德感就是从这种情感系统中凸现出来的。

到此为止,我们可以对人类道德感的起源做出如下总结。一方面,如果内含适应度就是自然选择的根本目标,那么我们就比较容易理解基于亲缘关系的利他主义以及互惠性利他主义的可能性。另一方面,如果内含适应度真的就是生物意义上的自然选择的根本目标,那么欺骗、背叛、搭便车之类的行为就会成为大规模社会合作的严重障碍,因此就让广泛的利他主义变得不可能,最终导致社会合作的消解。若是这样,我们就有理由怀疑人类的道德意识或道德能力是直接从生物意义上的自然选择中产生出来的。随着人类群体生活规模的扩大,人们不再只是与亲朋好友打交道。在这种情况下,如果某些群体计划的实现要求且取决于合作,就不得不发展一些机制

---

[1] Randolph Nesse, Evolutionary Explanation of Emotions, *Human Nature*, Vol. 1, No. 3 (1990):261 – 289, 转引自 John Teehan, *In the Name of God: The Evolutionary Origin of Religious Ethics and Violence*, Oxford: Blackwell, 2010, p. 37.

来保证在合作中没有任何人能够有效地采取欺骗、背叛、搭便车之类的行为。这种行为被逐渐判断为在一种极其严重的意义上(可能就是后来所说的"道德的意义上")是错误的,而为了杜绝这种行为,就不允许采取这种行为的人有任何辩解的余地,就此而论,这种判断传递或表达了所谓的"绝对命令"。相应地,凡是有助于促进社会合作、增强社会和谐的行为就会得到推荐和赞扬,并在一种抽象的意义上被认为是好的。前面提到的情感反应系统就起到了支持和维护这种评价和判断的作用,并演化为今天所说的"道德情感"。

二、进化伦理学与道德规范性

如果进化伦理学的叙述是可靠的,那么它似乎用一种与传统道德实在论直接对立的方式说明了道德的一个本质特征:道德要求为何在我们的道德经验中具有一种"绝对"地位。乔伊斯认为,对于人类来说,具有道德能力本质上意味着能够做出道德判断和能够理解禁令。[①] 这两种能力之所以是本质的,是因为在人类道德中可以观察到的其他核心特点都可以从中得到说明。道德判断不是单纯的行为表现,而是对行动、人和制度等所采取的态度,因此可以对我们产生动机影响。假如一个人认识到某些事情仅仅因为是错的就不应该去做,就可以说他理解了道德禁令。从以上对道德起源的进化说明中不难看出禁令在道德系统中所占据的重要地位,因为按照这种论述,道德一开始是作为一种警示、惩罚和补救的设施而出现的。如果我们诚实地判断做某件事在道德上错的,那就意味着一般来说我们不应该去做那件事。从道德经验的角度来看,道德禁令好像并不取决于我们的欲望,也不取决于我们在社会生活中碰到的其他形式的规范,例如法律规范和礼仪规则。进一步说,假若一个人在充分知情的情况下做了一件道德上禁止的事情,例如蓄意伤害他人,他就值得惩罚。因此应得的观念也

---

① 参见 Richard Joyce, *The Evolution of Morality*, Cambridge, MA: The MIT Press, 2006, 第 2 章。

蕴含在道德判断的概念中。乔伊斯认为,不能理解禁令就意味着不能具有道德感。于是,即使一个物种的成员有时可以对周围同伴施以好处(如在吸血蝙蝠的情形中),或对其他成员的痛苦表示同情(如在黑猩猩的情形中),这也不足以将它们视为道德动物,除非它们也把某些行为看作是被禁止的。"被禁止"这个说法意味着"无论如何都不得去做",因此就暗示了这样一个思想:某些事情仅仅因为在道德上是错的,就不应该去做——到此为止!按照这种理解,尽管道德具有一个自然的基础,它好像也有一种超越单纯的人类约定的权威。

道德权威很可能是由一种三阶段的过程产生出来的。首先,为了处理社会合作中的不确定性以及社会生活中因利益或观念的冲突而产生的张力,人类祖先逐渐学会把某些制约行为的规则明确表述出来,用它们来塑造人们的愿望、计划和意图,以便降低破坏利他主义倾向的可能性。然后,为了阻止人们进一步破坏规则或者在事后为自己寻求辩解的做法,人类祖先逐渐学会把切实履行规则的要求设想为具有绝对的约束力。最终,为了进一步强化这种要求的绝对性,也有可能存在着一种对它们进行客观化的过程:将它们"投射到"世界中,就好像世界本身就包含着具有规范力量的道德事实,后者构成了道德权威的基础或根据。从进化伦理学的叙述中我们不难看出,这种投射不仅是可理解的,而且被投射出来的那种规范性和权威也具有一种"事实"基础,因为它们植根于人类活动的某些实践必然性之中。在某种意义上说,对道德起源的进化论述,特别是刚才提到的那种投射,确实导致了一种反实在论的道德立场。然而,笔者并不认同提出这一见解的某些理论家的说法:如果从进化的角度对人类道德的说明是可靠的,那么它就揭穿了道德的假面具,使得道德的客观基础变得多余,或者迫使我们对道德采取一种虚构主义的立场。① 鲁斯认为,"道德只不过是

---

① 乔伊斯旨在表明这一点,参见 Richard Joyce, *The Evolution of Morality*, Cambridge, MA: The MIT Press, 2006; *The Myth of Morality*, Cambridge: Cambridge University Press, 2001. 类似的观点更早地由鲁斯提出,参见 Michael Ruse and E. O. Wilson (1986), Moral Philosophy as Applied Science, *Philosophy* 61: 173 – 192.

我们的基因欺骗我们的一种集体幻觉"[2]。他的意思是说，我们原本假设人类的道德感有一种更深的来源，道德义务也不依赖于与人类自身的历史有关的偶然事实。我们在生物学上被迫相信道德主张是客观的和真的。但是，事实表明这个信念是假的，因为进化的故事表明道德在人性中有一个基础，并由此说明我们为什么做出道德判断。这样，只要我们认识到道德判断在生物学上是固有的，我们就无须花费心思去设定道德事实。

道德是不是天赋的（innate）是一个复杂问题，取决于如何理解"天赋"这个概念及其与环境适应的关系。① 在这里笔者不探究这个问题。笔者提及鲁斯等人的观点，主要是为了进一步探究进化伦理学能在多大程度上说明道德规范性。为此，笔者首先简要地考察一下乔伊斯反对一种伦理自然主义的论证。② 这种自然主义是一种所谓的"休谟式的伦理自然主义"，被认为由两个基本主张构成：第一，存在着道德事实，例如，"仅仅为了保全面子而撒谎在道德上是错的"和"希特勒是邪恶的"这两个陈述都被认为表达了道德事实；第二，休谟式的理由学说是真的，也就是说，行动者具有什么行动理由在某种程度上取决于其实际欲望、兴趣、计划和目的，因此同一环境中的不同行动者可能具有不同的行动理由。乔伊斯正确地指出道德话语必须具有"让其他类型的考虑或理由保存沉默"的功能。实际上，从道德起源的进化论述中，我们不难理解道德话语为何被赋予了这样一项功能：如果一种令人满意的人类生活必然要求规模较大的社会合作，如果在前道德的生活状态下，人性和人类条件已经是这样，以至于大规模的合作必然面临不确定性的威胁，那么人们就需要发明一种设施来消除或降低不确定性，以便彼此得到保证和取得信任。为了让这种设施能够履行其指定职能，人类祖先就学会把某种绝对权威赋予它，以断然阻止个体出于自我利益的考虑而进行的理性算计或者不时会发生的意志软弱。

---

① 参见 Peter Carruthers, Stephen Laurence, and Stephen Stich (eds.) , *The Innate Mind* , 3 vols , Oxford : Oxford University Press , 2005 , 2007 ; Walter Sinnott-Armstrong (ed.) , *Moral Psychology , Vol. 1 : The Evolution of Morality : Adaptations and Innateness* , Cambridge , MA : The MIT Press , 2008.

② 参见 Richard Joyce , *The Evolution of Morality* , Cambridge , MA : The MIT Press , 2006 , pp. 190 – 209.

现在可以来考虑乔伊斯的论证。这个论证的核心主张是,假如在一个道德话语的规定和人们不得不遵守的理由之间只存在着一种可靠的偶然联系,这样一个框架就说不上是一个"道德"系统。实际上,自然主义者并不(或者无须)否认道德要求在如下意义上是绝对的:道德绝对地应用于每一个正常的成年人——一个人能够在道德上有义务做某件事情,即使这样做不会满足他的任何欲望或者实现他的任何目标。这个说法抓住了道德权威的一个方面:道德对我们来说是不可避免的。然而,乔伊斯认为礼节之类的东西对我们来说也是不可避免的:礼节要求我们以特定的方式行动,即使这样做不会服务于我们的任何欲望。但是,尽管礼节在这个意义上是不可避免的,它并不向我们提供绝对的行动理由,而道德似乎能够对我们提出这样的要求:不管我们碰巧具有什么欲望,我们都有理由按照道德要求去行动。道德的权威无疑要强于其他形式的规范的权威。但是,在说道德向我们提供了绝对的行动理由时,必须留心如何理解这个说法。这是一个复杂问题,在这里笔者只提出两个相关考虑。首先,有一种"动机内在主义"的观点:道德判断的概念本身就蕴含着以某种方式在道德上行动的动机或倾向。对于一个充分理解了道德的本质和要求的人来说,做出一个道德判断意味着具有采取道德行动的动机。然而,到目前为止,我们仍然不是很清楚二者之间究竟有什么关系。我们固然可以把这种联系定义为概念上是必然的①,比如我们可以说,必然地,对于任何一个完全合理且清楚地思考的人来说,只要他诚实地判断他在道德上有理由做 A,他就有动机去做 A,否则在实践上就是不合理的。但是,在试图说明道德权威的本质和来源时,笔者认为我们应该抵制用这种方式去理解道德判断与道德动机的联系。如果这种联系确实存在,但又不能被合理地看作概念上乃至逻辑上必然的,那么它很有可能是道德学习和道德训练的结果,而不是先验的或先天就具有的。这将我们引向第二个考虑:即便道德确实不依赖

---

① 例如用迈克尔·史密斯定义"完全的合理性"的那种方式。参见 Michael Smith, *The Moral Problem*, Oxford: Blackwell, 1994.

于我们的欲望而向我们提供了行动的理由,但是,在一个更高的层次上说,那是否意味着我们总有理由按照道德要求去行动? 请注意,笔者不是在否认道德一般来说向我们提供了行动的理由,笔者所要问的是:是否在任何条件下我们都有理由按照某个指定的道德要求去行动? 假若我们不想陷入一种不合理的康德主义,笔者相信对这个问题的回答是否定的,因为对道德能动性的合理要求至少必须受制于"'应当'蕴含'能够'"原则:一个人在道德上有理由做的事情应当是他在自己理性能力的限度内能够做的。① 假若这是正确的,那就意味着甚至道德行动的理由也是相对于具体的行动情境以及行动者的执行能力和心理条件而论的。实际上,假如进化伦理学的故事是正确的,就没有理由认为道德是"自成一体的"——既与人们对自己的理性利益的追求无关,也与社会合作及其条件无关。

为了进一步澄清道德规范性的本质,我们可以方便地讨论一下考普提出的一个论点:道德并不具有所谓的"权威规范性",这种规范性也不能用一种自然主义的方式来理解。考普所说的权威规范性大致相当于乔伊斯所说的道德的实践影响力,被用来把握"道德对我们具有客观权威"这一思想。考普认为,我们可以对"道德的客观权威"提出两种可能解释(二者不一定是相互排除的):其一,道德理由是任何理性行动者在慎思中都会考虑的理由——就他认识到了那些理由而且是理性的而论;其二,对于一个理性行动者来说,只要他清楚地思考并理解了道德的本质,他必定会认识到道德所提供的理由不是任何其他理由所能推翻的。第二种解释被认为强于第一种:即使一个理性的人承认道德向他提供了他要加以考虑的理由,他可能会认为也存在着其他的权威性理由,而这些理由可能会推翻道德理由,不过,第二种解释阻止他去进一步追问"为什么要道德"这一问题。然而,考普认为对权威规范性的第二种解释是不可接受的,其核心要点是:如果理性行动者总有可能对道德表示出犹豫不决的态度,那就表明

---

① 实际上,可以认为这个要求本身也是来自某些具有道德含义的高层次考虑,正如威廉斯所暗示的,参见 Bernard Williams, Moral Incapacity, in Williams, *Making Sense of Humanity*, Cambridge: Cambridge University Press, 1995, pp. 46 – 55.

进化伦理学与道德规范性

道德没有权威规范性。考普试图用《理想国》中古格斯的例子来说明这一点。古格斯徘徊在自己对道德责任的承认和自我利益的诱惑之间,于是就从实践的观点提出了"我为什么要道德"这一问题,并在这个问题上表现出一种犹豫不决的态度。考普认为,这个事实表明:没有理由认为道德具有客观的权威(在上述第二种解释的意义上)。①

然而,考普的论证至多只是表明道德事实上没有这样的权威,而不是表明道德不能乃至不应该有这样的权威。他的论证至少存在两个缺陷。第一,他对"理性的人"中"理性的"这一概念的使用是有歧义的。他说:"如果古格斯理解了道德考虑的本质,而且是理性地并清楚地思考,那么他就会认识到,他的计划的不公正向他提供了一个不要加以落实的权威理由。"[3]然而,要是古格斯已经诚实地断言道德向他提供了这种有权威的理由,他大概就不会采取把国王杀死并霸占王后的行为,正如考普所承认的。之所以如此,是因为他已经对道德有了承诺,因此正是对道德要求的理性承诺阻止他采取那项行动。在这种情况下,道德理由对他来说仍然具有权威性。另一方面,在是否要按照道德来行动这个问题上,如果他仍然持有犹豫不决的态度,那就意味着引导他去慎思的理性不是道德理性,而是一种深谋远虑的合理性:他是在算计采取那项行动是否符合他对自己长远利益的考虑,因此才有了那种犹豫不决的态度。在这种情况下,我们可以认为他仍然没有真正地理解道德理由的本质。第二,即使"理性的人"这一说法中"理性的"不是指深谋远虑的合理性,考普可能已经将某个特定道德的内容(例如某个特定的道德要求)与一般而论的道德混淆起来,后者与我们在进化伦理学中鉴定出来的一个思想相联系:为了协调人们遵守社会合作的规范的行为,人类祖先已经学会把一种绝对的权威赋予有关规则。在后一个意义上具有道德意识的人们可以针对某个特定的道德要求提出"我为什么应该遵循这个要求"这一问题。对道德规范的进化论述对此提供了很好的说明。我们或许认为

---

① 参见 David Copp(2004),Moral Naturalism and Three Grades of Normativity, reprinted in Copp, *Morality in a Natural World*, Cambridge:Cambridge University Press,2007,pp. 249 – 283.

某个心理习性或某种行为方式因为具有适应性而是"好的",并由此认为我们应当具有那个心理习性或采纳那种行为方式。但是,在这样做时,也需要把适应(adaptation)和适应性(adaptiveness)区分开来。① 具有适应性的东西不一定是一种适应,而适应(的过程)也不一定具有适应性。举例来说,如果定期体检有助于提高我们幸存和繁殖的机会,那么这种做法是有适应性的,但由此推不出心灵有一种"定期体检"的适应机制。定期体检是一种经过学习获得的行为方式。另一方面,即使一种行为是由某种心理适应机制产生出来的,我们也不能由此认为它就产生了适应行为。自然选择至多只是告诉我们,在将那种心理适应机制进化出来的环境中,与其他竞争机制相比,那种机制平均来看倾向于产生更有适应性的行为。但是,一旦环境发生了变化,它有可能不会产生适应行为。因此,在人类祖先的进化史中,即使某些心理习性或行为倾向因为具有适应性而与道德要求的概念发生了联系,在当今的环境中,它们的规范地位也可以受到合理怀疑。然而,即便有这种可能性,它也没有削弱如下思想:在进化论的故事揭示出来的那个意义上,一般而论的道德仍然具有这个故事赋予它的那种绝对权威。

结　语

有了以上澄清,就可以对乔伊斯反对伦理自然主义的论证做出一个最终评价。休谟式的伦理自然主义,正如乔伊斯刻意指出的,认同了行动理由的相对性论点。但是,如果它仅仅是认同这个论点,那么显然还没有强有力的理由断言它所表达的规范框架算不上是"真正的'道德'系统"。乔伊斯实际上所要说的是,在休谟式的伦理自然主义这里,道德规定和服从它们的理由的关系仅仅是一种可靠的偶然联系,因此相应的规范框架就说不上是一种真正的道德系统。但是,有什么理由认为,为了让道德具有它被认为具有的那种权威,这种联系就必须是必然的,又在什么意义上是必

---

① 参见 Scott M. James, *An Introduction to Evolutionary Ethics*, Oxford: Blackwell, 2011, pp. 21 – 22.

然的？乔伊斯实际上并未回答这些问题。他用来反对"偶然联系"观点的唯一理由似乎就是这样一个理由："一种只是偶然地与人们的理由相联系的道德在某些重要的方面就像礼节制度"[4]，因此不可能抓住道德被认为具有的那种客观权威（即考普所说的"权威规范性"）。但是，笔者已经表明，即使关于行动理由的相对性论点是真的，这也无须导致我们接受那个结论，因为甚至对于具体的道德要求来说，对它们的正确认识和理解也会产生相对于行动环境和行动者的能力而论的绝对理由。实际上，从进化伦理学的观点来看，不难理解人类祖先为什么要把一种绝对权威赋予道德——或者甚至应该赋予道德，只要他们认为这样做是出于前面所说的实践必然性的需要。因此，如果进化伦理学对道德感和道德规范的起源提出的说明确实是一种自然主义说明，那么，甚至从这种伦理学的观点来看，道德的权威也不像乔伊斯所说的那样"取决于行动者偶然具有的精神状态"[4](206)。因为即使道德是人性和人类条件的产物，而我们具有怎样的人性、生活在什么样的人类条件下，在某种意义上说确实是偶然的，但却是在人类生活的某种实践需要下产生出来的，因此就具有了一种实践必然性。而一旦道德已经产生或进化出来，那种需要就会迫使具有反思能力的人类个体把对道德考虑的认识与按照某种方式行动的倾向联系起来。从道德感和道德规范的起源来看，我们有理由认为这种有规律的可靠联系不是或不仅仅是一种因果联系，其发展反而与文化进化和后天学习具有重要关联，因此至少不是完全由我们的生物习性本身来决定的。

实际上，与很多当代理论家相比，达尔文自己在这一点上倒是要清醒和明确得多——在试图表明道德进步是通过同情和其他原始的社会倾向来实现的时候，他首先指出："在很多情形中，不可能判定某些社会本能是通过自然选择来获得的，还是其他的本能和能力的间接产物，例如同情、理性、经验以及一种模仿的倾向。"[5]从以上论述来看，笔者认为达尔文在这里想要说的是，就道德的起源而论，我们实际上无法把生物意义上的自然选择和文化或心理意义上的选择区分开来——道德是这两种因素在特定人类条件下相互作用的结果。达尔文似乎更强调后天的学习和训练在道德进步中的作用。如果达尔文的论述是正确的,我们就有理由相信,通过他所说的那种后天的学习、教育和训练,在道德规范和我们服从它们的理由之间就有了一种实践上必然的联系,尽管不是一种概念上或逻辑上必然的联系。但是,这就是我们在人类生活中所能得到而且能够合理地理解的唯一一种必然性。而一旦我们对这种必然性有了深切的认识和承诺,我们就会学会把它当作我们作为人的本质身份的一个要素,从而拥有了达尔文所说的"一种自我导向能力"[5](133)。对于伦理自然主义者来说,把道德理由设想为绝对的不仅是一种自然的举措,也是认识和获得道德理由的最佳方式,因为通过把道德理由投射为好像本身就是具有规范力量的道德事实,我们就逐渐学会重视道德、看重他人的福利,并有了一种评价彼此行为的"客观"基础。换句话说,对道德的进化起源的论述不仅没有像乔伊斯等人所认为的那样"拆穿了道德的假面具",反而进一步说明:尽管那种投射在麦凯的意义上是一种"错误",但仍然是一种可理解的"错误"①。

参考文献:

[1]　Dennis L. Krebs, *The Origins of Morality:An Evolutionary Account*, Oxford:Oxford University Press,2011,p. 27.

[2]　Michael Ruse, The Significance of Evolution, in Peter Singer(ed.), *A Companion to Ethics*, Oxford： Blackwell,1991,p. 506.

[3]　David Copp, Moral Naturalism and Three Grades of Normativity, reprinted in Copp, *Morality in a Natural World*, Cambridge:Cambridge University Press,2007,p. 277.

[4]　Richard Joyce, *The Evolution of Morality*, Cambridge, MA:The MIT Press, 2006,p. 202.

[5]　Charles Darwin,*The Descent of Man*,Penguin Books,2004,p. 130.

（徐向东,浙江大学人文学院哲学系教授;本文发表于 2016 年第 5 期）

---

① 　参见 John Mackie,*Ethics:Inventing Right and Wrong*,London:Penguin,1977,pp. 48－49.

进化伦理学与道德规范性

常人道德的尺度

甘绍平

摘 要 每一个人即便是出于对自身长远和整体利益的考量,也都不应做不遵守道德规范的小人。但不做小人并不自然意味着必须去做圣人。我们的社会总体上是由常人组成的。平常之人是享有权利和履行义务的主体,为了保护自身权益而懂得必须履行维护他人权益的义务,这说明常人知晓守法尚德对于自己的益处。平常之人并不认为道德仅仅是与善恶的选择相关,而是把社会理解为平等成员的共同体,其中人们依据契约关系在权利与义务之间相互掣肘、交互制约。这样,平常之人所理解的道德就是一种合宜恰适的尺度,其行为基准既不应低于这一尺度,也无须高于这一尺度。这便是一种平淡常态的生活,对于当事人而言,这种生活由于不必向圣人看齐而过得了,由于不会堕落成小人而值得一过。

作为一种社会意识,道德这一存在受到的质疑与抨击至少有两种类型:一种是声称道德无用,另一种是断定道德有害。道德无用论的最大持有者是社会学家卢曼(Niklas Luhmann)。他认为从原则上讲,现代社会里不是个体在行动,而是系统在运转。而系统运转中并没有道德发挥作用的空间。"一个经济系统的约束力依赖于占有、交换或资金的游戏规则,而不是靠一种无论怎样的道德。我的医生、老师或银行顾问是不是'好人',这对于其角色完全是无所谓的。不论是在法律、经济、教育、健康,还是在艺术系统中,谁都不会因为他是一个好人而收入更高。"卢曼甚至认为,道德哲学的任务就在于"警惕道德"[1]。今天仍然信奉卢曼对道德的评价的人已经很少了。卢曼的错误,不仅在于他的重系统运作、轻个体行为的立场全然未观照到系统中职业道德的重要作用,而且还在于,他不承认系统之外道德所应有的地位,他荒谬地把系统看成社会状态的全部。

而主张道德有害论的最大代表则是尼采。尼采以对基督教道德和叔本华的同情伦理的抨击为着眼点,认定社会上通行的道德之恶就在于阻止了自我的发展,构成了对人的最大可能的制约,呈现出对超常的、天才的、强者的生命的巨大威胁。尼采对强者、精英的青睐具有明显的社会达尔文主义及反民主的意向,因而在现今很难会赢得人们的追捧。但是对道德作用的质疑却并没有因此而完全消失。2013 年德国出版了一本论文集《道德好吗?》[2],书中呈示了一些作者对所谓道德主义者的极度厌恶。

这里所说的道德主义者有两种含义。一是指那些教条地运用道德原则者,也就是严格地、无视情境条件地坚守道德规范者。这种道德主义者不承认不同的伦理规范之间可能出现的矛盾对立,不知晓应对这类道德两难需要有一种特殊的权衡技巧与道德智慧,其变态性地偏执于某种道德原则的结果,必然会使道德彻底走向荒谬绝伦的境地。正如普雷希特(Richard David Precht)所言:"任何伦理律令、任何行为规范都知道其边界。不论是真理还是正义,不论是关爱还是和谐,都不是绝对有效的。谁要是毫无妥协地遵循伦理规范,便会冒着生活失败的巨大风险。我们更乐意同我们行为的灰色地带打交道,因为尽管有我们的基本原则,我们还知道,灰色地带能够为我们的生活提供帮助并且带领我们前行。"[1](337)

另一种道德主义是指单纯的道德呼吁者。道德呼吁并不困难,而且对于呼吁者本身还有不少好处。他无须花费什么代价,就能够迅速树立自己的形象并占领道德制高点。在传统社会,神父牧师的道德劝诫或许还有奏效的机会,但到了今天,简单的道德说教难以起到什么根本作用,人们也不会期待返回到那样一种好的生活概念得到规定、正确的行为模式受到强令的前启蒙社会。最生动的例子便是 2013 年德国议会选举时,绿党在竞选纲领中提出要在公共餐厅引入"素食日",遭受到民众的抵制。"素食日"的倡议有着明确的生态保护的道德意涵,但许多人并不买账。他们认为肉食合法合理,且目前的牲畜养殖及屠宰方式也合乎规定。保护生态的更有效的途径是依法提高肉类食品的价格,从而让消费者自己有机会决定是为了食欲多付钱,还是出于某种理由少吃肉。总之,最后的决定者应当是民众自身,而不是少数人倡导的"素食日"的规定。"素食日"倡议更多地被看成一种道德强制。总之,"道德好不好"的问题蕴含着对顽梗的道德说教的极度不满和对简单的道德呼吁的严肃反省。

一

其实,固执的道德说教与单纯的道德呼吁在中西文化背景的社会中都早已是一种悠久的历史传统和普遍的现实常态。我们恐怕不会忘记,当刚刚翻开自己的生活大书的前几页,就会有人向你郑重其事地提出一个非常严肃的问题:人活着究竟是为什么? 人生的价值何在? 在生活阅历显然还没有让我们累积足够的智识来应对这一沉重话题之时,有人就会告诉我们正确的答案:做一个摆脱一切低级趣味的高尚君子,你所拥有的一生的精力足以支撑着你攀上处于最高精神境界的圣人巅峰。这样一种告诫绝不是个人随意想起的主观态度,而是拥有系统化的学理依据。当我们成熟到能够阅读人类传统文化的文献典籍,就会深获体察与觉解。一些传统学说认为人的本质在于摆脱私欲,从而实现最高的善好的道德目标。其途径是内省修炼、经营家庭、治理国家、平定世界。还有学说认定,人之所以必须如此努力,是因为其原罪使然。原罪为始祖亚当所传,在此之后每个人一出世便带有原罪,因而人的一生便负有赎罪之重任。当带着这样一种使命感生活之时,我们的道路便显得无比漫长,我们的负担就自觉十分沉重。就像一只刚刚离开母体的雏鹰,在正要展翅高飞时却又被注满铅液,几近寸步难行。

当然,上述那些告诫,如果我们剥除去其宇宙论或宗教信仰的外衣,回归其警世忠告之身份的话,则会发现并非全无道理。人类从动物界进化而来,带有动物的本性。但人类有别于动物之处,恰在于其能够不受自身自然本性的约束,而是自行自主地建构出一套约束行为的道德规则,从而使人类大家庭都能够进入一种文明的状态。当我们"把道德作为人际行为的有约束力的基础来认可"[2](20)的时候,我们就会发现,这样一种道德规则发挥着调节人们关系的功能,让人类免于陷入自相残杀的绝境,从而使每位个体的自身利益都得到最好的保障。可见道德同利益根本不是对立排斥的,而是对利益的一种有效维护。但道德维护利益的方式是独特的:道德规范作为规范呈现出一种约束,它约束着人们的那种损人利己的极端私利,保护的却是包括被约束者在内的每位行为主体的长远、整体的利益。诚然,道德意味着约束,它会导致我们一部分个体自由的损失。但是,"道德导致的是一种对任意的限制"[2](21)。道德限制任意,谁要是打算把路人作为靶子来射杀,道德感就会禁止他,因为道德感要求他必须尊重他人的生命。"这样就构成了一种对任意的限制,但同时也构成了对所有的人的自由的赢得。"[2](21)这样谁就都可以放心地走上大街,并安全返回到家里。由此可见,道德是普遍有益的东西,它对整个社会起着一种润滑的作用,对每位个体发挥着一种支撑的功能。

因而,每个人都不应做不遵守道德规范的小人。显然这样的小人不论对于社会整体还是对于自身个体均是一场灾难。小人或许能在对道德规范的破坏中给自己赢得一点儿蝇头小利,但从长远来看、从整体上讲,这种小利终将会丧失殆尽。因为不遵守道德规范者,会受到规则维护机制的制裁与惩罚,从而失去与他人合作的机会陷入孤家寡人的境地。人是社会动物,一个人如果受到社会的疏远乃至排斥,那他就不可能很好地生活。

当然,我们不能指望每一个人都有这样的认知和自律的意识。对于一些人来讲,恶甚至是一种常态。极少数人带着坏习惯比守着好规矩要过得轻松舒适。而恶又根植于人类的想象力的本能。"用尼采之言来表述,人是不确定的动物。这就是说,人是唯一的在其想象力的世界中不必活在直截当下的动物。"[1](214)而"自从人类拥有了想象力之才能,恶便出现在这个世界上了。谁要是改善这一种群,首先就必须从其大脑中烧灼掉其想象力。幻想使人从自身得到了解放,从其障碍、经验、疑惑、良心中得到了解脱。想象开启了一个一切均允许的世界。人们可以幻想一切,创造性地设计新方法,新的恶行,新的恶之快乐"[2](41)。与此同时,人从本性上讲很难排除自利的冲动,生存的本能使他在考虑问题时自然会从自身利害关系出发;而换位思考需要许多先决条件,对他人困苦与处境的顾及和同情也会受到投射范围的限制。自利的冲动往往驱使当事人采取一切措施与手段谋求自身最大的利益,只要自己的行为违规却不受处罚或处罚的威胁,人们就很难抵挡继续做下去的诱惑。而指望大家都能从善良意志出发,自觉自愿做一位好人,这只是一厢情愿的千年梦想。所以在行为着的个体面前,必须有对道德规范的监督和对制度框架的建构。

就道德规范的监督而言,其作用就在于防止当事人钻规则的空子,即禁止其在别人都守德时自己可以不守德,借此而获得自身最大的利益。例如没有车牌的汽车不惧怕被拍照,它可以在别的车辆等待时擅闯红灯,因而给自己节省大量时间。而许多车主不闯红灯,并非是因自愿守规,而是担心摄像头的拍摄以及随后的处罚。可见严格的监管是确保每位个体遵守道德的最有效的途径。

从制度框架的建构来看,每位行为主体都希望自己守德地作为,正如前面讲过的那样,不仅是在一种有监督、有制裁的状态下运行的,而且也期待自己生活在一种宏观合理的制度框架的环境里,所谓合理在这里就是指合乎道德的要求,即该制度框架本身必须是无害的、公平公正的,对于困苦者能够倾斜性顾及的。换言之,他期望生活在一种渗透着道德意涵的制度环境之中,这样才有可能表现出对道德规范的自觉恪守,同时也就防止因为制度规定不合理而被迫做出不道德的举动,减轻了行为主体在决策上的心理负担,从而避免类似"汉斯偷药"的两难处境。汉斯的妻子身患重病,而药店的有效药品贵得离谱。汉斯不得不在遵纪守法与偷药救妻之间做出抉择。汉斯选择了后者,偷药举动固然可鄙,但挽救妻子的性命却是必须摆在首位的行为选项。此时简单地谴责汉斯不道德是无济于事的,真正有益的解决办法是事先让所有的社会成员均加入大病保险,每个人在平时都付出一定的费用,这样,积少成多的保险资金就可以承担罹患重病的少数人的高额开销。这是一种合乎道德的制度设计,它可以免除行为主体陷入类似于汉斯那样的两难困境。相似的例子还有:亲人亟须器官移植,按照规定只有通过公平的排队方式才能获得。而如果你享有特权,则可以为亲人先行取得所需器官。此时你肯定希望利用此特权来挽救亲人的生命。这里个体道德似乎难以起到根本作用,关键在于特权制度之恶必须通过社会手段予以废除。大家经常提到的"你能否拒绝老板让你做假账"的问题,笔者认为这一问题的确不能完全指望当事人自己作答。如果我们把这个问题转换为"你能否听从老板让你杀人的指令",则答案就明确了。这就说明,许多个体遇到的道德两难问题最好的破解办法,最终不在于当事人的艰难决断,而在于正确有效的规范框架的严密设置。严格的制度监管让人无从作恶。这也就映射出好制度下人人可以变好,坏制度下人人可以变坏的道理。

当然,对一个行为主体守法尚德这一要求并不能无限放大,即不做小人并不自然意味着必须去做圣人。众所周知,董仲舒的性三品说把人性分为圣人之性、中民之性和斗筲之性三等。圣人拥有圣德,且不教而天生便拥有过善之性。中民具有善质却未能善,但可教而成善。而斗筲则生来便恶,情欲很多,教化无用,其行径有违人伦底线。此种学说未有学理依据却不乏历史影响。当今之时代对其我们姑且引为参鉴,却绝不可因循照搬。如前所述,人类来于动物界,故而自保自利构成了人的本性,事实上如果没有一种对自身各种利益需求的全方位的观照,每个人都难以正常把生活延续到今天。因而正当的自保自利属于一个人日常生活之必须。但这种现实的状态并不支持大公无私的立场。文明社会要求每位成员通过守法尚德来抑制极端的自利,却并不意味着期待每位当事人完全弃绝自利。在遇到危及每个人生命安全的情况下,当事人的逃生自救自然是正当的;他率先帮助自己的亲人、朋友、熟人的做法,也属于人之常情,无可指摘。而如果他把死的危险留给自己,把生的希望留给他人,这种英雄壮举虽然值得赞叹、令人感佩,但却无法成为一项伦理律令和道德必须。他的拒绝牺牲并选择自保,也绝不意味着他是卑鄙小人,因为每条人命都拥有同等的价值。普通社会成员与肩负着特殊道德责任的职业人员(如警察、士兵、消防队员、船员、乘务人员、教师等)不同,后者的职业道德要求他们对服务对象的生命负有援救的道德义务,这种援救在必要时甚至需要以牺牲当事人的生命为代价。职业道德的要求对于他们来说并不意味着一种道德强制,因为对这种职业的选择出自他们先前表现的自主意志,他们对此职业的确定蕴含着其对该职业道德的完全认同。换言之,他们如果不想做出牺牲就可以不去选择此种职业。

人拥有充分的选择的自由。人们可以做一位守法尚德的普通社会成员,而不去追求更高的道德理想。道德理想的追求属于个人可以选择的事项,而不应是所有社会成员必须向往努力的目标。道德理想表征着一种或许只有圣人才可能达到的境界。而境界却是一种内在的精神状态,属于当事人私密的心灵花园,它有多么神奇、高远与神妙,只有当事人自己才能体味。境界只能意会,无可言传,是一种靠直觉领悟的对象,无法向其他人所通达,也难以为其他人所分享。它不像社会通行的道德行为规范,可以建构、认知、把握、交流、遵循和监测。道德境界是个体独享的精神圣地,因而具有全然无法普遍化的神秘性。与此同时,个体自身的道德境界实际上也不容他人偷窥,因为个人内在的心灵花园是其最隐秘的精神领域,它是当事人最内在的灵性活动的场所与舞台,也是人的尊严的神圣领地。因而探究某人的道德精神境界,不仅没有可能,而且也不道德。正如普雷希特所言:"重要的是,我们要了解他人的一些事情,以便能够与他们打交道。但同样重要的是,许多东西是秘而不宣的。就如刚才已讲,在我们的日常生活中,无所不晓这一点既不可能,也不是一种值得追求的目标。我们给他人开出的行为账目,正像他人给我们开出的那样不完整。如果像国家那样的主管要改变这种情况,我们正当地就会大为光火。"[1](333) 例如,假如我们在互联网上的浏览记录全部被泄露,我们就难免会陷入极度的恐慌之中。"如果每个人都有了解他人的一切的可能,我们的社会无疑就会崩溃……最大可能的透明不会带来和平，而会导致动乱。"[1](334) 社会学家波匹茨（Heinrich Popitz）也一针见血地指出："没有什么社会规则系统可以承受一种完全的行为透明，而不丧尽其颜面。一种能够揭示出任何行为偏失的社会，其规范的有效性同时就会毁灭。"[1](334)

我们中的许多人从小就受到单一性的教育：这个社会是单一性的，似乎只有好坏两种人；好坏两者截然不同，黑白分明。好人"高大上美"，金光万丈；坏人"低小下丑"，一无是处。直到有一天笔者去德国留学，看到电视中说唱的明星大腕，发觉其外貌绝不是我们在国内常见的正面形象，而竟然有点儿匪气，本该属于坏人之列。但在辉煌的舞台之上，他主宰着全场的气氛，观众们用巨大的欢呼向他表达完全的认可。他是何人？不好不坏，常人也。其实世间最多的存在恰恰就是这种平常之人。

二

平常之人是享有权利和履行义务的主体。每个人首先是具备自主选择之权利的行为主体，他拥有不受任何性质的外在左右与影响地做出自身决断的终极权利，他不是贯彻其他行为主体或机构意志的纯粹工具，这就体现了他自己就是自身。他或许因坚决拒绝他人善意的劝告而做出的决断导致了对自身完全不利的结果，但这也并不构成对当事人选择的自由予以否定的理由。恰恰是因为他拥有选择的自由，他才由此而必须承担选择的责任。没有决断的可能，也就没有责任的担当。未成年人、智障者、精神重病罹患者由于失去了选择的能力，也就没有担责的义务。当然我们会期待每一位行为主体都能出于维护自身利益的考量而做出守法尚德的抉择，他能够懂得他自己拥有生命、自由与财产上的权利，为了使这些重要权益不致受到无端侵害，出于对等性的原则，他会自觉履行尊重他人同样的权利这一义务。这表明权利诉求中原本就蕴含着相应的义务诉求，从权利到义务的推演呈现出一种稳定的逻辑结构。众所周知，道德规范代表着一种约束，道德约束就是道德义务。我们谈论道德，总是离不开道德义务的话语。道德义务来自何处、如何可以得到论证与辩护？对于这一问题，古代社会与现代社会的解答是完全不同的。古代社会认为道德义务来自当事人的身份特征与角色地位，换言之，身份特征与角色地位论证了道德义务。父母与儿女老少有异，前者对后者有慈爱的义务，后者对前者有孝顺的义务。君主与臣子上下有别，前者对后者施义，后者对前者尽忠。这样一种对道德义务的理解，仅仅着眼于相关人的相互角色关系，而不包含对当事人的自由抉择方面的考量。这反映了古代社会注重整体、关系、义务的精神特质。而现代社会则注重独立个体及权利主张，对于道德义务如何论证，也有着与古代社会不同的方式。现代社会认为，人首先是拥有道德权利的行为主体，而道德权利中又蕴含着道德义务，道德义务是从道德权利中合乎逻辑地推演出来的，道德权利论证了道德义务。正因如此，我们有《世界人权宣言》，而无须设置所谓《世界人类义务宣言》。这当然并不意味着道德义务不重要，而是说明我们谈到道德义务，必须有一个从权利到义务的叙事顺序或推演逻辑。这样一种叙述方式并不会产生削弱道德义务的结果，反而恰恰会大大增强人们履行义务的自觉：因为人们履行义务并不是出于被迫与无奈，而是一种通过维护他人权益而使自身权益得到保障的必要的举措，这样地把对道德义务的履行变成了一种自主自愿的行为，便为道德义务的证成奠立了更为坚实的基础。

平常之人为了保护自身权益而懂得必须履行维护他人权益的义务，这说明平常之人知晓守法尚德对于自己的益处。道德对于每一位当事人都是有益的，当然对于社会整体也是有好处的，否则就无法理解人们建构和遵循道德规范的意义之所在。道德在于支持人类的共同生活，而不是损害之。罗素把"善"定义为"满足愿望"。在他看来，一种行为是对的，"当它的目的在于有感知的生物之最大可能的愿望满足"[3]。由此可见，在罗素看来，善意味着大家都获益。然而，历史上一直就存在把道德与利益对立起来的立场。所谓君子喻于义，小人喻于利。无论其本义应当如何得到正确的解释，但给人的印象却清楚明白的是义利对立、水火不容。问题就在于，一方面这种教条把人都依照圣人之标准来要求，圣人往往是不讲自己利益的,他甚至可以杀身成仁、舍生取义;另一方面,这种教条把道德要求等同于道德理想,或者说把一般的道德要求无限地强化为道德理想,倡导每一个人都应当持续地追求最高的道德境界。而依照道德理想或道德境界的标准,当事人自身的利益的确是绝对可以忽视不顾的,道德在这里便成为人们以舍弃自身的一切为代价来努力达到的极高的目标。就如日本福岛核事故之后,不少退休员工主动要求作为敢死队成员参与抢修,他们这是以牺牲自己生命的方式来实现其道德理想。这里,道德的确不再是对当事人利益的维护,而是当事人以利益的全部牺牲为代价来触及某种极高的道德境界。所以我们需要重申,首先,平常之人的道德既与道德圣人无关,亦与崇高的道德理想无涉,而是一种符合每位行为主体自身长远的、整体性的根本利益的规范建构。这也是一种理性的建构。理性从终极的意义上看,是不对自身利益造成损害。故从道德规范合乎每位当事人利益的角度来看,道德便是合乎理性的;换言之,一位理性之人自然应当是尚德之人。理性的尚德之人把道德看成一种对自身不当利益的约束,但通过尚德他能够赢得最大的长远收益。因而道德使人目光高远、视野开阔、心地明净,从而掌握着通向成功的长远的人生战略。其次,平常之人的道德绝不是一种勉强之物,恰恰相反,"讲道德是人的一种完全正常的需要,之所以如此,至少是因为做好事令人感受良好。而反之,一种我们所知的不道德的生活,很难使我们持续地快乐。因为人是唯一自证其行为的生物,而辩护的方法就叫作理由"[1](19)。这就是说,人们的利他行为至少可以增进其快乐的自我感受与强化其良好的自我形象。"有一种与目的相系的和一种不与目的相系的利他主义。这样善行而又无关相报便仅是一种稀缺的未来之构想物,或者甚至是一种道德迷途。善行的回报在于行善的良好感受。"[1](162)总而言之,"人是唯一能够对抽象事物赋予一种价值并且认识这种价值的动物。我们把我们所体验的东西不仅与我们的利益关联起来,而且也将之关涉到我们自身。我们的自我形象迫使我们对我们的行为进行论证。在此我们的理由并不是外在的,而是构成我们之内在的一个部分。它们是我们行为的黏合剂。我们通过讲述我们的理由,而把我们的行为整合进我们的自我之历史中"[1](173)。

平常之人,由于生存环境、成长教育与所处时代各异,其对怎样过好自己的一生这一问题的答案有所不同。平常之人,在不伤害他人的前提下,拥有自主选择生活方式和生命规划的权利,并且希冀这种自我选择能够得到他人与社会应有的尊重。每个人仅能享有一次的生命经历,虽然其出身、环境、条件等客观因素在相当程度上会影响到他一生全部生活的面貌,但最后的生命图景从根本上说仍然取决于他自己的主观塑造。因此他自己才是其人生的主人。究竟应当过一种怎样的人生这一重大问题,只有当事人自己才有资格回答。究竟什么是好的或坏的生活,只有他自己才是唯一作者与判别者,社会无法提供统一的终极标准。像究竟什么才算是幸福这样一个看似很哲学的问题,只有当事人自己才能去定义,是过一种适度的物质享受的生活,还是主要追求一种精神上的满足与愉悦;是冒着牺牲生命的风险去猎奇探险,还是久居在自家的安乐窝里过着平平凡凡的小日子,诸如此类,则完全是他自己的幸福选择。如果善好生活只有一种标准,且大多数人难以达到此种唯一,就意味着大多数人无法享受所谓美好幸福的人生了。因而给好生活、幸福概念设置固定内涵的定义,意涵着设置者对多彩人生之可能性的蔑视以及对人的自主生活的不屑。故而平常之人拥有足够的明智,不去听信所谓幸福人生的标准答案,也不会轻易否定自己宝贵的人生特质。这样就很好理解,在一个文明发达的国家,每个人不论从事何种职业,处于何等地位,都能够不卑不亢、十分自信,他按照自己的喜好、环境与条件确定自己的工作,未必会羡慕其他所谓成功者选择的路径。其实,一个社会,只要确立了一套必须遵循的最基本的道德规范,在此前提下,整个社会本来就应该是越多元越好。过于单一的系统绝对是异常脆弱的,只有多样性之间的交流碰撞才会激发生机与活力并向系统注入稳定性。稳定的系统是由多元化的个体的交互作用构成的,这种交互作用所提供的细小的撞击、冲突、偏差消耗着社会中多余的能量,从而支撑着系统达到相对的动态平衡。而多元化、相互差异是人类个体的特质,人的价值从某种意义上讲就在于其个别性、品牌标志性、与他人的不同、在世间的唯一性及不可复制。稳定的社会系统最懂得对其成员追求独一无二之特性的理解与包容,而这样一种对差异、多元、独特性的宽容,是以对自由的尊重为道德底色的。

平常之人活得轻松自如。当我们把这个世界理解为常人世界时,则这个世界就不再是仅有圣人与小人之二别,这个世界便不再仅仅是黑白之两色。反之,如果世界被理解为圣人与小人之世界,则该社会的道德水准一定会十分低下。原因在于常人难以达到圣人的境界。在对圣人的要求的压力下,常人无非只有两种选择:一是伪善,口头上做出很高尚的表态,而实际行动却只能是他样,结果甚至是因知行不一而走向人格分裂;二是既然圣人之标准过高,对于常人而言此标准形同虚设,甚至无异于根本就没有标准。于是,大家就只能是破罐破摔、随波逐流。我们知道,道德之所以是道德,就在于人们普遍都可以承受之。不仅教师、牧师、律师、工程师、企业家能够践行,而且广告散发者、高楼清洁工也能够做到。从某种意义上说,道德的遵循是有条件的,在生存都成问题之时,讲仁爱便是一种明显的苛求。所以就有德国戏剧家布莱希特(Bertolt Brecht)"先是吃饭,然后才是道德"[2](19)以及法国作家拉罗什富科(La Rochefoucauld)之"舌、鼻、胃的鸣叫声大多数情况下要比良心更响亮"[2](18)的说法。这表明道德必须顾及人性。正如罗素所言:"道德主义者习惯于忽视人的本性的需求,在这种情况下人的本性或许也就不会顾及道德主义者的需求。"[2](20)道德主义者崇尚圣人之境界,殊不知我们的社会总体上是由常人组成的。常人可以仰慕圣人的标准,但难以企及圣人的高度。而如果这个世界被真实地理解和认可为常人世界,则人们的行为自然便被规约在一种合宜的幅度之内。平常之人并不认为道德仅仅是与善恶之间的选择相关,而是把社会理解为平等成员的共同体,其中人们依据契约关系在权利与义务之间相互掣肘、交互制约;于是行为最重要的标准在于合宜与适度,在两极之间保持恰适的平衡,所谓中庸、中道、公道。在这里,善、恶、中道均可以翻译成伦理学的三大基本规范:不伤害、公正、仁爱。其中,善相当于仁爱,恶即伤害,相应的伦理规范是不伤害,而中道便相当于公正。我们与所有其他人相处,包括与关系遥远的陌生人相处,都适用于这些道德规范。我们对任何陌生的他人都不应作恶,即不伤害,我们对近亲容易做到关护、驰援,却难以对任何陌生人都行善(这超出了我们的能力),即仁爱是有辐射限度与实施条件的,除非不以自己重大牺牲为代价的对他人生命的紧急援救。但是我们对任何人都可以践行中道、不偏不倚、恰到好处,这也就意味着公正处事。本着这样一种伦理立场,平常之人的生活本身便没有什么精神负担,也不会令他人觉得会有什么心理压力。他自己感到合宜,别人也能觉得恰适。也就是说,他人与其相处,会觉得十分舒服,既无对之必须敬畏、膜拜的强制,也无对之生厌、鄙视的恶感。这样看来,在常人之间,道德是轻松人际关系的润滑剂。对于当事人本身而言,道德由于调剂了人际关系,便也就成为保障其生命征程顺利展开的营养源和助力器。正如美国道德哲学家弗兰克纳(William K. Frankena)所言:"道德具有推进个体善好生活的功能,而不是无端干扰它。道德是为了人而存在的,而不是人为了道德而存在。"[2](22)

平常之人所理解的道德是一种合宜恰适的尺度,其行为基准既不应低于这一尺度,也无须高于这一尺度。正如普雷希特所言:"一种完完全全德性的生活是无趣的,就如一种完完全全缺德的生活是空寂那样。善与恶的吸引力显然只是来自两者的张力关系。或者换言之,我们的生活取决于对立。亚里士多德也认识到这个问题。善好的生活并不等同于完美的和戒绝的善在,而是一种发现好的平衡的努力。"[1](181)"生活的艺术并不在于要达到某种像完满道德的善那样的非人性的东西,而是在于培训其情感,从而能够在我们的生活中做出合宜的反应。"[1](182)这便是一种平淡常态的生活,对于当事人而言,这种生活由于不必向圣人看齐而过得了,由于不会堕落成小人而值得一过。

本着这样一种对道德的觉解,我们就可以轻松地回答本文开始时的提问:人活着本身就有价值,这种价值不再是指向任何一种外在目的,活着本身就是目的,只要当事人能够健健康康、平平安安,感受着周遭环境,体验着多彩世界,欣赏着人生风景。"一种好的生活在于,对其自我形象感到满意或者甚至是感到幸福。用亚里士多德更优美的表述即是:人应当尽可能地欣喜自己。谁要是无须做作地基于任何一种可以理解的理由对自己表示赞赏,他对一种善好生活便拥有了最好的前提条件,不论是对于自己还是对于他人。一些富裕,一群好友,一点点影响,都不是什么坏事。谁要是有幸不贫困,不生病,不伤残,不衰弱,也不受不成器的孩子的拖累,则他便拥有了好生活所需的一切。"[1](182)

参考文献:

[1] Richard David Precht. *Die Kunst, kein Egoist zu sein*, 2. Aufgabe, 2010 Muenchen,S. 306.

[2] Armin Nassehi(Hg.). *Kursbuch 176 Ist Moral gut?* Hamburg 2013.

[3] Rainer Erlinger. *Gewissens Fragen*,Muenchen 2005,S. 229.

(甘绍平,中国社会科学院哲学所、中国特色社会主义道德文化协同创新中心研究员,博士生导师;本文发表于2017年第3期)

常人道德的尺度

非权义务与道德绑架

余 涌

摘 要 近年来,道德绑架问题引起了社会和学界的关注。道德绑架最普遍和最典型的形式是胁迫行善。道德上完全义务与不完全义务或者说非权义务的区分有助于我们辨析道德绑架问题。道德绑架的实质是把道德上的非权义务等同于完全义务。道德绑架严重侵犯了个人的权利,有损社会的法治秩序,也会伤及道德自身。依法保护人的各种法律权利,增强人的权利意识是防范和消除道德绑架的重要途径。

"道德绑架"一词近些年不时出现在报端和其他各种媒体,常常引起舆论和社会公众的广泛关注和讨论。道德绑架的形式多种多样,人们常常把诸如在公共交通工具上强迫让座的行为,在某些地方或是某个家庭和个人遇到天灾人祸后所出现的逼捐、索捐和摊捐现象,个别地方政府将社会提倡的某些道德规范法规化等,视作一种"道德绑架"。道德绑架最普遍和最典型的形式是胁迫行善。道德绑架问题也引起了学界的讨论,显然,为了正确认识和看待现实社会生活中出现的道德绑架现象,亟须对道德绑架问题做深入的理论探讨。从非权义务的视角来辨析道德绑架,或许有助于我们正确认识道德绑架的实质、危害以及防范和消除道德绑架的途径等问题。

一

　　道德对人行为的规范是通过个人良心、社会舆论和风俗习惯等具有道德特色的方式实现的,也就是,一定的道德准则内含的对人的行为要求是诉诸个人内在的良心和外在的社会舆论、风俗习惯等所形成的动力或压力进而对人的行为选择产生作用。从表现形式上看,道德绑架大都是以某种道德上的理由对当事人形成舆论上的压力进而左右其行为。如果说一般意义或者说法律意义上的绑架是以暴力为手段,以限制被绑架者的人身自由甚至是以剥夺被绑架者生命相威胁来侵害被绑架者或其他相关者的利益,那么,道德绑架则是以人们对社会道德舆论的畏惧,即常言所说的"人言可畏",或对自身道德形象或名誉受损的恐惧,而迫使当事人选择牺牲自己的利益。从这一意义上说,无论是一般意义的绑架,还是道德意义上的绑架,它们都是利用人的某种畏惧或恐惧心理而达到控制当事人行为并使其牺牲自身利益的目的。但是,我们看到,严格而论,包括对社会舆论在内的某些他律对象的畏惧正是道德发挥其作用的重要途径之一,是道德得以彰显的重要机制。那么,当我们把在公共交通工具上以道德之名强迫让座,以及逼捐、索捐和摊捐或其他形成一定的舆论强制他人行善等现象冠以"道德绑架"之名时,我们显然既不是要否认他律或社会舆论对于道德的作用,更不是要否认让座、捐款或其他善行的道德价值。我们之所以把这类现象称为"道德绑架",其要害即在于,在这类现象中是他人或舆论以道德之名在强制当事人行善。由此看来,对道德绑架的道德辨析可以归结为相互联系的两个问题,一是对当事人而言,行善在道德上是何种性质的行为要求,二是他人或社会舆论在道德上应如何看待这种要求。

　　在道德上对人提出行为要求,涉及的是道德义务问题。道德义务是我们把握人的道德生活,判断人的行为性质的一个重要支点。但是,对于人的道德义务的范围或界限却并不那么容易判断,实际上,对这个问题人们的确存在不同的判断标准。一般而言,讨论义务往往会涉及权利,义务与权利常常被看成一对相辅相成的范畴。对于义务与权利的相关性，罗斯表示可以用逻辑上相互独立的四个陈述来表达，即"（1）A 对 B 的一种权利意味着 B 对 A 的一种义务。（2）B 对 A 的一种义务意味着 A 对 B 的一种权利。（3）A 对 B 的一种权利意味着 A 对 B 的一种义务。（4）A 对 B 的一种义务意味着 A 对 B 的一种权利"[1]。这里的陈述（1）和陈述（2）也往往被看作权利和义务所具有的一种"逻辑相关性"，它所要表明的是，一个人拥有权利逻辑上必须以履行相应义务的他人的存在为条件，而一个人要履行义务则必须以他人拥有相应的权利为条件。但就道德义务而言，是否要严格坚持义务与权利的这种逻辑相关性，却是有争议的。

罗斯在《正当与善》中曾列举了他所称的道德上的"显见义务"，其中包括忠诚的义务、赔偿的义务、感恩的义务、正义的义务、仁慈的义务、自我提高的义务、不伤害他人的义务等。显然，在罗斯看来，这些都是人在道德上应尽的义务。不过，罗斯列举的这些道德义务是否都真正具有道德义务的性质，在有些著作家看来是有疑问的。这种疑问部分源于主张应对道德义务做严格的限定。富勒在《法律的道德性》中就主张对道德做一种区分，即他所说的，可以把道德区分为"义务的道德"和"愿望的道德"。在富勒看来，义务的道德是"确立了使有序社会成为可能或者使有序社会得以达致其特定目标的那些基本规则"[2]，而愿望的道德则是"善的生活的道德、卓越的道德以及充分实现人之力量的道德"[2](7)。哈特在《法律的概念》中也提出了与富勒类似的主张。他认为，在特定社会的道德范围内存在着以相对明晰的规则表现出来的"命令性道德责任和义务"和某种"道德理想"。我们看到，无论是富勒提出的"义务的道德"和"愿望的道德"之分，还是哈特提出的"道德义务"和"道德理想"之分，他们都是试图确立一种道德义务的边界。根据他们对道德义务的界定，罗斯所列举的诸种道德义务中有些显然就不能归为道德义务。比如，关于自我提高或自我实现，富勒就认为，我们不能因为一个人没有抓住机会充分实现自己的潜能而指责他未尽道德义务，换言之，自我实现不属于道德义务。哈特也认为，道德理想体现在圣人和英雄的品质中，也体现在人们日常生活中所展现出来的美德中,像勇敢、慈善、仁爱、行善、忍让和贞节等这样一些品质,是属于道德理想的范畴,它们不是人们应尽的道德义务,是超越道德义务的要求。像富勒和哈特在对道德所进行的划分中,道德义务是被按某种标准限定在一定的范围之内的,而超出这些范围的美德要求,则被看作一种愿望的道德或道德理想。有些著作家往往用"超义务"或"超道德"来表明某些超出道德义务的要求之性质。罗尔斯则是用"分外行为"来指称慈善、怜悯、英雄主义和自我牺牲这样一些行为,在罗尔斯看来,这些行为是善的,但它们并非一个人的义务和责任。

上述疑问更主要的则是源于对其中的某些义务,诸如"仁慈""自我提高"等,是否存在相应的权利要求的怀疑。对于道德义务的性质规定,穆勒在《功利主义》中做了比较明确的阐释。他认为,包括道德义务在内,"无论是何种形式的义务,义务这一概念总是包含着,我们可以正当地强迫一个人去履行它。义务这种东西是可以强行索要的,就像债务可以强行索要一样。任何事情,除非我们认为可以强制他履行,否则就不能称为他的义务"[3]。正义就属于这样的事情,除此之外,还有另一些事情,"我们也希望人们去做,如果他们做了,我们也会喜欢或者称赞他们,如果他们不做,我们也许不喜欢或者瞧不起他们。但我们还是会承认,这些事情不是他们非做不可的,它们不属于道德义务"[3](60)。在穆勒看来,像慷慨或仁慈就是这样一些事情,它们显然不属于道德义务。在论及道德义务的性质规定时,穆勒同富勒和哈特一样,都是从不同的道德要求对于维护人类社会生活的重要性的不同着手的。富勒认为道德义务是使有序社会成为可能的"基本规则",哈特视道德义务为人类社会生活得以存续的"基本条件",穆勒则因道德义务与人类福利有着穆勒的关系而称其具有"绝对的义务性"。但穆勒同时给我们提供了一个更为简明的判断标准,那就是,道德义务之所以与其他义务一样,对人具有一种强制力,是因为存在某种与其相对应的权利,也就是说,一定义务的存在是以一定权利的存在为前提的。由此观之,正义的义务、不伤害的义务等具有的义务性质,是由于有要求正义和不伤害的某种权利存在,而慷慨或仁慈则与此不同,人们不存在或者说不具有一种要求他人慷慨或仁慈的权利,因此也就不存在慷慨或仁慈的义务。

但是,关于道德义务还存在着一些与上述观点不同的见解。当罗斯把自我提高、仁慈等也视为道德义务时,他显然不是拘泥于从义务—权利模式来理解道德义务的。不过,罗斯也确实意识到,在他所列举的诸种道德义务之间,它们在道德的规范性和约束力上是有差别的,因而其重要性也是不同的,比如,"不伤害"的义务与"仁慈"的义务相比,前者就比后者具有更强的道德约束力,因而也就具有更显著的道德重要性。斯密在《道德情操论》中对他所说的"正义"和"仁慈"两类美德做了比较,他认为,这两类美德对社会生活的重要性存在明显的差别,因而其在道德上的约束力和重要性也是不同的。在斯密看来,"正义"一类美德在道德上所要求的是一种"完全而十足的义务",是可以强制一个人去履行的;而"仁慈"一类美德,诸如友谊、慷慨和博爱等所要求的,则不能被强迫,可以由个人自主选择。因此,道德义务往往因其对社会生活的重要性,以及道德上的约束力和制裁力的不同,被一些伦理学家区分为"完全义务"和"不完全义务"。大体而言,"道德上的完全义务,是那些对人类社会的存续至关重要、对人具有道德上的强约束力和与一定的道德权利直接相关的道德义务;道德上的不完全义务,则是那些有助于提高人类社会生活质量、对人具有道德上的弱约束力和与道德权利并无直接关系的道德义务"[①]。可以认为,道德上的不完全义务的一个根本特征,就在于这种义务不与某种作为要求权的道德权利直接相关。正是在这一意义上,道德上的不完全义务也被称作"非权义务"。

显然,对这种非权义务的认可所要表明的是,在道德上对义务的理解不能囿于义务—权利这种严格的模式,我们不能只是从与道德权利的相关性来确认一定行为的道德义务性质,还应当从某种更高的道德权威的要求

---

① 关于道德上的完全义务与不完全义务的分析,可参见拙作《论道德上的完全义务与不完全义务》,载《哲学动态》2017 年第 8 期,第 71—77 页。

来看待道德对人的行为要求。罗斯在界定道德义务时虽然意识到了权利要求之于道德义务的重要性，比如，公正待人的义务就是源于他人拥有被公正对待的权利，但他还是放弃了完全以"权利要求"来定义义务。因为他认为，"它是从一个错误的视角抓住了他要表达的意思——从另一个人的视角，从一个对我要求其权利的人的视角，而不是从行动者的视角。其次，它并未表达如下事实：我们对自己具有显见的义务，因为只有其他人才能对我要求权利"[1](32)。由此，罗斯断言，就仁慈待人的义务而言，它显然是从"善良意志"出发提出的待人要求。拉斐尔在《道德哲学》中也谈到，仁慈是施惠，对于受惠者而言，这是一种恩惠，而不是他具有的一种权利，对施惠者来说，如果说仁慈是一种义务，那它也是一种与正义义务不同的、超出"完全责任"的义务，是出于一个"有良心"的人觉得自己有义务成为一个有仁慈心的人。德国学者维尔特在谈到非权义务时认为，道德上的非权义务其义务性不是源于义务受益者的权利，而是源于义务履行者自己的团结和关爱意识，源于人性的存在。

与只是从与权利要求的相关性来看待义务相比，这种不仅仅从他人和权利的视角，而且还从自己和自律的视角来审视道德义务，在道德上强调基于人性、良心和自律等所产生的对自己的义务要求，既体现了道德义务有别于法律义务，也是道德实现其激励人们努力向善的功能所要求的。在谈到"正义"时，斯密告诉我们，单纯的正义只是不伤害他人，人们常常可以坐着不动就能满足正义的要求，它只是一种"消极的美德"，而一个人仅仅止步于此，"那实在不足以称道"。换言之，道德不能止步于正义、止步于完全义务。在道德上确认非权义务的存在或许更能体现道德义务的特征。

由此看来，当从道德义务与权利的相关性出发，在否认人们有要求他人行善的权利时，实际上也就否定了人有行善的义务，而主张在道德上有非权义务的存在，行善也只是一种非权义务。无论就哪种情形而言，以强制行善为特征的道德绑架都得不到理论上的辩护，就前一种情形而言，行善不属于人的道德义务，根本不存在强制的理由，即便就后一种情形而言，行善也只是道德上的非权义务,由非权义务的特征看,亦无强制的余地。

二

如果说道德义务存在完全义务与不完全义务或者说非权义务之分,两者之间有着显著的不同,那么,道德绑架的实质在很大程度上就是混淆了这两种道德义务的区别,把非权义务等同于完全义务。

道德绑架忽视了非权义务与权利的不相关性。与基于某种确定的权利要求的完全义务不同,非权义务不是从义务—权利的模式来确认义务的性质,而是基于人性、良心等某种道德权威的要求,它与权利要求无关。穆勒在谈到"正义"与"慷慨或仁慈"的差别时指出,"正义不仅仅意味着做正确的事情并且不做错误的事情,它还意味着某个人能够向我们提出某种要求作为他的道德权利",而"没有人在道德上有权利要求我们慷慨或仁慈"[3](62)。对此,穆勒特别强调,不仅是任何个人没有权利要求,即使是"一般人类"也没有这个权利,否则,就是把"慷慨或仁慈"纳入"正义"的范畴中了,进而把一切道德都纳入"正义"之中了。穆勒表示,"任何情况,只要存在着权利问题,便属于正义的问题,而不是属于仁慈之类的美德的问题"[3](62-63)。穆勒这里的表述可以合理地被引申为,仁慈美德的问题不属于正义问题,因而也就不是权利问题,它与权利无涉。就非权义务的根据而言,它不是源于某种相对应的权利,这也就排除了从外在方面提出要求的可能性,任何人都无权利理直气壮地要求一个人去履行诸如慷慨仁慈这样的非权义务。

道德绑架忽视了非权义务只具有一种道德上的弱约束力。与那些旨在禁止人类相互伤害、维护人类社会生活基本秩序的完全义务具有一种道德上的强约束力不同,非权义务在道德上只具有弱约束力。完全义务具有强约束力即意味着,对这类义务的履行是不受个人的意愿、兴趣或偏好所左右的,它在道德上可以被强制。非权义务只具有一种道德上的弱约束力,即在于表明,这类义务的履行是个人可以根据自己的意愿、兴趣或偏好自主选择的,其约束力与其说源于外在的强制,不如说是源于个人的道德认知、道德自觉,抑或是个人的道德良心。因此,个人对于非权义务的履行是自由的,这种自由既表现为行为与否的选择自由,也表现为行为方式的自由。康德在谈到"行善"时说,"行善,即尽自己的能力帮助身处困境的其他人得到他们的幸福,对此并不希冀某种东西,这是每个人的义务"[4]。不过,康德认为这只是一种"广义的义务",对它的履行在很大程度上可以由个人自己决定。斯密在分析"正义"与"仁慈"两种美德的不同时,也一再重申,对"正义"的履行不听任我们的意志自由,而对于"仁慈"这类美德义务的履行,人们可以是"自由的",是"不能被强迫的"。在对同为仁慈义务的感恩义务做比较时,斯密指出,像"友谊、慷慨和博爱促使我们履行的义务,尽管受到普遍赞同,但与感恩的义务相比,它们更为自由,更不能被强求"[5]。在他看来,"友谊、博爱或慷慨这些美德的践行,在一定程度上可听任于我们自己的选择"[5](86)。就社会而言,"规劝即可,而绝无必要强加于人"[5](93)。质而言之,对非权义务的履行,社会的舆论或许只能止步于"倡导",而无理由"强迫"。

　　道德绑架忽视了非权义务所具有的模糊和不明确性。与完全义务的要求具有严格而明确的特征不同,非权义务的要求则相对模糊和不明确。就像斯密在比较"正义"与"仁慈"的要求时所说的,前者"严格""准确",而后者则是"松散、含糊、不确定的"[5](191)。非权义务的这种不确定性既表现在义务的对象或客体上,也表现在义务的限度上。比如说"行善",不仅其对象不可确定,行善的限度或者说行善应止步于何处,则更是一个难以处理的难题。对此,康德的回答是,行善是一种"广义的义务",但对于这一义务可以走多远,或者说在这方面能做多做少,则"不可能给出一个明确的界限"[4](406)。康德还补充说道:"人们在行善时使用自己的能力应该到多大程度呢?毕竟不应当到最终自己也会需要他人行善的地步。"[4](465)我们看到,虽然行善的限度难以确认,但可以肯定的是,人们对行善绝没有一种无限的义务。如果说行善作为一种非权义务,是否履行不能由外在强迫,而必须由个人自主选择,那么,在行善的限度上同样必须由个人自己根据其意愿量力而行。

　　道德绑架忽视了道德舆论对完全义务与非权义务应持态度的差别。人的行为或不行为，因其所具有的义务性质及其带来的后果的不同，必然会引起社会道德舆论的不同反应，或谴责，或赞扬，或不加理会。富勒在谈到义务的道德与愿望的道德的区分时表示，对这两种道德在"涉及惩罚与奖励的社会实践中得到默认的方式"是不同的，"在义务的道德中，惩罚应当是优先于奖励的。我们不会因为一个人遵从了社会生活的最低限度的条件而表扬他或者授荣誉给他。相反，我们不会去惊扰他，而将注意力集中在未能遵从这些条件的人身上，对其表示谴责，或者施以更有形的惩戒"。而在愿望的道德中，"惩罚和谴责在义务的道德中所扮演的那种角色应当让位给奖励和表彰"[2](37)。富勒关于对义务的道德与愿望的道德的态度的这种差别，同样适用于我们对完全义务与非权义务的不同态度。斯密在讨论正义美德与仁慈美德的不同时，特别指出了这两种美德的缺乏所引起的人们情感反应的不同。在他看来，正义的缺乏必然导致对某些特定他人的实际伤害，因而自然使人们对此生出一种"怨恨"的情感，这种情感似乎是人们出于自卫的本能而与生俱来的，它激发人们对伤害行为做出反击，要对其实施惩罚，进行谴责；而仁慈的缺乏则不同，它只是使他人得到好处的希望落空，并不造成或试图造成对某些特定他人的实际伤害，因而不构成"怨恨"情感的对象，人们无理由对其实施惩罚或进行谴责。因此，对仁慈而言，"使人对应受奖赏的东西有一种愉悦的意识，来规劝人类多行善举"即可，而"没有必要通过使人对假如不践行仁慈之德而害怕受到应有的惩罚，去监视或强迫人践行仁慈之德"[5](93)。斯密从行为后果的性质及其对人的情感的影响的不同的分析告诉我们，仁慈的缺乏并不是道德上谴责的对象。在他看来，对"正义"而言，只是遵守正义因其不是积极地行善而不应受到奖赏，违背正义则因其使人受害应受惩罚；对"仁慈"而言，行善举因其使他人受益并引起强烈的感激之情而应大受褒奖，仁慈的缺乏或不足则因其并未对他人造成实际的伤害而不应遭受责难。无论是富勒所说的在愿望的道德中惩罚和谴责应让位于奖励和表彰，还是斯密所说的仁慈的缺乏不是道德上谴责的对象,都从一个重要侧面告诉我们,惩罚或谴责对非权义务无用。如果说对于完全义务,道德舆论更多或更主要的是发挥其监督和谴责功能,那么,对于非权义务,则更主要的是发挥其鼓励和褒奖的功能。去褒奖完全义务的履行,或谴责非权义务的不履行,都是让人难以理解的。

三

道德绑架混淆了道德上的完全义务与非权义务,把非权义务等同于完全义务,由此带来的危害是多方面和显而易见的。道德绑架不仅侵犯了被绑架者个人的权利,也有损社会的法治秩序,同时还会伤及道德自身。

道德绑架侵犯了被绑架者个人的权利,这种权利既包括个人的道德权利,也包括个人的法律权利。非权义务即意味着它不与某种存在于他人或社会的要求权相对应,从一定意义上说,"非权"语言也蕴含着一种"权利"语言,亦即个人对于非权义务的履行所具有的选择权。更为重要的是,道德绑架会对个人的法律权利构成威胁或造成侵犯。无论是何种义务的履行都意味着对义务主体行为的某种要求,或做出某种限制,也意味着义务主体要有相应的利益付出或牺牲。对法律义务和道德上的完全义务而言,由于存在对应的权利要求所带来的强制性,义务主体的相应的利益付出是法律和道德上所必需的,而且,拒绝付出这种利益,或者说拒不履行这样的义务,势必导致权利者利益受到损害。而对非权义务而言,它并不存在一种相应的权利要求,无论在法律意义还是道德意义上,都不具有强制履行的理由,义务主体出于道德上的关爱、同情去履行这种义务,这并不是法律和道德上必须的付出,而是一种自我的利益牺牲。因此,如果说一个人拒绝履行完全义务,会损害他人或者说权利者的利益,侵犯其权利,那么,在非自愿的情况下,胁迫一个人去履行非权义务,则无疑会对其利益或权利构成威胁甚至侵犯。当一个人合法地拥有某种东西,亦即具有某种权利时,社会就应当为其提供保护,这种保护既表现在法律上,也体现在道德上,同时,个人也能正当地要求这种保护,就像穆勒所说的,他可以"借助于法律的力量",也可以"借助于教育和舆论的力量"来保护自己的权利[3](66)。从这一意义上说,道德不仅不能侵犯人的权利,而且还应当保护人的权利,道德绑架实际上是借道德之名侵犯了人的权利。

道德绑架因对人的法律权利构成威胁或侵犯,实质上也就对法律的权威形成了挑战,从而伤及社会的法治秩序。我们看到,道德上的完全义务与非权义务在维护社会秩序和个人生活的重要性上是有显著差别的。斯密在论及"正义"和"仁慈"之于社会的重要性时就特别强调,"对社会生存而言,正义比仁慈更根本"[5](93)。在斯密看来,在一个社会中,若社会成员出于爱心、感激、友谊和尊敬而相互帮助,那自然会让人感到幸福和心情舒畅,但对社会而言,更重要的是社会成员间不能彼此伤害,"社会少了仁慈虽说让人心情不舒畅,但它照样可以存在下去。然而,要是一个社会不公行为横行,那它注定要走向毁灭"[5](93)。同样,就个人而言,在"正义"与"仁慈"之间,他首要关切的不是被爱,而是自己不受到伤害,或者说不受到不公正的对待,正如穆勒所言,"一个人很可能并不需要别人的恩惠,但却始终需要别人不伤害自己"[3](75)。正义与仁慈对于维护社会和个人生活的重要性的差别是显而易见的,这种差别可以合理地被理解为正义所指向的对象比仁慈所指向的对象更根本、更重要。从这一意义上说,无论是法律还是道德,它们首先要确保的是人们基于一定的法律和道德体系所拥有的权利不受侵犯,不受到不公正的对待,也就是说,它们首先确保的是正义,而不是仁慈,在正义与仁慈之间,维护正义始终是第一位的,借仁慈之名伤及正义对社会和个人都极其有害。斯密曾把社会比作一座大厦,在他看来,正义是支撑整个大厦的"顶梁柱",而仁慈或行善只是大厦的"装饰物"。由此观之,如果说以强制履行非权义务为特征的道德绑架侵犯了个人的法律权利和道德权利,那么,它无疑是为了大厦的"装饰物"而伤害了大厦的"顶梁柱"。

换言之,道德绑架伤及的是社会的正义和法治秩序。就当下我国的社会现实而言,道德绑架有碍于人的法治精神的培养,影响依法治国的贯彻。

根据亚里士多德的理解，"法治应包含两重含义：已成立的法律秩序获得普遍的服从，而大家所服从的法律又应该本身是制定良好的法律"[6]。法治当然离不开道德，亚里士多德所谓"制定良好的法律"也就是具有道德合理性的法律，法治必须以具有道德合理性的良法为基础。但是，由于法律和道德两种规范终究存在不同，它们在国家治理上的作用显然是有别的。法律是以国家机器为强有力的后盾，通过一系列的权利义务规定来规范人们行为的基本要求，同时也使一些最基本的道德规范得到法律的确保，而道德则是诉诸社会舆论、个人良心和风俗习惯来规范社会和个人生活，它不只是维护已在法律中体现的那些基本的道德规范，而且还要引导人们去追求更高的道德理想。依法治国不仅是要反对人治，而且要在法律与道德或其他形式的规范之间确保法律在国家治理中的根本地位，对于人的各种社会关系，其中包括政治关系、经济关系等的调节，或一事当前，对其是非曲直的评判，首先所要依据的是法律，而不是道德。虽说在道德与法律之间，道德是法律合理性的基础，且对于法律的执行有所助推，对于法律所不逮之处也有所弥补，但绝不能以道德，严格而论是以"道德"之名损害法律。从一定程度上可以认为，道德绑架侵犯人的法律权利，损害了法律的权威，实质上是把所谓的道德凌驾于法律之上了，它无形中助长了人们漠视法律的心理，淡化了人的法治观念，从而阻碍了社会的法治建设。

　　道德绑架还会伤及道德自身。道德绑架胁迫他人履行非权义务，实际上是以"道德"之名侵犯了他人的权利，是一种严重的道德过错，是道德上的恶。道德绑架不仅其本身是不道德的，而且还以"道德"之名伤害了道德。道德绑架剥夺了他人本应有的道德选择权，使他人遭受到本不应有的道德非难。倘若道德绑架泛滥甚至屡屡得逞，则势必导致道德面前"人人自危"。道德绑架把人们有权选择履行的非权义务变成了人们道德上必须为之的完全义务，而由于人们时刻都面临履行这种义务的可能，这也就难免使人们无时无刻不生活在一种道德纠结甚至恐惧之中。道德绑架无疑增加了人的道德负担，其结果往往会使人不堪道德重负而厌恶道德。更进一步而言，倘若一种道德视侵犯人的权利为当然、为常态，那么，其结果必然是道德放弃了对人的权利的尊重，人放弃了对道德的尊重。此外，我们还应看到，道德绑架不仅使个人在道德上超负荷，而且还在一定方面和一定程度上使道德超负荷。不可否认，在某些情况下，道德绑架往往是以"弱者有理"或"同情弱者"的心态，试图借"道德"之名来"杀富济贫"，企盼道德在解决诸如贫富差距或是一些社会不公问题上有所作为。而实际上，解决这些问题主要不在道德，道德对解决这些问题有一定的作用，但作用无疑是有限的，道德绑架扭曲和高估了道德在这里的作用。最后，道德绑架在一定情况下助长了一些人的自私自利之心，毒化了道德空气。我们不能否认道德绑架在很多情况下是出于某种善良的动机，但也不能排除在有些情况下有人心存不良，以"道德"之名冠冕堂皇地占人便宜、谋己私利，人的善良被利用、被亵渎。

四

道德绑架所带来的危害是严重的，社会应努力防止和消除道德绑架现象。产生道德绑架的原因可能多种多样，但可以肯定的是，人的权利意识的缺乏或淡薄是其中最为根本的原因。因此，要防范和消除道德绑架，至关重要的是要在全社会不断增强权利意识，这既包括法律权利意识，也包括道德权利意识。

增强权利意识，首要的当然是国家要有依法保护人的各种法律权利的意识，切实履行保护人的法律权利的责任，防止对人的各种法律权利的不法侵害，包括以"道德"之名的侵害。同时，要培养人们尊重人的法律权利，维护国家法律尊严的态度。这其中包含两个方面，一方面，要使人们对自己享有的各种法律权利有清楚的认识，要有依法保护自己法律权利的决心和能力；另一方面，要使人们对他人享有的各种法律权利也有清楚的认识，要有依法尊重他人法律权利的意识和习惯。依法维护自己的法律权利是拒绝被道德绑架的有力盾牌，充分尊重他人的法律权利则不致使人以"道德"之名视他人的法律权利为无物。

对人的道德权利的尊重也是防范和消除道德绑架所必需的。如前所述,非权义务的重要特征之一,就是人们在履行这类义务时有选择的自由。这种自由权是道德权利的一种重要表现形式,它所表明的是根据一定的道德原则人们所拥有的行为或不行为的自由。这种自由权在很大程度上应用于处于"应当"与"失当"之间的"正当"范畴,它表明了一定的道德体系对人的行为选择的容许或者说不禁止的界限,体现的是一定的道德体系对人的权益的保护。如果说这种自由权是一个人的道德权利,那么,他人对他的行为选择就负有不干涉的义务,或者说,在道德上没有干预的合理性。从权利本质上是对人的一定的利益或自由的肯定来看,道德权利实际上就为一个人在道德允许的范围内获取利益、维护和处置其利益提供了一个自由选择的空间,在这一意义上说,道德权利具有一种保护功能。就非权义务的履行而言,道德权利所具有的保护功能,主要不是体现在当一个人履行了这种义务就应当受到道德上的褒奖,而是体现在当一个人没有履行这种义务时,他人在道德上没有理由对其进行谴责,甚至胁迫其履行这种义务。由此而论,当一个人面临这样的谴责或胁迫时,他完全可以诉诸道德上的理由予以驳斥或拒绝。对道德权利的尊重为防范和消除道德绑架提供了道德上的理由。

最后必须指出的是,在涉及防范和消除道德绑架问题时,有两个方面要特别注意。

一是要正确认识"道德绑架"的界限,防止对"道德绑架"一词的误用或滥用。道德绑架只是针对强迫履行非权义务而言,而对与某种权利要求相对应的完全义务的履行进行监督、评价并不构成道德绑架。与非权义务的履行不同,完全义务的履行是不可自主选择的,它具有一定的强制性,因此,针对完全义务的履行进行监督、评价是必须且合理的,这也正是道德通过舆论实现其功能的重要途径所在。如果把这种道德上正常的舆论监督或评价看成道德绑架,那就是对完全义务与非权义务的另一种形式的混淆,也就是,把完全义务混同于非权义务了。例如,就捐助与纳税的区别而论,前者是一种道德上的非权义务,而后者则是一种法律义务,亦是道德上的完全义务。因此,对一个富人、一个明星抑或任何一个个人而言,他在某种情况下是否捐了款,捐了多少,法律上无权过问,即便在道德上,除了一般的倡导和在他自愿捐款后给予赞扬之外,人们也并无多少理由可以去要求甚至强迫他捐款或规定捐款多少。但是,对他是否守信、是否依法纳税,这是道德乃至法律所必须关注的、干预的,若他未履行此种完全义务,法律的制裁和道德的监督、谴责都是正当的,在这里不存在道德绑架的问题。

二是要正确认识反对道德绑架与鼓励人们履行非权义务、积极行善的关系。显然,反对道德绑架并不是反对鼓励人们履行非权义务,更不是反对人们多行善举,它所反对的只是对非权义务本不应有的强制。反对道德绑架与鼓励善行是并行不悖的,不顾个人的正当权益和意愿而一味胁迫行善,不仅有违道德,而且往往会事与愿违,使善行不能持久,唯有充分尊重个人的正当权益和意愿,才能更好地鼓励善行。

参考文献:

[1] 〔英〕罗斯. 正当与善[M]. 林南,译. 上海:上海世纪出版股份有限公司,2016:105.

[2] 〔美〕富勒. 法律的道德性[M]. 郑戈,译. 北京:商务印书馆,2005:8.

[3] 〔英〕穆勒. 功利主义[M]. 徐大建,译. 北京:商务印书馆,2014:60.

[4] 〔德〕康德. 康德著作全集:第6卷[M]. 李秋零,主编. 北京:中国人民大学出版社,2007:464.

[5] 〔英〕斯密. 道德情操论[M]. 余涌,译. 北京:中国社会科学出版社,2003:85.

[6] 〔古希腊〕亚里士多德. 政治学[M]. 吴寿彭,译. 北京:商务印书馆,1965:199.

(余涌,中国社会科学院哲学研究所研究员;本文发表于2018年第4期)

改变世界的哲学:实践伦理学

邱仁宗

摘　要　哲学家和伦理学家应该参与改变世界,问题在于怎样改变世界。要改变世界就要改变决策。以头颅移植为例,有关决策中除了有科学技术和法律因素外,还有重要的哲学/伦理学因素。判断决策是否合乎伦理的标准有两个:决策给利益攸关者带来的受益是否大于可能的不可避免的伤害,决策的制订和实施是否将他们作为一个人来尊重。实践伦理学的目标就是要帮助人们做出合适的决策,即好的而不是坏的、对的而不是错的决策,这个决策使病人受益,尊重病人或利益攸关者,同时也使社会受益,包括减少社会不公正、加强社会凝聚力和促进社会的安定。

一、解释世界与改变世界

我国哲学界长期为"哲学就是哲学史"这一论点困扰,这严重阻碍了我国哲学和伦理学的发展。哲学沦为对已故哲学家著作的解说和注释,北京大学陈波教授对这一问题有过很好的论述,发表在他的《面向问题,参与哲学的当代建构》一文中[1]。在笔者看来,这一论点的一个重要的消极后果,是为我们的哲学家和伦理学家逃避现实、躲在象牙塔里提供了一个口实。哲学史的学习对成为一个哲学学者来说是必不可少的,我们也需要小部分哲学学者来专门从事哲学史研究,但哲学能归结为哲学史吗? 哲学应该永远被拘禁于脱离人间烟火的象牙塔里吗？

笔者年轻时阅读马克思《关于费尔巴哈的提纲》，印象最深的一句话是："哲学家们只是用不同的方式解释世界，问题在于改变世界。"[2]后来，笔者去访问伦敦时才得知，这句话也是马克思的墓志铭。我们应该如何理解这句话？一种解读认为，马克思的意思是说，哲学家们是用不同的方法解释世界，改变世界由他人（工农兵）去做，或换个工作去做（例如，去做政府和党的领导人）。如果细读一下这句话，笔者认为这种解读不成立。马克思的确想改变哲学的现状，如果这个解读能够成立，那就没有必要写在墓志铭上了。另外一种解读是，以往的哲学家们是用不同的方法解释世界，现在的哲学家们应把重点放在改变世界上。笔者想说的是，在哲学史上有一些哲学家是想改变世界的，例如，效用论（我们往往译为具有贬义的"功利主义"）创始人边沁的本意，就是将效用论用作社会改革的概念和理论基础；务实论（我们往往译为具有贬义的"实用主义"）也是要改变世界，他们曾比喻我们改变世界的工作是在修理一艘正在航行中的船。笔者在这里引用的马克思最后一句话"问题在于改变世界"是我国出版物中的中文译文，其英文原文的意思应该是"要点在于改变世界"。显然，这里并没有将改变世界的事推给其他人，而是说我们哲学家应该改变世界。那么，摆在我们面前的问题是：我国哲学家，尤其是伦理学家该如何改变世界。

1983年，笔者访问英国期间读到过一篇文章，标题大致为"医生是否应该给15岁的女孩开避孕药"。作者分析了医生给与不给这两个选项可能引起的种种后果以及医生承诺的专业义务，得出了即使未经家长同意医生也应该将避孕药开给15岁女孩的结论。而当时有些人认为这样做是不合伦理的、非法的，卫生部门行政规章规定只可给16岁以上的女孩开避孕药。后来根据对此问题的伦理学和法学的讨论，1985年英国卫生和社会保障部给所辖各单位发出一份通知，大意是说，在计划生育门诊工作的医生如果开避孕药给前来咨询的16岁以下的女孩，这一行动并非不合法，只要这样做是为了保护女孩免遭性交带来的有害后果。这使笔者印象特别深刻。这一研究结果改变了卫生部门的决策,这个决策的改变使许多性活跃的少女避免了意外妊娠及其可能带来的伤害和痛苦。这不是改变了世界,使世界改变得更好一些了吗?

二、哲学家如何改变世界:改变决策

那么,哲学家和伦理学家如何改变世界? 办法之一是通过改变决策改变世界。行动之前必须先做决策,通过改变决策,改变即将采取的行动,从而改变现在的世界和可能的未来世界。例如,有人要在 2018 年用中国人进行头颅移植的临床试验。如果做了,笔者觉得世界会变糟:一个无辜的中国人作为头颅移植第一位受试者会死亡;我国的医学界会遭到全世界各国人士正当的批评,尤其是我国的器官移植学界会再一次遭到谴责;我国会因这一丑闻再一次被批评为"蛮荒的东方"(wild east),如此等等。在我们哲学/伦理学界、科学界、医学界联合努力下,改变了在 2018 年用中国人进行头颅移植的临床试验的决策,改变了本来要发生的变化。由于 D1(决策1)世界 A 可能改变为 B,B 要比 A 糟。我们将 D1 改变为 D2(决策2),A 就不会改变为 B。这是改变世界的一种情况。

将 D1 改变为 D2 与哲学/伦理学有什么关系? 改变决策的决定因素是多元的。以头颅移植为例,改变决策的决定因素有科学的、法律的,也有哲学/伦理学的。科学的因素有:甲(受体)的脊髓与乙(供体)的脊髓是否可重新连接;甲的头与乙的身之间的免疫排斥是否已解决;能否在 1 小时内完成手术,否则甲的脑和乙的脊髓都会因缺血而坏死;动物实验、尸体实验是否能证明头颅移植手术方案安全和有效。法律的因素有:由于头颅移植必须在甲活着的时候将头用锋利的刀片切下来,这一行动是否构成"杀人"的罪行,不管是谋杀罪还是过失致人死亡罪;同时要用锋利的刀片将乙(例如处于脑死亡状态)身体与他已经脑死的头分开,这种行动是否构成侮辱尸体罪?

三、决策中的哲学/伦理学因素

在改变头颅移植的相关决策中有非常重要的哲学因素:首先是伦理学的。

（一）不伤害

其一,在临床医疗或器官移植中的临床伦理决策首先要确保不给病人带来本可避免的伤害,即医学伦理学的第一原则"不伤害"。国际医学团体(我国医师协会也参与)发起的履行《21世纪医师宪章》运动,其中列出医学专业精神三大原则①,第一原则就是"病人利益第一"(第二是尊重病人自主性,第三是社会公正)。伤害可以是身体的、精神的、经济的、社会的,死亡则是最大的伤害。其二,对手术方案要进行风险—受益分析和评估。风险是可能的伤害,因此也有身体的、精神的、经济的、社会的风险。还有一种风险是"信息风险",即个人的信息遭泄露所引起的有关风险,这些隐私信息的泄露可使当事人遭受精神的、社会的风险。例如,与性病、艾滋病有关的信息泄露可能会使当事人在就业、就医、保险方面遭到歧视;与遗传病、致病有关的基因信息遭泄露也可能会受到上述方面的歧视。许多医生不了解"信息风险",往往说他的干预方案没有风险,这是不对的:即使干预对病人身体伤害不大,但信息风险是不可能排除的。死亡是最大的并且不可逆的风险。由于任何干预措施(包括器官移植)都会有风险,医生必须对干预措施进行风险—受益的评估,既要考虑风险的严重性、概率大小,也要考虑病人从干预中是否受益、受益的大小、受益的概率,以及受益对病人今后生活的意义。然而,头颅移植与其他器官移植不同,有一个到底谁从这一移植中受益的问题,这涉及一个哲学上讨论很久的哲学本体

---

① Medical Professionalism in the New Millennium: A Physician Charter, Annals of Internal Medicine[EB/OL]. (2002 - 02 - 02) [2018 - 10 - 11]. http://annals.org/aim/fullarticle/474090/medical - professionalism - new - millennium - physician - charter; Jing Chen, Juan Xu, et al, "Medical Professionalism among Clinical Physicians in Two Tertiary Hospitals, China", *Social Science & Medicine*, 2013, (96):290 - 296.

论问题。我们下面要专门讨论这个问题。其三，头颅移植目前不能获得有效的知情同意。由于与头颅移植有关的基础科学研究和动物研究都比较差，因此移植后会发生什么情况，至今连移植外科医生也不知道，如何让受试者或病人知情？不管是临床试验还是临床实践，干预前都要告诉受试者或病人干预后可能发生的有关情况，包括动物研究的有关情况。其中有：干预的具体方法和操作程序、干预后可能发生的风险和受益、有无代替的干预措施等。然后，帮助他们理解这些信息，在他们理解这些信息后表示自由的（意指非强迫的、不受不正当引诱影响的）同意。如果连头颅移植的外科医生自己都不了解移植后会发生什么，怎么让受试者或病人知情呢？如果他们不知情，又怎能做出有效的同意呢？尤其是，在目前情况下，头颅移植手术后受试者或病人肯定要死亡，这一结果是否要如实告诉受试者或病人？如果不如实告诉他们，刻意隐瞒术后肯定要死亡的事实，那么这种靠欺骗隐瞒获得的同意是无效的。如果如实告诉他们，绝大多数的受试者肯定不会同意的；可能有个别人愿意为了发展科学技术牺牲自己的生命，医生是否因此就可以免除术后病人死亡的侵权责任呢？不能免除，因为同意是有限制的，知情同意是为了维护病人或受试者的自主性，维护他们的利益。因此，同意做他人奴隶，同意出卖器官，同意为科研而牺牲都是无效的同意。

有关头颅移植决策的哲学因素，除了伦理学的因素外，还有哲学本体论的因素，即人格认同问题。头颅移植后，谁受益？是提供头的甲，是提供身体的乙，还是移植后那个混合体丙，即由甲的头和乙的身体组成的新产生的人？换句话说，那个新产生的丙，是甲还是乙，还是另一个独立的人格？这在哲学上是"人格认同"（即 personal identity，过去译为"人格同一性"）问题。

（二）我是谁：人格认同问题

非常有意思的是，虽然头颅移植是近年提出来的问题，可是在哲学领域，哲学家们早就在思想实验中热烈讨论过如果将一个人的头移植到另一个人身体上的后果问题。在这里，我们不得不提到英国大哲学家帕菲特

(Derek Parfit),他首先提出并讨论头颅移植的人格认同问题①。但是,他秉持的是一种神经还原论(neuroreductionism),即将人归结或还原为脑。美国哲学家奈格尔(Thomas Nagel)率直地提出"我就是我的脑"的论点,这就是将人归结为人脑的神经还原论[3]。有意思的是,准备在 2018 年用中国人作为受试者实施头颅移植的哈尔滨医科大学外科医生任晓平也认为,一个人重要的是脑,不是身体。但进一步的思想实验就会暴露这种神经还原论存在的问题。帕菲特提出了两个思想实验。一个思想实验是:假设地球上有一部新发明的远程运输器,将甲的身体分子结构信息传输到另一个星球并形成乙,那么,甲和乙是同一个人吗? 甲被毁灭了,留在另一个星球上的乙就是甲吗? 帕菲特认为,这个乙就是甲的复制品。另一个思想实验是:帕菲特说,他的身体已经丧失功能,但脑子还很健全,而另一位英国大哲学家威廉斯(Bernard Williams)则脑子丧失功能,身体仍然很健康。于是,医生将帕菲特的头安在了威廉斯的脖子上。帕菲特的一位朋友到病房探视他,发现他很好。护士掀开被窝让他朋友看,朋友一看是威廉斯的身子。但是,他的朋友和护士都认为这个人仍然是帕菲特,而不是威廉斯。那么,按照神经还原论的观点,移植后的人丙就是甲,因为丙的脑是甲的脑。

然而,哲学家认为移植后的人丙就是甲,这仅是"头颅移植后的人是谁?"这一问题的一种答案。主张神经还原论的哲学家,也往往坚信心灵本质论(mental essentialism),即认为人的本质是人心。心灵本质论认为,人就是人的心理身份(psychological identity),一个人从儿童到老年,容貌会有很大的改变,但他不同时期的心理状态是有联系的、连续的。例如,他记得自己童年经历的事,更不要说青少年、中年发生的事情了。尽管容貌有很大的变化,甚至面部可能毁损,以致友人都无法认出,但他依旧是他,不是其他人。但是这种理论也会遇到难办的问题:如一个人在深睡、昏迷、

---

① Derek Parfit, "Personal Identity", *Philosophical Review*, 1971, (80):3 - 27, and reprinted in Perry 1975; *Reasons and Persons*, Oxford University Press, 1984; "We Are Not Human Beings", *Philosophy*, 2012, (87):5 - 28.

痴呆、植物状态之中,他的心理状态与他以前的心理状态已经没有连续性了,这时他还是他吗? 深睡的人与睡前的人是一个人吗? 如果用心理连续性来判断人格身份,就会得出不合常理的结论:深睡的人已经不是他了,等他醒来又是他。更为有趣的是英国牛津已故女哲学家威尔克斯(Kathleen Wilkes)提供的一个案例[4]:有一位病人,她具有三重人格,经常会从第一种人格转换到第二种人格,然后又转换到第三种人格,最后再回到第一种人格。她处于每一种人格时,都不记得她处于其他人格状态时发生的任何事情。按照心灵本质论,这个病人似乎就是三个人。但这显然有悖常理:这位病人只有一张身份证,没有理由发给她三张身份证。

于是,有一些哲学家认为,一个人是谁并不根据心理身份,而是身体身份(bodily identity)。一个人不管是在工作还是在深睡,或者处于昏迷或植物状态之中,他都是同一个有机体。[5]这种主张的英文名为 animalism,直译为"动物论",即主张我们人也是动物,我们的存在是一种生物学的存在或有机体的存在。与任何动物一样,我们人也是有机体。这个有机体是一个整体,人脑只是这个有机体的一个组成部分,尽管它是一个十分重要的组成部分。那么,按照这个主张,如果甲的头安在乙的身上,移植后的人是谁呢? 这里就产生了一个问题:新产生的人丙拥有甲的头和乙的身体。头和身体都是人这个有机体的重要组成部分,那么,怎样确定丙是谁呢? 如果你认为头比身体更重要,你就会认为丙就是甲,这就得出神经还原论和心灵本质论的结论;或者你认为身体比头更重要,你就会得出结论丙就是乙。这个结论似乎难以令人接受,因为乙早已宣布"脑死亡"了,脑死亡的人不可能复活。

根据认知科学的研究成果,新生儿刚生出来时,他们的脑仅仅是一个基质或一块白板,其神经结构和心理结构均未建立起来。以前科学家们认为神经系统结构是由遗传决定的,但神经学家和认知科学家最近用"正电子发射计算体层摄影"技术,对新生儿早年大脑的发育进行扫描,观察到孩子出生后,由于视、听、触觉等的信号刺激,脑神经细胞间迅速建立起广泛的联系。儿童早期的经历可极大程度地影响脑部复杂的神经网络结构。

新生儿的生活环境会对其大脑结构的形成有很大的影响。新生儿的脑大约由1000亿个神经细胞组成,而每个神经细胞都与大约10000个其他神经细胞相连,这种联系是新生儿的脑与其身体及其环境相互作用建立起来的。因此,单单有一个脑,只是一个普通的器官,如果我们在技术上把脑从头颅中取出,在实验室依靠培养基维持其生物学的生存,它将依旧是一块白板,其内部无法建立神经和心理的结构。新生儿的脑必须存在于身体之内,与身体相互作用,并与环境相互作用,才能形成特定的神经结构和心理结构,才能形成"心"(mind)与"自我"(self)。这种情况有专门的术语表示,即"赋体"(embodied)和"嵌入"(embedded)。加拿大哲学家格兰侬(Walter Glannon)说:

> 说我们是赋体的心,意思是说,我们的精神状态是由脑及其与我们身体的外在和内在特点的相互作用产生和维持的。说我们也是嵌入的心,意思是说,我们精神状态的内容和性质是由我们如何在社会和自然环境内行动塑造的。在形成人格、身份和行动能力之中,脑是最重要的因素,但不是唯一因素。心并非仅仅基于脑的结构和功能,而是基于脑与身体和外部世界连续的相互作用。[6]

我们也可以做一个思想实验:我们将一个脑放在A(设A已脑死亡)体内,处于A所处的自然和社会环境中,形成一个A2;我们将同样的脑放在B(设B也已脑死亡)体内,处于B所处的自然和社会环境中,形成一个B2。A2和B2是同一个人吗?大家都会回答说不是。其实,我们有现实的例子:同卵双生子的脑,是两个完全相同的基质,但他们在不同的体内,生活在不同的自然和社会环境之中。他们不是一个人,而是两个不同的人,他们各自有一张身份证,这是不言而喻的。那么同理,按照赋体和嵌入的理论,头颅移植成功以后新形成的人丙,既不是甲也不是乙,而是一个非甲非乙的独立的第三者。因此,头颅移植的受益者是丙,甲死了(乙早已脑死亡了)。这一结论具有极为重要的伦理意义:头颅移植即使成功,受益者不是病人甲,而是新形成的另外一个人丙。当然,人们可以反驳说,这还只是假说,尚未得到经验的证实。但我们应当承认,这在逻辑上是可能的。至少我们可以说,说丙就是甲不是那么确定的。

因此,对头颅移植进行风险—受益评估的结果是:风险极大! 不管什么情况,甲都不可避免要死亡:或者直接死在手术台上,或者移植后被丙取代了。根据上述的哲学/伦理学研讨(加上科学和法律的理由),我们建议政府采取禁止在我国用中国人作为受试者实施头颅移植临床试验的决策。

(三)做出禁止头颅移植决策的根据

我们的主要理由是:头颅移植这种干预措施导致对病人的最大伤害,即死亡,对病人没有任何受益;而且,目前头颅移植不可能获得有效的知情同意。我国和全世界都在纪念《纽伦堡法典》发布 70 周年,该法典是"二战"同盟军联合建立的对纳粹战犯进行审判的国际纽伦堡法庭法官最终判决词中的一部分,题为"可允许的医学实验",共有 10 条原则。其中有 8条原则体现了人文关怀的第一方面,即对他人的痛苦、伤害的敏感性和不忍之心,要求任何人体实验必须有良好的风险—受益比,将风险最小化和受益最大化。有 2 条原则体现了人文关怀的第二方面,即尊重人的自主性,坚持知情同意,尊重人的尊严和内在价值,平等地、公平地对待人,要求在任何医学实验中受试者的同意是绝对必要的,他们在任何时候都可以退出实验。实施头颅移植违背了《纽伦堡法典》,违背了人文精神。如果做出实施头颅移植临床试验的决策导致受试者死亡,这个决策就是坏的(bad)决策;这个决策不能获得受试者有效的知情同意,是对作为一个人的受试者的不尊重,从而是错的(wrong)决策。不合伦理的决策是一个坏的和错的决策。

四、合乎伦理的决策标准

(一)临床决策中的道德两难

根据《纽伦堡法典》的精神,判断决策是否合适的标准是两个:其一,决策给利益攸关者带来的受益是否大于可能的不可避免的伤害;其二,决策的制订和实施是否将他们作为一个人来尊重。可是,在实践中人们做出决策之前常常会遇到一个伦理难题,即履行这两个标准蕴含的义务将发生冲突,使人们陷入两难处境:履行这项义务就不能履行那项义务,履行那项义务就不能履行这项义务。在临床实践中,医生在做出临床决策时往往就会面临这种难题,例如,在我国不止一次发生过医生对病情危急的孕妇提出剖宫产的建议,却被病人家属拒绝的案例,这时医生面前有两个决策选项:

选项1 尊重病人或其家属的意愿,不予抢救。后果是病人死亡。

选项2 不顾病人或其家属的意愿,医生毅然决然对病人进行抢救。后果是病人(可能还有孩子)生命得到拯救(但也有较小的概率失败)。

面临同样的难题,医生做出了不同的决策选择:北京朝阳医院京西院区的决策是选择了选项1,浙江德清县人民医院的决策是选择了选项2。

(二)伦理学怎样帮助医生做出合适的或合乎伦理的临床决策

伦理学提供评价你准备做出的决策是否合适的标准,并且为解决这些标准之间发生的冲突提供标准。

正如上面所说,评价你的决策是否合适的标准之一是:你的决策采取的干预行动对病人会造成哪些伤害(harms)或可能的伤害(即风险,risks),会给病人带来哪些受益(benefits)?综合起来,风险—受益比(ratio)怎样?评价你的决策是否合适的标准之二是:根据你的决策采取的干预行动是否满足了尊重病人的要求,其中包括知情同意(病人无行为能力时则是代理同意)的要求以及公正的要求,包括安全有效的疗法能否公平可及、费用是否过高导致病人家庭发生财务危机等。那么,如何解决义务之间的冲突呢?在一般情况下,在所有利益攸关者中,病人的利益、健康、生命第一。在病人生命无法挽救时,可考虑其他利益攸关者的利益。如孕妇和胎儿发生利益冲突,病人是孕妇,孕妇利益第一,绝不可为了有一个能继承家产的男性胎儿而牺牲本可救治的母亲生命(先救妈妈);但孕妇处于临终状态时则可尽力避免胎儿死亡,生出一个活产婴儿(救不了妈妈,救孩子）。伦理难题往往出现在这两条标准蕴含的义务发生冲突时,医生不能同时去尽这两项义务,那么,我们就应该采取"两害相权取其轻",即"风险或损失最小化"的原则(即对策论或博弈论指南中的minimax算法)。按照上述标准,京西院区的决策是错误的,而德清县人民医院的决策是正确的。京西院区的决策严重违反了病人利益第一的原则,治病救人是医生的天职(内在的与固有的义务),是医生的专业责任。如果明知病人生命可以抢救,却因为其他考虑而踌躇不前、犹豫不决,错失救治病人的良机,导致病人死亡,那就违反了医学专业精神,并且要承担法律上的侵权责任。

这里可能会遇到另一个问题,即医生避免伤害病人或抢救病人生命的决策可能与已有的规定不一致。我们必须认识到,我们的规定,不管是技术规范还是有关医疗的规章和法规,都可能是不完善的,并需要因科学技术的发展或社会价值观的变化与时俱进。上面京西院区领导引用了1994年国务院发布的《医疗机构管理条例》的规定:"无法取得患者意见时,应当取得家属或者关系人同意并签字"。但这一条例还有第三条规定:"医疗机构以救死扶伤,防病治病,为公民的健康服务为宗旨。"第三十三条还有这样的规定:"遇到其他特殊情况时,经治医师应当提出医疗处置方案,在取得医疗机构负责人或者被授权负责人员的批准后实施。"的确,该条例没有明确提出:"当病情危急,医生的救治方案一时未能为病人或其家属理解,不抢救将危急病人生命时,医师可在取得医疗机构负责人或者被授权负责人员的批准后实施。"这意味着,该条例有不足之处,应该加以修改完善。但是,医生和医院领导人对法律法规条文的理解也确实存在问题。

五、伦理学帮助做出合适的决策

伦理学不是像许多人想象的那样,是有助于人们修身养性或提高人的境界的"心灵鸡汤"(一如网民们所说的),而是帮助掌握公权力和专业权力的人做出合适决策的学问。这里的决策包括:政策的制定,重大项目或计划的决定,以及对重要举措的决定。伦理学不是对任何人而言的,普通公民不存在伦理学问题,只存在道德问题,而道德是一个教化问题。伦理学对于掌握公权力和专业权力的人才是有意义的。在行政、立法和司法机构任职的所有人都是掌握公权力的人,掌握公权力的人的决策和随之采取的行动,影响到相关的个体、群体和社会(统称利益攸关者),因此必须要考虑决策对他们可能产生的风险与受益,避免利益冲突;同时还要履行对他们作为人的尊重的义务。掌握专业权力的人是掌握专业知识和技能的专业人员,包括医生、律师、工程师、科学家、教师等,他们与病人、委托人、学生、公众在知识掌握上和权力上处于不对称的地位。与普通的职业不同,他们掌握专业权力可以使他们的工作对象受益,也可能给他们的工作对象带来很大的伤害,他们甚至可以利用专业权力剥削工作对象(例如,一些医院的医生就在利用其掌握的专业权力剥削病人,一些学校的教师利用其掌握的专业权力伤害学生)。他们在做出决策时,必须认真考虑决策及随后的行动对他们的工作对象可能带来的风险、伤害与受益,避免利益冲突,并履行尊重工作对象的义务。

正如上面讨论的,伦理学的两个基本问题是:你的决策是不是好的(good),是不是对的(right)?这两个方面都是基本的,不可相互混淆和相互代替,体现了人文关怀的两个基本方面:一个好的决策必须在进行风险—受益评估后获得一个有利的风险—受益比,也就是说比起其他的决策有较小的风险和较大的受益;一个对的决策要尊重人的自主性,坚持知情同意,确保人的尊严及其内在价值。因此,一个既好又对的决策,必须考虑决策的后果,但不是后果论(后果论仅仅考虑后果,而不考虑义务);必须考虑我们应尽的义务,但不是义务论(义务论仅仅考虑义务,而不考虑后果)。

我们在做出决策时往往会遇到一些问题,要求进行价值权衡。其一,任何一项工作往往都涉及多个利益攸关者,对他们的利益、价值都要予以考虑,根据我们的目的以及情境确定优先次序,对处于不利地位受到伤害的要补偿。如在临床情境,病人利益必须置于第一位,但在公共卫生情境就可限制个人自由和权利。其二,由于我们的基本价值永远都有两个方面：一是决策对利益攸关者的可能风险和受益，二是对利益攸关者的尊重。这两个方面有时会处于不一致甚至冲突的状态，这在上面已经详加讨论。其三，有可能产生利益冲突，掌握公权力或专业权力的人员必须将自己对其负有责任的主体的利益放在首位，避免以自我或其他人的利益干扰这些主体的利益。

六、走向实践伦理学

作为哲学三大方面（即真、善、美）之一的伦理学，应由两部分组成：理论伦理学和实践伦理学。理论伦理学由元伦理学（是非善恶概念的意义、伦理推理等）和通用规范伦理学（如德性论、后果/效用论、义务论、自然律论、关怀伦理学等）组成；实践伦理学由应用规范伦理学（如生命伦理学/医学伦理学、科学技术工程伦理学、信息和通信技术伦理学或网络伦理学含大数据伦理学、人工智能/机器人技术伦理学、动物伦理学、环境或生态伦理学、企业伦理学、广告伦理学、新闻伦理学、出版伦理学、教育伦理学、法律伦理学、司法伦理学、社会伦理学、经济伦理学、政治伦理学、公务或行政管理伦理学、非政府组织伦理学等，但"应用"一词是不合适的，下面我们对其进行讨论）和描述伦理学（对伦理规范的态度、知识、信念和行为的调查和访谈、案例报告等）组成。目前，在全世界和中国比较繁荣的生命伦理学就是实践伦理学的一个分支。伦理学发展的重点应该在实践伦理学，为了落实改变世界的纲领，我们必须将实践伦理学置于优先地位。

（一）实践伦理学的合适范式

我们在讨论生命伦理学的合适范式时，提出过两个模型，它们也适合实践伦理学。生命伦理学的研究经验在多大程度上可以移植到研究其他领域的实践伦理学是一个有待讨论的问题，但笔者认为其基本范式和路径是一致的。从事伦理学研究，许多人遵循"放风筝"模型，即不研究实践中的问题，从文献到文献，就好比放风筝。他们可以飞得很高，但是离地太远了，曲高和寡。我们主张按骑单车模型去做，即我们从实践中的规范性问题,即应该做什么和应该如何做的问题出发,目的是帮助掌握公权力和专业权力的人做出合适的决策,就好比是在骑自行车,不管走到哪里,永远是接地气的。如此,伦理学就可走出学院大门,走出象牙塔,与社会互动。这两种模型之间的最大区别是:前者从作者喜爱的理论出发,其客观后果不是解决实践中出现的规范性问题,而是一种伦理说教或推销某种受宠爱的伦理学理论。笔者曾在境外参加伦理学专业博士论文答辩,曾为外国英文杂志审稿,其中的许多论文往往简单说一下我们某一领域(例如养老、医疗卫生制度改革)存在问题,然后主要篇幅介绍作者喜爱的伦理学理论,最后得出结论说,我国的养老工作或医疗卫生制度改革工作必须遵循孟子学说或儒家理论。可是,我国的养老或医疗卫生制度改革工作究竟存在哪些规范性问题如何用作者喜爱的理论去解决这些问题,却语焉不详。这种工作根本不是伦理学研究,而是一种道德说教或传播某种理论,对实际工作几乎不起作用。有些哲学家面临一项伦理学研究任务,例如,制订精确医学的行动规范或人工智能或机器人技术的伦理标准,不是首先去研究在实践中可能存在的规范性问题,而是从文献中提炼出若干观念,试图以这些观念为前提推演出行动规范或伦理标准。他们不了解,在哲学观念与实践中的规范问题之间不存在逻辑通路。结果,从哲学观念推出的规范或标准对实践中的规范问题往往意义不大。

(二)实践伦理学的性质

根据我们这几年的工作,笔者认为实践伦理学具有五个方面的性质。一是规范性(normative)。实践伦理学是一门规范性学科(群),它研究在人类各个领域实践活动中提出的伦理问题,以便帮助人们做出合适的决策。所谓伦理问题就是应该做什么和应该如何做的问题。实践伦理学包含有重要的描述性成分,如伦理问题的提出往往来自对实际情况的经验性调查或案例研究,但这不是实践伦理学的全部,更不是其实质部分。因此,它不能像我国有的医学伦理学教科书的作者所说的那样,使用观察、实验的方法。从"是"不能推出"应该"。"应该"做什么必须基于价值权衡,因此它是价值学的(axiological)。二是理性(rational)。实践伦理学是理性的学科。哲学和科学都是理性学科，依靠人的理性能力，包括逻辑思维、推理与理解的能力，俗语说的"摆事实，讲道理"就是理性。理性"不唯上"（权威）、"不唯书"（经典），就是"唯理"，依靠人的理性能力。古代的医德，一方面说明古代医生已经认识到对医学知识的使用要受到控制，医学"决人生死"，不可不慎；另一方面，他们的规范依靠医学权威（"医圣"）的教导或经典（在西方是《圣经》），但权威之间所说的不尽一致，经典无法回答当代技术和社会提出的伦理问题。在古汉语中，"伦""理"就是"道理"的意思，后来应用到人之间的关系才有"人伦"一说。伦理学与其他哲学一样，它们的理性活动，主要依靠批判论证（arguing）、概念分析（drawing）与价值权衡（weighing）等。我们的许多伦理学文章或书籍几乎没有论证，代替对有趣的伦理问题生动活泼讨论的是一堆口号，诸如权威的指令、命令式的告诫，以及作者认为理所当然的意见的集合。三是实践性（practical）。实践伦理学是为了解决我们各活动领域实践中的伦理问题，帮助我们做出合适的决策，有别于在伦理学理论中找毛病或试图完善伦理学理论的哲学伦理学或理论伦理学。恩格斯说："原则不是研究的出发点，而是它的最终结果；这一原则不是被应用于自然界和人类历史，而是从它们中抽象出来的；不是自然界和人类适应原则，而是原则只有适合于自然界和历史的情况下才是正确的。"[7]我们的出发点必须是实践中的规范性问题。从伦理学理论或原则（或规则）演绎出实际问题的解决，借以做出决策，使我们吃了不少的亏，这是一种本本主义或教条主义。因此，"应用伦理学"一词具有误导性：使人误解实践中规范问题是通过演绎方法从伦理学理论或原则中推演出来的。演绎在实践伦理学的伦理推理中可以起重要作用，尤其是在常规工作中，在没有遇到新的伦理问题时。但是，伦理难题或因新兴技术而引起的伦理问题不是靠演绎就能解决的。由于实践伦理学的实践性，我们不能满足于将我们伦理研究的成果发表文章，而要将它们转化为行动，向行政、立法、司法以及相关领域管理部门提出政策、法律法规的改革建议。四是证据/经验知情性（evidences/experiences – informed）。实践伦理学的研究与理论伦理学不同，后者无须了解实际情况，可以从文献到文献。但实践伦理学研究必须脚踏实地,必须了解人类在各个领域实践活动中遇到的伦理问题的实际情况、相关的数据和典型的案例。所谓"证据/经验知情"是指必须了解相关的证据和经验(调查报告、可靠媒体或网上的报道、相关专家的评论等)。一个简单的例子是,你看到一位护士给病人打针,有人问你:"她应该不应该给病人打针?"这是一个要求你做出道德判断的问题。可是,你不能从任何前提下推演出道德判断,例如,"这位护士是好护士","所有好护士给病人打针都是对的",因此"这位护士给病人打针是对的"。你必须了解一些在道德上中立的事实,如病人患的是什么病,护士打的什么药,打多少剂量等,这样你才能做出这位护士打针对不对的道德判断。有些作者向中国提出建议时对中国相关问题的实际情况不大了解,或者很不了解,只是笼统地说"医改必须遵循儒家""养老必须遵循孟子的学说",这于事无补。五是世俗性(secular)。实践伦理学不是宗教或神学的,而是世俗的,并且作为一门理性的学科与宗教或神学有不相容之处。不存在"基督教伦理学"或"儒家伦理学",这是自相矛盾的。基督教以上帝存在为前提,但上帝之存在是一个信仰问题,不是一个可以进行理性论证的问题。宗教以信仰为前提,伦理学则靠的是理性。抓耗子根据猫的能力,不根据猫的颜色。如果确定只能用一种颜色的猫抓耗子(解决伦理问题),结果必然导致与现实脱离,变成道德说教。

七、伦理学帮助决策的实例

限于篇幅关系,笔者在这里举三个实例。

实例1:围绕母婴保健法和世界遗传学大会争论的建议。1988年至1989年,甘肃和辽宁省先后通过《禁止痴呆傻人生育条例》《限制劣生生育条例》,其他省市也拟仿效。1991年至1992年,我们访问甘肃发现两点:甘肃的痴呆傻人主要是克汀病病人(先天而非遗传);克汀病女病人因生育而死亡或产出缺陷婴儿概率很高,限制其生育对她们有益。1992年在卫生部支持下组织召开全国限制和控制生育伦理和法律问题会议,从医学、伦理和法律视角探讨两省条例的问题,提出了建议。从医学遗传学视角来看:根据当时全国协作组的调查,在智力低下的病因中,遗传因素只占17.7%,占82.3%的病因是出生前、出生时与出生后的非遗传的先天因素和环境因素。因此,从医学遗传学角度看,对遗传病所致智力低下者进行绝育对人口质量的改善仅能起非常有限的作用。要有效地减少智力低下的儿童的出生,更大的力量应放在加强孕前、围生期保健、妇幼保健以及社区发展规划上。有些地方将 IQ(智商)低于 49 作为选择绝育对象的标准,完全缺乏科学根据。IQ 不能作为评价智力低下的唯一标准,更不能确定IQ 低于 49 的智力低下是遗传因素致病;"三代都是智力障碍者"不能用于确定绝育对象,因为"三代都是智力障碍者"并不一定是遗传学病因所致,没有把非遗传的先天因素和遗传因素区分开(克汀病是环境因素所致,补碘即可防止)。从伦理学视角来看:对智力严重低下者的生育控制应符合有益、尊重和公正的伦理学原则。对智力严重低下者绝育,符合她们的最佳利益。例如,她们有可能因有生育能力被当作生育工具出卖或转卖,生育孩子后因不会照料而使孩子挨饿、受伤、患病、智力发育迟缓,甚至不正常死亡。智力严重低下者无行为能力,无法对什么更符合自己的最佳利益做出合乎理性的判断,因此只能由与他们没有利害或感情冲突的监护人或代理人(一般就是家属)做出决定。但是不顾她们本人或她们监护人的意见,贸然采取强制手段对她们进行绝育,违反这些基本的伦理原则。从法律视角来看:就智力严重低下者生育的限制和控制制定法律法规,应该在我国宪法、婚姻法以及其他法律法规的框架内制定。如果制定强制性绝育法律,就会与我国宪法、法律规定的若干公民权利,如人身不受侵犯权和无行为能力者的监护权等不一致。相反,制定指导与自愿(通过代理人)相结合的绝育法律,就不会发生这种不一致。立法要符合医学伦理学原则,符合我国对《世界人权宣言》所做出的承诺;立法的出发点首先应当是为了保护智力严重低下者的利益,同时也为了他们家庭的利益和社会的利益;立法应当以倡导性为主,在涉及公民人身、自由等权利时不应有强制性规定,应取得监护人的知情同意;立法应当考虑到如何改善优生的自然环境条件、医疗保健条件、营养条件和其他生活条件、教育条件、社会文化环境以及社会保障等条件,而不仅仅是绝育;立法应使用概念明确的规范性术语(如"智力低下")而不可使用俗称(如"痴呆傻人");立法应当规定严格的执行程序,防止执行中的权力滥用等。[8]后来,会议纪要广泛散发,制止了其他各省市制定类似条例,两省也相继废除条例。1994年4月,当时的卫生部部长向全国人大递交《优生保护法》草案,当天新华社以 Eugenic Law 发出电讯稿,在全世界引起轩然大波。彼时,中国遗传学会刚争得1998年国际遗传学大会举办权。各国遗传学研究机构、学会和遗传学家纷纷向我驻各国大使馆和遗传学家提出抗议,声称要中断合作,抵制大会。我们向当时的科委主任宋健、卫生部部长陈敏章和计生委主任彭珮云提出建议,指出我们必须在概念上和政策上将优生优育与纳粹的优生学区分,必须贯彻知情同意或代理同意,不能把治病救人的医生变成批准或不批准人民结婚的法官。最后大会取得成功,2000余位各国遗传学家与会。2004年《婚姻登记法》取消要病人自己掏钱的强制性婚检,《婚姻法》修改草案也未再提婚前遗传病检查。

实例2:有关艾滋病防治的建议。1999年我国疾病控制中心专家发现,某省买血人员艾滋病感染率为70%,而艾滋病防治经费每年仅为1000万人民币。于是,科学家和生命伦理学家成立了一个咨询组起草建议,即咨询报告《遏制中国艾滋病流行策略》,附件之一是评价艾滋病防治行动的伦理框架。会后,经若干院士签名将报告直接递送给领导,两周后领导批示,除一条意见(修改禁毒禁止卖淫决定中不利艾滋病防治的条文)外全部接受。不久,艾滋病防治局面有了根本的改观。后来的科学研究发现,对于艾滋病来说,治疗就是预防,我们又提出扩大艾滋病检测的建议。

实例3:输血感染艾滋病者上访。自从艾滋病在我国传播以来,约有数万人因输血或使用第8因子制品感染艾滋病病毒,在身体、生活、精神方面备受折磨。他们多次向法院起诉,法院收集证据困难,予以拒绝。于是,他们向各级政府上诉,继而采取静坐、绝食、示威的行动,与警察屡屡发生冲突。我们认为,这是一个必须解决的社会不公平现象,经研究建议用

"无过错"经路(即非诉讼方式)解决此问题。我们厘清了"无过错""补偿"(不同于赔偿)等概念,对这种方式进行了伦理论证。我们的论点是:过去重点放在惩罚有过错者(惩罚公正)是有失偏颇的,应该更重视补救、弥补受害者的伤害(修复公正)。我们通过北京红丝带论坛这一平台,邀请政府各部代表和受害者代表几次反复征求意见,双方一致认为这一办法合理可行。此后,许多地方按照这个办法解决问题,受害者得到补偿,弥补他们所受的伤害,消除了社会不安定因素。

以上三个实例说明,伦理学帮助我们做出合适的决策,即好的而不是坏的、对的而不是错的决策,这个决策使病人受益,尊重病人或利益攸关者,同时也使社会受益,包括减少社会不公正、加强社会凝聚力和促进社会的安定。

参考文献:

[1] 陈波. 面向问题,参与哲学的当代建构[J]. 晋阳学刊,2010,(4).

[2] 马克思,恩格斯. 马克思恩格斯选集:第 1 卷[M]. 北京:人民出版社,2012:136.

[3] Thomas Nagel, "Brain Bisection and the Unity of Consciousness", *Synthèse*, 1971, (22).

[4] Kathleen Wilkes, "Multiple Personality and Personal Identity", *British Journal of Philosophy of Science*, 1981, (32).

[5] DeGrazia David, *Human Identity and Bioethics*, Cambridge University Press, 2005.

[6] W. Glannon, *Brain, Body, and Mind: Neuroethics with a Human Face*, Oxford University Press, 2011, p.11.

[7] 马克思,恩格斯. 马克思恩格斯全集:第 3 卷[M]. 北京:人民出版社,1960:74.

[8] 全国首次生育限制和控制伦理及法律问题学术研讨会纪要[J]. 中国卫生法制杂志,1993,(5).

(邱仁宗,中国社会科学院哲学研究所研究员,国际哲学院院士;本文发表于 2019 年第 2 期)

财富共享的正义基础

易小明

摘　要　财富共享可从财富的共同享有享用和公平享有享用两方面去理解。共同享有享用，是指由广大人民群众共同创造的社会财富应为大家共享，而不能仅为少数人享有享用。在现代个体化发展不断凸显、人们的权利—责任意识不断清晰的社会背景下，财富共享必具体化为财富分享，即按照社会正义原则来分配财富。分配正义是财富共享的正义基础和基本原则，这一基本原则包括差异性正义原则和同一性正义原则。差异性正义原则是按照被认可的"差别"进行分配之原则，同一性正义原则是按照被认可的"同一"进行分配之原则。财富共享是两种分配正义原则的协同统一，现实地表现为一次分配与二次分配的统一。

党的十八届五中全会在对我国以往发展经验进行科学总结的基础上提出了"创新、协调、绿色、开放、共享"五大发展理念，从某种意义上说，创新、协调、绿色、开放都只是发展的手段，而共享才是发展的目的。共享一般包括基本权利共享、参与机会共享、公共产品共享等。一些学者提出了引起社会广泛关注的财富共享概念，并认为财富共享是共享理念中最根本的方面①。因此,对财富共享的概念内涵与本质要求,特别是其正义基础进行理论研究,从而为财富共享的实践操作提供基本的原则和方法,就非常重要。

一、财富共享的公平本质

关于财富,《哲学大辞典》的解释是"'国民财富''社会财富'的简称,一般指物质财富,由使用价值构成的物质实体,社会存在和发展的物质基础。……除物质财富外,人们还把文化知识、科学技术、管理经验等,称作社会的精神财富"[1]。财富既可以是物质财富也可以是精神财富,既可以是社会财富也可以是私人财富,既可以是原生性财富也可以是创造性财富,但这里所说的共享的财富,主要是指社会的创造性的物质财富。关于共享,《现代汉语词典》的解释是:"共享,动词,共同享有,共同享用。"[2]而"共同,(形)属性词,属于大家的,彼此都具有的;(副)大家一起(做)"[2](457)。根据"财富"与"共享"的字面意义,财富共享容易被"直观"地理解为财富的共同享有享用。但财富共享仅仅停留在"共同"享有享用上是不够的,它应当有更深层的本质规定。

在此,我们有必要澄清一下经济平等与经济公平的关系。平等一词有两个基本含义:一是指人们在社会、政治、经济、法律等方面享有相等的待遇,二是泛指地位相等。[2](1000)虽然平等不等于平均,但从一种分配结果来看,平等总是内含着一种以平均、同一、同样结果为目标并指向这一目标的意向,因为它本质上是反差等的;而公平作为一种分配原则,是指"得其应得",强调贡献与收获的对等,贡献如何对应着收获如何,其结果既可能是平等的,也可能是差等的。

人们常说的经济平等涉含两个"非常不同"的要素:一是经济活动机

---

① 参见卢德之:《走向共享——面向未来的思考与追求》,北京大学出版社 2013 年版;陈进华:《马克思主义视阈下的财富共享》,载《马克思主义研究》2008 年第 3 期。

会、活动规则平等,它们都基于活动主体之社会地位、基本权利的平等;二是经济活动收入平等,这种平等显然也要从活动主体的社会地位、基本权利平等而来。但问题在于,收入若不根据人的具有差异的活动本身而来,而是源于活动主体的平等地位和平等的基本权利,那么活动主体的能力差异与努力表现就失去了相应价值。而实际收入若根据活动本身的差异状况而来,那么它往往就是不平等的——此时,活动机会与活动规则的平等恰恰构成了结果不平等的实现条件。所以,经济平等如果不区分机会、规则平等与结果平等这两个方面,就不能很好地阐明经济平等所包含的不同的具体内容。① 因此,从经济自身的相对划域和发展规律来讲,"经济平等"远不如"经济公平"一词来得妥当。因为人及其活动是有差异的,经济收入作为人之差异活动和活动差异的对象化,它如何可能平等? 对它,应当更多地用一种公平与否的尺度去考量。财富占有的本质应当是公平而不是平等。

基于此,财富共享大致可从两方面去理解:即国民对社会物质财富的共同占有享用和公平占有享用。共同占有享用是它的"直观形式",公平占有享用则是它的内在基质。共同占有享用更偏重于一种号召性提法,是就财富应由民众总体拥有而言,它相对抽象一些;公平占有享用则是具体界定,是方法操作,是就财富被不同个体分有而言,它相对具体一些。所以,财富共享的正义基础,并不是说任何财富共享都是正义的,而是说,财富共享有其内在的正义基础,即财富共享要成为一种合理的、可持续的共享,它在根本的意义上应落实为财富"公(平)享"、财富"正(义)享"。

财富共享之所以要以公平为基础,是因为财富创造中存在着难以动摇的个人所有权。黑格尔说:"人有权把他的意志体现在任何物中,因而使该物成为我的东西;人具有这种权利作为他的实体性的目的,因为物在其自身中不具有这种目的,而是从我意志中获得它的规定和灵魂的。这就是

---

① 也有学者提出经济平等包括权利平等、机会平等、结果平等三个方面,但其结果平等其实不是平等而是公平。参见靳海山:《经济平等的三重维度》,载《伦理学研究》2005 年第 1 期。

人对一切物据为己有的绝对权利。"[3]由于人的所有权需要通过占有外物去实现,占有使人的自由意志现实化。"我把某物置于我自己外部力量的支配之下,这样就构成占有;同样,我由于自然需要、冲动和任性而把某物变为我的东西,这一特殊方面就是占有的特殊利益。但是,我作为自由意志在占有中成为我自己的对象,从而我初次成为现实的意志,这一方面则构成占有的真实而合法的因素,即构成所有权的规定。"[3](61)黑格尔这里所强调的其实是人的一般占有,即人对物的占有是因为人有自由意志。但是,财产的现实占有,除了"人可以占有物"的一般规定外,还有一个为什么我占有而不是你占有、占有的多还是少的具体区别问题,这也是一般的自由意志如何具化为特殊的个人的自由意志之问题。如果一个人没有他所必需的物的具体所有权,他的一般的意志就没有对象和着落,他的自由意志就是一种走不出主观世界的自由意志。

而作为区别于他者的我,之所以能够占有我的劳动对象物,一个根本的原因就在于劳动对象中包含了我外化出来的"本质力量",它既内含着我的意志,更内含着我的劳动,是我使它变成如此,不仅使它"人化"而且使它"我化"。个人占有对象物其实是人的一种存在方式,每个人在使用某种东西的时候,都得先占有它,以排斥他人对它继续享有任何权利,然后才能独立地使用它。在这种意义上,原本共有的东西就通过个体占有成为个人的东西,换句话说,将财富从其共有状态转变为私有状态是人的现实需要获得满足的内在要求。

个体通过劳动可以占有对象物,其实又是以自我所有权为基础的。自我所有权是指每个人都拥有自己的人身、行为和劳动,这种权利具有平等性和排他性。洛克认为,劳动将财富的共有状态和私有状态相区分,在给他人留有充分资源的条件下,任何处于原初共有状态的东西只要被掺进个人劳动,都可成为劳动者的私有财产。因为我对我的人身、行为、劳动拥有所有权,因此,那个"我化"的劳动产品,不仅由于脱离共有状态而成为我有财产,更由于它内注着我的劳动,我便通过对我的劳动的拥有而能占有我的劳动产品。当然,洛克的理论也有一个掺入了多少劳动才能拥有该劳动对象的问题,即完全由个人创造而致的劳动产品才能归属于个人。但该理论的重大价值还不在于此,而在于它吹响的允许每一个体通过能动的活动去创造财富、去拥有和改变世界的号角,无疑成了人类物质文明得以不断积累壮大的不竭的力量源泉。

可见,在没有分工的简单生产世界,"谁创造谁拥有"之价值观念的形成是以自我所有权为硬核的,它内含着三个方面的主体权利:拥有自我人身的权利、拥有自我行为的权利、拥有相应行为结果(劳动产品)的权利。自我所有权的确立具有非常重要的积极意义:一是确立世界的确定性,个体可以通过劳动确立自己的生活、实现自己的意志,进而确立自己与世界的可靠联系;二是确定了创造主体与享受主体的高度一致,就是确定了某种基本的人—物、人—人秩序,创造了才能享受、要享受就得创造成为一种坚固的秩序原则;三是为财富创造提供不竭的动力支持,既然个人意志必由劳动实现,那么财富占有的关键就不在于人的一般意志自由的"抽象占有",而在于特殊个体劳动的"具体占有",于是个体意志的实现动力就成为社会财富创造的不竭源泉;四是人在不断的创造过程中,在满足自身需要的同时,又发展和完善着自身,实现着人之内在潜力的开发和人的自我实现。劳动在改变对象世界的同时又改变主体世界。

从现实来讲,排他性的自我所有权确定了各市场主体的活动空间和利益边界,既要利用好自己的自我所有权,又不能伤害他人的自我所有权。只有如此,才能规范各市场主体的经济行为,建立公平竞争机制,形成市场主体之间平等、自愿、互利的交易关系。虽然,并不是所有的外物都得自我所有,自我所有权也并非完美无缺,它也可能产生一些消极影响,我们或许可以努力消减改善这些影响,但却不能直接否定自我所有权本身,如果否定自我所有权本身,则必将产生非常严重的后果:从实践上来讲,社会发展的关键基点若不首先放在尽最大努力从外部世界去创造、争取、拥有财富上,而放在对既有财富如何平等分配上,眼光不投向拥有无限财富的外部大世界,而是盯在既有财富的内部小范围,这样的发展恐难有大的进步;从理论上讲,若没有自我所有权,自我劳动创造的东西就可以不归自我所有,那么不仅剥削是允许的,而且偷盗、抢劫也是允许的,如此,人类必然回到充斥着残酷暴力的原始丛林。

二、财富共享的基本原则:差异性正义与同一性正义

社会财富公平占有的本质,就是社会财富的正义分配。正义的根本内质是"应得",个体收入的"应得"是与个体活动的付出相对应的。在没有分工之前是谁生产谁获得,在社会分工之后则转变为谁贡献谁获取。总之,它是以承认自我所有权、个人所有权为基础的,正是在这个意义上,我们才认为个人所有权是分配正义的基础,财富共享的本质是公平而不是平等。那么如何具体实现财富共享的公平本质,即如何实现财富的分配正义呢?我们认为,就是要根据分配正义的两个基本原则——差异性正义原则与同一性正义原则进行财富分配。

"所谓差异性原则或差异性分配正义原则,关注的是不同的人因某些被认可的差异而得到不同的对待;所谓同一性原则或同一性分配正义原则,则关注人们因某些被认可的同一而得到相同的对待。"[4]尽管差异性原则与同一性原则的差异很大,前者据于人及其活动的差异性,后者据于人及其活动的同一性,但它们都是统一于人及其活动的,它们作为"人"的分配正义的两大基本原则,是相互渗透、相互依存的。所以,当我们进行某种差等对待时,总是内含着对某些同一的认同,而当我们进行某种同等对待时,又不得不关注甚至尊重某些差异的实存。

由于人的某些同一性、某些差异性都具有存在的合理性,因此,分配正义一定是这两个原则的综合运用。若认为只有"一个"正义原则,要么是同一性正义原则,要么是差异性正义原则,并企图用一个原则去贯穿人们生活的方方面面,注定是行不通的。同一性正义原则与差异性正义原则有各自的相对适用领域。一般来说,以人的某种抽象同一性认同为根据的收入、机会、资源分配,往往适用于同一性正义原则;以人的某种具体差异性认同为根据的收入、机会、资源分配,往往适用于差异性正义原则。对应到

现实,政治领域由于人际平等对待是首要的,因此更"基础性"地适用同一性正义原则;经济领域由于自主决策、自由活动是首要的,因此更"基础性"地适用差异性正义原则。据此,社会财富的分配首先应接受差异性正义原则的支配、指导和影响,即按照多贡献多得、少贡献少得、不贡献不得的原则进行分配。因为只有让人的差异能力、差异贡献直接对应到分配结果上来,才能让人感觉公平,也才能激发人们的活动积极性,从而为社会创造更多的财富。但是,如此一来的后果必然是收入差距的不断扩大。事实上,由于人的差异及人的自由能动表现,人们完全可能通过某种科技工具杠杆扩大这种劳动付出差异或社会贡献差异,若实行按贡献分配,财富占有的巨大分化也就难以避免。

正义原则虽有政治、经济领域的相对适用划分,但人们的现实生活却是将二者连为一体的。所以,政治与经济必然相互依赖、相互渗透。在现实性上,在经济两极分化的条件下,政治上的人权人格平等的实现也总是困难重重。正是在这个意义上,马克思对资本主义两极分化状况中的所谓人权人格平等总是嗤之以鼻。他认为,离开历史进程、离开经济基础特别是具体经济发展条件去实现一些理想价值相当困难甚至不可能,因此,经济的不平等——主要是生产资料占有的不平等往往构成人的其他方面不平等的一个基础。

但另一方面,认为政治方面的人权人格平等完全依赖于甚至"出于"经济平等,并不断努力从经济内部去追求经济的完全平等,却又走到了事情的反面。由于平等是基于人的某种同一性的合理要求,而人之同一性的"思维提炼"生成,总要通过抽象、通过去掉人的许多具体差异而实现,因此,同一性以及基于这种同一性的平等必然是相对抽象的。政治方面的许多规定都是基于人的同一性规定,所以同一性正义原则总是在政治领域有更多的表现。政治上强调的同一性正义往往以忽略人的无数差异为基础,经济上强调的差异性正义却必须以承认人的差异表现为前提。故而,政治上的人权人格平等完全根据于、依赖于经济平等的说法,其实是把人的政治生活与经济生活的相关性,把经济对政治的现实影响,理解成了经济对政治的直接规定,甚至理解成了经济就是政治本身,就是人的全部生活,这其实是一种误解。从生成根据上看,人权人格并不来源于经济,人权人格平等也并不来源于经济平等,尽管经济的相对平等为人权人格平等的实现提供着某种现实影响力,但经济的差异性影响在规定人权人格的生成缘由时恰恰是需要排除的。所以,无论是穷人还是富人,只要不是坏人,其人权人格都是平等的。经济平等既不是产生人权人格平等的内在根据,也不是实现人权人格平等的唯一资源,只是经济的相对平等为人权人格平等的实现提供着必要的经济支持。因此,我们实现人权人格平等的一个重要努力方向,除了通过经济的相对平等而促成之外,还要特别强化和内化"人作为人而存在"的平等观念,并通过社会文化制度将这一平等观念不断向现实实践落实,即人权人格平等的一个重要实现方式是人权人格平等观念的文化制度化和社会现实化。通过人权人格平等来促进经济相对平等,这是一种以普遍抽象的同一性力量去引领和规导具体差异现实的做法,体现了社会政治平等要求原则对经济必然巨大差异化结果的合理抗击与必要改善。所以,实现经济相对平等的一个重要方面就是要广泛宣传和积极内化人权人格平等,使人权人格平等成为一种普遍共识,共识力量越强大,其向经济的渗透、对经济差异的规导就越自觉、越有力,经济的平等化倾向就可能因此而不断提高。

人的活动是有差异的,差异的活动应当且必须对应到差异结果上来。人们可以用无数的事实来证明差异的活动并没有对应到相应的差异结果,比如产生了剥削、异化劳动,产生了多劳少得、少劳多得、不劳而得等情况,人们也可以找到无数的办法将人的差异表现锁定在更小的范围之内,比如反对各种特权、行事规范一致、生产资料公有等,但所有这些东西永远都不能消除人之差异的客观存在及表现,也很难改变"差异的活动应当对象化到差异的分配结果中去"这一根本原则。因为前者是必然的,后者是必须的。后者之所以是必须的,是因为它是人类文明的奠基石——如果差异的活动可以不对等到差异的结果,一个人也就可以无偿占有他人的劳动成果,劳动主体与享受主体就会分离,这不仅不公平,而且必然伤害人们的劳动积极性,大锅饭只能导致共同贫穷的历史事实是被实践反复证明了的真理。而如果人的差异无法消除、差异的活动又必须对应到差异的分配结果,那么经济平等就没有内生性。

人们的经济平等要求,其实是政治上人权人格平等对经济产生的"外部"规导,而不是经济自身的内部要求。若直接从经济自身、经济内部追求经济的完全平等,那么经济自身的市场化、自由化、差异化发展规律所拥有的必然空间,必然被人们主观的理想的大同平等观念过度压缩,其结果往往是"平等很丰满、效率很骨感"。所以,早期社会主义平均化运动由于背离了个人所有权原则、背离了差异付出与差异收入应对等的正义原则,把经济平等作为经济自身的内在规定,最终总是难逃经济低效、发展滞缓的厄运。改革开放特别是市场经济建立之后的社会主义平等,至少方向上是在确保"谁贡献谁拥有"的自我所有权和个人所有权不动摇的前提下进行的,从而是一种要确保个人有更多活动、财富有更多活水、社会有更多活力的积极稳定的发展,其平等的内质结构是确保经济内部公平自由基础上容允必要差异存在的相对平等。这种相对平等不是从经济内部开掘出来的,没有从根本上改变差异付出与差异收入相对等的基本经济活动规律。由此可见,人们可以把经济"做成"相对平等,但一定不要认为这是经济自身的内在要求,更不要因此而从经济内部设法开出经济平等之价值和其他方面平等皆出于经济平等的价值源泉,因为经济平等无自身内在生成根由,需要从外部——比如从政治人权人格平等那里寻找之所以平等的根据。

可见,政治上的人权人格平等对经济两极分化产生渗透性影响,从而使经济在一定程度上或在某些基本方面表现出某种平等性,是同一性正义原则对差异性正义原则的必要影响,是两种正义原则统一于人、统一于人之全面现实生活从而实现二者协同发展的结果。正因为人需要和谐统一的生活,政治人权人格平等对经济两极分化的"纠正"不仅具有必要性,而且具有必然性,因为人既是经济人,也是政治人,人权人格平等作为一种普遍的政治价值认同,它必然抗击经济差异的四方侵袭和唯我独尊。在当下中国,财富的巨大分化问题不容回避,经济某种程度的合理平等调节任务比较艰巨,故而,政治人权人格平等对经济过大差异的干预影响与合理规导就必然表现出来。因此,在确保机会公平和基本生活需要平等满足的基础上,进行普遍人权人格平等的广泛教育与制度化建设既很有必要且任重道远。这不仅应得到贫穷者的欢呼,而且应得到富有者的赞同。[①] 人权人格平等一旦相对独立于经济,并深刻内化于人们心里、外化于社会制度,就不仅有助于促成经济的相对平等化发展,更重要的结果在于,相对贫穷者不会因拥有较少财富而觉得低人一等,相对富有者也不会觉得拥有较多财富而高人一等,两者的相互尊重就因此而有了某种生成根基,它完全有利于和谐社会的构建。

综上,经济作为人的差异活动的对象性表现,其结果是不能完全平等的,若完全平等就不符合正义原则。但是,经济收入不能完全平等,必然保持必要的差等,也并不意味着经济在某些方面甚或人的基本需要方面也不能表现出某种平等取向,经济中某些方面甚或人的基本需要方面的平等,虽不必是经济运动自身的内部要求,却可以是"人的"内部要求,它其实是"人的"平等要求与差等要求在经济生活中进行综合博弈的一种结果。并且,经济公平基础上的基本生活需要、基本生活条件的平等保障,又反过来为人的其他方面的生活奠定了"经济基础",它更有利于整个社会的全面、和谐、稳定发展。

若从分配的运行过程来看,差异性正义与同一性正义的协同表现在:在一次分配过程中,我们主要偏重运用差异性正义原则,在二次分配过程中,我们则偏重运用同一性正义原则。财富的公平享有享用本质上就是用差异性分配正义原则与同一性分配正义原则这两个原则来进行分配,只不过差异性正义原则居于首要地位,因为它是可以确保财富生成源源不断的经济自身的内在原则。不同国家,二次分配的平等程度是有差异的,这取

---

① 富人若没有人权人格平等观念以及这种平等观念支持下的经济相对平等思想,往往会造成:你加大二次分配,他就携带资本跑路,这个情况一定要引起高度重视。所以,一定要强调挣钱要自由、奉献要自愿的基本原则。

决于整个社会财富的积累程度、人们对人的同一性及其基础上的人权人格平等的认同以及这种认同对经济的规导影响等。一般而言,整个社会财富较为丰富,人们对人的同一性、人权人格平等的认同较高且这种认同向经济的渗透力较强,其二次分配的平等程度往往相对较大;反之,则二次分配的平等程度相对较小。当然,这之间可以有许多种组合,并且人们的这些认知也随着时代的变化而变化。比如美国,整个社会财富较为丰富、人们对人的同一性、人权人格平等的认同度较高,但这种认同向经济的渗透力并不是很强,一个重要原因在于他们非常看重个体的自由价值。当然,关于自由与平等之基本价值的倾向性选择,在这个国家也是不断变化着的,历史上可能是更多的人偏重于自由价值选择,但今天,平等价值在他们心中的地位似乎也在不断攀升,因而经济平等的呼声似乎也越来越高,罗尔斯的充分关注平等的正义理论,正是在这样的背景中生成并产生了广泛影响。

三、仁爱方式:财富共享的另一途径

财富共享,除了分配正义途径,还有仁爱途径。所谓财富共享的仁爱途径,就是以仁爱的方式实现财富共享。仁爱方式是有异于正义方式的,正义以人的相互性、利益对等性为前提,而仁爱虽然并不完全反对人的相互性与利益的对等性,但也不以这种相互性和对等性为前提条件,它基于自愿,可以不求任何回报。"仁爱者不论别人如何行事,都自愿做有利于他人的事,而不做不利于他人的事","即使不具备相互性条件,仁爱者仍会以仁爱之心待人"[5]。从整个社会的和谐发展角度来讲,财富共享当是仁爱方式与正义原则的恰当组合,正是在这个意义上,我们说正义原则只是财富共享的基本原则而不是唯一原则。

在仁爱方式与正义方式之重要性排序上,尽管也有哲学家认为仁爱原则更为根本,如弗兰克纳就强调:"必须把仁慈原则看作不仅要求做实际上仁慈的事,而且要仁爱,即为了爱而行事。"[6]但总体来讲,正义原则在

现代社会居于更加中心的地位却是不争的事实。[7]财富共享以正义原则为基础,主要是从社会管理的基本要求着眼,而财富共享还要求和关涉着仁爱原则,则主要是从个人道德修养的更高要求着眼。

近代以来理性启蒙的一个直接结果就是,正义越发居于道德的中心地位,而仁爱却不断地去中心化。面对此情,有人就批评罗尔斯的正义原则"要求个人从自己的特殊自我中抽离出来,因此,它就被认为是这样一种传统的典型代表:'道德自我被当作了无根的和无形的存在者'"[8]。然而,正义作为社会的首要美德,毕竟是一种最现实合理的现代社会制度所必需的,故而,一些表达人类理想所能够到达的高阶价值——仁爱、仁慈、慷慨、友爱、友善、关怀等,对于人类美好生活当然是必要和重要的,但在人们已经清醒地认识到自身权利与义务应当对等,特别是人的恶行总是难以避免的法治社会,要想把仁爱原则作为更基本的社会治理原则,用仁爱原则替代正义原则,在当下可能是不切实际的。一味认为仁爱比正义更基础的人,往往是一些道德理想主义者,他们总是希望一个无比美好社会的到来却又常常看不到人有可能作恶的一面。从理想的应然角度来讲,以仁爱为基础的社会肯定比以正义为基础的社会更好,但是从现实的实然角度来讲,以正义为基础的社会,却更加实在、可靠,更有历史性和现实感。正如斯密所言:"与其说仁慈是社会存在的基础,还不如说正义是这种基础。虽然没有仁慈之心,社会也可以存在于一种不很令人愉快的状态之中,但是不义行为的盛行却肯定会彻底毁掉它。"[9]

其实,从中西比较的角度来讲,当今西方社会对于仁爱原则的强调和重视,是在西方社会长期的法治、正义基础上产生的,其目的是使以正义为基础的社会变得更好,它不同于长期缺乏强固法治基础的对于仁爱原则的过度偏爱。无法治基础的过度仁爱往往容易走向德治、人治,走向主观情感主义和道德理想主义泥坑。虽然人的社会化与个体化是相互依存的,但从人的历史发展角度来讲,从未分化的"社群人"走向人的个体化却是一种必然,它是个体自由解放、是自由人联合体生成的必经表现形式。自由意识、个体意识、权利意识、竞争意识,一旦产生就难以回原、难以消除,这就意味着调节这些意识及其现实表现的正义不可缺场。如果说这带来了社会的某种不完美，产生了一些相关问题，那也是个体解放、个人自由发展的必然代价，我们或许可以尽量减小这种代价，但却无法完全消除或避免这种代价。

强调财富共享的正义基础，是讲财富分配应当有一个基本的正义原则，这是在社会主义初级阶段这一基本背景和最大国情的基础上来谈的。至于未来理想社会，若能实现财富极大丰富基础上的按需分配，那正义原则就用不上了。因为"正义只是起源于人的自私和有限的慷慨，以及自然为满足人类需要所准备的稀少的供应"[10]。正义是在"有争"的背景下产生的。但是，一个历史阶段有一个历史阶段的主要任务，既然社会主义初级阶段是一个十分漫长的过程，生产力的发展，也总会受到各种限制，那么我们就应当首先做好我们这个阶段分内的事情。同时，强调财富共享的正义基础，也并不反对人们应当拥有一个正确高尚的财富观，并不反对财富的仁爱分享。分配正义原则只是强调财富如何合理地分属个人，至于个人如何对待处理这些财富，把这些财富看作什么，则是个人如何对待已有财富的另一个问题。财富应当是为了人的发展的——既为了个人的发展，也为了他人的发展。所以，财富是手段不是目的。当然，反过来，有正确的财富观，也不是就要否定财富的正义分配原则，这是合理地分配财富与正确地对待财富之问题，两者相互联系，又各有各的适用原则和适用情境，不可一味"统于一则"。

参考文献：

[1] 冯契,等.哲学大辞典[M].上海:上海辞书出版社,1992:797.

[2] 现代汉语词典[M].北京:商务印书馆,2012:457.

[3] 〔德〕黑格尔.法哲学原理[M].范扬,张企泰,译.北京:商务印书馆,1961:60.

[4] 易小明.分配正义的两个基本原则[J].中国社会科学,2015,(3).

[5] 慈继伟.正义的两面[M].北京:三联书店,2014:16.

[6] 〔美〕弗兰克纳.伦理学[M].关键,译.北京:三联书店,1987:121-122.

[7] 常江.仁爱与正义:当代中国社会伦理的"中和之道"[J].哲学研究,2014,

(2).

［8］〔加〕金里卡.当代政治哲学(下)［M］.刘莘,译.上海:三联书店,2004:728.

［9］〔英〕斯密.道德情操论［M］.蒋自强,等,译.北京:商务印书馆,1997:106.

［10］〔英〕休谟.人性论［M］.关文运,译.北京:商务印书馆,1980:532.

（易小明,湖南师范大学道德文化研究中心、中国特色社会主义道德文化省部共建协同创新中心教授;本文发表于2019年第6期）

财富共享的正义基础

个人与社会的关系

——伦理学基本问题及其范例

龚 群

摘 要 在改革开放之初,人们对于伦理学基本问题曾有过热烈的讨论。在前人所提出的观点的基础上,我们认为,个人与社会的关系是伦理学的基本问题。个人生存于社会,没有个人,就没有社会,同样,没有社会,也就没有现实意义的个人。个人有着自己的生存权利与利益,同样,社会也有着自己的结构与利益。个人与社会从来就是伦理思考的两极。相对于个人,社会又可区分为他者与社会整体这样两个层次。儒家和基督教伦理,是从他者的角度,通过仁爱或爱人来达到社会或人类之爱;柏拉图、亚里士多德则从社会共同体维度进行论证,强调社会整体正义或社会共同体的善的至上性。霍布斯与曼德维尔则从个人维度为个人的存在与幸福进行论证。卢梭则将自爱与博爱和人类之爱贯通起来思考,提出自爱为前提,而同情心是从自爱到博爱(仁爱)的关键。

一

何谓伦理学基本问题? 一种理论或理论体系是由不同的论域问题所组成的,在这个理论或理论体系中,总有某个问题是其基本问题或根本问题,这个问题处于这一理论的基础性地位,其他问题则处于从属性的地位。

换言之,基本问题是最根本的问题,其他问题都是次要的问题。自从伦理学理论产生以来,已经形成了多种形态的伦理学理论。不同形态的伦理学理论都有它自己的基本问题或对于基本问题的表现形态。在 20 世纪 80 年代的争论中,有代表性的观点是利益与道德的关系是伦理学的基本问题[1](7)。这一观点包括两个方面的内容。一是经济利益与道德的关系问题,即经济与道德两者哪一个起决定性的作用,是经济关系决定道德还是道德决定经济关系。经济关系决定道德,又体现在经济关系中的所有制对道德的决定作用。一般而言,有两种所有制:公有制和私有制,即以公有制为基础的经济关系和以私有制为基础的经济关系。两种不同的经济关系或经济结构决定道德或道德理论的不同性质。反映或体现公有制经济的道德相比较反映或体现私有制经济的道德而言,是先进的和代表社会发展方向的。就长期以来的人类历史而言,这一理论是符合马克思主义的历史发展理论的,但它没有反映改革开放以来我国社会经济结构变化的问题,即我国已经从单一的公有制经济转变为以公有制为主体、多种所有制经济共同发展的基本经济制度。从这一理论的逻辑出发,也就必然得出结论,由于经济关系已经发生了变化,道德的性质也将发生变化。但这样的逻辑对于判断改革开放以来我们的整体道德水平以及道德发展方向来说是不符合历史事实的。二是个人利益与社会整体利益的关系问题,要回答的是个人利益服从社会整体利益还是社会整体利益服从个人利益。马克思主义伦理学强调经济关系对于道德的决定作用,强调个人利益服从社会整体利益,并且在这个意义上,将后者作为伦理学的最基本的原则。

这样一种观点,在一定意义上,可以看作意识形态为经济基础所决定的马克思主义历史唯物主义理论在伦理学上的具体化。但是,它并没有反映伦理学作为一门知识学科的内在理论特点。任何一门知识学科都有自己的话语体系和概念体系。因此,有人从伦理学学科的内在特征上,提出善恶问题是伦理学的基本问题[2](13-15),认为善恶是道德现象区别于其他社会现象的特有矛盾,是道德之为道德的根本原因,同时也是古今中外一切伦理学家和伦理思想所关注的重大问题。

本文认为将伦理学的基本问题概括为利益与道德的关系,体现了马克思主义历史唯物主义的基本观点,但并不是伦理学基本问题的反映。一个学科的基本问题要在本学科内部寻找,如果把经济关系与道德两者的决定与从属性看成基本问题,这等于是将伦理学的对象与伦理学外部某类社会关系的相互关系看成伦理学本身的问题,超出了伦理学基本问题讨论的范畴,因而在话语逻辑上就有问题。当然,这并不意味着前后两者哪一个决定哪一个、哪一个具有从属性不是一个重要的问题,它只是并不属于伦理学基本问题的范畴,应当属于历史唯物主义的范畴。在个人利益与社会整体利益的关系上,强调个人利益服从社会整体利益,是马克思主义伦理学的基本立场和基本原则。然而,当我们说这是伦理学的基本问题时,应当把古今中外不同流派的伦理学理论都涵盖进来。不同流派的伦理学理论的核心观点和基本立场,对这一基本问题都做出了自己的回答,虽然回答很不相同。但不能因为不同的回答而进行正确与错误的划分。从经济关系和利益关系来把握伦理学的基本问题,很容易将道德的理解主要限定在经济关系和利益关系上。无疑,经济关系与利益关系对于道德问题的理解和把握确实起着很重要的作用,但是,这样理解道德问题就有可能把人类社会十分复杂的道德现象仅仅从经济因素或利益因素来把握。如果这样的话,我们就难以看到不同的社会政治制度以及不同的文化风俗对道德的重大影响甚至决定性作用。

将善恶问题看作伦理学的基本问题,从伦理学学科内在特征来看,确实抓住了伦理学作为一个学科与其他学科相区别的概念特殊性。不过,善恶概念是从一定的伦理立场、原则进行道德判断而运用的最高概念,虽然在人类思想史上,诸多伦理学理论将其作为伦理学的最高概念来看待。善的概念虽然居于伦理学体系的最高位置,但实际上它所反映的是某一伦理学体系把其价值上所赞同的置于最高位置,或它所反映的是某种伦理学体系的价值倾向或价值偏好。当然,我们也可以认为这样认知和把握的"善"并不是在某一种伦理学理论观点或学派意义上的"善",而是承认在伦理学基本概念的意义上,各家各派都将自己所认可的善置于最高位置。

但这样的理解并没有完全否定批评意见。如有人认为,就伦理学内部来看待伦理学的基本问题,义利概念应当成为最基本的概念,这是因为中国传统伦理就是以义利概念为最高概念,或将义利问题作为基本问题[3](15-21)。这个说法的理据是说中国传统伦理的基本问题是义利问题,或义利冲突以及对于义利冲突的解决是中国伦理学的基本课题。但实际上这只是中国儒家伦理的问题,并不是墨家伦理的问题。因为在墨家那里,大利即大义,因而义利是可以统一的,而且应当是统一的。实际上,无论是善恶还是义利问题,都是更深层的问题在伦理概念上的反映,这一问题就是个人与社会的关系问题。

二

我们认为,个人与社会的关系问题是伦理学的基本问题。每个人生活在社会上,不可避免地要与他人发生关系。个人与他人、与外在世界发生的关系,是作为"关系"而发生的。人与其他动物不同,动物是依据自己的本能活动于这个世界上,而人则是意识到了自己在做什么,并且以自己的意识、意志或动机来决定自己的行动。当我们有了自我意识,就能够体验感知到自我的存在以及我们对外界事物的反映。我们不仅能够意识到我们自己的存在,而且能够意识到与他人的区别。我们独特的自我意识的建构是与对他人有区别的意识同时存在的。然而,每个人都不是孤立地存在于世的,我们与他人之间由于交往和生产的需要,必须建立某种联系或关系。因此,人与人之间的交往或互动是以"关系"的存在为前提的。关系是人所意识到的,同时也为人的意识所维持。社会是一个高度抽象的概念,所谓"社会"是指人类生活的群体或整体。人与人之间的相互结合或相互关系构成社会。马克思说:"社会——不管其形式如何——是什么呢? 是人们交互活动的产物。"[4](408)人们的交互活动形成社会,而社会是通过社会关系有机整合起来的。马克思说:"生产关系总合起来就构成所谓社会关系,构成所谓社会。"[5](27)在马克思主义看来,生产关系是最基本的人与人的社会关系,而就社会本身而言,是多重丰富的社会关系整合而成社会,如家庭亲属关系、经济(生产)关系、政治关系等。人与人之间的关系,可以分为两类:个人(自我)与他人的关系,以及个人(自我)与社会的关系。滕尼斯说:"社会——通过惯例和自然法联合起来的集合——被理解为一大群自然的和人为的人(非自然人),他们的意志和领域在无数的结合中处于相互关系之中,而且在无数的结合之中也处于相互结合之中。"[6](87)人们的相互结合或相互关系构成社会,社会就是由各种各样的关系构成的。就个人而言,通过各种关系与他人联系,如亲属关系、朋友关系、师生关系、同事关系、陌生人关系等各种关系建构起自我与社会的关系;相对于个人与他人的各种特殊关系,从整体上看,个人与社会也形成相对独立的关系。个人与社会整体是一种抽象的关系,但可以通过思维来把握。然而,从自我与社会外界的关系而言,又可以把这样两类关系统称为个人与社会的关系,这是因为,他人是除自我之外的社会一分子。

从伦理学上看,所有社会关系都具有伦理意蕴。① 如我们与陌生人之间,只要两者相遇,就有一个如何相互对待的问题,如平等尊重或礼貌相待就是最基本的伦理要求。就人类个体而言,任何单独一个人不存在道德问题。道德是在人与人的互动中存在的。一个人远离社会,离群索居,不存在道德问题。换言之,人类的道德现象以人类的社会关系为前提。实际上,一个人如果从来不在社会中生活,那就根本不是一个人,就像社会学上所说的印度那个被狼叼走的孩子,从此再也不可能回到人类社会中生活。马克思说:"人的本质……在其现实性上,它是一切社会关系的总和。"[7](135)人在社会中生活,也就是在各种社会关系中存在。道德发生于人与人的关系或人与人的互动。我们把所有个人与社会各个层面或各种社会联系方面所发生的关系,概括为个人与社会的关系。就具体的各种社会关系而言,都存在伦理的意蕴,那么,就个人与社会的关系而言,有没有其伦理意蕴呢? 事实上,不仅有具体的各种社会关系的伦理意蕴,而且也

---

① 在本文中,我们是在"伦理"与"道德"含义相同的意义上使用它们。

有从抽象意义把握的个人与社会关系的伦理意蕴。由于个人与社会的关系具有高度抽象性,从而体现这一关系的伦理意蕴也具有一般性或普遍性。一般而言,这体现在人们怎么从伦理上把握个人与社会的关系。从道德角度来看,个人与社会的关系实际上是这样的两极:个人维度或社会维度。如果伦理学的最高概念是善,那么,当我们思考什么是道德或道德上的善时,是从什么角度来思考的呢?

社会维度的伦理思考可以区分为两个层次:他者层次和社会(整体)层次。就他者层次来看,对他者的爱作为最基本的伦理要求是中外诸多伦理学思想的基本观点。并且,这些伦理思想都有一个特点,并不把他者与社会整体分离开,而是强调通过对他者之爱来达到对人类整体的爱或社会整体的团结。儒家伦理可以说是这一类型的代表。儒家伦理的核心概念是“仁爱”。仁爱之“仁”,从字形结构上看,从人从二,即仁爱是对他者之爱。孔子说,仁者爱人。“爱人”或爱他人,首先是对于施爱者而不是施爱对象的要求,即要求我们对他人有仁爱之心。当然,儒家认为仁爱从亲亲始,即从对自己来说最亲的人的爱做起,一层层扩展开来,从而达到对社会其他人的同胞之爱以及人类之爱。因此,在儒家这里,对他者的关系与对社会整体的关系并不是截然相分的,而是可以从对他者之爱达到对社会整体之爱。儒家将仁爱看作达到社会团结的关键因素。不过,由于儒家仁爱实施的方法是从亲亲始,亲者更亲,而疏者更疏,从而在实现路径上产生了内在的困境。

基督教伦理则提出了一种超越亲缘之爱的平等的博爱。博爱的伦理要求强调的是,只要我们所面对的是人,即所有他者,都应一视同仁地平等地爱,而不因为他者不是自己的亲人、不是我们的朋友,爱就有差等。基督教的博爱理论的前提是所有人类都是亚当、夏娃的后裔,因而所有人类都是上帝的子民,所有人都是上帝的造物,因而人人都应当是平等的,都应当彼此相爱。然而,在充满不平等甚至存在压迫剥削的阶级社会,基督教的博爱说只能流于空想。麦金太尔说:“除非人类生活基本物质方面的不平等开始有了被废除的可能,否则在很大程度上基督教所产生的有关平等和需要标准的独特价值观,就不可能荐举为人类生活的一般价值观。"[8](163)不过,它也确实作为一种道德理想千百年来鼓舞着无数富有同情心的人们为人人平等的博爱而努力。就他者与社会的关系而言,基督教的博爱理想内在地包括人类是无差别的一家人这样的基本观点。类似于儒家,基督教同样也希望以对他者的爱来达到人类之爱,达到社会的内在凝聚和团结。

从社会整体出发来思考伦理问题,把社会整体的善看成道德的最高原则,同时也从这样一个维度出发来建构伦理学体系的代表理论,典型的有柏拉图的共同体主义。柏拉图在《国家篇》中建构了一个理想国家。在这个理想国家中,具有智慧的理智德性的哲学家为王,具有勇敢德性的军人为护卫者,节制的德性为全体城邦公民所具有。由于下层劳动者所处的地位比较低,他们的很多欲望都处于得不到满足的状态,因此,节制的德性主要为下层劳动者所具有。柏拉图认为,如果所有阶层的人都在自己的位置上发挥自己的职能,并且互不干涉,那么,这样的国家也就实现了正义。他说:"当生意人、辅助者和护国者这三种人在国家里各做各的事而不相互干扰时,便有了正义,从而也就使国家成为正义的国家了。"[9](156)所谓所有阶层的人各做各的事而不相互干扰,是指这样的国家内部秩序安定,人们有条不紊地在自己的岗位上发挥自己的作用。但如果下层人不满足于自己的现状而有向上爬的非分欲望,那么,这样的人是不符合节制德性要求的;如果相当多的人都有这样的欲望,那就有可能导致国家内部秩序发生动荡,国家从而就不再是一个正义的国家。因此,柏拉图的正义观是秩序正义。而秩序正义在前三种德性都能起到作用的前提下才可能出现。柏拉图说:"当城邦里的这三种自然的人各做各的事时,城邦被认为是正义的,并且,城邦也由于这三种人的其他某些情感和性格而被认为是有节制的、勇敢的和智慧的。"[9](157)在柏拉图看来,一个理想的城邦或政治共同体是一个正义的共同体,这样一个共同体也是由主要德性起决定作用的共同体。同时,柏拉图认为,只有在正义的国家我们才能找到正义的人,而在不正义的国家,正义者是非常稀少的。并且,柏拉图的正义论与他的幸福论是内在关联的。在他看来,什么样的人最幸福?他的回答是正义的人。在他看来,只有他所设想的这样理想的城邦才是正义的城邦。但这样的城邦在现实中是找不到的,现实中的各种不同类型的城邦只能是依照这样的标准来衡量并发现幸福感因远离这样的理想城邦而依次下降。最不正义的城邦中的暴君是人类群体中最不幸福的人。柏拉图这一理论的基本观点是,没有共同体的正义也就没有构成共同体的人的幸福。因此,体现善理念的共同体是正义的共同体,在这样的共同体中的最高善,也是所有构成共同体的人应当追求的首位的善。任何人都服从共同体的秩序正义的要求,每个成员才能有自己的善或幸福。这种把最高的善(或城邦正义)看成个人幸福的必要前提条件的理论,也就是我们所说的从社会整体视域出发来思考个人与社会关系的典型。

亚里士多德是古希腊重要的伦理学家,虽然他的重要伦理学著作如《尼可马科伦理学》等主要讨论的是个体德性问题,然而,他的伦理倾向仍然是共同体主义的。对于亚里士多德的伦理学,我们不仅应当到他的伦理学著作中找,而且也应当到他的政治学著作中找,因为他的政治学正是建立在伦理学的基础上的。亚里士多德的伦理学是德性伦理学,就德性而言,不仅对于个人品格具有内在善的意义,而且也是政治上的良善的前提。正如一个善者的前提在于他有好的德性品格,一个好公民的前提也在于他有一个好公民的德性品格。亚里士多德说:"凡订有良法而有志于实行善政的城邦就得操心全邦人民生活中的一切善德和恶行……法律的实际意义却应该是促成全邦人民都能进于正义和善德的(永久)制度。"[10](141-142)在亚里士多德看来,人类是志趋优良的政治动物,从家庭、村落而进化到城邦,不是为了别的,而是为了人类全体的幸福。"政治团体的存在并不由于社会生活,而是为了美善的行为。"[10](143)人类个体的幸福与个人德性相关,但更应在更高级的人类共同体中实现。个人最高善(幸福)应当是与城邦最高善内在统一的。在亚里士多德看来,城邦全体公民的幸福就是城邦的最高善。亚里士多德说:"正义以公共利益为依归。"[10](152)谁对社会正义的贡献越多,谁就受到更大的尊重。亚里士多德说:"谁对这种团体所贡献的(美善的行为)最多,(按正义即公平的精神,)他既比和他同等为自由人血统(身份)或门第更为尊贵的人们,或比饶于财富的人们,具有较为优越的政治品德,就应该在这个城邦中享受到较大的一份。"[10](143-144)共同体的共同善为共同体的全体成员共同努力所建构,因此,共同善理应按照贡献来进行分配。按照麦金太尔的理解,亚里士多德对友谊这一德性的高度重视,体现了亚里士多德的共同体主义精神。麦金太尔说:"在共同目标是实现人类善的共同体里运用这样的尺度,其前提条件是在这个共同体内对善和德性有了广泛一致的看法,正是这种一致看法使得公民之间的联结成为可能。按照亚里士多德的看法,这种联结构成了城邦。"[11](196)亚里士多德的伦理学不仅从人类自然目的意义上确立人类整体的共同善这一人类整体伦理思想维度,而且从个人品德方面深入研究了使得公民在共同体内团结与联结的可能的德性,如友谊。

我们一般认为,马克思主义伦理学是伦理思想史上的革命变革,它是无产阶级革命以及社会主义事业的道德理论。但我们不能将马克思主义伦理学与源远流长的西方伦理传统割裂开来。我们认为,马克思的真实共同体思想,有着古希腊柏拉图、亚里士多德等共同体思想的渊源。马克思在《德意志意识形态》中多次谈到"共同体",并提出了"真实的共同体"思想。马克思说:"只有在共同体中,个人才能获得全面发展其才能的手段,也就是说,只有在共同体中才可能有个人自由。在过去的种种冒充的共同体中,如在国家等等中,个人自由只是对那些在统治阶级范围内发展的个人来说是存在的,他们之所以有个人自由,只是因为他们是这一阶级的个人。从前各个人联合而成的虚假的共同体,总是相对于各个人而独立的,由于这种共同体是一个阶级反对另一个阶级的联合,因此对于被统治阶级来说,它不仅是完全虚幻的共同体,而且是新的桎梏。在真正的共同体的条件下,各个人在自己的联合体中并通过这种联合获得自己的自由。"[7](199)马克思揭示了以往所有的共同体都是阶级对立条件下的虚假共同体。在这种共同体中,只有少数统治阶级有个人自由,如古希腊时期,只有作为自由民的奴隶主阶级中的个人才有个人自由,因此,在这样的共同体内,并不可能实现城邦全体成员的真正幸福与自由。在这个意义上,马克思批判了柏拉图和亚里士多德的共同体观点,但同时指出,要真正实现共同体全体成员的自由幸福,只有在真正的共同体中才有可能。因此,在这个意义上,马克思又抽象继承了柏拉图、亚里士多德的共同体的共同善与幸福的观点。马克思并不认为离开了共同体还有个人自由与幸福,质言之,马克思强调真实的共同体才是实现人类个体自由幸福的前提。就此而论,马克思关于共同体的基本论点是从社会整体这一维度出发而不是从个体维度出发来认识个人与社会关系的。

三

从个人维度来把握个人与社会的关系,在西方伦理思想史上,主要是文艺复兴以来的西方思想家。霍布斯从个人维度出发,提出人类的道德并非为了他人,而恰恰是为了自己。在霍布斯看来,人类之初是不存在社会的,所有人最初都是在自然状态下生存。自然状态下没有道德,只有保存自我的自然权利在起作用。但人们在那样的状态下生存并不安全,这是因为,由于没有道德也没有法的制裁,更重要的是,没有至上的权威,人人自然平等。就自然环境而言,最初人的生存环境是相对恶劣的,大自然所提供给人类的物质和资源满足不了人类的需要。因而这必然会导致人与人之间的争斗,使得人所处的自然状态成为战争状态。霍布斯认为,是理性告诉人们,如果持续相互伤害下去,所有人都只能处于苦难之中,短寿或早夭。因此,理性告诉人们,为了保存自己的生命,必须签订契约,把伤害他人以及惩罚他人伤害的权利交出去,共同组成一个至上的权力机构:利维坦。遵守契约即为正义,从此人们之间的行为也就有了道德准则的要求。因此,就霍布斯而言,人的自私自利自保,是人类需要道德的最深层动因。如同道德,政治社会建构的前提也在于人的自私本性。在自利自保的人性基础上,霍布斯提出了十几条自然法则,并且说所有的自然法则也就是道德法则。换言之,假设人性不是自私自保,则完全没有道德甚至建构社会的必要。

曼德维尔"接过"霍布斯的基本观点,继续从个人维度进行道德的思考。在曼德维尔看来,人类社会的繁荣兴盛,不在于我们为他人着想的道德,恰恰相反,在于人性自私,在于我们只为自己着想,甚至是因为人性自私而不讲道德。他以"蜜蜂寓言"形象地说明了这个问题。这个寓言是说,有那么一群蜜蜂,起初都是骗子、歹徒、痞子、无赖等恶人、坏蛋,然而,由于它们行骗有方,作恶有方,把这个蜂群营造成了一个繁荣幸福的蜂群,它们每天都过着奢侈享受的生活。整个蜂群"每个部分虽被恶德充满,然而,整个蜂国却是一个乐园……其共有的罪恶使其壮大昌盛。而美德则已经从政客们那里,学得了上千狡猾多端的诡计"[12](15)。这些享受着荣华富贵的蜜蜂有一天突然发现,它们还缺少了什么,这就是道德。因此,这群无赖的蜜蜂这回要做诚实而有道德的蜜蜂。因此,它们再也不是骗子、歹徒。然而,过了不久,它们发现,虽然它们有了道德,但繁荣昌盛再也没有了,幸福富足的生活变成了贫穷无聊的生活。曼德维尔显然与霍布斯对道德功能的看法相反,但是,其出发点都是人性自私论。霍布斯认为,自私的人要自保,必然要以道德来约束各自的行为,从而不至于相互伤害;曼德维尔则从经济考量出发,认为如果人人不为自己、不追求奢侈享乐而讲道德、讲朴实,那只能意味着没有繁荣、没有富足。曼德维尔认为自私才是经济发展的动力。但曼德维尔将所有不道德的行为都看作发展经济、繁荣经济的必需手段,并且将这些完全无视道德的行径等同于自私自利。换言之,讲道德就是为他人,为他人不为自己就意味着经济发展失去动力。正是因为有了曼德维尔的无赖蜜蜂之说,才有了亚当·斯密的"看不见的手"之说,即市场经济是有着自利追求的个人通过市场这只无形的手营造出经济繁荣的,而自利的人并非讲道德的人。同时,斯密又认为人并非总是自私的,而是富有同情心的。这就是斯密的道德情操说。不过,斯密仍然认同曼德维尔内在的基本观点:市场经济的动力是有着自利目标的个人。然而,几百年来的市场经济实践表明,完全不讲道德的经济社会是不可能存续与发展下去的。

霍布斯与曼德维尔虽然在从个人维度出发这个基本点上是一致的,但是两人对道德功能的看法正好相反。曼德维尔关于道德对于个人与社会的功能的看法反映了那个时代长期以来对道德的定位，即道德是利他或爱他人，而不是爱自己。但道德意味着贬抑自我吗？有利于自我是否也是道德的？我们发现，到了沙夫慈伯利、哈奇逊以及法国的卢梭、爱尔维修等人那里，他们以自爱这一概念来指称人类个体的自保自利。然而，当人们将自保自利以"自爱"这一概念来表示时，情况发生了变化，即人们也可以从道德上来为自我之爱进行辩护，并且认为，人们的理性可以发现，在一定限度内的自爱可以与仁爱相融。哈奇逊说："我们的理性的确能够发现某种界限，在此界限内，我们出于自爱的行为，不只与全体的善相一致，并且每个人如在此界限内，我们自己的善，对于促进全体的善说来，也是绝对必要的；没有这样的自爱心，将会发生普遍的害处。因此无论任何人，在追逐一人之私善时，同时也须用心于去符合有助于全体善的大经大法……仁爱的动机与自爱的动机一致地刺激着他去行动。"[13](804) 因此，在这些思想家看来，个人与社会、个人的自爱自利与道德的关系，并非像曼德维尔所想象的那样是完全对立的。

　　卢梭正是沿着这样一条思路，将自爱、对他人之爱与人类之爱统一起来。在卢梭看来，"我们的种种欲念的发源，所有一切欲念的本源，唯一同人一起产生而且终生不离的根本欲念，是自爱"[14](318)。卢梭认为自爱是人最根本的欲念，这是在与其他种类的爱相比较的意义上讲的。应当看到，把自爱放在一个根本性的位置上，是文艺复兴以来西方伦理思想强调自利自保的一个基本倾向。换言之，自爱的根本内涵仍然是自利自保。这里涉及一个根本性的问题，把自爱看成最根本的欲念，那么，它与对他者之爱，如仁爱与博爱以及人类之爱会有冲突吗？或者说，自爱与仁爱这两者是排他性的吗？卢梭意识到，很多人把自爱或自利与我们对他人之爱对立起来，认为如果提倡自爱，则有可能使我们都变成自私之徒，而不关心他人或社会。卢梭认为，这两者之间并非是截然对立的，然而，也并非可以很轻松地从自爱转换到对他人之爱。自爱是自我面向，而对他人之爱则要转变人的情感方向，从自我转向他人。卢梭指出，我们从自爱转向对他人之爱的关键在于同情。他说:"当一个人受过痛苦,或者害怕受痛苦的时候,他就会同情那些正在受痛苦的人的;但是,当他自己受痛苦的时候,他就只同情他自己了。所以,如果说所有的人都因为有遭遇人生的苦难的可能,所以要把他目前不用之于自身的情感给予别人,则由此可见,在同情别人的时候,自己的心中也得到了很大的快乐,因为这表明我们有丰富的情感。"[14](348-349)我们身同其感的感受,使我们对自己的爱转向对他人的爱。同情(sympathy)在现代哲学家看来,就是empathy,即移情。人类天性的同情使得我们产生移情,从而使得我们的自爱转向博爱或仁爱。在这里,卢梭并没有说我们只有对我们的亲人产生同情,而是泛指同情任何一个人(包括陌生人),他们如果身受苦难或痛苦,将在我们的内心产生同情感。换言之,同情转向博爱,有着人类内在的道德心理基础。不过,卢梭也承认有那种硬心肠的人不会对他人的苦难动任何感情。因此,要从自爱转向博爱或仁爱,就需要培养人的同情心。卢梭将自爱与自私进行区别。他认为自爱所涉及的是我们的心灵与自己的关系,而自私则是在人与人的关系中所表现出来的只顾自己的自利倾向。卢梭说:"只要把自爱之心扩大到爱别人,我们就可以把自爱变为美德,这种美德,在任何一个人的心中都是可以找得到它的根柢的。我们所关心的对象同我们愈是没有直接的关系,则我们愈不害怕受个人利益的迷惑;我们愈是使这种利益普及于别人,它就愈是公正;所以,爱人类,在我们看来就是爱正义。"[14](392)

我们的同情心把我们与他人的命运联系在一起,但同情只是相对于特定的对象,我们要将对他人之爱上升为人类之爱,实现另一个飞跃,则需要理性认知。卢梭以爱弥儿为例说:"只有在用各种各样的方法对他的天性进行了培养之后,只有在他对他自己的情感和他所见到的别人的情感经过反复的研究之后,他才能把他个人的观念归纳为人类这个抽象的观念,他才能在个人的爱之外再产生使他和整个人类视同一体的爱。"[14](356)卢梭认为,尽管我们是通过我们的理性认识到了我们应当爱人类,但仍然是以同情心为其基础的,并且"为了防止同情心蜕化成懦弱,就必须要普遍地同情整个的人类"[14](393)。卢梭意识到,我们的同情心也可能会丧失,而要使我们的同情心变得强大,就要将整个人类放在自己的视野里,关心整个人类的命运。卢梭的理论向我们揭示,个人与社会并非对立的两极,而是可以通过同情心将两端打通。

个人与社会永远是伦理思考的两极。人来到这个世界上,就是降生于社会之中。社会由个人所构成,没有个人,或把所有个人都抽象掉,社会就会成为一个虚无的概念。但构成整体的社会,本身有它的运行机制,有着区别于个体的整体利益,并且在性质上并不能够等同于单个的个人。个人是本体,还是社会是本体? 这从来就是伦理学理论不得不回答的基本问题。社会作为一个有机整体,一定的社会制度对个人的生存质量和命运前途从总体上有着决定性的影响,然而,个人不仅是构成社会有机体的一分子,同时个人作为在世的存在者,仍然有着他自己的利益、权利、欲望与追求。我们可以从人类个体出发,站在个体的维度来思考伦理问题,思考个人与社会的关系;也可以从社会出发,站在社会整体维度来思考伦理问题以及个人与社会的关系。就前者而言,文中所举的范例远远不够。近代以来的古典契约论、功利主义、自由主义都是这一方面的代表。就后者而言,古希腊的柏拉图、亚里士多德是其代表,当代以麦金太尔、桑德尔、沃尔泽、泰勒等人为代表的社群主义是其代表。站在前者的角度,更多考虑的是如何(在社会中)保护个人的权利以及个人的幸福繁荣。站在后者的角度,则是强调共同体的善的优先性以及正义的或真正的共同体对于个人自由与权利实现的意义与价值。但卢梭确实不同凡响。他的自爱、他者之爱以及人类之爱三者打通的理论为我们提供了一个全面理解个人与社会关系的伦理模式。当然,这是一个开放性的问题,个人与社会的关系是伦理学上的永恒性话题,更有价值的成果有待于同仁们的智慧。

参考文献:

[1] 罗国杰.马克思主义伦理学[M].北京:人民出版社,1982.

[2] 魏英敏.伦理学基本问题之我见[J].伦理学与精神文明,1984,(4).

[3] 王泽应.论义利问题之为伦理学的基本问题[J].华中科技大学学报(社会科学

个人与社会的关系——伦理学基本问题及其范例

版),2011,(4).

　　[4]　马克思,恩格斯.马克思恩格斯选集:第4卷[M].北京:人民出版社,2012.

　　[5]　马克思.雇佣劳动与资本[M].北京:人民出版社,2018.

　　[6]　〔德〕斐迪南·滕尼斯.共同体与社会——纯粹社会学的基本概念[M].林荣远,译.北京:北京大学出版社,2010.

　　[7]　马克思,恩格斯.马克思恩格斯选集:第1卷[M].北京:人民出版社,2012.

　　[8]　〔美〕麦金太尔.伦理学简史[M].龚群,译.北京:商务印书馆,2003.

　　[9]　〔古希腊〕柏拉图.理想国[M].郭斌和,张竹明,译.北京:商务印书馆,1986.

　　[10]　〔古希腊〕亚里士多德.政治学[M].吴寿彭,译.北京:商务印书馆,1965.

　　[11]　〔美〕麦金太尔.德性之后[M].龚群,等,译.北京:中国社会科学出版社,1995.

　　[12]　〔荷〕曼德维尔.蜜蜂的寓言(第一卷)[M].肖聿,译.北京:商务印书馆,2018.

　　[13]　周辅成.西方伦理学名著选辑(上卷)[M].北京:商务印书馆,1964.

　　[14]　〔法〕卢梭.爱弥儿(上卷)[M].李平沤,译.北京:商务印书馆,1978.

（龚群,中国人民大学伦理学与道德建设研究中心教授,中国特色社会主义道德文化协同创新中心首席专家;本文发表于2020年第1期）

伦理的困惑与伦理学的困惑

赵汀阳

摘　要　当代伦理学面对一个特殊困境,即伦理学的空间在不断萎缩。当代伦理学对伦理问题的理解日渐贫乏单调而且脱离事实,而政治哲学、经济学、政治学和社会学却为伦理学问题提供了许多不可忽视的有效解释。其中一个重要原因是,现代和当代的制度、规则和价值观形成了"淘汰伦理"的机制,很大程度上削弱了伦理的效力,压缩了伦理的有效空间。伦理学如果不能回归本源去重新反思形而上的问题,终将会失去立足之地。

一、生活的边界内外

从维特根斯坦的问题出发来讨论伦理学,不太正常。维特根斯坦很少讨论伦理学,尤其没有针对伦理学内部的问题来讨论过伦理学,比如公正、公平或平等之类,只是从伦理学外部来反思伦理学,于是伦理学本身被问题化了。在这里,我也试图从伦理学外部来讨论伦理学的困境,而伦理学本身的困境比伦理学内部的任何一个问题的悖论或两难都要严重得多。现代伦理学早已画地为牢并建立了自身合理化的观念框架,因此,在伦理学内部去讨论伦理问题,很容易受制于既定格局而形成"只在此山中"的效果,意识不到伦理学本身已经陷入困境。当在伦理学外部去反思伦理学,或许会失望地发现,伦理学劳而无功的许多问题却可能在别处获得更合理的解释，只留下伦理学身陷困境。在当代社会科学语境中，伦理学的大多数问题已被抽空，尤其是被政治哲学、经济学、政治学或社会学夺取了解释权，比如公正、自由、平等和权利，而留下来的无人争夺的伦理学问题都是没有答案也无法回答的形而上问题，诸如善、生命的意义、人的概念、人的责任、道德的牺牲性和绝对价值。进一步还会发现，伦理学理论在其内部似乎总能够为某种伦理观点给出看起来具有合法性的辩护，然而伦理学自身的合法性或立足理由却令人迟疑，就是说，伦理学未必能够为自身辩护。

在《逻辑哲学论》中，维特根斯坦定义的可说与不可说的边界，直接解释的是语言、逻辑和知识所确定的世界，而那些不予解释的落在界限外的形而上问题，正如他自己承认的，虽不可说，却是更重要的问题，正是那些边界外的问题涉及了生活的全部秘密。当然，"不可说"不是指不能用语言去说，而是指无法说出普遍必然的答案，因此就等于没有答案。不幸的是，那些严格属于伦理学的问题就是没有答案的问题。这个对伦理学釜底抽薪的见解显然不受欢迎，然而一种思想如果不打击人，就不是足够深刻的思想。

现代思想的基本精神是对人的美化乃至神化，在理论上把人定义为至高无上的存在（康德理论是关于人的现代神话顶峰）。现代人实在太爱这个关于人的神话了，以至于忘记了需要证明。如果人真的高于神或自然，就必须有能力完全解释自身的一切，这显然做不到，因为人只是自然的一部分，人不可能超越自然的存在论限度，这决定了人的价值不可能是绝对的或"无条件的"。

维特根斯坦的后期哲学让那些注释着生活的问题从逻辑中解放出来，在生活游戏的实践中直接现身说法，于是，形而上问题以类似投影的方式进入了真实语境，也有了多种非知识的说法，但仍然没有答案。答案并非形而上地"依然在空中飘"，而是问题落地了也依然没有答案，因为形而上问题在生活游戏中的现身只是无法捕捉的投影，而问题本身具有不可触及的超越性。凡是没有答案的问题，都被认为是哲学问题或宗教问题，因此哲学和宗教共享超越性。宗教把超越性的问题化为信念,哲学把超越性的信念化为问题。后期维特根斯坦把边界概念换成了"硬底",意思是说,对生活问题的挖掘式追问很快就触底了,"问题链"断了,下面再也提不出问题了,只好原地踏步在对硬底事实的重复描述上,只好说:生活就是如此这般的,说来说去,事情终究"就是这样的",没有进一步的解释了。总之,生活事实如果有真相,那么真相等于描述。维特根斯坦止步于此。

可是问题却没有结束。如果说"生活就是这样的",显然可以问:那么到底是哪样的? 也许维特根斯坦会说,只要足够认真,把事情一件一件罗列清楚,一件一件描述清楚,就像讲解一种语言,这个词如何用,那个词如何用,如果全都说清楚了,事情就说完了,再也没什么了。人类学家可能会喜欢维特根斯坦的这个解释,但我却不太满意。人类学家格尔茨提出了一个推进维特根斯坦解释的有趣概念"浓密描述"(thick description),但就是不知道多么浓密才算足够浓密。无论在何处停止描述,都是一个主观主义的决定,或者,如果无限细致的话,描述就变成一项永远无法完成的工作,不可能抵达真相。更重要的是,描述理论没有触及人类文明中最重要的一件事情:如果一个人做了离经叛道的事情,而且不承认既定规则的合理性,我们真的有充分理由说明他是错的吗? 对此,描述是不够用的。假如所谓正确或好事就是符合既定规则的事情,而违背规则的事情就是必须被禁止的坏事,那么人类文明就应该是静止的,没有发生过任何创新。这显然不是事实。其实维特根斯坦涉及了类似的问题,却没有展开深入的分析。这或因维特根斯坦只专注于语言和数学而没有涉及政治和历史,甚至很少讨论伦理和宗教,而政治性、历史性和价值性的事实与生活演化有着更根本的关系。按照中国理解文明活动的基本分类"作与述"来说,维特根斯坦只解释了"述",却几乎没有解释"作"。涉及价值的问题都发生于"作",这意味着,价值的问题具有本源性。这是留给我们的问题。

二、本源(origin)状态

人类文明一切本源性的事情只能在"作"的概念中去理解,正如宇宙的本源性只有在自然的无穷演化或上帝创世的概念中才能被理解。如果没有"作",文明就从未迈出过一步,只有永远的重复,也就没有历史。这样说其实有点语病,准确的说法应该是,如果没有"作",就根本不存在文明。所以,创作意味着本源。

本源状态或创作状态,是先于规则的前伦理状态,但却不是先于善的状态。任何创作都意味着为事物选择了这样而不是那样的样式,而任何选择都预设了善的概念,没有一种创作的意图是创造一种坏的事物(这与苏格拉底发现的"无人故意犯错误"有着相似的道理),因此可以说,善是一个先验概念,也是一个先于伦理学而又作为伦理学基础的形而上问题,即一个如何解释"实然"(is)和"应然"(ought)关系的初始问题。在柏林自由大学的一场关于我的天下理论的讨论会上(2019 年 11 月 4 日),巴塞尔大学的拉夫·韦伯(Ralph Weber)教授就对我提出了一个与此有关的质疑:为什么我容许 is 和 ought 的区分在某些地方消失了? 我的回应是一个关于"作"的存在论解释:is 和 ought 之分仅属于知识论,而知识论没有触及本源问题。在本源状态的创作时刻,is 和 ought 是同一的。经典的例子是造物主的创世时刻,is 和 ought 必定处于同一状态,对于造物主,逻辑、数学、伦理学、美学和自由意志都是同一的(维特根斯坦意识到了这个问题)。当然,在理论上,我们并不需要这个神学假设。现实的例子是,人类虽然次于造物主,不能创世,但创造了文明和历史。所有的创作在结构和性质上都有着相似性,人类的创作时刻也具有 is 和 ought 的同一性,就是说,所有原生性的制度都具有应然和实然的一体性。

每一种创作或者先于任何规则,或者超越了既定规则。我们不可能复原人类创作文明的本源状态,只能另外假想某种实验性的情况,比如说,假如来创作一种万能普遍语言,当然,我们发明的新语言可以与现有语言有着不同的语法、概念分类和知识分类,但只要是需要分类、结构和语法,就必然会发现,能够发明出来并且足以表达任何思想的语言必定包含任何语言都必需的思想先验关系,大概必需包括足以表达一切思想或一切事物状态的逻辑关系以及存在论的关系。不难发现,如果缺乏某种基本关系,一种语言就会能力不足。在这个意义上可以说,逻辑关系、分类学以及先天语法(不知道乔姆斯基的转换—生成语法是否属于先天语法)就是思想、意识和语言的形而上关系,而这些形而上关系都具有 is 和 ought 合一的性质。也许这个例子过于形而上学,那么还可以设想,如果我们有机会彻底破旧立新地发明一种制度,在这个创作时刻,也必定会发现,无论一种制度被设计成何种主义的风格,都必须具备足以处理任何权力和利益分配问题的结构和关系,还需要决定选择的价值分类。比如说,无论把对称性定义为公正,还是把平等定义为公正,无论把无穷变化定义为好,还是把恒定不变定义为好,总之都必须把某些东西定义为"可取的",否则无法建立任何秩序。这意味着,在形成规则之前,就预先存在着形而上的先验关系。

既然伦理学的本源状态是应然与实然的同一状态,善的概念就不可能被任何一种伦理定义,而只能在存在论中被理解。善的概念具有先验性而先于任何伦理,因为建构任何一种伦理都预设了善的概念,否则无法建构具有分辨力的伦理规则。因此,伦理学问题的基础不是任何一种伦理,而是形而上学,但伦理学似乎已经遗忘了自身的存在依据。

三、隐去的超越性

超越性是人所不知的秘密。孔子可能是最早发现这个形而上难题的人,他意识到"天何言哉?"的事实。这个拒绝神秘主义的理解与上帝把秘密告诉先知的犹太教想象大不相同。在科学上,甚至在哲学上,先知的假设都是多余的,因为没有任何证据能够证明上帝真的说了什么,也无法证明先知是否假传天意,甚至无法证明上帝的存在,因此,先知叙事是基于一系列死无对证的假设的空对空自身循环话语,叙事自身说得圆通,但没有一个命题能够落实。早于三代的"绝地天通"事件已经宣告了不存在通天之途,此后的巫术只剩下敬天的象征功能,祭天只是祈福,单方面对天诉说,却不得上天回话或承诺。这种单向性的神学把思想问题都留给了世间和人,于是孔子采取了现实主义的通天想象:天虽不言,却在万物运作中显示了一切道理。如果人看不懂,那是人的问题,而如果要看懂,就需要体会每个事物与人的切身关系,于是,每一个必需思考的问题都存在于经验可及的关系中,或者说,没有一个值得思考的问题存在于关系之外,超出关系的问题都是臆想。孔子这个天才的解释遗留了一个未决的问题:如何才算读懂了万物所显示的秘密? 经验真的够用吗?

经验虽有亲身直接性的优势,却不能保证理解的普遍有效性,否则人人都能够理解天道。孔子相信上智与下愚之别是"不移"之理,因此不可能相信经验具有普遍性。那么,是否存在一种既不脱离经验又具有普遍性的解密方式? 先秦思想家似乎都相信,通过"易象"能够模拟地理解万物秘密。这个有些神秘主义的解释或许碰巧是个先见之明(人工智能研究表明,对于思维,算法是不够的,还需要意识模拟的功能)。易象的高明之处在于,它不去表达无望被表达的事物本身,而是模拟事物之间或事物与人之间的动态关系,于是,思想的对象是关系而不是事物本身,而且事物不再是自在的实体,而是存在于关系之中的功能,或者说,事物被理解为关系的函数。如果事物的功能是确实可知的,那么,不可知的事物本身也就不重要了。但模拟论也有个遗留问题:动态关系也许比事物本身更重要,可是也没有证据可以证明易象对事物动态的模拟是正确的。

与经验论的思路不同,康德有个天才的理想主义知识论,几乎能够圆满地解释经验知识的普遍性:尽管超越性(transcendence)不可企及,但理性的形式装备却对经验拥有普遍有效的超验性(transcendental),因此理性就是真理的根据。基于理性论,康德推出了更为天才的伦理学,居然"仅凭理性本身"就推出了道德的绝对命令。这是两百年来最为鼓舞人心的伦理学——但似乎比真理多走了一步,因此留下若干疑问。康德伦理学无法解释至少两个不可省略的问题。

其一,康德的主体性是单数主体,在知识论中相当于是大写的人类共同主体性,在伦理学中又化为每个人的独立主体性,都是单数主体。可是,人类的生活事实却由复数主体所造成,没有一件事情是由单数主体决定的。单数主体的伦理学显然无法解释多主体的问题。这个局限性注定了康德伦理学不足以解释主体间问题和跨主体问题(trans‑subjective)。具体地说,凭借个人自律(autonomy)而成立的绝对命令与复杂而丰富的伦理问题相比过于单薄,因此,除了个人的绝对命令,可能还需要至少另外两种绝对命令。一是主体间的绝对命令(intersubjective categorical imperative),用于解释形成共识的规范。哈贝马斯的交往理性在这个方面已经做出了重要的努力,无须多论。二是关系的绝对命令(relational categorical impera-tive),用于解释"和而不同"的原则。可以这样论证:任何一个主体的存在都预设了共在,存在即与他人共在,共在是存在的条件,于是,多主体共在所要求的关系绝对命令必定在逻辑上等价于"互蕴"(bi‑implications),即满足"当且仅当"(iff)的形式。具体表现为改进版的金规则"人所不欲勿施于人"①。传统的金规则预设的是单方面的主体性,因此缺乏可逆的对称性,而改进版的金规则承诺了可逆的对称主体性,充分满足了逻辑的互蕴结构而具有普遍必然性,而且,互为条件在普遍必然性上不弱于康德要求的无条件状态。其实,绝对命令的"无条件"设定是一个自绝于事实的设置,如果真的排除了所有"有条件"的假言命题,也就排除了近乎全部的生活情景。无条件的绝对命令能够解释的道德现象少之又少,远远不足以成为伦理学的基础,因此必须重新请回有条件的道德命题,在对称的相互条件中去重新定义绝对命令。只要保证了相互性或对称性,就能够达到与无条件性同等效力的普遍必然性。

其二,更严重的问题是,任何绝对命令都难以改变人类的命运。这意味着,即使在个人绝对命令之外,又增加了主体间绝对命令和关系绝对命

① 金规则改进版的论证细节参见赵汀阳:《道德金规则的最佳可能方案》,《中国社会科学》2005 年第 3 期。

令,仍然无法改变人类的悲剧性命运,因为绝对命令只是理想化的理性原则,并不能改变人类的自私人性,也不可能强迫人们听从绝对命令。简单地说,绝对命令无法保证落实为行为。即使人人承认绝对命令的正确性,大多数人在大多数情况下仍然见利忘义,可见伦理的力量弱于利益和权力的诱惑,因此伦理无望成为生活的主导力量。人们通常羞于承认见利忘义的事实,这在一方面说明人类果真有着传说的"良知"或康德所说的"善良意志",但同时在另一方面也说明了良知的有限性。良知只能让人自觉意识到错误行为,但在利益面前,有些人仍然弃良知而明知故犯,可见良知只能成就个人的道德人格,却无力解决社会问题。绝对命令已是伦理命题的最强形式,标志着伦理学的力量极限,因此,绝对命令的效力局限等于伦理学的效力局限。

绝对命令作为伦理的理想几近完美,我们必须感谢康德发现了绝对命令这个伦理尺度,但人类生活也许永远不可能达到这个伦理标准。伦理学的问题发生于实际生活中,恐怕永远无法超越利益和权力。然而,伦理学仍然必须思考超越性的问题,如果失去超越性的维度,伦理学就缩水为规范论。已经成为伦理学主流的规范主义其实是一种自以为是的专制主义,只要宣称某种伦理规范在任何情况下都是正确的,就直接自证是专制主义。由此可以发现绝对命令为什么只能是"形式的"秘密:一个形式的绝对命令是无人称并且无情景的,就像逻辑或数学命题,所以是普遍必然的,而只要代入具体内容,就很容易陷入困境。我曾经试图找到"有内容"的绝对命令,以便超越康德的形式化绝对命令,后来发现这是错误的努力。事实上,哪怕是看起来明显正确的规范,比如"不许杀人",也不是普遍必然的规范。

无论什么样的规范都是伦理学的反思对象而不是既定标准,否则伦理学就没有资格成为一种哲学而变成意识形态。希腊人早就明白,规范(nomos)是人造产品,不是自然天成,不属于必须接受的自然存在(physis)。希腊人的这个区分已经暗含了后来休谟对实然和应然的区分。这其中有个令人迷惑的分类问题:德性(arete;virtue)是属于人性的自然存在(physis)还是属于社会的规范(nomos)？假如属于人为之事，那么人皆可被教育成为"舜尧"，这显然不可能。先秦人同样知道，制度和礼法（相当于 nomos）是圣王所作，并非自然天成。这个历史事实必须被解读为：先有人做出了对文明意义重大的"作"，然后这个文明作者才有资格成为圣王，而不是反过来，先有王而后把伟大之作都归于王，就是说，无"作"就无以称"王"。这两种最早的洞察都揭示了存在需要秩序，而秩序来自创作。那么，什么是创作秩序的根据？这个问题直达人类思想的边界，那里已经没有标准答案了，在那里，面对的是超越性。如果不是关于超越性的反思，伦理学就是无根的，就会蜕变为意识形态或市场化的宣传，令人失望的是，当代伦理学有此倾向。

伦理学如果不同时成为形而上学，就不可能触及生活的根本。涉及超越性的问题，包括人的概念、生命的意义、生死、善恶、秩序的本质、自由意志等，才是伦理学的根本问题。然而，超越性的问题正在不断远去，精神性不断淡化已是当代的显著现象。经常被讨论的当代伦理学问题大多数在实质上属于政治学或社会学问题，也被称为应用伦理学。权利平等、机会平等、结果平等、利益公平分配、生态环境、气候变化、贫困和弱势群体、人权、动物权利以及文化权利、素食主义、同性婚姻、网络伦理、人工智能伦理、基因伦理等，这些政治化的伦理问题本身并不构成思想上的困惑，只不过是政治立场、经济利益和文化偏好的分歧而已，有的时候甚至只是实践性的争议，即关于可行性、技术性或优先性的争议。这种把一切问题变成政治问题的后现代现象其实扎根于把一切问题理解为经济问题的现代性——当一切问题都变成经济问题，就迟早会变成政治问题。以政治之名来掩盖利益之争是当代流行的欺骗性策略。

现代社会秩序主要基于明确界定利益和权利分配的法律、契约、政治制度以及管理规则，可以简略地理解为，现代秩序是明确定义和量化的算账制度。利益和权利的明确定义和量化使得现代秩序比古代秩序更具有确定性，但与此同时也导致了伦理精神的大幅度消退，伦理已经退缩为现代秩序的辅助性功能，不再是社会秩序的主体或根基。形而上或精神性的问题都不可能算账,当现代的算账制度成为秩序的基础,伦理就必然逐步退场。远离了形而上问题而失去精神性的伦理学再也不可能为文明建构一个稳定的社会基础和普遍精神,也就必然蜕变为政治和意识形态的附庸。在今天,伦理学的性质和地位变成了伦理学的一个基本困惑:我们不能断定未来伦理学的对象是什么,或者是否还需要伦理学。

四、伦理基于存在论的运气

政治哲学、经济学和社会学"抢占"伦理学问题对伦理学的挤压超过了分析哲学曾经对伦理学命题的质疑。即使伦理学不愿意承认这个困境也无济于事,因为政治哲学和经济学确实在许多问题上有着更强的解释力。伦理学要捍卫自身,就需要重新探明伦理道德的存在条件,以便确认伦理学的空间。

伦理道德是人类文明的伟大奇迹。这不仅仅是一句颂词,更是一个警示。如果肯定伦理道德是奇迹,就等于承认伦理道德的存在并非必然,而是基于人类的运气。不过,这里要讨论的伦理道德的"存在运气"与流行的"道德运气"概念(如伯纳德·威廉斯)有所不同,二者并不是同一个问题。由于情境性和偶然性,一个行为有可能遭遇到影响其价值效果的道德运气,甚至有可能出现事与愿违的悲剧性或悖论性,如果再考虑到成王败寇的历史书写,行为结局更是压倒了行为动机。然而,无论多么令人尴尬的道德运气都不可能动摇伦理道德的一般性质以及人们的道德信念,这意味着,个人遭遇的道德运气不至于动摇社会性的伦理道德。在这个意义上,道德运气只是一个局部性的问题。但是,如果伦理道德的存在本身就是一种运气,更准确地说,如果伦理道德的存在基于人类的一种特殊运气,这就揭示了一个真正严重的问题。

伦理道德的奇迹性意味着,对于一个文明或社会来说,伦理道德并不必然出现,也不能保证总是存在,而需要存在论上的某种偶然运气。一个社会需要秩序,这是一定之事。几乎可以肯定,就一个社会必不可少的秩序而言,法律必然要出现,政治制度也必然要出现,然而,假如缺乏伦理道德,一个社会却仍然可能存在并且能够运行,就是说,一个无道德的可能世界不仅在逻辑上而且在实践上都是可能的。尽管我们非常厌恶这样的世界,但问题是,它是可能的。正是在这个意义上说,伦理道德作为一个精神化的人际制度是文明的奇迹,是一个千辛万苦的人文成就,并不具有永远如是的必然性。因此,伦理道德本身是脆弱的,自保能力不足,因为精神与物质利益相比往往是脆弱的。人类社会虽然幸而享有伦理道德,但此种幸运却无永恒的保证。在此可以更清楚地看出,"道德运气"的概念与"作为运气的道德"概念之间的问题间距:道德运气属于个人行为的运气,无论好运气还是坏运气,文明整体的存在都在为道德原则作保,而作为运气的道德已经是文明的基础,文明整体只能尽力维护自身,却不再有为之作保的更高系统。因此,作为运气的道德不是一种道德运气(moral luck),而是一种存在论的运气(ontological luck),即人类有幸生活在一种能够产生伦理的存在状态中,但这种存在论运气却没有永久的保险性。

伦理之所以能够在人类社会中产生并得以维持,就在于人类享有一个"存在论运气",即每个人都是弱者,并且大多数人在涉及利益的事情上是理性的。于是,伦理来自弱者之间的博弈均衡,这个事实否定了伦理来自人的"神性"的神话,比如良知或无条件的自律。当然,在人类之中确实存在少数具有神性或高尚无私的人,其原因至今无法解释,但无论如何,神秘的道德现象并不是人类产生伦理的原因,也不足以维持一个社会整体的伦理,反过来也一样,伦理也不是产生道德的原因,伦理和道德是互相不可还原也不能互相解释的两个事实。简单地说,道德的来源至今未明,伦理的产生基于人人是弱者的存在论运气。

荀子和霍布斯都提示过"人人都是弱者"的事实,然而并未被重视。更为知名的是霍布斯"人人之间的战争"的惊悚论点或荀子的"礼起源于分配"的经济学论点。然而更重要的是,人与人之间求生存求利益的战争之所以成为伦理和政治的起点而不是一直战斗到底,就在于这种战争是在作为弱者的人与人之间展开的。毫无疑问,人有强弱之分,但强者也有致命弱点,因此没有人能够绝对安全,在这个意义上,人人都是弱者。假如有的人是绝对强者,拥有绝对安全和绝对优势,有能力胜者通吃而无后顾之忧,人与人之间的战争就绝不可能产生理性的结果,因为理性反而变成多余的甚至是愚蠢的。幸亏事实与此相反,人类中的强者不仅没有绝对优势,而且还需要依赖他人才得以生存,所以说,共在是存在的必要条件。这就是人类的存在论运气,也是伦理的基础。

我们无法如实复原伦理产生的历史过程,只能设定某种模拟性的博弈状态来加以分析,以便获得"似真"结果。通常假定,人类的初始状态是无道德状态。从生物学或人类学来看,历史上恐怕不存在如此单纯的状态,但仍然是一个有效的理论出发点,即一个最有利于分析如何"无中生有"地产生伦理的理论假设。这个初始状态与罗尔斯的"无知之幕"无关,因为契约意识已经属于成熟社会,不能用于描述前规则的初始状态。人类学家格雷伯发现,在契约社会之前很长时间里,人们处于与共产主义有几分相似的礼物社会,不会清楚明确地算账[1](92-123)。在这里,我们选择"荀子-霍布斯混合状态",不仅在理论上足够初始,而且也略接近真实历史。这个混合状态假定:(1)人类初始状态属于纳什定义的非合作博弈;(2)而且是无道德无规则的博弈;(3)至少绝大多数人是自私的;(4)人人都是缺乏绝对安全保证的弱者;(5)至少大多数人是理性的;(6)每个人都从属于某个基本群体。于是,一般问题是:根据以上条件,是否存在着从冲突状态生成合作状态的必然演化? 具体到伦理问题:是否存在着从无道德状态生成伦理的必然演化? 如果能够解释这个问题,就等于理解了伦理的基本性质。根据博弈论可以做如下推论。

第一,如果伦理(礼法或 nomos)是演化博弈的结果,那么必定是对人际冲突的一个理性解。在长期多轮博弈中,人人都是弱者的事实注定了理性合作对于每个人都是占优的长期策略。也许很难证明这个占优策略同时等于最优策略,因为在某些特殊的博弈中(比如生死相搏),铤而走险可能是最优策略,但对于长期策略而言,偶然的冒险不构成对稳定的影响,因而可以忽略不计。可以肯定,理性合作是摆脱普遍冲突困境的长期有效策略,在理论上说也是每个人的占优策略。尽管不排除存在少数非理性行为,但少数非理性行为对社会总体倾向的影响有限,而且,长期来看,少数非理性行为总会被多数理性行为挫败。根据阿克塞尔罗德的理论①,多数人的行为会形成压倒性的集体优势,多数人的选择同时也就是每个人的占优策略,于是,大多数人的大多数行为在最后能够形成集体理性,这是伦理得以形成的基础。需要注意的是,集体理性主要是发生于初始状态的奇迹,并非任何时期都可以随时重复的奇迹(那样也就不是奇迹了)。礼崩乐坏是可能发生的,集体道德沦丧也是可能的。既令人失望也令人不解的是,在初始集体理性成功完成了文明秩序建构之后,就似乎功成身退了,除了遭遇集体性的挑战(比如外部侵略),就少见集体理性行动了,反而经常可见集体非理性行为,甚至个人理性的加总也经常难以形成集体理性。

第二,一个群体对内倾向于形成荀子状态,即合作的集体选择,而对外则非常可能形成霍布斯状态。荀子和霍布斯分别看到了初始状态的一半问题。荀子相信,内部合作虽是生存之本,但由于人性自私,必定出现利益分配不公而导致冲突,所以人们才发明了伦理(礼),而伦理的根本意义就在于合理分配利益。这是深刻的见解。霍布斯相信,人虽然自私,但有理性,残酷的人人战争终将使人意识到,秩序是每个人的安全和利益的基础,于是人们发明了政治。这也是深刻的见解。荀子和霍布斯分别发现了伦理和政治的根源。事实上文明早期的秩序是多功能的一体秩序,尚未分化为政治、法律和伦理,但伦理、法律和政治的可分化性预示了,当法律和政治制度发展为更有效力也更为稳定可信的秩序,伦理的空间就必定退缩。

第三,伦理的发生过程虽不可复制,但在理论上可以还原为长期多轮博弈的讨价还价解,总有某种讨价还价解在最后达到了博弈的稳定均衡而被普遍接受,也就成了普遍默认的伦理,而被普遍默认的伦理建立了稳定

① 参见〔美〕阿克塞尔罗德:《合作的进化》,吴坚忠译,上海世纪出版集团 2007 年版;《合作的复杂性》,梁捷等译,上海世纪出版集团,2008 年版。

的人心"聚点"（focal points）[1]，形成人同此心的效果。可以推知，伦理的基本性质必定是中庸之道，即不偏不倚的均衡或对称关系，应该是公正、公平、互惠等价值的原型。但伦理并不意味着高尚，因为伦理只是集体理性认可的共同规则，其功能在于保证互相安全、互相合适的利益分配和互惠的合作，其可持续性和普遍性在于稳定的相互性，所以与单向给予或自我牺牲的高尚道德无关。伦理虽是为世俗利益分配立法，却具有超越一时一事得失的普遍理性。化为伦理的博弈均衡需要有理性的长期眼光，有对长期共在的理性预期。理性的长期预期意味着对时间、未来、生命以及对无抵押的信任的形而上理解，因此，世俗的伦理却是形而上思维的成就。传说中的三皇五帝都是伦理学大师，他们都具有"垂衣裳而天下治"的理性意识，即能够意识到：想要建立长期稳定有效的秩序，制度的力量胜过暴力；人人互相有利的制度才是对每个人的安全和利益的可信保证，而只有人人互相有利的制度才能够形成人民自愿自治的效果，从而达到制度效率的最优化，即一种制度的治理能力最大化、自动运行和隐形化。"垂衣裳"的隐喻深意在此。

第四，就博弈的存在论条件而言，对等弱者的关系显然是最大的运气；对等强者的关系虽然也具有均衡性，但又比较危险。人类的理性能力和知识都有限，在某些情景中难免铤而走险，比如历史上多次出现的列强大战；更危险的是存在着技术"级差"的强弱关系。现实例子是人类与动物的关系，人类可以轻而易举地屠杀动物；科幻的例子是，外星更高级的文明可以"与你无干"地摧毁人类文明。不过技术"级差"还不是最危险的关系，尽管高级文明可以任意摧毁低级文明，但通常无此必要；最危险的关系是技术"代差"，即属于同技术级别而发展程度不同，比如强国和弱国，拥有相对技术优势的强国大概率地选择帝国主义行为以实现自身的利益最大化。可以看出，在对等弱者的关系中，行为的冒险性最低，所以，对等弱者关系

---

[1] Focal point 是托马斯·谢林的概念。参见〔美〕托马斯·谢林：《冲突的战略》，赵华等译，华夏出版社 2011 年版，第 51 页。

是存在论上的最大运气,也是伦理的可信基础。直白地说,如果互相伤害的行为对各方都是冒险行为,几乎必然导致自己不愿意承受的后果,那么最有可能产生伦理。

以上推论似乎解构了伦理的道德光辉,但以上推论不仅在博弈论条件下有效,而且与历史事实高度相似。传统伦理学赋予伦理的道德光辉是一种错位想象,与事实的相似度很低。尽管伦理和道德在现象上十分接近,似乎有着亲缘关系,但实际上各有不同来源,并无相同的基因。从社会功能上看,伦理处理的是利益问题(荀子的洞察是对的),所以伦理能够在博弈论中得到解释。道德却是个人的高尚精神,其来源目前尚无足够可信的解释,或许与宗教或美学追求有某种关系。需要说明的是,ethics 和 moral 的所指都是伦理,含义并无实质差别,只是词源不同而已(希腊和拉丁)。与道德概念更为接近的是 arete 或 virtue,即具有优越性的德性。道德是个人单方面的自我要求,并不蕴含对别人的要求或众人的互相要求。道德意味着一个人为自己选择一个超越利益限制的人的概念,为自己设定了高于自身生命的价值,为自己规定了某种高于自己的超越责任,相当于为自己设定了一种人格神学,所以能够做出人所不及的高尚牺牲,也由此完全区别于伦理的社会性。神秘之处在于,道德精神的吸引力高于物质诱惑是如何可能的?超越的精神通常被归因于宗教,但宗教其实不足以解释所有超越性的精神现象。宗教是外加于人的集体性信仰,也是一种社会化的规训,而道德必须是个人的自律选择,所以只能是个人的神学。

对道德概念的误解很可能与语言形式有关。通常,伦理语句和道德语句都不加区分地归为"应然"句式(ought)。伦理语句确实属于应然句式,但道德语句在实质上却是立意句式,就是说,伦理句式是"I ought to be …",而道德句式是"I will be…"。把立意(will)归入应然(ought)是一种范畴谬误,因为两者之间不存在还原关系。to be 或 ought to be 的休谟式分类不够细致,未能显示道德概念的特性。康德明白这一点,所以绝对命令句式是由 will 来定义的。但康德又试图证明"I will"和"I ought"两者的一致性,以便由自律的立意能够推出普遍的应然。这个理想主义创意虽有非凡的想象力,可惜与事实不符,而且,在逻辑上说,意志也无法必然推出应该,就是说,意志无法"必然蕴含"(entail)应该,意志至多在真值上蕴含(imply)应该,即单纯计算真值的"实质蕴含",可是实质蕴含过于宽泛,只约等于"相关性"而缺乏必然的强制性。因此必须承认,立意命题和应然命题之间不存在互相还原关系,不存在合并同类项的条件。

伦理学遇到的致命挑战可以归结为:"应然"在实力上弱于"实然",因此,"应然"对行为的支配力弱于"实然"。没有一条伦理规范的约束力能够胜过权力或金钱的诱惑力,没有一种伦理能够胜过弱肉强食或强权即真理的行为法则。幸亏人人都是弱者,这个存在论运气使得伦理得以存在。在现代可以观察到,科学技术的助力能够造就战无不胜的强者,这是现代对伦理所依靠的存在论运气的严重打击。不过,尽管现实有着太多不可逆的悲剧,但在理论上说,在长期博弈中,技术也会走向某种博弈均衡。可参考我论证的"模仿定理":每个人都会模仿而习得对手更具优势的博弈策略,而策略创新的速度远远落后于模仿的速度,因此,长期不断的互相模仿终将导致水平对等的均衡,使得任何策略都无利可图。当然,在现实中不可能达到每个人之间的策略均衡,但策略模仿一定会产生至少两个以上的实力相当的对手(比如冷战模式或列强模式),这种策略对等模式可以维持博弈的理性关系。然而问题是,不断缩水的伦理即使得以残存,也不足以保护社会。现代伦理学甚至被逼到试图守住"最低伦理",但最低伦理意味着所剩无几而无济于事。根本问题在于伦理本身缺乏诱惑力,所以说,伦理没有能力捍卫自身,应然弱于实然也就不足为奇了。

至此可以大概看到伦理存活力的谜底了,即应然必须与实然达成一致。这个说法过于抽象,可以更清楚地表达为:应然的行为必须能够获得等于或大于自然行为的有益回报。这个伦理存活原则的要点在于把被康德驱逐出去的"条件语句"或称"假言命题"重新请回伦理学。在社会条件下,这个原则意味着:除非一种社会制度能够保证有德与有利的一致性,否则利益必定打倒道德。宾默尔在批评康德的绝对命令时已经论证过与此等价的原理①。因此,伦理确保自身意义的最低条件是保持与利益不矛盾。假如伦理行为总是等于损失利益,恐怕就难以自证合理性了,而且也难以为继。现代社会普遍存在着反伦理事实,以囚徒困境、搭便车、公地悲剧、反公地悲剧为代表,都意味着实然压倒应然的困境。

演化博弈论发现,如果把好人和坏人理解为不同种群,那么可以观察到一条种群人口的演化规律:好人或坏人的人口增长或减少是对行为的回报所做出的回应。如果某种行为总是获得丰厚的利益回报,这种行为就被识别为"榜样",比如说,好人有好报,选择成为好人的人口就会增加;坏人有好报,人们就纷纷变成坏人。既然绝大多数人都通过"算账"来决定行为选择,利益的榜样就必定胜过道德榜样。孔子"德风德草"之论可能是最早的榜样理论,孔子相信君子的行为就是榜样,人民必定效仿君子。在利益、权力和地位都天生给定的贵族社会里,利益、权力和地位无法模仿,因此不是榜样,唯有行为和审美趣味可以学习,于是平民学习君子的道德风貌就在情在理,所以孔子敢说德草"必偃"。但在贵族社会之外的其他社会里,利益、权力和地位都可以通过竞争而获取,这些物质利益的诱惑力大于精神。君子"德风"仍然会是被赞美的对象,却未必会成为行为的榜样,可见孔子理论缺乏普遍性。更具普遍有效性的榜样理论来自商鞅—韩非定理:无论何种行为的利益回报是优厚而可信的,人们都必定模仿此种行为。这个似乎平平无奇的理论实际上包含着一个惊心动魄的秘密:即使一种行为是荒谬的或可能产生危险的后果,只要这种行为有着稳定可信的优厚回报,那么必定成为榜样。

五、硬制度与软制度

与政治制度、法律、税收、交通规则、度量衡和日历等硬制度不同,伦理

---

① 〔英〕肯·宾默尔:《自然正义》,李晋译,上海财经大学出版社 2010 年版,第 66—70 页。宾默尔指出只有假言命令才是有现实意义的。他指出休谟早已解释清楚了这个问题,而康德的绝对命令是一个逻辑错误。

是软制度。硬制度多为约定,软制度多为俗成。在文明初期,初始制度是尚未分化的综合制度,其基本性质是伦理性的,同时也是宗教性的、政治性的和法律性的。随着制度的细化,大部分能够明确定义的规则逐步分化为政治、法律以及各种实用规则,剩下难以明确定义的规则就是狭义的伦理。

任何制度都默认了某种价值。制度与价值虽密切相关,却是两种事物,并非同一。制度是技术性的,而价值是精神性的,所以制度不等于价值,而是价值的技术性落实方式。一种价值可以落实为多种制度,比如,法律要表达的价值是公正,但除了法律,公正还有多种表现方式;民主要表达的价值是平等,但除了民主,平等也有多种表现方式。同样,伦理是制度,道德是价值,但伦理只是表达了道德的最低标准。按照孔子理论,仁(道德)需要表现在礼(伦理)之中。习礼有助于仁的自我意识,但有礼并不一定就有仁心,可见仁不能还原为礼,或者说,精神不能还原为社会规则。康德深知这一点,所以认为绝对命令区别于与之有些貌似的圣经"金规则"。这意味着,精神不是规则的产物,道德不是伦理的产物。道德的基本性质是自我牺牲,而伦理的基本性质是普遍的合理性,两者的关系是:道德高于并且不低于伦理。如前所论,道德另有尚未被破解的神秘来源。康德从自由立意(will)中推出绝对命令,是破解道德之谜的重要一步,但仍然不充分。目前尚无破解道德之谜的方法,甚至未能充分理解什么是道德。

与大多数制度不同,伦理的生长方式十分特殊,其创立期即高峰期,完成创立期之后就逐步而缓慢地进入不断退化的阶段,开始的退化非常缓慢,几乎不可察——以上是推测,下面是事实——但随着经济、政治和法律的发展,伦理退化逐渐加速,到了现代社会,伦理进入崩溃阶段。按照马克思的理解,现代的一切事情都变成唯利是图的交易。伦理显然经不起万事变成交易的挑战。孔子最早发现伦理的退化问题,所谓"礼崩乐坏"。礼崩乐坏的意义不在于批评了新秩序取代了贵族旧秩序的时代性无序状态,而在于提示了一个普遍的理论问题。可以想象,假如孔子看到的只是伦理的更新换代而不是道德水平的下降,即使看不惯也不会痛心疾首,或许还会去研究新伦理的意义。比如说,如果季氏违制之事不是"八佾舞于庭",

而是跳华尔兹,智慧如孔子者,绝不至于"不可忍",至多觉得伤风败俗(其实也未必,可考虑"子见南子"的故事)。孔子不可忍的理由是,八佾之舞代表着伦理秩序,而破坏秩序就触及了伦理的本质。显然,如果只是伦理更新而不是道德退化,就不是值得忧虑的问题。孔子不是古板的守旧者,从来没有拒绝合理化的移风易俗,孔子虽是殷人之后,却在文化上"从周"。不可变革的是事关价值的秩序,如"亲亲",而正朔、服色、礼仪之类的技术性表现方式,都可以与时俱进(《礼记·大传第十六》)。所以,礼崩乐坏不在于失去了过去,而在于失去未来。

伦理的生存基础在于共同体,在于自组织的社会。当社会发展为国家,国家建立的秩序比自发的社会秩序更强有力,尤其是国家对暴力的垄断以及法律的成熟,使社会或民间伦理的权威性和报复能力大幅度萎缩,失去暴力报复能力的伦理关系也就失去威慑力和约束力。因此,政治和法律的成熟正是导致伦理萎缩的首要原因。失去了暴力威慑的伦理就不再是全功能的规则,而退化为"声誉规则",即伦理不再具有强制服从的权威功能,只剩下声誉功能,而原来的权威功能都化归为法律和政治制度。由此演化可以推知,不能被归化的声誉正是伦理最后无法被解构的本质。

一个人的声誉决定了别人是否愿意与之合作。社会需要建立共同有益的博弈,所谓合作博弈,类似于"建群"来开展某种游戏。一个人可以特立独行,不与他人合作,相当于拒绝"入群"或"退群",别人也可以因为他无法合作而将他"踢出群"。远早于网络社会,维特根斯坦就通过游戏概念反思了伦理学的核心问题,相当于一个理论化的"入群—退群"问题。维特根斯坦的例子是打球[2][3]。除了不许作弊耍赖之类的硬规则,打球也有软规则,比如说,人们默认:要玩就好好玩,否则就没意思。假如有人故意瞎打,于是我们会说:"别瞎打,这样不好玩。"可那个人说:"我就乐意瞎打,我自己觉得好玩。"我们没有办法要求他必须认真打球,只好不和他玩了。维特根斯坦接着提出了严重的问题:在伦理问题上,我们是否可以说"随你便,你想怎么做就怎么做?"显然不能,因为伦理涉及绝对的价值判断,但维特根斯坦并没有给出最后答案。伦理问题在此有着复杂性:一方面,伦理是全社会甚至全人类的公共游戏,没有自由退出机制,任何人都没有合法权利退出伦理群,也不能声称自己有权定义伦理。这意味着,伦理不是一种个人权利,而是一种普遍义务,因此,违反伦理的行为即使够不上法律惩罚,也必须承担行为后果。另一方面,人可以自由选择行为,有的人就愿意造谣或忘恩负义。在传统社会里,此类行为会受到惩罚,但在现代社会里,惩罚权已经交给了法律,反伦理行为的后果仅限于声誉消散(dissipation),甚至行为者的社会资本被清零。由此可见,在现代条件下,虽然伦理失去了强制性的力量,但仍然意味着集体生活或公共生活的准入资格,而集体或公共生活对于每个人都是一种生活诱惑。如果一个人背叛伦理,就被集体抛弃,成为边缘人,因此,现代伦理的存在条件是人们加入游戏的需要,或对被踢出游戏的恐惧。

作为软制度,伦理的脆弱性在于无力抵抗社会中淘汰伦理的力量,事实如此,"应该的空间"在不断萎缩,或许最后会消失也未可知。如前所述,伦理抗不过个人利益,有利益就有对伦理的背叛。在传统社会里,个人利益严重依赖集体利益,所以伦理水平显得比较高,见利忘义是见不得人的事情。现代社会强调个人权利和自由市场,个人权利是私欲私利的合法化,自由市场则把一切事物和人际关系定义为交易,个人利益对集体利益的依存度大幅度降低,于是,见利忘义成为常态。追求自私利益最大化被定义为个人理性,这是淘汰伦理的第一种机制。当代的后现代社会进一步发展了淘汰伦理的第二种机制,通常概括为"权利高于善",权利因此不断膨胀、扩张和增殖,而且借助政治正确的概念来加倍压缩伦理空间。权利的单方面增殖打破了权利和责任的对称性和平衡,而打击责任就是打击伦理。淘汰伦理的第二种机制更为严重,任何自私欲望都能够申请为权利而获得合法性因而势不可挡。

淘汰伦理的社会灾难恐怕并不遥远。以政治正确为名的权利诉求在逻辑上蕴含着一个灾难性的悖论:如果某一种特殊诉求有合法理由成为特权,那么任何一种特殊诉求都有等价的理由成为特权。比如说,假定确认某些"接近有意识的"动物应该有类似人权的动物权利,以类似理由推之,很快就应该确认所有动物的权利,进而还应该确认植物以及所有生命的权利,最后的结论是,人类不能吃任何东西。这个推论当然是不讲理的,可是,认为人们喜爱的某些动物必须有动物权利而其他动物却没有资格,这个规定更不讲理。不讲理的规定必然引出不讲理的推论。事实上没有必然理由规定野生动物的生命高于人工饲养动物的生命,更没有理由证明狗的权利高于猪、牛、羊。本来人类对动物有着"自然正确"的态度,一旦把属于人的政治概念滥用于动物,以"政治正确"代替"自然正确",必定产生无法自圆其说的种种范畴错误。在人的问题上也存在类似问题,人类本来对人的优点(arete)有着自然正确的理解,如果以政治正确的标准来取消自然差异而认为天才和白痴、贤良和愚昧、健康和残废等在价值上等价,也就取消了善的概念。如果"政治正确"或"权利高于善"成为普遍有效的命题,就意味着伦理学的终结,这两个原则完全废掉了伦理学。政治正确不仅导致理论性的悖论,而且也必定产生实践上的悖论:(1)既然每个群体的每种政治诉求都有理由成为特权,就无法确定何者的特权应该优先,而且众多群体的诉求往往互相矛盾,社会必定陷入选择的困境;(2)如果所有特权都必须得到满足,社会、政治和经济必定一起崩溃,因为人类的资源和能力根本供养不起那么多的特权。不考虑存在论条件的政治都是反政治的,也是反伦理的。

政治正确源于追求平等的反歧视运动。追求平等本来是伦理正当的,但被政治正确扩大化为一切事情的平等,就使应然主张脱离了实然基础,因而很可能导致无法承担的后果。平等是善,而绝对平等则是恶。从逻辑上说,如果无歧视也就不存在价值。任何价值都在于排序,而排序意味着歧视,一旦取消了价值排序,价值就消失了,就是说,价值的存在论基础就是不平等,如果一切平等,价值就失去立足之地。其中道理类似于,如果每个数目都等值于1,就不存在数量了。政治正确取消了价值的立足之地,也就否定了伦理学的地位。在实践上看,事情就更严重,假如真的出现了取消一切不平等的社会,那将是文明的"热寂"之死。取消了价值就没有任何事情需要努力了,文明将难以为继。取消一切不平等是反自然的努力,可是,违背自然需要一个天大的理由。

经过现代算账制度和政治正确意识形态对伦理的双重淘汰,伦理学所剩空间已经非常狭小。按照推想(未必为真),超级人工智能和基因技术将重新定义人的概念,将创造在能力上和生命上远超人类的新人。在生物学上,这可能将是人类的存在论升级,意味着人类重新进入一种全新的初始状态,但那很可能是文明的重新野蛮化(re - barbarization)。一个不祥的预兆是,无论从经济学还是政治学的原则去看,人类升级都不可能是包括每一个人的普遍升级,也不可能是包括大多数人的集体升级,而大概率会是保证少数人利益的精英升级,而那些变成绝对强者的"精英"很可能不再需要伦理或道德,伦理将成为超级文明的无用甚至有害的冗余。如果对伦理的最后一击真的来临,也并非令人诧异之事,因为伦理现在就已经名存实亡。

六、伦理学的机会

伦理是最接近理性本身的行为规则。康德的绝对命令是最纯洁的伦理,是实践理性的完美表现,但并没有达到道德的概念。道德高于伦理,因为道德是对完美人格的追求,是卓越精神。尽管尚无关于道德的可信解释,但可以确信,正因为存在着道德的精神维度和道德的人,所以人类有动人的故事,所以生活才有奇迹。道德虽高于伦理,但伦理却是保证道德得以持续存在的社会环境。如果没有伦理所提供的制度性和社会性的保护机制,道德就只是偶然发生而难以持续的个人现象。关键在于,道德自身无法成为制度而只是一种意识现象,而只有制度性的存在才有稳定的保证,因此,道德的存在必须依靠伦理的制度性和社会性支持。

伦理是隐性制度,政治、法律和经济制度是显性制度。隐性的制度对于文明的重要性在于,只有隐性的制度才有可能深入人心而化为内在制度,即化制度为精神。伦理的退化意味着制度精神性的退化,人类的制度正在失去精神性——或者已经失去精神性——而变成单纯技术性的制度,有效率而无意义。这是伦理和道德的危机。如果一个文明足以赋予生命以意义,能够解释行为的价值,这个文明本身必须成为一个神话,即能够在形而上的维度上为生活赋予精神性。道德伦理也许不是人类的最大成就,却是最大的奇迹。道德伦理是维持人类文明神话性的保证。

伦理正在消失,伦理学在讨论将不存在的事情。如果伦理学还有机会重新成为哲学的反思,首先必须承认当代伦理学已经失去为伦理进行解释和辩护的能力,当代对伦理的解释和辩护几乎无法避免地成为政治正确的宣传而失去反思性,而失去反思性就失去了哲学性;然后,伦理学需要转向——或回归——伦理学的形而上问题,去反思任何价值,或反思任何秩序、制度和游戏规则的合理性,从而发现重建人类精神性的机会。任何一种价值观的反思才是伦理学永远不会被剥夺的问题领域。

参考文献:

[1] 〔美〕格雷伯. 债:第一个 5000 年[M]. 孙碳,董子云,译. 北京:中信出版社,2012.

[2] 〔英〕维特根斯坦. 维特根斯坦全集:第 12 卷[M]. 江怡,译. 石家庄:河北教育出版社,2003.

（赵汀阳,中国社会科学院哲学所研究员;本文发表于 2020 年第 3 期）

伦理的困惑与伦理学的困惑

对幸福内涵的道德哲学理解

阎孟伟

摘 要 对美好生活需要的理解也就是对幸福的理解。在《法哲学原理》中,黑格尔在自由意志发展的整个精神过程中理解幸福,认为幸福是"满足的总和",并把自由意志理解为幸福的内在价值和规定性,反对把幸福归结为欲望的满足,同时也反对把自由理解为"任性"。与黑格尔不同,马克思是从人的生命活动即劳动中确立人的自由本质,同样确认自由是幸福的内在价值,由此形成了劳动幸福观。这种幸福观是以确认自主自由的劳动是人的自我实现方式为核心的。现代社会贯彻资本逻辑的生产方式最大的问题之一就是刺激、扩张人们的消费欲望,导致消费异化,把幸福等同于欲望的满足,从而扭曲了人们对幸福或美好生活的理解。

十九大报告指出,我国社会主义初级阶段的发展,其主要矛盾从"人民日益增长的物质文化需要同落后的社会生产之间的矛盾"转变为"人民日益增长的美好生活需要和不平衡不充分的发展之间的矛盾"。这里,"美好生活的需要"是一个特别值得分析的概念。通常我们会把美好生活需要的满足与"幸福生活"这个概念联系在一起。幸福是人们普遍向往的生活目标,同时也是一个非常严肃的道德哲学问题。古希腊哲学家亚里士多德就把对幸福的追求理解为对"善"的追求,他把善区分为三类:外在诸善(如财富、权力、声望等)、身体中的诸善(如健康无疾等)和心灵中的诸善（如德性高尚），他说："德性的获得和保持无需借助于外在诸善，而是后者借助于前者；而且，幸福的生活无论是在快乐之中或在德性之中，还是在二者之中，都属于那些在品行和思想方面修养有素却只适中地享有外在诸善的人，远甚于属于那些拥有外在诸善超过需用，在德性方面却不及的人。"[1](228)后来，康德在他的道德哲学中也指出，问题不在于幸福，而在于如何配得上幸福。这就是我们常说的"德福相配"。然而，对于"什么是幸福""如何配得上幸福"这样问题的理解始终存在着各种争议。对此，我们不妨先看看黑格尔对这个问题的理解。

一、黑格尔对"幸福"的理解

黑格尔主要是在他的法哲学理论中阐述了他的幸福观。我们知道，黑格尔法哲学的立脚点是自由意志。在他看来，意志本身就是自由，自由是意志的根本规定，而"幸福"也是以自由意志为其内在的根本价值。不过，他认为对"幸福"的理解应当同精神活动自我发展的整体联系起来。

（一）欲望、冲动与任性

黑格尔认为，人的自由意志首先是以没有任何规定性的抽象的"自我"而出现的。也就是说，每个人都能够在自身的纯反思中，把"所有出于本性、需要、欲望和冲动而直接存在的限制，或者不论通过什么方式而成为现成的和被规定的内容都消除了"[2](13-14)，由此形成一个纯粹的、不受任何特殊规定性限制的"自我"。如我们常常听到一个人说："我是谁？我就是我！"这意思就是说，我可以把"我"从我身上所具有的一切特殊的规定性中抽象出来。

但是，自由意志不能总是停留在这种毫无规定性的、空泛的"自我"抽象中，而是必须通过希求某物走向特殊化。这个希求最初就表现为直接的或自然的意志，也就是追求由人的自然本能所决定的各种欲望的满足，表现为各种冲动、情欲、倾向，在这个意义上，"意志通过它们显得自己是被自然规定的"[2](22)。人对满足这些自然欲望的追求本质上不同于动物的行为,因为在人的有意识的活动中,这些欲望不再是单纯的本能,而是转变为人的主观目的,并且通过主观目的这个环节,使人们意识到自己面对着一个外部世界,且必然受到外部对象的制约。例如,要满足因饿而产生的对食物的欲求或因渴而产生的对水的欲求,就不能不受到食物和水的制约,因为食物和水都是外在于人们的意志和目的的存在物,是人的意志和目的不能左右的东西。

由于欲望的满足总是指向特定的外在存在物,因而必然是有限的,黑格尔将这种追求欲望满足的意志称为"在自身中有限的意志"[2](22)。这种意志虽然属于自由意志,但尚没有把自由本身作为目的,而是始终以有限物为内容,以欲望的满足为直接目的。因而,停留在这个阶段上的人,通常会把无止境地追求感性欲望的满足视为最大的快乐,甚至理解为幸福之所在,殊不知这种快乐或幸福始终是有限的,只能从一个有限的对象转向另一个有限的对象,但终究摆脱不了有限存在物对意志的限制。把欲望的满足视为幸福本身的人,是最容易在道德上陷落的。正如我们在现实生活中所看到的那样,某些把获取财富和权力视为最大快乐的人,从来不会满足于已经获得的财富和权力,他们的内心充满了获取更多财富或更大权力的躁动和冲动,而永远不会有彻底的满足感,并且无止境的贪欲往往成为他们用不正当手段攫取财富和权力的动机,由此带来的内心谴责和祸患更是始终伴随着他们,使他们与"幸福"的感受渐行渐远。

在这种有限的意志中,直接出现的内容通常表现为多种多样的冲动。当然,所有这些冲动都是"我"的冲动,也就是把这些冲动都设定在自我中,成为"我"的多种多样的目的。其中每一个冲动的满足又都有多种多样的对象和多种多样的方法,即对象和方法上的无规定性。当一个人面对多种对象和方法时,要实现自己的目的,就必须做出决定,亦即总要确定用哪一个对象和哪一种方法来满足自己的欲望。黑格尔指出,只有当意志做出决定时,意志才是现实的意志,但一当要做出决定,有限的意志就会陷入困扰,因为确定了一个对象和一种方法,就意味着必然要放弃无限多的其他对象和方法,把自己置身于一个对象和方法的特殊规定中,为自己不得不放弃其他对象或其他方法而感到遗憾甚至痛苦。在这里,也表现出个人的有限的意志是可以凌驾于各种冲动之上的,也就是说"我"可以在对象和方法的多种可能性中选择。既然"我"可以选择,就必须对选择的后果负责,因此没有任何理由可以为自己的不当行为进行开脱。

从意志可以对满足欲望的对象和方法进行选择而言,这种选择就表现为一种自由。不过,这种自由,在黑格尔看来,就是任性。任性包含相互矛盾的两方面因素:其一,任何选择总归都是"我"的选择,"我"的选择,就选择本身而言,可以不受任何对象和方法的限制,也没有任何外在的力量可以阻止"我"进行选择;其二,"我"的选择又依赖于来自内部和外部的内容和素材,虽然"我"并不必然地选择这个或那个,但一旦做出决定,就必然要受选择对象和方法的制约。"我"既然可以选择,"我"就可以任性。在黑格尔看来,选择的根据是自我的无规定性——"我"可以在无限多的对象和方法中进行选择——和某一内容或某个选择对象的规定性。这样,意志在形式上具有无限性,但由于这内容之故,它又是不自由的。任性的一个重要表现就是可以把已经选择的东西再放弃或调换,但却不能由此摆脱有限性,因为它不过是从一种有限性过渡到另一种有限性。这样,任性就在个人的心灵中表现为各种冲突和倾向的"辩证法",即各种欲望、冲动在意志中彼此相互阻挠,选择了其中一个就意味着放弃其他可能性,这就使通过任性做出的决定成为偶然的决断,因此任性就是作为意志表现出来的偶然性,任性意义上的自由,在黑格尔看来,不过是一种表面的、形式上的自由,是一种关于自由的"幻觉"。

(二)反思评价与"幸福"

面对多种冲动构成的体系,自由意志的进一步反思就是用"善"与"恶"的标准对各种冲动进行道德评价,厘清哪些冲动是善的或具有道德上的正当性,哪些冲动是恶的或与道德价值相违。这个评价的目的就是要把冲动从它们的本能欲望或自然需求中,从其内容的主观性和任性的偶然性中解放出来,使冲动纯洁化,使各种欲望和冲动成为由自由意志或普遍的"善"所规定的合理体系。这也就意味着,自由意志开始从自在的、自然的形态中走出来,追求自身所具有的普遍性内容。

通过对冲动的反思,即对这些冲动加以表象、估计、相互比较、评价,然后再把它们的手段和结果等进行比较,对各种素材加以清洗,去其粗糙性和野蛮性,赋予作为意志的外在规定性的素材普遍性的形式,这就体现出教养的绝对价值并达至对"幸福"的追求。

何为幸福? 黑格尔认为,幸福就是满足的总和[2](30)。它包含两个基本环节:一方面,幸福作为意志所要追求的目的具有比一切特殊性更高的普遍性;另一方面,它又不过是普遍的享受,从而在具体内容上又指向单一物和特殊物,也就是指向某种有限的东西,因此又回复到冲动。并且,"由于幸福的内容是以每一个人的主观性和感觉为转移的,所以这一普遍目的就他自己方面说来是特异的,因此其中的形式和内容没有达到任何真正的统一"[2](30)。也就是说,幸福作为"普遍目的"是每个人都追求的,但因其内容的特异性,因而每个人对幸福的理解也往往是各不相同的。

但对幸福的追求就表现为意志扬弃了欲望和冲动的直接性和自然性,即"在幸福的思想中就已经驾驭着冲动的自然力,因为思想是不满足于片刻的东西,而要求整个幸福"[2](30)。因而,幸福的思想表现出思维的普遍性的增长,也表现出教养的绝对价值,是基于道德意识对自然欲望的扬弃,"这种扬弃和提高以达于普遍物,就是叫作思维活动。自我意识把它的对象、内容和目的加以纯化并提高到这种普遍性,它这样做,就是作为思维在意志中贯彻自己"[2](31)。由于普遍物只能是思维的对象,因而"意志只有作为能思维的理智才是真实的、自由的意志"[2](31)。尽管幸福这个普遍物自身没有规定性而只能在素材中找到规定性,但通过思维的理智,这些素材本身所带有的自然性、直接性都被扬弃了,使它们具有了自由意志自我规定的普遍性,或者说,使各种欲望的满足成为由自由意志所规定的合理体系。因而,当"我"追求幸福时,这个追求就不在于一时一地的满足,而是把每一个满足欲望的冲动同幸福这个普遍目的联系起来进行考量,看看哪些欲望的满足是合理的,能够真正增进"我"的幸福;哪些欲望的满足能够给我们带来持久的快乐,哪些欲望的满足只能给我们带来暂时的快乐,甚至带来更大的痛苦；哪些欲望的满足是"善"的，从而值得去追求，哪些欲望的满足是"恶"的，从而必须加以诫勉，甚至可以为了幸福而放弃某个欲望的直接满足，或者为了幸福忍受当下的苦痛。这种理智的反思把感性的东西与思维的普遍性统一起来，成为以普遍性为其内容、对象和目的的意志。这种把幸福作为满足的普遍本质来把握的意志"不仅是自在地而且也是自为地自由的意志"[2](30)，它使有限的意志摆脱了任性的偶然性。

"幸福"作为"满足的总和"表现为自由意志对"普遍物"的追求，因而追求幸福与追求单纯的感性欲望的满足是完全不同的。事实上，在黑格尔之前，就有很多哲学家在这方面给我们留下了发人深思的道德箴言。柏拉图就曾把人的欲望区分为三种：必要的欲望、不必要的欲望和邪恶的欲望。他强调，必要的欲望是必须得到满足的，不必要的欲望会给人带来贪婪和困惑，而邪恶的欲望则必然会给自己带来毁灭，给社会带来灾难。伊壁鸠鲁的伦理学被人们称之为快乐主义，但伊壁鸠鲁本人既不主张禁欲主义，也不主张纵欲主义。他认为幸福生活是我们天生的最高的善，但"我们并不选取所有快乐，当某些快乐会给我们带来更大的痛苦时，我们每每放过这许多快乐；如果我们一时忍受痛苦而可以有更大的快乐随之而来，我们认为有许多种痛苦比快乐还好"[3](368)。斯宾诺莎同样把情欲的满足看成整个道德的基础，但他在为情欲的合理性辩护的同时，也反对把满足情欲或追求私利本身看作目的。在他看来，人们如果被感官快乐奴役，沉溺于对资财、荣誉和肉体快乐的追求，是有百害而无一利的。为此他说："对于荣誉与资财的追求，特别是把它们自身当作目的，当作至善的所在，是最足以令人陷溺的。"[4](229)黑格尔的高明之处在于，他看到对幸福的追求是人的自由意志的自我发展，只有超越了对单纯的感性欲望的满足而达到了对幸福的追求，自由意志才从自在的状态达到了自为的状态。也就是说，对幸福的追求以人的自由为其内在价值或内在规定性。

二、对马克思劳动幸福观的再理解

黑格尔从自由意志的自我发展的角度来阐释"幸福"的内涵，把幸福理解为由人的自由意志来规定的合理体系,把自由意志理解为幸福的内在价值和规定性。他的这一思路和观点,对于我们如何理解"美好生活的需要",如何理解"幸福",有着重要的启发意义。不过,黑格尔把"自由意志"看成客观精神的绝对本质,而把对幸福的追求归结为纯粹的精神的自我发展过程。马克思同样把人的自由本质理解为幸福的内在价值,但与黑格尔不同,他不是从单纯的、抽象的精神活动的意义上,而是从人的生命活动即劳动的意义上确认人的自由本质。他说:"劳动这种生命活动,这种生产生活本身对人来说不过是满足他的需要即维持肉体生存的需要的手段。而生产生活就是类生活。这是产生生命的生活。一个种的全部特性、种的类特性就在于生命活动的性质,而人的类特性恰恰就是自由的有意识的活动。"[5](273)在这里,马克思并不是否认人的自由意志,而是将人的自由意志理解为人的感性的生命活动的自觉性特征。如果脱离人的生命活动即劳动来抽象地理解自由意志,那就只能把自由意志想象为某种与人的生命活动无关的、自在的从而也是神秘的精神存在物。

从人的生命活动即劳动出发理解人的自由本质是马克思始终坚持的基本观点,这个观点贯彻他毕生的理论著述,成为他批判资本主义生产方式的最基本的价值尺度。如马克思在他的《资本论》手稿(1857—1858)中就针对亚当·斯密把劳动看作诅咒的观点提出反驳。斯密把"安逸"看作与"自由""幸福"等同的适当的状态,而完全不能理解一个人"在通常的健康、体力、精神、技能、技巧的状况下",也有从事一份正常的劳动和停止安逸的需求。对此,马克思指出:"诚然,劳动尺度本身在这里是由外面提供的,是由必须达到的目的和为达到这个目的而必须由劳动来克服的那些障碍所提供的。但是克服这种障碍本身,就是自由的实现,而且进一步说,外在目的失掉了单纯外在必然性的外观,被看作个人自己自我提出的目的,因而被看作自我实现,主体的物化,也就是实在的自由,——而这种自由见之于活动恰恰就是劳动,——这些也是亚当·斯密料想不到的。"[6](112)

由此可见,马克思是把劳动本身视为"自由和幸福"的根本。更为重要的是,马克思也没有停留在对劳动的抽象理解中,而是指出劳动特别是人们的物质生产活动是在一定的历史条件下展开的现实的、具体的活动，因此并非在任何历史条件下的劳动都能使人直接地从中感受到自己的自由本质。随着分工和私有制的出现，劳动者就被置于受剥削、受压迫、受奴役的强迫劳动中，使劳动对人来说成为痛苦不堪的事情，而使闲暇和安逸成为人们唯一可以享受的"自由和幸福"。这种情况在以资本和劳动的相互分离为前提的资本主义雇佣劳动制中，更是发展到极端。雇佣劳动使劳动成为与人的自由本质相对立的"异化劳动"，使人在劳动中感觉不到自己是个人，反而是在执行动物的机能即居家饮食时才觉得自己是个人。因此，马克思说道："斯密在下面这点上是对的：在奴隶劳动、徭役劳动、雇佣劳动这样一些劳动的历史形式下，劳动始终是令人厌恶的事情，始终是外在的强制劳动，而与此相反，不劳动却是'自由和幸福'。这里可以从两个方面来谈：一方面是这种对立的劳动；另一方面与此有关，是这样的劳动，这种劳动还没有为自己创造出（或者同牧人等等的状况相比，是丧失了）这样一些主观的和客观的条件，在这些条件下劳动会成为吸引人的劳动，成为个人的自我实现，但这绝不是说，劳动不过是一种娱乐，一种消遣，就像傅立叶完全以一个浪漫女郎的方式极其天真地理解的那样。真正自由的劳动，例如作曲，同时也是非常严肃，极其紧张的事情。"[6](112-113) 现代资本主义雇佣劳动制之所以不能使人从劳动中获得自由和幸福的感受，而只能从消费行为中理解幸福和享受，其根本原因在于它在造成劳动异化的同时也造成了劳动与自由和幸福的对立。加拿大学者本·阿格尔就指出，资本主义生产方式"导致了人们在其中不得不通过个人的高消费来寻求幸福的环境，从而加速工业的增长，对业已脆弱的生态系统进一步造成压力。一句话，劳动中缺乏自我表达的自由和意图，就会使人逐渐变得越来越柔弱并依附于消费行为"[7](493)。阿格尔认为，这种异化消费的根源就在于异化劳动，要消灭异化消费，就必须消灭异化劳动，而要消灭异化劳动，就必须改组资本主义生产结构，消灭雇佣劳动制度。

因此，真正的幸福恰恰在于自由自主的劳动——不论其多么劳累和紧张——这是人的自我实现的方式。这表明，要使人真正获得自由和幸福，就必须把劳动从受剥削、受压迫、受奴役的社会条件中解放出来，从被迫的、受强制的"非人"状态中解放出来。当然，这个解放不仅仅是一种精神的自我发展，在其现实性上它是一个历史过程。可以说，马克思的全部努力就在于剖析现代资本主义生产方式的内在矛盾和客观规律，探寻使人最终获得全面而自由发展的现实途径，使人的劳动真正成为自由自主的生命活动，成为个人的自我实现方式。

三、从"幸福"的普遍性理解"美好生活的需要"

今天，我们讲"人民群众日益增长的对美好生活的需要"，就是讲对"幸福"的追求。但对"美好生活的需要"或"幸福"这样的概念的理解却往往缺乏反思的普遍性。"美好生活的需要"是多方面、多层次的，"幸福"，如黑格尔所说，也是以各种欲望的满足为其具体内容的。因而当人们谈"什么是幸福"时，往往就会从各种需要的满足这一角度来规定它。这样理解"美好生活的需要"或"幸福"当然是有根据的，但是如果停留在这个层面的理解上，而不是从"自在自为的自由意志"出发来进一步反思如何使美好生活的需要和幸福的具体内容成为"由自由意志所规定的合理的体系"，我们就很容易把幸福与追求感性欲望的满足等同起来，甚至把对幸福的追求归结为感性欲望的满足。这样一来，"幸福感"反而成为悬而未决的东西。因为，感性欲望的满足如果没有理性的节制，就是没有止境的，这势必使满足"人民群众日益增长的对美好生活的需要"成为根本无法完成的任务。

现代社会的最大问题之一就在于此。现代社会是以市场经济为基础的社会形态。市场经济必然要贯彻追求价值增值的资本逻辑。而要扩大资本利润，就需要有庞大的消费市场。但仅仅满足生活基本需要的消费市场是非常有限的，因此，资本主义生产还必须通过各种方式刺激消费欲望的增长，刺激消费不断向所谓高档化、高端化、奢侈化方向发展。正如我们看到的那样，现代社会中，贯彻资本逻辑的生产不仅是生产产品，而且也在生产欲望。后现代哲学家德勒兹和加塔利就认为,资本主义生产方式就是一个欲望的生产机器。各种社会体制就是通过疏导和控制欲望的方式,或者说通过驯服和限制过程造成欲望的"辖域化",即以抽象的等价交换逻辑将欲望置于国家、家庭、法律、商品逻辑、银行系统、消费主义等规范化制度的管制中,把欲望的生产重新导入限制性的心理与社会空间,从而使它们受到了比原始社会和专制社会更为有效的控制。与此同时,为了使欲望所具有的生产能量能够最大限度地释放出来,又必须经过"解辖域化"过程,将欲望的生产从社会限制性力量的枷锁下解放出来,并将其纳入资本增值的轨道中。

欲望的满足对人来说是一种快乐,因而欲望直接决定了消费市场。现代社会中的生产,为了实现资本利润的最大化,把人们的非必要的欲望乃至邪恶的欲望激发出来,并且给满足欲望的产品附加上具有多方面意义的符号,以至于这个产品本身的真实的使用价值完全被淡化、被忽视,反而使附加在产品上的各种文化符号本身成了使用价值,由此导致消费的奢侈化、符号化,进而导致消费的畸形化或异化,使大量的资源(物质资源、人力资源)浪费在奢侈性的符号消费中。美国学者鲍德里亚在 1970 年出版了《消费社会》一书,在这本书中,他认为,随着后工业社会的来临,工业的发展、技术的进步、可利用资源的增长,使物质财富极大地丰富起来。这种物质的丰盛为消费主义的盛行提供了温床,整个社会进入消费社会。消费社会有两个基本特征。其一,消费占据着神奇的地位,它渗透到生活的每一个细节,使一切都成为可消费的客体,除了物质生活用品,还包括明星的隐私、空姐的微笑等。因而,在消费社会中,消费本身带来的享受与满足已经成为消费者的事业,成为消费者的幸福之所在。其二,消费不再被理解为使用价值向交换价值的转化,而是被视为交换价值向符号价值的转化。消费也不再是物的消费,而是符号的消费,消费者对符号的追求超过了对物的功能的需求。[8]

如此看来,在现代社会追求价值增值的资本逻辑正在不断地扩张人们的消费欲望,而且使人们越来越看重消费品的符号价值。这是没有止境的

对幸福内涵的道德哲学理解

无限扩张过程,它严重地影响了人们对"幸福"或"美好生活"的理解,淡化了或忽视了其中所内含的至关重要的道德价值。因而消费欲望的疯狂扩张刺激了利己主义的动机和行为,使之达到难以控制的程度,由此导致现实生活日益失去道德约束力。而且,在现实中,欲望的生产总是要比欲望的满足快得多,因而人们总是感到"不满足"。这就是为什么经济发展了,财富增多了,而人们的"幸福感"却不断下降。特别是在经济发展带来了严重的贫富差别或贫富分化的情况下,相对贫困的人就更没有多少"幸福感",尽管他们的实际生活水平较之以往可能已经大大提高。因此,如果把"美好生活的需要"等同于各种欲望的满足,就势必使"美好生活的需要"的满足成为难以实现的目标。无论经济发展到何种程度,人们总会产生越来越严重的"匮乏感"和"不满足感"。在这方面,法兰克福学派的思想家马尔库塞的观点是值得重视的。马尔库塞主张把人的需要区分为"真实的需要"和"虚假的需要",所谓真实的需要,就是指"那些无条件地要求满足的需要",如物质水平上的衣食住行的需要,"对这些需要的满足,是实现包括粗俗需要和高尚需要在内的一切需要的先决条件";所谓"虚假需要",是指"为了特定社会利益而从外部强加在个人身上的那些需要,使艰辛、侵略、痛苦和非正义永恒化的需要",这种虚假需要还包括在休息和娱乐中,按广告宣传而来的处世和消费、爱和恨等,"满足这些需要或许使个人感到十分高兴,但如果这样的幸福妨碍(他自己和旁人)认识整个社会的病态并把握医治弊病的时机这一才能的发展的话,它就不是必须维护和保障的"[9](6)。

因此,要解决"人民日益增长的美好生活的需要"和不平衡不充分的发展之间的矛盾,就不仅要下力气调整经济结构,改变经济增长方式,扩大经济发展的规模,尽可能地为满足人民群众的美好生活需要提供充足的经济条件和社会条件,同时也有必要对大众社会的消费行为进行必要的道德引导;不仅要倡导一种有节制的生活方式,更要使人们能够把"幸福"或"美好生活的需要"的满足建立在实现人的内在价值的基础上,而不是建立在外在的、单纯的感性欲望的满足的基础上,从而使人的自由本质或自由意志能够从直接的、自然的欲望中解放出来。

在这方面,黑格尔对幸福的理解和马克思的劳动幸福观具有十分重要的指导意义。黑格尔是从客观精神自我发展的角度确认自由意志是幸福的内在规定性,马克思则是从人的自由自觉的生命活动即劳动的角度来确认自由是幸福的内在价值。需要注意的是,对于马克思的劳动幸福观不能仅仅从劳动致富的意义上理解,或者说,不能把劳动幸福观简单地理解为通过劳动获得享受的手段和条件,而应当理解为人的自我实现的方式,理解为人的自主性和自由性的本质所在。真正的幸福存在于人们的生命活动及劳动中,体现在人们的自由意志中,但只有自主的、自由的劳动才能使人们在这种劳动的过程和结果中获得完整的、彻底的幸福感和满足感。这种劳动并不是只能存在于遥远的未来,而是已经(尽管不是普遍的)存在于我们的身边。当一个人把自己所从事的劳动或事业真正理解为自我实现的方式,而不是出于被衣食所迫时,他就能从中获得满足感和幸福感。在今天,举国上下都大力倡导"工匠精神",其实,这种工匠精神的根本特征就是作为劳动者的"工匠",不是把劳动仅仅看作谋生的手段,而是看作自我实现的方式,因而他们不辞辛苦地、精益求精地用辛勤的劳作和精湛的技艺打造自己的作品,很少考虑甚至根本不考虑他们的作品能够换来多少利益。他们往往汗流浃背地享受作品的制作过程,而这个作品作为劳动的对象化结果,成为他们智慧、能力、创造力的自我展示,也就是成为他们的自由本质的确证,并使他们从中由衷地获得喜悦和满足。

参考文献:

[1] 〔古希腊〕亚里士多德.政治学[M].颜一,秦典华,译.北京:中国人民大学出版社,2003.

[2] 〔德〕黑格尔.法哲学原理[M].范扬,张企泰,译.北京:商务印书馆,1961.

[3] 北京大学哲学系外国哲学史教研室,编,译.古希腊罗马哲学[M].北京:商务印书馆,1961.

[4] 北京大学哲学系外国哲学史教研室,编,译.十六—十八世纪西欧各国哲学[M].北京:商务印书馆,1975.

［5］ 马克思,恩格斯.马克思恩格斯全集:第3卷[M].北京:人民出版社,2002.

［6］ 马克思,恩格斯.马克思恩格斯全集:第46卷(下)[M].北京:人民出版社,1979.

［7］ 〔加〕本·阿格尔.西方马克思主义概论[M].慎之,等,译.北京:中国人民大学出版社,1991.

［8］ 〔法〕让·鲍德里亚.消费社会[M].刘成富,全志刚,译.南京:南京大学出版社,2001.

［9］ 〔美〕赫伯特·马尔库塞.单向度的人[M].刘继,译.上海:上海译文出版社,1989.

(阎孟伟,南开大学马克思主义学院教授;本文发表于2021年第2期)

道德与文明：
验证伦理学学术研究及思想价值的两个基准

焦国成

摘　要　《道德与文明》是一个具有深刻隐喻的名字。它不仅含有对伦理学学术研究的价值基础的理解，而且含有判断和验证伦理学学术研究以及思想观点价值的两个基准。其道德基准面向个体或主体，其文明基准面向整个社会生活。了解这两个基准，深入检讨古往今来在道德和文明两个维度上的得失，才能更好地推进伦理学学术研究。

名字很重要，关乎人和事业的名字尤其重要。名字是一个事物区别于另一个事物的标志。《说文》云："名，自命也。从口从夕。夕者，冥也。冥不相见，故以口自名。"最初的名字大概是为了人与人相互区别而起。人在黑暗之中相互看不见，自报名字能让对方知道自己是谁。同理，人们为了把人以外的事物区分开来，便给每一个事物都起了名字。人类最初起的名字比较简单，不过是一个符号，只是便于区分、记忆和称呼而已。随着人们经验的增多和文化的进步，关乎人和事业的名字就越来越高级了，不仅要求发音要好听，而且在喻义上也要吉祥、顺利。在中华民族的发展历程中，随着汉字的发明，形成了一套完整的名物制度。《左传·昭公三十二年》史墨有"慎器与名"之训。孔子也说："名不正则言不顺，言不顺则事不成。"（《论语·子路》）因此，命名必须郑重其事，所命之名必须依循正当的准则。在命名之后，人们都期望所命之名能够与实相符。郑重其事的名字确实包含着某种隐喻,包含着某种文化追求,也包含着某种力量。如果能够把它很好地揭示出来,常常会给人以启发,给人以动力,更有利于它所包含的隐喻和追求更好地实现。

凡是伟大的事物,一般都有一个不凡的名字。伟大的事物总是由高瞻远瞩之人开创的,而开创伟大事物之人也必定是此事物的先觉先行者。这些先觉先行者把他们的思考和实践赋予他们所开创的事物,于是这个事物就有了不凡的名字。作为新中国伦理学事业重要组成部分的《道德与文明》杂志也是如此。它是伴随着中国伦理学会的创立而诞生,伴随着中国伦理学事业的发展而壮大。中国伦理学会创立于 1980 年,当时真正研究伦理学的学者不过十数人而已。1981 年末,中国伦理学会决定与天津社会科学院合办伦理学刊物。1982 年,中国伦理学会领导与天津社会科学院哲学所负责人及天津伦理学会副会长兼秘书长温克勤①在北京召开办刊筹备会,并于当年出版了《伦理学与精神文明》试刊号。1984 年,《伦理学与精神文明》公开发行,1985 年第 1 期更名为《道德与文明》。此后,发行量剧增,昭示着中国伦理学事业的春天来了。《道德与文明》自 1982 年创刊起,就是中国伦理学会的会刊。它的名字也是以罗国杰为代表的新中国伦理学事业开创者思想和精神追求的凝结。在伦理学已经成为显学的今天,《道德与文明》也成为在伦理学界具有举足轻重地位、在学术期刊界具有重要影响的名刊。《道德与文明》创刊 40 周年之际,伦理学界无不赞叹这本杂志为伦理学的发展和繁荣所做出的重大贡献,赞叹其美好品质以及在哲学伦理学界的影响力。作为此刊创立和发展的见证者,笔者在回忆与熟识的历届主编及编辑的交往时,在心底发出了一个疑问:"他们为什么都那么优秀?"于是,笔者便被"道德与文明"这个刊名深深地吸引了。这个名字为"德而有光"之义,本来就是君子之相。笔者继续沉思,发现"道德与文明"这个刊名有着不凡的隐喻,寄托着新中国伦理学事业的开

---

① 温克勤,《道德与文明》杂志的实际创办者之一,历任副主编、主编,为此刊奋斗近二十年。原为南开大学哲学系教师,是笔者伦理学的授业恩师。

创者们对于伦理学学术研究价值基础和基准的思考。

一、伦理学学术研究的价值基础

学术杂志是刊登学术研究成果的。在好的学术杂志上，一定能看到比较多的有价值的好文章。然而，如何判断学术研究成果的价值，对于杂志来说是至关重要的问题。学术研究有没有价值，价值高低如何，不同的学科有不同的标准。虽然不同学科学术研究的价值标准不同，但所有的价值都是通过实践应用得以确认的。在自然科学中，有些学术研究和学术猜想看不出有什么实际价值，但其价值常常在若干年后被不同的学科所验证。如果一种学术研究和学术猜想永远也不能付诸实践，也不能对其他的学术研究产生启发和积极的推进作用，那么，它只能是一朵不结果实的智慧之花，谈不上有实际价值。能否应用，可否实行，是衡量一切学术研究价值最终的试金石。这就如同看一个医生开的药方有没有价值，最终要在病人身上得到验证一样。

然而，某些哲学家的学术思考具有天马行空的特点，他们或说出一些荒诞不经之言，或发表一些不着边际的空想之论，如中国思想史上春秋时期名家人物提出"火不热""鸡三足""卵有毛"之类的命题。那么，这些出人意料甚至让时人目瞪口呆的奇谈怪论是不是完全没有价值呢？其实也不尽然。这些学术命题在常人看来的确是没有什么价值，但在哲学家和逻辑学家那里却非常有价值，因为它对于提升人的思辨能力有着积极的作用。学术研究的价值要由从事学术研究的专业人士来判断，而不能由非专业的普通人来判断。虽然如此说，但学术研究终究是为整个人类服务的，如果一门学术研究最终不能产生惠及人类的效果，即使它有一定的学术价值，也应是无足轻重的。

也许有人会拿韦伯的"价值理性"与"工具理性"二分观点来质疑上面所说的学术研究价值最终要由实践来验证的说法。按照韦伯的"价值理性"与"工具理性"二分，似乎"价值理性"只管价值判断，"工具理性"只管事实判断,"价值理性"管的是目的,"工具理性"才负责应用和实行。其实,人的理性终究是一个理性,"价值理性"与"工具理性"统一于理性之中,而不是截然二分、互不相属的两种理性。人在价值思考时不会不考虑事实,在思考事实时也不会完全不考虑价值。一个违背事实且与实行无关的价值判断,必然是空的价值判断;一个不管目的、不管价值的事实判断,也不可能是由正常人做出的判断。只讲价值的"价值人"和只讲事实的"工具人",也许只有在高度发达的智能时代才会存在。

判断伦理学学术研究的价值基础是什么,对于一个伦理学杂志来说,对于一个从事伦理学研究的学人来讲,都是一个根本性的问题。《道德与文明》杂志的名称,就蕴含了对于这一问题的基本回答,主要有三。

其一,思想政治方面的意蕴。从实践任务上讲,《道德与文明》是要研究和建设社会主义中国的道德与文明,而不是其他国度、其他主义或其他宗教下的道德与文明。因此,这样的研究,必须要坚持中国化的马克思主义的指导,必须坚持中国共产党的领导,必须符合中国的政治和法律制度,必须把广大人民群众的根本利益和根本诉求放在第一位。这是一个杂志的政治立场问题,是个大是大非问题。在这个问题上,以罗国杰为代表的老一辈伦理学家一直是这么坚持的。他们当然也希望作为伦理学阵地的《道德与文明》也能够坚持这样做,始终保持坚定正确的政治方向,坚持正确的思想路线。所有的伦理学学术研究成果,只有坚持了这一点,对于中国的社会主义道德建设和文明建设才可能是有价值的。

从国内外政治斗争的历史事实来看,坚持这一条是十分重要的。西方敌对势力亡我之心一直不死,他们在政治、经济、科学、文化、军事、宗教等方面千方百计地扼制、攻击中国,在文化领域一直寻找并培养亲西方的势力,寻找并培养与中国共产党离心离德的新闻出版阵地和"公知"代言人,和平演变中国的图谋始终都在。在大量的事实面前,已经没有人对于"帝国主义亡我之心不死"这句话的真实性有任何怀疑了。《道德与文明》杂志很好地贯彻了老一辈伦理学家的心愿,始终坚持了正确的思想政治方向。

其二，伦理道德指向方面的意蕴。从学科特色上讲，《道德与文明》主要是研究人类美善价值及其实际应用的。发现善和美的东西并实现它，是伦理学的基本使命。"道德与文明"二语词的寓意就是善德、美好、文雅和光明。《道德与文明》杂志以此为名，同时也被赋予了杂志的本性，它在本能上是不接受歪理邪说和不良观念的。

四十年来，社会上不同道德观念和文明观念的较量一刻也没有停息过。人们受西方思潮的影响，鼓吹所谓"海洋文明"、贬低所谓"黄土文明"者有之，羡慕资本主义物质文明和精神文明、鄙薄社会主义物质文明和精神文明者有之，提倡西方个人本位的价值、反对社会主义集体主义和爱国主义价值者有之，贬低人民英雄和劳动模范者有之，提倡性自由、性解放者有之，主张黄赌毒合法化者有之，宣扬封建迷信、开历史倒车者有之，鼓吹浪费、反对勤俭节约者有之，为腐败歌功颂德者有之……五花八门，不一而足。《道德与文明》杂志秉承了老一辈伦理学家们的一贯做法，提倡真善美，抵制假恶丑，始终刊登观点平正、说理清楚的文章，澄清现实社会中的模糊认识，不断引导人们学习和实践社会主义道德，推进高度文明的社会主义人际关系的建设。

其三，伦理道德学理方面的意蕴。从学术上讲，《道德与文明》是伦理学专业的学术刊物，因而要研究个人道德提升和社会文明建设的规律，要阐明道德诸现象、社会文明诸现象之间的关系及其内在学理关系。对是非善恶不仅要论其然，还要论其所以然。比如，对于道德现象背后的决定性因素，马克思主义伦理学否定了上帝决定说、命运决定说、人性决定说、环境决定说等，提出了阶级关系和利益决定说。然而，利益对于道德决定也只是从最终的意义上而言的，社会中的道德现象并非依靠利益就能够完全说明。有志之人即使饿死也不食嗟来之食，革命烈士宁可断头也不接受反动派的高官厚禄。有利益于此，某些人可能不屑一顾，有些人可能趋之若鹜；有大害于此，某些人可能避之犹恐不及，某些人则挺胸凛然而对。这说明伦理道德背后起决定作用的尚有更复杂的因素。在伦理学的基本理论上，我们有太多的问题需要深入研究。伦理之理不同于自然科学所研究的

"物理",也不同于社会科学所研究的"事理",它本质上是"情理",即人情发用之理。不同的人际关系中有着不同的情感在起作用,不同的境遇有不同的因素在起作用。

社会文明问题则比道德问题更为复杂。如果说道德问题主要是个体或主体的问题,社会的文明问题则是关乎整个社会成员的道德水平问题。不仅如此,一个社会的文明程度不是一个人或几个人、一个族群或几个族群的道德水平所决定的,它是由社会的生产力、生产关系、生活方式、社会的政治法律制度和文化程度以及治理水平所决定的。因此,研究社会的现实状况和发展趋势,检讨社会伦理道德的合理性和有效性,研究古今中外的伦理思想,借鉴古人的历史经验,都是必做的工作。《道德与文明》杂志四十年如一日,坚持老一辈伦理学家注重学术学理的传统,挑选和刊登了大量的优秀研究成果,为伦理学的发展和繁荣,为社会的道德和文明建设做出了不可磨灭的贡献。

二、伦理学学术研究的道德基准

所谓基准,顾名思义,就是基础性、起始性的标准。测量工作较早使用了基准概念,它被用作起始尺度的标准。机械工程通常使用的基准概念,是用来确定生产对象上几何关系所依据的点、线或面。国家统一高程控制网所应用的高程基准,包括一个水准基面和一个永久性水准原点,这是推算国家统一高程控制网中所有水准高程的起算依据。

人们无论开展何种工作,都必须确定一个基准。确定了一个正确而可靠的基准,才可能有良好的工作起始平台和参照。基准的确立是十分重要的,做一件事情没有基准,就不知道做事的下手处在哪里,工作的方向在哪里,基本的对错在哪里,因而要把这个事情干好是不可能的。当人们做事过程中对于对错的认识出现了严重的分歧时,常常会回过头来重新寻找、确立和重申基准,以统一人们的言论和行动。这里借用基准的概念,用以作为衡量伦理学学术研究成果的基本依据之一。

"道德"作为《道德与文明》杂志的一个主题词,就是该杂志验证伦理学学术研究成果是否具有价值的一个基准。在老一辈伦理学家的著作中,普遍地把"道德"作为伦理学的研究对象,普遍地把提升人们的道德水平作为伦理学的基本追求。也就是说,在老一辈伦理学家看来,凡是能够阐明道德之理,提高人们的道德认识,阐明言行的道德准则,发现修德养德的途径,发现提升德性、克服生活不良习气的方法,有助于提升人们的道德水平和境界的研究成果,就是符合道德基准的,也就是有价值的研究成果。相反,如果不符合道德基准,无助于提升道德,甚至有可能败坏道德的文章,无论写得如何天花乱坠,也没有资格在《道德与文明》杂志上发表。四十年来,《道德与文明》杂志很好地坚持了这个基准。

　　我们回顾历史,就可以发现坚持道德基准有多么重要。在四十年的历史进程中,特别是在改革开放初期的一段时间内,国门打开,一些"苍蝇""蚊子"也飞了进来,形形色色的资产阶级没落思想也传入国内。在经济领域,一些人钻国家制度尚不健全的空子,或损公为私,或化公为私,或巧取豪夺,或通过违法乱纪、从事不正当的职业牟取暴利。在思想意识领域,一些人曲解"不管白猫黑猫,抓住老鼠就是好猫"的说法,认为能发财就是先进,能赚钱就是有德,甚至主张不问青红皂白,"只要是万元户就可以入党,就可以当村干部"。在一些聚会上,人们甚至开始讨论中国要不要开设赌场,要不要开设妓院。有些学者以"百花齐放,百家争鸣"为借口,宣扬形形色色的利己主义、消费主义、享乐主义、性解放主义、嬉皮士主义和无政府主义,甚至还以此来否定中华传统美德和社会主义、集体主义、爱国主义道德,鼓动人们不仅在思想上而且要在行为上和制度上向西方"自由世界"靠拢。一些人信奉"人人为自己,上帝为大家"的信条,追捧利己主义和极端利己主义。当这种思潮甚嚣尘上的时候,一些人的行为是没有底线的,一些学者的文章是没有道德基准的。一些西方资本主义国家有意识地把利己主义、自由主义、享乐主义等装扮成合理的、正面的道德理论向我国灌输,以实现其分化、同化、演化我国的图谋。国内也有些所谓"公知"积极配合,宣扬这些理论。正是基于当时的情况,党中央才及时地提出,在坚持改革开放、大力建设物质文明的同时,要坚持四项基本原则、大力进行精神文明建设。

其实,以上所说的情况和各种形形色色的观点都是放弃了基本道德规则约束后的产物。利己主义和极端利己主义根本算不上道德理论,它充其量不过是人类作为一种动物的生存本能而已,因为无论人们如何提倡利己主义甚至极端利己主义,都不会让人类远离动物界,都不会让人们的道德水平有一丝一毫的增长。其他诸如消费主义、享乐主义、性解放主义、嬉皮士主义和无政府主义等,都是背离道德基准的,因而也是没有什么价值的。

说到这里,也许有些人会有不同的意见。《庄子》中描述的某些得道高人颇有些嬉皮士的味道,道家学派和法家学派都曾经极力攻击和否定儒家所提倡的仁义道德,特别是庄子学派甚至还在一定程度上提倡无政府主义。按照笔者的说法,老庄学派、法家学派是不是就丧失了道德基准呢?笔者从来不认为道家学派和法家学派丧失道德基准或否定道德基准,反而认为从历史进程的视角来看,道家学派所讲的道德最为纯粹,法家学派所讲的道德最为超前。下面就让我们做一点最简单的分析。

老子说:"大道废,有仁义。智慧出,有大伪。六亲不和,有孝慈。国家昏乱,有忠臣。"(《道德经·第十八章》)"绝圣弃智,民利百倍。绝仁弃义,民复孝慈。绝巧弃利,盗贼无有。"(《道德经·第十九章》)"故失道而后德,失德而后仁,失仁而后义,失义而后礼。夫礼者,忠信之薄,而乱之首。"(《道德经·第三十八章》)庄子也说:"彼窃钩者诛,窃国者为诸侯,诸侯之门而仁义存焉,则是非窃仁义圣知邪?故逐于大盗,揭诸侯,窃仁义并斗斛权衡符玺之利者,虽有轩冕之赏弗能劝,斧钺之威弗能禁。此重利盗跖而使不可禁者,是乃圣人之过也。""圣人不死,大盗不止。"(《庄子·胠箧》)如果我们仔细地分析一下老庄的这些否定仁义圣智礼法的观点,就不难发现,他们绝非是要否定道德本身,他们所否定的只是夺取国家天下的那些大盗用来控制人和粉饰自己的所谓"仁义道德"而已。在春秋战国时代,没有哪个统治集团是真正为百姓谋利益的,他们毫无例外地都是盘剥天下百姓而供自己享乐。这些统治集团如同盗跖一样,从圣人那里学到了圣、智、勇、义、仁诸德,把它们作为控制人心、奴役人民的工具。然而,儒家信徒看不到事情的本质,一味地让人践行仁义圣智之道,让人心甘情愿地受统治者的奴役,直至牺牲了宝贵的性命还不醒悟。人们是该讲这些被窃国大盗利用了的道德,还是该讲清清白白的不受污染的道德?道家选择了后者,并把这种道德称之为"上德"。这种"上德"是排除了"有为"造作的,是纯"自然无为"的,就如同现在没有任何添加剂、转基因的纯绿色、纯天然、无公害的食品一样。道家学派对于这种道德还进行了十分深入的、卓有成就的研究,并开发出一套行之有效的修德方法,为人类做出了巨大贡献。他们所提出的那些悟道进德的理论和方法,后人有许多的不理解甚至误解,需要我们很好地去挖掘,去实践,去体证。

老子的弟子杨朱和墨家学派首脑墨子更是曾被儒家当作不讲道德的典型代表。孟子曾经批判说:"杨朱、墨翟之言盈天下。天下之言不归杨则归墨。杨氏为我,是无君也;墨氏兼爱,是无父也。无父无君,是禽兽也。"(《孟子·滕文公下》)这种近乎谩骂式的攻击,表明了孟子对于杨墨丧失孝父和忠君道德的极度愤恨。孟子的这种观点并不能赢得人们的一致赞同。墨子兼爱天下,提倡爱人一视同仁,无亲疏,无远近,无厚薄,提倡"有力者疾以助人,有财者勉以分人,有道者劝以教人"(《墨子·尚贤下》)。墨子及其学派不仅这样说,而且这样做。因而《庄子·天下》称赞道:"使后世之墨者,多以裘褐为衣,以屐屩为服,日夜不休,以自苦为极。……墨子真天下之好也,将求之不得也,虽枯槁不舍也,才士也夫!"如此看来,墨子及其学派可谓大公无私、毫不利己、专门利人的典型,其德忠于天下人,崇高难及,因此孟子的攻击是站不住脚的。至于杨朱,因其曾提出过"拔一毛而利天下不为也"的观点而备受诟病,被儒家当成自私自利的典型。其实,杨朱学说以"全性保真"为纲要,认为每一个人的生命都是唯一的和最为尊贵的,任何人包括君王在内都无权奴役和摧残。他遵循老子的路线,反对君王通过假仁假义的道德约束,通过美名厚利的引诱,让人们牺牲自己为之服务。他确实反对任何对生命的损害,甚至一毛不拔,以至于被孟子指责为"无君"。在春秋战国时代,君王草菅人命是司空见惯的事,杨朱怀悲天悯人之心,喊出"不拔一毛,不利天下"的极端之语,正是为了把天下人从不良君王的役使下解救出来。杨朱既主张"拔一毛而利天下不为也",还主张"悉天下奉一身不取也"。他不要整个天下的财富和威势,不要让天下人都为自己一个人服务,也就是说不做奴役天下的君王,他要把天下还给天下人。他关注的是内心的纯真合道,抛弃的是为当时君王所利用了的仁义道德。说其自私自利,不讲道德,可谓非愚则诬。孟子是一位伟大的伦理思想家,是儒家道德坚定的维护者,但其辟杨墨确实也有偏颇之处。

至于法家学派,有些人认为他们是一群冷酷的"非道德主义者"。作为法家学派集大成者的韩非子确实说过一些非难儒家道德的话,例如"上古竞于道德,中世逐于智谋,当今争于气力""父之孝子,君之背臣"(《韩非子·五蠹》)等,人们以此断定他不讲道德则是非常武断的。韩非子认为,时异则势异,国家的治理应该与时俱进,不能把远古的单纯以德治天下的做法套用于今天。同时,他认为儒家所提倡的仁义道德是一种私德,即偏向于亲戚故旧朋友的熟人道德,与公天下的治国方略是对立的,因此必须抛弃。他主张"背私为公",建立一套新的可以通行于天下的尚公且平等的新道德体系。他说:"法不阿贵,绳不挠曲。法之所加,智者弗能辞,勇者弗敢争。刑过不避大臣,赏善不遗匹夫。"(《韩非子·有度》)从这一论述中,我们可以窥见其新道德观念之一斑。惜乎其盛年被毒杀,以至于来不及建立其完整的新道德体系。我们对法家的道德严重缺乏研究,以至于误认其丧失道德基准,这是亟待纠正的。

三、伦理学学术研究的文明基准

文明是一个内涵十分复杂的范畴。一般地说,它可以指与原始的、不发达的、野蛮的社会状态相区别的具有较高发展水平的、有文化的社会状态。社会分工和分化加剧,阶级和公共权力即国家的出现,物质资料生产不断发展,文化精神生活不断丰富等,是社会文明状态的标志。作为一个哲学范畴,文明是指人类的物质创造、精神文化创造、制度规则创造以及由此形成的人类生活方式的总和。人类社会是一个由小群体到大群体、由部落联盟到国家、由野蛮到文明的连续发展过程,文明程度体现着人类社会和人类自身的发展程度。中国经三皇五帝、夏商周三代的发展,成为一个被称之为"礼仪之邦"、具有高度文明的国度。

好生活是人类永恒的追求。面向好生活,引导人们以善的方式达到普遍的好生活,是伦理学的追求。伦理学学术研究的文明基准就是验证和判明伦理学研究成果是否具有价值的最基本要求。与道德基准不同,它面向的是整个社会生活,即检验其对整个社会的文明进步有没有价值。它要求伦理学的研究成果应当而且必须是:对于社会的物质创造、精神文化创造、制度规则创造以及由此形成的文明人类生活方式有建设性、辅助性、推进性的作用,或者对其发展过程中的偏失有提醒、纠正作用,或者对于人类文明发展过程中面临两难选择时有权衡利弊、明辨是非、趋利避害的指导作用。

中国处于一个民族和平崛起的时代。社会主义文明以前所未有的姿态展现在世界面前,其日新月异、蓬勃发展的生命力震惊了整个世界。伦理学学术研究就要为社会主义文明建设服务。研究中外伦理思想史上的各种伦理思想,分析其利弊得失,可以作为建设社会主义文明的借鉴。以严肃认真和积极的态度,去研究家庭伦理、职业伦理、公共伦理、经济伦理、政治伦理、法伦理、科技伦理、宗教伦理、民族伦理、军事伦理、医学伦理和生命伦理等,去研究和解决现实中出现的各种各样的伦理问题,都是与建设社会主义文明相一致的,都具有积极的价值。

文明基准作为面向现实社会生活的伦理基准,其底线要求是不能与社会主义文明的总体要求相对立,不能否定或阻碍新时代的创新和创造,不能干扰和阻碍社会主义文明建设,更不能开历史的倒车,宣扬被历史证明了的封建主义和资本主义的腐朽伦理道德观念,引导社会向历史复辟方向运动。

在伦理思想是否符合文明基准这一问题上,有一些特殊情况需要辨明。中外历史上有一些伦理思想家对于当时的文明采取了批判甚至否定的态度。从表面上看，它是不符合文明标准的，那我们该不该承认它有价值呢？

依照前面所说而论，道家杨朱学派的学说符合了道德基准，但违反了文明基准。他的"全性"和"不拔一毛"理论否定了人应该有群体生活和正常的人际交往关系，否定任何个人为他人和社会做出任何的牺牲和奉献。他的"保真"理论，为了保持心灵的纯真，拒绝任何的文明创造和创新。《庄子·天地》有言："有机械者必有机事，有机事者必有机心。机心存于胸中则纯白不备。纯白不备则神生不定，神生不定者，道之所不载也。"这段话符合杨朱"保真"之旨，当为杨朱学派的言论。如此看来，"全性保真"的思想捍卫了人生命的尊严、个人人格的自由、个人心灵和道德的洁白无瑕，但否定了人的社会属性，把人变成离群索居的隐遗修炼者。这对于少数人来说是可以的，对于绝大多数人来说是不行的。这种理论把人从阶级压迫下的苦难中解放出来，又把人退还到大自然压迫所造成的苦难中去了。

《庄子·胠箧》记载有更激进的论调："为之斗斛以量之，则并与斗斛而窃之；为之权衡以称之，则并与权衡而窃之；为之符玺以信之，则并与符玺而窃之；为之仁义以矫之，则并与仁义而窃之。……故绝圣弃知，大盗乃止；掷玉毁珠，小盗不起；焚符破玺，而民朴鄙；掊斗折衡，而民不争；殚残天下之圣法，而民始可与论议；擢乱六律，铄绝竽瑟，塞瞽旷之耳，而天下始人含其聪矣；灭文章，散五采，胶离朱之目，而天下始人含其明矣。毁绝钩绳而弃规矩，攦工倕之指，而天下始人有其巧矣。故曰：大巧若拙。削曾、史之行，钳杨、墨之口，攘弃仁义，而天下之德始玄同矣。彼人含其明，则天下不铄矣；人含其聪，则天下不累矣；人含其知，则天下不惑矣；人含其德，则天下不僻矣。彼曾、史、杨、墨、师旷、工倕、离朱者，皆外立其德，而以爚乱天下者也，法之所无用也。"主张绝弃聪明智慧，毁弃珠玉等一切宝贵的东西，焚毁信符印章等维持信用的凭证，折断称、斗等度量工具，破坏掉圣王治理天下的大法，毁掉音律乐器，湮灭有华采的服饰和建筑，毁弃钩绳规矩等能工巧匠的工具,削除仁孝道德及其现实的榜样,禁止善辩者的自由言论,总之,就是要毁掉一切文明创造,才能达到最美好的生活。

西方也有类似的观点,法国的卢梭是这种观点的代表。他在《论科学与艺术》中说:"无论怎样我们翻遍世界的纪年史,也无论怎样我们再以哲学的探索来补充无法确定的编年史,都不会发现人类知识的起源能有一种是符合我们所愿望的那种观念的。天文学诞生于迷信;辩论术诞生于野心、仇恨、谄媚和撒谎;几何学诞生于贪婪;物理学诞生于虚荣的好奇心;所有一切,甚至于道德本身,都诞生于人类的骄傲。因此,科学与艺术都是从我们的罪恶诞生的。"[1](20-21)卢梭认为一切的文明创造都是人类德行的腐蚀剂,败坏我们的风尚,玷污我们趣味的纯洁性,总之,随着文明的曙光在天边升起,人类的道德就开始堕落了。

不论老子、杨朱、庄子还是卢梭,他们所具有的某种程度上的反文明的倾向,是基于他们对于他们所处时代的忧虑,从更根本上说是基于对于人类命运和幸福的忧虑,同时也基于他们对于"好生活"的理解。他们是站在超出同时代的立场来看问题的,正如卢梭在《论科学与艺术》一书中的序言所指出的那样:"在各个时代中,总有一些人生来就是受他们的时代、国家和社会的见解的束缚的。今天最大胆的思想家和哲学家们便是如此;由于同样的道理,他们若处在联盟时代(指16世纪末法国新旧教之间宗教战争的时代,当时旧教组成'加特力'联盟,新教组成'胡格诺'联盟。——译者注)也不外是一些狂热的信徒罢了。要想超越自己的时代,就绝不能为这样的读者而写作。"[1](3)他们看来,真正的好生活是自然纯朴的生活,而不是人为营造的生活。人为营造的东西总是有不良的东西存在于其间,它的弊端总是不断地显见,而这种弊端有可能导致人类精神家园和幸福生活的永久丧失,甚至有可能带来整个人类的毁灭。应该说,如果说在老子、杨朱、庄子所处的春秋战国时代,甚至卢梭所处的资本主义早期,这种趋势还端倪未显的话,当今社会文明的高度发展以及不同文明之间的对抗,使得这种趋势越来越明显了。

上述以纯朴道德否定文明的观点,坚持的是这样一种根本性立场:在

"自然"与"人为"之间,"自然"是本,"人为"是末,千万不能以"人为"否定"自然";在"道德"与"文明"之间,"道德"是本,"文明"是末,千万不能以"文明"戕害"道德"。他们以保持纯真的道德和质朴的生活为由来否定社会文明的做法,与其说是真的反对文明,不如说是在揭示当时文明的弊端。这对于纠正文明的偏弊是有积极价值的,与某些颓废思想观点不可同日而语。正是他们这样批评文明的观点,有可能恰恰是拯救文明的良药。

其实,有些打着弘扬文明旗号而把文明引向畸形的思想观点,唱高调而鄙视实务的清谈空论,才是文明的最大敌人。考察一下宋明时代推崇妇女裹小脚的现象,分析一下两汉的谶纬之学和宋明末流理学,我们就不难发现,某些特别变态的、十分高调的、过分绝对的、脱离实际到不食人间烟火的观点理论,是如何阉割中华文明的生命力的。这些东西,其害小则一朝一代,大则余毒千载。中国自宋后逐渐衰落,到近代沦为任人欺凌的"东亚病夫",与这些思想理论有莫大的关系。检讨古往今来在道德和文明两个维度上的得失,思考文明与道德之间的协调,是我们必做的工作。

参考文献:

[1] 〔法〕卢梭.论科学与艺术[M].何兆武,译.北京:商务印书馆,1963.

(焦国成,中国人民大学伦理学与道德建设研究中心、中华经典研究中心研究员,哲学院教授、博士生导师;本文发表于2022年第5期)

伦理精神现代"建构"的文化战略

樊 浩

摘 要 现代中国伦理道德发展必须超越关于公民道德与社会风尚难题的"治病"模式,超越近代以来对传统文化过度反思的批判模式,确立基于"发展"的"建构"文化战略,以发展看待伦理道德,以伦理道德看待发展。作为一种文化战略,"建构"是由三个维度构成的立体性体系:理论维度的伦理学理论体系和伦理实体体系的建构;实践维度的伦理观、伦理方式、伦理能力的建构;民族精神维度的"精神"素质、精神哲学理论和精神哲学形态的建构。现代中国伦理学理论体系的建构必须破解三大难题:"是中国""有伦理""成体系"。伦理实体体系建构的前沿课题是"国家"文明形态下家庭与国家两大伦理实体及其相互关系的转化创新;伦理观、伦理方式与伦理能力建构的要义是关于伦理的观念、建构伦理的方式和达到伦理的能力的现代化;"精神"建构包括"点石成精"的"精神"素质、伦理道德一体的精神哲学理论、"伦—理—道—德—得"一体贯通的精神哲学形态三大结构。理论建构、实践建构、精神建构,就是关于伦理道德发展的中国理论、中国话语和中国气派的建构,是中国伦理精神的现代建构。

改革开放四十余年,中国社会大众已经在伦理道德领域形成许多重要的文化共识。[1]文化共识的生成,表明漫长古今中西激荡所生成的多元多样多变的局面发生重大变化,"多"中之"一"、"变"中之"不变"在积累积

伦理精神现代『建构』的文化战略

聚中生成,中国伦理道德发展面临一个新的历史机遇和时代课题,即进行伦理精神的自觉建构。为此,现代中国伦理道德发展亟须推进一种战略转换,实施以"建构"为核心的文化战略。

一、基于"发展"的"建构"战略

作为一种文化战略,"建构"期待一种理论和实践上的正本清源:伦理道德的"文化天命"到底是什么? "养育"还是"治病"? "建构"还是"治理"?

改革开放进程中,经济转轨、社会转型和文化激荡的时代交织,产生大量伦理道德问题,如诚信危机、干部道德、社会公德、网络伦理等,公民道德和精神文明建设相当程度上直面这些问题的解决,这种状况很容易产生一种文化暗示,似乎伦理道德的任务就是"治病",因为存在不道德现象,所以才需要道德,所谓"缺德补德"。这种简单"问题意识"驱动下的"治病"模式使人们在集体潜意识中似乎认为中国社会真的已经失序和失范,处于伦理道德的文化危机之中,而且在误读和误解伦理道德的文化本性的同时,也使各种伦理道德问题难以得到彻底破解,伦理学研究和道德建设工作者俨然就是一个精神科医生或所谓"卫道士"。然而一个显然的事实是:"治病"只能使生活世界和精神世界不致变得更坏,但并不能变得更好,"治病"模式一开始就是一种误读。

第二种理解就是"应用伦理"驱动下的所谓"治理"。在文明对话和学科交叉中,伦理学出现了许多概念移植,如西方哲学的"理性"、市场经济的"资本"等,然而由于人文科学的特殊规律,在概念移植中很容易出现价值异化和意义流失,诱惑和误导伦理道德放弃甚至丧失自己的文化本真和文化天命,"治理"概念就是其中之一。"治理"本是政治学和公共管理学的概念,所谓"国家治理""社会治理",由此衍生出"道德治理"的话语。从理论上考察,"道德治理"无论是"对道德问题的治理"还是"运用道德进行治理"都难以真正成立,它在实践中很容易将伦理道德工具化,从价值理性沦为工具理性。伦理学和伦理道德无疑是一种实践意义，但无论是理论伦理学还是应用伦理学，一旦流于就事论事的问题解决，只能导致生活世界和精神世界的碎片化，出现"单向度的人"，最后因"无意义"而出现精神世界的危机。

第三种理解也是最难辩证的就是所谓"建设"的理念。无疑，伦理道德需要建设，但仅仅以"建设"的理念看待伦理道德是不够的。第一，"建设"期待并预设总是正确的"建设者"，这就是传统伦理中的所谓"先知先觉"；"建设"也总是针对不断出现的新问题而不断推进，潜隐的也是"问题意识"下的"治病"理念。处于大变革的时代，生活世界不断变化，伦理道德从现实内容到价值标准也处于不断变迁之中，譬如信息伦理、独生子女时代的家庭伦理等，人们对新的伦理道德现象，新的伦理关系和道德生活也总是不断探索、适应和接受，在此过程中，全社会遵循的是一种"共成长"模式。因而应当以"发展"看待道德，建立"道德发展"的理念。第二，伦理道德和经济社会的关系，不只是所谓"适应"，如果一定要说"适应"，那也只是辩证互动的"生态相适应"。不仅伦理道德随着经济社会的变化而变化，而且伦理道德也要以自己的文化理想和文化坚守对经济社会发展进行价值导向和文化评判，否则便无异于放弃自己的文化本务，因文化渎职而使整个社会文明陷于不合理，所谓"一手硬，一手软"，哲学根源便在于此。在这个意义上，也必须"以道德看待发展"。"以发展看待道德"与"以道德看待发展"才是"道德发展"的健全内涵，其要义是赋予道德以发展的活力，也赋予生活世界以道德的合理性和合法性。但"道德发展"绝不是对发展的机械响应，而是一种高远的文化设计和文化追求。伦理道德的根本任务是人的素质和文明程度的提升，而不是就事论事地解决问题，因而必须进行关于伦理道德发展的高远谋划，这就是"道德发展"的真义。"建设"是必要的，但仅有"建设"是不够的，必须以"发展"理念谋划伦理道德的文化战略。

文化战略必须回答一个具有形上意义的问题：伦理道德的文化本性和文明本务是什么？在中国话语和中国理论中，"伦理"的文化本性是"居伦

伦理精神现代「建构」的文化战略

由理",从"伦"的实体出发,遵循"理"的规律,使个别性的人回归"伦"的公共本质和精神家园,从而建构社会生活秩序,天伦与人伦合一,使人们"在一起"成为可能。"道德"的文化本性是"尊道贵德",以"德"的努力"得道",使人成为"道成肉身"的万物之灵,即雅斯贝尔斯所说的在精神上将人提升到"与宇宙同一"的高度,所谓人道与天道合一,建构人的生命秩序,追求"应当如何"的生活世界。总之,伦理道德的文化本性是超越,超越自然的存在,成为伦理的存在、道德的存在,最后成为自由的存在。或者说,超越个别性存在,达到普遍和永恒。由此,伦理道德便肩负特殊的文明本务或文化天命。在人类文明的生态系统中,伦理道德虽然随着经济社会的变化不断发展,正如恩格斯所说,善恶的观念从一个民族到另一个民族、一个时代到另一个时代,都会变得完全不同甚至截然相反,社会存在对其具有最终的决定作用。然而伦理道德绝不只是物质生活条件的自然分泌物,否则它就只是一个反刍了的自然存在,在精神上随波逐流甚至同流合污。伦理道德的文明本务就是与社会存在辩证互动,赋予现实生活以价值意义,将其从"现存"提升为"合理",最后成为"现实"。因而理想主义是伦理道德的元色,其文化天命是以文化理想和意义守望对现实世界进行批判性超越。在这个意义上,伦理道德与生活世界之间总是存在某种文化上的"紧张",因为它坚守黑格尔所说的那种信念,只有道德具有本质性,而自然全无本质性,只是在"紧张"中存在"乐观",最后达到与世俗世界的相互承认。如果伦理道德对现实无条件地承认,只是随着物质生活条件的变化而变化,那便是放弃自己的文化天命而在文明体系中渎职。为此,文化战略必须确立伦理道德与生活世界之间辩证互动的哲学理念,互动力就是它的文化力量所在,这也是道德发展的真义所在。

总之,"建构"战略必须摆脱基于简单"问题意识"驱动下的"治病"模式,扬弃基于所谓"应用伦理"的就事论事的"治理"模式,超越基于机械"相适应"的"建设理念",形成基于"发展"的伦理道德"建构"的文化战略。为此,必须在文明对话中进行一些理论上的正本清源。

将伦理道德当作治理或"治病"模式在理论上最容易引起误导的是老

子《道德经》中的两段话。一段是第十八章中的"大道废有仁义;智慧出有大伪;六亲不和有孝慈;国家昏乱有忠臣";另一段是第三十八章中的"故失道而后德,失德而后仁,失仁而后义,失义而后礼。夫礼者,忠信之薄而乱之首"。初读起来,这两段话给人一种强烈的感觉,即道德产生于不道德的现实,道德仁义、礼义孝慈等都是针对特殊文明病灶的精神拯救和文化治理。其实,老子这些论述只是在形上意义上做了一个哲学论证:道是世界的本体,也是一切价值的根源。形上本体的道朴散而为万物之德,从而使万物成为万物、人成为人,所谓"道生之,德蓄之",因而"上德不德,是以有德;下德不失德,是以无德"(《道德经·第三十八章》)。德是道的外化,不是对道的占有,而是对道的分享,其本性是"自然",因而"上德不德";一旦将德当作一种外赋或占有,那便丧失其自然本性而成为"下德"。在这里,应该将"道—德—仁—义—礼"当作道的不断外化也是不断现实的过程,用黑格尔的话说,这是道的不断异化的过程,"异化就是现实化",也即教化,要义是使其变得符合于现实。如果将《道德经》与黑格尔的《精神现象学》进行哲学对话,那么道德是宇宙和人的世界的自然状态,即黑格尔所说的"真实的精神",仁义礼都是道德的教化状态,既是自身异化了的精神,也是使其自身具有确定性的精神。老子的这两段话是黑格尔"伦理世界—教化世界—道德世界"的精神现象学体系的中国话语和中国表达,应当对其进行精神哲学的解读,而不是只停滞于一般意义上的伦理问题的解释。

将伦理道德理解为治理和治病的另一种理论根据可能来自孟子的著名论断:"人之有道也,饱食、暖衣、逸居而无教,则近于禽兽。圣人有忧之,使契为司徒,教以人伦:父子有亲,君臣有义,夫妇有别,长幼有序,朋友有信。"(《孟子·滕文公上》)"人之有道……近于禽兽"表达中国伦理型文化的忧患意识或终极忧患,但"教以人伦"的教化或拯救,很容易让人产生一种潜意识的暗示,似乎伦理教化就是为治理"类于禽兽"的文化病灶。其实,"教以人伦"与其说是对"类于禽兽"的拯救与治理,不如说是对"人之有道"的守望和坚守,其真谛不是消极的治理,而是积极的建构;"教以人伦"不是一副治理"类于禽兽"病灶的药方,而是提供一种文化战略和精神力量。由此才可能理解孟子的另一段话:"仁也者,人也。合而言之,道也。"(《孟子·尽心章句下》)"仁"是"人"或"成为人"的根本,以仁成人,以仁立人,就是所谓人道。

类似的观点在黑格尔精神哲学理论中也有所论述。在《精神现象学》中,黑格尔认为,道德行为是实现道德与自然之间预设和谐的中项,人们应当严肃对待的不是二者之间的不和谐,而是道德行为。"无论如何应该有所行为,绝对义务应该在整个自然中表现出来,道德规律应该成为自然规律。"[2](138)但是,"意识并不是真正严肃地看待道德的行为,毋宁认为最值得期望的、绝对的情况是:最高的善得到实现而道德行为成为多余的"[2](139)。道德既是对自然的超越,也是道德主体的建构,其真谛不是道德与自然本性之间的紧张,而是"反身而诚,乐莫大焉"的那种"乐观",一旦达到最高的善即老子所说的"道"的状态,那么道德和道德行为便成为多余,从自然状态经过伦理道德教化达到自由之境。

"建构"战略既是一种理念,也是具有总体性谋划和顶层设计意义的学术自觉和现实行动。作为一种总体性谋划,"建构"的关键词是"体系",核心是现代中国伦理道德发展的体系性建构。在这个面向"问题",告别"体系",形而上学终结的时代,体系性建构似乎是不合时宜的努力。然而体系不只是理论的自洽与自我完成,更不是黑格尔式的强制性结构,而是人的生命的完整形态,是伦理世界、生活世界、道德世界的有机生态及其辩证互动所形成的文明生态,在现实性的意义上,体系就是生命形态和文明形态,是理论合理性与实践合理性的根本。伦理道德发展的"建构"战略,相当程度上就是"体系"建构的战略。

根据伦理道德发展的中国经验和中国问题,"建构"战略是从理论和实践两个维度展开的体系性推进:伦理学理论和伦理实体的建构——精神哲学理论体系和精神世界的建构——精神哲学形态和民族精神的建构。诚然,它并不是一个完整的"建构"体系,只是基于中国经验针对中国问题的战略支点的建构体系。

二、伦理学理论体系与实践体系的建构

伦理学理论体系和实践体系的建构是当今中国伦理道德发展必须完成、但还未达到应有学术自觉的任务。

（一）礼义之邦与伦理学故乡

人们常说中国是礼仪之邦，这是一种不确切的认知和判断。其一，中国不是"礼仪之邦"而是"礼义之邦"，一字之差，相距天壤。礼仪之邦的要义是注重礼节和仪式，虽然礼仪也是一种伦理训练和伦理教养，但它可能流于形式，因而有所谓繁文缛节的讥评。"礼义之邦"是伦理道德之邦。礼是维齐非齐的伦理性实体，义是在礼的伦理实体中恰当的道德行动。必须以"礼义之邦"走出"礼仪之邦"的自我认同。其二，中国不仅是礼义之邦，而且是伦理学故乡。现代中国伦理学每每以西方伦理，从苏格拉底、柏拉图、亚里士多德，到康德、罗尔斯为参照甚至主要内容，其实它们是基于西方经验的理论，对中国伦理道德发展的解释力和解决力有限，最基本的事实是：它们都以"上帝存在"为终极预设，是在上帝的终极实体和终极皈依下的伦理学理论和体系。中国从老子、孔子到宋明理学的程朱陆王，形成了延绵不绝并且不断丰富推进的伦理学理论体系。人们常批评的所谓"中国没有哲学，中国没有伦理学理论和体系，只有某些伦理道德的教条和教训"，其实这是典型的西方中心论的研判。

确实，中国没有西方意义上的哲学，因为西方哲学只是人类哲学思维的一种形态，中国哲学从发端始就在话语形态、论证方式和理论体系上与西方不同。在话语方式上，中国并不缺乏形而上学的传统，老子《道德经》的形上境界可能为任何一个古希腊哲学家所不及，但中国哲学的话语形态是伦理句而不是西方式的哲理句，老子"道生之，德蓄之""德也者，得也"，孟子"仁也者，人也，合而言之，道也"，都是由人道而天道的伦理句式，可以展开为西方式的烦琐论证和黑格尔式的晦涩表达。《道德经》可以理解为第一个中国式的最完整的道德形而上学体系，到宋明理学那种"致广

大、尽精微、综罗百代"的伦理学体系和学术气派,也许只有黑格尔才可以比肩,关键在于必须走出西方中心的偏见,以文明多样性对待诸文化传统和伦理学体系。可以毫不夸张地说,在中国传统中可以享受和领略到最为纯正的伦理学及其体系,西方伦理学与道德哲学大多是罗素所说的"关于道德的学问",而不是"道德的学问"。伦理学是最应当具有学术自信和理论自信的学科,"礼义之邦"和"伦理学故乡"赋予这种自信以足够的底气。诚然,伦理学理论及其体系在现代中国曾经中断,但只是历史长河的一瞬间,改革开放四十余年所形成的文化共识,标志着历史已经提出也有条件完成建立伦理学理论体系和实践体系的时代任务。

(二)伦理学理论体系的建构

从黑格尔到现代西方的不少学者每每批评中国传统伦理学只是一些道德教训,缺乏理论体系,他们所说的伦理学体系,往往是一种知识体系或理智冲动的满足,以西方学术经验很难理解和读懂中国伦理学的理论和体系。一个显然的事实是,很少有像《论语》《道德经》那样的伦理学和道德哲学理论对人类文明产生如此深刻持久的影响,如果影响深远而又被认为是无体系甚至无理论,那么只能说对它们缺乏真正的认识。理解中国伦理学传统必须遵循独特的方法,即"历史建构"的方法,伦理学的理论及其体系不只是某个经典作家的理论建构,而是一种"历史建构",即在历史演进中诸多经典作家在"照着讲""接着讲""自己讲"中不断建构;不是某个学派的历史建构,而是"中国伦理精神的历史建构",中国伦理思想史的历史现象学图景是:虽然在不同历史情境中活跃于学术空间中的文化大师不断推陈出新,虽然他们被认为属于不同学派,但似乎总是一个"人"在进行一种伦理体系的建构,这个"人"就是中华民族,这个伦理体系就是中国伦理精神体系。因此,理解中国伦理学的理论与体系,必须确立"建构"的理念,准确地说是"历史建构"或"中国伦理精神历史建构"的理念,使中国伦理学理论的发展与中国伦理精神的发展、中华民族精神的发展相一致。文明史上很少有像中国这样绵延力和建构力如此柔韧强大的伦理体系和伦理精神,它不像西方那样,只对柏拉图、亚里士多德、黑格尔、康德的理论进行独立的体系化诠释,而是辩证整合的体系。

中国伦理学体系至少经历两种开放整合的形态,即起源时期的本土开放形态和成熟时期的外部开放形态。古典时代中国伦理学的体系是儒家、道家、法家、墨家互补互动的体系,墨家源于儒家最后又归于儒家,只有将孔子、老子乃至管子相整合,才能真正理解古典时代的中国伦理。孔孟古典儒家的最大贡献是建立了一个伦理道德一体、伦理优先的伦理道德体系和精神哲学体系,其理论形态的哲学表达是孔子的"克己复礼为仁"和孟子的"人之有道……教以人伦",其核心是孟子所谓"五伦四德"。道家的最大贡献是提供了一个道德形而上学的哲学体系,在形上层面将天道人道贯通。以管仲为代表的法家一开始就对道与德、道与理等基本范畴,以及礼法关系等做了哲学层面的阐释。由此不仅为日后中国伦理道德发展提供了诸多文化方案,而且正是它们的整体,才构成中国伦理学的理论体系。战国末期荀子的辩证综合就是儒道法的整合,由此才可以理解荀子这样的大儒为何培养出韩非、李斯这样的著名法家代表人物。宋明理学实现中国伦理精神和中国伦理学理论的辩证综合,其特质是在儒道合一的基础上吸收外来佛教的合理内核,从而为人的安身立命建立了一个刚柔相济、进退互补、入世—退世—出世一体的自给自足的伦理学体系和伦理精神体系。

人们都说中国传统经济是自给自足的自然经济,实际上,中国传统伦理也是自给自足的自然伦理。这里的"自然"不是人的本能的自然,更不是外在的客观自然,而是以家庭为伦理策源地和道德根源的伦理道德的自然,所谓"见父自然知孝,见兄自然知悌,见孺子入井自然知恻隐"(《传可录·上》)的良知良能的自然。中国传统伦理学理论与体系的成熟,一方面是它的内部体系的成熟,是一个有机的伦理精神生态;另一方面它与经济社会乃至政治形成有机的伦理—经济、伦理—社会、伦理—文化、伦理—政治生态,自给自足的自然经济与自给自足的自然伦理的生态匹合,就是其体系成熟的标志。

儒家伦理学理论的特点是无体系而大体系。"无体系"是无西方式的知识体系,"大体系"是建立了一个清晰宏大的伦理精神体系。从孔孟开始,儒家体系一般有四个基本结构:伦理结构、道德结构、伦理与道德辩证互动的结构、伦理与道德的合理性及其文化境界的结构。孔子奠定了儒家伦理的体系框架:礼或礼的伦理实体;仁或仁的道德主体;礼与仁的关系或伦理实体与道德主体辩证关系的结构,即所谓"克己",或修身;中庸境界。礼、仁、克己、中庸,是孔子伦理学体系的四个结构,这种体系以一个命题表达即所谓"克己复礼为仁"。克己或修身是伦理与道德关系或社会至善与个体至善关系的中国取向和中国理论,其哲学形态就是所谓德性主义。"克己复礼为仁"的体系是伦理道德一体、伦理优先的体系,是以修身建构伦理与道德的同一性的德性主义体系,最后是以"中庸"为最高境界的体系。这是一种最高境界,所以孔子感叹"中庸之为德也,其至矣乎,民鲜久矣"(《论语·雍也》)。孔子之后,这种体系框架不断完善,一方面在内容上更加具体,伦理实体与道德主体的内核在孟子那里被具体化为"五伦"的伦理体系和"四德"的道德体系,在董仲舒之后的大一统体系中被表述为三纲五常的体系。儒家伦理之所以成为中国伦理和中国文化的主流和正宗,除其最深刻地回答和解决了中国文明的最根本的课题,依循中国文明最基本的规律,即家国一体、由家及国的文明路径之外,另一个重要原因是它在体系上不断完善,不断与时俱进。

朱熹将《论语》《孟子》《大学》《中庸》编纂为《四书》,《四书》并不能简单地理解为四本书或四本经典,事实上,《大学》《中庸》并不是两本书,而是秦汉之际的论文集《礼记》中的两篇文章,《四书》最重要的特色是建构了古典儒家的哲学体系尤其是伦理体系。孔子奠定了儒家伦理"克己复礼为仁"的伦理道德一体、伦理优先的哲学形态及其理论框架,孟子加以推进并具体化,形成以"五伦""四德"为核心的体系,并以性善论和尽性知性知天建构上求与下达同一的形上理论。《大学》对儒家学说体系化,以二十七个字将它概要为"三纲领八条目"的价值体系和形上体系,这也许是文明史上最为简约也是最为完整严谨的伦理学体系,其简约完整令任何一个伦理体系难观其项背。《中庸》提供了一个伦理道德的最高境界,无论是在精神世界、生活世界,还是伦理道德的精神哲学体系中,伦理与道德、个体至善与社会至善、内圣与外王之间总存在矛盾,二者辩证互动的最高境界是什么?就是中庸,这是由尽己之性到尽人之性、到尽物之性,最后赞天地之化育,与天地参的天人合一境界。由此,古典意义上的儒家伦理或所谓"孔孟之道"便因体系化而成熟了,它为后来"罢黜百家,独尊儒术"做了理论准备。可以说"独尊儒术"之所以可能,儒家在理论上的成熟是非常重要的主观条件。但这里的"儒术"或后来的所谓"孔孟之道",并不是狭义的孔子和孟子或限于《论语》《孟子》的学说,而是整合荀子学说的孔孟荀的儒家体系,《大学》《中庸》相当意义上代表荀子儒学的观点。《四书》之为《四书》就是因为它建构了古典儒学伦理的体系,否则它只是儒家典籍的"集合并列"。朱熹将它们编纂为一体合称《四书》,表明它们已经不是复数,而是单数,不是典籍意义上的"四",而是体系意义上的"一",这个"一"就是古典儒家伦理的理论体系。朱熹以儒道佛贯通对其做集注,便实现了古典儒家学说的创造性转化与创新性发展,标志着"新儒学"理论及其体系的建构。这就是中国学术以"述"而"作"的传承创新的独特方法。

综上,中国传统伦理的体系是由儒道法到儒道佛不断推进、不断完善的开放的体系。近现代以来,中国伦理学理论和体系也在古今中外的激荡中不断蝶变。当今中国的伦理学理论与体系建构的难题有四:一是"中国伦理学"如何"在中国";二是"伦理学"如何"有伦理";三是道德哲学如何"是哲学";四是"中西马"如何构成一个有机的体系。其中最大难题是如何"在中国",因为马克思主义中国化的目的就是让伦理学"在中国";"有伦理"是中国传统文化的最大特色,因而"在中国"是现代中国伦理学理论体系建构的关键。"是中国"不是说在理论体系中引证某些中国经典,如果流连于这个层次,可能连"中国元素"都不是。现代中国伦理是在中国文化传统中"长"出来的伦理,是基于中国经验、面向中国问题、具有中国话语和中国气质的伦理。因此,现代中国伦理学的理论体系至少必须具有几个基本结构。(1)伦理实体或伦理世界的结构,最基本的问题是现代中国伦理关系和伦理实体的基本结构及其所形成的伦理世界和伦理精神;

（2）道德主体或道德世界的结构，最基本的问题是道德生活的基德母德及其所造就的道德主体和道德精神；（3）伦理与道德、伦理世界与道德世界、个体至善与社会至善辩证互动的结构，这就是近些年来学术界德性论与公正论之争的要义所在；（4）伦理世界、道德世界与生活世界辩证互动所建构的人的生命秩序和社会生活秩序，及其所缔造的人的精神世界的文化境界。如果不具有这些基本元素，真正意义上的中国伦理学体系难言建构。当然，伦理学体系最重要的是马克思主义的主导地位，但马克思主义伦理学并不是历史唯物主义理论的伦理图解，它既是中国化的马克思主义，也是马克思主义哲学指导下的伦理学理论与体系。

（三）伦理实体的体系

伦理实体体系的建构是体系建构战略的现实支点。根据中国传统和中国问题，这一战略有三大课题：要义是"体系"；难题是家庭与国家两大伦理实体的关系；挑战是所谓"市民社会"问题。伦理实体体系建构战略包含两个重大挑战：一是现代中国文明形态及其与之匹配的伦理实体的体系是什么？二是现代伦理学有无能力为伦理实体的体系建构提供理论谋划？

中国文明的最大贡献和最大特色，就是成功地将家庭与国家两大伦理实体相同一，建构家国一体、由家及国的"国家文明"，以此为核心，身、家、国、天下一体贯通，形成有机并且辩证互动的伦理实体体系。以孔子为代表的儒家的最大贡献，就是成功地进行了家国一体、由家及国的文明形态的理论建构，建构身家国天下一体的伦理实体体系，以及修身齐家治国平天下贯通的修齐治平的伦理与道德辩证互动的伦理道德体系。社会学家们发现，中西方文明具有不同结构，中国是身家国天下一体贯通的"通体社会"，西方是彼此分立的"联组社会"，由此中西方伦理体系便有不同哲学形态，中国是目的性的德性伦理体系，西方是理性的责任伦理体系[3][5]。现代中国历经几千年的沧桑洗礼，但其文明形态没有变，依然是"国家"文明；伦理型文化没有变。根据我们的调查，家庭伦理关系在伦理关系体系中居绝对优先地位，新五伦的前三位都是家庭伦理关系，伦理道德依然是调节人际关系的首选。但是,不仅家庭的结构形态及其文明功能发生重大变化,出现所谓"新家庭主义",而且梁漱溟所说的"以伦理组织社会"的文化原理和文明规律也深刻蝶变,在此背景下如何建构家庭与国家的伦理实体体系,进行身家国天下同一性伦理设计,就成为现代伦理学体系与理论必须完成的重大而基本的时代课题。

黑格尔曾说,家庭与乡村是伦理的自然根源,一方面现代中国社会的家庭结构已经深刻变化,独生子女使家庭的伦理功能发生深刻改变,在这种背景下家庭能否、如何承担伦理根源的文化功能遭遇深刻挑战,明显的事实是家庭的伦理承载力遭遇重大危机;另一方面城市化从存在与价值两个层面深刻解构了乡村的存在形态和文明意义,在这一背景下,乡村作为伦理的自然策源地的地位深刻动摇;同时,文明冲突与电子信息方式的交汇,使中国文化传统的天下意识遭遇理性化的挑战。于是,家庭的伦理同一性,身家国天下的一体贯通便面临诸多伦理上的严峻难题,但是无论如何,现代中国文明依然是"国家"文明而不是西方式的"country"文明。一些西方人已经发现,"中国"不是一个国家,而是一种文明,这一观点的合理之处在于发现"中国"不是一个西方式的"country",而是一种独特的文明,是"国家"文明。虽然伦理实体体系建构的课题在理论研究和现实发展中仍未提出,但未提出相当意义上标志着未自觉,甚至隐含对这一传统在潜意识中的否定,或者对建构这种伦理同一性缺乏足够的文化信念和文化信心。与之相关,身家国天下一体贯通的伦理实体体系或伦理建构战略如何通过道德实现? 传统的身齐治平的道德发展或道德建构战略能否承担和完成伦理实体建构的文化任务? 身家国天下的伦理实体体系,如果不能与修齐治平的道德体系同一,那只能是一种伦理理想,而不是伦理现实。

伦理实体体系建构的核心课题是家庭与国家的伦理实体体系的建构,这是"国家"文明形态的伦理建构战略的关键。家庭与国家的关系是人类文明的基本课题,对中国"国家"文明来说更是与文明前途休戚相关的最重大的课题。传统中国文明的形态不仅家国一体,而且是由家及国,以孔子为代表的儒家的最大文化贡献,就是成功完成了这一中国文明最基本的课题,建构了与家国一体、由家及国相匹配的伦理精神体系。但是,正如黑格尔所说,由于家庭与民族或国家之间内在神的规律与人的规律,或中国话语所说的天伦与人伦的矛盾,家庭与国家之间总是存在某种文化和文明意义上的紧张。人类文明史尤其是中国文明史,就是在破解这种紧张关系中不断探索也不断推进的,中国文化的特点是着力通过伦理努力建构二者之间的"乐观"或"乐观的紧张"。从伦理上的由家及国,到道德上的移孝作忠,都是建构乐观关系的努力,而公私不两立,忠孝难两全,又表明二者之间在伦理上和道德上的紧张。近现代以来尤其是新中国成立以后,家庭与国家的关系发生了根本性变化,但经历七十余年的发展变化,文明体系意义上的着力点实际上都是家国关系,是家国关系的伦理难题在新的时代精神下的不断破解和不断推进。尽管认同和建立家庭与国家之间两大伦理实体的同一性关系需要一种高远的伦理设计;但是,这一课题必须完成,因为如果不能完成新时期家庭与国家伦理同一性或伦理实体体系的建构,我们的文明可能只是家庭与国家的二元,而不是二者贯通的"国家"文明,就不能真正建构中国文明的气派。

影响现代家国同一性的伦理实体建构的重大难题依然是所谓市民社会。任何文明形态中都具有社会的结构,它是家庭与国家过渡、个人与国家联系的中介,然而不知何时市民社会被一部分人认为是现代社会的特质,也不知何时被认为是西方现代社会独有的特征,市民社会的缺失使中国文明难以超越传统而走向现代。于是,社会,尤其是市民社会便成为横亘于家庭与国家之间的"一座山"。也许市民社会是一个非常复杂的理论和现实问题,但可以肯定,既然它是西方"country"文明或西方现代社会的特征,那么它就不一定是中国"国家"文明的天然基因,也不一定是建构家国伦理同一性的必然天障,甚至,它本来就是一个西方问题,而不是真正的中国问题。也许这一问题在理论上的争讼会持续下去,但有一点必须肯定,不能以西方式的市民社会否定中国国家文明的特殊性与合理性,更不能以此作为建构家庭与国家伦理同一性的文明障碍,只要肯定中国现代文明依然是"国家"文明,就必须完成家庭与国家两大伦理实体的伦理同一性和伦理体系建构的历史课题和时代任务。

三、伦理观—伦理方式—伦理能力的"伦理"建构

四十多年的改革开放，最具哲学意义的变化是伦理观、伦理方式和伦理能力的哲学改变，这是一个自发过程，也是一种能动选择。文化共识的生成使伦理道德发展走到这样一个关头，可以对这些在客观性中充满主观性的自然变化进行自觉建构。

（一）"姓名"的伦理标本

伦理观是关于伦理的观念，也是对待伦理的态度。根据黑格尔的理论，伦理具有几大哲学本性。一是伦理是本性上普遍的东西，是人的公共本质或所谓"普遍物"；二是人的公共本质即伦理实体，必须也只有通过精神才能达到；三是直接或自然的伦理性实体就是家庭和民族；四是伦理行为是实体性行为。黑格尔曾以家庭演绎伦理的本性，指出"伦理本性上是普遍的东西，这种出之于自然的关联（引者注：指家庭）本质上也同样是一种精神，而且它只有作为精神本质才是伦理的"[2](8)；又指出："伦理行为的内容必须是实体性的，换句话说，必须是整个的和普遍的；因而伦理行为所关涉的只能是整个的个体，或者说，只能是其本身是普遍的那种个体。"[2](8)这两段话的要义简单地说就是：伦理是人的公共本质；伦理与精神同一，是人的精神家园；家庭是伦理的自然形态，只有具有本质才是伦理性的存在；只有那些指向伦理实体的行为，才具有伦理性或伦理意义。

中国文化的伦理观潜在于"伦理"的概念话语中。"伦者，辈也"，"伦"即人在实体性关系中所处的地位，即所谓"辈分"，既是精神家园，也是现实秩序。"理，治玉也"，"理"是"伦"之"理"，是个体性的人与实体性的伦同一的原理和规律。中国文化的所谓"理"在发生学上就是"伦理"而不是西方式的"物理"，因而既是本体世界的"真理"，也是意义世界的"道理"，更是超越意义上的"天理"。"伦"发端于家庭血缘关系，但又具有人的世界的建构性意义，因而有"天伦"与"人伦"即血缘关系和社会关系之

别,亦即黑格尔所说的神的规律和人的规律。"人伦本于天伦而立"是中国伦理的基本规律,也是家国一体、由家及国的中国文明的基本智慧,于是,伦理的本性、伦理行为的本性就是所谓良知良能,亦即黑格尔所说的精神。

"伦理"的文化密码潜藏于"姓名"的文化智慧之中。"姓"是血缘的生命大动脉和"伦"的血缘实体的文化符号;"名"则是伦理实体中的个体。姓和名的关系,就是实体与个体的关系,姓神圣而不可改变,名则是一种赋予或选择,"姓名"隐喻"名"所表征的个体对"姓"的实体具有不可选择的神圣性。"姓名"就是一种伦理标本、伦理智慧和伦理演绎。中西方差异在于,中国文化中,姓在前名在后,西方文化中,名在前姓在后,这似乎表征中西方文化实体主义和个体主义的哲学差异。同时,在中国传统社会甚至改革开放前的社会生活中,中国人的姓名往往是三个字,第一个是姓,第三个是名,第二个是个体在血缘关系中的地位,即所谓"辈",它在血缘伦理实体中是表现"辈分"的符号。同一血缘实体有共同的姓;在血缘伦理实体中处于同一代或同一辈的个体享有共同的辈的符号,即姓名中的第二个字;第三个字才是名,即个体的符号。于是,同一个血缘关系中的个体,可以"论字排辈",即按照第二个字找到自己在血缘伦理实体中的位置。西方人姓名中复杂的符号,很多也是标明血缘关系及其地位。可见,"姓名"是人类共同的伦理智慧,是典型的"世界伦理",只因文化传统殊异,体现出不同伦理精神气质。

(二)伦理观:"人伦"与"人际"

伦理观是关于什么是伦理的认知和观念。改革开放四十余年,社会大众的伦理观的哲学改变一言概之,就是由"人伦"向"人际"的转变。自2007年的调查,我们一直跟踪相关问题,发现了四个"20%":"你认为处理婚姻关系的决定性因素是个人感受还是孩子与家庭"? 20%左右的被调查者认为个人感受最重要;"你认为个人、家庭、国家哪个更重要?"在家庭和国家高于个人的主流认知中有降之外,20%的人认为个人最重要,家庭和国家只是一种契约关系;超过20%的人认为职业活动只是工具;超过

20%的人认为遵守公德是出于个人习惯和个人利益。四个20%表明社会大众的伦理观正在发生嬗变。后两次的全国调查发现这种嬗变不断分化也不断深化,尤其是婚姻伦理观已经由2007年的20%,发展为对不婚、丁克等婚姻形态的承认与接受。调查发现,中国社会的伦理观围绕"人伦"与"人际"的重心,发生三大转变:伦理观念由"人伦观"向"人际观"转变,伦理思维由"人伦思维"向"人际思维"转变,伦理关系由"人伦关系"向"人际关系"关系转变。

"人伦"和"人际"不仅代表传统和现代,而且代表两种不同的伦理观,即实体性伦理观与原子式伦理观。实体性伦理观是一种人伦观,根据人伦观,伦理关系不是个别性的人与人之间的关系,而是个别性的人与实体性的伦之间的关系,基于人伦观的伦理思维是一种"伦"思维,在这种伦理观和伦理思维下,个体只有在伦理实体中才能找到行为的合理性与合法性。中国传统家庭中的"辈分"观念就是"伦思维"的体现,中国伦理的大智慧一言概之就是"居伦由理",个体道德的要求就是"安伦尽分"。"伦思维"是一种实体思维和实体价值观,也是一种具有普遍意义的伦理观和伦理形态。黑格尔曾以家庭为例揭示伦理的本质,"在这里,我们似乎必须把伦理设定为个别的家庭成员对其作为实体的家庭整体之间的关系,这样,个别家庭成员的行动和现实才能以家庭为其目的和内容"[2](8-9);又说,"伦理行为的内容必须是实体性的,换句话说,必须是整个的和普遍的;因而伦理行为所关涉的只能是整个的个体,或者说,只能是其本身是普遍物的那种个体"[2](9)。

"人际关系"不只是一个社会学概念,而是一个携带现代性信息的文化取向,标示着由实体思维向原子思维的转向。"人际"思维的哲学特征是消解了作为个体公共本质的"伦"的实体性和"伦"的中介,不是以"伦"而是以个体为价值标准,表征由伦理认同向道德自由的转换。"人伦"取向和"伦"思维的最大特点是"伦"无"际",个体性的人具有也必须皈依"伦"的实体性,才能同心同德,通过推己及人、"老吾老以及人之老"的良知良能达到"天下如一家,中国如一人"的大同境界。"人际"思维和人际取向突显人与人之间的边际或疆界,在肯定和追求个体独立性的同时也建立起人与人之间的伦理鸿沟,这个鸿沟必须通过理性才能跨越。"伦"和"际","人伦"和"人际"是两种伦理观,也是对待世界的两种不同的伦理态度,准确地说,是伦理观的两种不同哲学形态。

(三)伦理方式:"从实体系出发"与"集合并列"

由此伦理方式也发生具有哲学形态意义的改变。伦理方式如何建构伦理同一性,即如何达到伦理实体的方式。黑格尔将"从实体出发"与"原子式地进行探讨"作为考察伦理时的"永远只有两种观点",它们不只是两种伦理观,而且是两种伦理方式。"从实体出发"的伦理方式就是从"伦"的公共本质出发建构伦理关系和人的精神家园,确定人的行为的合法性,此即所谓伦理认同优先。"原子式地进行探讨"的伦理方式是"以单个的人为基础而逐渐提高","逐渐提高"也是建立行为合法性的一种路径,它不仅是个体本位,而且是道德自由优先,因其"没有精神"只能"集合并列",而不能达到"单一物与普遍物的统一"的真正的伦理。"从实体出发"与"原子式地进行探讨"也不能一般地当作传统与现代性,这种判断很容易抹杀二者之间的原则差异,它们是伦理观与伦理方式的两种哲学形态。事实上,现代西方的个体主义、社群主义、哈贝马斯的商谈伦理,尤其是契约伦理,本质上都是"以单个的人为基础而逐渐提高"的伦理方式,或者说是对这种原子式伦理方式内在缺陷的某种理论上的修补。原子式探讨的本质是从个体出发建立伦理关系,因其缺少"伦"或实体性的家园或伦理认同的预设,"集合并列"很难将个体从"单一物"提高到"普遍物"。

伦理方式哲学改变的显著特征也是最具有迷惑性的伦理方式之一就是所谓契约伦理。契约和对契约规则的伦理尊重在任何文明形态中都存在,但契约作为一种伦理方式和对契约的迷信是典型的西方舶来品,它从一开始内在就有深刻缺陷。黑格尔早就指出,契约的本质是任性而不是合理性,它所建构的只是一个意志和另一意志之间的共同意志,而不是真正的普遍意志,伦理、宗教、婚姻、家庭、国家等具有神圣性的对象不能契约。现代中国社会契约伦理虽没有形成真正的理论,但在现实生活中已经悄然成了一种伦理方式,至少是被接受的伦理方式。2007 年的调查中,有 20% 左右的人认为婚姻是一种契约关系,这一比例在 2013 年的调查中达到 30%。在 2017 年的调查中,对丁克、试婚、不婚等婚姻形态已有 30% 左右的人持中立甚至支持态度,表明伦理方式已经发生重大变化。在对待国家的伦理态度方面,虽然没有明显的国家契约论的伦理主张,但移民潮尤其是精英阶层的移民潮已经说明,将国家契约化至少对国家的契约化的伦理态度已经大量存在。

(四)伦理能力:伦理大逃亡

面对由"人伦"向"人际"、由"从实体出发"向"原子式地进行探讨"的伦理观和伦理方式的蜕变,我们有理由提出一个哲学追问:"伦"的传统是否终结?我们是否正在甚至进入一个"后伦理时代"?虽然得出结论为时过早,但与此相关的第三个问题已经出现:社会的伦理能力正发生重大改变。2007 年调查家庭伦理中,排列第一、第二位的伦理忧患是:子女尤其独生子女缺乏责任感,孝道意识薄弱;性过度开放,导致婚姻关系不稳定。在 2017 年的调查中,人们对家庭伦理最担忧的问题依次是:独生子女难以承担养老责任,老无所养;子女尤其独生子女缺乏责任感,孝道意识薄弱;代沟严重,父母子女之间难以沟通;婚姻不稳定,年轻人缺乏守护婚姻的能力。短短十年,代际伦理和婚姻伦理的忧患意识已经由独生子女"缺乏责任感""性过度开放"的道德品质,向"独生子女难以承担养老责任""缺乏守护婚姻的能力"的伦理能力转化。它表明,一方面,独生子女的结构使家庭的伦理承载能力被超越,另一方面,不只是婚姻伦理观,更重要的是传承数千年的那种婚姻伦理能力正在逐渐式微。从"80 后"到"90 后",中国社会愈益严峻的不婚不育情势,与其说是一种自由选择,不如说是婚姻伦理能力缺乏的一次文化上的集体大逃亡。然而,由于婚姻是人类文明及其延续的基础,婚姻伦理能力缺乏及由此引发的伦理逃亡将对未来文明产生深刻而长远的影响,它表明,伦理能力的建构已经成为当今中国伦理道德发展的重大课题。

总之,人伦与人际——"从实体出发"与"原子式地进行探讨"——伦理能力与集体伦理逃亡,演绎现代中国伦理观、伦理方式、伦理能力变化的文化轨迹,由此不免产生另一个追问:现代中国伦理是否会"回到庄子"?在《大宗师》中,庄子借助"泉涸,鱼相与处于陆"的特殊伦理情境,引发出"相濡以沫,不如相忘于江湖"的结论。然而数千年来,中华民族、中国伦理精神一如既往坚定选择的是被庄子所讥讽的"相濡以沫",扬弃的是"相忘于江湖",然而当今逃避婚姻、逃避家庭的伦理取向回归的却是庄子的"相忘于江湖"。"相濡以沫"与"相忘于江湖"是伦理认同与道德自由的中国话语,也是中国问题。

（五）"伦理"建构

伦理观、伦理方式、伦理能力的建构,既是形上问题,更是具有重大实践意义的课题。西方现代伦理学中的个体主义与社群主义、正义论与德性论之争,以及其他诸学派、诸流派之争,根本上是伦理观和伦理方式的分殊。中国伦理学与伦理道德发展中的集体主义与个人主义及其相关难题的破解,在哲学层面同样可以归结为伦理观与伦理方式。即便现代西方伦理学像黑格尔所批评的那样"完全没有伦理的观点",但其道德和道德自由最后建构的也是一种伦理和伦理秩序,伦理和伦理秩序不仅是道德的结果,而且是道德的根据地和价值标准,正义论与德性论之争根本上是伦理优先与道德优先之争。为此,现代伦理学理论和伦理道德发展必须实现两个重要转换,或者必须进行两种推进:理论上由价值层面的个体主义与集体主义的辩证向形上层面的伦理观和伦理方式推进;实践上由道德品质的关注向伦理能力建构推进。

现代中国伦理道德发展的难题,不是要不要道德,要不要伦理,而是要什么样的伦理,如何建构伦理的问题,道德是达到和建构伦理的行为合法性和价值追求,用黑格尔的话说是一种"伦理上的造诣"。"集合并列"的理性主义和契约主义的伦理观与伦理方式,必然造就个体主义尤其是精致个人主义的道德。也许,现代中国应当建构何种伦理观和伦理方式是一个远没有完成的学术任务,甚至这一课题的研究还没有达到应有的学术自觉,最明显的事实是这些概念在学术界还没有提出,但提出课题也许比完成课题更重要,具有根本意义的是要达到关于伦理观和伦理方式的文化自觉。黑格尔已经指证了"从实体出发"与"原子式地进行探讨"的两种伦理观与伦理方式,中国伦理一如既往地坚守"居伦由理"的伦理观和伦理方式,虽然它们被黑格尔断言为"永远只有两种可能"的关于伦理的观点,当然这一断言到底是论断还是武断有待研究,它对中国伦理道德发展的解释力也有待检验,现代文明体系中的世界和中国也已经发生深刻变化,但无论如何现代中国伦理学和伦理道德发展必须达到伦理观和伦理方式的理论和实践自觉,进而达到自觉建构。

由道德品质向伦理能力建构的推进某种程度上是一个具有革命意义的转换。把一切问题都当作道德问题既没有找准真正的中国问题,也容易导致道德武断,产生道德上的"冤假错案",更难以解决问题甚至将那些本属于伦理道德的问题逃逸于伦理道德之外。比如不婚问题,按照现代性价值观它是个人选择问题,乃至表面上很难说是一个私德问题,但从更大更长远的文明视野考察,它又是一个具有深远文明后果的伦理道德问题。一个显然的事实是,如果所有人都选择不婚不育,人类种族岂不绝矣? 因此不婚不育本质上是将本该每个人都履行的义务转嫁给了一部分人,在这个意义上具有非伦理和不道德的性质。但不婚不育问题,除社会负担等客观因素外,更深层的是现代人伦理能力的缺乏,人们在伦理上的文化懒惰使其不愿意去学习和磨炼这种伦理能力。婚姻伦理能力与代际伦理能力是人类最重要也是最难能可贵的伦理能力,不仅关乎种族延传,而且需要极大的伦理坚韧和极高的伦理智慧,是其他一切伦理能力的基础。为此,家庭伦理建设应当从道德品质向伦理能力转换,着力进行伦理能力的培育。社会公德同样如此,很多境遇下它是一种伦理自觉和伦理能力问题,不能简单归责为一种道德品质。伦理能力的建构是当今中国文化传承和伦理道德建设必须着力推进的一项文化工程,伦理能力必须成为当今中国最重要的个体素质和社会能力。

四、"精神"建构

任何民族都需要精神建构,只是文化重心不同,宗教型文化以宗教建构,伦理型文化以伦理道德建构。毛泽东认为人是要有一点精神的;黑格尔认为一个民族如果没有达到对自己的实体性的精神性的把握就没有真正的自我意识,人的公共本质或伦理性的实体"作为现实的实体,这种精神是一个民族,作为现实的意识,它是民族的公民"[2](7)。民族是一种精神性存在,公民意识是一种现实的伦理精神。"精神既然是实体,而且是普遍的、自身同一的、永恒不变的本质,那么它就是一切个人的行动的不可动摇和不可消除的根据地和出发点,——而且是一切个人的目的和目标,因为它是一切自我意识所思维的自在物。"[2](2)精神与伦理、与民族同一,既是个人的家园,也是个人行动的目标。因此,在西方理性主义的飓风下,"精神"传统的回归和建构,对伦理道德发展乃至对中华民族发展便具有重大的文化战略意义。"精神"建构战略在实践和理论上具有三大着力点:"精神"能力、精神哲学、精神哲学体系。

(一)"精神"素质:"点石成金"与"点石成精"

中国虽然没有西方式的理性主义,但不得不承认,在欧风美雨和全球化的冲击下,"理性"不仅成为一种与"合理性"混同的强势话语和价值观,而且不知不觉中,社会大众在与"精神"传统渐行渐远中也逐渐丧失"精神"素质和能力,在学术理论和素质结构中理性的玉兔东升,精神的金乌西坠,出现文化上的蜕变,"精神"的文化自觉和"精神"能力的建构成为伦理道德发展的深层课题。

随着市场经济逻辑向文化的渗透,社会大众逐渐发展甚至过度开发了"点石成金"的能力,一切都遵从甚至屈从资本逻辑,资本思维和资本取向僭越到伦理学领域,精神的文化空间和文化能力式微。伦理道德一旦告别精神或失去精神的本质便沦为"点石成金"的理性算计,导致"单向度的人"和伦理道德的伪善,完全消解和颠覆神圣性。善的最危险的敌人不是恶而是伪善,恶一旦被识别就成为众矢之的,而伪善的本质是以恶为善,具有欺骗性。因此,在"点石成金"的时代,培育一种"点石成'精'"的品质与能力,学会"有精神",有"精神"守望,已经成为具有正本清源意义、事关伦理道德文化存在的课题。也许,"精神"自觉和"精神"能力的命题过于形上,几个重要问题的精神诠释具有某种演示意义:财富与公共权力、群众、爱国心。

财富和公共权力往往被当作经济学和政治学的概念,然而分配公正和反腐败如果不能得到伦理学的解释,在理论和实践中就不可能彻底。黑格尔曾在法哲学的意义上揭示财富和国家权力的精神意义及其善恶辩证法,认为财富和国家权力是伦理世界现实化自身的两种不同表现形态,具有精神的本质。国家权力是个体的简单实体,也是人的普遍性的作品。财富"既因一切人的行动和劳动而不断地形成,又因一切人的享受或消费而重新消失"[2](46);"一个人自己享受时,他也在促使一切人都得到享受,一个人劳动时,他既是为他自己劳动也是为一切人劳动,而且一切人也都为他而劳动。因此,一个人的自为的存在本来即是普遍的,自私自利只不过是一种想象的东西"[2](47)。在自在状态下,国家权力是善,财富是恶,因为国家权力使个体的公共本质得到表达、组织和证明,但在财富消费中人往往意识到自己的个别性。但在自为状态即个体自我意识下,由于在国家权力下个人的行动受到拒绝压制,具有对个体性压迫的本质,因而是恶,而财富是善。"因为权力已不是与个体性同一的东西而是完全不同一的东西了。——相反,财富是好的东西、善;它提供普遍的享受,它牺牲自己,它使一切人都能意识他们的自我。"[2](49)于是,就产生国家权力和财富的两种伦理精神形态,即高贵意识和卑贱意识:"认定国家权力和财富都与自己同一的意识,乃是高贵的意识";"认定国家权力和财富这两种本质性都与自己不同一的那种意识,是卑贱的意识"。[2](51)高贵与卑贱,取决于对于权力和财富的两种不同伦理认同和伦理关系,达到伦理同一性是高贵意识,否则便是卑贱意识。高贵意识是服务的英雄主义。"它是这样一种德行,它为普遍而牺牲个别存在,从而使普遍得到特定存在,——它是这样一种人格,它放弃对它自己的占有和享受,它的行为和它的现实性都是为了现存权力(Vorhandene Macht)的利益。"[2](52)

黑格尔的论述虽然晦涩,但却揭示了财富和国家权力的伦理精神本质。由于它们都具有普遍性的本质,因而都是精神,也必须被精神地把握。如果以"单一物与普遍物的统一"为精神和伦理的本质,在国家权力中由于人们意识到自己的普遍性,因而是善;在财富消费中由于人们意识到自己的个别性,因而是恶。然而对个体来说,它们内在否定性的辩证性,由于国家权力是一种压制的力量,因而可能转变为恶;财富由于体现一个人的享受也促使一切人享受的本性,便转变为善。于是善恶在否定之否定中便是高贵意识与卑贱意识的两种伦理精神,这种伦理精神的精髓就是"服务的英雄主义"。根据对财富和公共权力的这种"精神"诠释,分配公正与反腐败本质上是一场伦理保卫战。财富和国家权力是生活世界中伦理存在的两种现实形态,分配不公和腐败颠覆了生活世界的伦理,分配公正和反腐败就是保卫伦理存在,具有深刻的伦理精神意义。只有达到这种伦理精神的理解,才能彻底把握财富与权力的合法性基础。

个体在国家与市民社会中的身份和身份认同是所谓"群众",个人与群众的区别是什么?"群众"既是一种身份,也是一种伦理认同与精神自觉。黑格尔曾这样论述"群众"的精神哲学本性。"构成群众的个人本身是精神的存在物,所以本身便包含着各是一个极端的双重要素,即具有自为的认识、自为的希求的单一性和认识实体、希求实体的普遍性。"[4](265)"群众"与乌合之众的区别不仅因为它被组织,更因为它包含一种精神存在和精神自觉,其精神特征就是既希求单一性又希求普遍性,具有"单一物与普遍物的统一"的精神气质。因为这种精神本性,即"无论作为个别的人或作为实体性的人都是现实的"[4](265)。黑格尔曾说,"把一个个体称为个人,实际上是一种轻蔑的表示"[2](35-36)。"个人"与"个体"之间存在根本的精神哲学区别,个体是有"体"的,即承认并获得自己的公共本质或实体性,因而是有家园的,而个人因为无体可能只是一个飘忽的幽灵。"群众"是个体独立性与普遍本质之间的相互承认,也是二者之间的相互过渡,本质上是一种伦理精神的概念,只有达到这种伦理精神的认知,在共同体生活中才能成为真正的"群众"。

爱国主义是民族凝聚力的伦理力量,然而因何爱国? 如何才是爱国? 这些重大问题的解决也期待精神自觉。通常爱国主义劝导的典型表述是所谓"地大物博""美丽富饶""历史悠久"等,然而顺着这种逻辑,如果国家处于危难之中,不再美丽富饶,我们是否还爱国? 五千年的传统文化曾几经激烈批判甚至一度被当作包袱,在这一背景下我们是否还爱国? 显然,以这种路径所激发的爱国主义很可能将大众尤其是青少年引向功利主义和实用主义,它可能会出现一种悖论:在国家危难最需要爱国之际却最稀缺真正的爱国主义。现在已经出现一种状况,一些知识精英和经济精英在成功或积累了大量财富后移居国外。现代爱国主义教育亟待一种精神哲学层面的觉悟,其要义是让爱国主义如何"是伦理""有精神"。

在《法哲学原理》中,黑格尔将爱国心当作一种政治情绪。他认为,国家作为一个伦理性的实体有两种存在形态,即政治情绪和国家机体。政治情绪是主观实体性,其核心是爱国心;国家机体是客观实体性,其核心是政治国家和国家制度。爱国心是一种实体性情绪,而不只是一种牺牲或奉献精神。"爱国心往常只是指作出非常的牺牲和行动的那种志愿而言。但是本质上它是一种情绪,这种情绪在通常情况和日常关系中,惯于把共同体看做实体性的基础和目的。"[4](267) 爱国心在哲学上是一种伦理精神,只是它以政治的方式即政治情绪的方式表现。"政治情绪,即爱国心本身,作为从真理中获得的信念(纯粹主观信念不是从真理中产生出来的,它仅仅是意见)和已经成为习惯的意向,只是国家中的各种现存制度的结果,因为在国家中实际上存在着合理性,它在根据这些制度所进行的活动中表现出来。"[4](266) 在这个意义上,爱国心作为一种政治情绪"一般说来就是一种信任",相信自己的实体性和特殊利益包括在国家的利益和目的中。[4](267) 爱国心不只是一种政治与伦理要求,也是国家存在主观形态,如果没有公民的爱国心,国家便沦为空洞的政治机体,这便是爱国主义的深刻意义所在。只有在伦理精神和伦理信任的意义上诠释和培育爱国心,才

伦理精神现代『建构』的文化战略

能生成真正的爱国主义。爱国心是对国家的伦理认同,是基于信念和信任的伦理认同,这种认同有客观基础,即在国家政治制度中个人利益真实地包括于国家的利益和目的中。当客观上存在这种一致并在主观上认同时,便产生基于伦理信任的爱国心。这种理论也被我们的全国调查证实,由于市场经济冲击和"小政府,大市场"等观念的影响,在 2007 年的调查中,个人与国家的关系并没有进入社会大众所认同的"新五伦",但在 2013 年调查中,个人与国家的关系已经成为"新五伦"的重要内容。五年中的巨大变化因何发生? 简单回顾便可发现,这五年中应对抗洪、汶川大地震等重大自然灾害的集体行动,充分体现了国家利益与个人利益的一致,于是大众的爱国情绪被唤醒和激发。中国家国一体的文明传统将家—家乡—国家一体,在家和家乡的自然伦理意识基础上形成坚韧而强烈的爱国情怀,这是中国式爱国主义的传统,也是国家的伦理凝聚力的文化优势,在全球化背景下,爱国主义必须有新的伦理精神自觉,也期待精神能力的伦理培育。

财富与公共权力、群众、爱国心,这些日常生活中被当作经济、政治、社会诠释理解的概念,其哲学本性都是精神尤其是伦理精神,然而理性主义稀释消解了其精神内涵,也遮蔽了对它们的精神本性的洞察。这些基本概念的精神哲学分析表明,在这个"点石成金"的时代,亟须培育"点石成'精'"的能力。当然,"点石成'精'"只是一种矫枉过正的说法,毕竟物质生活是生活世界坚如磐石的基础,其目的是唤醒一种精神自觉,以此推进真正的伦理道德的发展。

(二)回归"简易工夫"的精神哲学:良心、良知、良能

在理性主义已经取得话语霸权的背景下如何"收拾精神"? 如何培育社会的"精神"能力而推动伦理道德发展? 无疑,这是一个具有形上意义的浩大持久的文化工程,然而大道至简,"简易工夫"就是回到人本身,回到伦理道德本身,激发植根于人性的良心、良知和良能。

在这个被市场经济和理性主义高度世俗化的世界,倡议回归良心、良知、良能似乎有点迂腐不堪,至少不合时宜。然而回溯历史传统就会发现

四个富有启发意义的问题。第一,在那个失序失范但也是中国伦理道德奠基的战国时代,为何孟子以"四心"为人的本性良心和建构伦理道德的人性基础,并且将良知良能作为伦理道德的本性? 第二,为什么在中国传统伦理道德发展的成熟形态即宋明理学中,陆九渊以"简易工夫"超越朱熹伦理学"失之支离"的烦琐哲学,以"收拾精神"的"良心说"作为治心救世的根本战略? 为什么王阳明建构以"致良知"为核心的伦理道德理论和战略,在中国乃至东南亚影响持续五百年之久? 第三,在西方理论中,为什么黑格尔将良心作为道德主体建构也是客观精神的最后和最高形态,在《精神现象学》中,良心是道德世界中精神发展的最高阶段? 第四,为什么当良心、良知、良能在现代伦理学中几乎成为被遗忘的概念之际,它们在社会大众的潜意识中依然是伦理道德的代名词? 稍加考察便发现,"三良"是伦理道德发展中典型的中国话语、中国理论和中国战略,在漫长的历史演进中,它们不仅在理论上被建构阐发,而且在生活世界中被社会大众认同传承,成为文化基因。在现代中国,它们只是在话语形态中被冷落,在精神世界中被遮蔽,但并没有消失,并且依然基因般地发挥作用。"三良"是伦理道德在人的生命成长和生活世界中的自然而神圣的精神,是伦理道德的根基,也是伦理道德的最高表达。

回归"三良"的战略也许在理论和实践上都需要太多澄清,也会引来太多非议,这一文化战略的哲学境界一言概之,即中庸。中庸的精髓是什么? 为何被孔子认为是"其至矣乎"的德性境界? "极高明而道中庸"到底因何"极高明"? 程子说,"不偏之谓中,不易之谓庸","不偏不倚"无过不及已经是一种极高明的境界,但最难能的更在于"恒常不易"。"中"可贵但"庸"更难能。"庸"有平庸之意,但在平庸之中见境界,"中"与"庸"的结合,即在日常的庸言庸行中固守"中",此即所谓"时中",即无时不用。"中"是形上境界,"庸"是日常生活,二者的同一即中庸。亚里士多德说,中庸就是在恰当的时代以恰当的方式对恰当的人施加恰当的行为,中庸即恰当,即不偏不倚,但这只是一种形上标准,归根到底必须在具体的伦理情境和日常生活中才能体现。由此,伦理道德的本性及其文化战略是什么?

必须既"中"且"庸"。它们既是一种"极高明"的理想境界或意义世界的"真理",也是生活世界的"道理",更是植根人性的"天理"。在伦理道德理论及其文化战略中,最能体现中庸品质和中庸境界的就是所谓良心、良知、良能。

中国传统伦理学理论及其文化战略有一个共同特点,即把伦理道德当作人所固有而不是外在的附加或黑格尔所批评的那种"腐蚀"。伦理道德虽然期待教化,但教化之所以可能,是因为人有这样一种本性和能力。孔子说,"仁远乎哉?我欲仁,斯仁至矣"(《论语·述而》)。中国传统以"诚"为伦理道德的本体和动力,"诚"于什么?诚于宇宙天地之性和人的本性。孟子说:"万物皆备于我矣。反身而诚,乐莫大焉。强恕而行,求仁莫近焉。"(《孟子·尽心上》)《中庸》言:"唯天下至诚,为能尽其性。能尽其性,则能尽人之性。能尽人之性,则能尽物之性。能尽物之性,则可以赞天地之化育。可以赞天地之化育,则可以与天地参矣。"(《中庸·第二十二章》)所谓"诚实","实"是什么?就是宇宙本性,人的本性,万物的本性。这些论述,既是伦理道德的哲学理论,也是文化战略,其要义是说伦理道德必须甚至只需内求,所谓"求诸己",基本文化战略是将伦理道德植根于心性,宋明理学的最大贡献,就是在心性基础上建构形上本体,形成所谓性命之学。良心、良知、良能,就是这一文化传统的理论建构和文化战略。

良心理论及其文化战略源于孟子。孟子以仁义礼智为四基德进行道德建构,四德如何可能?孟子归之于四心,认为人皆有恻隐之心、羞恶之心、辞让之心、是非之心,四心是仁义礼智四德的善"端",即根源,四心即人的良心,"良"不仅是善,而且是本然和自然,为人人固有因而是人的共性和"在一起"的人性基础。于是,伦理道德发展和个体道德修养的全部工夫就是回归四心,所谓"学问求放心"。以性善论为哲学基础,以"反身而诚"为文化战略,孟子建构起以五伦四德为核心的伦理学体系。四心到底"良"在何处?它们是四德之根,为人之固有之"自然"。作为哲学理论和文化战略,孟子对恻隐之心的论证最典型。他以孺子入井作为恻隐之心的典范,进行了对理性的排他性论证,"所以谓人皆有不忍人之心者,今人乍见孺子将入于井,皆有怵惕恻隐之心。非所以内交于孺子之父母也,非所以要誉于乡党朋友也,非恶其声而然也"(《孟子·公孙丑上》)。见孺子入井的恻隐之心非理性行为,"非内交于孺子父母""非要誉于乡党朋友""非恶其声",完全是人性之自然,是"心"之"良"。于是孟子将伦理道德诉诸人的良知良能。"人之所不学而能者,其良能也;所不虑而知者,其良知也。孩提之童无不知爱其亲者,及其长也,无不知敬其兄也。亲亲,仁也;敬长,义也;无他,达之天下也。"(《孟子·尽心上》)不学而能是良能,不虑而知是良知,孝亲敬长的仁义之德就是良知良能。良心、良知、良能,不能只当作伦理道德的哲学理论,而应当同时当作伦理道德建构的文化战略,它们在陆九渊和王阳明那里,被提升为一种自觉的"精神"战略。

值得特别注意的是,在中国传统伦理的成熟形态即宋明理学中,都将理论重心和战略重心指向精神,指向良心和良知。陆九渊批评朱熹所建立的广大而精微的伦理学理论"失之支离",提出以良心为核心的"先立夫其大者"的"简易工夫",坚信"易简工夫终久大,支离事业竟沉浮"。良心说的根本就是在精神处着力,"收拾精神,自作主宰,万物皆备于我"。一百多年后,王阳明在出入佛老、泛滥辞章之后的"龙场大悟",要义就是"圣人之道,吾性自足",由此提出"致良知"的知行合一之说,而所谓良知就是精气神。理解陆王心学需要特别注意几点:其一,它们都以良心、良知为学说的核心概念,由于良心、良知都以知行合一为特质,因而也包含了孟子所说的良能;其二,在他们的理论中,良心、良知的本质都是精神;其三,良心、良知不仅是伦理学理论,而且是他们所提出的践履圣人之学的文化战略,它们不仅是中国传统伦理精神的完成形态,而且对中国伦理道德发展产生深远影响。在这个意义上可以说,"收拾精神""致良知"是中国传统伦理的"终极战略"。

现代伦理道德发展的战略开发了多种路径,如理性劝说、利益引导、制定安排、榜样示范等,然而却冷落了作为人伦天理和重要传统的良心良知,从根本上说还是一种理性主义,至少是理智主义的文化战略,结果不仅导致我们在几次全国大调查中都发现"有道德知识,但不见诸道德行动"的素质缺陷,而且"没精神"的文化战略很容易将伦理道德引向理性算计,精致利己主义相当程度上就是理性主义之树上的文化毒瘤。精致利己主义的精致之处就在于它的理性或唯智,因而它的利己主义似乎与道德无关,并且因其精致不仅屡屡成功,甚至相当意义上被同道们欣赏效法。伦理学和道德哲学是高深的学问,然而伦理道德却是人性和人的世界的自然,"仁也者,人也,合而言之,道也"(《孟子·尽心下》)。仁即人之道,伦理道德即人之道,伦理是可能的,道德是可能的,相当程度上就是因为它们出自人的良心,是人的良知良能。"归于必然,适全其自然"(戴震:《原善》卷上),诉诸、激发、培育良心、良知、良能,至少是具有基础意义的战略,在这个精神被祛魅和遮蔽的时代,它具有某种拨乱反正的文化意义。

由此便提出另一个有趣的哲学问题,老庄哲学为何崇尚婴儿赤子,以"见素抱朴"为最高境界?"常德不离,复归于婴儿"(《道德经》第二十八章);"为学日益,为道日损。损之又损,以至于无为。无为而无不为"(《道德经》第四十八章);"绝圣弃智,民利百倍;绝仁弃义,民复孝慈;绝巧弃利,盗贼无有"(《道德经》第十九章)。这些理论和命题表面上难以理解甚至在常识看来有点匪夷所思,然而如果真的像老子所说的"涤除玄览"、荀子所说"虚一而静"、禅宗所说的"身是菩提树,心如明镜台",那么真就像王阳明所悟的那样"圣人之道,吾性自足"。伦理道德中许多理论和行为本是人的良知良能,然而一旦被过度解释和解读,反而"烟雾缭绕"。比如孝道,本来就是如孔子以"三年之丧"为例所教导的一种返本回报,是孟子所诠释的"见父自然知孝"的"自然",即便是思辨性的黑格尔哲学也阐释得很简洁:"子女对他们父母的孝敬,则出于相反的情感:他们看到他们自己是在一个他物(父母)的消逝中成长起来,并且他们之所以能达到自为自存在和他们自己的自我意识,完全由于他们与根源(父母)分离,而根源经此分离就趋于枯萎。"[2](14)子女是在父母生命的枯萎中成长起来的,达到这种自我意识的良知便产生孝敬之情。唤醒这种良心、良知,便激发孝敬的良能,而不至于将孝敬演绎为在广场为父母洗脚那样幼稚简单的教育行动。

要之,良心、良知、良能是一种"精神"建构战略,伦理道德发展的文化战略必须回归"简易工夫",以回归良心、唤醒良知和良能进行"精神"建构。

(三)精神哲学形态的建构

精神哲学和精神哲学形态在理论上是一个还没有达到学术自觉,在实践上似乎过于形而上的问题,然而却是中国伦理道德发展的整体性战略谋划必须完成的任务和达到的境界,其文化战略意义指向三方面:精神世界的建构规律与伦理道德难题的整体性解决;伦理道德发展的中国理论与中国气派;全球化时代的文化自立与国家文化安全。

长期以来,伦理学理论研究与伦理道德发展都处于某种两难甚至困境之中,困境的重要表征是陷于现代性碎片,未能以伦理道德为核心建构人的完整精神世界并与生活世界辩证互动,因而未能真正把握伦理道德发展的规律,也未能真正体现伦理道德对生活世界的文化功能和文化意义。在伦理学理论研究中,伦理与道德的关系及其与生活世界的辩证互动依然是一个没有达到理论自觉的基本课题。既有的学术进展滞留于由原来粗枝大叶的伦理与道德"不分"到"分",但到底如何"分"并未从哲学的层面获得彻底的诠释并达成学术共识,更重要的是,在"分"之后又未能达到具有否定之否定意义的"合",于是伦理与道德便在朦胧模糊的学术意识中"君在长江头,我在长江尾",完整有机的精神世界被消解为伦理与道德的碎片,对人的生命秩序和社会生活秩序缺乏解释力和引导力。面对生活世界的强大世俗力量,伦理学研究在借助(准确地说是求助)心理学、经济学、政治学的同时,愈益失却精神世界的力量和魅力。在与心理学嫁接中将许多伦理道德问题归结为心理问题,将伦理学在精神世界中降格为心理学甚至生物学;面对市场逻辑的飓风,将经济学的话语甚至将市场逻辑不加识别地引进伦理学,向经济学献媚投降;最后当许多伦理道德重大问题难以解决时,又求助或归结于法律和制度安排,寄希望于经济发展和生活水平提高。这些理论的共同特点,是在精神世界之外解释和解决作为人的精神生活的伦理道德问题,表面上试图从其客观基础的维度获得解释,实际上是在祛魅中彻底放弃伦理道德的文化天命,不可避免的结果是精神世界和精神生活的空乏,导致伦理道德的文化渎职。

在现实伦理道德发展中,最大的难题是如何在个体意识(确切地说是在抽象的个体意识)觉醒并过度膨胀的背景下,如何将人从个别性自然存在提升为具有普遍性的伦理存在,从而获得伦理造诣和伦理教养,使共同体生活成为可能并具有合理性。基本课题是个体与共同体尤其是伦理性实体如家庭、社会和国家的关系,到底坚守集体主义还是个体主义甚至个人主义的基本原则。与此相关的另一课题是个体至善与社会至善的关系,伦理学和伦理道德以善为最高价值,然而到底个体至善是社会至善的基础,还是社会至善是个体至善的前提? 中国传统的坚定信念和坚韧努力是"人人皆可为尧舜",相信个体都圣化,社会也就达到至善,然而其结果是在造就一代代仁人志士的同时,也维护了一代代专制制度。苏格拉底认为教育孩子的最好办法是让他做具有良好法律的城邦公民,但他没有回答,如果城邦没有良好法律,如何做一个好公民? 于是,在现实生活中,伦理认同与道德自由的矛盾便同样存在,正义论与德性论的争论成为一场没有结果的学术操练。

伦理道德发展的理论和实践难题必须也只能在精神哲学视野下破解,在学术传统上有两大理论资源可供借鉴。一是黑格尔的精神哲学传统。黑格尔建立了西方哲学史上第一个完整的精神哲学体系。在《精神现象学》中,他建立了"伦理世界—教化世界—道德世界"的客观精神体系或现象学体系,认为伦理世界是直接和自然精神,以家庭和民族为两大伦理实体,伦理世界中的人是实体,即实体性的"成员"和"公民";教化世界是自身异化了的世界即生活世界,财富和国家权力是伦理和精神的两种存在形态,教化世界中的人是个体;道德世界是对其自身具有确定性的精神,是在个体性与普遍性的和解统一中建构的主体。实体—个体—主体,就是精神客观化自身或伦理道德在现实世界中所建构的精神世界。在《法哲学原理》中,黑格尔建立了"抽象法—道德—伦理"的法哲学体系,将家庭、市民社会、国家作为递进发展的三大伦理实体,并将伦理作为人的意志自由或精神客观化自身的最高阶段。虽然在《精神现象学》和《法哲学原理》中伦理与道德的地位不同,但一方面它是现象学和法哲学的两个不同体系,另一方面黑格尔的最大贡献,是将伦理与道德作为人的精神发展和精神世界的两个不同环节和不同阶段,并在人的精神世界的发展及其与生活世界的辩证互动中考察它们的文化功能和文明史意义。

另一种精神哲学传统即中国传统哲学。中国文化从一开始就将伦理道德作为人的精神世界的两个文化支点。孔子所奠基的内圣外王之道,内圣的要义就是以修己治心为核心的精神世界建构,外王即安人治世的生活世界合理性的建构,内圣外王即是由精神世界到生活世界的辩证互动。孟子建立了自觉的心性之学及"尽心—知性—知天"的精神哲学框架。至宋明理学,中国精神哲学体系最后完成,它不仅以心、性、情、命等一系列精神哲学范畴的探讨而"尽精微",而且以"天理"为本体统摄以三纲为核心的伦理和以五常为核心的道德,将精神哲学的问题具体化为"理欲—公私—义利"的体系,从而完成了传统社会中伦理道德的精神哲学体系的宏大建构。

诚然,无论黑格尔理论还是孔孟之道都已经是传统,但这种在人的精神发展的全部过程和人的全部精神生活,及其与生活世界的辩证互动中考察伦理与道德的辩证发展与精神世界建构的方法,不仅具有启发意义,而且对当今中国伦理道德发展的重大理论和现实难题的破解具有一定的解释力和解决力。现代伦理道德发展问题的根源在于,由于"实体—个体—主体"的精神链断裂,由于精神世界的碎片,人的精神发展停滞于生活世界中的个体甚至个人,既丧失伦理世界的家园,又不能上升为道德世界的主体,"个体"成为精神世界中的孤岛,既缺乏源头活水,又缺乏走向未来理想境界的动力,于是只能求助或求乞于心理学、经济学、政治学的"集合并列"。

在精神哲学理论及其体系中,伦理是实体,是人的精神和世俗的家园;个体虽然是人在生活世界或黑格尔所说的市民社会中的存在形态,但由于生活世界中的财富与公共权力具有伦理的本质,因而抽象的个体性只是人的存在的假象，即黑格尔所说的"想象的东西"；道德是主体，是人超越抽象的个体性通过"收拾精神，自作主宰"，将个体提升为主体的过程，也是回到人的伦理家园的过程。于是，伦理是家园，道德便是一条回家的路，个体在理欲、公私、义利关系中达到"单一物与普遍物的统一"，便是伦理道德建构个体生命秩序、社会生活秩序和文明合理性的精神过程和现实过程。由此，人的伦理道德发展，社会的伦理道德建设，便是从伦理家园出发，在生活世界中超越，建构道德世界的过程，居伦由理，尊道贵德，是伦理道德发展的精神哲学规律。于是，伦理认同与道德自由、德性与公正、个体至善与社会至善，就在精神哲学体系中得到统一和理论实践上的解释解决。

礼义之邦与伦理学故乡，以伦理道德为核心建构人的精神世界和生活世界，是中国文化对人类文明做出的最重要的贡献，伦理道德发展的中国理论和中国气派，并不只是伦理学或道德哲学体系的建构，乃至不是一般意义上的公民道德与社会风尚，而是以伦理精神、道德精神为文化支点所建构的新的中华民族精神。精神哲学是民族精神的理论自觉和实践创造，伦理道德发展期待精神哲学的理论建构和实践建构。根据伦理道德一体、伦理优先的中国精神哲学传统，伦理道德发展的中国话语体系和理论体系的精神哲学结构应当是"伦—理—道—德—得"一体的体系。其中，"伦"是人的实体和家园；"理"是"伦"的天理和规律；"道"是规范体系和价值体系，由"理"向"道"的转化是由认知形态的伦理向冲动形态的伦理的转化，是知行合一的过程；"德"是对"道"的分享，是道德主体的建构；"得"则是"伦—理—道—德"所建构的精神世界与生活世界的辩证互动，"德—得"相通既是善恶因果律，也是生活世界合理性的建构。

精神哲学赋予伦理道德以特殊的精神气质，也赋予生活世界以伦理型文化的特殊气派。人们常谈公民意识和公民道德，其实在中国文化意识中，公民并不只是西方意义上被赋予政治身份的个体，首先是一种伦理认同与道德境界。"公民"是伦理之"公"与道德之"民"的统一。"公"即天下为公，"天下为公"不只是政治学意义上所说的天下是天下人的天下，其要义是认为人必须超越个别性达到"公"的普遍性的伦理存在,最高的普遍性或最高的伦理实体就是"天下"。因而所谓"公民"首先是指有"公"之"民"或得"公"之"民"。如何获得"公"的普遍性,有待道德主体的建构,将人从个体提升为与伦理实体合一的主体。因此,"公民"是伦理型文化的话语,其区别于西方"Citizen"的最大特点就是伦理道德一体的精神哲学气质,"公民"的塑造是一个由伦理之"公"到道德之"民"不断提升的精神过程。在精神哲学的话语体系和理论体系中诠释和理解"公民",才能把握公民道德建设的规律,进行人的精神世界的自觉建构。

全球化背景下,中国文化如何由自觉、自信走向自立? 伦理道德的精神哲学形态的建构具有重大文明史意义。历史上中国文明、中国文化立于世界民族之林的独特气派是"有伦理,不宗教",在西方世界实施文化战略的背景下,中国文化能否、如何"不宗教",延续文化血脉和文化气派? 伦理道德发展便具有超越伦理道德自身的意义,承荷着捍卫民族文化安全的文明使命,必须上升为国家文化战略。梁漱溟说中国"以道德代宗教""伦理有宗教之用",道德让人超越有限达到无限,家庭、社会、国家诸伦理实体为人提供现世的终极关怀,由此伦理道德成为宗教的文化替代,建立起伦理型文化的精神哲学形态。没有充沛的伦理道德的文化供给,或者伦理道德发展在文化上严重蜕变,如果道德世俗化,失去超越性;如果伦理丧失世俗终极关怀的意义,那么就会发生社会学家们所指出的那种"外部性",社会大众就会到其他类型的精神形态中寻找文化替代,在全球化时代,宗教尤其西方基督教就是一个重要选项。在这个意义上,现代中国伦理道德的精神哲学形态的建构,对国家文化安全,对中国文化继续屹立于世界文明之林,具有重大的文化战略意义。

综上,精神建构—精神哲学建构—精神哲学形态建构,是现代中国伦理道德发展的"精神"建构战略必须完成的三大文化任务,完成这一历史任务期待中国伦理道德传统、黑格尔哲学与马克思主义的精神哲学对话。中国伦理道德具有特殊的精神哲学气派,黑格尔哲学建构了关于伦理道德的宏大严密的西方精神哲学体系,历史唯物主义强调社会存在决定社会意识,伦理道德作为社会意识是社会存在的反映,能动地反作用于物质生活。黑格尔的"精神"与马克思主义者的"唯物"并不直接对立,毋宁说是从两个不同维度对人类文明的贡献。黑格尔的精神哲学是思辨的,被马克思批判为"头足代表团倒置",但一旦被"再倒置",其辩证法的合理内核便成为马克思主义的重要来源和重要组成部分,正如恩格斯所说,"在这里,形式是唯心主义的,内容是实在论的"[5](243)。以历史唯物主义为世界观和方法论,推进马克思的"唯物"与黑格尔的"精神"的哲学对话,并将它们与中国优秀的伦理道德传统相结合,才能完成作为现代中国伦理道德发展的文化战略的"精神"建构。

参考文献:

[1]　樊浩.中国社会大众伦理道德发展的文化共识[J].中国社会科学,2019,(8).

[2]　〔德〕黑格尔.精神现象学:下卷[M].贺麟,王玖兴,译.北京:商务印书馆,1979.

[3]　樊浩.中国伦理精神的历史建构:成中英序[M].南京:江苏人民出版社,1992.

[4]　〔德〕黑格尔.法哲学原理[M].范扬,张企泰,译.北京:商务印书馆,1961.

[5]　马克思,恩格斯.马克思恩格斯选集:第四卷[M].北京:人民出版社,2012.

（樊和平,笔名樊浩,东南大学人文社会科学学部主任,资深教授,教育部长江学者特聘教授;本文发表于2022年第5期）

作答时代的伦理之问

孙春晨

摘　要　人类正处于百年未有之大变局的新时代,中国与世界都面临着新的时代之问以及基于时代之问的伦理之问。"世界怎么了""人类向何处去"的时代之问涵盖了中国之问、世界之问和人民之问的全部伦理关切。时代之问蕴含着丰富的伦理主题,人民至上、共同富裕、全人类共同价值、人类命运共同体和文明新形态等都是具有中国特色的伦理话语,时代之问昭示着中国伦理学知识体系和话语体系的生成与发展必然具有时代性特征,呼唤着中国伦理学新话语、新知识、新理论和新思想的诞生。时代之问是生活世界的伦理之问,伦理学研究不能脱离生活世界的伦理之问,以实证研究作答时代伦理之问需要对现实的社会道德状况做出理性的判断,充分肯定我国社会道德状况积极健康向上的发展势头是作答时代伦理之问的前提,作答时代的伦理之问需要改进伦理学实证研究的方法。时代之问引发的对应用伦理学研究的重视,是构建伦理学知识体系和话语体系的新的生长点,时代的伦理之问为应用伦理学的发展开辟了广阔的天地,"应用伦理"专业硕士学位的设置为应用伦理学作答时代的伦理之问提供了人才保障。

一、时代之问中的伦理主题

时代之问包含了中国之问、世界之问和人民之问。每个时代都有其重大的时代课题,时代是"出卷人",人类正处于百年未有之大变局,在这样的时代背景下,中国与世界都面临着新的时代之问以及基于时代之问的伦理之问。在2022年1月世界经济论坛视频会议上,习近平总书记指出:"当今世界正在经历百年未有之大变局。这场变局不限于一时一事、一国一域,而是深刻而宏阔的时代之变。"三个月后,习近平总书记在博鳌亚洲论坛2022年年会开幕式上又谈道:"当下,世界之变、时代之变、历史之变正以前所未有的方式展开,给人类提出了必须严肃对待的挑战。"新冠肺炎疫情全球肆虐、乌克兰危机加剧地缘政治对抗、经济全球化遭遇"逆风逆流"、民族主义甚嚣尘上、全球南北发展差距进一步扩大……这些都是全人类面临的严重的"时代之忧",世界之变、时代之变和历史之变,引发了中国之问、世界之问、人民之问和时代之问。所谓"中国之问"是指当代中国的经济社会和文化发展正在经历复杂的实践创新,改革和发展任务之重、矛盾风险挑战之多、治国理政考验之大都前所未有,需要回答一系列事关中国未来发展的理论和实践课题。所谓"世界之问"是指当今世界正处于百年未有之大变局,其深刻变化前所未有,世界的不稳定性、不确定性更加突出,人类共同面临大量亟待回答的理论和实践课题,诸如"世界向何处去?和平还是战争?发展还是衰退?开放还是封闭?合作还是对抗?""建设一个什么样的世界、如何建设这个世界"等。所谓"人民之问"是指如何满足人民在追求美好生活的过程中不断生发出来的对物质生活和精神生活的新需要、新要求,推进实现共同富裕。所谓"时代之问"是指在百年未有之大变局的新时代,中国和世界在经济政治和文化等社会生活诸领域所面对的一系列正在解决、有待解决和正在探索的时代课题。从内容上看,中国之问、世界之问、人民之问和时代之问不是独立存在的,而是有着密切的内在逻辑关联。当下的中国之问、世界之问和人民之问实际上都是时代之问,是时代的中国之问、时代的世界之问、时代的人民之问,"世界怎么了""人类向何处去"的时代之问涵盖了中国之问、世界之问和人民之问的全部伦理关切。

时代之问蕴含着丰富的伦理主题。哲学是时代精神的精华,而伦理学是哲学学科中对时代变革最为敏感和最为明显的分支学科。"每一历史时代的经济生产以及必然由此产生的社会结构,是该时代政治的和精神的历史的基础。"[1](9)一切划时代的思想和精神体系都是由于那个时代的需要而形成和发展起来的,从归根结底的意义上说,一定时代的伦理学话语体系总是由其所处时代的经济生产和社会结构所决定的,并随着时代经济社会的发展而发展。时代之问和时代的生活实践是伦理学知识体系和话语体系产生与发展的源泉,社会实践发生变化,伦理学知识体系和话语体系也将变化和发展。以实践性为显著特征的伦理学,不是一成不变的思想理论体系,而是在时代生活实践的变化中发现新问题、回答新问题,以创新姿态适应时代需要的实践哲学。当下的时代之问所涉及的利益关系与公平正义、国际关系伦理、经济发展与普惠伦理、全球生态文明以及人的生存和发展价值等问题,实际上就是时代的伦理之问。中国特色社会主义伟大实践对时代之问的作答,就是对时代的伦理之问的作答。中国所提出的解决时代之问的实践方案,展现了时代之问的丰富伦理主题。人民至上、共同富裕、全人类共同价值、人类命运共同体、文明新形态等具有中国特色的伦理话语,已在全世界得到了广泛传播和积极认同。坚持人民至上和推进共同富裕是中国共产党区别于其他政党的政治伦理和执政伦理的显著标识,全人类共同价值为构建人类命运共同体和创造文明新形态奠定了坚实的伦理基础。以达成伦理共识的方式解决时代之问,要求世界各国团结协作,共同维护世界和平稳定;守望相助,共同促进全球可持续发展;同舟共济,共同实现合作共赢;包容并蓄,共同扩大开放融合。中国道路的实践创新孕育出的时代性伦理主题,需要中国化马克思主义伦理学从前瞻性和引领性的战略高度加以研究,以回答中国道路实践创新中的现实伦理之问。

时代之问昭示着中国伦理学知识体系和话语体系的生成与发展必然具有时代性特征。世界在变化,时代在前进,国内和国际经济社会和文化发展的实践永不停息,时代的变迁为中国伦理学研究取得突破性进展提供了难得的机遇。人类伦理观念和道德文化发展的历史表明,社会大变革的时代,一定是伦理学大发展的时代。当代中国所处的新时代,正在展开一场历史上涉及领域最为广泛、影响最为深刻的社会变革,与此相适应的中国经济社会和文化的实践创新也成为人类历史上最为宏大而独特的国家行动。这一前无古人的以中华民族伟大复兴为伦理目标的实践进程，无疑将给伦理学理论的创新和伦理学学术的繁荣提供坚实的文化基础、强劲的精神动力和广阔的发展空间。当代中国正在发生的社会变革和实践创新，其所突显出来的伦理主题，已然赋予了伦理学和伦理学研究者进行理论创新和实践创新的时代使命，不能作答时代的伦理之问，就不能更好地推进中国特色社会主义的发展。"这是一个需要理论而且一定能够产生理论的时代，这是一个需要思想而且一定能够产生思想的时代。"[2]伦理学迎来了发展和繁荣的新时代，能否对时代的伦理之问做出理性的和合理的回答，不仅关涉现实的国内和国际伦理难题的解决，而且事关当代中国自主的伦理学知识体系和话语体系的构建与发展。

以道德文化自信引领当代中国伦理学知识体系和话语体系构建。新中国的伦理学知识体系和话语体系建设，坚持以中华民族优秀的道德文化传统为根基，以马克思主义伦理思想为指导，以国外伦理学理论为镜鉴，进行全方位的综合创新。当代中国伦理学的知识体系和话语体系是对中华民族道德文化传统的创造性转化和创新性发展，而不是传统道德文化"母版"的简单承接和延续，它是中国化的马克思主义伦理学知识体系和话语体系，而不是直接套用马克思主义经典作家伦理思想的"模板"，它是在比较的基础上有鉴别地吸收国外伦理学理论，而不是国外伦理学知识体系和话语体系的"翻版"。当代中国的伟大社会变革所面临的复杂多变的时代背景和改革创新的时代主题，要求中国伦理学不断丰富理论内涵、拓展学术视野，形成解决现实伦理问题的新观点、新思路和新方法。时代变革和实践创新为自主建设中国伦理学知识体系和话语体系注入了源源不断的活力和动力，时代之问呼唤着中国伦理学新话语、新知识、新理论和新思想的诞生。构建当代中国伦理学知识体系和话语体系，不能脱离中华民族道德文化的历史传统，不能脱离中华民族自古以来所持守的价值观和理想信念，不能脱离当代文化环境下大众的日常生活世界。推进当代伦理学知识体系和话语体系建设建构，必须考虑不同伦理观和道德观赖以生存的具体历史语境和文化背景,承认人类道德文化传统的多样性,探究不同伦理生活共同体之间的文化差异,坚持道德文化自信,充分展示中华民族道德文化传统的智慧魅力和现代价值,采取开放的研究态度,将伦理学知识体系和话语体系融入世界文化多样性的大环境中,使民族的和世界的优秀道德文化传统形成合力和互动。如何正确处理伦理学知识体系的自主建构与借鉴国外的关系,如何在民族道德文化的传统与现代化社会发展之间保持平衡,如何看待普遍性道德知识与地方性道德知识的关系,都是我国伦理学研究必须面对和回答的时代的伦理之问。

二、以实证研究作答时代的伦理之问

伦理学对现实道德生活的变迁具有高度敏感性。生活实践是伦理学理论和思想之源,世界百年未有之大变局与中国新时代经济社会和文化发展的相互作用,使得中国社会的现实道德问题不断凸显,需要运用中国化马克思主义伦理学理论予以阐释,通过现实的人的道德实践寻找解决的有效路径。马克思主义伦理学将现实的人的道德生活和道德活动作为认识历史及时代道德状况的前提,尤为关注人们实际的道德生活和道德活动方式,因为它们真正体现了一个时代的道德文明和社会风尚的高度。马克思主义唯物史观之于伦理学的积极作用在于,它改变的不只是伦理学或道德哲学认识和理解社会生活的方式,更重要的是,它赋予了伦理学解释和回应现实道德问题的功能,以伦理性的"时代精神"引领时代的道德发展。

时代之问是生活世界的伦理之问。当代伦理学研究的一个重要发展趋势是从建构道德概念和道德规则体系转向对人们的日常生活世界的道德问题的分析和研究,而要探讨日常生活世界的社会伦理关系和道德行为,自然就要考察人类生活世界所表征的伦理内涵。一个充满意义的生活世界就是一个伦理世界。生活世界是日常交往伦理和道德生活实践的核心,"它是由扎根在日常交往实践中的文化再生产、社会整合以及社会化相互作用的产物"[3](86)。在生活世界的空间纬度上,人们通过日常的道德生活行动和人际交往联结成主体间际的伦理关系世界;在生活世界的时间纬度上,悠久的文化传统展示了历史性的伦理意义结构,当代社会各种类型的伦理秩序即是历史选择的结果,在漫长的历史发展过程中逐渐形成了当下能为人们所认同和接受的伦理世界。伦理学研究不能脱离生活世界的伦理之问,那种试图超越生活世界走向纯粹思辨的伦理学,必然被生活世界抛弃。

以实证研究作答时代伦理之问需要对现实的社会道德状况做出理性的判断。如何判断当下我国社会道德现实状况,是一个突出的生活世界伦理之问。有一种广为流传并被许多学者和公众接受的论调是"道德滑坡论",这一论调从整体上对我国道德状况做出了负面评价。早在20世纪80年代,市场机制的引入给我国社会的道德生活带来了多方面的影响,当时就引发了关于市场机制究竟是导致"道德滑坡"还是"道德爬坡"的论争。起初的相关论争还只是在学术研究的层面,以后逐渐成为全社会关注的话题。到了网络时代,更多的人参与到社会道德问题的讨论中来。当下任何一个突发的社会事件,各种媒体上的热烈讨论总会涉及对社会道德状况的总体评价,而"道德滑坡论"成为一些学者和公众从道德视角解释社会事件的一个主要论据。有人甚至认为,"道德滑坡"尚不足以概括当下我国社会道德的衰败状况,进而提出"道德溃败论"和"道德崩溃论",在这些人看来,我国道德大厦的倾倒和坍塌已经到了无法挽救的地步,而改革开放的四十余年就是"道德溃败"和"道德崩溃"的四十余年。"道德滑坡"描述的是全社会的整体道德水准从某个"高坡"或"坡顶"线性向下滑落的状况。但是,真的存在这样的道德"高坡"或"坡顶"吗?做出"道德滑坡"评价的标准或参照系又是什么?在现有的相关讨论中,持"道德滑坡论"者没有给出有理有据和有说服力的解释。在马克思主义唯物史观看来,道德观念和道德水准归根到底都是当时的社会经济状况的产物,道德进步是人类文明发展的必然趋势。尽管存在着西方社会中世纪道德黑暗的时期,但从人类文明发展的历史长河角度看,人类的道德状况无疑是在曲折中不断趋向进步的,并不存在道德处于某个"高坡"或"坡顶"的静止时刻。既然没有道德"高坡"或"坡顶"的存在,那么"道德滑坡论"也就不能成立。在如何看待现时代社会道德状况问题上,"道德滑坡论"存在两个认识误区。一是以偏概全,一些人刻意放大道德生活中的某些领域存在的突出问题,并将之扩展到社会生活的全部领域,从局部的道德负面现象片面地推及社会整体。二是线性思维,一些人以直线、直观和单一的思维方式看待道德问题,只看到道德问题的表象,看不到道德问题的内在本质及其复杂性,自然就不能把握社会道德问题的本质特征。在当今的网络社会,"道德滑坡论"成为一些网民倾吐和宣泄不满情绪的理论依据,充斥于网络的道德焦虑让一些人失去了理性认识社会道德状况的耐心。从时代的伦理之问角度看,如果以"道德滑坡"来概括现时代的社会道德状况,将无法理解通过第三次分配来促进共同富裕的时代伦理主题,第三次分配能够促进共同富裕,其内在机理是依靠道德力量的作用,如果一个社会的整体道德状况呈现普遍滑坡和普遍下降的情形,依赖道德力量的第三次分配又何以可能实现?

充分肯定我国社会道德状况积极健康向上的发展势头是作答时代伦理之问的前提。改革开放以来,人们的道德水准和文明素养不断提高,社会道德生活领域呈现积极健康向上的良好态势。道德进步是人类文明演变的总方向,我国经济社会和文化发展水平的提高,带动了人们道德素质的提升和社会道德状况的改善。由市场经济引发的社会生产方式和生活方式的变革,促进了新的道德价值观念的形成和发展,人们拥有了更多的行为自由,个人权利获得了更好的保障,自立自主和公平竞争等现代道德观念日益深入人心,人们的公共伦理意识、环境保护意识、公益慈善意识、公平正义意识和志愿服务意识等得到了大幅度提升,并能够自觉地将这些现代道德观念和道德意识落实到个人的道德行动之中。在肯定道德建设成绩的基础上,不可否认道德生活诸领域依然存在着多方面问题。由于市场经济规则、政策法规和社会治理不够健全,受错误价值观念和不良文化的侵蚀,在经济生活领域,一些企业为追求利益和利润的最大化,不能自觉履行社会责任;在政治生活领域,一些政府部门的公信力不断受到突发事件的考验,一些官员道德败坏,贪腐案件时有发生;在个人生活领域,一些人只考虑自己的利益,将个人利益的实现放在首要位置,甚至为了个人利益而无视或损害他人和社会利益;在日常交往领域,人们虽然都认同向善的道德价值,但一些人却难以将其落实到具体的行为之中,即便心中有向善的愿望,也不愿化为具体的道德行动。上述生活世界中客观存在的道德问题,是我国经济社会发展进程中无法避免的"道德阵痛"。作答时代的伦理之问,既不能因为我国社会生活中存在某些道德问题而全盘否定公民道德建设的成果,更不能因此而丧失开展公民道德建设的信心。

作答时代的伦理之问需要改进伦理学实证研究的方法。我国伦理学者已经开始关注并实施对时代伦理之问的实证研究,作为社会学研究标识性方法的问卷调查被一些伦理学研究者采用,但是,道德状况的实证研究不同于其他可以量化的社会学问题研究,它有其特殊性,不能将时代伦理之问的实证研究简单地理解为量化的经验研究。生活世界的真实道德状况能否通过问卷调查准确地反映出来?这是需要研究者反思的问题。与客观经济数据的问卷调查信度相比,道德状况的问卷调查在很大程度上会出现道德态度表达与实际的道德行为之间的差异。一般情况下,被调查者对一些基本的"向善"的道德观念或道德规则,能够做出正面的或肯定的态度表达,但这并不代表其行为与道德态度能够保持一致,有可能会出现"应然"与"实然"的差异,而且道德态度与道德行为之间的因果关系难以通过问卷调查的数据清晰地判断出来。在道德生活领域,说得好而做得一般或做得不好的情形普遍存在。根据问卷中呈现的大多数人都知道"应该怎样"的数据,并不能得出大多数人就"必然如此行动"的结论。只是依靠对道德状况的问卷调查,很难获得准确的关于现实道德状况的信息。为此,在实证研究中,如果采用问卷调查的方法,需要在问卷中尽可能多地设置"道德情境",最大限度地减少诱导性因素,让被调查者在情境中做出行为选择。虽然设置"道德情境"也不能完全避免道德态度与道德行为不相符的情况,但总比只是让被调查者直接表达道德态度获得的数据更真实一些。与问卷调查道德认知状况相比,对公民道德行为状况的考察能够更接近于真实的公民道德发展水平和社会道德风尚。

借鉴文化人类学的研究方法作答生活世界的伦理之问。研究和作答生活世界的伦理之问,必然要求从人们实际的道德行动与道德生活入手。这就要求研究者把注意力从抽象的理性世界转移到感性的生活现实,其目的不只是描述生活世界的道德事实,更为重要的是揭示生活世界的道德意义。文化人类学以考察各种不同的道德文化形态为己任,从中发现不同的道德文化之于当地人的价值意义。在伦理学的知识结构与学术体系越来越单一化和同质化的当代,文化人类学的一个重要任务是,促进伦理学知识体系中各个部分的平衡,为多样的道德文化论证其存在和发展的合理性。与理性主义伦理学热衷于研究纯粹的道德理论体系相比,文化人类学不再建构宏大叙事的道德观念体系,而是重视探寻不同文化背景下普通人的具体道德生活样态,通过长期和深入的田野工作,浸入到"生活世界"日常伦理的肌理之中,观察并阐释不同的伦理文化和道德价值是如何渗透于普通人的日常言行及人与人的伦理关系网络之中的,并在此基础上开展跨文化的比较研究。比起问卷调查,文化人类学深度访谈和参与观察的田野调查研究方法需要花费研究者更多的时间和精力,但对作答时代伦理之问的实证研究而言,却是值得尝试和努力的方法论。

三、应用伦理学作答时代的伦理之问大有作为

应用伦理学在伦理学学科体系中异军突起。新中国成立后,经过几代伦理学人的不懈努力,中国伦理学的知识体系已经形成了包括伦理学原理、中国伦理思想、外国伦理思想和应用伦理学四种知识形态在内的学科框架,这四种知识形态所研究和传播的道德知识虽然各有侧重,但它们都是中国伦理学知识体系建设中不可缺少的组成部分。中国伦理学知识体系建设的突出特色是,以马克思主义伦理思想作为建设伦理学知识体系的理论根据,从而形成了在马克思主义伦理思想指导下伦理学原理、中国伦理思想、外国伦理思想和应用伦理学研究齐头并进的知识体系与学科体

系。在这四种知识形态所构成的伦理学学科体系中,应用伦理学虽然是后来者和新生力量,却因赶上了时代的剧烈变革而日益显现出其在伦理学学科体系中的重要性。作为当代学科的应用伦理学诞生于20世纪中叶的西方世界,它的出现与当时西方世界的时代变迁密切相关,此后在全世界范围内得以兴盛和发展,当今的应用伦理学已成为伦理学大家庭中的一门"显学"。应用伦理学传入中国后受到了广泛的关注,经过中国伦理学者几十年的努力培育,其羽翼日渐丰满。1995年成立的中国社会科学院应用伦理研究中心和复旦大学应用伦理学研究中心是我国全面开展应用伦理学研究的重要标志,此后,北京大学等一些高校和科研单位相继成立了应用伦理学相关的各级各类研究机构,中国的应用伦理学研究队伍不断壮大、蔚为壮观。中国社会科学院应用伦理研究中心于2000年起开始主办的"全国应用伦理学研讨会",迄今已召开了十一次,研讨的应用伦理领域涉及应用伦理学基础理论、经济伦理、科技伦理、生命伦理、环境伦理、媒体伦理、国际伦理、法律伦理、网络伦理、家庭伦理和性伦理等,该中心还与社团法人日本伦理研究所合作召开了十次实践伦理学(应用伦理学)国际研讨会。这些学术活动的举行,有力地推动了应用伦理学在中国的传播和发展。在中国伦理学知识体系和话语体系建设中,应用伦理学的知识体系和话语体系有别于传统的伦理学原理以及中外伦理思想史知识体系和话语体系,也不同于规范伦理学和美德伦理学知识体系和话语体系,它不拒绝理论形态的伦理学知识体系和话语体系,甚至要以理论形态的伦理学知识体系和话语体系作为解释和解决具体应用伦理问题的学理基础,但它的知识体系和话语体系更多地来源于当下的时代和人类的生活世界,有其自身的学科特色。理论伦理学主要以思想和观念的方式关照时代的道德变迁和人们的道德生活,应用伦理学则是以化解生活中的道德冲突、解决具体道德问题的实践方式,帮助人类走出生活中的道德困境、构建合理的社会伦理秩序。时代之问引发的对应用伦理学研究的重视,为构建伦理学知识体系和话语体系提供了一个新的生长点。

时代的伦理之问为应用伦理学的发展开辟了广阔的天地。当今的时代是科技改变社会发展形态和个人生活方式以及价值观念的时代,科技发展的力量似乎无法阻挡,而科技发展带来的时代之问几乎都与伦理学相关。中共中央办公厅、国务院办公厅印发的《关于加强科技伦理治理的意见》,针对我国科技创新快速发展,面临的科技伦理挑战日益增多,但科技伦理治理仍存在体制机制不健全、制度不完善、领域发展不均衡等问题,要求加快构建中国特色科技伦理体系,健全多方参与、协同共治的科技伦理治理体制机制,建立完善符合我国国情、与国际接轨的科技伦理制度,塑造科技向善的文化理念和保障机制,为增进人类福祉、推动构建人类命运共同体提供有力科技支撑。实际上,不只是科技发展自身提出了众多的时代伦理之问,由于科技发展已经浸入人类社会生活的各个领域,受科技发展影响的环境伦理、经济伦理、军事伦理、国际伦理和隐私伦理等多个应用伦理领域,同样存在着需要解决的时代伦理之问。

“应用伦理”专业硕士学位的设置为应用伦理学作答时代伦理之问提供了人才保障。与《关于加强科技伦理治理的意见》相对应的一个国家顶层设计是,国务院学位委员会在《博士、硕士学位授予和人才培养学科专业目录》中新增了“应用伦理”专业硕士学位,中国人民大学和复旦大学获得首批“应用伦理”专业硕士授权点。在哲学一级学科之下,增设独立的“应用伦理”专业硕士学位,是中国伦理学对时代之问的主动和积极的回应。应用伦理学是一个内容非常丰富的学科,举凡与现实社会生活和人的生活方式相关的任何领域,都可能存在值得关注和研究的伦理问题。当下最热门的应用伦理学领域包括生命伦理、医学伦理、人工智能伦理、大数据伦理、环境和生态伦理等,这些领域相关行业的发展需要一批具有跨学科背景的复合型人才,参与企业或组织的伦理决策与伦理治理,但目前相关专业人才极其缺乏,增设“应用伦理”专业硕士学位是应时代和社会之需的重要举措。“应用伦理”专业硕士属于应用型专业人才,虽然是专业学位,但它需要以应用伦理学学科的深入研究作为学术支点,因此,培养合格的应用伦理专业人才必须以强化应用伦理学的学科研究为前提,这就给设置“应用伦理”专业硕士学位的单位及其教师提出了更高的要求。应用伦

作答时代的伦理之问

理的一个显著特征是跨学科融合,只依靠哲学和伦理学专业背景的教师显然不能胜任培养合格应用伦理专业人才的工作,在课程设计和任课教师方面,需要根据"应用伦理"专业硕士学位的培养标准,进行多学科的联手合作,这也是打造"新文科"的应有之义。"应用伦理"专业硕士的设置体现了"新文科"背景下伦理学专业与其他学科的交叉性和融合性,是"新文科"建设中学科融合的新形态,因此,培育跨学科或学科交叉的应用伦理专业教学团队显得尤为重要。

参考文献:

[1] 马克思,恩格斯.马克思恩格斯文集:第二卷[M].北京:人民出版社,2009.

[2] 习近平.在哲学社会科学工作座谈会上的讲话[N].人民日报,2016-05-19.

[3] 〔德〕哈贝马斯.后形而上学思想[M].曹卫东,等,译.南京:译林出版社,2001.

(孙春晨,中国社会科学院大学哲学院教授,中国社会科学院哲学研究所研究员;本文发表于2022年第5期)

马克思关于森林法的道义辩论

宋希仁

摘　要　马克思关于林木盗窃法辩论的评论,对普鲁士封建主义法律关系和道义观进行了深入剖析,第一次公开维护贫苦民众的人权和物质利益,尖锐地抨击了议会辩论维护林木所有者等级特权、背离法理和道义的行径。评论不仅显示了马克思高超的政治智慧和逻辑力量,而且突破德国思辨哲学的空泛模式,从意识形态深及现实社会的经济领域,直入法理和正义的根底,并开启了他终其一生对政治经济学的科学研究。

1842 年 10 月间,年仅 24 岁的马克思积极参与了对第六届莱茵省议会辩论的评论,连续发表了几篇重头文章。其中,马克思关于林木盗窃法辩论的评论,对普鲁士封建主义法律关系和道义观进行了深入剖析,第一次公开维护贫苦民众的人权和物质利益,尖锐地抨击了议会辩论维护林木所有者等级特权、背离法理和道义的行径。评论不仅显示了马克思高超的政治智慧和逻辑力量,而且突破德国思辨哲学的空泛模式,从意识形态深及现实社会的经济领域,直入法理和正义的根底,并开启了他终其一生对政治经济学的科学研究。

一、关于森林法的道义辩论

19 世纪 40 年代,在普鲁士还存在着这样的社会现象:小农、短工和城市居民因贫困和破产而不得不去采集森林中的枯木残枝,用于家庭烹调和取暖。按照世俗惯例,这是他们的"习惯权利",也是人应有的自然权利。但是林木所有者把贫民捡拾林中的树木枯枝看作"盗窃",要求用法律加以惩处。于是,普鲁士政府决定颁发新的法规,惩治这种"盗窃"行为。莱茵省议会于 1841 年 6 月 15 日至 17 日就"林木盗窃法草案"进行了辩论。这是一次具有重大意义的关于现实经济问题的辩论,马克思把它看作省议会"在坚实的地面上演出的大型政治历史剧"。

莱茵省议会属于普鲁士王国内的省级等级会议,由四个等级的代表组成,包括诸侯和上层贵族代表、骑士或下层贵族代表、城市的代表、农民和小农业主代表。拥有地产是参加省议会选举的主要条件。省议会的权限是商讨地方经济和省的行政管理问题,以及政府提交的一些法案和提案。这次关于森林法的辩论显然是关于地方经济和行政管理的重要现实问题。辩论一开始就发生了法律和道德、不法和犯罪的界限问题的交锋。下面仅举两例。

例一:偷拿林木是否属于盗窃?城市代表反对把普通的违反林木管理条例的捡拾林木行为归入"盗窃"范畴。骑士代表反驳:"正因为不把偷拿林木行为算作盗窃,所以这种行为才经常发生。"马克思针对后一种观点反驳说:"打耳光不算杀人,但能否说正因为打耳光不算杀人,所以打耳光才成为经常发生的现象,因此立法者就应当把打耳光的行为算作杀人?"

例二:偷拿枯木和树枝是否应同盗窃枯枝或砍伐活树一样惩罚?城市代表认为,如果把偷拿枯木、树枝的行为都当作盗窃行为处理或同砍伐活树同样惩罚,那就会把并不是有意犯罪的好人推上罪人的道路。另一位代表反驳:"有人先把小树砍伤,等它枯死后再当作枯树拿走,因此应该把这种行为当作同盗窃一样的行为处罚。"马克思针对后者反驳说:"这是为了幼树的权利而牺牲人的权利。""如果法律的这一条款被通过,那么就必然会把一大批不是存心犯罪的人从活生生的道德之树上砍下来,把他们当作枯树抛入犯罪、耻辱和贫困的地狱。"[1] 事实上,林木所有者占有的只是林木本身,而树木已经不再占有从它身上落下的枯枝。因此,捡拾枯枝与盗窃林木是本质不同的两回事,不能混淆是非,模糊道德和法律的界限。

　　按照马克思的严格法律分析,捡拾枯枝与盗窃树木这两种行为的区别表现在两个方面。第一,如果是占有了一棵活树,那就是用暴力截断或破坏树木各部分的有机联系。这种行为是明显地侵害树木的行为,也是侵害树木所有者的权利的行为。第二,如果砍伐的树木是从别人那里偷来的,那树木就已经是加工了的树木,同财产的天然联系已经让位于人工的联系,这样谁盗窃了已砍伐的树木谁就是盗窃别人的财产。这是行为事实本身的区别。就是说,捡拾枯树、违反林木管理条例与盗窃林木,这三者的行为的性质是不同的。捡拾枯树并不等于违反林木管理条例,更不是林木盗窃。林木盗窃者是擅自将别人的财产占为己有,而捡拾枯树者只是对已经不属于财产本身的枯木所做的选择。对象不同,作用于对象的行为也就不同,因而其意图的性质也一定有所不同。如果不顾两种行为的本质区别及其真实意图,将这两种行为都当作盗窃对待并加以惩罚,那就不仅是混淆善恶界限,而且会把穷人的习惯法变成富人的独占权,把公共财产变为私有财产的独占权。在这里,马克思提出要为穷人要求习惯法,而且是一切国家的穷人的习惯法。因为这种习惯法"按其本质来说只能是这些最底层的、一无所有的基本群众的法"[1](248)。马克思认为,实行"森林法"的国家之所以不承认习惯法的正义,就在于习惯法的习惯不是特权者的习惯。特权者的习惯是与法相抵触的,就像动物习惯于不平等的关系一样。贵族的习惯法是与通用性和必然性的法相对立的,它们无视普通法律的形态,而只重法律的特权内容。这种特权内容就是领主裁判权的制定:维护领主利益的奴仆同时又是宣判人;护林官是告发者、鉴定人,同时又是惩罚规定的估价人。这种荒谬的审判程序完全体现着特权者的利益和权力。这就证明,他们的行为只是习惯的不法行为,而不是合法的行为习惯。因此,马克思主张废除这种特权的习惯法及其所保护的特权。

　　这里应该注意,在实施普通法的时候,合理的习惯法是制定法认可的习惯,因为法并不因为已被确定为法律而不再是习惯,但是它不再仅仅是习惯,还有被规定为法律的法。对于一个守法者来说,法已成为他自己的习惯,而对违法者来说则是被迫守法,被迫改变他的不良习惯。在这里,被确定的法不再取决于偶然性,即不再取决于习惯是否合理;恰恰相反,习惯所以成为合理的只是因为法已变成法律,习惯已成为国家认可的普遍性的习惯。从林木事件的习惯法存在形态来说,贵族的习惯法是同合理的普通法相抵触的习惯,而贫民的习惯法则是同实在法的习惯相抵触的法。贫民习惯法的内容并不反对法的形式,而是反对习惯法的不定形态,反对把特权变成法,因为把特权变成法就意味着对贫民利益的侵害。马克思说:"习惯法作为与制定法同时存在的一个特殊领域,只有在法和法律并存,而习惯是制定法的预先实现的场合才是合理的。因此,根本谈不上特权等级的习惯法。"[1](250) 就是说,特权等级没有权利预示法律,因为法律已经预示了他们的权利可能产生的一切结果。

这里涉及法律和法理的关系、道德与法律的关系。马克思认为,"法律不应该逃避说真话的普遍义务。法律负有双重的义务这样做,因为它是事物的法理本质的普遍和真正的表达者。因此,事物的法理本质不能按法律行事,而法律倒必须按事物的法理本质行事"[1](244)。说真话是法律的普遍义务,就是法按照法理行事;否则,法律不按法理行事就会导致荒谬和不义。由此,马克思进行了深层的剖析:法律如果把未必违反林木管理条例的行为称为盗窃林木,就是在合法但不合道义地扯谎,穷人就会成为这种违反道义的牺牲品;法律如果这样对待捡拾枯木者,就会使人民看到的不是罪行,而是看到对没有罪行的行为实施罪行惩罚;如果在不该用盗窃这一范畴的地方使用盗窃,就是在应该使用盗窃的地方掩饰了真正的盗窃;如果把任何侵犯财产的行为都看作盗窃,那就等于说任何财产都是盗窃;如果不考虑各种犯罪行为的差别,那就是把犯罪当作与法无关的东西,也就是否定了法本身;如果不考虑任何差别的严厉惩罚的法律手段,就会使法律的惩罚毫无实效,因为它不区分行为差别的性状,就等于取消了作为法的结果的惩罚。这种是非混淆、善恶颠倒的判处,无异于把合法的行为变成罪行,而把罪行本身变成了合法行为。这种法律必然完全背离法理,失去法律本身的合理性和正义性。

不仅如此,上述情况还涉及立法原则问题。马克思认为,立法者的明智在于,预防罪行是为了避免惩罚罪行。但是预防的办法不是限制法的领域,而是给法提供实际的活动领域,这里需要的是立法者的仁慈。如果国家在这方面不够仁慈,那么立法者起码的义务就是:不要把那种仅仅由于社会环境造成的过错变成个人的犯罪。立法者必须以最大的仁慈之心,把这种情况的发生当作社会秩序管理混乱来加以纠正,至多应该当作违反警章规定的行为来对待,而不能当作个人犯罪的行为来惩罚。如果把那些因社会环境而造成的过错当作危害社会的罪行来惩罚,那就超出了法律正义的界限,使立法成为最大的不法,使正义变为不义。对此,经验的检验标准就是人民是否能够接受。在这种意义上,马克思认为法律处罚不应该引起比纠正过错更大的反感,犯罪的耻辱不应该成为立法的耻辱,否则就会破坏国家法律的法理基础。马克思强调指出,"这是立法的首要规则"。

二、合理意志与道德正义

马克思在关于森林法的辩论中,谈到"自由意志"与"合理意志",以及行为的动机和后果问题。在议会辩论中,有人用"自由意志"反对任命制。理由是私人的自由意志不应受到任何限制。这样的理由就不只是关于森林法的问题,而且也是涉及普遍性的道德哲学问题。马克思认为,说人具有一种可以不受任何限制的自由意志,这很像是希腊神话的预言,只是脱离人间生活的想象。在马克思看来,现实的自由意志是具体的,不是抽象的,认为自由意志就是不受任何限制的理由只是思辨的抽象。在现实的林木争讼中,强调这种"不受任何限制的自由意志",实际上就是在维护强权者的利益,为林木所有者辩护而寻求特权理由。强调自由意志不能受任何限制,实际上就是要求给予林木所有者以不受任何限制的意志自由,使他们的意志能以最方便的、省钱而得利的方式来处理和惩罚违反林木管理条例者,以保障他们自己的特权利益。他们不仅要求有占有林木财富的特权,而且要求有法律维护他们处理违反林木管理条例者的全权。正是在这里,理性的逻辑充足理由律被特权者利益的诡辩牵着鼻子走。

马克思认为,实际上,反对者并不是反对限制自由意志,而是反对严格的限制方式。因为这种严格的限制方式不仅限制了违反条例者的自由意志,而且也限制了林木所有者的自由意志。林木所有者所要的自由意志,是对他们忠实顺从、善于使自己的活动与特权者的活动相一致的自由意志,也就是使国家权威变成林木所有者的奴仆和工具。因此,林木所有者所要求的自由意志是与合理意志的精神相背离的。所谓"合理意志",在德国传统道德哲学中,就是合乎理性的精神,它体现为履行正义原则的理性,而不是自私自利的不讲道义的理性。在这里应该是既不违背林木所有者的合理利益,也不侵害捡拾林木的劳动人民的合理利益。只要求伸张林木所有者的自由意志而不顾他人的利益,正是林木所有者自私自利的不讲道义的理性。国家在这种自由意志的支配下,就不可能有正义的立法,也不可能有公正的法官和公正的执法。

法律体现的是国家权力。对于治理国家来说,最需要的是表达人民精神和意志的法律。法律若掺进特权者的自私和狭隘,其危害要比道德的自私和狭隘更严重、更普遍,因为法律更带有以国家机器为后盾的强制性。法律必须是大公无私的。如果法律是自私自利的,法官只能一丝不苟地表达法律的自私自利,无所顾忌地利用它为自己或自己的集团牟取私利,那么这样的法律颁布和判决就必然是对公民的欺骗和侵害。在这种情况下,法律就只是特权者自由意志的表达,所谓"公正"就只是判决的虚假形式,而与判决的内容和实质无关。因为内容已经被自私狭隘的法律事先规定了,或者已经包含在自私自利的执法行为中了。诉讼是法律的生命形式,也是法律生命的表现。如果形式不是内容的形式和生命的体现,那么法律诉讼就没有任何价值,或者说就只是被用来掩护腐败和罪恶的特权。

从道义上说,立法的公正与否决定于立法者是否大公无私。在马克思看来,立法者不能是狭隘小气、愚蠢死板、平庸浅薄、自私自利的人。这种人看事情只从自己的得失着眼,好像有人踩了他的脚鸡眼,他就把自己的脚鸡眼当作判断别人行为的标准。立法者不应该用狭隘的私人利益眼光把一个触犯某一规定的行为夸大为整个人的恶,判他为罪人。这就如同把法律当作消灭老鼠的捕鼠器,而立法者就只是捕鼠者,完全不分是非、善恶、罪或过。这样还能有正义的法律和执法的正义吗?正因为这样,马克思强调任何人、甚至最优秀的立法者也不应该使他个人凌驾于法律之上。

马克思认为,普鲁士议会和政府的这种立法完全是以强制手段维护森林所有者的特权,是维护特权者与无权者的不平等的关系,是对一无所有的劳动者的生命的剥夺,对人权和人道的践踏。在这里,剥削者的利益与被剥削者的利益是根本对立的。在这种关系中,森林占有者是目的,人民群众是手段。森林占有者代表的是"私有制的利益",人民群众只是为了合理的"私人利益"。两者的利益绝不是平等的。马克思在这里使用了"私人利益"和"私有制的利益"两个概念,显然是已经看到根本问题在于私有制的特权和特权的私有制。造成伦理秩序破坏和冲突的就是私有制特权与人民利益的对立。森林占有者的利益和人民群众的利益虽然都是"私人利益",但它是两种性质不同的私人利益。森林占有者的"私人利益"实际上是私有制特权利益的体现。这种"私人利益"没有国家,没有全省,也没有伦理的共同精神,甚至连乡土观念都没有。它唯一的目的就是他们的作为特权者的私人利益。因此只要有林木私人特权占有关系,在存在剥削和被剥削的制度中,不论在世界什么地方,它所造成的人与人的关系必然是根本利益对立的关系。维护这种利益关系的法律也一样,都是维护剥削者的特权利益,只是颁布方式以及文字表达的差别而已。这样的世界是被分裂的世界,从本质上说是有损于人道和正义的世界。

这里还有一个问题,就是公民与国家之间的关系。从前面的所谓林木盗窃和惩罚来说,本来在价值补偿和损失的特殊补偿后,盗窃者和林木所有者的关系已经结束。林木所有者的利益在林木被窃时受到损害,是因为林木遭到损失,而不是林木所有者的权利受到侵犯。违法行为的可见的一面是侵犯了林木所有者的实际利益,而违法行为的实质则是对国家法律本身的侵犯,是不法意图的实现。因此,林木所有者有权对直接的利益损失提出要求,但无权对盗窃者的合法意图提出要求。因为林木所有者在被盗之前不是国家,在被盗之后也不能变成国家。道理不难理解。林木所有者只能收回被别人偷去的原属于他的东西,而不能收取属于国家的东西,不能把国家的东西变成他的私有财产。公众惩罚是用国家理性去消除罪行,它体现的是国家权利,不能转让给个人,正如人的良心不能转让一样。它与私人赔偿不同,这里不能由于中间环节的介入而变成私人权利和交易关系。在这里,即使人们允许国家放弃自己的权利,国家也不能放弃自己应当履行的义务。

更重要的是,马克思在这里强调林木所有者不能从国家获得实行公众惩罚的私人权利,林木所有者本身也没有任何实行惩罚的权利。不仅如此,如果林木所有者以第三者的罪行为借口来窃取国家的权利,其罪名更是罪上加罪。因为它是林木所有者又利用盗窃林木者来盗窃国家财产和国家本身,国家对林木所有者不仅要罚款而且要治罪,不仅要人的钱袋,甚至还要以人的生命本身来抵罪。

三、等级社会的权利和义务

根据普鲁士国王 1842 年 6 月 2 日的命令,普鲁士各省成立了等级委员会。委员从参加省议会的各级代表中选出。在此基础上再由国王召集组成联合等级委员会。普鲁士政府以此代替宪法的推行,于是引起了社会舆论的广泛关注。这个问题不仅关系到国家的政治民主,也关系到如何确认社会合理的伦理秩序。

马克思认为,认识这种伦理秩序是否合理不能停留在感性的水平上,而必须上升到对现实的理性认识。首先就是要正视社会现实。19 世纪 40 年代的普鲁士是封建专制的政治统治。这种政治统治是以土地地产的等级为基础的。国家的各个省的等级委员会和国家的联合等级委员会委员的推举是以地产等级为一般条件的。地产决定等级划分,地产就代表着等级。按照省议会组织法的规定,除完美无瑕的名声和三十岁的年龄条件,还有其他一些附加条件,如占有土地的年数和所属等级等。马克思强调理性认识正是针对着这种普鲁士的政治现实。马克思认为,不应把委员会的组成与其宗旨分开,因为组成只是议会组织的外部结构,而宗旨才是起指导和支配作用的灵魂,犹如一部机器的结构和其动因,不知道机器的动因就不能真实评论其结构的合理性。

马克思指出,不能把地产这一等级代表制的"一般条件"看作"唯一条件"。因为等级代表制只能由等级之间的本质差别来决定,而不能由任何与这种本质无关的东西来决定。自然界没有停滞在现成的元素上,而是还在自己的生命的低级阶段就已证明这种差别不过是一种无精神真实性的感性现象,同样,国家这一"自然精神王国"不应也不能在感性现象的事实中去寻找和发现自己的真实本质。因此,把等级差别视为"神的世界秩序"的最后的、终极的结果,这种对世界秩序的认识是肤浅的、非理性的。按照马克思的表达就是:"我们并不要求在人民代表制的问题上撇开真正存在着的差别。相反,我们要求从由国家内部结构所造成和决定的那些现实差别出发,而不要从国家生活领域倒退到国家生活早就使其丧失意义的某些虚构的领域中去。"[1](334)

其次是管理的集权问题。在国家管理问题中,如果每个省、每个乡镇都自己管理自己的事务,那么中央政府作为一个整体的权力,是否就只是在涉及对外政策上代表国家整体权力才应当管理国家的各个部分? 这就是集权问题。国家权力是否应当从一个点出发,即一个点是否应当成为国家行政管理的中心? 马克思认为,问题不能这样孤立地提出,不能脱离国家演变的历史联系。历史本身除了提出新问题、处理老问题之外,没有别的解决办法。只要问题是实际的问题,就能够找到问题的答案。对问题的解答与个人的意图、观点、眼光有着很大的关系,但"问题却是公开的、无所顾忌的、支配一切个人的时代之声"[1](203)。就是说,虽然国家问题与个人有很大的关系,但归根结底它不取决于个人的意图和观点,而是取决于历史发展的客观要求和人民的呼声。蒙昧主义常常把反动分子的活动当作先进,实际上任何时代的反动分子都是反映时代精神状态的准确晴雨表,在公众看来好像是反对分子在制造问题,其实问题是客观存在的,而历史的发展终将使前进取代反动。

马克思的意思是不能抽象地提出问题,如"假定人都是正直的人,任何中央权力都是多余的"等,而应该历史地提出问题、现实地解决问题。例如,在关于森林法的辩论中,马克思这样地提出问题:省议会关于森林法的表决应该为了保护林木所有者的利益而牺牲法的原则,还是应该为了保护法的原则而牺牲林木所有者的利益呢?投票的结果是保护林木所有者的利益得了多数票。这样,省议会就把林木所有者的特殊利益、特权利益当作自己的使命和最终目的,因而践踏了体现普遍利益要求的法。马克思清楚地看到问题的本质。马克思由此得出这样的结论:利益的本性是盲目的、无节制的、片面的,一句话,它具有无视法律的天生本能,但是立法的人却不能是盲目的、无节制的、片面的。无视法律的人不能立法,私人利益也不能因为被抬上立法者的宝座就能够立法。省议会的表决说明,一旦维护特殊利益的等级代表会议被赋予了立法使命,人民就不可能从那里得到公正的立法和法律判决。

马克思认为,从法律上说,省等级会议不仅受权代表私人利益,而且也受权代表全省的利益,在议会中战胜等级,战胜林木所有者。不管这两项任务是多么矛盾,但在两者发生冲突时却应该毫不犹豫地为了代表全省的利益而牺牲特殊利益。因为特殊利益既没有祖国意识,也没有省的观念,既没有理智,也没有感情,问题在于它的深远的影响和危害。在这里,马克思批评了某些作家的"理想的浪漫主义"和"道德的个人形式",指出他们的异想天开必然会破坏特殊利益和整体利益的统一,也就是把少数人的特权变成国家权力,变成对全社会的统治权。这种理论的直接结论就是:"在讨论林木法的时候应该考虑的只是树木和森林,而且不应该从政治上,也就是说,不应该同整个国家理性和国家伦理联系起来来解决每一个涉及物质的课题。"[1](289-290)马克思说,这是下流的唯物主义,是违反各族人民和人类的神圣精神的罪恶。

最后是权利和义务的关系问题。在林木法的规定和实施中,核心的问题是权利和义务的关系。林木所有者力图通过法律规定和维护他们的权利和特权,而规避和削减他们应尽的义务;相反,对于没有林木财产的无产者来说,现行法律的规定则严格限制他们维持自己的自然需要和正当需要的权利,无遗漏地规定他们的一切义务,就像债权人对债务人一样,使他们处于暂时的农奴状况。以罚款为例,林木所有者不仅要求把罚款归他个人所有,而且还要求把惩罚违反林木法条例者的国家权利也归他私人所有,从而取代国家的地位。就是说,他不只是把罚款当作获得金钱的来源,而且当作一种特有的具有法律意义的惩罚权,从而把公共权利变成了自己的私人财产,而且虚伪地、巧妙地掩盖了把惩罚权利本身归于自己所有的事实。

　　从道德哲学的视角来看,这里就深藏着权利与义务的割裂和不平衡,背离国家理性和合理的社会伦理秩序。按照德国道德哲学,法或权利不能只理解为有限制的法律的法和权利,而是要广泛地理解为"自由的一切规定的定在"。这种规定作为普遍的规定,应当而且只能在主观意志中有其定在。就其为主观意志来说,既是他的义务,同时也是他的权利。在这种关系中,"凡是权利也都是义务,凡是义务也都是权利"。按照黑格尔的解释:"一般说来,道德义务是在我作为自由主体的内心,同时也是我的主观意志、我的意向的一种法或权利。"[2]他接着指出,"在伦理范围内这两方面达到了它们的真理,达到了它们的绝对统一性"[2](315),也就是实现了主观与客观、意向与现实性、特殊利益与普遍利益的统一。他举例说,就像家长对于家庭成员的权利同样是对他们的义务,孩子们服从的义务也是他们被教育成为自由的人的权利一样。尽管义务和权利好像是以必然性的方式通过中介而彼此回复到对方,达到两者的相互结合,而且表现出分歧、差别和多样性,但其价值本身是同一的:没有权利就没有义务,反之亦然。

　　近代市民社会的一个历史功绩在于,它确立了权利和义务不可分离的原则,而这一原则也正是社会主义者所要争取实现的社会原则。在这种意义上,马克思在1864年10月为国际工人协会总委员会写的《协会临时章程》中写下了这样一段话:"一个人有责任不仅为自己本人,而且为每一个履行自己义务的人要求人权和公民权。没有无义务的权利,也没有无权利的义务",并且宣布,"这个国际协会以及加入协会的一切团体和个人,承认真理、正义和道德是他们彼此间和对一切人的关系的基础,而不分肤色、信仰或民族"[3]。

马克思在《协会临时章程》中所申明的关于权利—义务关系的基本原理,不仅是当时国际协会的一切团体和个人行动的基本原则,而且也是不分肤色、信仰或民族地对待一切人的关系的基本原则。遵循这样的原则对待权利和义务的关系,正是坚持正义和道德的基础。但是马克思当时面对的还是资本主义生产方式下的社会状况,必须对资本对劳动的关系做出真实的、科学的解释。马克思认为,人是在一定的社会关系中存在的,按照人的"社会特质的存在",一方面是人作为个人存在的权利,另一方面是在关系中存在应尽的义务,权利和义务是相对存在而不可分离的。社会是一个有自己的权利和义务的负有责任的整体。一个组织合理的正义的国家应该体现社会组织的本质和合理的伦理秩序,努力实现权利和义务统一的自由、平等、民主、和谐、正义的合理状态。

参考文献:

[1] 马克思,恩格斯. 马克思恩格斯全集:第 1 卷[M]. 北京:人民出版社,1995:243.

[2] 〔德〕黑格尔. 精神哲学[M]. 杨祖陶,译. 北京:人民出版社,2006:315.

[3] 马克思,恩格斯. 马克思恩格斯全集:第 16 卷[M]. 北京:人民出版社,1964:15 - 16.

(宋希仁,中国人民大学哲学院教授、教育部伦理学与道德建设基地研究员;本文发表于 2012 年第 4 期)

马克思的道德观:知识图景与价值坐标

詹世友

摘　要　对马克思的道德观不能仅从道德概念和道德现象上去理解,而要深入到马克思对道德现象背后的本质的揭示上。马克思一方面揭示了道德的现实物质生产方式基础,对在阶级社会中之所以出现相互对立的道德观的原因进行了彻底分析,从而给出了我们理解道德问题的知识图景;另一方面又给出了新道德观的价值标准,把能否促进人的全面发展及其程度作为衡量一种社会制度的道德价值的尺度,从而揭示了"真正人的道德"的具体特征。

马克思的道德观有一个不易把握的特征:一方面有大量言辞拒斥在历史和政治领域中诉诸道德言说,有些研究者把这种情形定性为马克思"经常明确地攻击道德和基本的道德观念"[1],比如,马克思曾说:"对任何一种道德,无论是禁欲主义道德或者享乐道德,宣判死刑。"[2]有人认为,马克思主张共产主义是要废除道德,而不是要革新道德。另一方面,马克思赞扬过许多道德品质,并对真正人的道德进行过严谨的阐述,对未来共产主义社会的合道德性予以高度肯定,所以又有人主张马克思是一个严格的道德学家。笔者认为,如果只拘泥于文句,这两种看法都能找到某种根据,但是对同一个研究对象出现了两种如此对立的看法,通常是因为双方都只是各执一词,而没有深入到文本内部,考察其立论基础、具体语境、思想方法以及价值立场。

笔者认为,马克思在道德观方面的伟大创造就在于以下两个方面。他一方面把历史上的道德现象和道德学说作为一个科学的认识对象,在知识图景中来揭示道德的存在性质及其本质。在这个语境中,马克思会把当时的道德观念回溯到其所反映的社会物质生产方式上,进而认为,在存在阶级利益对立的社会中,社会上的主流道德观念通常是反映统治阶级利益诉求的,但同时它们会把自己的阶级利益粉饰成社会的公共利益,从而表现为一种歪曲、虚构和伪善。但请注意,这并不是一种道德批判,而是在揭示社会上道德观念的本质。另一方面马克思又致力于为真正人的道德奠立价值坐标,这个坐标原点就是所有人的自由全面发展。在这种语境中,真正人的道德要在历史中得以能动地实现。在理解了马克思道德观的基本立场和这两种阐述语境之后,就会发现,马克思的各种道德言论是高度统一的,各种看似矛盾的概念、命题都在揭示道德的本质、建构一种真正属人的道德观中发挥着自己的功能,并不存在相互冲突的地方。

一、对社会上道德现象的本质的揭示

马克思的道德理论致力于揭示社会上道德现象背后的本质。这表明道德现象并没有自身的根底,而是以其他东西为根底的。马克思要追溯社会上人们有着不同的道德情感、持不同的道德价值观背后的真实原因是什么。而对此问题的追问,在马克思那里,是以他和恩格斯共同确立的历史唯物主义为基础的。马克思、恩格斯在《德意志意识形态》中从新历史观的确立开始,以获得对一切意识形态进行本质性考察的基本立场和方法论为指导。马克思致力于对道德的本质进行认识,他力图在一种知识图景中把握道德的真相。

首先,马克思指出,不是意识决定存在,而是人们的社会存在决定意识。"意识在任何时候都只能是被意识到了的存在,而人们的存在就是他们的实际生活过程。"[2](29) 其深意是说,社会存在对人的意识而言是先在的,人们的意识只是对社会存在的反映。不管各种意识形式所表现出的思想内涵如何深刻、思维逻辑如何精妙、政治目标如何激动人心、道德理想如何高迈纯粹,都是对某种社会现实的反映。这种反映当然可以有许多创造,但是这些创造都脱离不开现实的社会存在的制约。道德作为一种意识形态,也是对某种社会现实存在的反映,其主要是对社会性利益的获取方式、分配形式的一种可用善恶来评价的意识形式。社会上各个体和群体在社会物质生产资料所有制形式中所占地位、在物质生产过程中所起作用,以及在物质利益分配中所占份额等都必然会影响其道德观念,而且人们所持的道德观的实质,归根结底都应该能够回溯到这样一种社会存在的事实之中。我们一般会认为,一个人的道德观只是反映其道德思维能力、情怀境界和道德修养程度,从而把它们只与个人主观的精神修养努力直接联系起来。这虽然是一种比较容易采取的考察道德问题的方法,但是就其本质而言,只是就道德而谈道德,而不能深入到道德的本质之中。在马克思的新世界观中,关于道德问题的认识表现为这样一幅知识图景:第一个事实基础就是人必须先从事物质生活资料的生产,意识的能动作用再大,也不能在纯粹意识中获得生活必需品,而必须在主观见之于客观的物质生产实践中才能获得,这种生产实践能够积累社会财富,发展生产力,结成我们的各种关系,再生产我们的社会环境等,所有这些都是客观的、不以我们的意志为转移的事实性存在。在这个基础上,人们才会形成政治、法律思想以及道德、宗教、哲学和其他意识形态。道德,是众多的意识形态之一种。意识形态的本质是反映物质利益诉求的,马克思说:"'思想'一旦离开'利益',就一定会使自己出丑。"[3] 而道德学说在反映利益诉求时所起的作用有时极为隐秘,有时又特别坦率。实际上,道德理论归根到底都是维护本阶级的利益的,只不过方式有所不同。马克思揭示了道德理论的真相之后,虽然道德理论不再那么崇高、纯粹、无私(这些境界可以由概念、修辞营造出来),但是并没有贬低道德理论在特定情况下的凝聚力、感召力,因为道德学说对于公共利益的呼唤,对人与人之间的互尊、和谐关系的吁求,也是人类心中的本真追求。当然,这些崇高、纯粹、无私的道德理论也必须放在现实的社会条件下来加以审视,指出其理想性和抽象性,并揭示它们在维护当下社会统治秩序方面的真实意图（这种意图有时道德学家本人都不一定清楚地意识到）。

如果我们认为，道德是关于成为一个什么样的人、应该有什么样的品质的看法，那么，在马克思看来，我们当然可以构建一种道德理论抽象地描述人的应然状态，但是人的实在本质并不是通过我们如何想象自己和人类应该成为什么样子就能获得的，而是必须在物质生产的实践中才能加以现实的塑造。如果我们能正确地考察这种生活实践过程，则"我们还可以揭示出这一生活过程在意识形态上的反射和回声的发展"[2](30)。道德也是这样，人的道德观念变化了，实际上反映的是人们的物质生产和生活的变化发展。有了这样的知识图景，我们就不会被各种道德的表象蒙蔽，更能看清楚这些道德观念所反映的社会物质生活基础及其所代表的利益诉求是什么。后来，在《路易·波拿巴的雾月十八日》中马克思再次明确地说："在不同的财产形式上，在社会生存条件上，耸立着由各种不同的，表现独特的情感、幻想、思想方式和人生观构成的整个上层建筑。整个阶级在其物质条件和相应的社会关系的基础上创造和构成这一切。通过传统和教育承受了这些情感和观点的个人，会以为这些情感和观点就是他的行为的真实动机和出发点。"[4]我们大多数人都会因为自己所处的传统以及所受的教育而习得了一些道德情感和观点，并会产生一种错觉，即认为它们就是自己行动的真实出发点和动机。实际上，我们行动的真实出发点和动机是实际的物质利益，这种物质利益诉求以一种意识、观念的形式表现出来，就成了道德观念。

其次，马克思进一步揭示了已经出现的道德学说、观念如何既反映又歪曲现实的社会存在，如阶级关系、财产关系等表现为一种意识形态。在马克思的用法中，"意识形态"一词的确有某种负面的含义，即认为"意识形态"是对现实社会存在的一种虚幻的、空洞的、歪曲的反映，但是意识对社会存在也有某些正确的反映，所以意识形态也会有某些正确的方面。比如，在西方资本主义社会中，得到广泛传播的价值观念如"自由、平等、博爱、权利"等，一方面的确是对资本主义生产方式的某些方面的反映，比如，在历史进入资本主义时期后，每个人都成了独立的利益主体，从形式上说，每个人都是自由、平等的，没有人能把自己的意志强加于他人的意志之上。于是，在有些著作家的想象中，自由、平等就成了自然状态下人与人之间的关系，这种人伦关系观念也反映了这个时代的社会存在的某些事实。同时，在以商品交换为主要联系纽带的经济形态中，只能以等价交换的方式进行商品交易，并且交换双方都是本着自己的自由意志，不能强买强卖，从而这种活动也是自由和平等的。马克思对这一点非常明确地予以了肯定，他说："交换价值……事实上是平等和自由的制度，而在这个制度更详尽的发展中对平等和自由起干扰作用的，是这个制度所固有的干扰，这正好是平等和自由的实现。"[5]

正因为这种政治伦理观念反映了一定社会存在的事实，所以它们有相当的正确成分，但是资产阶级主流道德观并不认为这种生产方式所保证的只是形式上的自由、平等权利，他们还认为，这种制度将能实现人们的永恒真理、正义与道德，是绝对合乎道德的制度。于是，这种道德观念就变成了欺骗性的、虚构的意识形态。实际上，这种形式性的平等和自由一进到资本主义社会的生产、生活过程之中，就立即变成了实质性的不自由和不平等。比如自由问题，封建社会中的农奴和佃农的确在一定程度上被约束在庄园主的土地上，在相当大程度上失去了自由，而当社会进入到资本主义时代，农奴和佃农们失去了土地，许多人被驱赶到城市，除了自己的劳动力，没有任何生产资料，却摆脱了封建束缚，看上去，他们的确获得了自由，然而等待他们的必然性命运却是更加不自由。城市工人有出卖或不出卖自己的劳动力给某个特定资本家的自由，但是他们如果不把自己的劳动力出卖给资本家阶级，等待他们的就必然是饿死；而在社会中，一方是拥有生产资料的资本家阶级，另一方却是只能把自己的劳动力出卖给资本家阶级的工人阶级，他们是真实地平等的吗？显然不是。这就是形式性自由、平等背后的真相。但是资产阶级政治经济学从来就不揭示这个真相，其道德理论更是只会粉饰这种形式性的自由和平等，认为这是最符合人道、正义和道德的。

此外,作为意识形态的资产阶级道德学说,其还把资产阶级国家说成是整个社会公共利益的代表,所以社会上有道德价值的观念、思想和情感就应表现为忠诚于和服务于社会公共利益。但是在存在着阶级利益冲突甚至对立的阶级社会中,不可能存在统一的道德,道德只能是阶级的道德。在马克思看来,道德归根到底都是对自己的阶级地位和利益追求的或直接或间接的表达。由于社会的统治阶级就是掌握了社会生产管理权的阶级,所以他们的道德观念在社会上就会占到统治地位,这是由经济力量的对比所决定的,具有必然性。马克思在揭示秩序党的某些道德观念背后的物质利益基础时说:"秩序党在自己的选举纲领中直截了当地宣布了资产阶级的统治,即保全这个阶级统治的存在条件:财产、家庭、宗教、秩序!当然它是把资产阶级的阶级统治以及这个阶级统治的条件描绘为文明的统治,描绘为物质生产以及由此产生的社会交往关系的必要条件。"[4](133) 但在资本主义生产中处于不同地位的人们,他们所持有的道德观念是不同的。所以"要真正地、实际地消灭这些词句,要从人们的意识中消除这些观念,只有靠改变条件,而不是靠理论上的演绎。对于人民大众即无产阶级来说,这些理论观念是不存在的,因而也就用不着去消灭它们。如果这些群众在某个时候有过某些理论观念,如宗教,那末(么)这些观念也早已被环境消灭了"[2](45-46)。

二、在道德知识图景中呈现马克思"反对道德"言论之真义

基础既立,理论新图架构甫就,马克思就对那种认为社会改造只需要提倡某种道德、改变人们的精神价值观就可实现的唯心主义观念进行了猛烈的批判。所以,马克思反对各种道德说教。对马克思而言,社会的进步和发展只能通过发展现实生产力,在资本主义社会化大生产与生产资料私人占有之间的矛盾发展到激化阶段,工人阶级明确自己的历史使命,解放出已经孕育在资本主义生产方式中的新的社会因素,使社会发展到社会主义社会和共产主义社会。不触动社会的经济基础,只是提倡这一种道德或

那一种道德,都只不过是一些良好的主观愿望,根本不会起到实质性的作用。在这一语境中,马克思在较多的行文中对道德说教表示了拒斥。

首先,揭露对立的道德观念的物质根源。在马克思关于人类社会发展的知识图景中,我们能够证明,马克思对一切道德说教的拒斥,并不是要废除一切道德,而是要认识一切道德特别是资本主义的道德的本质,揭示出现这些道德学说、观念的物质根源,并认为这些物质根源随着社会的发展终将消失,只有当这些物质根源消失以后,这些道德学说、观念的影响力及其对人们的价值观念的塑造力才会消失。所以要促使社会进步或道德观念的变革,所能依靠的既不只是理论批判,也不是靠鼓吹一套新的道德观,而是要遵循历史发展规律而改造道德观念之所以出现的物质根源。因此,马克思所反对的并不是道德本身,而是反对资本主义的道德宣传、说教,因为资产阶级道德学家认为,资本主义道德观就是永恒的真理、道德和正义之所在。马克思则认为,一方面,根本就不存在这种所谓的"永恒的真理、道德和正义",另一方面,资本主义道德观把自己粉饰成这样的永恒价值,本身就是一种欺骗、虚构,所以需要反对这种道德宣传、说教。至于资本主义道德本身,比如维护资本家利益的道德观、维护资本主义生产方式的道德观如货真价实、遵守契约等不是想反对就反对得了的,它们在资本主义社会的现实生活中起着维系交易秩序的作用,只要这种制度存在,这些道德观就会起作用。马克思对这种道德观的功能性方面进行了阐明,这是一种科学分析,而不是一种价值批判。

在马克思看来,社会上的道德观念都是对当时的社会生产方式的反映,亦是不同阶级的人的利益诉求的表现。当然,道德观念表现出来,其与利益的关系可能会非常曲折,其理论表达可能会非常抽象、逻辑自洽、概念纯粹、境界高尚,但也可能会直接表达其对利益的诉求。在资本主义社会中,由于存在着多个阶层,处于这些阶层的人们都有着自己的利益诉求,加上传统道德观念的流传和影响,所以会存在着多种多样的道德观念,有些道德观念可能是相互对立的,如利己主义和自我牺牲、禁欲主义和享乐主义等。但这些道德观念,细究起来,都是在这个时代的社会生活基础上生长出来的,而不是可以任意创造出来的,包括天国的观念、神恩的观念等,都起源于一种世俗愿望。

马克思分析了当时的奢侈享乐之风的情况:"在资产阶级社会的上层,不健康的和不道德的欲望以毫无节制的、时时都和资产阶级法律本身相抵触的形式表现出来,在这种形式下,投机得来的财富自然要寻求满足,于是享乐变成放荡,金钱、污秽和鲜血汇为一流。金融贵族,不论就其发财致富的方式还是就其享乐的性质来说,都不过是流氓无产阶级在资产阶级社会上层的再生罢了。"[4](82-83) 同时,在资本主义社会中,也会有许多人为了财富的积累,为了在产业上成功而克制自己的欲望,从而奉行所谓禁欲主义道德,而对于广大无产者来说,也不得不奉行禁欲主义,因为没有条件享乐。于是,在资本主义社会中就会存在这两种对立的道德观,而这又是由资本主义生产方式、个人所处的生产条件和交往条件所决定的。

马克思还分析道,在德国资产阶级还没有壮大发展起来,存在着一个软弱的小资产阶级阶层,他们的理论代言人高唱所谓"人道自由主义",抽象地谈论人的本质,把这种本质看作在人之外,并把它看作神。这种观念实际上是小资产阶级的个人观念的反映,他们有自己的私产,但是受到外部经济形势的影响很大,所以他们很容易回归自己的内心,对自我有一种强烈的意识,从而持一种利己主义观念。当然,他们把利己主义看作对人的本质的重视和占有,所以在他们的意识中,甚至会表现出"利己主义的高尚的本质"[2](259)。

然而,在马克思看来,德国小资产阶级并不理解社会中的个人利益和普遍利益之间的真实关系,他们中有些人把这两者的斗争转化为宗教的斗争,把普遍利益说成是圣物、理想的利益,从而使之与个人利益相对立。于是,偏重于前者的人就是自我牺牲者,偏重于后者的人就是利己主义者。但在马克思看来,"个人利益总是违反个人的意志而发展为阶级利益,发展为共同利益,后者脱离单独的个人而获得独立性,并在独立化过程中取得普遍利益的形式,作为普遍利益又与真正的个人发生矛盾"[2](273)。这是因为,在这个过程中个人的利益不可避免地要转化成某种不依赖于个人的普遍利益,个人通过交往会形成一种新的社会关系,即一种新的普遍性的力量,来决定和管制着个人。

既然社会中有这两种力量,所以利己主义和自我牺牲其实都是"人们的同一种个人发展的表现",所以这种对立仅仅是表面现象。在社会生活中,由于分工决定着这个具体的个人的地位,决定着体制对他们的荫蔽程度,从而有些人会更像利己主义者,有些人更像自我牺牲者。所以人们持不同的道德观是自然的,因为这两种观念是在这种物质利益、阶级分化的基础上必然要产生的。如果不能认识到这一点,就会只从概念上、情感上或者赞同自我牺牲,或者赞同利己主义,那么,这些道德观念就是"道德上虚伪骗人的江湖话"[2](274)。

总之,利己主义和自我牺牲、禁欲主义和享乐主义这些对立的道德观念,都不是人们纯粹头脑中的产物,而是有着其深刻的物质根源,同时又有着阶级性。但是道德观念出现以后,就会变成对所有人的要求,具备了不加区别地面向所有个人的哲学虚伪性,这样,这种道德形式就会和其内容相互矛盾。于是,我们不能停留于用这种道德观反对那种道德观,或者用那种道德观反对这种道德观,而是必须对产生这些对立的道德观的物质根源、生产条件、交往条件等进行改造。正如马克思所说:"所有这一切当然都只有在可能对现存制度的生产条件和交往条件进行批判的时候,也就是在资产阶级和无产阶级之间的对立产生了共产主义观点和社会主义观点的时候,才能被揭露。这就对任何一种道德,无论是禁欲主义道德或者享乐道德,宣判死刑。"[2](490) 从这个语境中,我们可以得出结论说马克思反对一切道德吗? 显然不能。他是认为,这些对立的道德观都尚不是真正人的道德。

其次,资本主义生产、交换方式消解了本真道德价值内涵,从而需要站在新的立场上进行批判。在进一步的分析揭示中,马克思认为,有关道德问题,实际上与人的本真尊严、自由相关,以这个标准来衡量,以往的一切道德思想都还不是真正人的道德,资本主义道德也不可能是"永恒的真理、正义与道德"。具体地说,资本主义道德观在维护"公平的交换"的原则时,"把人的尊严变成了交换价值,用一种没有良心的贸易自由代替了无数特许的和自力挣得的自由。总而言之,它用公开的、无耻的、直接的、露骨的剥削代替了由宗教幻想和政治幻想掩盖着的剥削"[4](34)。这一方面是社会从封建制度发展为资本主义制度之后实际发生的情况,另一方面我们也看到,相对于要实现人的真正自由和完整尊严、获得所有人的全面发展的未来社会而言,这种道德观念是达不到真正的道德标准的。要达到这种真正的道德标准,必须对资本主义生产方式加以历史性的变革,即不是纯粹从概念上来加以变革,而是必须在这个社会的生产关系已经无法容纳新增的生产力的发展,并且无产阶级既形成了这种历史觉悟,又形成了足够的组织力量时,才有望成功。但在这种生产关系还能容纳生产力的快速发展的时期,是不能指望变革成功的。

那么,在资本主义社会中,如何看待这种种道德观呢?那就需要看站在什么立场上了。显然,在资本主义社会,只有那种作为物质劳动的承担者却又处于社会底层的无产者才最有愿望变革这种制度,因为他们的利益与资产阶级的利益是对立的。所以马克思说,对无产者而言,"法律、道德、宗教在他们看来全都是资产阶级偏见,隐藏在这些偏见后面的全都是资产阶级利益"[4](42)。也就是说,共产主义者超越了资本主义偏见、资产阶级的各个阶层所持的道德观,如利己主义与自我牺牲、禁欲主义与享乐主义等。在共产主义者看来,这些对立的道德观只不过是资产阶级各个阶层的利益诉求的反映而已,或者说是那个时代资产阶级各阶层借以自我实现的一种方式而已,而共产主义者所从事的事业却是要消灭产生这些对立的道德观的物质根源。在这样的框架下,以下这段被人们认为是马克思反对道德的直接证据的话就容易理解了:"共产主义者既不拿利己主义来反对自我牺牲,也不拿自我牺牲来反对利己主义,理论上既不是从那情感的形式,也不是从那夸张的思想形式去领会这个对立,而是在于揭示这个对立的物质根源,随着物质根源的消失,这种对立自然而然也就消灭。共产主义者根本不进行任何道德说教,施蒂纳却大量地进行道德的说教。共产主义者不向人们提出道德上的要求,例如你们应该彼此互爱呀,不要做利己主义者呀等等;相反,他们清楚地知道,无论利己主义还是自我牺牲,都是一定条件下个人自我实现的一种必要形式。"[2](275) 因为这些对立的道德观念都产生于资本主义生产方式之上,所以它们就必然不是无产阶级的道德观,于是,无产阶级不可能进行这种道德说教,而是要使产生这种对立的道德观的物质根源消失,只有到了这个时候,才会有真正人的道德:"只有在不仅消灭了阶级对立,而且在实际生活中也忘却了这种对立的社会发展阶段上,超越阶级对立和超越对这种对立的回忆的、真正人的道德才成为可能。"[6] 这样的观点,能够被理解为是反对道德的吗?

三、为什么马克思摒弃对社会的道德批判?

很显然,在马克思看来,如果社会生产关系实现生产资料私人占有形式,在存在着阶级对立的情况下,想要鼓吹一种对所有人都一视同仁的道德,那只能是欺骗。而在现实生活中,人们的道德观通常都是一种普遍主义的道德观,比如从人性或人的尊严出发,来构建一些道德原理和道德规范;或者从人的平等权利出发,如果人们不能理解资产阶级权利的物质利益基础,就会从形式上要求所谓公平的工资、公平分配等。所以在共产主义者阵营里,马克思愤怒地把对"平等权利"和"公平分配"的谈论谴责为一种罪行,因为"他们一方面企图把那些在某个时期曾经有一些意义,而现在已变成陈词滥调的见解作为教条重新强加于我们党,另一方面又用民主主义者和法国社会主义者所惯用的、凭空想象的关于权利等等的废话,来歪曲那些花费了很大力量才灌输给党而现在已在党内扎了根的现实主义观点"[7]。

我们可以先看看马克思对于社会发展和社会革命的基本看法。第一,社会发展和社会革命都应该是一种客观的历史进程。代替资本主义的新的社会一定是一个改变生产资料私人占有而归全社会所有的社会,这是生产力进一步发展的必然要求。随着这种新的生产关系的建立,道德观念就会发生变化,产生以往一切对立的道德观念的物质根源消除了,将要逐渐形成的必然是真正人的道德。第二，正如恩格斯所指出的，马克思对工人阶级的使命和未来社会的物质基础做了以下论断："工人阶级不是要实现什么理想，而只是要解放那些由旧的正在崩溃的资产阶级社会本身孕育着的新社会因素。"[7](159) 显然，真正的道德之谜的解答，就在于发达的物质生产力和对资本主义生产方式的变革之中。资本主义生产方式所创造的巨大生产力为未来社会发展提供了必要的物质基础，只有在社会生产力达到了很高的发展水平、公有制的生产关系、阶级利益的对立归于消失的基础上才可能有所有社会成员平等的、合乎人的尊严的发展。

于是，对资本主义的变革就不能仅仅诉诸道德批判。这里有两个偏向：一是以共产主义道德观念来批判资本主义社会，并企图在资本主义社会中实行共产主义道德标准，这显然是不可能成功的；二是对资产阶级道德观念只理解其形式要求，从而在资本主义生产方式的框架中追求进行这种道德的改良。如果这种改良思想成为工人运动的指导思想，则工人运动必然迷失方向。所以马克思非常反对对资本主义社会仅仅进行道德批判，比如要求平等、获得公平报酬的权利等。

首先，马克思对在资本主义社会争取法权平等进行了批判。在马克思看来，为什么不能只是把资产阶级法权的平等看作社会正义的目标？这是因为，人们对平等的内容的理解如果只是停留在资产阶级法权的范围内，平等就可以是得一天公平的工资、道德资格平等、基本政治权利的平等，但是并不扩大到经济平等和社会平等。比如"工作一天，得一天公平的工资"的要求看上去是公平的，但是资本主义制度下的工资首先是在存在资本主义雇佣劳动的前提下存在的。不废除这种劳动制度，工资多一点与少一点其实都是无关大局的，因为工资现象必然受到资本主义经济规律的决定，即使在某段时间能够给工人争取到更高一些的工资，工资规律还是必然会起作用，工人受剥削的地位没有丝毫改变，因为这"无非是给奴隶以较多工资，而且既不会使工人也不会使劳动获得人的身份和尊严"[8]。

另外，在这种平等主义思想中，人们会觉得金融利率越低越好，因为金融本身不从事生产，从而不能增值，所以就会主张，即使是因为生产过程中需要借贷资金投入,资金使用的利率也不宜过高。事实上,利率必然要受到支配它的经济规律的调节,只要产生利率的金融制度不变,对利率进行道德批判就不可能有什么实际意义。比如,普鲁东就认为,利率高了是不符合道德的,所以应该降低利率。他主张,只要掌握了权力,就要出台法令来降低利率。但是马克思明确地说:"如果其他一切社会条件照旧不变,蒲(普)鲁东的这个法令也就只是一纸空文。不管颁布怎样的法令,利率照旧将由现在支配它的经济规律来调节。"[7](266) 即使把利息废掉,资本家也会把资本抽出投到工业企业和股份公司中,去榨取剩余价值。于是,"只是它的分配发生了变化,但是变化不大"[7](267)。

而且,资产者会认为,在他们主导的生产、交换、分配的秩序中,目前的分配方式就是唯一"公平的"。别的阶层的人要主张另一种分配方式,就肯定会被指责为不公平的。可以说,每个阶级都有自己的公平观、正义观。所以在不触动资本主义生产方式的基础上去争取平等,是不能产生实际效果的。正因为如此,马克思才反对用所谓正义、权利、平等的标准去判断一个社会的性质。笔者认为,米勒对此的理解是准确的:"马克思相关观点的大意是:考虑到社会冲突的实际性质,人们不能使用正义、权利和平等的标准来一贯地判断社会。如果这种观点是有效的,那么正义就不是一个判断制度的标准。"[1](81)

其次,进一步说,如果把经济平等和社会平等作为一个现实目标,在条件不具备的时候,就只能采取平均主义和无政府主义。如果把经济平等作为一种直接的道德理想来追求,并以此来批判资本主义的剥削、剩余价值,从而就要求以制度安排来使每个人都得到同等的生活资料,这就是平均主义,是一种道德观念。但是这种道德观念在现实中化为制度安排,在当代的社会生产方式的前提下和物质基础上,必然会导致造成两个后果:一是直接打击人们的生产积极性和创造性,从而抽掉生产发展的内在动力;二是这样的社会一定是经济贫穷的社会,一段时间之后,又必定是个极端不平等的社会,如果把社会平等作为一种直接的道德理想来追求,从而对国家的科层制结构、不平等的社会地位结构进行批判,并要求每个人都在社会地位上得到完全的平等和自由,那么就会主张无政府主义。在现实社会中,由于存在着多种不同的甚至相互对立的利益诉求,若是没有政府管理,就必然会导致秩序混乱。从这个意义上说,对现实社会只是进行道德批判并以制度安排来实现道德要求,无一例外地会导致与主观愿望相背离的后果。

所以,当哥达纲领中出现了"消除一切社会的和政治的不平等"这一不明确的语句时,马克思就意识到:这个纲领的问题就出在想在词句上、道德观念上消除一切社会的和政治的不平等。实际上,我们只有通过消除产生社会的和政治的不平等的物质根源即阶级差别,才能真正求得社会的和政治的平等。所以他主张,应把这一句改成"随着阶级差别的消灭,一切由这些差别产生的社会的和政治的不平等也自行消失"[7](442)。

马克思在具体的社会物质生产力发展的历史趋势中,发现"资本主义生产本身由于自然变化的必然性,造成了对自身的否定"。它本身已经创造出了新的经济制度的要素,给社会生产力和一切生产者个人的全面发展以极大的推动。马克思断言:"实际上已经以一种集体生产方式为基础的资本主义所有制只能转变为社会所有制。"[7](465)

马克思认为,我们必须深入探究政治经济学,理解社会发展规律,促使社会生产力高度发展,并在经济发展的必然性规律的作用下,消灭私有制,才能促使新的道德出现。如果要问马克思在现实生活中持什么样的道德观,那我们可以肯定地说,马克思认为一方面我们要秉承人类在长期历史发展过程中形成的最一般的道德规则;另一方面,也必然认为,正确的道德观就是理解社会发展的基本规律,认清当时社会所处的历史方位,并且努力解放和发展生产力,注重社会关系、人与自然的和谐,以及在当前的社会条件下,把促进人的全面发展作为一项重要的施政目标,并化为具体的施政措施。不理解这一点,我们所持的道德观就会是糊涂的道德观。

四、马克思道德观的价值坐标

在马克思那里,道德的价值坐标不是当时社会的所谓公共利益,也不是人与人之间的所谓平等、尊重，或者节制、守法、利他等，原因在于，这些价值原点都是靠不住的。比如在阶级对立的社会中，就不可能存在所谓真正的公共利益，而社会上所谓普遍的、人道的道德，实际上都是统治阶级的道德观念，对资产阶级而言，就是维护资产阶级统治的稳定性及其阶级利益，就是论证剥削雇佣劳动的合理性，并希望这种剥削可以永远存在下去。当时占统治地位的道德观念背后的利益真相就是这样。然而，它们却利用当时社会上某种形式上的自由、平等的事实，把维护这种形式上自由和平等而同时又内含着实质的不平等、不自由的生产方式、财产关系、利益分配方式说成是文明的基石，是符合人性的，是具有人道光辉的，是永恒的真理、正义和道德。在这个意义上，这种道德观念和道德学说可以说是意识形态的，即具有欺骗性的、虚假的。因此，恩格斯在评价马克思的贡献时说，马克思"证明了，现代资本家，也像奴隶主或剥削徭役劳动的封建主一样，是靠占有他人无酬劳动发财致富的，而所有这些剥削形式彼此不同的地方只在于占有这种无酬劳动的方式有所不同罢了。这样一来，有产阶级胡说现代社会制度盛行公道、正义、权利平等、义务平等和利益普遍和谐这一类虚伪的空话，就失去了最后的立足之地，而现代资产阶级社会就像以前的各种社会一样真相大白：它也是人数不多并且仍在不断缩减的少数人剥削绝大多数人的庞大机构"[7](461)。

在马克思看来，道德的真正坐标必须在人的发展目标中得以建立，而人的发展又必须在人的生产生活中才能获得。马克思早就认为，真正的人的活动是自由的活动，就是生产生活："生产生活就是类生活。这是产生生命的生活。"[8](273)"有意识的生命活动把人同动物的生命活动直接区别开来。正是由于这一点，人才是类存在物……他自己的生活对他来说是对象。仅仅由于这一点，他的活动才是自由的活动。"[8](273)换句话说，人的活动之所以是自由的，是因为他的活动是作为人类的成员与社会广泛关联着的活动，并且是可以反映在头脑中的活动，从而可以是摆脱直接的肉体需要的活动，从这个意义上，人的活动的确是自由的。显然，如果一个物种只能囿于直接的肉体需要才进行活动，其活动就不可能是自由的。于是，自由的活动就是全面的,因为人可以作为主体将自己的生活作为对象来全面审视,从而可以去探究内在的尺度,并把它运用到对象之中去。

人的活动按照其本质来说就是自由的,那么,人的各种能力的自由而全面的发展就必定是一个道德目标,而在实现此目标的过程中,社会关系的结构性障碍会造成异化,这种异化在历史发展的长河中是需要逐渐去除的。正是这样一种观察道德的视角,既指明了道德的目标,又能现实地衡量社会的道德进步的程度。通过马克思的考察,只有共产主义社会才是能真正满足人的自由而全面发展的制度条件,也只有在共产主义社会中,人的类本质才能真正得到实现。所以布坎南正确地看出了:马克思的"类本质概念在某种程度上是一个评价性的或规范性概念。评价性或规范性的因素就在于这样的事实:它只是谈论中的能力运作的某些形式,即被挑选出来作为'真正的人的',并被用以充当批判当前社会和过去社会的恰当视角"[9]。

所以对于马克思来说,道德的价值坐标原点不是现有的社会关系结构、利益分配格局。在重置道德价值坐标这个问题上,马克思穿越历史的厚重帷幕,发现人类历史的一种实在的、永远的脉动,那就是整个人类社会的发展史都在以各种方式追求着人类自身的自我实现,并将其作为衡量人类道德的价值坐标原点。

在我们看来,对现实的人的关注,对人类的自由解放和全面发展的关注,是马克思理论工作一如既往的核心要旨。正因为是从对现实的、从事着物质利益生产的人出发来进行研究,所以马克思的道德价值坐标原点将不可能是一种抽象的概念构造,而必然是对历史发展规律的揭示。

首先,马克思考察了劳动。这是因为他认为,人必定只有在劳动中才能发展自己的一切能力,而全面地发展自己的能力,是人的职责:"任何人的职责、使命、任务就是全面地发展自己的能力,其中也包括思维的能力。"[2](330)全面发展自己的能力就是达到自我实现,而"自我实现,主体的物化,也就是实在的自由,——而这种自由见之于活动恰恰就是劳动"[10]。劳动作为一种人的活动,的确是人的本质力量的一种对象化或者外化。人在劳动中,一方面把自己的能力、技巧和观念对象化到产品中,在这个过程中,人们既要适应物的任性,又要适应人的任性,这样,人们在塑造物的同时,又塑造了自身,或者说能促进人们的能力、技巧的发展;另一方面,人们在自己的产品中也能确证自己的本质力量。如果劳动的这一过程是自由的,则人类作为一个总体将能在劳动中获得全面的发展。然而,如果人们的能力不能得到分化的发展,那么,其才能、本质力量就只能停留在一种原始的统一之中,而不能得到高度的发展。所以劳动异化既使人的本质力量受到了损害,同时又是人的本质力量得到丰富的、全面的发展所必经的阶段。正是在这个考察框架下,我们才能明白为什么马克思一方面愤怒地谴责资本主义社会的劳动异化现象对人(工人)的本质力量所造成的损害,另一方面又肯定了资本主义在促进社会生产力的极大发展方面的功绩。马克思获得了这样一个认识,那就是人类的力量要全面发展出来,必须通过异化的形式:"人确实显示出自己的全部类力量——这又只有通过人的全部活动、只有作为历史的结果才有可能——并且把这些力量当作对象来对待,而这首先又只有通过异化的形式才有可能。"[8](320) 这就表明,人的各种能力应该得到锻炼,并且达到令人满意的程度,但又要追求与作为一个整体的人格而被整合在一起。但是在资本主义条件下,由于存在着劳动异化现象,人们受到经济必然性的影响而服从一种必然性的分工,于是,工人个体只是被固定在劳动的某个领域中,发展出了这个领域的机能(这是人的类本质的一部分),但同时劳动产品、劳动过程、人的类本质与自己相异化,所以给工人只是带来不幸,而不能在自己的产品中确证自己的力量,因而不可能形成自己的整体人格。正是在这个意义上,马克思对资本主义生产方式进行了严厉的道德谴责。

其次,马克思的确有一个好生活的理想,但这种理想并不是空洞的抽象。第一,这种好的生活理想是建立在对人的本性的现实认识之上的。"动物不能把自己同类的不同属性汇集起来;它们丝毫无助于自己同类的共同优势和方便。人则不同,各种极不相同的才能和活动方式可以相互为用。"[8](365) 也就是说,在分工的背景下,人们能发展出各种不同的才能和活动形式,这对以后的人类获得全面发展来说,是必需的,它是以人有这样一种本质能力为前提的,即人们在合作中可以相互利用不同人的才能,来完善自己的能力结构。这个说法可能会被误解为这样的意思,即人作为单个人永远不可能发展起所有的人类所具有的所有能力,所以人的全面发展是一句空话。对此我们只能这样说,从人的全面发展来说,一方面的确需要人类经过长期的历史过程而发展并积累各种能力,从而个人本着完善自己的本质力量的目的,可以自由、自主地学习到足够多的技能,而不会受到分工的严格限制使自己的能力只能片面发展;另一方面,个人的确不能获得所有的人类能力,但这对人类生活而言并不是一个特别严重的遗憾,实际上,如果人类能够作为一个整体占有所有人已经发展起来的各种能力,那么,人类个体也同样可以得此之赐,并享受到人类整体的全面发展的能力的贡献。第二,在生产中,我们看出的第一事实就是其目的是满足人们的需要。我们知道,需要是可以不断发展的,一些基本需要得到了满足,就会刺激人们产生出一些新的需要,而要满足这些新的需要,就需要人们发展出一些新的能力。马克思认为在资本主义生产方式下,这一进程越来越快,但这里还有一个分离,那就是资本家不断膨胀的需要与工人阶级的生产能力的不断提高是一致的,同时工人的生产能力是作为一个总体而表现为一种提高趋势,而工人个人却被固定在生产的某个环节上,其能力只能得到片面发展。由此,我们可以推论出,这两个方面的最终统一,应该表现为"发展丰富的个性创造出物质要素,这种个性无论在生产上和消费上都是全面的"[5](287)。

最后,我们可以看到,马克思认为衡量一个社会的道德状况的最终标准就是这个社会在促使人的全面发展方面的利弊程度。由此,也就对人们自身在道德上的进步提出了要求:"同样要发现、创造和满足由社会本身产生的新的需要。培养社会的人的一切属性,并且把他作为具有尽可能丰富的属性和联系的人,因而具有尽可能广泛需要的人生产出来——把他作为尽可能完整的和全面的社会产品出产出来(因为要多方面享受,他就必须有享受的能力,因此他必须是具有高度文明的人)。"[11]在现实社会中,努力创造出能让人们培养起社会的人的一切属性的制度环境和可能的条件,就是社会的道义责任;同时,个人也应该尽可能多地发展自己多方面的享受能力,从而成为一个具有高度文明的人。

综上所述,我们认为,关于马克思是否一般地反对道德这种争论可以休矣。在道德问题上,马克思的基本立场可以概括为以下几点。第一,在道德认识问题上给出一幅知识图景,在此之中,我们能够认识到:道德是一种意识形式,是对现实社会生产关系、交往关系的反映,在阶级社会中,道德是阶级的道德,但是每种道德都是持这种道德观的人们自我实现的一种形式。在这个立场上,我们可以看透各种道德观背后的利益诉求和阶级(阶层)意识,这就是我们认识道德现象的本质的知识图景,在这个图景中,我们无法确认什么样的道德观是正确的,因为这是考察道德现象的内在本质,即追问出现这些道德现象的事实基础,但并不给出其价值指引。第二,在改造社会的问题上,对仅仅诉诸道德要求的思想观念和措施给予严肃的批判,因为这违背了历史唯物主义的基本观点,满足于提出各种道德要求,而不是从事于对产生各种对立道德观的社会生产方式等物质根源进行改造,这会给社会主义运动在指导思想上带来很大混乱。第三,为道德重置价值坐标,是马克思新道德观的最终目标。为此,我们必须获得一种宏观的、整体历史发展的视野,并且考察人类社会发展的规律,在分析以往历史发展的内在动因过程中,看出未来社会发展的必然趋势,即历史是人的发展的历史,是人朝着自由而全面的发展状态前进的历史。正是在科学地分析以往历史发展的内在动因的基础上,马克思发现了人类历史的价值目标,这才是马克思道德观念的建构性之所在。新的道德观必须在历史实在中确立价值坐标建立在一种类似于亚里士多德的对“好生活”的追求上,它以人性的基本特征、人类历史的发展规律为基础,以人的属人本质的自由全面的发展及其证实为价值坐标,来重建道德体系。各种道德观只有从促进或阻碍人的自由和全面发展方面才能得到真正的价值评判。从这一点出发,我们才可以对各种社会制度进行实际的道德价值评判,而不致陷入混乱。

参考文献：

［1］〔美〕R. W. 米勒. 分析马克思——道德、权力和历史［M］. 张伟，译. 北京：高等教育出版社，2009：13.

［2］马克思，恩格斯. 马克思恩格斯全集：第 3 卷［M］. 北京：人民出版社，1960：490.

［3］马克思，恩格斯. 马克思恩格斯全集：第 2 卷［M］. 北京：人民出版社，1957：103.

［4］马克思，恩格斯. 马克思恩格斯文集：第 2 卷［M］. 北京：人民出版社，2009：489.

［5］马克思，恩格斯. 马克思恩格斯全集：第 46 卷（上）［M］. 北京：人民出版社，1979：201.

［6］恩格斯. 反杜林论［M］. 北京：人民出版社，1970：92.

［7］马克思，恩格斯. 马克思恩格斯文集：第 3 卷［M］. 北京：人民出版社，2009：436.

［8］马克思，恩格斯. 马克思恩格斯全集：第 3 卷［M］. 北京：人民出版社，2002：278.

［9］〔美〕艾伦·布坎南. 马克思与正义［M］. 林进平，译. 北京：人民出版社，2013：24.

［10］马克思，恩格斯. 马克思恩格斯全集：第 46 卷（下册）［M］. 北京：人民出版社，1980：112.

［11］马克思，恩格斯. 马克思恩格斯文集：第 8 卷［M］. 北京：人民出版社，2009：90.

（詹世友，上饶师范学院副校长，哲学博士，教授；南昌大学博士生导师；本文发表于 2015 年第 1 期）

当代中国马克思主义伦理思想的精神特质论

王泽应

摘　要　当代中国马克思主义伦理思想是一个内容博大精深且不断发展的开放的理论体系,本质上是适应改革开放和社会主义现代化建设的形势而不断创新发展的伦理思想,是坚持把马克思主义伦理思想基本原理与中国改革开放和社会主义现代化建设的道德生活实践相结合,与中华民族优秀传统伦理文化相结合的产物,同时也是面向世界借鉴吸收人类伦理文明成果而朝向未来不断求索伦理文明真谛和奥义的结晶。当代中国马克思主义伦理思想具有遵循道德生活规律与坚持人民主体地位的有机统一,弘扬民族伦理精神与荟萃时代伦理精华的辩证结合,立足中国的本土意识与面向世界的开放意识相互兼容,扎根传统的继承性与面向未来的创新性相互涵容等基本特质。

当代中国马克思主义伦理思想是指在改革开放和社会主义现代化建设新时期形成并发展起来的既继承马克思主义伦理思想和现代中国马克思主义伦理思想特别是毛泽东伦理思想基本原理和根本观念,又解放思想、实事求是、与时俱进发展马克思主义伦理思想和中国化马克思主义伦理思想的伦理思想类型,本质上是适应改革开放和社会主义现代化建设的形势而不断创新发展的伦理思想,是坚持把马克思主义伦理思想基本原理与中国改革开放和社会主义现代化建设的道德生活实践相结合,与中华民族优秀传统伦理文化相结合的产物,同时也是面向世界借鉴吸收人类伦理文明成果而朝向未来不断求索伦理文明真谛和奥义的结晶。当代中国马克思主义伦理思想是一个不断发展的开放的理论体系。以邓小平、江泽民、胡锦涛、习近平为代表的当代中国马克思主义者立于社会主义建设和改革开放新形势下的道德生活实际,以面向现代化、面向世界、面向未来的宽阔视野,在科学把握人类道德生活发展规律、社会主义道德建设规律、中国特色社会主义伦理文明发展规律的基础上,创造性地提出了一系列关于中国特色社会主义伦理文明建设的新思想、新观点、新论述,形成并发展起了当代中国马克思主义伦理思想。当代中国马克思主义伦理思想以马克思主义的锐利眼光和深邃视野,观察不断发展变化的中国社会和世界道德生活的发展形势,深刻把握社会主义伦理文化发展和伦理文明建设的大方向,使马克思主义伦理思想不断与中国改革开放和社会主义现代化建设的道德国情相结合、与时代发展的伦理要求同进步、与人民群众的道德生活期待共契合,使其不断焕发出强大的生命力、创造力和感召力,极大地促进了马克思主义伦理思想在当代中国的发展,为人类伦理文明的发展与完善做出了独创性的贡献。

一、遵循道德生活规律与坚持人民主体地位的有机统一

当代中国马克思主义伦理思想继承并发展了马克思主义科学性与人民性相统一的精神品质,并将其推进到新的阶段和水平,实现了严谨的科学性和鲜明的人民性的有机结合,亦即遵循道德生活发展规律与坚持人民主体地位的有机统一,这种统一就是伦理思想的合规律性与合目的性的有机统一,也就是求真理与求价值的统一[1]。

当代中国马克思主义伦理思想具有严谨的科学性是指它始终以道德生活的客观事实为根据,致力于探寻人类道德生活和伦理文明建设的客观规律,探寻社会主义道德生活和伦理文明建设的客观规律。它的形成及其发展是对中国改革开放以来道德生活和道德建设规律的正确反映,全面、

系统地反映了人类伦理文明和社会主义伦理文明发展过程中的本质联系和必然趋势,是对人类伦理文明和社会主义道德建设客观规律的科学把握。当代中国马克思主义伦理思想深刻探讨并论述了人类道德生活发展进化的规律和社会主义伦理文明建设的规律,揭示出社会主义道德建立在物质利益基础之上,应当实现个人利益与集体利益和国家利益的辩证结合,形成把国家利益放在首位而又充分尊重和满足公民个人合法利益的社会主义义利观,追求"你好,我好,大家好"和"大家好,才是真的好"的社会主义伦理文明发展目标,共同富裕的原理、以人为本的原则和公平正义的原则确证的都是社会主义伦理文明建设的内在规律。同时,社会主义道德建设必须坚持广泛性与先进性的有机结合,坚持价值导向的一元化与价值取向的多元化的有机结合,以社会主义核心价值体系和社会主义核心价值观引领社会思潮,在尊重差异、包容多样的基础上来确立社会主义伦理文明的发展共识,凡此等等,都是当代中国马克思主义伦理思想科学性的集中反映。

当代中国马克思主义伦理思想继承并发展了马克思主义关于人民群众是历史主人和道德建设主体的思想,强调人民群众的主体地位,认为人民群众具有无限的创造力,伦理文明建设是亿万人民群众自己的事情,因此,以人民为中心、为目的、为根本是社会主义伦理文明建设的根本价值导向。马克思主义伦理思想在最根本意义上是为无产阶级的解放和自由,为广大人民群众自由全面的发展服务的,并始终把人民群众视为历史的创造者和国家建设的主人,在伦理思想上推崇为人民大众服务的价值观念。马克思主义经典作家在科学阐明人类历史发展规律的同时,也科学论述了人民群众创造历史的主体作用,创立了群众史观。马克思指出:"历史活动是群众的活动,随着历史活动的深入,必将是群众队伍的扩大。"[2]共产主义运动一开始就是广大群众的运动,广大群众在共产主义运动中所放射出来的道德光芒是过去的历史所未曾有过的。当代中国马克思主义伦理思想在坚持马克思主义人民群众主体地位的基础上,特别强调伦理文明建设与人民群众道德主体性的内在联系,认为社会主义伦理文明建设本质上是为了人民、依靠人民和始终服务于人民的伟大事业,只有立足于人民群众的物质文化生活需要才能确立起伦理文明建设的方向,只有紧紧依靠人民群众追求和创造美好生活的行为实践才能鼎立伦理文明建设的风骨,只有始终坚持人民利益至上和为人民服务的价值取向才能使伦理文明建设取得真正的实效。坚持人民主体地位和追求人民至上、人民中心的价值目标是当代中国马克思主义伦理思想区别于其他伦理思想的显著标志,可以说,当代中国马克思主义伦理思想就是一种立根于人民并以人民为道德生活的主体,主张尊重人民的主体地位,把实现好、维护好、发展好最广大人民的根本利益作为伦理文明建设根本任务和价值目标的伦理思想,这是一种融合了历史上人本主义和民本主义伦理思想精华同时又在遵循社会主义伦理文明建设规律基础上而予以综合创新的人民主义伦理思想,人民成为主体伦理、规范伦理、美德伦理、关怀伦理和信念伦理的"主心骨"与"拱心石"。因此,当代中国马克思主义伦理思想深得人民发自内心的认同和拥护,进而取得了"化理论为德性"的价值效应。

二、弘扬民族伦理精神与荟萃时代伦理精华的辩证结合

当代中国马克思主义伦理思想的创立本质上是民族伦理精神与时代伦理精神辩证统一的产物,而其发展也是弘扬民族伦理精神与荟萃时代伦理精华有机结合的结晶。以爱国主义为核心的民族伦理精神和以改革创新为核心的时代伦理精神二者的弘扬及其结合,构成当代中国马克思主义伦理思想鲜明的精神特质。

弘扬民族伦理精神确证的是马克思主义伦理思想基本原理与中华民族优秀传统伦理文化的有机结合。马克思主义伦理思想之所以能够实现其中国化发展,除了马克思主义伦理思想本身的科学性、人民性和先进性之外,还在于中国伦理文化发展的内在需要,以及中国优秀传统伦理文化在精神实质和价值取向上与马克思主义伦理思想的契合之处。中国传统伦理文化崇尚的"天下为公""世界大同"的社会理想与马克思主义崇尚的

社会主义、共产主义社会理想有着某种精神上的一致,推崇的群体主义和整体主义道德原则与马克思主义所推崇的集体主义道德原则也有着某种义理上的通融,而其民本主义伦理取向与马克思主义伦理思想所坚持的人民主义在大道上有着基本立场的涵摄,这些契合或神似之处无疑成为马克思主义伦理思想中国化的内在因由。当然,马克思主义经典作家本身未能也不可能将这种契合或神似之处科学地揭示出来,这一任务历史地留给了致力于马克思主义伦理思想中国化的人们。毛泽东伦理思想作为马克思主义伦理思想中国化的第一大杰出理论成果比较成功地实现了马克思主义伦理思想与中国优秀传统伦理文化的有机结合,当代中国马克思主义伦理思想在毛泽东伦理思想基础上进一步深化和推进了这种结合。从邓小平提出的中国特色社会主义思想到习近平新时代中国特色社会主义思想都在如何把马克思主义伦理思想基本原理、根本理念与中国优秀传统伦理文化和民族伦理精神相结合方面做出了艰辛的努力,迈出了实质性的步伐,并取得了重要的理论成果。邓小平伦理思想批判性地吸收了中国传统文化中的"重民""安民""富民"的民本思想,"革故鼎新"的维新精神和"和而不用""执两用中"的思维方式,并予以科学改造和价值提升,使其成为当代中国特色社会主义伦理思想的有机构成。"三个代表"重要思想认为,在全球化时代,建设社会主义精神文明必须弘扬民族优秀的伦理文化和民族精神,并在承继中华优秀伦理文化和民族精神基础上提出以德治国与依法治国有机结合的治国方略,建设与传统美德相承接的社会主义道德体系等观点。坚持"以人为本"是科学发展观的本质和核心,它与影响中国政治文化长达两千多年的"人文精神"之间血脉相连;"科学发展观"强调发展的"全面、协调和可持续性",不仅体现了中国式的智慧——中庸协和,同时也体现了自然法则与处世结晶——天人合一与和合精神。习近平新时代中国特色社会主义思想更是注重吸取优秀传统伦理文化的营养,强调指出"博大精深的中华优秀传统文化是我们在世界文化激荡中站稳脚跟的根基。中华文化源远流长,积淀着中华民族最深层的精神追求,代表着中华民族独特的精神标识,为中华民族生生不息、发展壮大提供了丰厚滋养。中华传统美德是中华文化精髓,蕴含着丰富的思想道德资源"[3]。实现中华民族伟大复兴的中国梦需要弘扬中国精神,中国精神是民族精神与时代精神的有机统一。以爱国主义为核心的勤劳勇敢、热爱和平、团结统一、自强不息的民族伦理精神是我们民族最宝贵的精神财富,是把中华民族凝聚在一起、团结在一起、战斗在一起的价值源泉和价值枢纽,建构的是中华民族共有的精神家园和意义世界。中华民族因民族精神的凝聚而成为一个坚如磐石的民族共同体。中国历史之所以能够跨过无数的沟沟坎坎,承受难以计数的灾难厄运,就在于有其历久弥坚的民族伦理精神。弘扬民族伦理精神是建设中国特色社会主义伦理文明的精神基础,是形成中国特色、中国风格和中国气派的价值基座。

当代中国马克思主义伦理思想是民族伦理精神与时代伦理精神有机结合的思想体系。弘扬民族伦理精神与荟萃时代伦理精华是其相得益彰的双重机理。它之所以弘扬民族伦理精神是基于陶铸时代伦理精神的深刻需要,而其陶铸时代伦理精神又必须立足于、扎根于民族伦理精神之上。当代中国马克思主义伦理思想本质上是时代伦理精神精华的集中体现,反映着当代伦理文明创造和当代公民道德建设的内在要求,充满了浓郁的时代气息,体现出鲜明的时代特色。当代中国马克思主义伦理思想对和平与发展这一时代主题有着深刻的伦理认知和价值自觉,坚持认为冷战以后的世界是和平与发展占主导地位的时代,各国人民要和平、盼发展成为一种潮流和趋势,并在把握这一时代主题的基础上提出了和谐发展、和平崛起以及致力于以发展求和平、以和平促发展等伦理命题和观点,形成了既具中国特色又代表世界发展伦理最高水平的伦理思想。同时,针对社会主义伦理文明建设的形势与任务,特别强调弘扬以改革创新为核心的解放思想、求真务实、锐意改革、开拓创新的时代伦理精神。改革创新是促进中国特色社会主义现代化建设事业不断进入新境界、取得新成就的动力源泉,也是推动中国马克思主义伦理思想不断创新,不断提出新理论、推出新成果的精神支撑。时代性彰显了马克思主义伦理思想中国化的宏大视野。当代中国马克思主义伦理思想的形成与发展即是对时代伦理精神和人民群众道德生活实践的总结与创新,本质上是在解放思想、实事求是、与时俱进的思想认识路线指引下的思想和理论创造,反映了当代中国共产党人和马克思主义者对当代中国正在经历的最为广泛而深刻的社会变革的深度思考和理论总结,凝结着以邓小平、江泽民、胡锦涛、习近平为代表的几代中国马克思主义者建构当代中国伦理文明的思想智慧。

三、立足中国的本土意识与面向世界的开放意识相互兼容

当代中国马克思主义伦理思想立足于中国改革开放和社会主义现代化建设的道德生活实际,坚持从社会主义初级阶段具体的道德国情出发,强调伦理道德是经济基础的反映和集中表现,同时又对经济基础起着能动作用和反作用。它是在当代中国改革开放和社会主义现代化建设的具体实践中形成和发展起来的,有着鲜明的本土特色,打上了中国社会主义初级阶段这一具体道德国情的烙印。初级阶段的社会主义一是生产力发展不平衡,二是生产关系和上层建筑还存在许多不适应生产力状况的现象,三是意识形态虽然确立了马克思主义的指导地位,但是人们的思想觉悟、道德情操离马克思主义的要求还有相当距离。在社会主义初级阶段实施社会主义道德文化建设和伦理文明建设,有一个既要尊重现实又要引领人们追求远大理想、既要肯定先进又要照顾大多数的问题。社会主义初级阶段的道德建设和伦理文明建设,要求建设与社会主义市场经济相适应又能引领和保护市场经济健康发展的社会主义道德,既要肯定人们在分配方面的合理差别以有效地调动人们的生产积极性和创造性,让一切创造财富的潜能得到充分释放,让一切创造社会财富的源泉充分涌流,又要鼓励以先富带后富、促进人们共同富裕和实现人的自由全面发展。坚持从社会主义初级阶段的具体道德国情来推进和加强社会主义道德建设和伦理文明建设,要求从实际出发,实事求是,既不降低也不过分拔高社会主义道德建设的标准,形成鼓励先进,照顾多数,把先进性的要求和广泛性的要求结合起来的"先进更先进,后进赶先进"的道德建设局面,连接和引导不同觉悟程

度的人们一起向善向上，共筑亿万人民创业修德、奋力追求美好生活的人生理想。当代中国马克思主义伦理思想自始至终是从我国当代道德生活实际出发的，是立足于社会主义初级阶段具体的道德国情来思考和求索当代新型伦理文明的建构与建设的。

当代中国马克思主义伦理思想不仅有着鲜明的立足本国的本土意识，而且也有着突出的面向世界的开放意识，因此我们可以说，它是立足中国也是面向世界的，是立足中国与面向世界的有机结合。改革开放是决定当代中国命运的关键一招，当代中国马克思主义伦理思想就是在改革开放的新形势下适应改革开放的发展要求形成和发展起来的。注意从世界与中国的双重维度去观察、思考和解决伦理道德问题，把握国际道德形势及其发展趋势，善于借鉴与吸收世界发达国家和发展中国家在当代全球化、信息化条件下建设伦理文明的成功经验，并予以创造性转化，不断为中国特色社会主义伦理思想注入新的内涵，是当代中国马克思主义伦理思想的精神特质。当代中国马克思主义伦理思想具有面向世界和吸收外来的开放性特征，敞开心胸吸纳人类伦理文明的优秀成果，譬如将公平正义作为社会主义的根本原则有着对现代西方正义论的借鉴，主张构建人类命运共同体有着对现代西方社群主义和共同体理论的改造，培育共产党人崇高品德亦有着对现代西方美德伦理或德性伦理的批判性审思，而其所阐释的共产党执政伦理和科学发展伦理也直接间接地吸收并改造了现代西方政治伦理学和发展伦理学的合理因素。这些都说明当代中国马克思主义伦理思想的开放视野和世界情怀，特别是习近平提出的文明交流互鉴更是向世界宣示了开放的中国气度，同时也是运用马克思主义文化理论对亨廷顿"文明冲突论"深刻批判的产物。当代中国马克思主义伦理思想坚持认为，各国人民创造的伦理文明都是世界伦理文明重要的组成部分，我们应该积极维护世界伦理文明的多样性和丰富性，推动不同伦理文明开展积极对话和彼此交流，"在竞争比较中取长补短，在交流互鉴中共同发展，让文明交流互鉴成为增进各国人民友谊的桥梁、推动人类社会进步的动力、维护世界和平的纽带"[4]。面对21世纪以来逆全球化思潮不断兴起，当代中国马克思主义伦理思想坚持认为,全球化仍然是世界发展大势,我们不能因全球化带来的许多问题就整体上否定或阻止全球化,积极的态度应该是融入全球化并使其朝着健康、合理、均衡的方向发展,构建健康、公正、合理的全球伦理和国际关系伦理。

"根之茂者其实遂,膏之沃者其光晔。"当代中国马克思主义伦理思想因为立足本国而又面向世界的价值特质使其既有坚实的根基又有开放的视野,所以能够根深叶茂,花繁果实,具有无限的生机与发展活力。

四、扎根传统的继承性与面向未来的创新性相互涵容

当代中国马克思主义伦理思想在对待人类已经创立的各种伦理思想包括中国传统伦理思想、中国马克思主义伦理思想方面有着一种礼敬和认真的态度,主张继承中华民族优秀的伦理思想,认为中华优秀的伦理思想博大精深、源远流长,体现了中国人几千年来积累的知识智慧和理性思辨,延续着我们国家和民族的精神血脉,因此,"需要薪火相传、代代守护"[5]。继承中华优秀传统伦理思想精华应当"深入挖掘和阐发中华优秀传统文化讲仁爱、重民本、守诚信、崇正义、尚和合、求大同的时代价值,使中华优秀传统文化成为涵养社会主义核心价值观的重要源泉"[3](164)。我们不仅要继承中华优秀的传统伦理文化,而且也要继承近代以来形成的革命道德传统和近代伦理思想精华,对新中国成立以来形成的社会主义先进伦理文化及其伦理思想更要予以很好的总结和继承,使其发扬光大。同时,当代中国马克思主义还主张批判性地吸收世界各国伦理思想的合理因素。因此,它不只是继承中国传统伦理思想精华和近现代革命伦理思想精华,同时也包含对人类一切优秀道德成果和伦理思想的借鉴与吸收,可以说是"坐集千古之智",唯其如此,才使其继承具有博采众家之长、兼收并蓄的伦理意义。

扎根传统必须重视伦理文化的继承,面向未来理当致力伦理文化的开拓创新。继承古今中外伦理思想精华是为了更好地开拓创新,开辟马克思

主义伦理思想中国化发展的新局面。当代中国马克思主义伦理思想具有"不忘本来,吸收外来和面向未来"的精神特质,比较好地用思想和行动深刻地诠释了"为天地立心,为生民立命,为往圣继绝学,为万世开太平"的价值追求和学术秉性,实现了扎根传统的继承性与面向未来的创新性相互涵容、相互促进,由此使当代中国马克思主义伦理思想体现出一种"温故而知新,敦厚以崇礼""旧学商量加邃密,新知培养转深沉"的博大胸襟和承前启后、继往开来的传延气象。当代中国马克思主义伦理思想是一个在不断解放思想、实事求是和与时俱进的思想路线指引下形成和发展起来的伦理思想体系。在继承古今中外伦理思想精华的基础上,建设面向未来的新的无愧于前人、无愧于后人的伦理思想体系,是当代中国马克思主义者不懈的价值追求和学术心志。未来是在现实趋势上的展开,把握未来既需要对现实趋势的深度探究,也需要高瞻远瞩式的伦理谋划和战略设计。在创新马克思主义伦理思想的征途中,中国马克思主义者既把目光投注于现时代火热的道德生活,从中汲取理论营养,予以创造性的理论总结和理论概括,也把目光投注于世界伦理文化发展的大趋势,在中国与世界各国的多维互动交往中学习借鉴他国伦理文化的有益成果,以之来丰富充实自己,进而形成内不失自己固有的精神血脉,外能适应人类道德生活之发展潮流的开放的道德主体性或伦理精神,而且能够将眼光投向中国伦理文明和人类伦理文明发展的未来,在坚持马克思主义伦理思想基本原理、根本原则基础上推动马克思主义伦理思想进入新境界、形成新理论。着眼于世界伦理文明发展的前沿,站在人类和当代中国先进文化发展的战略制高点上,不断促进马克思主义伦理思想理论创新和实践创新,是当代中国马克思主义伦理思想的优良品质和一贯传统。

此外,理论性与实践性有机结合也是当代中国马克思主义伦理思想的重要特质。当代中国马克思主义伦理思想既源于中国社会火热的道德生活实践,又是对人民群众道德生活实践的理论总结,并具有引领道德生活发展潮流,使其不断迈向新台阶、开拓新局面的独特功能。它坚持道德观念来自道德生活实践的原理,并认为人们的道德生活实践永远是伦理思想的源头活水。改革开放以来,我国社会主义伦理文明和公民道德建设的历史进程,就是一个道德生活实践催生理论又呼唤理论总结和指导的过程。马克思主义伦理思想之所以在中国能实现不断发展和繁荣,焕发出勃勃生机,不断开拓出伦理思想发展的新局面,进入新境界,关键在于与中国当代道德生活实际紧密结合,善于从道德生活实践中汲取理论营养,总结改革开放和社会主义现代化建设的成功经验。矢志不渝地贴近生活、贴近实际、贴近人民并善于从中总结经验、形成理论是当代中国马克思主义伦理思想能够获得不断创新、不断发展的真谛和奥秘。与那些脱离道德生活实际的抽象教条截然不同,当代中国马克思主义伦理思想是在改革开放和社会主义现代化建设新时期人民群众道德生活实践中产生又经过道德生活实践检验并随着道德生活实践的发展而不断发展的科学真理和伦理智慧。当代中国马克思主义伦理思想的生命力与发展活力,就在于它始终面向未来并在道德生活实践中不断创新,马克思主义伦理思想中国化的每一次重大突破及其所取得的杰出理论成果,都是马克思主义伦理思想基本原理与中国社会具体道德生活实践相结合进行理论创新的结果。当代中国马克思主义伦理思想必将在党和人民的创造性实践中不断发展,中国马克思主义者的一个光荣使命就是在总结实践经验的基础上创新理论,以指导新的实践。

参考文献:

[1] 董德刚.马克思主义哲学中国化的三维审视[J].理论视野,2012,(8).

[2] 马克思,恩格斯.马克思恩格斯文集:第1卷[M].北京:人民出版社,2009:287.

[3] 习近平.习近平谈治国理政[M].北京:外文出版社,2018:164.

[4] 习近平.迈向命运共同体 开创亚洲新未来——在博鳌亚洲论坛 2015 年年会上的主旨演讲[N].人民日报,2015-03-29.

[5] 习近平.在哲学社会科学工作座谈会上的讲话[N].人民日报,2016-05-19.

(王泽应,湖南师范大学道德文化研究中心教授、博士生导师,中央马克思主义理论研究与建设工程《伦理学》首席专家;本文发表于 2018 年第 5 期)

当代中国马克思主义伦理思想的精神特质论

马克思的道德批判的意义

张文喜

摘　要　马克思最为精深的道德批判包含在他所撰写的诸多作品中,我们在对其解读中所发现的种种不同的道德,其正确性还是一个值得探讨的问题。对如何将马克思的经济学研究最终必须同伦理学研究结合起来这么一个更为基本的问题,马克思的评论家又不知如何作答。西方政治上的左翼感到极为尴尬的是,将亚里士多德的"美德"道德论、康德式的义务道德论从传统的道德事业移植到社会主义思想中,导致了一种伦理学麻烦:社会主义在最需要它的地方被证明是最不可能的。供我们讨论这一主题的正确方法是,全面理解那些杰出评论家所不曾意识到的内容,以使我们全面理解马克思的道德批判的不同层次和含义。

马克思经常因为他的道德批判而遭到严重的误解。马克思为什么要"批判"道德? 马克思凭什么要"批判"道德? 从马克思那里能辨别出某种道德哲学吗? 不用说,时至今日,马克思的道德"批判"的意义,还有很多问题值得讨论。

一、流行的有关马克思的道德概念

何为马克思所说的"道德"? 一般地说,对马克思的道德概念有三种不同的理解。第一种是比较流行的讲法,认为道德是个骗人的东西,就是资产阶级搞一帮人变着法子讲些空话。资产阶级装着同情、怜悯、克己,实际上掩盖着残忍、虚伪、自私。所以,马克思否认资产阶级道德。第二种观点是承认道德的存在,但对其存在的意义持有不同的看法。一些人将道德理解为与私人生活有关的一些规则,当我们用它来衡量个人行为的时候,它便是一个伦理学说。现代意识形态主张,伦理学是与私生活相关的,政治学是与公共生活相关的。或者如伊格尔顿粗鄙地解释:"伦理学是你在床上做的事情,而政治学或者经济学则是你离开床以后做的事情。"[1](126)他的解释似乎是:你讲不讲道德,取决于你讲不讲良心,讲不讲责任。但良心是什么?责任又是什么?这只有像康德那样的少数人知道,对于我们大多数人来说,不知道并没有什么关系,只需遵循风俗习惯。这就是为什么有些人要以韦伯主义式的态度了解马克思的道德概念:对韦伯主义式马克思主义而言,由于在我们的时代出现了作为技术进步的必然代价——"道德的败坏为代价"——问题[2](776)。我们应该让马克思主义得出康德式的结论:道德就是承认个人的自我价值和自我责任。韦伯主义式马克思主义"用康德来衡量马克思"的原因就在于此。第三种观点是某些马克思主义者长期以来把道德问题当作马克思没有写完的那一部分来处理。有些人认为,对于马克思而言,资产阶级要装着同情、怜悯、克己,掩盖残忍、虚伪、自私,就说明现在无疑尚未回答这样的问题:人们今天能够怎样生活?以什么名义或以谁的名义判断?因为缺失的就是一种能够满足为大多数人提供新需求的名义,首先是"神圣的名义"。这些神圣的名义曾以无产阶级的生存方式决定着道德生活的公共(或非公共)空间。故而,道德,就是讲"无产阶级"自我牺牲之类的东西,为了别人的自我实现,某些人乃至整个阶级至少必须放弃他们的自我实现的一部分。后来有人把社会主义道德意识,看作一种自我牺牲式的理想主义。没有自我牺牲就无法实现社会主义。当然,问题在于,这种社会主义,必须以一种根本难以捉摸的"理应"的先验考察(比方说,劳苦大众的出身理应比其他任何出身要"正直"得多)为视角,使我们陷入一种纯粹的疑问之中。

　　这是一般了解马克思的人可能对马克思的道德概念的三种解释。而我们现在在学术界对马克思的道德概念的解释，在笔者看来，也有些问题。罗尔斯曾说过，马克思既不是"讲道德的"也不是"不讲道德的"[3](356)。那么《马克思伦理思想研究》《马克思道德概念》这一类的文章和著作，每年都要发表，各种各样的意图都在应验罗尔斯这个评论。仔细去看，对马克思的道德概念的学术解释比较流行的大概也是三种。第一种看法认为道德属于上层建筑。有些人把马克思的社会关系理论用一棵树做比喻：生产部门是社会关系的根部，树干是社会关系本身，树枝就是上层建筑。对统治阶级而言，道德只是为了统治被统治阶级发明出来的工具，只是为了使他们的统治权显得合法或可爱，它是骗局。道德，就像是一棵树的"叶子"，把树干和根部都掩盖起来了。可是，这样的讲法却有些语焉不详，没有把马克思的道德批判解释彻底，还只是停留在说明道德观念、道德规范怎么取决于经济基础。一方面，马克思把整个道德问题从"上层建筑"这一顶层设计搬到了"经济基础"这一"底部"，这是非常清楚的。说到上层建筑，还包括法律、政治、哲学、宗教、艺术等。社会有机体这一棵树，并非单是由道德这一种意识形态的"叶子"加以掩盖的。另一方面，马克思在讲到一棵树的根部、树干、树枝和叶子之间关系的时候，并没有说叶子只是起掩盖树干与根部的真正关系的作用，这里面的关系其实很复杂。用马克思自己的话来说，作为上层建筑的意识形态活动除了具有反映经济因素的作用之外，还有能够摆脱经济因素的钳制的反作用。

　　第二种看法认为道德是给我们带来利益的工具。这种讲法是说马克思的道德概念是与经济学的议题相互联系的。的确，马克思曾谈到亚当·斯密、李嘉图、穆勒等人的经济理论基本上只是一种假道学的理性学说，它掩饰了私有财产制度背后的唯利是图的本质。斯密的《国富论》无法解决这样的矛盾：资本主义社会使大多数人变穷了，自由贸易和竞争使许多人成为奴隶，同时更加巩固资产阶级的利益。可是，要想准确理解这种观点，我们不能过于看重某些经常被人有意夸张的教条（譬如，斯密的

"看不见的手")的意义,而应该像马克思那样在伦理问题面前保持清醒头脑。马克思在考虑道德问题的时候,是以生产关系为前提的。他对道德的藐视绝不是因为道德和"你应该"制造出来的虚饰利益面具挂钩,从而不曾像尼采那样对同情道德之欺骗、对意识形态本身的机制进行过深入研究。之所以如此,是因为,马克思担心的是社会经济问题得不到解决,从而社会的经济财富不能与人类需求的真实财富相匹配。因此,所需要的东西是新创造、新价值。

第三种看法实际上是起源于亚里士多德。亚里士多德讲过,一种个体和城邦发自天性要奋力追求一种善,但这种善是不能科学地加以确定的。有些人认为,亚里士多德的这个观点,青年马克思在《1844 年经济学哲学手稿》中把它变成"类存在"说。或者说,马克思所谓"人的实现了的自然主义和自然界的实现了的人道主义"[4](301)是建立在人类作为一个物种的状态开始逐步发展基础上的。然而,"类存在",就如人们所言,在费尔巴哈哲学的意义上存在,恐怕很难完成马克思哲学为祛除异化之魅惑的任务。或者说,如果有任何称得上是"类本质"存在的话,那么从以下考虑,它就是道德的:没有从道德上将无产者与有产者区别开来,这是不可想象的。后来马克思主要关心的不是传统的道德事业的回归和延续,而是世界进程同道德紧张对立作为世界历史的意义。所以说,不管人们怎么讲,关于"马克思的道德批判是什么"的讲法,都是有问题的。

二、经济学与伦理学的关系

让我们略过有关马克思的道德概念理解问题,这个问题说到底是经济学与伦理学的关系问题。在这方面寥寥数语点出这一事实就够了:马克思没有给我们留下关于伦理学的著作。笔者认为,马克思不可能去写伦理学的著作,或者说,过去的观点认为,马克思的历史唯物主义建立在科学基础上,对于人的行为的道德评价也需按是否符合历史发展的规律来评价。这表明马克思是严格意义上的非道德主义者①。然而,这种观点已逐渐被另一种观点取代,那就是,马克思作为政治经济学的批判者,其道德主义克服的征兆显现在经济学中的伦理问题和伦理考虑在经济学中的有效性问题之中。而直到今天,那些关心马克思的政治经济学、哲学和科学社会主义联系的经济学家、哲学家和政治科学家,却不曾对这样的观点有过认真的关注。

这说明什么呢? 高度概括起来,我们可以从三个决定性的问题来看:一是经济学是否为了保证它的科学性而应当排除道德情操、友善等因素;二是经济学所关注的人是否不受"正确的生活问题"的影响;三是伦理学在最需要它的地方是否证明是最不可能的。这三个问题是我们对阿马蒂亚·森这位大师的思想概括[5](7-8)。他特别关注的问题是伦理学能够为经济学做些什么。

第一个问题牵扯到我们人类科学认知方面。我们在经济学领域能够认识什么,涉及的是我们在这个领域能够"知道"什么,这是经济活动非常重要的一个维度。经济学研究当然首先是与人们追求财富有直接关系,对经济规律的认知和把握,对经济事务的管理,既需要科学性方面的知识,也需要工程学方面的知识。此外,讲经济学与竞争分不开,而竞争往往是你死我活,而非互惠互助。在这个意义上,对自私自利行为假设的合理使用正好体现了现代经济学分析的性质,现代经济学讲经济学与伦理学的分离,有些道理。正如《政治经济学原理》这部作品所示,其主旨可以被看作约翰·斯图亚特·穆勒——这个曾经被称为政治经济学的开创者——在克服他那天生的友善写出的。马克思同样如此。《资本论》的伟大之处正开始于马克思对客观现实的评判分析,却没有给出伦理式药方,如果人们为此"感到吃惊","马克思也不为这种批判所动;此外,他还在《资本论》的前言里提醒读者,他不会去决定任何国家的社会立场,他只想对资本主义

---

① 道德主义认为,存在着一整套被认为与社会历史和政治问题截然不同的道德问题。在笔者看来,在此意义上,非道德主义可以被看作对道德形而上学起作用的主张的拒斥。

的生产规律做一番研究,去研究'以铁的必然性发生作用的趋势'"[6](35)。马克思的经济学研究首先关心的并不是在理论或纯知识中奠定伦理判断的普遍基础,而是它所呈现出的最基本的逻辑问题。也就是作为他本人没有从他早期所面对的个人道德问题的解决当中进展到表述正确生活的理念上。更确切地说,人们不可能通过批判压迫阶级的意识形态就必定"挑出来""分开"或"突出"正确的东西。

可是,第二个问题要比第一个问题更有分量,就是苏格拉底的问题,即一个人应该怎样活着? 经济学研究固然与人们对财富的追求有直接的关系。在研究现代经济时,我们也会想到资本家与勇士之间的酷似点。我们所熟悉的大多数资本家是浑身洋溢着坚韧、贪婪和冷酷无情这种"无伦理的"品格的:在对自身的力量合理性评估的基础上勇往直前;对利益的冷静盘算,而恰恰是这种精神构成了现代经济学已经走过的道路。但在更深层次上,他们似乎相信,经济学研究可以且必须联系到伦理学。故而,自亚当·斯密开创性著作《国富论》问世以来,人们对他的经济理论和道德理论能不能统一深表怀疑。他从来都没有实现自己的抱负,因为尽管他清楚地看出了社会主题——人与人之间的关系不能看作乌眼鸡之间的关系,应该把人看成人,是同类——但却从来没有认真对待过。斯密所言及的自然选择机制,其实只是以"无偏的旁观者"的方式起作用,因此,"获得道德认同感"这一选择目的本身往往未被个体所意识到。对于斯密而言,在商业社会,"依据合宜性原则过上得体的生活"就算解决"正确的生活"问题了[7](209-211)。森从这一角度强调,现代经济学不讲道德是不自然的。如果想要衡量出经济学中道德高度,经济学家就必须使用伦理评论这架"梯子"。在斯密的同时代,只有文学家明白,要想衡量出小说中的道德和美学高度,他们须使用这架"梯子":在那些近代早期英国的小说和戏剧中出现的那种冷酷地计算着自己赢利机会的商人形象,大多数都是被用来作为讽刺的对象。现在,固然我们知道:没有伦理考虑的方法不一定使经济学失去有效性,但像亚当·斯密、约翰·斯图亚特·穆勒、卡尔·马克思等都重视经济学中的伦理问题。

如果这种说法是让人信服的,那么,我们如何解释马克思没有给我们留下关于伦理学的著作这一我们前面提及的主张。看来,在极其广泛的范围中,马克思重视经济学中的伦理问题难以用意识形态的分析手段加以解释。这有两层意思:一是经济研究不能离开对实际的人类行为研究,包括对"一个人应该怎样活着?"这个问题的研究,因为,经济动机并不是人类活动唯一的主动因素,历史过程中存在着其他相互作用的因素;二是不同于亚当·斯密这样的资产阶级经济学家,马克思重视经济学中的伦理问题,不是向我们传达传统道德故事,而是做一个治疗工作,以使伦理学研究不违实际的人类行为。马克思说资产阶级没有人性,这不是道德意义上讲的,而是在历史意义上讲的。在资本主义历史进程中,一个贪婪的阶级彻底暴露了它在历史性上的缺陷,这个阶级追求的崇高不过是类似一只股票而已。因为他们知道各种"理想"和"规范"仅仅是各种"抽象"和"虚构"——"上层建筑"。而马克思要把资产阶级从近代早期英国的小说和戏剧中被讽刺的对象中解救出来,也就需揭示资产阶级经济学研究是如何忘记历史的。在此,资产阶级道德哲学的困境自然是私人伦理学的困境,也就是说,个人合宜的生活或行为早就被客观历史趋势上的恶或坏的东西卷走了。

第三个问题是伦理学在最需要它的地方是否证明是最不可能的?现在,马克思所描述的这种原则在现代经济学中是根本不存在的。这是因为,现代经济学认为,现代经济体系的社会和谐,只有依靠经济外的道德责任才能实现。但经济学在伦理问题上的失语一直是"无法解释的"。在理论上表现为,道德感强的人会不满"不讲道德的"经济学,而逻辑感强的人会不满"不讲逻辑的"经济学。"随着现代经济学与伦理学之间的隔阂的不断加深,现代经济学已经出现了严重的贫困化现象。"[5](13)森正确地指出了这一点。甚至就是通过这一点,现代经济学将生态灾难、贫穷、第三世界社会生活崩溃中产生的疾病以及新冠肺炎病毒这样的疫情追赶我们的实践本质大白于天下,但也随即又掩盖起来。这个实践本质是现代经济学不能触及的,而资本主义不能加以解决的问题则在于，你可以想象狭隘的自私自利行为假设是如何导致经济学贫困化的；你也可以想象狭隘的自私自利行为假设是如何不真实的，就算它可能把我们引向一条致富的"捷径"，这种"捷径"本身也是可疑的。但这不意味着应当改弦易辙，它只是单纯的革新，是一种在追逐利润下完全无能为力的浪漫理想。如果就此从伦理学上为社会主义辩护，那么这种辩护当然注定也是苍白无力的。

因为，任何事情对于人之为人来说都没有什么价值，如果他不怀有希望去做的话。从我们可以希望什么的角度看，经济学或经济人只认极端狭隘的自私自利的行为动机，却不认世界上人还会有其他动机，就是不正确的。这倒不是因为我们没有伟大的希望，而是因为它将人的最大化追求，基于一种表面和简单的功利解释，并且把这种表面和简单的解释看成人的追求的伦理相关的真正动机。但事实上，一个人能够最大化什么，除了取决于他把什么当作能够控制的适当变化因子之外，还取决于他可以希望什么。人可以希望什么？这样的问题折射出不同真相的道德观：资产阶级的伦理关键词是自由竞争，而"社会主义伦理的关键词是团结"[8](68)和互惠。所以说，要么你希望那种处于囚徒困境之极端狭隘的自私自利最大化；要么你作为经济博弈活动时所具有的大局观，你希望自己的真正追求的目标与其最大化目标达到一致，你希望凭借互惠互利这个利器实现每个人的目标；如何希望，我们可以希望什么，这反映了你或我之作为人类有没有前途。更深入地说，自从社会主义变成了一项准备发展的事业之后，任何暂时的失败都不能成为反对它的证据；虽然人们曾经非常迷恋社会主义作为乌托邦的成就。但马克思的眼界更为宽广，以"现实"的方式，即以社会使人成为现在这个样子的根据的方式来看待社会主义。

"现实"这个词是一个表示敬意的词，而未来的历史学家则很自然地会试图发现我们为这个词给出的带有贬义的反义词——表象，即纯粹的表象。他会在我们对内心的感受中发掘出其中的意义。索雷尔说："马克思总是想象他已置身于遥远的未来，这样，他就能以未来哲学家的身份把当前的事件视为长远与全面发展的基本要素，赋予它们以一种将来可能具备的色彩";"不幸的是,马克思没有经历过我们现在众所周知的事情"[6](32,24)。从根本上来说,长期以来,索雷尔对马克思的这种解释确实是非常普遍的。每当我们发现一种令人迷惑的现实矛盾时,我们都会怀疑现实是否正在不自觉地显露出来,并且怀疑纯粹的"主观性"是否正在蔓延。紧随而来的是我们对我们这个时代即使是最富有想象力的预言的怀疑,这些预言可以是伟大的,也可以是渺小的,但根本上来说,仍然也在预言一个有战争、金钱和不公的未来,这个未来只不过比现在更舒适或便利而已。

三、社会主义的道德可能性

今天,在大多数人眼里,也许会更乐于承认,社会主义道德在最需要它的地方已经被证明是最不可能的。这不仅是因为在实践上我们曾经碰到过社会主义的高尚意图走向反面的情况,而且我们在理论上也不能在错误的行为中挑出正确的行为。

实证主义的历史唯物主义者认为,社会主义是必然的,但是社会主义并不保证使人满意。因为社会主义不得不选择现代性作为通往自由道路的工具,而现代性的本质便是物质财富加资本逻辑的悲剧性破坏。不管是历史的衰落还是其他原因,人人似乎都有同感,没有人可以免受现代性的纠缠;用伊格尔顿的话来说,那些富有的国家已经奔向自由的道路,它们甩掉贫困国家,任其贫困的国家的人民在枪口的驱使下走向现代性。而那些不幸的贫困国家已经失去了挣脱现代性锁链的机会[1](125)。即便历史上没有铁一样的规律,但是这个事实并不意味着我们社会在下星期一可以避开现代性。对于政治左翼来说,当革命激情逐渐退却,人们意识到自己无力选择其他更好的工具,只得任现代性摆布时,对于抵抗诸如一个不公平的证券的良策的关注应当日益增长,并进而取代对于抵抗整个社会结构不公平的关注。作为西方左派的代表人物伊格尔顿很可能正是针对这样一种情况,批判了将马克思主义进行拉康主义式修正的新肉体主义。他认为,美国这个"色欲比伦理更流行"的国家"一开始根本就不理解社会主义,在那儿左派可以从福柯的极其法国式的悲观主义中,为他们自己的政治无能找到一种高雅的论据"[1](144)。另外,历史悲观论者认为,在这个时代,没有人会相信互助和兄弟般的友爱可以扩展到全球之整个人类的高调。相反,爱与奉献已经让位于有组织的自私。

正如我们所见,政治的左翼虽然没有继续说明白这究竟是怎么回事,但他们仍然愿意相信,马克思主义被视为强调社会原则终究并不是一件坏事。如果自我牺牲是某些人愿意选择的伦理,如果自我牺牲也有解放的一面,它关注的是未来的转变而不是现世的道德憎恨——一种道德情感对资本主义创造出"非人的"关系的憎恨(道德憎恨,据说这也是中产阶级最喜爱的情感),那么即将到来的社会主义道德的可能性,需要以各种方式押在每个人的良心之上。"回到康德"意味着承认个人的良心和责任。对于视马克思主义为"社会化"献身的人来说,无私的生活指的并不是以一种自我消解的状态存在着,而是以某种阶级斗争方式行动,从而将注意力从容易消亡的个人导向更为持久的"类存在"。但是,我们的历史学家很可能会发现一种矛盾:因为我们宣称,社会主义在道德上便是取消个人的自我意识的资格。然而,这种观念显然并非不证自明的。因为无论对于基督徒还是社会主义者来说,只要你意愿放弃的是你认为没有价值的东西,那么也就谈不上牺牲,至少在弗洛伊德精神分析意义上是如此,所以相似于马克思对资产阶级道德嘲笑来说,政治上的左翼愿意相信,反抗运动在道德上可以是没有任何意义的——"有道德只是为了取乐","在一个如此破败的世界里,善良不能为你带来什么",美德就如同选择了它的那些人的名字那样除了刻在墓碑上以外,"没能在世界上留下任何存在过的痕迹"[1](132-133)。

所以说,政治上的左翼在伦理学上绝不是没有麻烦的。首先,在我们看来,要对社会主义道德可能性这个概念进行正确理解,总会有不小的困难。从社会的高度在实际上已经达到的高度中并未具体地产生马克思用来对抗市民社会或资产阶级社会的规范,从这个角度看,马克思对道德是蔑视的。但马克思对道德的不信任是有特殊原因的。从嘲讽社会改良宣传家设想的荒谬正义到否定空想家的理论创造出的道德，对马克思来说，在资本主义社会,任何重要的道德批判的论题都只能转化为有关对道德的反讽。但如果政治上的左翼告诉我们,马克思自己也弄不明白他自己的作品是与道德判断相一致还是格格不入,一方面他是肯定道德判断的,而在结构上此道德判断接近于审美判断。马克思批判施蒂纳这位圣者时说,"共产主义简直是不能理解的,因为共产主义者既不拿利己主义来反对自我牺牲,也不拿自我牺牲来反对利己主义……共产主义者根本不进行任何道德说教"[4](275),免得在谴责道德说教之自以为是的时候也做出一个简单的肯定或否定之道德判断;另一方面马克思又不知道自己是肯定道德的,那么对我们来说,实际上就受到了他们(马克思的评论者)的愚弄。毫无疑问,当马克思的道德批判转化为某种"西方式"的思潮时,马克思的道德批判成了需要保持某种不确定性、神秘感和疑虑。对我们来说,马克思对道德的批判有不同的层次和含义。他对资产阶级道德是进行否认的。而一旦联系到他对资产阶级的道德批判这个层次,则其理论中似乎没有道德家之道德的存在余地。马克思为什么会肯定社会主义道德呢? 我们便需要在现实中探寻其艰难性、基础性及其具体的特质。我们即使听说马克思也是用美德的眼光看待社会主义的,也不会像政治上的左翼那样认为,马克思要否认资产阶级的道德也只能投鼠忌器。或者说,关注资本主义的非道德性,会转移人们对其社会分析和经济分析以及政治组织的关注,以致表现得"他太尊重其对手的构想,就像当今的某些不谨慎的左派,他们否认'传统'的原因在于他们考虑的是卫兵交接,而不是考虑宪章主义者的交接"[1](126)。在我们看来,假若是我们所说的关于现实的一切都如此抽象,并且似乎我们要在现实中探寻的内容就是抽象本身,那么,也就很难理解社会主义活泼的道德生活。此外,我们理应明确地知道,如果资产阶级永远丧失了它的崇高的道德,那么,政治上左翼的唉声叹气也是不能拯救世界的。在这个世界上,马克思证明了资产阶级让自己过着一种赌徒式的生活,却并没有意识到他们无意识地为创造新社会制度准备了条件①。

也许政治上的左翼现在真的已经无可挽回地衰落了。以下举证颇能说明这一点。在讨论社会主义道德可能性问题时,他们曾被康德式的道德论与亚里士多德的"美德"道德论缠绕,其中的一个重要结论是,只有从黑格尔返回康德的社会主义才可能真正是自由的,但其自由主义的思想方式被马克思扔在一边。马克思似乎跟亚里士多德靠得更近,而距离康德十二分的遥远。首先,值得注意的是,在这种比较视野的概念研究中,在康德的思想和社会主义之间存在着联系,这种想法是未经深思的。我们都知道,康德非常看重卢梭,因为卢梭深刻批判了把道德问题与政治问题还原为技术问题的现代性毛病。康德接过卢梭的想法,意识到威胁人对崇高的精神追求和对美的向往的危险是什么:人类发展到现在,所有的事情都让工具理性说了算。康德要搞清楚的问题,就是如何防止理性的僭越。这是康德的问题,是"人是什么"的问题,恐怕也是后马克思主义者(例如伯恩斯坦)的问题。我们看到,康德式的道德论和 19 世纪后期的一些强烈主观主义的马克思主义者如出一辙。回顾起来,在马克思主义发展史上,作为实证主义的历史唯物主义,是从工具理性的方式(经济主义)看待社会主义,不顾我们应该做什么的问题。实证主义的历史唯物主义者授人以柄的是,人们依据历史中的必然性做事而作的美妙论证,其实更有可能使得坚持社会主义与维持一定程度的"清理""整顿""恢复""责任"这些概念并行不悖。因此,实证主义的历史唯物主义,在任由社会主义自然发展之前,它就"不得不"在坚持机械唯物主义的同时,乐于和唯心主义道德论媾和。所以,在解读康德与马克思时,梅林说得对,"把康德称颂为'德国社会主义的真正创始者'"。其实这种马克思主义思想根本就搞不明白康德和社会主义之间有无联系,是怎么联系的[9](100-107)。因此,过去,政治上的左翼对搞清楚世界发展的方向产生了一种教条式的情感,并认为这是马克思主义必不

①　资本主义发展在发挥着一种类似无意识在自然里发挥的作用,马克思的原话是:"我的观点是把经济的社会形态的发展理解为一种自然史过程。"参见《马克思恩格斯选集》第 2 卷,人民出版社 1995 年版,第 101—102 页。

可少的前提;如今,世界的方向感在一些后结构主义的马克思主义那里已经根本就没有期待了。笔者相信,在这种思想脉络当中,康德式的道德论,以及那个它的普遍责任性和义务性,看起来很不实际或者缺乏时代性。因为,只有像康德那样迷恋善良意志、理性这些说法的人,才依然只会将道德准则与它所处的世界隔离开来。

实际上,笔者曾经在其他地方[10]将追寻德性生活本身的危险问题的做法称之为"道德现实主义"。或许如今人们从来没有如此迫切地需要去考虑道德现实主义的问题,因为自罗尔斯以降,从来没有这么多人致力于伦理正义或道德公正的问题。与此形成对照的是,自从麦卡锡的《马克思与古人——古典伦理学、社会正义和19世纪政治经济学》于1990年出版以来,马克思与伦理学的主题讨论业已风靡北美。这是在马克思的著作中寻找伦理学的一个相应的例子。在阿马蒂亚·森之后,麦卡锡也赞许将马克思置于亚里士多德的传统中,将道德与社会伦理学、政治经济学和政治哲学结合在一起的做法。在这方面的流行观点认为,马克思是用亚里士多德那样的眼光来看待道德概念的。正如前已提及,对于亚里士多德来说,伦理学和政治学是密不可分的。道德源自人的社会政治生活。道德不能独立于特定的社会。追随有德性的生活方式,并非是单独个人能够做到的。此外,这种生活方式还需要相应地承担道德功能之政治制度辩护。在这个意义上,我们可以问:马克思会赞同亚里士多德,从而马克思很可能要求伦理学和政治学都"需要从历史和社会的背景当中来确定它们自身的绝对命令"[11](145)吗?

在解读亚里士多德时,像麦金太尔那样的人本来以为马克思主义的传统会因其《追寻美德》而吸引众多关注微观政治的小团体,但现在发现,政治上的左翼会因为另一个角度来读这本书。因为即使对那些不再勇敢地为继续乌托邦空想的必要性进行辩护的人来说,"另一个角度"总是令人着迷的——当然这无疑是一种不好的吸引力。我的意思是说,就像《追寻美德》的第一部分仿佛是对我们时代资本统治之下的道德范畴的物化的尖锐分析一样,亚里士多德所青睐的美德看上去像是对现时代为祸甚烈的工具理性的批判。可是，与以往任何时候都不同的是，我们现在更少促进互惠的自我实现精神，这种伦理的政治形式通常被称为社会主义，而亚里士多德的德性里毕竟没为显现这种互惠精神留下什么余地。

我们更要说的是，要理解马克思的道德批判的意义，首先必须从亚里士多德的德性里端出强有力的历史批判。在亚里士多德和社会主义之间发现显而易见的联系，这种想法显然是不审慎的。这并不是批评，亚里士多德的德性里没能预先提出马克思式的普遍的自我实现观念——每个人的自由发展是一切人自由发展的条件，而是说他的人性观与他的德性是一种自相矛盾。它表现出了一种德性观上太多的历史性，以及人性观上的太少的历史性。若想理解马克思试图向他的同代人说些什么，我们首先应该想到历史世界里的黑格尔。事实上，对康德提出的工具理性问题，马克思不是用价值理性去面对，而是用更根本的生存存在之理性去面对。因此，道德被历史化（即被思想为在历史过程中实现自身的）、相对化了，对此，尽管黑格尔用变成"客观的"这个费解的术语表达。但理解这一点并不妨碍我们理解后来马克思令社会而不是国家（或城邦）成了"客观"道德的承担者的条件。

因此，亚里士多德的"美德"道德论对于社会主义道德会有多么大的重要性，难道它充其量而言不也是个次要的问题吗？让我们像普通人那样跳出哲学家的圈子而直接并迅速获得每天每日发生的现实，难道不就是首要的问题吗？黑格尔说，道德即在于按照某个国家的习惯生活。体现这方面内容的道德影响了众多的现实利益，让人们意识到了潜在的情感，使他们不容易麻木或漠然，同时也创造了一种社会氛围，使得不公正的现象难以轻易生存下来。或许，如伊格尔顿所说，"马克思算是个不公开的亚里士多德主义者，却像他的恩师黑格尔那样，居然从这种伦理学中端出强有力的历史批判"[12](118-119)。然而，马克思是自己成为"马克思的"。为了不遮蔽"现实的"基础，任何使我们应对现实时产生的道德热情变得形而上学化的做法，都会被马克思打发掉。

参考文献：

［1］〔英〕特里·伊格尔顿.异端人物［M］.刘超,陈叶,译.南京:江苏人民出版社,2014.

［2］马克思,恩格斯.马克思恩格斯选集:第1卷［M］.北京:人民出版社,2012.

［3］〔美〕罗尔斯.政治哲学史讲义［M］.杨通进,李丽丽,林航,译.北京:中国社会科学出版社,2011.

［4］马克思,恩格斯.马克思恩格斯全集:第3卷［M］.北京:人民出版社,2002.

［5］〔印度〕阿马蒂亚·森.伦理学与经济学［M］.王宇,王文玉,译.北京:商务印书馆,2014.

［6］〔法〕乔治·索雷尔.论暴力［M］.乐启良,译.上海:上海人民出版社,2005.

［7］〔匈〕伊什特万·洪特,等,编.财富与德性:苏格兰启蒙运动中政治经济学的发展［M］.李大军,范良聪,庄佳玥,译.杭州:浙江大学出版社,2013.

［8］〔德〕古斯塔夫·拉德布鲁赫.社会主义文化论［M］.米健,译.北京:法律出版社,2006.

［9］〔德〕梅林.保卫马克思主义［M］.吉洪,译.北京:人民出版社,1982.

［10］张文喜.马克思对"伦理的正义"概念批判［J］.中国社会科学,2014,(3).

［11］〔美〕麦卡锡.马克思与古人——古典伦理学、社会正义和19世纪政治经济学［M］.王文扬,译.上海:华东师范大学出版社,2011.

［12］〔英〕特里·伊格尔顿.理论之后［M］.商正,译.北京:商务印书馆,2009.

（张文喜,教育部长江学者特聘教授,中国人民大学首批"杰出学者"特聘教授;本文发表于2020年第6期）

当代中国马克思主义伦理学研究的范式转换

曲红梅

摘 要 当代中国马克思主义伦理学的发展与当代中国人的伦理生活密切相关,相互促进。在当代中国人的伦理生活变迁中去理解马克思主义伦理学研究范式的转换,有助于我们理顺中国化马克思主义伦理学的发展逻辑,更好地确立马克思主义伦理学的新范式、新焦点、新概念和新理念。

社会经济的迅猛发展,科技的巨大进步,人民生活的日新月异,鲜明地彰显着我们国家在发展过程中取得的成绩。与此同时,越来越多的人意识到一个状况:我们目前虽然以经济生活和政治生活为主旋律,但人们的文化生活和道德生活却呈现出前所未有的复杂性、多样性和理论需要的紧迫性。正如万俊人所言:"当今之世,最显赫的生活领域仍然是政治和经济,然而,最麻烦而紧要的却是文化和道德。"[1]龚群也表达了同样的关切:"我们这一个历史时期,表现了前所未有的奋发向上的社会活力,我们的社会以过去从未有过的速度大踏步地向前发展。""同时又要看到,在社会价值观念乃至伦理道德领域,又是一个令世人最为困惑、最为忧虑、最为不安的领域。"[2][3]如何理解经济状况不断改善的社会中人的道德生活,这是很多人关注的焦点。

今天,回顾和总结 1949 年以来中国人的伦理生活并在此基础上面向现在、展望未来,我们会发现:马克思主义伦理学在其中扮演着重要的角色,起到了主导作用。在中华人民共和国成立初期,马克思主义伦理学是人民道德生活中唯一可倚赖的信条;在"文化大革命"之后,马克思主义伦理学是确定人民道德准则的主旋律;从 20 世纪末至今,马克思主义伦理学是公民道德建设中不可或缺的方法论。我们在对当代中国人的伦理生活的检视中,分析和理解马克思主义伦理学研究的范式转换,不仅可以展现当代中国马克思主义伦理学的发展逻辑,而且有助于认清马克思主义伦理学的未来发展方向。

一

1949 年中华人民共和国成立至"文化大革命"以前这一时期,中国人伦理生活的主题是"培养共产主义道德,早日实现共产主义"。共产主义道德学说是苏联马克思主义者在理论和实践中发展马克思主义伦理学的重要贡献。中华人民共和国成立初期,理论界通过借鉴苏联马克思主义研究的成果,确立了"教科书理解模式"。郭湛等学者认为:"尽管借鉴苏联马克思主义哲学教科书存在明显的局限性,但不可否认,中国的这种理解模式具有重要的历史意义。"[3] 在这一时期,社会主义改造和建设的任务要求广大人民迅速提升对共产主义道德的理解和践行水平。相应地,马克思主义伦理学研究主要致力于将共产主义道德作为道德建设领域唯一的伦理准则加以阐发和推广。

在苏联不断发展和完善起来的马克思主义伦理学,提供了一条不同于中国传统伦理的思路,即"从外部灌输阶级意识"[4](30) 的思路。列宁晚年对"共产主义道德"的阐发特别是对这一理论在实践中的应用非常关注,并认为共产主义道德理论是对马克思主义的继承和发展。在理论上,列宁提出无产者不是反对一切形式的道德,而是反对资产阶级所宣传的道德,因此共产主义道德是存在的。在列宁看来,马克思主义即共产主义理论"已经不仅仅是 19 世纪一位社会主义者——虽说是天才的社会主义者——的个人著述,而成为全世界千百万无产者的学说"[5](284)。列宁认为共产主义道德是从无产阶级的完整利益中引申出来的一种新型的社会道德体系，其作用是为无产阶级巩固和实现共产主义的斗争服务。无论在共产主义社会的初级阶段还是高级阶段，共产主义道德都把共产主义事业作为根本原则，都以个人利益从属于共产主义事业的社会整体利益作为根本原则。这种原则作为一种巨大的精神力量鼓舞和激励着人们，为达到社会和自身的更完美的目标，提前培养社会成员在共产主义社会中普遍具有的品德。尽管列宁承认只有在共产主义社会的最高阶段，人们才能自动地遵守这些规则，"而不需要暴力，不需要强制，不需要服从，不需要所谓国家这种实行强制的特殊机构"[6](191)，他同时也提出，新生的社会主义政权还是要建立一种共产主义的道德体系并引导仍旧处于共产主义初级阶段的人们去服从它。这种"从外部灌输阶级意识"的理论首先可以鼓舞被启蒙的年轻一代，进而为其他人树立榜样，并最终影响人们共同参与到共产主义大厦的建设中来。

在苏联模式的影响下，我国理论界在马克思主义伦理学的研究过程中自觉地关注共产主义道德理论体系的建构和应用。这是一种立足于现实的迫切需要进行理论学习和借鉴的研究方式，偏重于理论的可普遍化和可实践性。除了对共产主义包括社会主义社会政治思想和道德理想的介绍、阐述和评论，学者们更注重阐明共产主义道德体系如何成为广大人民群众价值观和人生观的基本指导原则。在罗明编写的《共产主义人生观》中，我们可以看到鲜明的立场：共产党员是在深刻了解无产阶级利益及其解放事业的前提下，确立了自己"为共产主义的实现而奋斗到底的革命的人生观"[7](1)。冯定在他所著的《共产主义人生观》一书中则是立足于资产阶级人生观和无产阶级人生观的对立，立足于唯物主义世界观和历史观，讨论处于社会之中的个体的人生问题。也就是说，"冯定谈人生观和共产主义人生观始终坚持辩证唯物历史观的指导，始终关注人生观的社会基础和阶级基础，始终坚持共产主义人生观的工人阶级的阶级性"[8]。我们可以看到，当时的理论工作者从马克思主义原理出发理解共产主义道德，非常明确地认识到共产主义道德的普遍化需要以社会生产力水平的高度发展为基础。因此,学者们更多地强调道德修养的方向性,而不是决定性。也就是说,道德为阶级斗争服务,为无产阶级利益服务,却不是决定社会发展的主要力量。

以苏联模式为基础的共产主义道德研究和实践不仅是 1949 年中华人民共和国成立至"文化大革命"之前马克思主义伦理学研究的唯一内容,也是影响我国人民伦理生活的唯一基调。对伦理学理论的阶级性的强调,决定了这一时期马克思主义伦理学是唯一正确的理论。为什么马克思没有为我们提供一套伦理体系?马克思主义哲学与马克思主义伦理学是什么关系?马克思主义伦理学具有什么独特性质?这些在今天看来非常重要的学理性问题,并不在当时的马克思主义理论工作者的考虑之列。他们直接接受了苏联模式的马克思主义伦理学理论的合理性,并在此基础上进行阐释和应用。应该说,借鉴和吸收外来理论研究对共产主义道德在当时的状况下是必要的,并且与共产主义道德实践具有相互促进的意义。但这一时期以"苏联教科书模式"为特征的马克思主义伦理学研究范式决定了马克思主义伦理学对当时中国人伦理生活的反映和影响是单一的、高阶的,没有特别深入地结合中国社会道德改造过程中的具体情况,没有特别体现中国人道德生活的复杂性,因此没有特别彰显马克思主义理论与中国社会现实相融合的独特力量。

二

"文化大革命"以后至 20 世纪 90 年代,中国人的伦理生活的主题是:在马克思主义理论、西方思潮、中国传统文化等不同因素的影响下,思考"如何做一个社会主义好公民"。思想界在反思"文化大革命"产生的原因及其造成的后果时,意识到僵化思想对人的束缚,增强了研究新问题、发展新理论的积极性和主动性。人们开始对科学主义、存在主义、现象学等众多西方哲学思潮产生浓厚的理论兴趣,也开始在中国传统文化中寻找新的生长点。随着尼采、康德、密尔等西方思想家的作品解禁或翻译出版,各种伦理学理论逐渐为人们所熟悉,伦理学不再是无法进入我国人文社会科学学科殿堂的"伪科学"[9](2),而是获得了独立的学科地位。马克思主义伦理学也正是在与西方理论思潮的讨论和交锋中显示出独特性,从而确认其主流地位,成为人民道德生活的主要依据。

20 世纪 80 年代人们讨论的核心内容是人性论与人道主义。有人在总结"文化大革命"的经验教训时,试图从人道主义(人文精神)等方向中找出答案。他们强调"人的价值""人的尊严""人的自由""人的自然欲望"等,主张有一般的、抽象的"人性";有人认为,人道主义仍然是资产阶级的抽象人性论与唯心主义意识形态,人的类本质只是一种抽象的普遍性,其具体的现实表现是阶级性。学者们还特别讨论了异化和人道主义的关系,具体表现为如何理解马克思哲学中的异化问题,如何理解马克思主义与人道主义的关系等问题。另外一个重要的方面是关于"主体性"的讨论。长期以来,理论界对道德的解释,主要是从意识形态的、对人的规范和约束的角度来讲的。这种道德观强调道德对经济的依赖以及道德对利益关系的调节功能,但却忽略了道德价值形成及道德活动中人的主体性,以及道德对于提升人的生命意义和人的自我发展的意义。关于"主体性"的争论涉及需要全面地、整体地理解马克思主义哲学的问题。最后是关于集体主义与个人主义关系的讨论。针对社会主义市场经济的社会转型形态中所出现的道德说教失效问题,学者们对社会主义道德的基本原则进行了思考,就个体与个体、集体与集体的关系,如何理解个人主义等问题进行了深入的研究。

在对人性、异化、主体性、个人与集体关系的讨论中,我国的马克思主义研究者不仅改进了"苏联教科书的理解模式",还在实践唯物主义、历史唯物主义、政治哲学等诸多领域发展出多种新的理解模式。马克思主义理论界关于人的研究,密切结合改革开放和社会主义现代化建设实际,关注社会生活领域的新情况、新问题,并对社会转型实践中出现的新课题进行探索,总结了新经验,取得了重要突破。学术界进一步扩展了马克思主义伦理思想,并对毛泽东和邓小平的伦理思想进行了系统研究。立足于马克思主义伦理学的立场,学者们对伦理学基础理论、伦理学史、伦理学与社会主义现代化的关系做了深入探讨;就道德在精神文明建设中的地位与作用、社会主义市场经济条件下的道德建设等问题展开了广泛讨论,有力地回应和批判了社会上出现的拜金主义、自由主义、利己主义等不良风气以及鼓吹西方价值观的一些理论。周辅成认为,即便讨论人道主义,讨论人的价值和尊严,我们还应当坚持"先是社会解放,然后是个人解放"的观点[10]。罗国杰也指出,在面对"整体与个人关系"这个人们最为关心的问题时,我们需要重新思考集体主义所指的"集体"是什么,集体主义原则如何确立个人地位,从而在社会主义的集体主义价值原则下正确理解集体与个人的关系,以区别并反对个人主义价值观[11]。这种全方位、多维度、多层次的研究与探讨,对于推动马克思哲学视域下有关"人"的研究,对于加强社会主义精神文明建设和道德建设具有不可忽视的积极作用。

学者们还从马克思主义伦理学作为道德科学的角度,表明马克思主义伦理学不同于传统伦理学理论的独特性。周原冰坚持马克思主义道德科学的党性原则,撰写了《共产主义道德通论》;罗国杰主编了《马克思主义伦理学》,强调马克思主义伦理学是一门兼具理论性、规范性和实践性的科学。《马克思主义伦理学》一书的观点在相当长的时期内表达了我国学者对马克思主义伦理学的基本理解,可以看作人道主义大讨论的基本结论。该书立足于"人的社会或社会的人"这个理论基点构建伦理学体系,并对社会主义人道主义与共产主义道德的关系进行了明确阐释,在20世纪80年代作为一种权威性的结论对社会稳定和思想稳定起到了非常重要的作用。以"社会主义人道主义"为主要思考对象的马克思主义伦理学研究范式实现了中国化马克思主义伦理学研究的又一次跨越,真正做到了马克思主义伦理学理论与人民伦理生活的有机结合。马克思主义伦理学极大地影响着我国人民的伦理生活,为人们"做一个好的社会主义公民"提供了基本的伦理原则。

20世纪80年代热烈而广泛的讨论开启了中国学术界改革"苏联教科书模式"的进程,也将中国化马克思主义研究推向一个崭新的阶段。正是在不同观点和立场的对话和交流中,马克思主义伦理学中国化的全新样貌得以展开。在这之后的二十多年里,我国学者开始了有自己的问题意识和理论特色的伦理思考,这与中国社会转型的时代特色有关,也与全球化的世界历史进程有关。

三

在马克思主义视域中,关于"人"的研究始终占据着重要地位。人不仅是哲学和伦理学的奥秘,更是马克思主义研究的主题。正是在对人的理解上,马克思主义伦理学显示出与其他伦理学理论的不同之处。从 20 世纪末开始,随着学术界对人的历史形态、人的现代化等问题的不断探索,马克思主义理论对"人"的理解已经广泛地涉及实践观、价值论、文化哲学、生存哲学、社会哲学、人的哲学、管理哲学、政治哲学、经济哲学、发展哲学、交往哲学等诸多方面[3]。中国的马克思主义伦理学研究在理论和实践领域都实现了对"人"的理解的巨大提升。这些研究推动了马克思主义伦理学作为方法论对中国人伦理生活的影响,也彰显出马克思主义伦理学相较于其他伦理学理论的优越性。

当代中国人伦理生活的主题是以"问题"为中心、以中国人对实践的关注为背景,形成关于"如何做一个好人"的思考。毫无疑问,我们有五千年民族文化的厚重积淀,有几十年改革开放丰硕成果的支撑,这是在当代思考我们的伦理生活的坚实基础。但我们需要认识到,我们当下的伦理生活实践呈现出多样性甚至是多元化的特点。如何面对这种多样性和多元化呢?加拿大学者威尔·金里卡(Will Kymlicka)提出的社会文化(societal culture)概念比较具有借鉴意义。这种社会文化强调人们涉及的语言和社会机构是共同的,但允许人们在家庭习俗和生活方式等方面存在差别。[12](619)在国家的层面上,社会文化不仅涉及人们的共同记忆和价值观,还涉及共同的制度和实践,涉及公共领域和私人领域。这其实是一个社会的核心价值体系,中国社会正在构建这样的价值体系。在其中,文化的多样性、民族的多样性以及人的多样性可以受到保护和约束并保持平衡。社会文化不仅自身具有价值，它更是人们进行选择的载体，是人们获得身份认同和归属感的背景。社会文化在弱的但却更具包容力的空间中为共同体的成员提供了确认自己、实现自己的平台。建构这样的价值体系是我们每一个人的责任，我们要准确把握我们自己的真实问题，运用我们作为道德主体的能动性，进行合理的问题分析，寻求满意的解释和答案，最终实现公民道德与社会风尚的协同发展。

通常来说，伦理学作为哲学的一个分支，主要讨论的是如何使那些与人的行为的对与错相关的概念系统化、规范化。因此，伦理学的反思和追问与人的现实生活有着密切的关系：以道德哲学的视角审视人的生活是伦理学一直以来的核心任务。但是，对历史的分析和对现状的考察表明，我们在讨论中国人的伦理生活时需要认识到，单纯的个体性的道德修养与单纯的社会规范的制约都无法让我们成为一个好人。人民的伦理生活需要个体自律与社会风尚的辩证统一，这是我们思考问题的理论基础，也是当代中国人伦理生活的变迁提供给我们的启示。马克思主义伦理学也正是在理论与实践的相互生产中表现出其科学维度和价值维度的统一，正如马克思在《关于费尔巴哈的提纲》中所指出的："环境的改变和人的活动的一致，只能被看作是并合理地理解为变革的实践。"[13](138)

怎样做一个好人，怎样过好我们的伦理生活？马克思主义伦理学的未来方向就是通过分析和反映社会主义伟大实践和人民美好生活的需要，加强社会主义公民道德建设，完善社会主义核心价值体系。这个方面的研究并非马克思主义伦理学原理在不同领域的应用，而是运用马克思主义伦理学的思维方式对构成现实世界特定实践领域的整体性把握，是从不同侧面表征马克思主义伦理学所面临的时代性和民族性问题。以马克思主义伦理学为方法论分析、解释、辩论和证明我们的伦理生活，能够帮助我们去除道德冷漠、道德怨恨以及道德怀疑主义和道德犬儒主义，合理地理解并达成快乐、幸福、责任和德性。

我国学者借助当代中国马克思主义哲学研究的丰硕成果，在学理上提出了在马克思主义哲学解释框架中理解马克思主义伦理思想的思路,从而以价值论依赖于哲学观的方式确立了马克思主义伦理思想在马克思主义哲学中的地位。比如,俞吾金认为马克思的道德理论表现为"从道德评价优先到历史评价优先的视角转换",他通过对马克思异化理论的剖析,认为马克思一生都没有放弃对异化问题的研究,一生都在坚持人道主义,只不过马克思的思想发展中存在着一个立足于历史唯物主义理论的根本性的视角转换,即从青年马克思的道德评价优先,到成熟时期马克思的历史评价优先[14]。徐长福则是以"人的价值本质与事实本质的辩证整合"来判断马克思一生的思想转变,他认为马克思一生秉持对人的解放的人道主义追求,只不过早期是从人的价值本质来界说人的解放,后期是从人的事实本质也就是人的生存前提来界说人的解放[15]。仰海峰通过强调对马克思思想的"复调式"解读,用一种更贴近马克思思想的方式反映马克思哲学变革中的多重线索,阐明这些线索的相互作用,并对马克思哲学变革的内在线索进行理论概括[16]。中国马克思主义工作者不仅有着庞大的队伍,也有着对马克思深沉的敬重和深刻的理解。尽管很多人的研究工作并没有被国外研究者了解和认识,这是历史造成的原因,却并不妨碍我们自信地说,在当今世界有关马克思主义的研究中,中国哲学界具有最深厚的理论基础和最先进的研究水平。我们可以看出,马克思主义哲学研究中的重大进展深刻地影响着我们对马克思主义伦理学的研究。马克思通过历史唯物主义创立了一套全新的不同于旧哲学的哲学解释原则和思维方式,即一种全新的哲学观,从而为我们理解马克思主义伦理学提供了元理论。

"以马克思的哲学观作为马克思主义伦理学的元理论"的全新研究范式是在马克思主义理论与当代中国人伦理生活的交互作用中展现出来的。众所周知,现代性问题是现代化进程中相伴而生的问题,马克思所处的时代这一特征已经有所显现。在实现社会主义现代化和中华民族伟大复兴的进程中,我们也需要时刻留意现代性逻辑的消极影响。对现代性问题的理解,是具有时代特色的任务,是我们必须认真面对的任务。马克思本人虽没有使用过"现代性"这一概念,但他的著作中却充满了对现代社会和现代性的分析、批判以及诊断。因此,马克思主义哲学与现代性的关系问题成为近年来中国学术界研究的热点问题,也有学者从马克思主义伦理学作为方法论的角度对现代性加以分析。上述研究成果涉及的主要内容可以概括为以下三个方面。

第一,马克思对现代性的批判表现为他对"现实的历史"的批判。有学者讨论了马克思在《资本论》中关于"现实的历史"的分析,显示出马克思对资本主义社会的批判即是对现代性的批判;有学者认为马克思是以历史唯物主义为方法和基础开启了对资本主义社会的现代性批判;还有学者对现代性的具体表现——商品现代化进行了深入分析和批判。我们通过马克思对"现实的历史"的批判看到了马克思现代性批判的独特视角和精神,可以说,马克思的资本批判表现了马克思对现代性批判的基本立场和根本原则。

第二,马克思的现代性批判与他的世界历史理论密切相关。在马克思的著作中我们可以看到,现代性与"历史转变为世界历史"具有重大联系。学者们对马克思世界历史理论的解读和阐发始终围绕着马克思对现代性的批判展开,其中关注的主要问题包括:如何从马克思主义的经典著作(尤其是《德意志意识形态》《共产党宣言》《资本论》等)中挖掘世界历史理论的内涵和意义? 世界历史理论是否具有方法论和思维方式的意义? 如何理解世界历史理论与现代性批判的相互关系? 如何理解世界历史理论与当代社会实践(尤其是中国社会的实践)的关联? 在讨论最后一个问题时,我们需要清醒地认识到,"我们所面对的'中国问题'并不是地域性的'中国问题',而是当代中国所面对的时代性的和世界性的'现代化'问题"[17]。

第三,运用马克思主义理论实现对现代性的超越是我国社会主义现代化的伟大创举。当我们立足于马克思的经典文本,在当代语境下运用马克思的观点和方法去探讨现代性的理论基础,去面对中国现代化实践中的现实问题,我们将进一步面对马克思主义对现代性的超越问题。马克思从经济、政治、文化等方面对现代性的批判本身就蕴含着对现代性的超越。有学者认为,马克思的现代性超越是一种"内在超越",社会主义最终表现为一种从资本主义现代性的"母胎"中生长出来却又超越资本主义的"新现代性"[18]。

在对马克思主义的现代性批判和超越的理解中,我们可以发现其中包含着科学维度,也包含着价值维度。以马克思主义伦理学及其元理论——历史唯物主义理解现代性及其引发的社会现实问题,能够体现出马克思主义伦理学优越于其他伦理学理论的独特性。我们在伦理学领域看到了诸多思想家对现代道德哲学的批判。伊丽莎白·安斯库姆在对现代道德哲学(义务论和功利主义)的批判中,重点解决如何从"是"推出"应当"的问题,并最终抛弃道德意义上的"应当",在实在论的意义上认可日常生活的"应当",从而回归美德伦理学[19]。阿拉斯戴尔·麦金太尔进一步指出现代规范伦理在道德争论中表现为概念上的不可公度性(incommensurability),从而最终在道德原则上表现为情感主义[20](9)。麦金太尔对现代性的反对采取的也是回到前现代的路数,马克思主义伦理学在面对现代性及其现实问题时,采取的是直击路数。无论是马克思主义对现代性的批判,还是对社会变革的分析都蕴含着双重维度,即科学性的分析和解释以及理想性的矫正和引导。马克思一生都致力于人的解放,致力于对"人之为人"的真正状态的探索与追求。从这个意义上说,马克思的所有思想都是关涉伦理学的。他的创新之处正在于他所实现的不同于传统伦理学的"哥白尼式革命",即不再从人的本质来解释道德现象,而是从人的现实生存及其生存条件(即社会生活)来解释道德。因此,马克思的道德理论在对现代性及其制度载体——资本主义进行科学分析的同时,也是对资本主义进行了价值评价和道德评判。马克思不是从伦理原则、从人性理论来表达他对资本主义制度正当与否的看法,也不是从人性理论来论证共产主义的。马克思通过对资本主义雇佣劳动制的分析,通过对商品的价值分析,发现了资本运行中剩余价值的产生,资本主义雇佣劳动制的不合理性就在于资本家占有了无产者劳动的剩余价值。马克思发现科学规律的同时也意识到,从人性的理想性来解释人类社会的不平等并憧憬这种不平等的消除是一条从意识中产生意识的道路,并不能指导无产阶级争取自己生存利益的斗争胜利。无产阶级的解放只有完全消灭一切阶级统治、一切奴役和一切剥削才能实现,而这样的解放绝不是提前设定的形而上学牢笼,而是人的合理需要得到满足的状态,是历史发展的产物。

从马克思的道德理论和无产阶级的革命运动中发展出来的马克思主义伦理学既关注社会历史发展的现实过程,也关切人类生存的价值理想。对现代性问题的价值判断是当代中国马克思主义伦理学的一个重要研究对象。这不仅涉及如何认识和反思现代性自我的道德困境,也涉及如何实现对现代性背景下人的命运的关怀,更涉及如何推动和促进当代中国人对美好生活的追求。中国特色社会主义建设不能跨越现代性的理性化进程,但最终可以超越现代性。可以说,我们正在进行的就是对现代性的一次内在超越的探索。社会主义对现代性的超越不仅体现在制度上,也体现在价值观上。"人民日益增长的美好生活需要和不平衡不充分的发展之间的矛盾"从根本上体现了"处于现代性之中"和"超越现代性"之间的矛盾。"美好生活"正是当代中国人伦理生活的价值目标,这一目标的实现需要在承载着社会主义核心价值观的文化中,建设具有相互主体性的社会风尚,发展基于主体能动性建构的公民道德。这是新时代给我们提出的新要求,是当代中国马克思主义伦理学的根本任务。

面对当代中国人的伦理生活实践的时代性、复杂性和多样性,马克思主义伦理学通过系统性、前沿性和原创性的研究,为我们提供全新的方法论。与此同时,借助马克思主义哲学和伦理学的当代进展以及当代中国的社会实践经验,我们也可以重新理解马克思主义伦理学的学术性质和学科性质,建构新时代的马克思主义伦理学话语体系。发展中国化的马克思主义伦理学、探寻中国式的马克思主义伦理学的研究范式,不仅能够让我们正确地看待马克思主义伦理学与当代西方伦理学的关系,更能够确立马克思主义伦理学与当代中国现实的关系,从而确立马克思主义伦理学的新范式、新焦点、新概念和新理念。

参考文献:

[1]　万俊人.当代伦理学前沿检视[J].哲学动态,2014,(2).

[2] 龚群.当代中国社会伦理生活[M].成都:四川人民出版社,1998.

[3] 郭湛,刘志洪,曹延莉.新中国 70 年马克思主义哲学成就与思考[N].光明日报,2019-07-29.

[4] 〔英〕戴维·麦克莱伦.马克思以后的马克思主义[M].李智,译.北京:中国人民大学出版社,2016.

[5] 列宁.列宁选集:第四卷[M].北京:人民出版社,2012.

[6] 列宁.列宁选集:第三卷[M].北京:人民出版社,2012.

[7] 罗明,编.共产主义人生观[C].天津:知识书店,1949.

[8] 黄楠森,陈志尚.共产主义人生观的基本特点和当代价值——重读冯定关于共产主义人生观的论著[J].北京大学学报(哲学社会科学版),2003,(1).

[9] 王小锡,等.中国伦理学 60 年[M].上海:上海人民出版社,2009.

[10] 周辅成.谈关于人道主义讨论中的问题[J].世界历史,1984,(2).

[11] 罗国杰.对整体与个人关系的思索[J].道德与文明,1989,(1).

[12] 〔加〕威尔·金里卡.当代政治哲学(下)[M].刘莘,译.上海:三联书店,2004.

[13] 马克思,恩格斯.马克思恩格斯选集:第一卷[M].北京:人民出版社,2012.

[14] 俞吾金.从"道德评价优先"到"历史评价优先"——马克思异化理论发展中的视角转换[J].中国社会科学,2003,(2).

[15] 徐长福.人的价值本质与事实本质的辩证整合——马克思关于人的本质的思想及其解释过程新探[J].中山大学学报(社会科学版),2003,(5).

[16] 仰海峰.从"独白"式研究到"复调"式解读——马克思哲学研究的一个方法论思考[J].求索,1997,(6).

[17] 孙正聿.现代化与现代化问题——从马克思的观点看[J].马克思主义与现实,2013,(1).

[18] 郗戈."新现代性":马克思现代性理论的建设性维度[J].马克思主义研究,2013,(4).

[19] G. E. M. Anscombe, Modern Moral Philosophy, *Philosophy*, 1958, 33(124).

[20] 〔美〕A·麦金太尔.追寻美德:伦理理论研究[M].宋继杰,译.南京:译林出版社,2003.

(曲红梅,吉林大学哲学社会学院教授、博士生导师,吉林大学哲学基础理论研究中心研究员;本文发表于 2022 年第 2 期)

当代中国马克思主义伦理学研究的范式转换

再论马克思主义伦理学的初始问题

李义天

摘 要 "历史唯物主义语境下的道德合法性问题"是马克思主义伦理学的初始问题。只有妥善应对并解决历史唯物主义对道德的"存在论挑战"和"价值论挑战",马克思主义伦理学才能开展后续研究。在马克思、恩格斯文本中,道德往往表现为缺乏自主性和超越性的依附物以及缺乏普遍性和确定性的主观物,它缺少实效,甚至充满扭曲和蒙蔽。然而,这些消极看法并非其全部观点。在给出批评和否定的同时,他们又鲜明表现出对资本主义的鄙夷和愤怒,以及对共产主义的向往和期许。正是历史唯物主义的自身张力,构成了马克思主义伦理学初始问题的实质。从历史唯物主义内部出发回应挑战,进而发现将历史唯物主义同道德加以缝合的思想通道,才是解决马克思主义伦理学初始问题的恰当方案。

2014 年,我翻译出版了当代马克思主义伦理学主要人物、加拿大哲学学会前主席凯·尼尔森(Kai Nielsen)的代表作《马克思主义与道德观念》(*Marxism and the Moral Point of View*)。[1] 在剖析该书观点时,我结合自身的研究与思考,尝试提出了"马克思主义伦理学的初始问题"这一说法,试图对"历史唯物主义语境下的道德合法性问题"予以概括和定位。[2] 正如后来我在《马克思主义伦理学的前置问题》一文中所说的那样,"历史唯物主义语境下的道德合法性问题"是"我们推开马克思主义伦理学这座理论殿堂的大门时,将会遇到并不得不立即着手处理的第一个问题"[3];除非我们能够处理好这个问题,"把'道德'这种社会现象及其观念形态从历史唯物主义中那种看似卑微、肤浅和不确定的处境中拯救出来,将其置于某个积极的位置并论证其合理性"[3],否则,我们便不可能"继续往前推进,从而解决马克思主义伦理学的其他问题"[3]。

应该说,意识到历史唯物主义对道德合法性提出的挑战,进而意识到马克思主义理论本身同道德学说之间存在的张力,这是所有马克思主义伦理学研究者都必定应对的问题。然而,要想应对好这个问题却殊为不易。这一方面是因为,我们不仅要全面梳理和判定历史唯物主义究竟给道德的合法性带来哪些挑战,而且要区分这些挑战内容的不同层次;另一方面则是因为,即便我们揭示出了历史唯物主义同道德合法性的紧张乃至矛盾,我们也依然不得不继续在历史唯物主义内部重建道德合法性的基础,谋求道德合法性的论证。对于马克思主义伦理学的研究者来说,前一个方面是在"解释"初始问题的"全面性"上提出了高要求,后一个方面则是在"解决"初始问题的"精致性"上提出了高要求。基于这种对标,我认为,在原有的研究基础上重新探讨马克思主义伦理学的初始问题,就变成了一件极有必要的工作。因此,通过本文,我希望通过更全面地梳理初始问题的理论形式、更准确地揭示初始问题的理论本质以及更完整地提出回应初始问题的理论方案,来推进关于这个问题的理解和研究。

一、初始问题的表现

马克思主义经典作家并不是专门研究道德问题的伦理学家。对他们来说,在科学实证的基础上,揭示资本主义社会的运行方式、探究人类社会发展的一般规律,进而指明人类社会的发展方向,才是更加迫切的任务。在这个意义上,如恩格斯所说,对剩余价值规律的发现以及历史唯物主义(唯物史观)的创立,乃是马克思留给世人的最重要的思想成就。[4](601)它们不仅帮助人们清楚地觉察到建立在资本逻辑之上的现代社会的根本奥秘,而且,对整个人类社会的发生与发展也提供了一幅极具说服力和解释力的思想图景。在1859年出版的《〈政治经济学批判〉序言》中,马克思以高度凝练的笔法,勾勒出历史唯物主义视野下人类社会的基本架构:

> 人们在自己生活的社会生产中发生一定的、必然的、不以他们的意志为转移的关系,即同他们的物质生产力的一定发展阶段相适合的生产关系。这些生产关系的总和构成社会的经济结构,即有法律的和政治的上层建筑竖立其上并有一定的社会意识形式与之相适应的现实基础。物质生活的生产方式制约着整个社会生活、政治生活和精神生活的过程。不是人们的意识决定人们的存在,相反,是人们的社会存在决定人们的意识。社会的物质生产力发展到一定阶段,便同它们一直在其中运动的现存生产关系或财产关系(这只是生产关系的法律用语)发生矛盾。于是这些关系便由生产力的发展形式变成生产力的桎梏。那时社会革命的时代就到来了。随着经济基础的变更,全部庞大的上层建筑也或慢或快地发生变革。[4](591-592)

然而,正是这样的人类社会图景给道德的合法性带来了挑战。因为,在这番图景中,道德不仅是一种社会现象,更准确地说,它是一种受制于"社会的经济结构"并作为"社会意识形式"而存在的社会现象。于是,在存在论的意义上,由于"受社会存在决定"并"随经济基础变更",道德首先表现为一种缺乏自主性和超越性的依附物,其次表现为一种缺乏普遍性和确定性的主观物。相应地,在价值论的意义上,由于"与社会存在相适应"并"为经济基础服务",道德在社会功能上往往表现出实践性和有效性的匮乏,甚至扮演着一种具有扭曲性和蒙蔽性从而阻碍社会进步的意识形态的角色。我把前两者称为历史唯物主义对道德合法性的"存在论挑战",把后两者称作历史唯物主义对道德合法性的"价值论挑战"。我们在马克思、恩格斯的文本中能够发现的所有非道德(non-moral)论述或反道德(anti-moral)论述,几乎都可以被囊括其中。

第一,道德缺乏自主性和超越性。历史唯物主义刻画了一个由经济基础和上层建筑及其社会意识形式组成的社会结构。作为社会上层建筑及其社会意识形式的一环,道德受制于经济基础,并与经济基础之间存在一种实在而稳定的因果联系。用恩格斯的话说,人们始终是"从他们进行生产和交换的经济关系中,获得自己的伦理观念"[6](99)。由此,可以得出的推论似乎是:当社会存在一定的经济基础时,就会存在相应的道德;当社会发展出新的经济基础时,则必定发展出新的道德与之相适应。反过来,也可以推论说,在一定的经济基础存在的情况下,不可能始终不产生相应的道德;也不可能在出现了新的道德的情况下,却无法在相应的经济基础中发现其根据。历史唯物主义所构造的这种强大甚至直接的对应关系,使得道德对于经济基础而言具有明显的依附性。或者说,在历史唯物主义的语境中,道德不可能自我决定,而必定有其前序原因;它不过是这根因果链条上的后续环节或次生物。

不仅如此,这种因果性似乎还具有某种无中介、无缓冲的特征。也就是说,道德与经济基础之间的联动关系是直接的——现有的道德是现有的经济基础的直接产物,现有经济基础的特征及其内容将会直接反映、直接表现、直接传导给现有的道德观念。否则,马克思为什么不愿意人们谈论道德问题,尤其不愿意无产阶级在斗争过程中沉迷于道德问题?这难道不是因为,他担心人们一旦承认和接受了现有的道德,便会直接承认和接受生成它们的现有的经济基础吗?进一步地,这种直接而紧密的存在关系,还会使得道德更多是作为其经济基础的辩护者而出现,亦即,更多地表现出对其经济基础的顺从,而很难从既有的依附关系中发展出反抗性命题,更不用说发展出摆脱或超越这种依附关系的命题。因此,在严格的历史唯物主义视野中,当人们索要"平等的权利"时,这不过意味着,他们依然承认排他性地占有私人之物乃是正当的。[4](434-435)而当人们提倡诚信或慷慨时,也不过意味着,他们愿意继续在私有制前提之下保持资产阶级的美德。[7](366-367)此时,道德只是对资本主义社会的维护与调适,只是对其经济基础的修饰和遮掩。

第二,道德缺乏普遍性和确定性。为什么道德在历史唯物主义的语境中会被当作一种不够客观或真实的虚幻物?就其关键,不是因为它被置于某个"受制于人"的被决定位置,而是因为,它所受制的那个决定者乃是复杂多样、不断变迁的人类历史。正是后者如此"流变"和"分殊"的性质,使得道德不得不面临普遍性和确定性的缺失,从而不被看作是客观的。

在《反杜林论》中,恩格斯说:"善恶观念从一个民族到另一个民族、从一个时代到另一个时代变更得这样厉害,以致它们常常是互相直接矛盾的。"[6](98)在他所处的那个时代,欧洲社会既存在基督教的封建道德体系,也存在现代资产阶级的道德体系,还存在无产阶级的道德体系。可究竟哪种才是确定的真理呢?就其终极性来讲,哪一种都不是。恩格斯清楚地表明,它们反映的仅仅是,同一空间中的不同阶级、不同集团对道德的不同看法及其持有的不同主张。之所以如此,根本原因在于人与人之间的利益诉求是不一样的。然而,也正是同一空间下的道德多样性或不确定性,使得人们对于道德观念的真理性以及道德现象的真实性表现出很大的质疑。

在时间中,道德更加不具有普遍性和确定性。就像恩格斯所说的那样,从一个时代到另一个时代,没有永恒不变的道德。即便是那些我们以为不证自明的直觉性的道德判断,比如"切勿偷盗",同样也无法证成其普遍性和确定性。因为"在偷盗动机已被消除的社会里……一个道德说教者想庄严地宣布一条永恒真理:切勿偷盗,那他将会遭到什么样的嘲笑啊!"[6](99)之所以如此,是因为在历史唯物主义所论证的那个消灭私有制、消灭剥削的无阶级社会中,由于物质财富的极大丰富,所谓"私人正当占有财产"的事实及其相应的权利话语都已消失不见。这时,如果你还说我拿走了某个专属于你的东西,因而我在不正当地侵犯你的权利,事情就会变得非常可笑。换言之,当且仅当人类社会的生产力尚不充分、因而不得不推行私有制的条件下,诸如"切勿偷盗"这种规范才会构成一条道德戒律。然而,一旦我们沿着历史唯物主义的思路,意识到人类社会其实还有更大的时间尺度和历史可能性时,那么,那些所谓永恒的道德真理也许就不再成立了。在这个意义上,我们将更好地理解恩格斯的如下说法:"我们拒绝想把任何道德教条当作永恒的、终极的、从此不变的伦理规律强加给我们的一切无理要求……我们断定,一切以往的道德论归根到底都是当

时的社会经济状况的产物。"[6](99)

第三，道德缺乏实践性和有效性。相比于马克思、恩格斯对道德普遍性或确定性的批判，他们针对道德的实践性与有效性所施加的质疑和否定也许更为直接、更为明显。在 1845 年出版的《德意志意识形态》中，马克思、恩格斯就直截了当地指出："共产主义者根本不进行任何道德说教……共产主义者不向人们提出道德上的要求，例如你们应该彼此互爱呀，不要做利己主义者呀等等。"[8](275) 因为，道德只能有限地指导个体，而不能在根本上评价和指引社会："是更像利己主义者还是更像自我牺牲者，那是完全次要的问题，这个问题也只有在一定的历史时代内对一定的个人提出，才可能具有任何一点意义。否则这种问题的提出只能导致在道德上虚伪骗人的江湖话。"[8](274)

对于道德在现实的阶级解放中的实效性，马克思、恩格斯更是认为不值一提。1847 年，马克思曾撰文批评卡尔·海因岑，认为后者以"不合乎理性与道德"为由来批评君主制属于无的放矢，毫无意义。因为，即便说君主制不符合理性和道德，那也仅仅是不符合我们现代人的理性和道德。而在古代社会，它不但没有违背反而恰好符合当时的理性判断和道德观念，因此能够得到古人的世界观与价值观的广泛支持。在这个意义上，马克思说："数百年的理性和道德同君主制相适应而不是同它相矛盾。我们这个时代的'人的理智'所不能了解的正是以往数百年的这种理性和这种道德。"[9](338) 因此，如果道德的批评家们不了解君主制的本质，也不考察历史上君主制的制度和观念是如何适应社会经济进而如何形成一整套内部融洽的社会系统，而仅仅站在自己的道德立场上加以指责，那么就完全起不到任何实效。这些人"不了解它们，可是却看不起它们。它从历史的领域逃到道德的领域，所以，它在这里也可以把自己的道德愤怒的重炮全部放射出来"[9](338-339)。

在马克思、恩格斯看来，道德不仅在阶级解放中缺乏实效，在民族解放中同样缺乏实效。恩格斯在 1849 年曾措辞严厉地批评奥地利境内的斯拉夫民族的民族主义。他说："'正义'、'人道'、'自由'、'平等'、'博爱'、

'独立'——直到现在除了这些或多或少属于道德范畴的字眼外,我们在泛斯拉夫主义的宣言中没有找到任何别的东西。这些字眼固然很好听,但在历史和政治问题上却什么也证明不了。'正义'、'人道'、'自由'等等可以一千次地提出这种或那种要求,但是,如果某种事情无法实现,那它实际上就不会发生,因此无论如何它只能是一种'虚无缥缈的幻想'。"[10](325)他认为,在这些民族中,反动的资产阶级和地主阶级占据主要位置,他们注定灭亡,因而不能作为独立的民族存在。尽管这说明恩格斯的民族学说服从于他的阶级学说,但他真正要表明的是,如果进行民族斗争却没有看到背后的阶级分化和阶级组合,甚至还打算用"人道""正义""自由"来发动斗争,那么,民族解放的成功只能是一种幻想。

道德不仅对于介入实践无用,而且对于解释实践来说,似乎同样是无用的。这不仅表现在自然科学的解释中——恩格斯在批评杜林时说过,对科学事实表示愤怒和道德感伤并不能使科学前进:"这种厌恶和恼怒的表示,可以用于任何时候和任何地方,正因为如此,它们在任何时候和任何地方都不中用。"[6](62)——而且,更充分地表现在社会科学的解释中。因为,在社会科学领域,人们更频繁地使用公平、正义这些道德概念。但是,马克思、恩格斯提醒人们,当我们使用这些字眼时,比如,当我们判定工人是否付出公平的劳动,资本家是否支付了公平的工资时,"我们不应当应用道德学和法学,也不应当诉诸任何人道、正义甚至慈悲之类的温情。在道德上是公平的甚至在法律上是公平的,而从社会上来看很可能是不公平的"[11](488)。因为,资本家付出多少钱才算是所谓公平的工资?工资究竟是与工人的劳动价值相等还是与劳动力的价值相等?类似这些问题,不由道德说了算,也不由法律说了算,而只是由"研究生产和交换这种与物质有关的事实的科学——政治经济学"[11](488)来界定。这些重大问题不是关乎"应当",而是关于"事实"。

第四,道德具有扭曲性和蒙蔽性。如果道德仅仅缺乏实效倒也罢了。但在马克思恩格斯的文本中,似乎还能发现一些更严重的问题。那就是,道德具有扭曲性和蒙蔽性。因为,作为上层建筑及其社会意识形式的一环,道德具有典型的意识形态性质和功能——它不仅捍卫和辩护既有的社会秩序及其经济基础,塑造和修饰当前统治阶级的观点和理念,更会遮蔽和阻碍人们(被压迫被剥削的被统治者)对于真实进步的追求以及更高社会阶段的向往。

在马克思、恩格斯开始合作的时候,他们就意识到了这一点。在《德意志意识形态》中,他们说:"以观念形式表现在法律、道德等等中的统治阶级的存在条件(受以前的生产发展所限制的条件),统治阶级的思想家或多或少有意识地从理论上把它们变成某种独立自主的东西,在统治阶级的个人的意识中把它们设想为使命等等。统治阶级为了反对被压迫阶级的个人,把它们提出来作为生活准则,一则是作为对自己统治的粉饰或意识,一则是作为这种统治的道德手段。"[8](492) 这说明,在阶级统治的条件下,统治者完全可以肆意开动它的统治机器,让它所提出的道德变成某种不可反驳、不可动摇,甚至先验必然的东西,从而蒙蔽其他阶级的思想视野,扭曲他们对被统治状况的真实判断。在这种情况下,被统治者如果试图与统治者进行道德上的较量或争辩,不仅空费精力,而且注定吃亏。

因此,对马克思、恩格斯来说,道德对于实现被统治者的解放、进而实现人类的解放是远远不够的。用"一些华丽的标记如'全人类'、'人道'、'人类'等等"来理解共产主义,"这只会使一切实际问题变成虚幻的词句"[9](17)。马克思、恩格斯告诫我们,采用先验的人性或永恒的道德律,既不能解释、更不能解决为何一部分人占据财富而另一部分人丧失所有的现实问题。诉诸这些具有扭曲性和蒙蔽性的道德,不仅无助于人们揭示自身所处的位置,反而妨碍他们理解社会运转的深层规律,使他们在幻想中错失赢得自我解放的历史时机。

二、初始问题的实质

历史唯物主义给道德合法性带来的上述两类四种挑战,既包含针对道德的存在样式及其基本特征的质疑(存在论挑战),也包含针对道德的社会价值及其主要功能的反对(价值论挑战)。它们散布于马克思、恩格斯的诸多文本中,表现为不仅一目了然而且随处可见的讽刺、批评和否定性命题。

然而,假如这就是马克思、恩格斯的全部看法,那么,历史唯物主义对道德合法性的挑战,也就谈不上是"初始问题"。因为,这将意味着,在历史唯物主义的语境下,道德本就岌岌可危,甚或已然土崩瓦解;作为一种特殊的人类社会现象,它既然已被认定是无关痛痒的消极之物,那么,它必定丧失甚至本就缺乏合法性。于是,历史唯物主义所提出的上述挑战,也就不是亟待处理的"问题",而是十足确凿的"断言"。因为,问题已经被解决了——"历史唯物主义语境下的道德缺乏合法性"就是问题的答案,而且是标准答案。作为马克思主义伦理学的研习者,我们也不必再为此纠结。任何试图回应和化解上述挑战的做法,任何希望在历史唯物主义语境下挽救乃至确立道德合法性的计划,都不过是我们的"道德情怀"使然。

可是,马克思、恩格斯的看法并没有那么简单。"历史唯物主义语境下的道德合法性问题"之所以构成一个"问题",或者说,我们这些马克思主义伦理学的研习者之所以对"道德的合法性在历史唯物主义语境中受到挑战"表达疑虑,形成某种"问题意识",进而试图剖析(甚至反驳)它,在根本上,并不是因为我们出于道德本能,而是因为,马克思、恩格斯自身关于道德的看法是复杂的。他们不仅对道德施以批评和否定,而且,在给出这些批评和否定的同时,他们又鲜明表现出对资本主义的鄙夷和愤怒,以及,对共产主义的向往和期许。他们"一方面反对把道德作为评判社会的标准,另一方面对资产阶级进行严厉的道德谴责,《资本论》对资产阶级贪婪、非人道的剥削的道德控诉如此震撼人心,以致人们不能忽视马克思哲学的道德批判力量"[12](28)。可以说,正是马克思、恩格斯"对道德的批判"与"对道德的运用"的同时存在,导致了初始问题的出现,使得"历史唯物主义语境下的道德合法性问题"成为一个亟待确认和解答的真实问题。作为马克思主义伦理学的研习者,我们需要在这种张力之间来理解初始问题。

一方面,马克思、恩格斯对资本主义社会中存在的异化、剥削和分裂现象表现出强烈的道德愤慨,给予了措辞严厉的道德谴责。在《1844 年经济学哲学手稿》中,马克思指出,资本家"把别人的努力劳动、把人的血汗看作自己贪欲的虏获物","把人本身,因而也把自己本身看作可牺牲的无价值的存在物",这是对人的极端蔑视;而这种蔑视,在资本家这里"表现为狂妄放肆,表现为对那可以维持成百人生活的东西的任意糟蹋,又表现为一种卑鄙的幻觉,即仿佛他的无节制地挥霍浪费和放纵无度的非生产性消费决定着别人的劳动,从而决定着别人的生存"[7](233)。同样地,在 1842 年为《莱茵报》撰写的一篇题为《英国工人阶级状况》的通讯中,恩格斯也激愤地指出,被迫成为资本主义异化劳动条件下产业后备军的英国工人,很容易陷入道德堕落的泥潭:"这些人必须自己寻找出路;国家不管他们,甚至把他们放逐出去。如果男人拦路抢劫或是破门偷盗,女人偷窃和卖淫,有谁可以怪罪他们呢? ……它把这些失去工作的人变成了失去道德的人。"[13](418)这些内容毫无争议地表明,他们确实会使用某种道德的尺度。尽管并未直接给出关于道德的肯定命题,但他们却直接运用了一种道德的视野来理解他们看到的事实。

　　而从早期人道主义的立场朝向历史唯物主义的思想转型,也并没有削减马克思、恩格斯对资本主义社会的那种不可遏制的鄙夷和愤怒。比如,在 1848 年的《共产党宣言》中,马克思、恩格斯说,受到层层监视和奴役的工人阶级"不仅仅是资产阶级的、资产阶级国家的奴隶,他们每日每时都受机器、受监工、首先是受各个经营工厂的资产者本人的奴役。这种专制制度越是公开地把营利宣布为自己的最终目的,它就越是可鄙、可恨和可恶"[5](38)。即便是到了最冷静、最成熟的时期,马克思、恩格斯也依然没有忽略对社会不公的道德控诉,依然没有遗忘对资产阶级的道德谴责。比如,在《资本论》中,马克思说:"最勤劳的工人阶层的饥饿痛苦和富人建立在资本主义积累基础上的粗野的或高雅的奢侈浪费之间的内在联系,只有当人们认识了经济规律时才能揭露出来。"[14](757)这句话当然意味着,只有在认识经济规律之后,我们才会懂得,为什么劳动者陷于饥饿而资本家却生活奢靡。但这句话同时也意味着，马克思不仅仅是揭示上述关系，而且，他也在对"工人的饥饿和痛苦"以及"资本家和富人的奢侈浪费"做出道德上的判断。马克思并没有因为"认识了经济规律"，就不再否定工人与资本家在资本主义条件下所身处的这两种截然不同生存状态的消极意义。他只是告诉我们，必须在认识了经济规律之后（而不是仅仅用道德情怀和价值尺度去衡量），才能把这些生存状态的消极性真正揭示出来，并证明其在道德上是不可取的。

另一方面，马克思、恩格斯对共产主义社会所蕴含的自由、平等和团结等价值或实践方式又表现出充分的道德认可，给予了热情洋溢的道德支持。比如，恩格斯在《反杜林论》中就说，在共产主义条件下，"人们第一次成为自然界的自觉的和真正的主人……人们自己的社会行动的规律，这些一直作为异己的、支配着人们的自然规律而同人们相对立的规律，那时就将被人们熟练地运用，因而将听从人们的支配。人们自身的社会结合一直是作为自然界和历史强加于他们的东西而同他们相对立的，现在则变成了他们自己的自由行动了。至今一直统治着历史的客观的异己的力量，现在处于人们自己的控制之下了。……人类从必然王国进入自由王国的飞跃"[6](300)。这段话里虽然没有一个字谈及道德，但是，对于自由的肯定，对于自由与共产主义之间内在关系的肯定，以及对于作为实现真正自由的社会载体的共产主义的肯定，却充分地表现出恩格斯对于消灭阶级、消灭剥削，生产力极大发展，从而实现物质极大丰富和每个人自由全面发展的人类社会的真诚向往和由衷期许。

不仅是"自由"，马克思、恩格斯还体现出对于"平等"的期待和向往。在他们看来，在共产主义的初级阶段，平等表现为按劳分配的平等。尽管它依然带有刚刚脱胎不久的资产阶级的"权利"意识，但毕竟是把每个人都同等地按照劳动者来看待，根据其劳动贡献来分配社会产品。而到了共产主义的高级阶段，平等则进一步表现为按需分配的平等。因为，在生产力发达、物质财富极为丰富的社会条件下，"人们的头脑和智力的差别，根本不应引起胃和肉体需要的差别……活动上，劳动上的差别不会引起在占有和消费方面的任何不平等,任何特权"[8](637-638)。此外,马克思、恩格斯对于团结或联合的期待,也非常明确。比如,早在《1844年经济学哲学手稿》中,马克思就指出:"当法国社会主义工人联合起来的时候,人们就可以看出,这一实践运动取得了何等光辉的成果。……交往、联合以及仍然以交往为目的的叙谈,对他们来说是充分的;人与人之间的兄弟情谊在他们那里不是空话,而是真情,并且他们那由于劳动而变得坚实的形象向我们放射出人类崇高精神之光。"[7](232)而当他作为革命家指导工人运动时,马克思对于团结和联合的看法则更加积极。比如,在《国际工人协会成立宣言》中,他说:"过去的经验证明:忽视在各国工人间应当存在的兄弟团结,忽视那应该鼓励他们在解放斗争中坚定地并肩作战的兄弟团结,就会使他们受到惩罚,——使他们分散的努力遭到共同的失败。……洞悉国际政治的秘密,监督本国政府的外交活动,在必要时就用能用的一切办法反抗它;在不可能防止这种活动时就团结起来同时揭露它,努力做到使私人关系间应该遵循的那种简单的道德和正义的准则,成为各民族之间的关系中的至高无上的准则。"[4](14)在阶级斗争的过程中,联合或团结之所以必要,是因为它们对于工人实现革命目标而言具有规范和促进意义。一旦斗争胜利,阶级本身被消灭,阶级内部的联合就将升级为全体自由人的联合。因此,在最终也是最严格的意义上,自由人的联合体成为最值得期待和向往的伦理目标。

诚然,在历史唯物主义的视野中,道德仿佛具有"原罪"。它从一开始就是依附的、被决定的产物,而这种性质使之注定面临"存在论挑战"和"价值论挑战"。但同时,也是在历史唯物主义的视野中,道德始终又是真实存在并切实发挥作用的社会现象。它激发工人的阶级意识、团结工人的阶级行动,指引我们对于共产主义社会的规范性理解。在历史唯物主义的语境中,这两方面的内容都是存在的,我们不可能对它们任何一方面进行删改。但是,也恰恰因为无法删改,我们才会意识到其中的张力和矛盾,由此发现了一个亟待解决的"马克思主义伦理学的初始问题"。

三、初始问题的解决

既然"历史唯物主义语境下的道德合法性问题"是历史唯物主义自身的内部问题,而历史唯物主义又为这个问题提供了正反两方面的讨论资源,那么,平心而论,不管我们是偏向其中"反对道德"的叙述还是"支持道德"的叙述,都可以得到论证。然而,一旦这个问题被视作"马克思主义伦理学的初始问题",那么,出于确立和展开马克思主义伦理学这项理论任务的考虑,我们就不得不认真思考并探索对于前述挑战的回应甚至反驳方案。因为,如果任由"反对道德"的叙述占据主流,从而使得道德的地位或意义遭到严重质疑,令其不仅不再意味着高尚或普遍的规范,反而成为人类社会中一件无足轻重、无关痛痒甚至荒诞不经的事物,那么,马克思主义伦理学将不可能成立,或者说,它不可能在一个正面的、积极的意义上成立。因此,对于马克思主义伦理学的研习者而言,对历史唯物主义给道德合法性带来的消极看法予以回应或反驳,是必要的工作。只不过,需要注意的是,这种回应或反驳仍必须从马克思和恩格斯的文本出发,从历史唯物主义的内部出发,揭示这些消极看法的裂缝或漏洞,进而发现,将历史唯物主义同某种肯定性的道德观念缝合起来的思想通道。

首先,前述提及的第一种挑战是说,在历史唯物主义语境下,由于道德的产生和发展受制于现实的经济基础,因而,它被认为是一种缺乏自主性和超越性的"被决定的"依附之物。

对此,我们必须指出,不能不加分析、不加限定地强调道德的"被决定"地位。因为,作为上层建筑及其社会意识形式的一个环节,道德确实是被经济基础决定的,但它只是在"归根到底"的意义上,而不是在"直截了当"的意义上被决定的。经济基础与道德之间的这种决定与被决定的关系,并不是两个环节的直接勾连,其间还存在着诸多丰富内容。这也正是历史唯物主义学说区别于狭隘的经济决定论的一个重要方面。[15](188-189)1890 年,恩格斯在写给布洛赫的一封信中就明确指出:"根据唯物史观,历史过程中的决定因素归根到底是现实生活的生产和再生产。无论马克思或我都从来没有肯定过比这更多的东西。"[16](591)恩格斯承认,历史的决定因素"归根到底"是现实生活的生产和再生产,但是,他所承认的内容也就到此为止。他既没有承认经济生活是历史过程的直接决定因素,更没有承认经济生活是历史过程的唯一决定因素。他所承认的,仅仅是经济生活"归根到底"是历史过程的决定因素。恩格斯清醒地意识到:"如果有人在这里加以歪曲,说经济因素是唯一决定性的因素,那么他就是把这个命题变成毫无内容的、抽象的、荒诞无稽的空话。经济状况是基础,但是对历史斗争的进程发生影响并且在许多情况下主要是决定着这一斗争的形式的,还有上层建筑的各种因素:阶级斗争的各种政治形式及其成果——由胜利了的阶级在获胜以后确立的宪法等等,各种法的形式以及所有这些实际斗争在参加者头脑中的反映,政治的、法律的和哲学的理论,宗教的观点以及它们向教义体系的进一步发展。"[16](591)

从经济基础到作为上层建筑的道德之间,间隔着若干环节。对于历史唯物主义的解释来说,其中非常重要的一个环节就是道德主体的阶级地位(status)。正因为在同一经济基础内部,不同群体相对于生产资料的占有关系不同,进而形成不同的阶级身份及其利益诉求,所以才会发展出不同的道德观念。进一步地,即便是具备同一阶级身份的人们,也会因为另一个非常重要的环节——即,道德主体的能动性(agency)——而发展出更加细致有别的道德观念。与阶级地位一样,能动性亦是居于经济基础与道德之间的一个重要变量或环节。对此,恩格斯明确表示,"这并不是说,只有经济状况才是原因,才是积极的,其余一切都不过是消极的结果……并不像人们有时不加思考地想象的那样是经济状况自动发生作用,而是人们自己创造自己的历史"[16](668)。在这个意义上,从经济基础到道德观念,两者并不是简单直接的依附关系,也不是单一变量的制约关系;经济基础没有那么轻易就能控制或决定道德的具体性与多样性。

其次,第二种挑战是说,在历史唯物主义语境下,道德不仅是"归根到底"受制于经济基础的被决定物,而且,由于最终决定道德的这一根本原因不断变化,因此,道德会随之表现出不同的形态。在这个意义上,道德不但缺乏自主性和超越性,而且缺乏普遍性和确定性;它们只是"历史的暂时的产物",只是基于某种利益格局并反映这种利益格局的、依附的和主观的社会意识形式。如果我们再考虑到决定道德的其他原因(阶级地位、个体能动性),那么,试图证成道德的客观性,便是绝无可能的了。

然而,无论是把道德理解为一种被他者决定的依附物,还是把道德说成一种随他者而变的特殊物,都不足以消解或证伪道德的客观性。因为,一方面,道德具有相对于经济基础的依附性(dependence),这否定的只是道德的独立性(independence),而不是道德的客观性(objectivity)。它无非说明,道德作为一种社会现象,不是无所依傍的、毫无来由的客观存在,而是为某些条件所约束、所决定的客观存在。换言之,道德完全能够以一种依附的方式而客观存在。何况,在历史唯物主义语境中,这些约束条件也并非主观或任意的个人精神,而是经验和物质的社会语境。被决定的道德,在根本上"不是由个人、文化、阶级决定的,不是由那些不可名状的正确信念决定的,不是由各人碰巧用来对事物进行概念化处理的方式决定的,也不是由各人所愿意接受的论证标准决定的",而是"由人们具有的需求决定的,是由他们能在其中发现自我的客观情境决定的"[1](11)。更重要的是,根据历史唯物主义,道德在现实社会语境中被决定,从而成为一种依附物,形成一种因果联系,这整个事实都是客观的。即便道德以社会意识形式存在,那也只能说,它以主观的形式而客观地存在。因此,承认道德是某种被经济基础决定的产物,这里的关键,也并不在于它是"产物",而在于它必定作为"产物"而被生产出来。

另一方面,认为道德具有相应于社会历史的特殊性(particularity),这否定的也只是普遍性(universality),而不是客观性(objectivity)。尽管历史唯物主义承认,道德"从一个民族到另一个民族、从一个时代到另一个时代"极其不同,但历史唯物主义同样承认,在任何一个民族或时代的内部,只有一种与这个民族或时代的经济基础最匹配、最适应的占据主导地位的道德。它是在这个历史情境中、被这个历史情境客观决定的,从而,对这个民族和这个时代来说是必然的和正确的(至少是被广泛接受的)。它并不会因为仅仅适用于这个历史情境而没有贯穿其他社会阶段,就被认定为是即使在这个情境中也是虚幻的东西。[1](158)

不仅如此,在历史唯物主义语境下,纵然道德会在不同历史阶段发生变更,也不是随心随欲地变更,不是精神层面的变更,不是先验判断的变更,而是现实的经济基础在其中起到根本动因的有条件的变更。这种"有条件的变更"不仅意味着,当历史阶段或经济基础发生变更时,道德会变更,而且意味着,当历史阶段或经济基础没有发生变更时,道德就不会变更,以及,历史阶段或经济基础发生多少变更,道德就发生多少变更。概言之,道德变更所依赖的那些条件的客观性,决定了道德变更本身的客观性。[17](B2)更何况,即便是道德在变更过程中表现出来的特殊性,也不足以取消历史唯物主义关于道德的衡量标准——那些"常常是互相直接矛盾的"道德,并没有因为彼此矛盾的关系而"不相上下",更没有因此而得出"无所谓谁更好"的相对主义结论。因为,历史唯物主义在评判互相矛盾的道德时,并不是停留于道德观念的内容本身,而是深入到这些观念背后的根底。也就是说,对一个历史唯物主义者而言,他试图比较的不是道德观念本身的孰优孰劣,而是道德观念赖以成型的经济基础相对于人类社会发展进程的进步与否。所以,尽管道德本身因其流动和变更而缺乏普遍性和确定性,但是,基于其产生的历史阶段的高低,不同道德之间的优劣差异依然能够得到清楚的识别和清晰的论证。

再次,第三种挑战认为,道德缺乏实践性和有效性。尤其对于无产阶级的革命事业和人类的最终解放来说,道德起不到什么作用,甚至帮倒忙。对此,我们可以通过两种方案来回应。

一种方案是,证明缺乏实效性的只是某些道德,而不是所有道德。比如,马克思、恩格斯在《德意志意识形态》中批评说:"德国哲学是从意识开始,因此,就不得不以道德哲学告终,于是各色英雄好汉都在道德哲学中为了真正的道德而各显神通。费尔巴哈为了人而爱人,圣布鲁诺爱人……而圣桑乔爱'每一个人',他是用利己主义的意识去爱的,因为他高兴这样。"[8](424)又比如,他们在《共产党宣言》中说:"现代的工业劳动,现代的资本压迫,无论在英国或法国,无论在美国或德国,都是一样的,都使无产者失去了任何民族性。法律、道德、宗教在他们看来全都是资产阶级偏见,隐藏在这些偏见后面的全都是资产阶级利益。"[5](42)马克思、恩格斯对这些道德施加批评,无疑是真实的;但同时,这些道德特指那些唯心主义者和空想主义者的道德学说,以及,资产阶级或统治阶级的道德观念,同样也是真实的。他们拒斥的主要就是这样的道德。而马克思之所以在自己后来的研究中越来越少进行道德判断,而主要采取科学的实证分析,在很大程度上,就同他对这种道德的看法有关,同他把道德更多地理解为这种道德有关。[18](331)这是作为历史唯物主义者的马克思,对于当时流行的道德及其形而上学基础的一种自然的反应。正如研究者指出的那样,"马克思后来只是不提他的伦理信仰了——这是因为,一方面,他担心这样一来会损害他的社会分析对纯科学的、客观的推论的要求;另一方面,大概是由于他的似乎骄傲实则谦虚的态度,……以致不能更多地谈论它;最后,还有一方面,就是对自己的失望以及对其唯心主义的和空想主义的对手的道德上的伪善词令所作的愤怒反应"[19](370)。

另一种方案是,证明缺乏实效性的只是道德的特定方面,而不是所有方面。因为,在历史唯物主义语境下,道德的无效性尽管意味着以道德为基础来批判社会是无效的,但这并不意味着,以道德为基础来评价个人也是无效的。在一个社会内部,尤其是在一个阶级内部,通过道德来评价隶属于该社会或阶级的个人,仍是有效的。就连通常被认为是坚定的"非道德论者"艾伦·伍德,也认同这一点。他说:"我相信,马克思确实毫不客气地拒绝把道德标准当作可以接受的社会批判或辩护工具。但我非常怀疑,他会拒绝把道德当作一种用于评价个人行为或判断人们的社会态度的合法基础。当然,在马克思(贯穿其一生)的著作中,充满了对那些麻木的、安于现状、虚伪的人们的道德愤慨,他们可以容忍一种让大多数人都遭受不必要的奴役、异化、悲惨的生活制度(甚至为之辩护)。这里,马克思在道德方面的放纵和宣泄,和他在批判或捍卫基本社会制度时对于道德规范和价值(诸如权利和正义)的使用所表现出来的那种节制甚至轻蔑的态度,形成了惊人的对比。"[19](128)更进一步说,在历史唯物主义语境下,道德的无效性更多表现为它在解释历史规律、推动历史进程上的根本作用,但这并不包括它在揭露反动统治、鼓舞工人团结等特定事务上的现实功能。"道德谴责对唤起工人阶级的革命热情,比理性的、历史的价值评估具有不可比拟的震撼力。……道义上的义正词严比冷静的理智更能唤起工人阶级的阶级意识,更能有效地传播马克思的剩余价值学说。"[12](28)正因如此,我们才看到,马克思会在《国际工人协会成立宣言》中明确倡议,工人阶级应当团结起来,运用"道德和正义的准则","努力做到使私人关系间应该遵循的那种简单的道德和正义的准则,成为各民族之间的关系中的至高无上的准则"[4](14-15)。这说明,仅就革命斗争的现实策略而言,马克思没有完全否定道德的实效性。在历史唯物主义的视野中,对于解释和促动历史进程中的某些细节或具体环节而言,道德依然可以发挥有限但并非不重要的作用。

最后,第四种挑战是说,在历史唯物主义语境中,道德不仅属于上层建筑及其社会意识形式,而且常常充当或构成社会的意识形态,因而,道德必定具有一切意识形态所具有的保守功能,呈现出意识形态的蒙蔽性和扭曲性。对此,我们同样可以有两种方案来加以反驳。

第一种反驳方案是,承认"意识形态"是对既有统治秩序的维护,会给被统治阶级造成蒙蔽和扭曲,但是,不承认"道德"与"意识形态"之间存在必然联系或等价关系。原因在于,尽管根据历史唯物主义,所有的意识形态都作为一种特殊的观念形式而属于上层建筑及其社会意识形式,但是,历史唯物主义并没有声称,所有属于上层建筑及其社会意识形式的观念都是意识形态的。这就在隶属于上层建筑的全部观念内部,为"非意识形态的观念"留出空间。我们当然不能说,所有的道德都居于这个"非意识形态的观念"空间中,但至少有一部分道德可以被这样看待。比如,对安全、健康、繁荣的向往。毫无疑问,这样的道德非常"稀薄",在历史唯物主义的语境下也非常"稀少"。然而,它们确实存在,并贯穿于迄今为止的全部人类社会。而这并不是因为，它们具有超出阶级限度或时空约束的"普世性"，而是因为，它们一直符合人类的基本存在方式和基本经验诉求。况且，我们除了可以在迄今为止的阶级社会中发现若干具有非意识形态性质的道德，更重要的是，在历史唯物主义所揭示的那个必将到来的无阶级社会中，我们却愈发有理由不再把道德仅仅视为意识形态。概言之，假如你是历史唯物主义者，那么你必定承认，在阶级社会条件下，道德确实具有意识形态性质，从而具有蒙蔽性和扭曲性。但是，假如你始终是历史唯物主义者，那么，你就不得不继续承认，在消灭了阶级差异与阶级对立从而处于无阶级社会条件下所持有的道德，就不能再被当作意识形态来看待。

第二种反驳方案则是，承认"道德"与"意识形态"之间存在必然联系或等价关系，但并不因此便承认"意识形态"必定具有扭曲性和蒙蔽性。原因在于，"意识形态"有不同的概念化方式。我们完全可以通过重新定义"意识形态"，使道德即便以意识形态的方式出场，也无须承诺任何扭曲性或蒙蔽性。毕竟，作为阶级社会的产物，意识形态在根本上"是阶级社会的特征，或是阶级社会中某个阶级或其他主要社会集团的特征，……它一般服务于某个阶级的利益，尤其是这类社会中某个阶级或其他主要社会集团的利益"[1](118-119)。在这个意义上，意识形态的本质不在于扭曲或蒙蔽，而在于它对阶级利益与阶级立场的反映和维护。不过，即便是反映阶级利益从而充当意识形态的道德，也仍然可以是真实的甚至是客观的道德——尽管它的真实性和客观性会因阶级社会的分裂状态而仅仅具有局部意义。比如，"反对资本主义掠夺工人"的道德观念就仅仅反映了工人阶级的阶级利益，但是，我们并不因此断言，它作为无产阶级的意识形态便是被扭曲和蒙蔽的。因为，这种道德观念恰好揭示了资本主义社会造成劳动异化、阻碍生产力发展的生产关系的特质。如果我们接受这种道德，那么，它反倒会因其反映了历史发展的方向而将引导我们走向一个更高级别的社会。所以，作为意识形态的道德并非天生就具有蒙蔽性和扭曲性。作为阶级社会的产物，只有当它刻意掩饰自己的阶级性而扮作普遍永恒之物时，它才会成为一种具有扭曲性和蒙蔽性的虚伪存在；只有当它故意"以误导的方式来安排事实,或是遗漏某些特定事实,或是把它们放在不显眼的语境中"[11](128)而发挥作用时,它才会成为一种虚假的、有偏见的视角。所以,在劳动者与资产者相对立的社会条件下,基于阶级利益的冲突性、阶级意识的差异性和阶级诉求的对抗性,历史唯物主义者既不奢望工人阶级的善恶观念能够"惊醒"资产阶级,也更有必要警惕资产阶级凭借善恶观念"迷惑"劳动者。认清作为意识形态的道德将会在何种条件下才造成扭曲和蒙蔽,这对于历史唯物主义者完整、准确地理解道德合法性的问题至关重要。

概言之,上述两种方案都是为了切断"道德——意识形态——具有扭曲性与蒙蔽性"的论证链条,从而将道德同扭曲性、蒙蔽性等消极意义隔离开来。只不过,第一种方案是为了切断前一个环节,第二种方案是为了切断后一个环节。如果这些反驳方案是成功的或至少是部分成功的,那么,道德的那种被讽刺、被否定、被批判的消极地位,也许就能从历史唯物主义的论述中被拯救出来。从而,道德可以在历史唯物主义语境内部被置于某个合适的位置,初步建立起自身的合法性,以便我们展开马克思主义伦理学的下一步研究。

参考文献:

[1] 〔加〕凯·尼尔森.马克思主义与道德观念[M].李义天,译.北京:人民出版社,2014.

[2] 李义天.道德之争与语境主义——马克思主义伦理学的初始问题与凯·尼尔森的回答[J].马克思主义与现实,2014,(2).

[3] 李义天.马克思主义伦理学的前置问题[J].中国社会科学评价,2021,(4).

[4] 马克思,恩格斯.马克思恩格斯文集:第三卷[M].北京:人民出版社,2009.

[5] 马克思,恩格斯.马克思恩格斯文集:第二卷[M].北京:人民出版社,2009.

[6] 马克思,恩格斯.马克思恩格斯文集:第九卷[M].北京:人民出版社,2009.

[7] 马克思,恩格斯.马克思恩格斯文集:第一卷[M].北京:人民出版社,2009.

[8] 马克思,恩格斯.马克思恩格斯全集:第三卷[M].北京:人民出版社,1960.

[9] 马克思,恩格斯.马克思恩格斯全集:第四卷[M].北京:人民出版社,1958.

再论马克思主义伦理学的初始问题

［10］ 马克思,恩格斯.马克思恩格斯全集:第六卷［M］.北京:人民出版社,1961.

［11］ 马克思,恩格斯.马克思恩格斯全集:第二十五卷［M］.北京:人民出版社,2001.

［12］ 赵敦华.马克思哲学要义［M］.南京:江苏人民出版社,2018.

［13］ 马克思,恩格斯.马克思恩格斯全集:第三卷［M］.北京:人民出版社,2002.

［14］ 马克思,恩格斯.马克思恩格斯文集:第五卷［M］.北京:人民出版社,2009.

［15］ 宋希仁.马克思恩格斯道德哲学研究［M］.北京:中国社会科学出版社,2012.

［16］ 马克思,恩格斯.马克思恩格斯文集:第十卷［M］.北京:人民出版社,2009.

［17］ 李义天.道德在什么意义上是历史的产物?［N］.中国社会科学报,2012-08-29.

［18］ 张盾.马克思的六个经典问题［M］.北京:中国社会科学出版社,2009.

［19］ 中共中央马克思恩格斯列宁斯大林著作编译局马恩室.《1844 年经济学哲学手稿》研究［M］.长沙:湖南人民出版社,1983.

［20］ Allen Wood,"Marx on Rights and Justice:A Reply to Husami",in Marshall Cohen,Thomas Nagel and Thomas Scanlon eds.,*Marx,Justice and History*,Princeton University Press,1980.

（李义天,清华大学高校德育研究中心教授、博士生导师,教育部青年长江学者;本文发表于 2022 年第 5 期）

十八大报告的伦理意蕴

郭广银

摘　要　十八大报告作为全党和全国人民智慧的结晶,是一篇闪耀着伦理道德光芒的纲领性文献。从伦理学的维度解读十八大报告,其包含的伦理道德思想有四个方面:以人为本、人民主体的大伦理观,知行合一的社会主义核心价值观,人与自然和谐的生态文明价值观,执政党科学化建设的党德价值观。四个方面相互融合、相互补充,充分体现了中国特色社会主义理论体系的伦理意蕴。

作为十八大代表,参加十八大,亲聆胡锦涛同志代表十七届中央委员会所作的十八大报告,我切实感受到一种伦理道德的力量。全场有 38 次掌声出现在伦理道德的话语上,每当道德的力量充分展示,比如,当讲到"干部清正、政府清廉、政治清明"的时候,当讲到"维护社会公平正义"的时候,等等,掌声就响起来。在我们的人民渴求伦理道德发挥更大作用的时候,十八大报告给我们提供了丰富的伦理理论资源。

十八大报告是我国伦理道德发展的纲领性文件,其伦理意蕴集中体现在四个方面。

一、以人为本、人民主体的大伦理观

以人为本是科学发展观的核心,坚持以人为本,既坚持了马克思主义唯物史观的基本原理,又高扬了人的主体性。孟子讲:"民为贵,社稷次之,君为轻。"(《孟子·尽心下》)马克思说:"创造这一切、拥有这一切并为这一切而斗争的,不是历史,而正是人,现实的、活生生的人。"[1]这与十八大报告多次强调"维护最广大人民根本利益"的提法契合,都突出了人是社会历史的真正主人。坚持以人为本就是充分尊重人民的主体地位,把人民看作历史的参与者、创造者。坚持以人为本、人民主体的大伦理观,既有利于调动人民的积极性、提升人的尊严,又充分保证社会主义政治经济各项事业的发展最终的受益者是人民,具有重大的现实意义。

以人为本、人民主体的大伦理观贯穿于十八大报告的通篇。中国特色社会主义是这次报告的一个突出主线。中国特色社会主义道路、中国特色社会主义理论体系、中国特色社会主义制度三位一体构成了中国特色社会主义实践。其中道路是实现的途径,而理论体系是行动指南,制度是根本保证。十八大报告对这三者的科学内涵进行了全面深入、富有新意的阐释,其中充满了以人为本、人民主体的伦理思想。

其一,无论是中国特色社会主义还是科学发展观,出发点和落脚点都是实现好、维护好、发展好最广大人民的根本利益,这是最大的伦理观。中国共产党代表的就是最广大人民的根本利益,它的宗旨就是全心全意为人民服务。对此,我们应该很好地理解和把握。在十八大报告中,保障和改善民生是一个重要的内容。"推动实现更高质量的就业","千方百计增加居民收入","实现国内生产总值和城乡居民人均收入比二〇一〇年翻一番",等等,这都是人民幸福安康、社会和谐稳定的物质基础。十八大报告同时提到的两个同步:"居民收入增长和经济发展同步、劳动报酬增长和劳动生产率提高同步"[2],汇聚着实践智慧,体现了以人为本。十八大报告特别强调人民生活水平的全面提高,将其作为全面建成小康社会和全面深化改革开放的目标之一。

其二,人民当家作主,人民民主不断扩大。十八大报告指出:"人民民主是我们党始终高扬的光辉旗帜"[2](25),坚持中国特色社会主义政治发展道路,坚持一切权力属于人民,积极稳妥地推进政治体制改革,发展更加广泛、更加充分、更加稳健的人民民主。坚持党的领导、人民当家作主与依法治国有机统一,以保证人民当家作主为根本,以增强党和国家活力、调动人民积极性为目标。人民依法参与管理国家事务,建立健全权力运行制约和监督体系,保障人民知情权、参与权、表达权、监督权,让人民监督权力,让权力在阳光下运行。

其三,除了人民民主不断扩大,民主制度更加完善,民主形式更加丰富的要求,以人为本、人民主体还体现在保障人民各项权益的表述中。十八大报告中特别强调要让人权得到切实尊重和保障,其中包括尊重人民首创精神、主人翁精神,以促进人民的积极性、主动性和创造性进一步发挥。

其四,促进人的全面发展。中国特色社会主义和科学发展观两次表述了促进人的全面发展。十八大报告表述有以下几方面:一是提高人民健康水平,完善国民健康政策,健康是人全面发展的必然要求;二是办好人民满意的教育,教育是民族振兴和社会进步的基石,坚持教育为社会主义现代化服务、为人民服务,培养德智体美劳全面发展的社会主义接班人;三是文化产品更加丰富,让人民物质生活充裕的同时享受精神文化的发展成果,公共文化服务体系基本建成,中华文化走出去,社会主义文化强国建设基础更加坚实。

十八大报告明确坚持走共同富裕的道路,强调共同富裕是中国特色社会主义的根本原则。要坚持社会主义基本经济制度和分配制度,调整国民收入分配格局,加大再分配调节力度,着力解决收入分配差距较大的问题,使发展成果更多更公平地惠及全体人民。这再次凸显了党和国家发展成果由人民共享的人民主体的伦理观。

二、知行合一的社会主义核心价值观

十八大报告 19 处修改,很多与伦理有关,比如,报告中讲"积极培育社会主义核心价值观",后来大会提出修改意见,加上了"践行",成为"积极培育和践行社会主义核心价值观"。这里"践行"就具有很强的伦理意味,体现知行合一的伦理精神。

众所周知,知行合一是明代王阳明提出来的。"知",主要是指人的道德意识和思想意念;"行",主要是指人的实践行动。其内涵可谓知中有行、行中有知。虽然历史上大部分人都把"知行合一"当作认识论的命题,但是我们提出"知行合一的社会主义核心价值观"是借其意义,强调在社会主义核心价值观建设不断深入的同时,对于社会主义核心价值观,我们不仅要不断学习、铭记于心,还要付诸行动,身体力行地去践行,不断提高践行社会主义核心价值观的自觉性。社会主义核心价值观本身有很多伦理的概念和元素,这是知行合一的伦理表达之意。

十八大报告中社会主义核心价值观虽然不完全是伦理道德内容,但其中也蕴含了丰富的伦理道德要求。一是强调全面提高公民道德素质是社会主义道德建设的基本任务,坚持依法治国和以德治国相结合,加强社会公德、职业道德、家庭美德、个人品德教育,弘扬中华传统美德和时代新风;二是推进公民道德建设工程,弘扬真善美,贬斥假丑恶,营造劳动光荣、创造伟大的社会氛围;三是提出深入开展道德领域突出问题专项教育和治理并提出"四信"建设,即政务诚信、商务诚信、社会诚信和司法诚信;四是提出注重人文关怀和心理疏导,培育自尊自信、理性平和、积极向上的社会心态,深化群众性精神文明创建活动,广泛开展志愿服务,推动学雷锋活动、学习宣传道德模范常态化。当前社会上赞扬的"最美"现象如"最美妈妈""最美教师""最美战士"等都蕴含了丰富的伦理价值,这些美都是善的另一种表达形式,美在伦理道德品质上。

社会主义核心价值体系的内涵,我们已经践行多年,人们期望一个简明扼要、朗朗上口、容易记忆的表述,十八大报告给出了凝练的表达:"倡导富强、民主、文明、和谐,倡导自由、平等、公正、法治,倡导爱国、敬业、诚信、友善。"[2](32)这三个倡导有对党和政府的要求,有对各级组织的要求,也有对党员干部、公民个人的要求。其内容涵盖了方方面面、各个领域,需要继续在实践中不断去完善和发展。

十八大报告提出必须坚持维护社会公平正义,公平正义是中国特色社会主义的内在要求,加紧建设对保障社会公平正义具有重大作用的制度,通过制度来确保社会公平正义的实现;建构权利公平、机会公平、规则公平为主要内容的社会保障体系;努力营造公平的社会环境,保障人民平等参与、平等发展权利。除此之外,在具体领域中,公平问题也被多次提出,如在分配领域讲分配公平,教育领域讲教育公平,充分体现了社会主义核心价值观在各个领域被不断地深化和践行。

三、人与自然和谐的生态文明价值观

伦理学调节人与自然的关系,既要认识、利用自然,又要充分尊重自然,按自然规律办事,否则就会受到自然的惩罚。生态伦理的课题就是处理人类自身及周围的动物、环境和大自然生态环境关系的一系列道德规范。通常是在人类进行与自然生态有关的活动中形成的伦理关系和调节原则以保证各方利益的最优实现。而生态伦理的实质依然是为了实现人本身的不断发展、可持续发展。伦理与生态的内在统一应建构在生态文明中。

在学习十八大报告的过程中,我注意到,生态文明建设讲得很到位,用一个可能不太准确的词来形容就是把生态文明的内涵、外延和意义阐述得"淋漓尽致"。十八大报告强调"建设生态文明,是关系人民福祉、关乎民族未来的长远大计。面对资源约束趋紧、环境污染严重、生态系统退化的严峻形势,必须树立尊重自然、顺应自然、保护自然的生态文明理念,把生态文明建设放在突出地位,融入经济建设、政治建设、文化建设、社会建设各方面和全过程,努力建设美丽中国,实现中华民族永续发展"[2](39)。这段表述既体现出生态文明建设的必要性,又对生态文明建设提纲挈领,为经济发展和生态文明建设发展指明了方向。

十八大报告提出坚持节约资源和保护环境的基本国策,坚持节约优先、保护优先、自然恢复为主的方针;推进绿色发展、循环发展、低碳发展,形成节约资源和保护环境的空间格局、生产方式、生活方式,从而给自然留

下更多的修复空间,给农业留下更多良田,给子孙后代留下天蓝、地绿、水净的美好家园。在这一论述中既有如何处理人与自然的伦理关系,也有当代人之间的伦理关系,还有我们与子孙后代的代际关系,特别是强调要"给子孙后代留下天蓝、地绿、水净的美好家园",实现中华民族的永续发展。同时报告中也提出了加强生态文明制度建设,把资源消耗、环境损害、生态效益纳入经济社会发展评价体系,建立体现生态文明要求的目标体系、考核办法、奖惩机制。

十八大报告关于生态文明建设的论述既体现伦理道德的要求,不仅要人与自然和谐相处,还要还青山绿水给我们的子孙后代;也提出制度的保障,把节约资源和环境保护作为长期坚持的基本国策;又提出具体的指标要求,出台环境保护相关的政绩考核标准。其为我们建设资源节约型、环境友好型的生态文明社会提供了有力的理论和实践保障。

四、执政党科学化建设的党德价值观

在十八大报告中党的科学化建设,伦理意蕴也非常浓厚,尤其是加强共产党的道德建设这一部分格外突出。从逻辑上讲,政党的利益只有与社会伦理道德相一致,政党才能胜任执政地位。《大学》讲,"古之欲明明德于天下者,先治其国;欲治其国者,先齐其家;欲齐其家者,先修其身"[3]。儒家主张"内圣外王",其要强调的都是要先自身修养达到、能力充分,才可以平天下、王天下。中国共产党作为执政党,在全球政治环境不断变革、执政条件不断改善的今天,必须不断地加强自身建设、自我学习、自我补充、自我完善。加强自身的道德建设,加强自律,不断完善舆论与监督机制,才能保证在执政的过程中永葆青春,永葆纯洁。

十八大报告强调:一要坚守共产党员的精神追求。要抓好道德建设这个基础,教育引导党员、干部模范践行社会主义荣辱观,讲党性、重品行、作表率;做社会主义道德的示范者、诚信风尚的引领者、公平正义的维护者,以实际行动彰显共产党人的人格力量。二要坚定不移地反对腐败,永葆共产党人清正廉洁的政治本色,做到干部清正、政府清廉、政治清明。三要坚持立党为公、执政为民,始终保持党同人民群众的血肉联系,加强和改善党的领导。四要深化干部人事制度改革,坚持党管人才原则,干部选拔任命要广开进贤之路,广纳天下英才,坚持任人唯贤,德才兼备、以德为先。五要在全党深入开展以为民务实清廉为主要内容的党的群众路线教育实践活动,在全党展开为民务实清廉的政治道德建设。[2](50-56)

道德调节三大类关系,即人与自然的关系、人与社会他人的关系和人与自身的关系。十八大报告不仅提出了如何处理个人与他人、个人与社会、政党与人民的关系,也提出了执政党如何处理与自身的关系,这就是共产党在自身建设中要坚持的"五大建设""四自建设"。十八大报告指出:"全党必须牢记,只有植根人民、造福人民,党才能始终立于不败之地;只有居安思危、勇于进取,党才能始终走在时代前列。"[2](50)新形势下,党面临的执政考验、外部环境考验是长期的、严峻的。不断提高党的领导水平和执政水平、提高拒腐防变和抵御风险能力,是党巩固执政地位、实现执政使命必须解决好的重大课题。全党要增强紧迫感和责任感,坚持解放思想、改革创新,坚持党要管党、从严治党,全面加强党的思想建设、组织建设、作风建设、反腐倡廉建设、制度建设,增强自我净化、自我完善、自我革新、自我提高能力,建设学习型、服务型、创新型的马克思主义执政党,确保党始终成为中国特色社会主义事业的坚强领导核心。

十八大报告中多处讲到清醒、自觉、自信。我们党很清醒,指出贪污腐败、脱离群众、形式主义、官僚主义等作风、行为要治理;我们党很自觉,指出道路自觉、理论自觉、制度自觉和文化自觉;我们党很有自信,在道路上、理论上、制度上和文化上都很自信。报告要求:在面对人民的信任和重托,面对新的历史条件和考验的时候,全党必须增强忧患意识,谦虚谨慎,戒骄戒躁,始终保持清醒头脑;必须增强创新意识,坚持真理,修正错误,始终保持奋发有为的精神状态;必须增强宗旨意识,相信群众,依靠群众,始终把人民放在心中最高位置;必须增强使命意识,求真务实,艰苦奋斗,始终保持共产党人的政治本色。

习近平总书记在新一届中央政治局常委媒体见面会上近二十分钟的讲话中，提得最多的是人民，分量最重的是民生。对全国人民来说，他的这番话尤其振奋人心："我们的人民热爱生活，期盼有更好的教育、更稳定的工作、更满意的收入、更可靠的社会保障、更高水平的医疗卫生服务、更舒适的居住条件、更优美的环境，期盼孩子们能成长得更好、工作得更好、生活得更好。"

党的十八大报告回顾了我们发展取得的成就，总结了我们发展过程的经验，制定了新的发展蓝图，催人奋进、鼓舞人心。作为一名人文科学工作者，在深入学习十八大精神过程中，我深切地感受到党中央对全国人民的伦理关怀，这也使我备受鼓舞。相信在中国共产党新一届领导集体的带领下，在中国特色社会主义理论体系的指导下，坚定不移地沿着中国特色社会主义道路不断前行，实干兴邦，我们的人民会生活得更好，我们的文化会发展得更好，我们的国家会建设得更好。

参考文献：

［1］　马克思，恩格斯.马克思恩格斯全集：第2卷［M］.北京：人民出版社，1957：118.

［2］　十八大报告辅导读本［M］.北京：人民出版社，2012：36.

［3］　朱熹.四书章句集注［M］.北京：中华书局，1983：3.

（郭广银，东南大学党委书记，教授、博士生导师；本文发表于2013年第1期）

集体主义话语权的重构

马永庆

摘　要　集体主义话语权的确立受各种社会因素的制约,同时也与自身的内在张力有着密切的关系。市场经济取代计划经济、利益关系的复杂化、多元文化、集体主义逐渐回落到社会道德层面,都对其话语权形成了极大挑战。集体主义话语权的重构在于其理论的科学性和实践的指向性的统一、坚实的利益基础和正确的衡量标准。集体主义话语权的重构是一个集体和个人双向作用的过程,需要集体利益和个人利益的有机结合,需要不断实现由社会到个人、理论到实践、外在到内在的转化过程。

集体主义作为道德基本原则,在我国社会主义现代化建设中发挥了巨大作用。然而,随着社会主义市场经济的深入发展和人们对利益追求欲望的加大,集体主义的话语权正在逐渐减弱,且有被忽视和冷漠的趋势。如何重构集体主义话语权是当下我们需要认真对待的问题,但这又不是一件简单的事情,必须有实际有效的措施。

一、如何理性地对待集体主义话语权的弱化

集体主义话语权是指集体主义对社会的引导、规范及被认可、接受的程度。当下集体主义话语权的弱化,既有着社会的各方面原因,也有着集

体主义自身发展过程中不可回避的问题。

首先,随着社会主义市场经济取代计划经济,集体主义逐步由国家的集体主义转入社会层面的集体主义。即集体主义不再一味是由国家层面强力推行而成为人们自愿遵循的行为原则。在转变过程中,无论是舆论的关注度还是人们的目光,已不再把集体主义作为达摩克利斯之剑,时时刻刻谨小慎微地处理集体和个人的关系,而是在利益面前无所顾忌、不理会集体主义原则,或是把集体主义作为口头上说说而已的要求,久而久之逐渐淡漠了集体主义的存在。

如果从社会变化的视角看,主要是经济体制变革带来利益关系的错综复杂所引发的问题。计划经济条件下,国家、集体、个人单向度的、简单的利益格局使得各种利益的代表者——国家利益显得格外重要甚至至高无上,在此利益关系基础上形成的集体主义,其地位、作用等方面也是其他道德理论所无可比拟的。"一切划时代的体系的真正内容都是由于产生这些体系的那个时期的需要而形成起来的。"[1] 在一定意义上,维护国家利益就是坚持集体利益首位,就是集体主义的根本要求。一切都以集体利益为中心,个人利益似乎成了一种陪衬,出现了忽视甚至泯灭个人利益的事情。社会主义市场经济的形成发展,打破了计划经济时代的纵向利益关系,出现了纵横交错的利益格局,使社会利益关系中的各方都成了利益主体,在市场活动中,利益主体之间成为一种相互的平等关系。某些个人、群体或团体等主体,正在逐渐为了自己的利益与国家或集体相抗衡。在相互关系中,不同的利益主体都力图使自己的利益最大化,全力表达自己的利益诉求,甚至做出有损其他利益主体的行为。

在当前利益多元化的情况下,人们也出现了诸多疑问。一是现在的集体是指什么?因为原来集体是代表国家利益的、呈现在人们面前的具象集体,如工厂、生产大队或商店等。而现在随着经济体制的改革,以往能够代表集体利益的单位、厂矿企业等已改变了性质,尽管也有国有经济、农村等集体经济形式,但是他们与每个个人的关系已经变成了利益主体之间的关系,因为即便是公有经济也是以股份制形式存在着。由此,人们总感觉集体是虚设的、不真实的。

二是在市场竞争中改变了以往国家为个人、群体遮风挡雨的状况,个人、群体的利益不再由国家全力满足。自力更生的利益实现方式使许多人感觉国家或集体不再是可以依赖的对象,甚至认为"国家抛弃了我,我的利益实现是我自己的事情,而且只能是自己来承担,那么,所谓的国家利益、集体利益与我又有什么关系?"

三是在纵横交错的利益格局面前,有没有维护集体和集体利益的必要。人们似乎在作为利益主体的过程中,一方面有了翻身做主人的感觉,不再受集体的左右,因为"我"也是主体,集体也是主体,大家的地位是平等的。另一方面受利益的驱使,人们不再愿意做出自我牺牲,自我利益的现实满足感十分强烈,感觉为集体、为他人做出让步是对个人权益的不尊重,也是没有必要的。

经济体制的变化所引起的人们对集体主义的看法和态度,既反映了社会意识必然要随着社会存在的变化而改变内容和形式,"一切以往的道德论归根到底都是当时的社会经济状况的产物"[2],也说明了人们对社会主义市场经济还有一些不准确的认识。市场经济不是市场社会,尽管人们在生活中的任何活动都与一定的利益相关,但是市场经济条件下各种社会主体利益的实现,并不都是由价值规律调谐的,有些方面还需坚持公平正义的原则,"来安排社会的与经济的不平等,以便使每个人都获益"[3],亦即进行利益的再分配。即便是市场经济中的活动,政府也可通过宏观调控来把握各个社会主体的利益实现问题。也可以说,社会主义市场经济的形成和发展并不是要否认集体主义的存在,更不是推行无政府主义、极端利己主义,而是要在新的经济形势下确立科学的价值观,以指导人们规范自身的行为。

从集体主义本身来说,计划经济时代的集体主义上升到政治的高度,成为国家层面的指导思想,对个人来说不是遵循不遵循的问题,而是必须服从的一种命令式的规范要求。随着社会主义市场经济的发展,人们的个性得到了张扬,自我意识逐步增强,人们也不断认识到个人利益的价值,甚至感觉不愿意再把自己的命运和利益交给集体和国家来安排。因而对集体主义产生各种不信任感,甚至与集体主义观点相悖。

政治的集体主义与道德的集体主义是有一定区别的,现实生活中更多的是把集体主义作为社会主义道德原则来认识的。当然,政治层面和道德意义上的集体主义都要涉及利益问题。利益既是政治共同体政治关系的基础,也是道德赖以产生发展的前提条件。由于政治与道德的性质、地位及作用不同,分属于两个不同领域的集体主义也就有着差异。同是作为规范,政治上的集体主义是一种制度化的规范要求,反映了"人民共同体的意志"[4],正是这种公意"才能够按照国家创制的目的,即公共幸福,来指导国家的各种力量"[4](35)。从制约性来说,政治集体主义具有一定的强制性,且是必须服从式的,最终的落实依赖于政治组织对人们的行政命令,一定意义上重过程高于重结果。道德的集体主义则是源于社会共同体发展过程中利益关系解决的内在需要,在人们长期实践过程中积累形成,通过言传身教、舆论宣传等方式,以社会成员的自觉把握,达到一种自律状态而得以最终实现。这种强制与非强制、服从与自觉、外在与内在的差异性,使得我们认识政治的集体主义和道德的集体主义就不能用同一标准和尺度加以衡量。

在计划经济时代,我们对集体主义的认识恰恰是没有看到其在政治与道德上的区别,而且大多是从政治的意义上来理解和把握集体主义的,从而造成了集体主义实现过程中的强制、片面,甚至采取了极端形式。看似在一定时期集体主义价值观得到了弘扬,人们也以其为行为准则,但是处于被动接受或者是处于工具性目的的状态的人们,对于集体主义的认识和服从还只是一种浅表层的,并没有真正作为内心的道德法则加以实现的。一旦有了张扬个性或实现个人利益的时机,人们就不再忍受所谓的集体主义的束缚,使集体主义失去一定话语权。尽管我们还可以从政治的角度强力推行集体主义,但是其终究只能作为一种外在的规范要求,无法让人们做到真诚地信服。

对于这一点,我们也不能指责集体主义是霸道或独断专行,或认为是对个人利益的侵害,而是需要一种客观的视角。只有当我们站在"超然于关于纯粹个人的愿望与利益的立场时,客观性也同样能使我们孕育新的动机"[5]。任何道德的实现都需要依靠各种社会力量的合力,集体主义当然是如此。它需要借助政治、法律等手段为自己开辟道路,奠定有力的前提条件。只要不是改变集体主义的道德属性,或者说集体主义能够保持在一个正确合理的范畴内,其实现手段与目的保持统一性,那我们就不能否认政治集体主义存在的必然性及其与道德集体主义的内在联系。这里并不是为以往用集体主义的政治形式取代道德手段辩护,而是希冀从不同的角度对道德的集体主义实现进行更加全面系统的诠释,当然集体主义毕竟是道德范畴,它的最终落实是人们由对立到逐步接受的认同,成为自己内在信念的过程。在这一过程中,各种社会因素的相互作用带来了集体主义的实现。

当下社会多元文化的存在也在消解着集体主义话语权的影响力。随着改革开放的不断深入,一些外来文化以及传统文化中的糟粕不断危害着人们的精神世界,有些人分不清优劣,选择了错误的价值观。市场经济的趋利性使有的人唯利是图,甚至为了个人利益而违背人世间的一切法律、道德的要求,不惜出卖国格、人格;由于西方文化的渗入,有的人感觉个人主义有利于个性张扬,逐渐产生了不顾国家利益、他人利益,一切以自我为中心的价值观;也有的人错误地把民主当作一切都是自己做主,宣扬无政府主义,唯个人主观意志而行事。这些现象在一定程度上混淆了人们的价值思想,使其看不清当下社会对集体主义价值观的新要求,认识不到文化的"一"和"多"的关系,片面地把西方的一些文化奉为至宝,以极端利己主义取代集体主义。这些现象对集体主义的话语权形成了严峻的挑战,一定意义上也制约了集体主义的实现。实际上,一个社会需要有多元文化的存在以激活整个社会文化的发展,但是一个社会又必须形成占据主流地位的价值观念。在当下社会主义现代化的进程中,需要确立集体主义的价值观以引领社会思潮。而且可以说,任何一个社会、一个国家的话语体系都有一个"一"和"多"的问题,但是最终的"多"都只是一种形式,或者说是

"一"的附属物。当今的价值思想也只有集体主义价值观能够作为主流意识而起到核心作用,如果放纵了所谓的"多",让一些非社会主义思想盛行,人们的价值思想也会飘忽不定,失去正确的发展方向。

二、集体主义话语权重构的依据

任何思想意识话语权的大小首先取决于其自身话语体系的科学性。集体主义要主导、引领、介入社会道德问题,得到人们的认同和信任,一个首要的问题是确立科学的话语体系。亦即集体主义价值观话语权的重构要具有合理性、合法性,集体主义需要有其内在的张力。

首先,集体主义话语权重构的重要依据之一是,集体主义是否真正反映了当下社会主义现代化的实际需要。亦即集体主义是否具有科学性。任何思想要想征服人们或者赢得一定的市场,首先需要适合社会发展规律,能够对现实社会有一个正确的认识。人们的一切观念,"都是现实的反映——正确的或歪曲的反映"[6]。"原则只有在适合于自然界和历史的情况下才是正确的。"[6](38) 那么当下的社会现实是什么? 一般意义上,社会现实应该是各种社会因素、现象之间的内在、本质的必然联系,包括人们所面对的现实生活、物质世界、相互之间的关系等。在全面建成小康社会的社会主义现代化的过程中,我们面临西方强权在政治经济等方面的多重挤压,他们一直在对我们实施和平演变的战略,国内各种利益关系错综复杂,市场经济的负面影响扭曲着人们的价值观,使人们不能清醒地认识到我们到底要干什么。目前,重要的一环是为集体主义寻找其存在的科学依据,从而正本清源、厘清思路,坚定不移地坚持集体主义。

中国特色社会主义建设需要集体主义,理由有三。一是中国特色社会主义需要建构和谐有序的社会利益关系系统。这一系统的确立和建构不是自然而然的,而是需要遵循一定的道德规范制约和一定价值思想的协调。当前我国社会存在着多种价值观和道德规范,如实用主义、功利主义、极端利己主义和拜金主义等,它们都有一定的市场,削弱着社会主义、集体主义话语权的影响,但它们都不能成为中国特色社会主义的价值指导思想。主要原因在于这些思想不仅扭曲着社会的价值观念,扰乱人们对社会主义集体主义的认同心理,而且导致社会利益关系的对立冲突,消弭正确价值观念对人们的指导,长期下去就会使个人成为"封闭于自身、私人利益、私人任性、同时脱离社会整体的个人的人"[7]。

二是全面建成小康社会是我们当前工作的奋斗目标,也是广大人民群众的根本利益、共同利益所在,同时又是实现不同主体利益诉求的出发点和关键点。因此,要以科学的价值观为引领,指导人们正确地处理好根本利益与一般利益、暂时利益与长远利益、全体利益与局部利益、共同利益与个人利益的关系。为什么与集体主义相对立的个人主义不能作为我们的道德原则,集体主义比个人主义优越在什么方面,其闪光点在哪里? 我们要实行集体主义,而不以个人主义为指导,其根本原因就在于集体主义是对现实社会利益关系的真实反映,也是能够指导人们解决问题的一种科学原则。"马克思学说具有无限力量,就是因为它正确。它完备而严密,它给人们提供了""完整的世界观"[8]。社会生活中的各种利益关系的处理是较为复杂的,是从大局、整体利益出发,还是以个人利益为标准,体现了人们的一种价值态度。集体主义是从集体利益出发解决各种利益冲突的,其中最为重要的是处理集体利益和个人利益的矛盾,目的在于使各种社会主体的利益得到最大限度的满足。尽管现实生活中人们对集体主义有这样那样的不理解,但是科学的集体主义价值观能够指引人们获得较大的利益满足,这一点是毋庸置疑的。极端个人主义终究会带来个性的恶性膨胀,妨碍大家共同利益的实现,也会使个人利益不能全面实现。

三是集体主义价值观的积极意义已为社会历史发展所证明。在长期的社会主义革命和社会主义建设过程中,集体主义作为道德原则指导人们处理相互之间的利益关系,尽管受特定时期的限制,对国家利益、人民的根本利益关注得多一些。同时我们也应该看到,处于特定历史阶段人们的自我牺牲大一些,甚至付出了较大的代价,但是需要分清缘由和后期的补偿。当社会发展到一定历史阶段,在社会整体利益、国家利益和个人利益发生冲突时,需要个人利益做出一定让步,而且没有自我牺牲,就不能换来集体利益和个人利益之间的和谐,也不能使个人利益得到满足。这种情况下就需要以国家利益为重,个人利益做出适当让步。"共同利益就是自私利益的交换。一般利益就是各种自私利益的一般性。"[9] 因此,集体主义进行适当调整就显得十分必要,而且没有集体主义的指导,社会主义发展过程中的社会利益关系就不能得以较好地协调。

由此说,集体主义话语权的重构,就需要给予集体主义具有时代性、符合社会发展的科学界定;就要科学地解释集体主义是什么、为什么、它的价值怎么样等一系列的问题,要让人们知道我们宣传的集体主义是一种科学的价值观,能够指导人们带来利益的满足。也就是说,集体主义能够为人民群众所接受,就应该站在历史的潮头,引领人们正确处理现实利益关系。

其次,集体主义话语权必须有坚实的利益基础。即集体主义是代表了哪部分人的利益,或能够反映谁的利益诉求。以往对于集体主义利益基础也有过或这样或那样的解释,但是人们恐怕更多的是认定实行集体主义就会损害个人利益。以往的集体主义有些过空、过激,甚至忽视或严重伤害了个人利益。因此,要重新获得人们的认可,集体主义就必须建立在广大人民群众的根本利益的基础上。在道德的视域中,集体主义是有关集体利益与个人利益关系的价值体系,从集体利益出发,对集体利益和个人利益及其相互关系的有机统一做了较为清晰的界定。因为"私人利益本身已经是社会所决定的利益,而且只有在社会所设定的条件下并使用社会所提供的手段,才能达到"[9](106)。这一点在我国社会发展的历程中已经显现出重要性。同时又要关心个人利益,最大限度地满足个人利益以及人们的物质文化需要。这也是中国特色社会主义建设的目的。因而,实现集体利益和个人利益的有机结合是集体主义的根本任务和核心内容,也只有解决好这一问题,集体利益与个人利益才能得到最大限度的满足。因为在集体利益和个人利益对立或发生矛盾的情况下,双方利益都不可能得到满足。就此说,集体主义绝不是否定个人利益,而恰恰是为了更好地去实现人们的个人利益。人民群众只有明确了集体主义的实质,在情感上产生了认同,才会在行动中心甘情愿地去服从。因此,清晰地、明确无误地把集体主义的目的、要求及其价值向人们解释清楚是十分重要的。

实际上,当下现实生活中依然有着集体利益和个人利益的关系,只不过是集体利益的代表者国家通过一定形式对社会进行宏观调控,一定意义上国家调控的是利益主体之间的关系,国家与个人之间的联系应该是直接的,而没有了以往的中间环节,国家对个人利益的关注和满足往往是直接以一定方式进行的,而个人也需要对国家承担相应的责任。现实社会发展要求人们在处理各种利益关系时仍然坚持集体主义。其在于国家利益的实现需要国民个体齐心协力,而每个个人利益的最大化同样需要集体和个人的共同努力,特别是不能离开集体或国家的坚强支撑和调谐。一定意义上,人们的个体主体性提升了,集体的活力和包容性增强了,二者的利益关系就会和谐。人们也就使自己成为"自己的社会结合的主人","成为自身的主人——自由的人"[2](817)。

也许有人要问,现阶段为什么还是需要坚持集体利益的至上性? 在集体利益与个人利益的关系中,一般意义上二者是平等的。其在于关系中的双方或多方都有着平等的权利和义务,需要共同维系他们之间的关系。在此意义上参与关系的各方是没有特权的。在相互关系中,集体与个人是平等的,但又是有着一定差异的。主要在于他们在地位、作用等方面是不同的,集体利益的地位、性质作用等方面是要优于个人利益的。一旦个人组成了集体,集体就有着个人所没有的新质,其作用力是一个个的个人所没有的。"把个人互相联结起来的共同体的力量就必定越大。"[9](107)因而需要保证集体的至上地位,个人利益要服从集体利益。当然这并不是说个人利益不重要,个人利益的作用也是集体利益所不具备的。个人利益的满足也是集体利益实现的前提,注重集体利益同样也需要认识到个人利益的意义和价值。

那么,现实生活中个人需不需要为集体做出自我牺牲? 集体主义要求个人在一定条件下做出一定的让步或牺牲,其在于个人如果不能做出必要的自我牺牲,不仅会损害集体利益,而且也会使个人利益得不到最大限度的满足。一定意义上，个人的自我牺牲能够换来集体利益与个人利益的和谐，能够换来的是正能量，这种自我牺牲是值得的。因此，人们的自我牺牲是必要的。尤其是当集体利益和个人利益发生矛盾，而且需要由个人作为矛盾解决的主要方面时，个人就不能仅仅强调个人利益的重要，而放弃自己责任的履行。当然，自我牺牲必须有一定的前提或条件。个人的牺牲不是刻意的安排，更不是一直都必须延续下去的。不能主观随意地剥夺个人应有的利益实现权利，或任意地挥霍个人自我牺牲的价值。自我牺牲是一种集体和个人的共同需要，也是有尊严的，需要慎重，其价值必须是得到升华的。

对集体主义的利益基础需要从理论上讲清楚，主要是人民群众需要社会形成一个能够适应社会发展要求，充分代表自身利益，且能够作为社会主流的价值体系，我们不能让人民群众去遵循一个自己都不明白对错的所谓的社会道德原则。因为"群众对这样或那样的目的究竟'关怀'到什么程度，这些目的'唤起了'群众多少'热情'"[10]，这是我们重构集体主义话语权的前提之一。

再次，确立集体主义的话语标准问题。也就是说，集体主义是以什么样的利益为出发点和归宿的问题。也许有人会说，集体主义当然是以集体利益为衡量尺度。实际上不能如此简单地回答。因为集体主义作为一种道德原则，面临着三方面的利益问题，即集体利益、个人利益、集体利益和个人利益的统一，三方面都有一个地位和实现的问题。所谓地位是指它们在社会各种利益关系中处于核心、主导或其他位置及其轻重。实现则是指个人和集体在各种利益关系处理中对对方、对自己责任、对二者关系的责任及其价值大小，它们满足自身利益所采取的手段及对对方利益实现的态度等。那么集体主义到底是以什么作为自己的立论基础呢？这就是要以广大人民群众的根本利益为最高标准，以集体利益和个人利益的结合为目的，而不能仅仅是为了集体或为了个人。在最终的意义上，集体主义就是要指导人们通过处理集体利益和个人利益的关系而实现自己利益的满足。

或许人们可以说，人民群众的根本利益就是集体利益。这在一定意义上是对的,但又不能把二者画等号。因为人民群众的根本利益是集体利益的核心,但不是全部。一般情况下,集体利益应该作为集体主义的依据,因为与个人利益相比较,集体利益是更为重要的。因此,集体主义以集体利益作为衡量标准是有一定道理的,但是并不能以此作为总是或永远如此的标准。其主要在于,集体利益和个人利益是一对矛盾体,解决二者的矛盾不应以其中的一方利益为标准。虽然集体在二者关系中的作用更为重要些,且可以作为个人利益的代表,但是当二者产生矛盾时,集体与个人的关系就会发生变异,如果这时还是以集体利益或个人利益为衡量尺度,就会加大二者的对立冲突。另者,在个人利益需要满足且这一实现成为集体利益和个人利益关系的第一推动力时,又需要以谁的利益为标准? 在此意义上,集体利益和个人利益均不能作为集体主义的根本标准,衡量尺度只能是集体利益和个人利益的和谐程度。二者的和谐,对于集体和个人来说既是他们的责任,又是对其活动和行为的规范要求。集体利益和个人利益有矛盾并不可怕,重要的是我们能不能有效地分析其中存在的原因和找出解决问题的举措。只有在不断地相互适应、产生矛盾、解决矛盾、达到相互和谐的发展过程中,集体和个人的关系才能正常发展,集体主义的话语权才能得以不断提升。

因此,集体主义话语权的标准是现实的、具体的、历史的。我们既不能固定化,又不能采取相对主义的态度。从总体上来说,我们要坚持集体利益的至上性,以保证广大人民群众根本利益的实现,同时,又必须根据不同情况解决实际问题。

三、集体主义话语权重构的方法论

集体主义话语权的重构不仅是十分复杂的系统工程,而且也是一个长期的不断发展的历史任务。要实现这一目标,作为集体的表现形式——国家需要承担自己的责任,每一个个体也要履行相应的义务。

集体主义要赢得人民群众的认同并转化为自己行为的准则,首先,必须使人们明确集体主义的价值,消除思想上的抵触和对立情绪。也就是要使每一个人明确,集体主义不是对个人利益的一种压制,更不是一种压榨和剥夺,其目的在于通过更好地强化集体利益和个人利益的结合,使集体利益和个人利益都能得到最大限度的满足,每个人的利益与集体主义的实现是息息相关的。因而,就要使人民群众真正了解集体主义,在理论上不仅阐明集体主义的科学性、先进性,更要讲清楚集体主义的内在实质和社会价值,分清集体主义和其他非社会主义思想的区别;在实践上使集体主义成为人们的行为指南,有效地实现人们利益的满足。这种行为导向不是一种强迫式的接受,而是人们自觉自愿的选择。当然,使人们对集体主义从自发到自觉,再到自由地把握,是集体主义慢慢渗透的过程,是在潜移默化中让人们逐渐地由不知、知之甚少到理性认识、由少数人到多数人明确,又不是纯粹地从理论到理论,而是从理论到实践,又从实践回到理论的循环往复。这也不是庸俗的,仅仅迎合人们现实的利益满足,而是使人们的价值观不断升华。其目的在于把集体主义作为一种理念,不断地使每个人真正从思想上认同集体主义的要求,逐渐转化成内在信念,并指导自身的行为。同时,这也是集体主义同各种非社会主义思想的斗争过程,使人们认同集体主义而消除其他价值观的影响。伦理意义上的其他价值观只能带来各种利益关系的混乱。个人主义价值观看似有利于个人利益的实现,但是大家都以个人利益为本位,势必要引发人们利益的严重冲突,所谓利益的实现只能是部分人或利益集团得以满足,而大多数人的个人利益或个人依赖的基础——集体利益却无法实现。

其次,努力实现集体利益和个人利益的辩证统一。个人利益和集体利益相互依存、相互作用、相辅相成。坚持集体利益高于个人利益,同时要兼顾个人利益的满足。对此,我们既要承认集体利益和个人利益之间的差异,看到二者之间的不协调性,又要认识到集体利益和个人利益之间的一致性、相互性。目的在于"既使个人达到自由,而同时又使别人得到关心和尊重,并使社会得到建筑在结合上而不是建筑在强制上的稳定性"[11]。对于二者之间的矛盾不能回避,因为这也是客观存在的。关键是我们要找出问题的根本所在及其背后的原因。这里要注意三方面的问题。一是不能一味地把问题的原因归于个人。集体利益和个人利益发生对立和冲突是必然的,因为只要是一对关系就必然有差异,只有存在差异的双方或多方才能结成相互的关系,完全相同的事物、现象是没有对立的因子的。而且当处于关系中的各方发生矛盾时,原因应该是多方面的。就集体利益和个人利益来说,个人可以是二者关系发生对立的根源,主要是个人太过于关注自身利益的满足,忽视或者损坏集体利益的实现,都可能导致个人利益和集体利益矛盾的产生。同时,二者矛盾的形成,也有集体的问题。如当集体不能很好地处理与个人的利益关系、集体不能代表个人利益、集体利益的实现超出了大多数个人承载的能力时,也会使集体利益和个人利益相对立。而且也可能是双方都不能正确认识二者的关系,也会使其产生冲突。由此,在分析集体利益和个人利益的问题时,对存在问题的原因要有一个正确把握,不能过于简单化。

二是集体利益和个人利益矛盾的解决需要双方的共同努力。亦即集体和个人都需要承担二者关系和谐的责任。集体利益和个人利益矛盾的产生有着多方面的因素,那么要解决它就需要依赖各方面的条件,其中集体和个人都必须为之担负一定的义务。以往人们总认为,解决集体利益和个人利益矛盾的主要责任在于个人,但是忘记了二者矛盾产生的根源及集体和个人是一对关系中的两个方面。既然集体和个人都是二者冲突的主要因素,那么要解决他们之间的矛盾就离不开当事者。如果只要求其中的个人担当矛盾解决主体,就会出现三种情况。其一,弱化集体的责任。个人需要为双方矛盾的解决做出一定的努力,但是集体在二者矛盾解决过程中的作用是什么? 如果集体不能为矛盾解决承担相应责任,那集体又如何处理与个人的相互关系? 集体作为社会的主体之一,当然要承担相应的历史使命。因为"这个任务是由于你的需要及其与现存世界的联系而产生的"[1](329)。其二,个人不能单独解决与集体产生的矛盾。主要是在于个人需要与集体相互合作,才能处理相互间发生的冲突。因为个人在与集体关系中的地位、作用受到自身条件的限制,既没有宏观把握全局的能力,更缺乏解决问题的能力。马克思认为自由人联合体,也可为集体"是个人的这样一种联合","这种联合把个人的自由发展和运动的条件置于他们的控制之下"[1](85)。"各个个人在自己的联合中并通过这种联合获得自由。"[1](84)实际上也说明了集体与个人之间的相互作用,集体需要对个人的作用给予一定的支持与协调。所以说由集体的原因所产生的矛盾,仅仅依靠个人的力量是达不到的。其三,使集体和个人之间产生新的矛盾。个人应该是解决他与集体矛盾的承担者,这是毫无疑义的。但是如果只是由个人担负主体职责,实际就会造成在与集体的关系中个人只是付出,而没有任何自己权利的保障可言。因为人们发现个人在与集体的关系中,个人总是处于弱势地位,需要做出让步的、担负职责的非个人莫属。如果是一时的或处于某一阶段,个人的付出是必要的,但如果是长久的,个人的积极性和自觉性就会受到伤害,就会对集体产生不信任感。因此,忽略个人需求和利益的做法是错误的。

三是集体利益和个人利益矛盾的解决需要有一种实实在在的精神。集体主义不仅是根本原则,而且存在于整个社会利益关系的处理过程中,要坚持"工具理性"和"价值理性"的有机统一。集体主义价值观的实现需要我们做点扎实的工作,集体要关心个人利益的满足状况,主动了解人民群众的个人需求,关心其痛痒,询问他们日常生活的方方面面,保证他们的正当利益的满足,让每一个社会成员都能充分地享受到为集体利益和个人利益结合做出贡献产生的喜悦,以及集体主义实现带来的成果,不能随意损害个人利益,更不能主观制造集体利益和个人利益关系的紧张或矛盾。还要启迪人民群众的自身主动性,使他们自觉地积极投入到以集体主义为指导的各种利益关系处理的实践中去。同时,也要对广大群众进行集体主义教育,使他们认识到维护集体利益和个人利益关系的和谐也是自己的责任,个人利益需要满足,集体利益也必须得到实现,个人需要为集体利益履行相应的责任,尤其是在二者发生矛盾的时候,集体和个人都需要为之做出努力。

再次,实现集体主义价值观的价值转化。集体主义既是学理上的要求,也是实践层面的价值操作。集体主义作为社会主义道德基本原则,是一种社会意识,是一种精神层面的规范要求,要真正发挥作用还需变为群众手里的思想武器。也就是说,集体主义需要从生活中来,又要回到生活中去。要让广大群众不仅明确集体主义的科学实质,而且能够落实在行动中,渗透在生活的方方面面。如果只是停留在面上的宣传教育,那集体主义就会成为空中楼阁。因此,集体主义的实现需要与广大人民群众的实际相联系,要接地气,要从客观实际出发,与社会主义现代化建设的实践相连接,与人民群众的现实道德水平相联系,科学地探究社会主义现代化建设面临的新问题、新情况。做好集体主义价值观的建构,既要有合理的规划和设计,更需要有科学的操作过程和实践能动性的发挥,以增强集体主义价值观培育的实效性,从而使集体主义的落实有序、规范。

实现集体主义价值观的价值转化,需要特别关注几方面。一是实现集体和个人的相互转化。"个别一定与一般相连而存在。一般只能在个别中存在,只能通过个别而存在。"[8](558)集体主义的形成发展完善也是如此。集体主义是对人们关于集体利益和个人利益关系认识的总结和概括,同时又作为社会要求对人们的行为加以约制。正是在集体和个人的交互作用中,实现集体主义话语权的确立。二是由理论到实践的转化。人们对集体主义的把握不只是停留在认知的层面上,而是要作为行为规则运用于人们的社会实践。道德是一种实践精神,它通过指导人们的行为实现自身的价值。而且集体主义只有真正与人们的生活实践紧密地结合在一起,才能够为人们所熟知、认同。三是由外在价值向内在价值的转化。亦即由他律到自律的转化。集体主义话语权的重构,从道德的层面不再是仅仅依靠社会外在的约束,或只是用政治等手段为集体主义的传播鸣锣开道,而是需要通过启迪人们的道德自觉性,使集体主义不再只是作为社会层面的道德要求,而且成为社会成员个人的内在道德信念。"自律性是道德的唯一原则。"[12]集体主义只有实现了由外到内的转化,才能真正提升其话语权,成为一种普遍的道德法则。"事实上,自由王国只是在由必需和外在的目的规定要做的劳动终止的地方才开始。"[13]

参考文献：

[1] 马克思,恩格斯.马克思恩格斯全集:第3卷[M].北京:人民出版社,1960:544.

[2] 马克思,恩格斯.马克思恩格斯选集:第3卷[M].北京:人民出版社,1995:435.

[3] 〔美〕约翰·罗尔斯.正义论[M].何怀宏,何包钢,廖申白,译.北京:中国社会科学出版社,1988:57.

[4] 〔法〕卢梭.社会契约论[M].何兆武,译.北京:商务印书馆,1980:36.

[5] 〔美〕托马斯·内格尔.本然的观点[M].贾可春,译.北京:中国人民大学出版社,2010:6-7.

[6] 马克思,恩格斯.马克思恩格斯全集:第20卷[M].北京:人民出版社,1971:661.

[7] 马克思,恩格斯.马克思恩格斯全集:第1卷[M].北京:人民出版社,1956:439.

[8] 列宁.列宁选集:第2卷[M].北京:人民出版社,1995:309.

[9] 马克思,恩格斯.马克思恩格斯全集:第30卷[M].北京:人民出版社,1995:199.

[10] 马克思,恩格斯.马克思恩格斯全集:第2卷[M].北京:人民出版社,1957:103.

[11] 〔美〕杜威.自由与文化[M].傅统先,译.北京:商务印书馆,2013:138.

[12] 〔德〕康德.道德形而上学原理[M].苗力田,译.上海:上海人民出版社,1986:94.

[13] 马克思,恩格斯.马克思恩格斯全集:第25卷[M].北京:人民出版社,1974:926.

（马永庆,山东师范大学教授、博士生导师;本文发表于2016年第4期）

培养担当民族复兴大任的时代新人

——党的十九大报告关于社会主义核心价值观的重要论述

戴木才

摘　要　习近平总书记在党的十九大报告中指出："要以培养担当民族复兴大任的时代新人为着眼点，强化教育引导、实践养成、制度保障，发挥社会主义核心价值观对国民教育、精神文明创建、精神文化产品创作生产传播的引领作用，把社会主义核心价值观融入社会发展各方面，转化为人们的情感认同和行为习惯。""以培养担当民族复兴大任的时代新人为着眼点"这一重要论断，与中国特色社会主义进入新时代、提出新任务新要求相适应，为培育和践行社会主义核心价值观提供了新的重要遵循。

一、注重培育"时代新人"是我们党的一贯传统

教育为谁培养人、为谁服务，培养什么样的人，怎样培养人，是教育中一个带有根本性和全局性的重大问题，它是确定教育事业发展方向，指导整个教育事业发展的战略原则和行动纲领。一定社会发展阶段的教育，总是与这一发展阶段的经济、政治和文化有着不可分割的联系，尤其是与一定社会发展阶段的目标紧密联系。因此，在不同的历史时期或者相同的历史时期，因需要不同，对"为谁培养人、为谁服务，培养什么样

的人,怎样培养人"这一重大问题强调某个方面也可能不同,表述也会有所不同。

高度重视教育"为谁培养人、为谁服务,培养什么样的人,怎样培养人"这一重大问题,是中华人民共和国建立后我们党治国理政的一贯传统。中华人民共和国建立后,我们党明确提出了"教育为无产阶级的政治服务,教育与生产劳动相结合";教育的目的,是培养德智体美劳全面发展的、有社会主义觉悟的、有文化的劳动者。改革开放后,随着改革开放和我国社会主义现代化建设的发展,对人才素质的要求越来越高,对教育发展的要求也越来越高,党中央、国务院制定了科教兴国的发展战略,培养"四有"新人、全面提高民族素质,成为社会主义教育的根本目标和主要任务,明确要求教育要为建设有中国特色社会主义事业服务,培养德、智、体、美等全面发展的社会主义事业的建设者和接班人。党的十八大报告明确指出,要"坚持教育为社会主义现代化建设服务、为人民服务,把立德树人作为教育的根本任务,培养德智体美全面发展的社会主义建设者和接班人"。

正确认识时代责任和历史使命,是教育发展和人才培养的重要思想基础。党的十九大立足我国全面建成小康社会,放眼建设社会主义现代化强国、实现中华民族伟大复兴的蓝图愿景,明确提出了到 2035 年要基本实现现代化,到 2050 年要全面实现现代化的战略目标。这是中国特色社会主义进入新时代的实践逻辑。基本实现和全面实现现代化、实现中华民族伟大复兴,对教育和人才的需要比以往任何时候都更加迫切,对教育的发展和人才的渴求比以往任何时候都更加强烈。党的十九大提出"要以培养担当民族复兴大任的时代新人为着眼点",对培育什么样的"时代新人"做出了明确规定,赋予了当今中国教育的时代责任和历史使命,要求当今中国的教育必须适应中国特色社会主义进入新时代的新形势、新任务、新需要,坚持正确政治方向,坚持为巩固和发展中国特色社会主义制度服务、为改革开放和建设社会主义现代化强国服务。

二、"担当民族复兴大任"回答了培养"什么人"的根本问题

教育肩负着培养德智体美全面发展的社会主义事业建设者和接班人的重大任务。能否培养出中国特色社会主义事业的合格建设者和可靠接班人,是检验我国教育是否合格的根本标准。习近平总书记在高校思想政治工作会议上曾形象地指出:"一旦在办学方向上走错了,在培养人的问题上走偏了,那就像一株歪脖子树,无论如何都长不成参天大树。"教育和人才,是一个国家的核心竞争力和软实力。教育兴则人才兴,教育强则国家强。因此,我国教育最重要的,就是适应中国特色社会主义在不同社会发展阶段的需要,解决好培养什么样的人、怎样培养人的根本问题。

党的十九大报告明确提出"要以培养担当民族复兴大任的时代新人为着眼点",深刻回答了"培养什么人、如何培养人"这一根本问题。中国特色社会主义进入新时代,要"培育什么样的人"呢? 就是要"培养担当民族复兴大任的时代新人",要把"培养担当民族复兴大任的时代新人"熔铸于社会主义核心价值观的培育和践行之中,要"强化教育引导、实践养成、制度保障,发挥社会主义核心价值观对国民教育、精神文明创建、精神文化产品创作生产传播的引领作用,把社会主义核心价值观融入社会发展各方面,转化为人们的情感认同和行为习惯"。也就是说,要培养勇于担当民族复兴大任、做基本实现和全面实现社会主义现代化强国的合格建设者和卓越贡献者。这是中国特色社会主义新时代培育和践行社会主义核心价值观新的重要遵循。

"担当民族复兴大任"是凝聚中国特色社会主义新时代价值共识的"最大公约数"。习近平同志曾深刻指出:"我国是一个有着13亿多人口、56个民族的大国,确立反映全国各族人民共同认同的价值观'最大公约数',使全体人民同心同德、团结奋进,关乎国家前途命运,关乎人民幸福安康。"建设社会主义现代化强国、实现中华民族伟大复兴,需要能够引领、团结、凝聚十几亿人共同奋斗的精神旗帜、思想指南、文化导向和道德

基础。社会主义核心价值观是当代中国精神的集中体现,凝结着全体人民共同的价值追求,"担当民族复兴大任"就是反映全国各族人民共同认同的价值观的"最大公约数"。

"担当民族复兴大任"是当代中国精神的核心内涵。中国特色社会主义进入新时代,基本实现和全面实现现代化、实现中华民族伟大复兴,意味着我们党向全党全军全国各族人民发出了要实现中华民族"强起来"的动员令和宣言书,意味着我们党开启了中华民族从站起来、富起来到"强起来"的新征程,意味着我国将实现从站起来、富起来到"强起来"的伟大飞跃。中国特色社会主义进入新时代,实现伟大梦想,推进伟大事业,需要培育"时代新人"。"时代新人"不仅是社会主义核心价值观的践行者,更是社会主义核心价值观的创造者。"培养担当民族复兴大任的时代新人",科学地规定了"时代新人"的基本内涵是具备"当代中国精神",核心内涵是"担当民族复兴大任"。

三、将"担当民族复兴大任"融入社会主义核心价值观的培育和践行

"培养担当民族复兴大任的时代新人",深刻回答了"培育什么人、怎样培育人"的根本问题。中国特色社会主义进入新时代,未来30年我国将进入到基本实现和全面实现社会主义现代化强国、实现中华民族伟大复兴的历史时期,党的十九大指明了中国特色社会主义新时代的前进方向和奋斗目标,描绘了人民幸福、国家富强、民族复兴的美好蓝图,在全社会引起强烈反响。将"担当民族复兴大任"融入社会主义核心价值观培育和践行,对于建设社会主义现代化强国、实现中华民族伟大复兴具有特殊而重要的意义,二者有着密不可分的内在联系,并有机统一于新时代中国特色社会主义的伟大实践。

"担当民族复兴大任"极大地增强了社会主义核心价值观的吸引力、凝聚力。实现中华民族伟大复兴,建设富强民主文明和谐美丽的社会主义现代化强国,是鸦片战争以来中华民族最伟大的梦想,是中华民族的最高

利益和根本利益。今天,我们 13 亿多人的一切奋斗,归根到底都是为了实现这一伟大目标。社会主义核心价值观的阐释和宣传,要与实现中华民族伟大复兴紧密结合起来。"担当民族复兴大任"意味着中国人民和中华民族的价值体认和价值追求,意味着为全面建成小康社会、基本实现和全面实现社会主义现代化强国做出应有的贡献,意味着每一个人都能在为之奋斗中实现自己的梦想,意味着中华民族将为人类和平发展做出更大贡献。

"担当民族复兴大任"是中国特色社会主义新时代社会主义核心价值观的价值体认。"培养担当民族复兴大任的时代新人",是由中国特色社会主义新时代的发展目标所决定的,是由基本实现和全面实现社会主义现代化强国、实现中华民族伟大复兴的发展要求所决定的。中国特色社会主义进入新时代,必须用建设社会主义现代化强国、实现中华民族伟大复兴激扬每个中华儿女的人生理想和人生价值,激励受教育者自觉把个人的理想追求融入国家和民族的事业中,勇于担当民族复兴大任,勇做走在时代前列的奋进者、开拓者,做基本实现和全面实现社会主义现代化强国的合格建设者和卓越贡献者。

四、把"担当民族复兴大任"融入国民教育全过程

一个时代有一个时代的责任和历史使命。时代责任和历史使命,只有转化为每个人的价值追求和理想信念,才可能融入现实的社会发展进程中。人不学,不知义。做什么人,立什么志,具备什么样的道德素养,拥有什么样的世界观、人生观和价值观,教育是关键。"担当民族复兴大任"是国家大义、民族大义、时代大义。"培养担当民族复兴大任的时代新人"是中国特色社会主义新时代国民教育的时代责任和历史使命,没有这样的价值观作为教育的主导,就不可能培育出社会主义现代化强国事业和中华民族伟大复兴事业的合格建设者和可靠接班人。

"培养担当民族复兴大任的时代新人",要求坚持从小抓起、从学校抓起。坚持育人为本、德育为先,围绕立德树人的根本任务,把"担当民族复

培养担当民族复兴大任的时代新人
——党的十九大报告关于社会主义核心价值观的重要论述

兴大任"纳入国民教育总体规划,贯穿于基础教育、高等教育、职业技术教育、成人教育各领域,落实到教育教学和管理服务各环节,覆盖到所有学校和受教育者,形成课堂教学、社会实践、校园文化多位一体的育人平台,不断完善中华优秀传统文化教育,形成爱学习、爱劳动、爱祖国活动的有效形式和长效机制,努力培养德智体美全面发展的社会主义现代化强国和实现中华民族伟大复兴的合格建设者和可靠接班人。

"培养担当民族复兴大任的时代新人",要求遵循教书育人的基本规律。中国特色社会主义新时代的教育,要注重引导中华儿女尤其是青少年学生正确认识世界发展大势和中国发展大势,从我们党探索中国特色社会主义的历史发展和伟大实践中,认识和把握人类社会发展的历史必然性,认识和把握中国特色社会主义进入新时代的历史必然性,不断树立为实现社会主义现代化强国、实现中华民族伟大复兴的共同理想;正确认识中国特色和世界发展形势,全面客观地认识当代中国、看待外部世界;正确认识时代责任和历史使命,把自我发展融入建设社会主义现代化强国、实现中华民族伟大复兴的实践洪流之中。

"以培养担当民族复兴大任的时代新人为着眼点",使社会主义核心价值观培育与践行更加入情入理、可亲可信、具体实在、深入人心,充满时代特点和生活气息。必须用建设社会主义现代化强国、实现中华民族伟大复兴鼓舞人心、凝聚共识,用社会主义核心价值观规范行为,形成全国上下同心同德、团结奋斗的磅礴力量。

（戴木才,清华大学高校德育研究中心、马克思主义学院教授、博士生导师;本文发表于 2017 年第 6 期）

十九大报告的伦理意蕴

杨义芹

摘　要　党的十九大报告内含丰富的伦理意蕴。习近平新时代中国特色社会主义思想是构建当代中国马克思主义伦理道德体系的指导思想,中国特色社会主义彰显制度正义,人民利益至上彰显时代大德,社会主义核心价值观彰显文化自信,人与自然和谐共生彰显生态文明,人类命运共同体彰显世界胸怀,全面从严治党彰显自我革命的道德自觉和道德勇气。

党的十九大报告通篇蕴含着新时代中国特色社会主义的至善追求,体现了以习近平同志为核心的中国共产党人以人民为中心的价值追求以及致力于构建人类命运共同体的大爱情怀。挖掘十九大报告蕴含的伦理道德价值,有助于进一步宣传十九大精神,加快构建中国特色、中国风格、中国气派、中国语言的伦理道德体系。

一、当代中国马克思主义伦理道德体系的指导思想和具体要求

党的十九大系统阐述了习近平新时代中国特色社会主义思想,并将其确立为全党的指导思想写入党章,这是十九大的最大特色和贡献。习近平新时代中国特色社会主义思想不仅成为构建当代中国马克思主义伦理道德体系的指导思想,而且其中蕴含的丰富内容应该成为中国特色社会主义

伦理道德的要求和规范。

首先,习近平新时代中国特色社会主义思想是构建当代中国马克思主义伦理道德体系的指导思想。理论的价值在于指导实践。习近平新时代中国特色社会主义思想,归根到底是为了回答和解决当代中国发展的重大实践问题。党的十八大以来,习近平总书记带领全党有力应对国内外复杂局面,在推进中国特色社会主义实践过程中形成了习近平新时代中国特色社会主义思想,它来源于实践,有着坚实的实践根据;又指导实践,具有行动指南的功能。构建当代中国的马克思主义伦理道德体系必须以习近平新时代中国特色社会主义思想为指导,坚持马克思主义的立场观点和方法,植根于中国特色社会主义现代化建设的伟大实践,契合新时代继承和发展优秀传统文化精髓,反映中国特色社会主义先进文化的要求。唯有如此,方能发挥伦理道德在新时代的作用。

其次,习近平新时代中国特色社会主义思想作为马克思主义中国化的最新成果,应该成为中国特色社会主义伦理要求和道德规范。习近平新时代中国特色社会主义思想的集中体现是"八个明确"和"十四个坚持",贯穿始终的核心要义是坚持和发展中国特色社会主义,其中蕴含的很多丰富内容,如坚持共产党的领导,树立共产主义的理想信念;坚持以人民为中心的思想,努力实现人的自由全面发展;坚持依法治国和以德治国相结合;坚持社会主义核心价值体系,更好构筑中国精神、中国价值、中国力量,为人民提供精神指引;坚持人与自然和谐共生,建设美丽中国;坚持正确义利观,树立共同、综合、合作、可持续的新安全观;坚持全面从严治党等,这些应该成为当代中国马克思主义伦理道德体系的内容和规范。

二、中国特色社会主义彰显制度正义

罗尔斯认为,正义是社会制度的首要德性,正如真理是思想体系的首要德性一样。然而,近代以来,西方政党是某一利益集团或某一阶层的代表,建基于政党竞选基础上的政治制度不可能实现真正意义上的公平正义。中国共产党以马克思主义为指导，以民族复兴和人民幸福为己任，团结带领中华民族实现了站起来、富起来，现在正在向建设世界强国迈进。党的十九大报告对我国所处的历史方位做出了新判断："经过长期努力，中国特色社会主义进入了新时代，这是我国发展新的历史方位。""大道之行，天下为公。"作为人类历史上最先进的社会制度，中国特色社会主义制度彰显的是公平正义的价值追求，公平正义是中国特色社会主义的内在要求和本质特征。实践证明，中国特色社会主义理论、制度、道路是实现中华民族伟大复兴的最佳选择。

在新时代，我们将更加强调共同富裕，从现在到2020年全面建成小康社会的决胜阶段，打好扶贫攻坚战，精准扶贫绝不丢掉一家一户一人，体现的是公平正义的价值追求；强调城乡之间、区域之间协调发展，突出抓重点、补短板、强弱项，体现的也是公平正义的价值追求；在发展中保障和改善民生，完善教育、医疗、卫生等公共服务体系，补齐民生短板，目的是让改革发展成果更多更公平地惠及全体人民，不断促进社会公平正义；在推进依法治国实践中，无论是加快社会主义法治文化建设，树立法律面前人人平等的法治理念，还是严格规范公正文明执法，深化司法体制综合配套改革，全面落实司法责任制，都是要努力让人民群众在每一个司法案件中感受到公平正义；加强和创新社会治理体系，保证全体人民在共建共享发展中有更多获得感、幸福感、安全感，体现的依然是公平正义的价值；就是在处理国际关系时，我们依然致力于推动建设相互尊重、公平正义、合作共赢的新型国际关系，推动构建人类命运共同体。

三、人民利益至上彰显时代大德

人民利益至上是习近平新时代中国特色社会主义思想的价值取向。虽然中国传统文化中即有重视民众的思想，但只有在社会主义制度下，人民才真正成为国家社会的主人；只有中国共产党才是真正代表人民利益的政党，中国共产党诞生以后，"中国人民谋求民族独立、人民解放和国家富强、人民幸福的斗争就有了主心骨,中国人民就从精神上由被动转为主动"[1]。

党的十九大报告中有多处阐释了"人民利益至上"的价值追求。一是强调共产党人的初心和使命就是为中国人民谋幸福,为中华民族谋复兴;党的一切工作必须以最广大人民根本利益为最高标准;在全面从严治党方面,"人民群众反对什么、痛恨什么,我们就要坚决防范和纠正什么",强调"关键问题是保持党同人民群众的血肉联系"。二是必须始终把人民利益摆在至高无上的地位,把增进民生福祉作为发展的根本目的,促进社会公平正义,让改革发展成果更多更公平地惠及全体人民,使人民获得感、幸福感、安全感更加充实、更有保障、更可持续,不断促进人的全面发展、全体人民共同富裕。"要坚持把人民群众的小事当作自己的大事,从人民群众关心的事情做起,从让人民群众满意的事情做起,带领人民不断创造美好生活!"[1](50)三是带领人民创造美好生活,是我们党始终不渝的奋斗目标。十九大报告提出新时代我国社会主要矛盾已经转化为人民日益增长的美好生活需要和不平衡不充分的发展之间的矛盾,把人民对美好生活的向往作为奋斗目标。在描绘未来三十年奋斗目标时,每一步都强调人民的利益,都是为了满足人民需要:到 2020 年使全面建成小康社会得到人民认可、经得起历史检验;在此基础上再奋斗十五年基本实现现代化,人民平等参与、平等发展权利得到充分保障,人民生活更为宽裕,中等收入群体比例明显提高,全体人民共同富裕迈出坚实步伐;在基本实现现代化的基础上,再奋斗十五年,到 21 世纪中叶,把我国建成富强民主文明和谐美丽的社会主义现代化强国。到那时,"全体人民共同富裕基本实现,我国人民将享有更加幸福安康的生活"。四是强调共建共享。中国特色社会主义伟大事业要依靠人民创造历史伟业,"保证全体人民在共建共享发展中有更多获得感"。正像马克思所指出的那样:"创造这一切、拥有这一切并为这一切而斗争的,不是'历史',而正是人,现实的、活生生的人。"[2]五是强调我国社会主义民主是维护人民根本利益的最广泛、最真实、最管用的民主。发展社会主义民主政治就是要体现人民意志、保障人民权益、激发人民创造活力,用制度体系保障人民当家作主。

四、社会主义核心价值观彰显文化自信

中国特色社会主义文化是激励全党全国各族人民奋勇前进的强大精神力量,"文化自信是一个国家、一个民族发展中更基本、更深沉、更持久的力量"[1](23)。首先,党的十九大报告从三个层面强调理想信念。一是在全面从严治党的总要求中,强调"以坚定理想信念宗旨为根基",补足共产党员和领导干部的精神之"钙",要求"把坚定理想信念作为党的思想建设的首要任务,教育引导全党牢记党的宗旨,挺起共产党人的精神脊梁,解决好世界观、人生观、价值观这个'总开关'问题,自觉做共产主义远大理想和中国特色社会主义共同理想的坚定信仰者和忠实实践者"[1](63);二是从提高全国人民思想道德水平的角度,要求"广泛开展理想信念教育,深化中国特色社会主义和中国梦宣传教育,弘扬民族精神和时代精神,加强爱国主义、集体主义、社会主义教育,引导人们树立正确的历史观、民族观、国家观、文化观"[1](42-43);三是从培养担当民族复兴大任的时代新人的角度,号召广大青年坚定理想信念,心存高远。习近平总书记一直关心着青年的成长成才,对青年人寄予厚望。"青年兴则国家兴,青年强则国家强。青年一代有理想、有本领、有担当,国家就有前途,民族就有希望。"[1](70)

其次,培育和践行社会主义核心价值观。培育社会主义核心价值观,是文化强国的灵魂工程,是文化自信的引领和表现。一个民族的核心价值观是整个民族发展的根本价值导向。因此,"中国价值是中国精神的最高体现,也是中国精神的核心,社会主义核心价值观集中体现了新时代的中国价值,包括国家价值目标、社会价值理念、个人价值规范"[3]。党的十九大系统提出了培育和践行社会主义核心价值观的路径和要求。一要深入挖掘中华优秀传统文化资源,结合时代要求进行创造性转化和创新性发展。今天立足优秀传统文化资源,培育和践行社会主义核心价值观,就是要把脉中华文化基因,寻找古今通理。党的十八大以来,习近平总书记多次谈到继承和弘扬中华优秀传统文化问题,强调培育和弘扬社会主义核心

价值观必须立足中华优秀传统文化。2014年2月24日,习近平总书记在中共中央政治局第十三次集体学习时的讲话中谈道:"中华文化源远流长,积淀着中华民族最深层的精神追求,代表着中华民族独特的精神标识,为中华民族生生不息、发展壮大提供了丰厚滋养。中华传统美德是中华文化精髓,蕴含着丰富的思想道德资源。不忘本来才能开辟未来,善于继承才能更好创新。对历史文化特别是先人传承下来的价值理念和道德规范,要坚持古为今用、推陈出新,有鉴别地加以对待,有扬弃地予以继承,努力用中华民族创造的一切精神财富来以文化人、以文育人。""要讲清楚中华优秀传统文化的历史渊源、发展脉络、基本走向,讲清楚中华文化的独特创造、价值理念、鲜明特色,增强文化自信和价值观自信。"[4]二要开展广泛的宣传教育,既要将社会主义核心价值观贯穿国民教育的全过程,也要与精神文明创建活动、公民道德建设、精神文化产品的创作和传播紧密结合,融入其中,转化为人们的情感认同和行为习惯。社会主义核心价值观的培育贵在知行统一,认知是前提和基础,内心认同是关键,认同才能自觉践行。2013年12月中共中央办公厅印发的《关于培育和践行社会主义核心价值观的意见》,在第五部分"开展涵养社会主义核心价值观的实践活动"中指出,在实践层面,培育和践行社会主义核心价值观要与公民道德建设相结合,"接地气",以丰富多彩的公民道德建设活动载体为依托。三要以培养担当民族复兴大任的时代新人为着眼点,坚持全民行动、干部带头,从家庭做起,从娃娃抓起。人民群众是培育和践行社会主义核心价值观的主体,既要发挥他们的积极性和主动性,又要让他们在实践活动中受益,提高整体素质,净化社会环境。十九大报告遵循价值观形成的一般规律,强调干部带头,强调从娃娃抓起、以培育时代新人为着眼点。青少年是价值观形成的关键时期,而家庭是人生的第一个教育场,家长是孩子的第一任老师,家风家教对青少年价值观的培育至关重要。

五、人与自然和谐共生彰显生态文明

十九大报告首倡"人与自然是生命共同体",把"坚持人与自然和谐共生"作为新时代坚持和发展中国特色社会主义基本方略的重要内容,彰显了中国共产党坚持绿色发展,致力于改善人民生存和发展环境,积极建设生态文明的执政理念。"人与自然和谐共生"理念,既是对以儒家"天人合一""生生不息"与道家"天人一体""道法自然"诸观念为核心的中国古代生态思想的继承,更是基于中国现代化建设实际需要,是建设美丽中国的必然要求。只有当人类赖以生存的地球和宇宙获得了某种动态的平衡,人类的生存与发展才有可能,这也是"人与自然和谐共生"新理念的价值初衷[5]。

生态文明建设不仅是中华民族永续发展的千年大计,也是中国作为负责任的大国对世界的承诺。新时代生态文明建设是通过实现人与自然的和谐来促进人与人、人与社会关系的和谐,以实现人类的生产方式、生活方式、消费方式与自然生态系统相互协调,最终实现人类的可持续发展,其根本目的是实现人与自然和谐共生,使人类更加幸福。人与自然和谐共生是生态文明建设的本质特征。新时代生态文明建设应树立尊重自然、顺应自然、保护自然的生态文明理念,着眼于保护生态环境关系到人民的根本利益和中华民族的长远利益。因此,要像对待生命一样对待生态环境,努力形成绿色发展方式和生活方式,为人民创造良好的生产生活环境。中国共产党为解决全球生态问题一直在持续不断地努力,从积极促成《联合国气候变化框架公约》,到习近平同志出席气候变化巴黎大会签署《巴黎协定》,再到G20杭州峰会中国与其他国家达成共识要积极推动《巴黎协定》尽快生效,再到这次十九大报告提出"积极参与全球环境治理,落实减排承诺",努力为全球生态安全做出贡献。

六、人类命运共同体彰显世界胸怀和大爱

中国共产党是为中国人民谋幸福的政党,也是为人类进步事业而奋斗的政党。中国共产党始终把为人类做出新的更大贡献作为自己的使命。当今世界,人类正处在大发展大变革大调整时期,和平、发展、合作、共赢的时代潮流更加强劲;同时,人类也正处于一个挑战层出不穷、风险日益增多的时代。人类生活的关联前所未有,人类面临的全球性问题数量之多、规模之大、程度之深前所未有。地区冲突、经济危机、贸易保护、资本扩张、价值观渗透、军事对抗、恐怖主义等不安全因素仍然是人类未来发展所要面对和解决的矛盾。因此,如何从人类命运共同体的思维出发,推动世界各国共同参与全球治理,是未来人类社会发展的重大课题。党的十九大报告提出"坚持和平发展道路,推动构建人类命运共同体",将"坚持推动构建人类命运共同体"作为必须坚持的基本方略之一。这是中国共产党面对充满不确定性的当今世界,面对对未来既寄予期待又感到困惑的世界人民给出的中国方案,这是中国信心、中国智慧的重要体现。

在人类命运共同体中,每一个国家作为伦理主体都应该树立自身的伦理意识,坚守国际秩序和规范就构成人类命运共同体的伦理原则。因此,我们提出的人类命运共同体遵循着公平正义的原则,尊重各国人民自主选择的权利,构建国与国之间合作共赢、平等互利的关系。我们倡导的"建设持久和平、普遍安全、共同繁荣、开放包容、清洁美丽的世界";"尊重世界文明多样性,以文明交流超越文明隔阂、文明互鉴超越文明冲突、文明共存超越文明优越";"坚持环境友好,合作应对气候变化,保护好人类赖以生存的地球家园";"共商共建共享的全球治理观"等,不仅体现了中国继续发挥负责任大国的作用,更是彰显着中国共产党的世界胸怀和大爱的伦理原则。

七、全面从严治党彰显自我革命的道德自觉

中国特色社会主义最本质的特征是中国共产党领导,中国特色社会主义制度的最大优势是中国共产党领导,党是最高政治领导力量,"党政军民学,东西南北中,党是领导一切的"[1](20)。党的十九大报告高度重视党的建设,将我们党正在深入推进的党的建设称为"新的伟大工程",明确提出新时代党的建设总要求,强调"全面从严治党永远在路上"。

首先,坚持和完善党的领导,全方位提高党的执政能力,表明中国共产党自我完善、自我提高的品质和道德自觉。打铁还需自身硬,中国共产党要坚持长期执政,必须提高执政能力建设,进行新的伟大工程。"我们党要始终成为时代先锋、民族脊梁,始终成为马克思主义执政党,自身必须始终过硬。"[1](16)以习近平同志为核心的党中央对于我们党面临的复杂环境以及执政考验、改革开放考验、市场经济考验、外部环境考验的长期性和复杂性有着清醒的认识,居安思危,全面推进党的政治建设、思想建设、组织建设、作风建设、纪律建设,把制度建设贯穿其中。这是中国共产党人的自我完善、自我提高,显示了共产党人的道德自觉。

其次,深入推进反腐败斗争,保持党的先进性和纯洁性,显示共产党人勇于自我革命的勇气和品格。人心向背定成败,以人民为中心构建新型的党群关系,要做到"人民群众反对什么、痛恨什么,我们就要坚决防范和纠正什么"[1](61)。腐败是人民群众最痛恨的,是浸润党和国家事业肌体的毒瘤,要"勇于直面问题,敢于刮骨疗毒,消除一切损害党的先进性和纯洁性的因素,清除一切侵蚀党的健康肌体的病毒"[1](16),以壮士断腕的勇气和魄力向腐败开刀,要坚持无禁区、全覆盖、零容忍,坚持重遏制、强高压、长震慑,坚持受贿行贿一起查,坚决防止党内形成利益集团。努力营造不敢腐、不能腐、不想腐的机制和氛围,彰显了共产党人勇于自我革命、自我扬弃的勇气和品格。

最后,加强党性修养,树立正确的价值观,解决共产党人的"总开关"

问题。党的先进性和战斗力源于党员干部。党的十九大号召全体党员"不忘初心、牢记使命",教育引导广大党员干部,尤其是高级干部等关键少数,挺起共产党人的精神脊梁,解决好世界观、人生观、价值观这个"总开关"问题,弘扬忠诚老实、公道正派、实事求是、清正廉洁等价值观,全党同志特别是高级干部要加强党性锻炼,不断提高政治觉悟和政治能力,把对党忠诚、为党分忧、为党尽职、为民造福作为根本政治担当,永葆共产党人政治本色[1](63)。

参考文献:

[1] 习近平.决胜全面建成小康社会 夺取新时代中国特色社会主义伟大胜利——在中国共产党第十九次全国代表大会上的报告[M].北京:人民出版社,2017:13.

[2] 马克思,恩格斯.马克思恩格斯全集:第 2 卷[M].北京:人民出版社,1957:118.

[3] 李建华.新时代的精神指引[J].道德与文明,2018,(1).

[4] 习近平.把培育和弘扬社会主义核心价值观作为凝魂聚气强基固本的基础工程[N].人民日报,2014 – 02 – 26.

[5] 田宝祥.十九大"人与自然和谐共生"新理念探析——基于中国古代生态哲学的诠释维度[J].山西师大学报(社会科学版),2018,(1).

(杨义芹,天津社会科学院哲学研究所所长,研究员;本文发表于2018年第 3 期)

改革开放对我国伦理学发展的创新驱动作用

向玉乔

摘　要　改革开放为我国伦理学的创新发展提供了强大动力;与我国改革开放从不成熟走向成熟的总体格局相融合,我国伦理学在过去40年经历了从摸索性发展到稳健性发展的转型升级,目前已经迎来即将强起来的光明前景。由于被深深地打上了苏联伦理学理论模式的烙印,我国改革开放之初的伦理学在形式和内容上均有较大的变革空间。自20世纪90年代开始,我国伦理学界逐步改变了这种状况,致力于在伦理学研究领域全面发力、用功,从而形成了中国伦理思想史、西方伦理思想史、伦理学基础理论和应用伦理学四个主要研究方向。要实现中国特色伦理学的繁荣昌盛,我国需要有一支数量达到相当规模的伦理学研究队伍,更需要培养一批伦理学大师。我国伦理学目前还处于积聚发展潜能和呼唤大师的阶段。

我国过去40年的发展成就是在改革开放的创新驱动下完成的。我们对改革开放的认识、理解和实践推进实现了从"将信将疑"到"坚信不疑"或从"摸着石头过河"到"坚定不移"的根本性转变,这不仅意味着改革开放使我国人民逐步树立了中国特色社会主义道路自信、理论自信、制度自信和文化自信,而且意味着改革开放使我们将社会主义经济建设、政治建设、社会建设、文化建设、生态文明建设等提高到新水平、新高度和新境界。改革开放对当今中国的创新驱动作用是全方位的,它在我国伦理学领域的表现是：不断推进、不断拓展、不断深化的改革开放为我国伦理学的创新发展提供了强大动力；与我国改革开放从不成熟走向成熟的总体格局相融合，我国伦理学在过去 40 年经历了从摸索性发展到稳健性发展的转型升级，目前已经迎来即将强起来的光明前景。对此，我们可以从三个方面予以解析。

一、改革开放与中国特色伦理学意识

我国改革开放是以党中央领导我国人民坚定不移地推进中国特色社会主义建设作为主旋律的，改革开放的成功推进用事实证明了党中央决策的正确性。在探寻社会主义革命道路的过程中，中国共产党付出了惨痛代价才最终找到马克思主义与中国革命相结合的正确道路，也才具备拯救中国的资格、能力和智慧。而后，中国共产党又在如何借助马克思主义推进社会主义建设问题上陷入困惑和争论。照搬苏联发展模式的失败再次给我们提供了历史教训，同时将我们又一次推上了坚持马克思主义中国化的正确道路。改革开放的巨大成功实质上是马克思主义中国化的巨大成功。

改革开放是我国人民过去 40 年的生存语境。它不仅客观地存在着，而且决定着我们的所思所想和所作所为。40 年改革开放给中国带来了天翻地覆的变化，也给我们的生活打上了深深的烙印。要认知当今中国状况，必须深入了解当代中华民族对改革开放的正确选择和成功推进。"改革开放最主要的成果是开创和发展了中国特色社会主义，为社会主义现代化建设提供了强大动力和有力保障。"[1] 开创中国特色社会主义，并赋予它勃勃生机，这是我国人民在改革开放的强大动力驱动下创造的伟大奇迹，它不仅极大地增强了当代中华民族的中国特色社会主义道路自信、理论自信、制度自信和文化自信，而且使中华民族伟大复兴中国梦的实现变得空前迫近。

人类普遍具有依赖传统的心理特征和思维习惯，因此，每一次重大社会变革都必须以思想解放为开端。思想解放的成败直接决定社会变革的成败。我国改革开放之所以能够开创和发展中国特色社会主义,是因为它的本质精神是"创新"。中国特色社会主义不彻底否定传统,但它要求对传统进行"扬弃",同时要求人们培养开放包容的美德和审时度势、高瞻远瞩的国际视野。从这种意义上来说,我国的改革开放首先是一场意义深远的思想解放运动。它的推进之所以艰难曲折,主要是因为很多人的思想观念始终难以跟上改革开放的快速步伐和我国社会现实日新月异的节拍。令人欣慰的是,在改革开放持续不断的创新驱动下,中华民族的创新精神和创造能力被越来越多地激发了出来,中国特色社会主义的伟大事业因此具有了越来越坚实的思想基础。

改革开放给我国人民带来的思想解放是全方位的。从我国伦理学界的情况来看,它不仅意味着我们对苏联伦理学研究范式的抛弃,而且意味着我们对中国特色伦理学的探索。进入改革开放时代之后,李奇、罗国杰等老一辈学者在沿用苏联伦理学研究范式的基础上逐步建立了中国伦理学学科,并称之为"马克思主义伦理学",其实质是"苏联马克思主义伦理学"。这种伦理学理论体系坚持用历史唯物论和辩证唯物论来解释伦理学的基本问题以及道德的起源、含义、功能、本质、特征等伦理学理论问题,对我们认识伦理学的学科性质、研究对象、主要任务、方法论等具有启示价值,但它缺乏中国特色的局限性也显而易见。由于被深深地打上了苏联伦理学理论模式的烙印,我国改革开放之初的伦理学在形式和内容上均有较大的变革空间。

我国改革开放一直是在摸索中推进的。党中央在 20 世纪 70 年代末提出改革开放的宏伟蓝图之后,我国不仅掀起了关于真理标准问题的全民大讨论,而且不得不借助《春天的故事》之类的歌曲来宣传改革开放的合理性。有关真理标准问题的讨论主要围绕改革开放"姓社"和"姓资"的论题展开,其实质是要对改革开放进行正确定位和定性,它说明我国社会各界在 20 世纪七八十年代对改革开放的认知和理解高度不统一。此后,虽然我国人民在党中央的正确领导下坚持推进改革开放,但是关于改革开放的质疑并没有在短期内销声匿迹。在我国伦理学界,有关改革开放的质疑主要是通过渲染市场经济体制的负面效应表现出来的。例如，一些伦理学理论工作者抛出了"道德滑坡说"，宣称我国道德状况在市场经济条件下每况愈下，其言下之意是要将我国改革开放时代不令人满意的道德状况归因于党中央的改革开放决策和市场经济体制。

伦理学在我国改革开放时代的发展也具有摸索性或探索性特征。在20世纪90年代之前，由于在形式上几乎完全照搬苏联伦理学模式，加上对中国传统伦理学的传承发展重视不够，我国伦理学缺乏中国特色的问题十分明显。进入20世纪90年代之后，随着建设中国特色社会主义、实行社会主义市场经济体制等内容进入我国宪法修正案，中国特色社会主义理论达到比较成熟的水平。与这种时代背景相一致，我国伦理学理论工作者的中国特色伦理学意识开始觉醒和逐步增强，并借助这种意识将我国伦理学研究逐步推入了繁荣发展阶段。进入繁荣发展阶段之后，特别是在党的十八大以后，我国伦理学界始终与党中央高举中国特色社会主义伟大旗帜的指示精神保持高度一致，立足中国特色社会主义经济、政治和文化蓬勃发展的现实，注重满足我国推进生态文明、建设文化强国、提升文化软实力等国家重大战略需求，密切关注经济全球化、人工智能技术等对当代人类道德生活的深刻影响，大胆地进行伦理学理论创新，从而将我国伦理学研究提高到新平台、新高度、新水平和新境界。

改革开放时代是我国伦理学界的中国特色伦理学意识逐步觉醒并得到不断增强的时代。与我国从计划经济体制转向市场经济体制的大时代背景相一致，我国伦理学界逐步实现了从模仿苏联伦理学的阶段转向了建构中国特色伦理学的阶段。历史地看，我国以市场经济体制取代计划经济体制的过程是逐步推进的，我国伦理学界以中国特色伦理学对苏联伦理学的取代也是逐渐完成的。这不仅仅用事实再次证明了每一次社会变革的复杂性和艰难性，更重要的是凸显了人类意识或思想观念转变的规律性。从历史唯物论的角度看，人类意识或思想观念总体上是不断向前发展的，但它不仅会受到社会存在的支配性影响，而且只能循序渐进地进化。

我国伦理学界旗帜鲜明地倡导中国特色伦理学意识仅仅是近些年的事情。2017 年中共中央印发的《关于加快构建中国特色哲学社会科学的意见》具有象征意义,标志着我国哲学社会科学界推进学术研究的中国特色意识得到了质的提升,对中国特色哲学社会科学的发展具有不容忽视的助推作用。该意见强调,要坚持和发展中国特色社会主义,必须加快构建中国特色哲学社会科学,要求中国哲学社会科学充分体现继承性、民族性、原创性、时代性、系统性、专业性,为“两个一百年”奋斗目标和中华民族伟大复兴的中国梦提供强有力的思想和理论支撑。作为哲学的一个重要分支学科,中国伦理学目前正在融入中国特色哲学社会科学发展的潮流。我们坚信,随着中国特色社会主义建设事业的不断推进,我国伦理学理论工作者的中国特色伦理学意识必将进一步增强,并在建构中国特色伦理学理论体系、话语体系、实践体系和传承传播体系方面做出更加卓越的贡献。

二、改革开放与中国伦理学的发展格局

改革开放不仅仅将中国特色社会主义逐渐推入了新时代,更重要的是,它极大地改变了社会主义中国在当今世界的存在和发展格局。总体来说,它将我国从世界的边缘地带推进到中心地带,使中国的国际地位、国际影响力和国际话语权得到大幅度提升,为当代中华民族以中国价值、中国智慧、中国方案和中国能力影响世界发展进程和参与全球治理创造了有利条件。具体地说,改革开放让中国的视野变得越来越开阔、胸襟变得越来越大气、境界变得越来越高远、形象变得越来越高大。由于存在和发展格局得到空前拓展,我国的发展状况在国际社会变得特别引人注目。

国家格局得到空前拓展的事实必然要求我国哲学社会科学具有与之相匹配的气象、气质、气势和气派。经过 40 年发展,虽然我国伦理学在气象、气质、气势和气派上仍然有很大的提升空间,但是它已经展现出繁荣昌盛的气象、欣欣向荣的气质、磅礴强劲的气势和引领潮流的气派。

经过 40 年发展,我国伦理学的学科格局基本定型,这为我国伦理学走向更加辉煌的前景奠定了必要的基础。一个学科在一个国家的发展状况首先取决于它的学科平台的好坏。伦理学在我国哲学学科中占据重要地位。在教育部设置的 100 个人文社会科学重点研究基地中,哲学学科共有 9 个基地,涵盖中国哲学、外国哲学、美学、逻辑学等 8 个分支学科,其中只有伦理学拥有 2 个基地,它们分别是中国人民大学的伦理学与道德建设研究中心和湖南师范大学的道德文化研究中心。我国目前从事伦理学教学和理论研究的人员数量众多。据不完全统计,仅中国伦理学会的正式注册会员就达到 2000 人之多。另外,中国伦理学界有 2 个专业期刊,即由中国伦理学会、天津社会科学院联合主办的《道德与文明》和由湖南师范大学道德文化研究中心主办的《伦理学研究》,这两个刊物均为国家社科基金资助期刊、中文社会科学引文索引(CSSCI)来源期刊、全国中文核心期刊、中国人文社会科学权威或核心期刊,在我国哲学界具有广泛影响。这些事实说明,伦理学在我国哲学学科中具有重要地位,是一个发展比较成熟的哲学二级学科,具有庞大而稳定的研究队伍,拥有高大而优良的学科平台,呈现出蓬勃发展、繁荣昌盛的气象。

20 世纪 80 年代,我国伦理学基本上是在模仿苏联伦理学理论范式基础上形成的理论研究格局,在形式和内容上均显得比较单一。自 20 世纪 90 年代开始,我国伦理学界逐步打破了这种格局,致力于在伦理学研究领域全面发力、用功,从而形成了中国伦理思想史、西方伦理思想史、伦理学基础理论和应用伦理学四个主要研究方向。这四个主要方向的逐步形成,不仅说明我国伦理学的规模在不断扩大,而且说明我国伦理学界对伦理学的学科性质、研究内容、研究方法等的认知达到新水平、新境界和新高度。我国伦理学界对伦理学研究方向的划分显得比较笼统、抽象,不像西方伦理学界那么强调精细、具体,但确立四个主要研究方向的意义不容低估。一方面,它明确了我国伦理学研究的范围,使我国伦理学的学科边界和研究路径变得清晰化;另一方面,它说明改革开放时代的中国伦理学具有贯通古今中外的气象、气质、气势和气派,表明我国伦理学在经过短短 40 年发展历程之后就开始凸显比较鲜明的中国特色和中国特征。

改革开放时代的中国伦理学大体上是沿着上述四个主要方向发展的。从宏观层面来看，我国伦理学界在上述四个主要方向上不仅都形成了比较强大的研究队伍，而且都取得了非常丰硕的理论成果。例如，在中国伦理思想史领域，我国学者或者对中国伦理思想史展开整体研究，或者侧重于研究儒家伦理思想史、道家伦理思想史和佛教伦理思想史，或者重点研究中国经济伦理思想史、中国政治伦理思想史等具体领域，或者着重研究中华民族道德生活史，或者聚焦于研究某个中国哲学家的伦理思想，从而形成了多种多样的研究范式。

格局决定视野。在改革开放前30年，虽然我国伦理学呈现出欣欣向荣的良好发展态势，但是它在气象、气质、气势和气派上总体上显得不够到位，我国伦理学理论工作者也普遍缺乏学术自信，其主要表现是很多学者要么"言必称苏联伦理学"，要么"言必称西方伦理学"。这使得我国伦理学既缺乏完善的中国特色伦理学话语体系，也很少提出富有建设性和创新性的伦理思想和理论。不过，由于追求贯通古今中外的宏大格局，我国伦理学在最近10年开始焕发出勃勃生机，并彰显融合历史性与时代性、本土性与国际性的鲜明特征。在推动我国伦理学发展过程中，我国伦理学界既反对历史虚无主义，也反对全盘西化。一方面，我们主张对中国传统伦理思想和伦理学理论进行创造性转化和创新性发展，并在此基础上努力建构具有现代性特征的中国伦理思想体系和伦理学理论体系；另一方面，我们主张对西方伦理思想和伦理学理论内含的合理因子进行批判性借鉴，使之为建构中国特色伦理学的伟大工程提供合法性思想和理论资源。

从当前情况来看，我国伦理学已经开始呈现贯通古今中外的大格局、大气象、大气势和大气派。要使这种大格局变得更加稳固和更加有意义，我国伦理学界不能安于现状，而是应该保持应有的忧患意识。将中国伦理思想史、西方伦理思想史、伦理学基础理论和应用伦理学确立为我国伦理学发展的四个主要方向，这有助于增强我国伦理学研究的理论指向性和实践针对性,但它绝不意味着我国伦理学已经发展到完善的程度。无论在自然科学领域还是哲学社会科学领域,所有学科的发展只有进行时,没有完成时。我国伦理学也不例外。这不仅是因为我国伦理学领域还有很多问题域有待于我们去探索,而且还因为我国伦理学研究在理论创新、精细化等方面与当代西方伦理学存在较大差距。

改革开放 40 年是中华民族奋发图强的 40 年。在这 40 年里,我们完成了西方发达国家用上百年甚至几百年才完成的很多事情。时至今日,虽然我国已经在经济建设、政治建设、社会建设、文化建设、生态文明建设等领域取得奇迹般的成就,但是与西方发达国家之间的差距依然很大。只有深刻认识这种差距,我们才能在不断增强道路自信、理论自信、制度自信和文化自信的同时保持必要的自我批评意识和自我革新意识,从而为我国伦理学的持续发展不断注入强大动力和创新活力。我国伦理学已经发展到在中国伦理思想史、西方伦理思想史、伦理学基础理论和应用伦理学四个主要方向全面推进的新时代,但还将面临更多新问题、新任务、新使命,我国伦理学界必须为中国特色伦理学的进一步繁荣昌盛久久用心、久久用力、久久用功。

三、改革开放与中国伦理学的发展潜力

改革开放创造的最大价值是我国人民的精神品质得到极大提高。置身于改革开放的时代潮流中,我国人民积极参与并大力推进中国特色社会主义建设事业,同时使自己的精神不断得到升华。具体地说,改革开放将我国人民从计划经济时代不强调能动性、创新性的精神状态中解放了出来,使之能够以自由的意志、精神参与市场经济活动,从而使当代中华民族推进国家建设、社会进步和文明发展的潜力得到最大限度的释放。人的潜力释放是我国改革开放能够取得巨大成就的深层原因。

潜力本质上是潜能。所谓潜能,就是处于潜伏状态的能量或能力;或者说,它是没有现实化的能量或能力。计划经济体制的最大弊端就是抑制

了人的潜能或潜力,使之没有机会释放出来,从而将整个社会变得死气沉沉、缺乏活力。作为中国共产党治国理政的重要理念和方针政策,改革开放将当代中华民族潜藏的聪明才智和实践能力最大限度地激发了出来,使整个中国社会变得生机勃勃、充满活力。正是在这种有利的社会大环境中,我国各行各业在改革开放时代都迸发出前所未有的奋斗精神、开拓精神和创新精神。当代中国伦理学的发展生机和活力只不过是中华民族的潜能或潜力在改革开放时代得到释放的一种重要表现形式而已。

我国伦理学发展的潜力聚集在中国伦理学理论工作者身上。要实现中国特色伦理学的繁荣昌盛,我国需要有一支数量达到相当规模的伦理学研究队伍,更需要培养一批伦理学大师。从总体数量来看,我国目前拥有的伦理学研究队伍已经非常庞大,其规模之大可能在世界各国中首屈一指。近20年的情况是,越来越多的人从不同领域进入伦理学研究领域,这不仅使我国伦理学研究队伍日益壮大,而且使伦理学在我国哲学学科中变成了"显学"。不过,从伦理学大师的数量来看,我国伦理学目前还处于积聚潜能和呼唤大师的阶段。

何为伦理学大师?就是对人类道德生活形成了深刻认知并拥有系统化伦理思想的哲学家。他们没有仅仅基于自身的个体意向性来认识、理解和把握人类道德生活的内涵和本质,而是从人类的集体意向性来审视和认知人类向往道德、尊重道德、追求道德和践行道德的必然性。在当今中国,很多人不是出于对伦理学的深刻认知和热爱而涉足伦理学研究领域,而是出于某些"实用"的目的而"勉为其难"。例如,有些人希望通过学习和研究伦理学而成为伦理学教师,其最终目的是谋生。由于并非从内心深处热爱伦理学,这些人对伦理学的认知通常难以达到应有的高度和深度。

作为哲学的一个分支学科,伦理学发展的潜能或潜力取决于三个要素:一是伦理学理论工作者所能达到的道德形而上学思维高度;二是伦理学理论工作者对人类道德实践的了解深度;三是伦理学理论工作者对道德形而上学思维与人类道德实践的辩证关系的认知程度。具体地说,我国伦理学的发展状况取决于我国伦理学理论工作者在培养道德形而上学思维、了解人类道德实践以及认知它们之间的辩证关系方面所积聚的潜能状况。如果我国伦理学理论工作者在道德形而上学思维领域缺乏无限攀越的潜能，或者对人类道德实践的现实缺乏深入了解的潜能，或者对道德形而上学思维与人类道德实践之间的关系缺乏深刻把握的潜能，那么，我国伦理学就会出现理论上上不去、实践上深入不了的问题，更不用说实现理论和实践的有机结合。

我国伦理学的繁荣昌盛需要建立在伦理学理论工作者的潜能积累上，但这绝非一日之功可以完成。另外，伦理学大师的培养是一个社会系统问题。一方面，它要求有一大批真正忠诚于伦理学事业的学者；另一方面，它也要求社会能够为伦理学大师的诞生创造有利条件。没有真正忠诚于伦理学事业的学者，伦理学不仅很容易因为研究者缺乏沉思的美德而流于肤浅，而且很容易因为研究者缺乏创新精神而沦为僵化死板的文字游戏。没有社会的广泛支持，伦理学理论工作者的能动性和创造性就不可能充分张扬，甚至有可能窒息而死。从我国伦理学的发展状况来看，培养伦理学大师的主观和客观条件目前均处于酝酿、形成的过程中。随着改革开放的全面推进，我国社会各界对哲学特别是伦理学的需要必将变得越来越紧迫。越来越多的人会认识到，一个强大的国家必须具有强大的民族精神，而真正强大的民族精神必须主要依靠强有力的伦理学来塑造。只有具备应有的主客观条件，伦理学大师才会在我国涌现出来。

在积聚伦理学发展潜能的过程中，我国伦理学界当前应该警惕伦理学被泛化的问题，因为它很容易制造这样一种假象：伦理学没有学科边界。泛化伦理学有两种主要表现形式：一是不加分析地将人类社会的所有问题都归结为伦理问题；二是不分青红皂白地从四面八方对伦理问题展开似是而非的研究。

泛化伦理学是对伦理学的矮化。伦理学从古至今是一门关于人事的科学，但这绝不意味着所有人类事务都可以归于伦理学的研究范围，更不意味着伦理学研究可以缺乏理论思辨性。伦理学的研究范围很宽广，特别重视研究现实道德问题，具有强烈的实践性特征，但它必须以理论理性作为支撑,否则,它既不具有知性基础,也不能解释道德实践的本质内涵。正因为如此,康德不仅反对人们从普通理性知识层面来认识、理解和把握道德现象,而且反对人们满足于从经验主义伦理学(如快乐主义伦理学)的层面来审视和认知道德现象,他主张从道德形而上学的高度来研究道德现象。康德试图建构一种以强调道德原则的普遍性和道德行为的必然性为主题的道德形而上学理论,其要旨是要引导人们摆脱普通道德理性知识和经验主义道德知识的局限性,推动人们形成理性主义道德思维,将人类的任性意志纳入理性的有效支配之中,使之提升为真正自由的善良意志,其根本目的是要证明人类不仅有能力对自身的行为发布道德律令或责任律令,并且有能力严格要求自身切实承担人之为人的道德责任。康德的道德形而上学理论至少告诉我们,伦理学是一门严肃的科学,它具有严格的学科边界。如果我们将伦理学当成一门没有边界的科学,表面的后果是我们会将它的科学性淹没在普通理性知识和经验主义知识的洪流之中,其实质则是我们会将伦理学严重矮化。被矮化的伦理学不可能揭示人类道德生活的普遍规律,更不可能对人类道德生活实践发挥应有的价值引导作用。

伦理学不是"清凉油",更不是"万能药"。作为哲学的一个分支学科,它必须兼有理论思辨性和实践引导性。仅仅重视体现理论思辨性的伦理学可能流于抽象、空洞,而仅仅注重凸显实践引导性的伦理学又可能缺乏理论说服力。在泛化或矮化伦理学的时候,人们通常打着强调伦理学实践引导性的旗号,其实质是要将伦理学简单地等同于医学之类的应用性科学,并且将伦理学家对实践的价值引导简单地等同于医生开处方的技术性行为。

马克思主义哲学认为,任何事物的发展都遵循量变质变规律。中国传统哲学也强调,事物的发展是一个厚积薄发的过程。改革开放40年不是一段很长的时间,但它为社会主义中国汇聚的潜能或潜力是巨大的。将潜能转化为现实需要时间,但只要我们能够看到潜能的存在,并且能够切实做好转化工作,它向现实性转化的时间就不会很长。我们坚信,与中华民族伟大复兴的中国梦日益迫近现实的事实相吻合,我国伦理学的发展也必将在不久的将来迎来繁花似锦的盛况。我们应该对改革开放和中国特色社会主义的发展前景满怀信心。同样,我国伦理学界应该对中国伦理学的大繁荣大发展抱持积极乐观的自信态度。

参考文献:

［1］ 中共中央关于全面深化改革若干重大问题的决定［M］.北京:人民出版社,2013:2.

（向玉乔,湖南师范大学道德文化研究中心教授、博士生导师;本文发表于2018年第5期）

公民道德建设的法治保障

曹　刚

摘　要　《新时代公民道德建设实施纲要》在第一部分"总体要求"中提出,坚持以社会主义核心价值观为引领,将国家、社会、个人层面的价值要求贯穿到道德建设各方面,以主流价值建构道德规范、强化道德认同、指引道德实践,引导人们明大德、守公德、严私德。在"总体要求"中还指出:坚持发挥社会主义法治的促进和保障作用,以法治承载道德理念、鲜明道德导向、弘扬美德义行,把社会主义道德要求体现到立法、执法、司法、守法之中,以法治的力量引导人们向上向善。可见,新时代公民道德建设要求把社会主义核心价值观贯穿道德建设各方面,而社会主义道德要求又要体现到立法、执法、司法、守法之中,以法治的力量引导人们向上向善。从上述论述中,我们看到了保障新时代公民道德建设实施的关键是要把社会主义核心价值观融入法治实践中。事实上,这和由中共中央办公厅、国务院办公厅于2016 年 12 月 25 日印发并实施的《关于进一步把社会主义核心价值观融入法治建设的指导意见》的精神也是一致的。

一、社会主义核心价值观融入法治建设的合理视角

国家治理现代化是考察把社会主义核心价值观融入法治建设从而为公民道德建设提供保障的合理视角。这既是我们选取一个研究这个问题

的更为根本、更具统合性和更具现实意义的角度的问题,同时也回答了把社会主义核心价值观融入法治建设对于新时代公民道德实施何以必要的问题。

国家治理现代化是当代中国整体战略的核心。以习近平同志为核心的党中央提出的一系列治国方略都是以国家治理的现代化为核心的。中国共产党第十九届中央委员会第四次全体会议指出,中国特色社会主义制度是党和人民在长期实践探索中形成的科学制度体系,我国国家治理一切工作和活动都依照中国特色社会主义制度展开,我国国家治理体系和治理能力是中国特色社会主义制度及其执行能力的集中体现。由此,国家治理体系和治理能力现代化自然是考察新时代公民道德建设的合理视角。

社会主义核心价值观是国家治理体系和治理能力现代化所要追求的最根本目标,也是新时代公民道德建设实施的根本遵循。社会主义核心价值观为国家治理提供正确的方向、思想引领和价值支撑。富强、民主、文明、和谐作为国家层面的价值要求应体现在国家的制度设计之中,因为它们回答了建设什么样的国家的问题;自由、平等、公正、法治作为社会层面的价值要求应体现在社会治理的各个环节中,因为它们回答了建设什么样的社会的问题;而爱国、敬业、诚信、友善作为公民层面的要求应该体现在公民日常行为和活动之中,因为它们回答了培育什么样的公民的问题。可见,国家治理体系和治理能力现代化所要追求的最根本目标,无外乎就是好国家、好社会和好公民,其落脚点是好公民。好公民的基本内涵自然是具有新时代公民道德的公民。

法治是新时代公民道德建设的重要载体和实现方式。《新时代公民道德建设实施纲要》的第二部分"重点任务"中提出,社会主义核心价值观是当代中国精神的集中体现,是凝聚中国力量的思想道德基础。要持续深化社会主义核心价值观宣传教育,增进认知认同、树立鲜明导向、强化示范带动,引导人们把社会主义核心价值观作为明德修身、立德树人的根本遵循。坚持贯穿结合融入、落细落小落实,把社会主义核心价值观要求融入日常生活,使之成为人们日用而不觉的道德规范和行为准则。坚持德法兼治,以道德滋养法治精神,以法治体现道德理念,全面贯彻实施宪法,推动社会主义核心价值观融入法治建设,将社会主义核心价值观要求全面体现到中国特色社会主义法律体系中,体现到法律法规立改废释、公共政策制定修订、社会治理改进完善中,为弘扬主流价值提供良好社会环境和制度保障。《新时代公民道德建设实施纲要》第六部分"发挥制度保障作用"中指出,强化法律法规保障。法律是成文的道德,道德是内心的法律。要发挥法治对道德建设的保障和促进作用,把道德导向贯穿法治建设全过程,立法、执法、司法、守法各环节都要体现社会主义道德要求。总之,把社会主义核心价值观融入法治建设,既能保证社会主义法治建设不偏离方向,更好地发挥和实现法治的功能,又能促进新时代公民道德建设的实施,最终实现国家治理体系和治理能力现代化的总目标。

二、社会主义核心价值观融入法治实践的可能性

要把社会主义核心价值观融入法治实践,首先要回答这种"融入"是否可能的问题,这包括三个方面。

关于"法治"的价值规定性的问题。法治是否是社会主义核心价值观的合适载体呢?回答是肯定的。因为法治本身就是值得珍视的好东西。事实上,法治本身已成为社会主义核心价值观的有机组成部分。如果说,在法哲学上,"恶法非法"还是"恶法亦法"是一个争论不休的话题,那么,"法治"作为一种美好的政治理想,已在法律中注入了价值的因素,法治之"法"较之一般之"法律"有了内在的价值规定性。所以,法治本是良法之治。这是讨论社会主义核心价值观融入法治建设的基本前提。

关于"法治"的价值内涵的问题。"法治"这个载体是否足以承载社会主义核心价值观呢?如上所述,法治虽说是具有内在价值规定性的美好事物,但我们却可以根据所包含的价值的数量和质量,把法治本身区别为不同类型。法治类型的最基本分类是形式法治和实质法治。形式法治所承载的价值是基本的、单薄的和有限的,实质法治则承诺了更多的价值追求。

社会主义法治是一种实质法治,起码包含了三个价值维度。第一,美好生活是社会主义法治的终极价值追求。事实上,美好生活是古今中外的人们所普遍追求的终极目的。由于美好生活的价值源头内在于人的生活本身的二重规定性,是具有绝对性和自足性的至善,由此,必然成为社会主义法治建设的终极价值理念。第二,共生、共赢和共享的社会合作关系是社会主义法治的根本价值追求。人的社会性决定了人们都只能在合作连带关系的前提下,展开各种有助于人的生存和发展的活动。共生、共赢和共享是三种最重要的连带关系,它们不只是一个人类学的事实,因为它们能为关系中的个体带来普遍的好处,所以还是一种共同善。所有的共同体,包括国家,都会采取各种治理方式来维护和实现这种共同善,法治是现代国家治理的最重要和最主要的一种治理方式。由此,共同善是法治的根本价值追求。第三,人的尊严是社会主义法治的基本善。社会主义法治不只是怀抱对美好生活的终极向往,也不只是聚焦于共生、共赢、共享的理想社会的图景,它也坚守"把人当人"的人格尊严的道德底线。如上所述,社会主义法治由三个价值维度编织而成,自然是承载社会主义核心价值观的合适载体。

关于"法治"载体的"容量"问题。任何一种载体的承载力都是有限度的,不能把什么好东西都往里面装。那么,"法治"这个价值观的载体的限度在哪里呢?显然,社会主义核心价值观是可以融入法治建设之中的。但这并不意味着由核心价值观所衍生出来的所有价值都可以以法治为载体。由于法治的强制性、程序性和稳定性等特征,其容量是有分别和有限度的,那些崇高的美德更多地通过审美的方式追求,难以直接融入法治之中。我们对此要有自觉意识,要重视因为没有限度意识,导致在社会主义核心价值观的融入过程中,既损害了法治的建设,又损害了公民道德建设的实施。

三、社会主义核心价值观融入法治建设的途径

这是如何"融入"的问题,即"融入"的途径和机制问题。法治实践的

立法、执法、司法和守法过程,无疑是社会主义核心价值观的播种、开花和结果的过程,自然是"融入"的主要途径。

"融入"的首要环节是立法,因为如果核心价值观没有入法,人们就无法期待其有效地融入执法、司法和守法之中。我们认为,在立法过程中,只要坚持民主、科学和公正的原则,立法的过程以及结果必然包含着社会主义核心价值观的内容。这里要关注的是重点领域的立法"融入"问题。根据当代中国社会发展的现实情况,尤其是国家治理体系和治理能力现代化过程中所碰到的那些需要解决的重大且急迫的以及具有普遍性的公民道德问题,优先进行"融入"的重点立法。其中包括社会诚信、社会公平、社会文明、生态文明等重点领域立法。

社会主义核心价值观的"运送"环节是执法和司法。执法与司法是联结立法和守法的环节,是法治的关键和决定性环节。在这个环节要解决的"融入"问题也有三个。第一个是严格执法和司法的问题。立法的"融入"是对社会主义核心价值观的确认和法定化过程。这一标准作为评价一个事件和一种行为的唯一标准,既是法律标准,也是价值观的标准,因此,严格司法和执法从最根本的意义上维护了社会主义核心价值观。第二个是执法与司法中的法律解释和个别衡平"融入"社会主义核心价值观的问题。严格司法和执法预设的前提是现行法律反映和确认了社会主义核心价值观,但现实的法制却不存在或不完全具备这一前提条件。一是现行法律可能没有完整和准确地反映和确认社会主义核心价值观;二是社会主义核心价值观的内容是随着社会的发展而不断发生变化的,但立法具有程序性、稳定性、滞后性等特征,它不可能对这种变化做出快速反应,于是,这一反应便主要大量地通过执法者和法官的法律解释和个别衡平来体现,因为法律解释和个别衡平的过程同时也是价值判断的过程,法官和执法者就有可能也有必要由此"融入"社会主义核心价值观。当然,这样做是需要谨慎的、有节制的,如何确保其中的"度",是一个难题。第三个是法律效果和社会效果、政治效果相统一的问题。坚持"三个效果"的统一是"融入"的内在要求。法律效果是严格适用和执行法律规定达到的作用和效果,譬

新时代的伦理道德之思

——《道德与文明》论文集萃

如实现了法律的确定性、统一性、秩序性和连贯性等。但有时候,好的法律效果不一定带来好的社会效果和政治效果,这时就要求法官和执法者在执法和司法中,必须充分考虑社情民意、社会的可接受度、公认的主流价值观以及基本的政治底线,并在社会主义核心价值观的统领下,平衡和统一三者。

全民守法。社会主义法治过程的最后一个环节是守法,正是通过全民守法将社会主义核心价值观融入人们的日常生活。就"融入"而言,全民守法的重点不在"全民",而在全民对守法的"觉解"(冯友兰语)。根据对守法的觉解程度,我们可把守法分为三个阶段,即守法的自在阶段、自为阶段和自由阶段。在守法的自在阶段,守法的主体表现为他律水平;在守法的自为阶段,主体守法不再是出于习惯或害怕,而是出于法律意识和责任意识基础上的主体自觉;在守法的自由阶段,守法主体表现为自由的特征。自由意味着个性化的个体德性和普遍的法律要求的高度统一,它力求在社会法律必然性与自我实现和完善的追求的结合点上,把握自身发展和行为选择的方向,为完善自我和社会法治进步进行创造性努力。社会主义核心价值观在守法环节的"融入"要立足第二阶段,趋向第三阶段。

(曹刚,中国人民大学哲学院教授,教育部人文社会科学重点基地中国人民大学伦理学与道德建设研究中心主任;本文发表于 2020 年第 1 期)

新时代中国之治的伦理意蕴

王小锡

摘 要 党的十九届五中全会提出,到 2035 年基本实现国家治理体系和治理能力现代化,这是新时代中国之治的现代性转向的重要目标。解析中国之治的发生学密码,基础层面的五大伦理维度不可忽视:民主集中、聚力筑梦的制度伦理;以人民为中心的民本伦理;法、德共治的社会治理伦理;人与自然和谐共生的生态环境伦理;人类命运共同体的国际伦理。解读新时代中国之治的伦理意蕴并充分发挥其伦理功能,是推进国家治理体系和治理能力现代化的必由之路。

党的十九届五中全会提出,到 2035 年基本实现国家治理体系和治理能力现代化,这是新时代中国之治的现代性转向的重要目标。新时代中国之治,其本质是中国共产党之治,是适合中国国情的科学治理,它内含着中国共产党历来崇尚的马克思主义伦理精神即伦理层面的应该之治,而这种伦理应该的治理,依据的是社会主义制度,依靠的是人民的拥护和支持,依托的是德、法并举方略,依存的是人与自然和谐共生的生态环境,依傍的是人类命运共同体的发展。这充分展示了新时代中国之治的内在特质和本质特征。

一、民主集中、聚力筑梦的制度伦理

新时代中国之治的根本依据是社会主义制度。"党和国家的长期实践充分证明，只有社会主义才能救中国，只有中国特色社会主义才能发展中国。"[1](7)中国特色社会主义彰显了社会主义制度的鲜明特征与巨大优势。社会主义制度是符合中国国情的制度，中国的不断发展和中国梦的实现必须依靠并坚持社会主义制度。应当说，"中国特色社会主义是当代中国发展进步的根本方向，是实现中国梦的必由之路，也是引领我国工人阶级走向更加光明未来的必由之路"[1](45)。从本质上看，中国梦是国家的梦、人民的梦，每一个中国人都是中国梦的主人，每一个中国人都是中国梦的直接受益者，其创造性将得到极大的尊重，其个性将得到充分的张扬，人民是国家的真正主人。正因为人民性是社会主义制度的根本德性，体现了民主集中、聚力筑梦的制度伦理，所以它有着重要的作用。

（一）确保广大民意的科学集中和充分张扬

国家的现代化治理是全民意志的治理，就是说，领导者或管理者的治理理念是对广大民众合理诉求的满足与彰显，唯此才能体现社会制度的科学性和尚德性。正如习近平总书记指出的，"在中国社会主义制度下，有事好商量，众人的事情由众人商量，找到全社会意愿和要求的最大公约数，是人民民主的真谛"[2](292)。这一"真谛"只有在社会主义制度下才能实现。换言之，现代化的国家治理是全民意志的治理，全民意志的治理是真正的民主和集中的体现。

社会主义制度下全民意志的治理，标志着每个公民都是国家治理的主体，而且事实上在治理的全过程中都要充分体现与保障每个公民的治理参与度，这就意味着除了不断提供科学理性的治理意见外，在治理的具体实践进程中，社会主义制度还主张和确保公民坚守本分并立足本职工作，充分发挥自己的创新能力。

（二）促使全体国民形成协调一致的合力

社会主义制度是真正的民主制度,这种民主制度的优势在社会治理层面得到了极大的彰显,即能在发挥每一个国民意愿和能力的同时协调和组织全体国民的力量并形成合力,实现全国重大决策目标、重大发展目标和重大事件解决目标,这是国家治理中最根本的道德标志。纵观我国多年来抗洪救灾、抗击"非典"疫情、抗震救灾等的成功,都是在举全国之力的基础上,取得了举世瞩目的伟大成就。2020年年初新冠肺炎疫情发生后,党中央将疫情防控作为头等大事来抓,习近平总书记亲自指挥、亲自部署,坚持把人民的生命安全和身体健康放在第一位。同时,坚持集中统一领导,在充分体现广大人民群众意愿的基础上,调动人民群众的抗疫潜力和抗疫伟力。在党和政府的统一部署下,全国人民共同开展了疫情防控的人民战争、总体战、阻击战。时至今日,我国的"新冠肺炎疫情防控取得重大战略成果"[3](3)。这是对以习近平同志为核心的党中央的坚强领导和社会主义制度下的人民凝聚力的经典诠释,是对新时代民意至上、集中统一的制度伦理的最好注解。

（三）坚持包容、共建、共享,积聚发展动力

真正的民主集中的社会制度,应该是包容的制度、共建共享的制度。这样的制度,不分种族、不分地域、不分高低贵贱,人人平等,每个人都是不可或缺的建设者,同时也具有分享发展成果的权利。可以说,包容是制度的前提,共建是制度的要求,共享是制度的本质。纵观改革开放四十多年的发展历程,党和国家在包容、共建、共享的基本原则下,通过各项政策让改革开放产生的成果惠及广大人民群众。同时,社会主义制度下的中国,不分公私,建设者都会得到尊重。例如,在谈到民营企业家时,习近平同志专门指出,领导干部不可以对他们不理不睬,不可以对他们的正当要求置若罔闻,要坦荡真诚地与他们接触交往,要保护他们的合法权益,特别是在民营企业遇到困难和问题的情况下,要多关心,真心实意地支持民营经济

的发展。①

创建包容机制,实现包容性发展,是确保发展始终遵循社会发展规律的重要方面。从本质上来讲,实现包容性发展就是要在发展理念上彰显以人民利益为重的伦理理念。马克思指出:"过去的一切运动都是少数人的,或者为少数人谋利益的运动。无产阶级的运动是绝大多数人的,为绝大多数人谋利益的独立的运动。"[4](411) 而社会主义社会,无论是建设、发展还是改革的任一环节,其根本目的,就是为绝大多数人谋利益。十八大以来,党和国家加快推进包容机制的建设,充分保障了各阶层群体在发展过程中的利益满足程度,有力地冲击了利益差异化的分化格局,也有效地破除了利益固化的藩篱,为广大人民群众实现自身的发展提供了必要前提。同时,共建、共享的机制既是要求,也是目的。十八大以来,党和国家始终坚持发展成果由人民共享,在共享机制的作用下,一大批惠民举措落地实施,教育、就业、居住、卫生、社会保障等有了明显的改善,人民的获得感、幸福感和安全感显著增强,人民的生活水平也得到了改善和提高。这些都体现了共建共享的价值旨归。

由是观之,包容、共建、共享是国家治理理念落到实处的关键一环,是在社会主义制度下积聚合作力量的重要战略思路和实践路径。

二、以人民为中心的民本伦理

新时代中国之治的基础和动力来自人民的拥护和支持。习近平指出:"我们党来自人民、植根人民、服务人民,党的根基在人民、血脉在人民、力量在人民。失去了人民拥护和支持,党的事业和工作就无从谈起。"[1](367) 历史已经并将继续证实,坚持以人民为中心是中国之治的成功经验与独特优势,也是新时代中国之治的核心理念,更是新时代社会治理伦理的根本要求。

---

① 具体参见习近平:《习近平谈治国理政》(第二卷),外文出版社 2017 年版,第 264 页。

（一）坚持人民的主体地位

中国共产党作为国家治理的核心力量，理当坚持人民的中心地位和主体地位，保障人民的平等权利。唯此，党的核心力量及其作用的发挥才有意义和可能。党的十九届五中全会在提到2035年基本实现社会主义现代化远景目标时明确指出，"基本实现国家治理体系和治理能力现代化，人民平等参与、平等发展权利得到充分保障，基本建成法治国家、法治政府、法治社会"[5]。那么，如何坚持人民的中心地位和主体地位呢？一方面，必须紧紧依靠人民治国理政，管理社会。既要广泛听取人民群众的意见，又要将正确的主张变成人民群众的自觉行动；另一方面，治理过程中要接受人民群众的检验和监督，并自觉抵制影响正常社会治理且违背人民群众意愿的违法违规行为，及时纠正有悖于人民群众意愿的错误举措和行为，真正拿出人民满意和支持的高效的社会治理主张和行动。历史已经充分说明，正是因为我们党的宗旨和目标是一切为了人民，才有了人民群众用小车推出来的淮海战役的胜利的后勤保障，才开启了体现"大庆精神"的共和国工业的崭新篇章，才迈开了充分展示"工匠精神"并从工业大国向工业强国前进的步伐……所以国家治理在任何一个时期都要充分彰显人民的中心地位和主体地位。

（二）坚持人民利益至上

习近平总书记指出："我们要始终把人民立场作为根本政治立场，把人民利益摆在至高无上的地位，不断把为人民造福事业推向前进。"[2](52)基于此，"全党必须牢记，为什么人的问题，是检验一个政党、一个政权性质的试金石。带领人民创造美好生活，是我们党始终不渝的奋斗目标"[6](44-45)。要不断实现人民对美好生活向往的国家治理的目的，更为深刻的是，要将人民对经济、政治、文化、生活、生态五大方面的切实利益诉求始终贯穿治理的全过程，既不可偏废，也不可不彻底。事实已经说明，要让人民关心治理、参与治理，并不断提高治理能力，必须让人民有切切实实的获得感、幸福感和安全感。特别是在应对重大挑战、抵御重大风险、克服重大阻力、解决重大矛盾中，要"更加自觉地维护人民利益，坚决反对一切损害人民利益、脱离群众的行为"[6](15)。

按照马克思主义的理解,共产主义的本质特征内含着物质资料的极大丰富与人民精神境界的极大提升。因而,在现时代,坚持人民利益至上,既要在治理过程中重点满足人民的物质需求,还要不断满足人民的精神需求。促进人的全面发展,是人民利益至上的最高表现。不断促进人的全面发展是党的十九大报告的重要议题。报告指出了促进人的全面发展的路径:"要以培养担当民族复兴大任的时代新人为着眼点,强化教育引导、实践养成、制度保障,发挥社会主义核心价值观对国民教育、精神文明创建、精神文化产品创作生产传播的引领作用,把社会主义核心价值观融入社会发展各方面,转化为人们的情感认同和行为习惯"[6](42);要通过加强思想道德建设,引导人们树立正确的历史观、国家观、文化观;要"建设知识型、技能型、创新型劳动者大军"[6](31),激发人们的创造活力。尤其是要"把教育事业放在优先位置"[6](45),"要全面贯彻党的教育方针,落实立德树人根本任务,发展素质教育,推进教育公平,培养德智体美全面发展的社会主义建设者和接班人"[6](45),这是促进人的全面发展的基础和前提。事实上,人的全面发展是实现国家科学治理、有效治理的根本性的社会治理基础和前提。

(三)切实保障民生

以人民为中心,还得落实到具体的政策中,落实到具体的行动中,体现在人民生活需要的诸方面。要优先发展最大的民生问题之一的教育事业,同时推动教育公平发展和质量全面提升,在努力做到幼有所育、学有所教的同时,办好人民满意的教育。要提高就业质量和人民收入水平,不断提高人民的社会经济生活质量。要加强社会保障体系建设,解决人民群众的后顾之忧。要打造共建共治共享的社会治理格局,"保护人民人身权、财产权、人格权"[6](49)。同时,还应注意到,人民对美好生活追求的标准应该包括对生态环境的要求,唯有在"绿水青山就是金山银山"的总体理念下打造优良生态环境,才能保障人民的基本生活条件。尤其值得自豪的是,脱贫致富已成为民生保障的重要国策,也是我国切实关注民生的亮点。总之,要在坚决维护人民利益的同时,不断增强人民的获得感、幸福感和安全感,不断推进全体人民共同富裕。这是新时代国家治理的基础性手段和目标,更是中国之治的道德根基和社会根基。

综上所述,坚持民本伦理理念和行动,不断改善人民的生活水平,就能在人民充分体悟获得感、幸福感和安全感的基础上,增强国家的治理能力。

三、法、德共治的社会治理伦理

新时代中国之治的特色方略和辩证手段是法、德并举。正如习近平总书记所说:"必须坚持依法治国和以德治国相结合。法律是成文的道德,道德是内心的法律,法律和道德都具有规范社会行为、维护社会秩序的作用。治理国家、治理社会必须一手抓法治、一手抓德治,既重视发挥法律的规范作用,又重视发挥道德的教化作用,实现法律和道德相辅相成、法治和德治相得益彰。"[2](116)

(一)通过法治保障社会的公平正义

习近平总书记指出:"依法治国是我们党提出来的,把依法治国上升为党领导人民治理国家的基本方略也是我们党提出来的,而且党一直带领人民在实践中推进依法治国。"[2](114)国家治理的基本前提是实行法治。社会主义法治在其本质上是人民意志之治,"只有在党的领导下依法治国、厉行法治,人民当家作主才能充分实现,国家和社会生活法治化才能有序推进"[2](114)。法治具有强制性,人民既是法治的主体又是法治的客体,人民自觉遵纪守法的前提是法治的公平正义得到保障。因此,"我们提出要努力让人民群众在每一个司法案件中都感受到公平正义,所有司法机关都要紧紧围绕这个目标来改进工作"[1](145)。十八大以来,针对社会治理过程中出现的许多新问题、新情况与新案件,党和国家按照法律制定的基本原则、国家总体安全的总体要求、社会稳定的秩序要求以及广大人民群众的社会生活要求,在经济、政治、社会、文化、生态等各个领域都加快推进了相关法律的制定与完善,不断补齐社会治理中的法律空白与短板,极大地张扬了社会主义的公平正义,取得了和谐稳定的社会治理效果。十三届全国人大三次会议表决通过的《中华人民共和国民法典》,是保障国计民生的法律依据,也是注重与强调权利和义务、利益和责任相统一的法、德并重治理社会的重大法律规则。党的十九届五中全会明确提出,"国家治理效能得到新提升,社会主义民主法治更加健全,社会公平正义进一步彰显"[5]。

(二)通过道德力量推动国家的治理

道德的力量在国家治理中有着独特而不可替代的作用。习近平总书记在谈到青年要自觉践行社会主义核心价值观时说:"核心价值观,其实就是一种德,既是个人的德,也是一种大德,就是国家的德、社会的德。国无德不兴,人无德不立。如果一个民族、一个国家没有共同的核心价值观,莫衷一是,行无依归,那这个民族、这个国家就无法前进。"[1](168)在国家治理过程中,我们要充分利用道德之力。"要继承和弘扬我国人民在长期实践中培育和形成的传统美德,坚持马克思主义道德观、坚持社会主义道德观,在去粗取精、去伪存真的基础上,坚持古为今用、推陈出新,努力实现中华传统美德的创造性转化、创新性发展,引导人们向往和追求讲道德、尊道德、守道德的生活,让13亿人的每一分子都成为传播中华美德、中华文化的主体。"[1](160-161)同时,习近平总书记特别要求作为领导和管理者的党员和干部,"要坚持不懈强化理论武装,毫不放松加强党性教育,持之以恒加强道德教育,教育引导广大党员、干部筑牢信仰之基、补足精神之钙、把稳思想之舵,坚守真理、坚守正道、坚守原则、坚守规矩,明大德、严公德、守私德,重品行、正操守、养心性,做到以信念、人格、实干立身"[2](181)。在这次抗击新冠肺炎疫情过程中涌现的人民利益至上、以民为本的国家之德,一方有难、八方支援的社会之德,爱国、爱民、勇敢、友善的个人之德,是抗疫之战取得阶段性胜利的最重要的道德力量。

（三）通过道德滋养孕育良法

一方面,"要在道德体系中体现法治要求,发挥道德对法治的滋养作用,努力使道德体系同社会主义法律规范相衔接、相协调、相促进。要在道德教育中突出法治内涵,注重培育人们的法律信仰、法治观念、规则意识,引导人们自觉履行法定义务、社会责任、家庭责任,营造全社会都讲法治、守法治的文化环境"[2](134),唯此才有真正的法治基础。另一方面,建设法治国家需要有善良德性的司法者,唯有道德高尚的司法者,才能坚持法律面前人人平等,也才能在坚持公正、平等的基础上完善法治社会。此外,治理国家要依靠自己的良法,而良法从何而来? 良法应该源自对社会主义"道德应然"的充分认识和高度把握。事实上,理性意义上的法规,就其本体论层面而言,一定是基于对最广大人民利益的正确认识和把握,基于对和谐社会建设的客观规律的正确认识和把握,基于对促进人的全面发展规律的正确认识和把握。因此,必须深刻认识到,在国家治理过程中,德治和法治是互为补充、互相支持的,两者缺一不可。

四、人与自然和谐共生的生态环境伦理

新时代中国之治的重要环境条件和治理目的之一是人与自然的和谐共生。忽视这一点,中国之治将会出现国家治理体系和治理能力的"短板"。因此,生态环境伦理也应居于治理之伦理层次中的重要地位。事实上,新时代中国之治的重要手段和目的理应包括个人、自然、社会以及自然与社会处于最佳的理性生存状态,唯此才有国家治理现代化的良好环境,也才能完美体现国家治理体系和治理能力的现代化。这既需要"生态应当"的理念,更需要生态文明建设之应当的举措。

（一）"生态应当"三维度是国家治理的应有之义

"自然生态应当"是指自然界中的一切生物及其在一定环境中的相互关系与生存状态,它有着自在的生存和发展规律,这也是人类历史开始的前提。但是,人类在自然界中可以用自己的智慧改造自然界生物及其环境

的生存和发展状况,消除自在状态下的被动或消极因素。"社会生态应当"是指人和社会关系处在最理性状态,也可理解为道德性社会。在这一状态下,一方面,每个人在自由发展的状态下充分发挥自己的创造精神;另一方面,每个人都有尊严地劳动和有保障地生活,获得感、幸福感和安全感不断增强。此外,人与人之间能平等、和谐地相处,建设社会的凝聚力不断提升。"自然与社会生态应当"是指人与自然、社会和自然实现真正的和谐共生关系,自然规律和社会发展规律以及自然与社会发展规律得到尊重和遵守,自然的自为因素和社会的自然因素不断增强。"生态应当"的这三个维度应该是新时代国家治理体系和治理能力现代化的题中应有之义。若干年来,随着人们在改造自然过程中一定程度上对自然的应当性的忽视,生态问题日益严重,这也更加说明了树立"生态应当"理念的重要性,以及将"生态应当"作为国家治理重大目标的必要性。

(二)生态文明建设之应当

"建设生态文明,关系人民福祉,关乎民族未来"[1](208),所以生态文明建设之应当及其成效是国家治理的一个重要领域或重要考量指标,它更多地蕴含人类如何对待自然、社会和自然与社会的问题,这也是国家道德、社会道德和个人道德问题的集中体现。因此,要"推动绿色发展,促进人与自然和谐共生"[3](9)。具体来说,第一,应该尊重自然发展的规律,保护好自然环境和自然资源,改变或消除自然自在状态下的诸如泥石流、涸灾洪难等被动或消极因素;第二,应该遵循人类社会历史发展的规律,尊重人的存在及其价值,在主张和坚持自由、民主、公正、平等的基础上建设并实现和谐的、发展活力强劲的社会;第三,在社会凝聚力不断增强和生产力水平不断提高的情况下,"坚定不移走绿色低碳循环发展之路,构建绿色产业体系和空间格局,引导形成绿色生产方式和生活方式,促进人与自然和谐共生"[2](243)。

实践说明,只有树立人与自然和谐共生的理念,才能不断提升国家治理能力,也才能不断提高国家治理效果。

五、人类命运共同体的国际伦理

新时代中国之治离不开人类共同价值的张扬与国际和平环境的改善。"当今世界正经历百年未有之大变局,新一轮科技革命和产业变革深入发展,国际力量对比深刻调整,和平与发展仍然是时代主题,人类命运共同体理念深入人心,同时国际环境日趋复杂,不稳定性不确定性明显增加。"[3](4)就不稳定性和不确定性来说,人类社会除了面对战争这样的传统安全威胁,还面对意识形态、金融战、贸易战、网络安全、恐怖主义、气候问题等非传统安全威胁。因此,习近平总书记提出的"人类命运共同体"思想与国家治理体系和治理能力现代化有着不可忽视的逻辑关系,国际环境也将直接影响国家治理目标的实现。同时,人类命运共同体也关涉世界的和平与发展,并进而关涉我国综合国力的增强。习近平指出:"为了和平,我们要牢固树立人类命运共同体意识"[2](446),走和平发展道路,"坚持开放的发展、合作的发展、共赢的发展,通过争取和平国际环境发展自己,又以自身发展维护和促进世界和平,不断提高我国综合国力,不断让广大人民群众享受到和平发展带来的利益,不断夯实走和平发展道路的物质基础和社会基础"[1](247)。

（一）互相尊重,包容共存

当今世界,和平与发展早已成为各国相处的根本准则。尤其是在经济全球化不断深入的今天,每个国家都是居于世界经济、政治、文化、生态体系中的重要一环,并以其自身具有的特殊性不断丰富着国际社会的多样性。因此,在国际关系中,国家不分大小、地域不分贫富、文明不分高低,关系一律平等。有平等才有真诚的互相尊重,才有真诚的交流互鉴,才有真诚的包容、合作与发展。对此,十八大以来我国所推崇构建的"人类命运共同体"正是以坚持互相尊重、包容互惠、合作共赢的国际伦理观为基本的价值核心,强调只有摒弃以往的偏见,实现在主权、领土、政治、经济、文化等各个方面对他国的尊重,才能建设共同生存的巨大空间。

（二）和衷共济，合作共赢

在非传统安全问题多发的当下，各国在治理过程中已不能独善其身，诸如意识形态、金融战、贸易战、网络安全、恐怖主义、气候问题等非传统安全问题，在治理理念上的一个鲜明特征就是要求形成国际协同应对机制。进而言之，无论是在各国发展问题上，还是在应对国际公共安全问题上，和衷共济都是唯一的道路，只有以此为前提，才能实现真正的合作共赢。习近平总书记于2013年9月7日在纳扎尔巴耶夫大学演讲时说："我们要坚持世代友好，做和谐和睦的好邻居"[1](288)；"我们要坚定相互支持，做真诚互信的好朋友"[1](288)；"我们要大力加强务实合作，做互利共赢的好伙伴"[1](289)；"我们要以更宽的胸襟、更广的视野拓展区域合作，共创新的辉煌"[1](289)。尤其是在国际关系中，"遇到了困难，不要埋怨自己，不要指责他人，不要放弃信心，不要逃避责任，而是要一起来战胜困难"[2](487)。

（三）大国担当，奉献世界

承担大国责任，促进国际和平与发展，构建人类命运共同体，是我国的一贯主张。习近平总书记于2017年1月18日在联合国日内瓦总部的演讲中指出，"世界好，中国才能好；中国好，世界才更好"[2](545)。因此，"中国维护世界和平的决心不会改变"[2](545)，"中国永不称霸、永不扩张、永不谋求势力范围"[2](545)；"中国促进共同发展的决心不会改变"[2](545)，"我提出'一带一路'倡议，就是要实现共赢共享发展"[2](546)；"中国打造伙伴关系的决心不会改变"[2](546)；"中国支持多边主义的决心不会改变"[2](547)，"中国将坚定维护以联合国为核心的国际体系，坚定维护以联合国宪章宗旨和原则为基石的国际关系基本准则，坚定维护联合国权威和地位，坚定维护联合国在国际事务中的核心作用"[2](547)。面对这次突发的新冠肺炎疫情，中国作为负责任的大国，在依靠全国人民的力量抗击疫情的同时，严控疫情输出，而当疫情在全球蔓延时，我国又毅然从信息、物资、人员等方面给予世界卫生组织和其他国家及时的支持，提供医疗物资援助，积极分享抗疫经验，开展国际合作，充分展示了大国担当精神。

由是观之，习近平总书记提出的人类命运共同体理念和人类命运共同体建设的内容,既是国际合作与发展的美好愿景,也是国际伦理的一种经典诠释,更是不断推进国家治理体系和治理能力现代化的不可忽视的国际伦理视野。

总之,新时代中国之治彰显了推进治理现代化总体要求下国家治理体系与治理能力的巨大动能,同时也凸显了中国之治的伦理依据、伦理手段和伦理目的。可以说,从宏观到微观的整体伦理生态中,中国之治具有层层推进、有机统一、协调发力的治理伦理和伦理治理的功能,展示了新时代中国治理模式的新理念、新方案、新成效,并成为解析新时代中国之治发生学密码的伦理密钥,进而为推进国家治理体系和治理能力现代化、实现中华民族伟大复兴的中国梦提供了不可或缺的伦理视野,使之能够转化为国家治理的巨大现实动力与实践伟力。

参考文献:

[1] 习近平.习近平谈治国理政(第一卷)[M].北京:外文出版社,2017.

[2] 习近平.习近平谈治国理政(第二卷)[M].北京:外文出版社,2017.

[3] 党的十九届五中全会《建议》学习辅导百问[M].北京:党建读物出版社、学习出版社,2020.

[4] 马克思,恩格斯.马克思恩格斯选集:第1卷[M].北京:人民出版社,2012.

[5] 新华网.中国共产党第十九届中央委员会第五次全体会议公报[EB/OL].(2020 – 10 – 29)[2020 – 11 – 20].http://www.xinhuanet.com/politics/2020 – 10/29/c_1126674147.htm.

[6] 习近平.决胜全面建成小康社会 夺取新时代中国特色社会主义伟大胜利——在中国共产党第十九次全国代表大会上的报告[R].北京:人民出版社,2017.

(王小锡,南京师范大学教授、博士生导师,中国伦理学会名誉副会长,中央马克思主义理论研究和建设工程首席专家;本文发表于2021年第1期)

新时代中国之治的伦理意蕴

中国共产党建党精神的道德底蕴

靳凤林

每一个政党由于其赖以生成的社会条件、阶级基础、文化传统各异,在其历史发展过程中必然会形成区别于其他政党的文化形态集成和重要精神标识。习近平总书记在庆祝中国共产党成立 100 周年大会上,通过对中国共产党领导中国人民进行新民主主义革命、社会主义革命和建设、改革开放和新时代中国特色社会主义建设四个时期伟大成就的历史总结,将"坚持真理、坚守理想,践行初心、担当使命,不怕牺牲、英勇斗争,对党忠诚、不负人民"概括为中国共产党的伟大建党精神。要全面把握建党精神的深刻内涵,就必须对建党精神所蕴含的道德伦理意旨予以深入挖掘和科学梳理。唯其如此,我们才能真正悟得其根本要义,进而在实现中华民族伟大复兴的中国梦中,将这种伟大精神传承下去并发扬光大。

首先,"坚持真理、坚守理想"的建党精神充分彰显了中国共产党对各级党员干部"明大德"的根本要求。习近平同志指出:"中国共产党为什么能,中国特色社会主义为什么好,归根到底是因为马克思主义行!"而马克思主义之所以行,是因为它是充满真理性的科学理论。在马克思主义诞生之前,西方不乏各种主义和理论,如空想社会主义者的各种乌托邦理论,它们都具有悲天悯人的崇高道德情怀,围绕人类未来社会编织出无数美好愿景。但由于没有真正揭示出人类社会的发展规律,也就无法找到实现理想的有效途径,最终也就难以对人类社会发展产生实质性作用。而马克思创建的唯物史观和剩余价值学说,不仅科学地揭示了资本主义运行的特殊规律,也创造性地揭示了人类社会发展的普遍规律,为人类指明了从自然王国走向自由王国的正确途径,为广大人民群众指明了实现共产主义理想的光明大道,而理想信念之火一经点燃就会焕发出巨大的实践力量。十月革命一声炮响,为中国送来了马克思列宁主义,为苦苦探索救亡图存的中国人民提供了可供选择的全新方案。正是在马克思列宁主义同中国工人运动的紧密结合中,中国共产党应运而生。中国共产党诞生后,团结带领中国各族人民经过浴血奋斗,以不怕牺牲、排除万难,去争取胜利的革命英雄气概和勇气,完成了新民主主义革命和社会主义革命,建立起中华人民共和国和社会主义基本制度,进行了社会主义建设的艰苦探索,特别是经过改革开放和步入新时代之后取得了巨大成就,实现了中华民族从站起来、富起来到强起来的伟大飞跃。

从中国共产党百年奋斗史中,我们真正看清了马克思主义作为科学真理"行"在何处,中国特色社会主义和共产主义作为伟大理想"好"在何方。因此,自党的十八大以来,习近平总书记将"明大德"视为党员干部政德建设的重中之重。所谓"明大德",就是要求党员干部铸牢理想信念、锤炼坚强党性,在大是大非面前旗帜鲜明,在风浪考验面前无所畏惧,在各种诱惑面前立场坚定,凸显党员干部身份的政治属性、政治使命、政治目标、政治追求。新时代党员干部要真正做到明大德,就必须旗帜鲜明地确立和坚守马克思主义理论的指导地位,坚持用习近平新时代中国特色社会主义思想武装头脑,牢固树立共产主义远大理想和中国特色社会主义共同理想,用社会主义核心价值观强化党员干部的道德认同和道德实践,加强爱国主义、集体主义、社会主义教育,坚定"四个自信",增强"四个意识",坚决做到"两个维护"。

其次,"践行初心、担当使命"的建党精神充分体现了中国共产党人的"守公德"意识。如果说"坚持真理、坚守理想"反映了中国共产党人对其理论逻辑的坚定自信,那么"践行初心、担当使命"则是中国共产党人对其实践逻辑的最好诠释。习近平同志指出,不忘初心,方得始终。中国共产党人的初心和使命,就是为中国人民谋幸福,为中华民族谋复兴。这个初心和使命是激励中国共产党人不断前进的根本动力。中国共产党人之所以接受马克思主义理论,从根本上讲,是因为马克思主义理论是人民的理论,是关于人民自身解放的伟大思想体系。马克思、恩格斯创立的哲学、政治经济学、科学社会主义博大精深,但其全部内容归结到一点就是为人类求解放,要建立一个没有压迫、没有剥削、人人平等、人人自由的共产主义社会。正是因为这种理论植根于人民之中,指明了依靠人民推动历史前进的人间正道,它才具有了跨越国度、跨越时代的影响力。中国共产党人是马克思主义理论的忠实践行者,在革命、建设、改革开放时期,都始终如一地坚持以人民的需要为需要。毛泽东同志反复强调全心全意为人民服务,邓小平同志将人民拥护不拥护、答应不答应视作全部工作的出发点,江泽民同志"三个代表"重要思想主张首先要代表广大人民群众的根本利益,胡锦涛同志的科学发展观强调以人为本就是要在实现、维护和发展人民利益上不断取得重大进展。

党的十八大以来,"践行初心、担当使命"的建党精神集中体现在习近平总书记对党员干部"守公德"的具体要求上,他指出:"守公德,就是要强化宗旨意识,全心全意为人民服务,恪守立党为公、执政为民理念,自觉践行人民对美好生活的向往就是我们的奋斗目标的承诺,做到心底无私天地宽。"可见,这里守公德的"公"字体现在伦理价值层面就是守住公共领域的道德。对新时代的党员干部来说,就是要牢固树立"以人民为中心"的发展理念,始终把人民利益摆到至高无上的地位,让改革发展成果更多更公平地惠及全体人民。在当前条件下,就是要统筹推进"五位一体"总体布局和协调推进"四个全面"战略布局,为实现第二个百年奋斗目标不懈努力。这就要求党员干部在日常工作中,着力解决发展不平衡不充分问题和人民群众急难愁盼问题,要把全部精力用在稳增长、促改革、调结构、惠民生、防风险、保稳定上,努力让人民群众产生更多的获得感、幸福感、安全感,在共同富裕道路上取得更为明显的实质性进展。

再者,"不怕牺牲、英勇斗争"的建党精神充分昭示了中国共产党人

"严私德"的卓越品性。每一位中国共产党员都是有血有肉的生命个体，他们有着自己对衣食住行等基本生活的需要，有着自己追求美好生活的生存逻辑。同时，他们又是拥有崇高精神追求的历史存在物，有着自己所服膺和仰慕的生命价值逻辑，他们是生存逻辑和价值逻辑辩证统一的生命结合体。中国共产党人的高尚之处在于，当生存逻辑与价值逻辑发生冲突时，他们更加看重从有限的、局部的生命存在中获得无限的、整体的生命意义，亦即更加看重生存活动本身所具有的超越性价值逻辑，这集中反映在中国共产党人所遵循的集体主义伦理原则之中。中国共产党人在充分肯定集体利益的优先性与首要性的同时，又高度重视个人利益的正当性与合理性，并以二者的有机结合为最终目的。在二者不能兼顾时，主张个人利益服从集体利益，必要时牺牲个人利益来维护广大人民群众的集体利益，正是这种集体主义精神锤炼了中国共产党人"不怕牺牲、英勇斗争"的建党精神。一百年来，在应对各种困难和挑战中，中国共产党人不畏强敌、不惧风险、敢于斗争、勇于胜利，塑造出"只有站着死，绝不跪下生"的风骨和卓越品质，用无数革命烈士的鲜血浇灌出中国共产党这棵生命之树"百年恰是风华正茂"。

历史映照现实，过去昭示未来。进入新时代以来，"不怕牺牲、英勇斗争"的建党精神集中体现在习近平总书记对党员干部"严私德"的要求之中。所谓"严私德"就是要求党员干部严格自己的操守和行为，从小事小节上加强修养，戒贪止欲，克己奉公，永远保持自己内心世界的干净整洁，正确处理公与私、义和利、是和非、正和邪、苦和乐的关系，时刻以"吾将无我，不负人民"的道德标准严格要求自己。据不完全统计，从 1921 年至 1949 年，全国有名可查和其家属受到优抚待遇的烈士达 370 多万人。在新冠肺炎疫情突然来袭的危急时刻，全国 3900 万党员干部奋斗在一线，近 400 名党员献出了宝贵的生命；在脱贫攻坚战中有 1800 名党员干部的生命永远定格在了脱贫攻坚的战场上。习近平总书记在党史学习教育动员大会上明确指出："一百年来，在应对各种困难挑战中，我们党锤炼了不畏强敌、不惧风险、敢于斗争、勇于胜利的风骨和品质。这是我们党最鲜明的特质和特点。"正是依靠"不怕牺牲、英勇斗争"的建党精神,在统揽伟大斗争、伟大工程、伟大事业、伟大梦想中,中国共产党人创造了新时代中国特色社会主义的辉煌成就。

综上所述,中国共产党的建党精神不仅实现了理论逻辑与实践逻辑的统一、历史逻辑与现实逻辑的统一、生存逻辑与价值逻辑的统一,更是实现了明大德、守公德、严私德之间的逻辑统一。所有上述逻辑最终凝结在"对党忠诚、不负人民"这一建党精神的终极追求上;所谓"对党忠诚",即在任何时候任何情况下都不改其心、不移其志、不毁其节,对党一心一意、一以贯之、表里如一、知行合一;所谓"不负人民",就是以实际行动诠释对党的忠诚,从中国共产党的精神之源中汲取营养和力量,在自己的工作岗位上永远保持顽强拼搏的奋斗精神,乘势而上、再接再厉,在新的征程上再创辉煌。

（靳凤林,中共中央党校哲学部教授;本文发表于 2021 年第 5 期）

中国共产党百年乡村道德建设的历史演进与内在逻辑

王露璐

摘　要　中国共产党百年乡村道德建设结合不同时期革命、建设、改革和发展的具体任务而展开,大体可以分为四个时期:1921 年至 1949 年,通过土地改革进行乡村伦理秩序重建的革命性探索;1949年至 1978 年,在农业的社会主义改造进程中强化国家政治权威的建构,产生乡村道德生活同质化的倾向;1978 年至 2012 年,在农村改革和乡村社会转型中推进伦理变革与道德建设;2012 年以来,在实施乡村振兴战略中重构乡村发展伦理,全面推进乡村道德建设。始终坚持中国共产党的领导,始终坚持马克思主义唯物史观的基本立场和方法,始终坚持以农民为中心,始终坚持从乡村实际出发,构成了中国共产党百年乡村道德建设的内在逻辑和宝贵经验。

中国共产党在百年的革命、建设和改革过程中始终高度重视道德建设,根据各个阶段的具体纲领和任务,不同时期的道德建设也呈现出不同的主题和特点。可以说,道德建设已成为中国共产党自身建设的重要内容和特殊优势。中国共产党始终高度关注农村、农业和农民问题,并形成了一系列具有独创性、规律性的认识,也带来了中国乡村的百年巨变。其中,乡村道德建设对中国乡村社会的发展和中国共产党自身的建设都发挥了不可替代的重要作用。中国共产党在百年乡村道德建设的进程中,坚持马克思主义唯物史观的立场、观点和方法,根植中国乡土文化,传承中国优秀传统道德和革命道德,适应乡村社会的转型和发展,形成了具有中国特色的乡村道德建设思想。这些思想既体现在中国共产党各个时期的历史文件、农村调查文献和领袖著作中,也呈现于各个时期乡村道德建设的生动实践中。梳理、总结和分析中国共产党百年乡村道德建设的历史发展,总结成功经验并进行理论阐释与实践推进,既是学习和总结党的历史不可缺少的重要组成部分,亦是推进伦理学研究形成"中国范式"和"中国话语"的重要内容,更可为实施乡村振兴战略提供有益的理论和实践资源。

一、翻身(1921—1949):土地改革与乡村伦理秩序重建的革命性探索

从 1921 年中国共产党成立直至 1949 年中华人民共和国成立,中国共产党以土地改革为中心,在中央苏区、延安边区和各解放区领导农民运动、政权建设、经济建设和文化建设。"中国革命创造了一整套新的词汇,其中一个重要的词就是'翻身'。""对于中国几亿无地和少地的农民来说,这意味着站起来,打碎地主的枷锁,获得土地、牲畜、农具和房屋。但它的意义远不止于此。它还意味着破除迷信,学习科学;意味着扫除文盲,读书识字;意味着不再把妇女视为男人的财产,而建立男女平等关系;意味着废除委派村吏,代之以选举产生的乡村政权机构。总之,它意味着进入一个新世界。"[1]这一时期,中国共产党通过以土地改革为中心的乡村建设,领导农民实现经济、政治、文化上的"翻身",为乡村伦理新秩序的重建提供了经济基础和思想启蒙,也为中国共产党乡村道德建设积累了最初的理论架构和实践基础。

乡村是中国社会的基础。早在 20 世纪二三十年代,国内先进知识分子就逐渐认识到,改变中国现状首先要改变国人的观念,这就需要通过乡村伦理的理论探究和乡村道德建设实践,对占中国人口最大多数的农民之

观念进行改造和提升。其中,具有代表性的是梁漱溟的乡村建设理论和实践、晏阳初的平民教育理论和实践以及费孝通、陶行知等学者的乡村田野调查和乡村研究。在梁漱溟看来,西方文化的进入造成了"极严重的文化失调",其表现是"伦理本位的社会之被破坏"[2](61),而针对这一问题的解决方案是基于维护传统伦理文化的"乡土重建",形成新的乡村伦理规范。他发起"乡村建设运动",在邹平创办"山东乡村建设研究院",将中国乡村社会的道德伦理重建问题付诸实践,并对其后国民党政府的"新生活运动"产生了重要影响。晏阳初认为,乡村建设关键在人,要用教育去改造农民并重建道德伦理,从而"创立新的生活方式,建树新的社会结构"[3](177-178)。陶行知在南京创办了乡村师范学校,以"实施乡村教育并改造乡村生活"[4](22)为宗旨。费孝通通过对江苏开弦弓村的调查撰写的博士论文《江村经济》(后译名)指出,中国乡村发展既不是传统的复归,也不是西方工业文明的复制品。在《生育制度》和《乡土中国》中,他对基层乡村社会的伦理文化进行了深入的分析和研究,提出了关于乡村社会结构和伦理观念的经典概念和阐释。

　　总体上看,这一时期知识分子通过进行乡村道德改造和实验,虽然看到了乡村在中国社会的基础作用及伦理文化的重要影响,但却又过度倚重传统伦理道德的力量,试图通过民众生活层面的道德改良来挽救社会危机和谋求民族复兴,最终收效甚微。与这种具有改良性质的乡村道德建设路径不同,以李大钊、毛泽东等为代表的早期中国共产党人以马克思主义理论和方法为指引,深入农村开展调查,认识到中国农村、农民问题的根源在于帝国主义和封建主义的双重压迫。因此,他们号召农民团结起来,通过革命实现对乡村的彻底改造。也正是基于这一认识,中国共产党在革命根据地开展了以土地改革为核心、具有革命性质的乡村建设运动,以农民运动打破旧的伦理规范,为乡村伦理重建提供可能。

　　早在1919年,李大钊就在《青年与农村》一文中号召青年到农村里去,用思想启蒙村民,让村民勇敢地喊出自己的苦痛,粉碎现有压迫,主动要求解放。中国共产党成立后,中共领导人更加敏锐地认识到农村问题的

重要性,撰写了大量关于农民问题的文章。如陈独秀的《中国农民问题》
(1923)、李大钊的《土地与农民》(1925)、瞿秋白的《国民革命中之农民问题》(1926)。1925 年,党的四大通过了《对于农民运动之议决案》,明确强调农民作为无产阶级同盟军在中国革命中的重要地位,指出:"在农民运动中,我们必须随时随地注意启发农民的阶级觉悟。"[5][21] 议决案还特别提出了在乡村进行宣传教育的具体方法,例如,提出的口号要切合当地农民的需要,行动前应有充分的宣传,农会应通过设立夜校、识字班、推出讲演和新剧等形式开展乡村文化建设。1927 年,毛泽东在经过一个多月的调查后写出了《湖南农民运动考察报告》,明确提出:"农民若不用极大的力量,决不能推翻几千年根深蒂固的地主权力。农村中须有一个大的革命热潮,才能鼓动成千成万的群众,形成一个大的力量。"[6][17] 他还特别指出,中国共产党人要善于教育和启发农民,"菩萨要农民自己去丢,烈女祠、节孝坊要农民自己去摧毁,别人代庖是不对的"[6][33]。正是在上述思想的指导下,一批批共产党员深入田间地头,用朴实生动的语言向农民进行翻身做主人的思想启蒙,通过宣传党的革命纲领、组织各种革命活动,形成了农村革命风起云涌的新局面。

1927 年到 1937 年,中国共产党领导农村土地革命,在农村革命根据地建立了苏维埃政权,实行"耕者有其田"的土地政策。抗日战争时期,中国共产党在解放区实行减租减息政策,保障广大农民的利益。解放战争时期,党的土地政策开始向没收地主的土地转变。土地革命推翻了封建宗法等级制度的经济基础,极大地解放了农村生产力。农民第一次成为土地的主人,改变了以往被剥削的不平等地位。拥有了土地的农民不仅收获了自己的劳动成果,更收获了为自己生产、劳作的主人意识。"从前是牛马,现在是主人",占农村人口绝大多数的贫雇农在政治、经济和社会地位上获得了"翻身"。"打倒帝国主义,打倒军阀,打倒贪官污吏,打倒土豪劣绅,这几个政治口号……飞到无数乡村的青年壮年老头子小孩子妇女们的面前,一直钻进他们的脑子里去,又从他们的脑子里流到了他们的嘴上。""'自由'、'平等'、'三民主义'、'不平等条约'这些名词,颇生硬地应用在他们的生活上。"[6](34)可以说,这一时期的土地改革不仅是乡村经济政治制度的改革,也是中国共产党乡村道德建设的核心。处于社会最底层的贫苦农民在中国共产党的领导下行动起来,封建等级秩序的合法性开始动摇,取消阶级差别的平等观在广大农民思想意识中萌芽初生,广大农民的思想觉悟、组织程度和道德素质全面提升。

二、改造(1949—1978):国家权威的建构和乡村道德生活的同质化

1949 年,中华人民共和国的成立翻开了中国历史新的一页。自 1949年到 1978 年,中国共产党在乡村领导农民通过制定一系列政治和经济政策推动乡村社会的发展。这一进程所呈现的基本态势,是对乡村经济、社会和文化的彻底改造。在此进程中,中国共产党也通过开展多种形式的乡村道德建设,对乡村社会的主体——农民以及原有的乡村伦理关系和道德生活进行了改造。

中华人民共和国成立后,中国共产党继续以革命根据地的乡村建设路线为指导,通过土地改革恢复和发展农业,同时加强对农民进行反封建主义的道德教育。1950 年 6 月颁布的《中华人民共和国土地改革法》中明确规定"废除地主阶级封建剥削的土地所有制,实行农民的土地所有制"[7](336),从根本上保证了农民成为土地的主人,也为彻底打破封建宗法等级制度奠定了经济基础。无论是"依靠贫农、雇农,团结中农,中立富农"的土改运动整体纲领,还是通过工作队组织贫雇农诉苦大会和"算剥削账",抑或是农会组织"划分成分"活动,中国共产党激发了广大农民的政治意识和阶级觉悟,使得贫雇农群体在参与这一系列政治活动中日渐消解其根深蒂固的"天命观"和封建宗法等级思想,经济平等意识与政治平等意识逐步萌发。"以前是地主的天下,现在是我们的世界"[8](425),获得土地的农民真正认清了"谁养活谁"的问题,改变了千百年来政治上的麻木与盲从,其阶级觉悟和爱国、爱党的政治热情空前高涨。

1953年起,党领导人民开始大规模的社会主义改造。1953年12月公布的《中国共产党中央委员会关于发展农业生产合作社的决议》,标志着全国农业互助合作运动进入以全面发展农业生产合作社为中心的阶段。决议明确提出:"这种由具有社会主义萌芽、到具有更多社会主义因素、到完全的社会主义的合作化的发展道路,就是我们党所指出的对农业逐步实现社会主义改造的道路。"[9](662) "在农业的社会主义改造过程中,各级党的组织联系社员的实际生活,不断在社员中进行社会主义和资本主义两条新旧道路的教育;进行关于工农联盟的教育;教育社员把个人利益和集体利益及国家利益结合起来;教育社员积极从事劳动;教育社员加强劳动纪律和互相团结;教育社员成为遵守国家法令和响应国家各项号召的模范;教育社员爱护公共财产;教育社员善于团结和帮助单干农民。"[10](338) 这一改造进程强化了农民对中国共产党建构的政治权威的服膺及对集体主义道德话语的认同,增强了农民政治参与的主动性、合法性,使农民不仅认识到自己已经成为主人,也通过思想的改造产生与主人身份相匹配的价值观念和思想意识。

其后,人民公社政社合一的体制在中国农村延续了二十多年,集权化的农村生产方式、供给模式和户籍制度几乎阻断了农民与外界交往或流动的可能,公社社员在脱离公社的情况下难以生存,这不仅进一步强化了社员对公社及其所代表的国家权威的高度认同,也导致村庄内部出现了各方面的同质化倾向。"在社会身份上,他们从事着相同的职业,都是人民公社的社员;在经济收入上,身体好的和不好的、干活卖力的和不卖力的也不会有多少差别;在文化教育上,他们听同一种广播、唱同一支歌曲、看同一部电影、上同一所学校;最后,在日常生活上,他们也在食堂吃同一种饭菜,在提倡'组织军事化、生产战斗化、生活集体化'的公社初期,晚上甚至还睡在同一张床上。"[11](182-183) 一方面,这种同质化能够增强农民对村集体的认同和村庄共同体的内部凝聚力,甚至形成独特的村庄精神文化资源;另一方面,这种同质化也在一定程度上削弱了农民的主体意识和主动性、创造性,农民的求富冲动被极大地抑制,平均主义的分配方式甚至导致农民习惯于享受集体的利益而丧失了个体的责任意识。

三、改革(1978—2012):乡村转型与发展中的伦理变革与道德建设

十一届三中全会的召开是中华人民共和国成立后党的历史上的伟大转折。通过实行家庭联产承包责任制,改变了低效的农业生产方式,打破了平均主义的分配方式,推动了乡村社会生产力的快速发展,也开启了中国改革开放和建设中国特色社会主义的新时期。这一时期,中国共产党将乡村道德建设与乡村经济社会发展融为一体,以乡村经济的快速发展和社会的全面进步为道德建设奠定坚实基础,又通过道德建设为乡村发展提供强大的精神动力,为马克思主义唯物史观视野中经济发展与道德进步的关系提供了鲜活的中国例证。

伴随着改革开放的进程,以市场化、城镇化为基本内容的乡村社会转型改变了中国乡村社会的生产方式和生活方式,引发了乡村伦理关系和农民道德观念的变化。市场经济的发展既推进了乡村社会的全面进步,也在一定程度上导致乡村社会出现了村庄共同体内部凝聚力、道德评价和道德权威力量弱化等问题,其根源在于转型中的乡村伦理出现了传统理念与现代意识间的冲突与紧张。例如,传统农民以土地为根基的"安全第一"的生存伦理原则与市场化进程中农民"经济理性"意识的冲突;小农的平均主义和求同求稳、小富即安的保守观念,与勤劳致富、先富光荣的行为选择和道德评价之间的紧张;基于传统熟人社会的"特殊信任"与契约精神和规则意识导向的"普遍信任"的冲突;传统乡土社会的"礼治秩序"与法治现代化进程中的乡村"法治秩序"之间的博弈;等等。可以说,这些冲突和紧张是转型期中国伦理文化面临的现代性问题在乡村场域中的缩影。从一定意义上说,较之传统的"乡土中国",今天的"新乡土中国"是一个"现代性的乡土社会",与之相契合,需要实现"乡土伦理"的现代转型。

也正是基于对乡村社会转型中伦理冲突的深刻认识，这一时期，中国共产党在扎实推进各个层面的思想教育和道德实践的过程中，始终高度关注农村精神文明建设。1995年，中宣部和农业部（现农业农村部）联合下发《关于深入开展农村社会主义精神文明建设活动的若干意见》，为农村道德建设提供了方向指引和具体路径。党的十六大提出了建设社会主义新农村的战略任务，十六届五中全会提出"生产发展、生活宽裕、乡风文明、村容整洁、管理民主"的社会主义新农村建设总体要求。其后，党的历次会议都对新农村建设和农村精神文明建设提出部署和要求。总体上看，这一时期的乡村道德建设与农村经济、社会发展紧密结合，以农民关切的民生问题为抓手，以农民喜闻乐见的形式为平台，创造了很多鲜活经验和生动案例。2009年1月，中央文明委对一批全国精神文明建设工作先进典型进行表彰。其中，全国文明村镇672个，全国创建文明村镇先进村镇1192个。当年9月，中宣部和中央文明办召开全国农村精神文明建设工作经验交流会，重点总结推广贵州遵义以"四在农家"为载体、着力提高农民素质、塑造现代新型农民的做法和经验，对其后的农村道德建设起到了积极作用。2011年2月，中共中央办公厅、国务院办公厅印发《关于进一步加强新形势下农村精神文明建设工作的意见》，在总结党的十六大以来农村精神文明建设成功实践和重要经验的基础上，明确了当前和今后一个时期农村精神文明建设的总体要求、基本原则和工作思路，从而为农村道德建设提供了基本指向和实践指南。①

四、振兴（2012— ）：乡村发展伦理的重构及道德建设的全面推进

党的十八大提出全面建成小康社会、全面深化改革、全面依法治国、全面从严治党的战略布局，将建设美丽乡村作为推进社会主义新农村建设的

---

① 参见韦冬主编：《中国共产党思想道德建设史》（下），山东人民出版社2015年版，第668—670页。

重大举措。习近平指出:"新农村建设一定要走符合农村实际的路子,遵循乡村自身发展规律,充分体现农村特点,注意乡土味道,保留乡村风貌,留得住青山绿水,记得住乡愁。"[12]党的十九大报告将乡村振兴战略上升为国家发展战略,强调"坚持农业农村优先发展""加快推进农业农村现代化",指出"实施乡村振兴战略,是解决人民日益增长的美好生活需要和不平衡不充分的发展之间的矛盾的必然要求"[13]。

乡村振兴战略的目标在于实现农业、农村和农民的全面发展。这种发展不是单纯的数量增长,也不是使乡村转变为城市或服从、服务于城市的发展。乡村发展应当体现为身处其中且作为主体的农民的发展,而不是符合居于乡村之外的"他者"意愿的发展。"探讨乡村发展问题,应当首先确立以农民为本的发展伦理,并在价值目标、伦理根基和道德评价三个层面给予体现。农民的'美好生活',是确定乡村发展目标的价值指引;农民的主体性及其发挥,是实现乡村发展的伦理根基;农民的全面发展,则是对乡村发展进行道德评价的根本原则。只有构建以农民为本的乡村发展伦理,才能保证作为乡村主体的全体农民在共建共享中不断增强获得感、幸福感和满足感,从而真正实现农民的全面发展和乡村社会的不断进步。"[14]

党的十八大以来,以社会主义核心价值观为引领,以培育文明乡风、良好家风、淳朴民风为目标,包含社会公德、职业道德、家庭美德、个人品德建设的乡村道德建设持续推进,乡村社会文明程度和农民公德素质不断提高。通过对地处中国不同区域的典型村庄进行田野调查①,笔者认为,社会主义核心价值观引领、"地方性知识"融入和自治、法治、德治相

---

① 2017—2018 年,笔者在完成国家社会科学基金重大招标项目"中国乡村伦理研究"过程,带领课题组先后对湖南郴州西岭村、湖北黄冈赵家湾村、甘肃定西辘辘村、江西抚州下聂村、江苏无锡华宏村、山东济宁王杰村、广东湛江林屋村共 7 个村庄进行了问卷调查和深度访谈相结合的田野调查。7 个村庄分别位于我国不同区域,具有一定的典型意义。问卷调查使用多阶段系统抽样方法,回收结果使用 SPSS 统计分析软件进行数据处理和汇总分析。同时,在每个村庄,课题组按照兼顾年龄、性别、收入、职业的原则,分别选取 10 名左右的访谈对象进行了深度访谈。共收回有效问卷805 份,并与 74 位村民进行了深度访谈。此外,课题负责人还带领团队对浙江丽水的"乡村春晚"、江苏徐州马庄村的基层文化建设进行了专项调研。

结合,是乡村道德建设在党的十八大以来不断推进的主要路径和成功经验。

第一,以社会主义核心价值观为引领,建设文明乡村。社会主义核心价值观是全国各族人民共同认同的价值观的"最大公约数"。在文明乡村建设过程中,积极培育和践行社会主义核心价值观,对于激发农民群体积极性、主动性、创造性,不断提升农民道德素养、推进乡村道德建设具有重大理论和现实意义。首先,党的基层组织不仅是确保党的路线方针政策和决策部署贯彻落实的基础,也是乡村道德建设得以有效推进的重要保证。新时代文明乡村建设,必须始终坚持农村基层党组织的领导地位,充分动员和调动全体村民的力量,将社会主义核心价值观融入村民日常生产生活之中,在村庄形成学习和践行社会主义核心价值观的良好氛围。例如,江苏省徐州市马庄村自20世纪80年代末起,每月定期举行升国旗仪式并开设党课、开展党员党日活动,从未间断。如今,马庄村党委还建立了党员联系户制度,全村户户有党员联系,实现了小矛盾不出党员联系人、大矛盾不出党小组的矛盾协调机制,形成了"党风正、民风淳、人心齐"的良好局面,为社会主义核心价值观在村庄的广泛宣传和充分普及奠定了基础。其次,要发挥党员干部的道德示范和引领作用。农村基层党员是乡村社会的骨干力量,对村庄道德建设具有模范带头作用。基层党员干部以身作则,用高尚的道德情操感染和带动群众,能够凝聚村庄价值共识,促进乡村精神风貌的提升。最后,要推动社会主义核心价值观在基层村庄和村民中入脑入心,培育具有良好道德素养的新农民。不同村庄应当利用自身的伦理文化资源,将社会主义核心价值观的内容以农民喜闻乐见的形式融入日常生产和生活当中。例如,浙江丽水借助"乡村春晚"这一平台,在村民自导自演的节目中潜移默化地宣传社会主义核心价值观,让村民在休闲娱乐的同时深化对社会主义核心价值观的理解和认同,取得了十分显著的效果。

第二,以"地方性知识"的融入为特色,创新乡土文化。乡土文化集中反映着某一区域的道德知识和道德观念,其创造性转化和创新性发展不能消解地方性特色,而是要在充分把握地方性知识的基础上,与时俱进地丰富自身的内容。一是要不断丰富乡土文化内容。乡村道德建设应当准确把握时代脉搏,积极探索与当地自然和人文环境相契合的现代文化价值,努力将传统乡土文化中的优秀基因与现代文化价值有机结合。二是要打造乡村特色公共道德平台。村庄公共道德平台要与当地村民的生产、生活方式相适应,与其物质和精神需要相契合,才能够有效地发挥作用。例如,湖北黄冈赵家湾村根据村民喜爱跳广场舞的实际情况,在村委会门前修建广场,打造村庄广场舞平台,起到了服务村民、凝聚共识的作用;徐州马庄村将村民集中到"香包大院"从事传统香包生产,既能形成规模经济,提高村民收入,也能以此搭建新型的村庄公共道德平台,从而在村庄营造良好的道德评价氛围,形成有效的道德约束机制。

第三,以自治、法治、德治的结合,完善乡村治理。党的十九大报告强调,"加强农村基层基础工作,健全自治、法治、德治相结合的乡村治理体系"。在乡村治理的实践中,"村民自治能够以村民根本利益为出发点,充分调动村民的主体性、积极性,发挥'地方性知识'的作用,成为法治和德治的前提与基础;法治则凭借法律的优良性和强制性为自治提供制度保障、为德治框定有效边界;德治可以通过提升村民思想道德素质为自治和法治提供价值支撑与指引。自治、法治、德治相结合,才能够有效提升乡村治理水平,促进乡村振兴战略顺利实施"[15]。在村庄调研中我们发现,大部分村民遇到与其他村民的纠纷尤其是经济纠纷时,仍会选择"找村委会或村党支部解决"。而村两委在调解纠纷的过程中,又会做到以法律为基准,在法律允许的框架内,利用村庄既有风俗习惯或村规民约等化解矛盾。由此,形成了以"三治"融合为基础,协调村庄关系的新型治理体系。

回顾中国共产党成立百年来乡村道德建设的历程,不难发现,在不同的历史时期,中国共产党始终如一地在乡村开展形式多样、卓有成效的道德建设。尽管百年来的乡村道德建设结合不同时期革命、建设、改革和发展的具体任务而展开,但中国共产党在领导乡村道德建设的进程中始终以

"四个坚持"的内在逻辑为基本遵循。其一,始终坚持党的领导,通过加强和改进农村基层党组织的战斗力和凝聚力,为乡村道德建设提供正确的方向引领和坚实的组织保障;其二,始终坚持马克思主义唯物史观的基本立场和方法,从乡村社会的经济发展和利益关系变动中寻找道德变化发展的规律,为乡村道德建设夯实经济基础和制度根基;其三,始终坚持以农民为中心,把改造农民思想和全面提升农民道德素养作为中心任务,为乡村道德建设提供有力的主体保证;其四,始终坚持从实际出发,通过关注和解决农民最迫切的民生问题,为乡村道德建设提供和谐的社会环境。深刻认识和始终遵循这一内在逻辑,既是中国共产党百年乡村道德建设取得历史成就的宝贵经验,也可以而且应当成为乡村全面振兴中进一步加强道德建设的理论支撑和实践保障。

参考文献:

[1] 〔美〕韩丁. 翻身——中国一个村庄的革命纪实[M]. 韩倞,等,译. 北京:北京出版社,1980.

[2] 梁漱溟. 乡村建设理论[M]. 上海:上海人民出版社,2011.

[3] 宋恩荣,编. 晏阳初文集[M]. 北京:教育科学出版社,1989.

[4] 中央教育科学研究所教育理论研究室《陶行知年谱稿》编写组,编. 陶行知年谱稿[M]. 北京:教育科学出版社,1982.

[5] 中国现代革命史资料丛刊·第一次国内革命战争时期的农民运动资料[M]. 北京:人民出版社,1983.

[6] 毛泽东. 毛泽东选集:第1卷[M]. 北京:人民出版社,1991.

[7] 中共中央文献研究室,编. 建国以来重要文献选编:第1册[M]. 北京:中央文献出版社,1992.

[8] 中国社会科学院,中央档案馆,编. 1949-1952 中华人民共和国经济档案资料选编:农村经济体制卷[M]. 北京:社会科学文献出版社,1992.

[9] 中共中央文献研究室,编. 建国以来重要文献选编:第4册[M]. 北京:中央文献出版社,1993.

[10] 韦冬,主编. 中国共产党思想道德建设史(上)[M]. 济南:山东人民出版社,2015.

[11] 周晓虹.传统与变迁——江浙农民的社会心理及其近代以来的嬗变[M].北京:三联书店,1998.

[12] 坚决打好扶贫开发攻坚战 加快民族地区经济社会发展[N].人民日报,2015-1-22.

[13] 中共中央国务院关于实施乡村振兴战略的意见[N].人民日报,2018-2-5.

[14] 王露璐.谁之乡村? 何种发展? ——以农民为本的乡村发展伦理探究[J].哲学动态,2018,(2).

[15] 王露璐,刘昂.自治、法治、德治相结合的乡村治理[J].绍兴文理学院学报(人文社会科学),2018,(5).

(王露璐,南京师范大学乡村文化振兴研究中心主任,公共管理学院教授、博士生导师,中国特色社会主义道德文化协同创新中心首席专家,中华文化发展湖北省协同创新中心研究员;本文发表于 2021 年第 6 期)

共同富裕的行动逻辑及其伦理协同

李建华

摘　要　共同富裕既是一个内涵丰富的理论命题,更是一个重大的实践问题;既是一个整体性概念,更是逻辑严密的集体行动。从结构上看,共同富裕存在一个由经济逻辑、政治逻辑和道义逻辑构成的逻辑链;而从过程上看,共同富裕需要从理论逻辑到行动逻辑再到现实逻辑。问题在于,在这些逻辑之间并非自然形成有机连接,而是在具体行动中可能出现"脱节"状态,甚至产生"互反"情形。出现行动逻辑悖理的根源在于对不同领域自身逻辑的偏执与固化,同时也跟效率与公平、个人利益与集体利益在行动层面难以相兼有关,这就需要有超越于三种逻辑之上的伦理力量对此进行协同。伦理协同就是通过协调、利益均衡与伦理连接等方式来调节利益关系,实现个人利益、集体利益与社会利益的有机统一,使全体人民真正朝着共同富裕的目标扎实迈进。

平等、自由、和谐等是人类永恒的价值追求,也是最基本的政治理想和伦理目标,从《理想国》《乌托邦》到共产主义社会、从大同理想到小康社会,无不是这种追求的体现。共同富裕在中国语境中是一个具有深厚文化底蕴的历史命题,更是中国特色社会主义伟大事业的应有之义。从改革开放初期提出"允许一部分人、一部分地区先富起来",到党的十八大后逐步把实现全体人民共同富裕提上重要日程,充分说明了中国共产党人为实现这一目标所付出的巨大努力。"共同富裕是社会主义的本质要求,是中国式现代化的重要特征"[1],这是在新的历史条件下提出的更具理论高度和实践价值的重大命题,需要我们进行新的科学认识。但对其理解如果不是基于"整体概念"这一基本判断,因简单理解而带来的理论片面性和行动单一性就不可避免。就共同富裕的丰富内涵而言,很难从单一的知识层面解析清楚,必须抓住实质问题。一方面,我们必须清醒地看到共同富裕本质上是利益分享(共享)问题;另一方面,实现共同富裕要靠集体行动,必须真实于行动逻辑。因此,探讨共同富裕始终离不开伦理的视角,特别是要通过多层含义去发现其复杂的逻辑链,并从中找到能超越单一逻辑的共同点,从而进行伦理协同。唯其如此,共同富裕无论作为理论命题还是实际行动,其真正的"整体性"就可以凸现出来,并具体化为一种多因素、多层面、渐进式高度协同的集体行动。

一、共同富裕的三重驱动逻辑

共同富裕涉及经济、政治与道德三个维度,也内在地蕴含了三重逻辑,即经济逻辑、政治逻辑、道德逻辑。这三重逻辑尽管各有其侧重,并具有不可改变和逾越的行动法则,但在合目的性上会形成一个无法分割的逻辑链,由此决定了共同富裕的实现在理论层面是三重逻辑的协同过程。

共同富裕的前提是富裕,特别是物质层面上的富裕,没有富裕就无所谓共同富裕,而富裕是要靠发展经济的,因此,经济逻辑是共同富裕的首要逻辑,共同富裕首先只能是市场的逻辑、发展的逻辑,或"做蛋糕"的逻辑。这就意味着共同富裕要大力发展经济,要坚持以经济建设为中心不动摇,即便富裕被理解为包含了精神富裕,同样应该以经济富裕为前提。离开物质富裕而奢谈精神富裕,要么是自愿"出丑",要么是自暴无知。这一方面是由历史唯物主义基本原理所提示的人类发展基本规律决定的,另一方面也是由中国的基本国情决定的。从马克思主义唯物史观看,生产力是社会发展的决定因素,而生产力诸要素相结合的社会形式又构成现实的生产关系,而物质生产和再生产过程中所形成的经济关系就构成特定的生产方式,生产方式又决定社会结构,特别是制度层面和意识形态层面的上层建筑。"物质生活的生产方式制约着整个社会生活、政治生活和精神生活的过程。"[2](32)社会的分配方式是由生产方式决定的,既然生产优先于分配,没有生产,就没有分配,那么富裕对于共同富裕就具有了决定性的意义,即没有富裕,就没有共同富裕。而我们无法回避的客观事实是,"我国仍处于并将长期处于社会主义初级阶段的基本国情没有变,我国是世界最大发展中国家的国际地位没有变"[3](10)。既然我们还处于社会主义初级阶段,并且是发展中国家,优先发展经济就是天经地义,就是硬道理,就是铁逻辑。共同富裕首先应该是一种经济事实和经济追求,其基础仍然是解放生产力和发展生产力,仍然是按照市场规律来大力提高经济增长总量,仍然是保持经济增长速度来跨越"中等收入陷阱"。这就需要追求创新、协调、绿色、开放、共享的发展理念,激活各种市场主体的活力,加大自主创新,塑造产业竞争新优势,提高循环经济的实效,尽最大努力做大"蛋糕",建设富裕中国。以任何其他借口否定经济发展的优先性,都是对共同富裕这一社会主义价值目标的亵渎。

问题在于,经济增长并不能自发地实现共同富裕,共同富裕的任务并不能完全交给自由市场,经济逻辑也许可以带来资本的增殖,但并不意味着社会人均财富的同步增长。诚如托马斯·皮凯蒂认为:"如果资本收益率仍在较长一段时间内显著高于经济增长率(这种情况在增长率低的时候更有可能发生,虽然并不会自发产生),那么财富分配差异化的风险就变得非常高。"[4](27)中国共产党深刻认识到了贫穷不是社会主义这个道理,百年来一心一意为人民求解放、谋富裕,始终把逐步实现全体人民共同富裕摆在重要位置。特别是党的十八大以来,中国共产党把握发展阶段新变化,大力推动区域协调发展,采取有力措施保障和改善民生,打赢脱贫攻坚战,全面建成小康社会,为促进共同富裕创造了良好条件,现在"已经到了扎实推动共同富裕的历史阶段"[1]。既然共同富裕是社会主义的本质要求,是社会主义制度优越性的具体体现,更是中国共产党人的历史使命,时不我待,势在必行。这就必然产生实现共同富裕的政治逻辑,即要通过国家、政府的行政权力来坚决防止两极分化,实现社会和谐安定。这样,经济目标就转化成为政治任务。政治逻辑就是通过公权力来调节公共利益,实现大致均衡,避免收入差距过大而带来的社会不安。目前,我们的收入不平等程度一直在高位徘徊。据统计,从20世纪80年代到21世纪初期,全国居民收入基尼系数从0.31攀升至0.45,农村居民收入基尼系数从0.25上升到0.36,城镇居民收入基尼系数从0.18上升到0.33。同时,2015年我国收入前10%群体财富份额占社会财富总额的67%,2018年该群体收入已是最低10%人群的10.9倍。[5]显然,这种两极分化是不能靠市场调节来解决的,必须通过行政手段对初次分配的结果进行调整,特别是通过税收和福利政策来实现对社会成员生存权和发展权的保障,使富裕的共同化实现从"自发"过渡到"自为"。

然而,依靠政治手段也许可以实现利益分配的相对均衡,但很容易拘束于行政目标,特别是当福利政策因家底不足而难以高位满足时,政府很难无所不包,只能把重点放在加强基础性、普惠性、兜底性民生保障上。即便通过税收政策可以调节高收入阶层,但这种强制性措施是有限度的,而共同富裕的最高目标不是"搞整齐划一的平均主义"[1],而是促进社会公平正义,这就需要共同富裕的道德逻辑。道德逻辑既超越了"看不见的手",也超越了权力控制的可能"任性",而是指向一种超越单一获利性的"公共善"。如果说,基于经济逻辑的分配是"初次分配",基于政治逻辑的是"再分配",那么基于道德逻辑的分配可称之为"第三次分配"。在20世纪90年代,经济学家厉以宁教授提出"第三次分配"概念,其主要是指"在市场分配和政府分配之后,第三次分配是存在的,这就是在道德力量影响下的收入分配"[6]。第三次分配有别于前两者,主要是企业、社会组织、家族、家庭和个人等基于自愿原则和道德准则,以募集、捐赠、资助、义工等慈善、公益方式对所属资源与财富进行分配[7]。目前国内兴起的社会慈善、公益募集、志愿服务等活动,都是第三次分配的具体形式,从不同方面、以不同方式进行着社会财富的道德式转移,以及对社会弱势群体在物质和精神方面的帮扶与救济,其深层的理据就是道义论。道义论侧重于从人的善良动机引出行动的正当性和合理性,即人必须按照某种道德原则去行动,并且这是人的义务和责任。同时与功利论不同,道义论强调道德评价的标准是公共利益和整体利益,而不是个人利益,正如辛格所言,"如果我们有能力阻止某些不好的事情发生,而不必因此牺牲具有同等道德重要性的东西,那么从道德上来说,我们就应当如此行动"[8](34)。所以无论慈善事业还是志愿服务都是基于道德自愿并有利于他人利益或社会整体利益的行为,是一种通过"扶弱"而实现共同富裕的有效方式,从而弥补了初次分配中"自利"与再分配中"抑强"的缺陷。

既然共同富裕是一个"整体概念",对其内涵的正确把握就应该有整体性思维,任何从单一角度或层面的解读,都会造成误解。同时,我们也应该认识到,共同富裕的经济逻辑、政治逻辑和道德逻辑是密切相关的,形成一个有机链条。这一方面是由社会结构要素从经济到政治再到道德的"梯度"依赖所决定的;另一方面是共同富裕的"共同"复杂性决定的,因为它不仅涉及社会差异化问题,而且涉及空间的特指性和时间上非同步的过程性。共同富裕三重理论逻辑的复杂性需要具体的行动逻辑来简化,从中找到不同逻辑之间的相容处与连接点。从《中共中央关于制定国民经济和社会发展第十四个五年规划和二〇三五年远景目标的建议》,到《中共中央关于党的百年奋斗重大成就和历史经验的决议》,以及习近平总书记在《求是》杂志发表的重要文章《扎实推动共同富裕》,构成了一个实现共同富裕的行动纲领。这是一个包含了行动目标、行动原则、具体措施、完整过程、成效检测等核心要素的严密的行动逻辑体系。这是对共同富裕理论逻辑的超越,因为行动才是硬道理,实践才是试金石。

二、共同富裕行动逻辑脱节的可能

既然实现共同富裕是一种集体行动,这种行动逻辑链条的有机构成在理想模型中可能存在,但在具体的行动逻辑上可能会发生不相容甚至冲突,这是我们必须要充分考虑的。如果我们承认实现共同富裕是国家层面一个全方位的整体性行动,是一种社会整体利益的大发展与大调整,那么就无法回避个体利益与整体利益以及各利益主体间的博弈。美国经济学家曼瑟尔·奥尔森曾在《集体行动的逻辑》一书中指出,集体利益可以区分为相容性的(inclusive)和排他性的(exclusive)两种,由此,集体也可以区分为利益相容性集体和利益排他性集体。这两种集体的行动逻辑是不同的,相容性集体碰到的是"分蛋糕"问题,且分的人越少越好,集体越小越好;而排他性集体碰到的是"做蛋糕"的问题,且希望做的人越多越好,集团规模越大越好。所以,奥尔森认为,与排他性集团相比,只有相容性集团有可能实现集体的共同利益。① 当然,相容性集体实现共同利益仅仅是可能,因为集体中的个人还存在"搭便车"的问题,这就需要有一种选择性激励,即对每个人都要赏罚分明。"只有一种独立的和'选择性'的激励会驱使潜在集团中的理性个体采取有利于集团的行动。"[9](41) 如果照此理论逻辑,共同富裕的利益复杂性在于相容性与排他性的并成,因为既要"做蛋糕",也要"分蛋糕",并且还要分得大家都满意。如果仅仅是按劳分配也简单,问题在于,在实现共同富裕的过程中有人无法或没能力参与"做蛋糕",但我们也要保证他们的"应得",这就需要避开集体中个体间的利益博弈,只能围绕共同富裕这一大目标,用"做加法"的方式不断递增。"因此,一个集团的行为是排外的还是相容的,取决于集团寻求的目标的本质,而不是成员的任何性质。"[9](32)共同富裕的目标是实现全体人民的共同富裕,并且是物质生活和精神生活都要富裕,并以此来促进社会的公平正义和人的全面发展。我们可以不考虑单个社会成员的性质,但利益的排他性和相容性都是以个人为基点,无论选择性激励如何有效,也无法保证共同富裕的经济逻辑、政治逻辑与道德逻辑在行动过程中不发生脱节或断裂。

从社会结构要素来看,经济、政治与道德是有机联系的。经济是社会

① 参见〔美〕曼瑟尔·奥尔森:《集体行动的逻辑》,陈郁、郭宇峰、李崇新译,上海三联书店、上海人民出版社 1995 年版,第 6 页。

存在和发展的基础,政治和道德属于上层建筑,前者是制度性的,后者是观念性的。按照历史唯物主义的观点,上层建筑是由经济基础决定的,相互之间具有作用与反作用的关系,这是社会发展与历史发展的一般规律。可问题在于,经济、政治与道德之间不是一种无缝对接的互助式关系,会存在断裂甚至互反的可能,因为它们是梯级依赖,会出现中间环节。马克思主义把社会结构分为生产力和生产关系、经济基础和上层建筑两大基本矛盾,从经济基础到生产关系再到上层建筑形成梯级关系,也就是层级依存,即前一级为上一级的基础,不能断层,不能越级,并且每一级问题的解决主要依存上一层级要素,如经济基础上解决不了的问题,交给政治(政府)干预,政治问题的解决又往往通过法治,法律也保证不了自身就是"良法",于是需要伦理道德的规约,而伦理问题必须诉诸信仰机制,于是要依赖于宗教①。特别是当经济、政治与道德具体化为实践的时候,是否会因行动者的价值立场或理性遵循的差异而产生不协调,毕竟理论的逻辑代替不了行动的逻辑,经济理性、政治理性、道德理性之间从来就不是天然的一致。经济理性在谋求利益最大化的同时,主要是私利化。政治理性在谋求利益权力化的同时,又难免权力利益化。道德理性在谋求利益他人化的同时,又缺少平衡机制。最难的问题是,当我们把实现共同富裕的三种理性要素集于一体时,无论个体和组织是否在同一时空完成三种功能,抑或同一行动体是否可以同时受三种理性的正常支配。如果是分而担之,即发展经济交给企业,税收与福利交给政府,慈善事业与志愿服务交给社会,那么,这三者的统合又交给谁,抑或由谁来统合。正如我们困惑于市场调节与政府干预之间常常顾此失彼而容易失灵一样,在政治与道德之间也常常是因政治的强势而让道德倍感无力,更不用说市场衍生的资本力量的无所不能。如果站在经济逻辑、政治逻辑、道德逻辑的各自立场上看,其功用都是有效的,问题是在集体行动的整体框架下,经济理性、政治理性、道德理性如何

---

① 参见李建华:《从依赖性存在到自主性依存——未来伦理学知识生成之路》,《南国学术》2022 年第 1 期。

兼容。

从社会分配的过程看,初次分配、再分配到第三次分配是依次递进抑或同时进行、交叉进行,无论何种形态,其基本的行动逻辑是,初次分配是基础和前提,再分配是主导,第三次分配是补充。通过市场进行的初次分配是人们的主要收入来源,也是最基本的生活保障,容易产生公平感,所以它有利于调动人们的积极性,秉承的是效率优先原则。而以政府调控进行的再分配则是对高收入者(个人或企业)进行的强制,特别是通过税收政策,规范资本性所得,强调以公平为主。可以说,没有再分配,根本谈不上分配正义,但也可能因政府干预过度而导致市场失灵,社会财富总量减少。此时"政府必须运用征税、补贴、管制等手段,使私人利益与社会利益趋向一致"[10](3)。而第三次分配则完全是由个体和社会组织自觉自愿以捐赠、志愿服务等方式进行的社会财富转移,是一种出于同情、仁慈和爱的道德行为。第三次分配仅仅是实现共同富裕的补充,不是主导,因为它依赖于经济发展的良好状况和参与慈善事业人数的多少。与此同时,如果没有政府对慈善事业的道德激励、政策支持与法律保障,恐怕连慈善组织和志愿者组织都难以存在。可见,在社会分配的全过程中最复杂的问题是处理效率与公平的关系,尽管我们在理论上说二者可以兼顾,而落实于集体行动当中,可能就不那么简单了,否则就不会有西方经济学中"干预派"与"自由派"的长期争论了。当然,他们之间的争论仅仅是停留在政府是否应该干预市场、在何种程度干预、怎样干预等问题上,但在维护以生产资料私人占有为主要特征的资本主义所有制上是完全一致的。如哈耶克就把市场理解为完全的自发结果,并具有无限的潜在效率,如果一个政府只有在实施一般性规则的情形中才能使用强制,"那么它就无权达成那些要求凭靠授权以外的手段方能实现的特定目的,尤其不能够决定特定人士的物质地位或实施分配正义或'社会'正义"[11](293)。即使主张公平分配的思想家也是主张自由优先、权利至上,在具体实践中以权利正义原则挤兑分配正义原则,如诺齐克所理解的分配正义就是:"如果每一个人对该分配中所拥有的持有都是有资格的,那么一种分配就是正义的。""如果一种分配通过合法手段产生于另一种正义的分配,那么它就是正义的。"[12](181) 这就是说持有正义决定分配正义,而持有的权利往往是合法的,那么理所当然,贫富差距也是合法的,尽管可以用交易正义来弥补,但其起点就是不平等的,只有"更大的机会均等会带来更大的收入平等"[13](80)。所以,作为集体行动的共同富裕最基础性的工作是如何超越公平与效率的理论怪圈,这就要以大力发展经济为抓手,扩大社会财富总量。与此同时,实现机会均等,哪怕是通过三次分配,如果起点不平等、机会不公平,集体行动逻辑也可能出现断裂。

从集体行动的心理机制来看,实现共同富裕还存在从"自发"到"自为"再到"自愿"的过程。换言之,如果说对社会财富的分配,市场逻辑是自发调节,政治逻辑是自为调节,那么道德逻辑是自愿调节。在市场理性支配下,通过"看不见的手",根据劳动、技术或资本等要素的投入获得应有的财富,这被认为是一个自然过程,天经地义。这种自发性调节虽然会出现收入的较大差异,但大家都基本认可并服气,并会因此不断激发市场活力,创造更多的社会财富,其前提是要确保进入市场的机会均等,并充分考虑天赋、运气等因素。政府的自为性调节主要是用税收手段对高收入个人或群体进行强制性转移。目前我们在实现共同富裕过程中,遇到的一些问题需要尽快解决,主要是大力清理不合理收入,特别是加大对垄断行业和国有企业收入分配乱象的治理。这种强制性的"抑高"对于高收入者来说,他们总是不情愿的,他们会尽可能逃税、避税,而对于低收入者也并没有"立竿见影"之效,税收是否百分之百用之于民,并不公开透明,特别是让低收入者得到实惠,感觉根本不明显,他们对政府并不心存感激。虽然慈善事业与志愿服务等方式是基于自觉自愿,但真正出于道德情怀、感恩社会的并不多,更多是出于企业形象塑造的需要。所以,我们只能"鼓励高收入人群和企业更多回报社会"[1],而不能强制,更不能"杀富济贫"。可见,实现共同富裕的三重逻辑在心理层面是比较脆弱的,至少没有强劲的心理过渡,特别是无法从强制到自愿,这就需要有更高层次的利益牵引和价值导向,形成高度协同的一体化机制。

三、共同富裕行动逻辑的伦理协同

实现共同富裕,需要不同理论逻辑间的自洽与相容,而这种自洽唯有通过具体行动来实现。但共同富裕的理论逻辑到行动逻辑不是所谓的理论"应用"于实践,而是需要基于实践理性的更高层面上的伦理协同。"协同"是一种协作合作的状态,表明一个开放系统中存在大量子系统相互合作的可能,可以产生协调一致的整体效应。如果说实现共同富裕是一个巨大的系统工程,其中任何一个参与其中的宏观参量或序参量达到某种临界点时,会产生相互作用和协作,甚至出现有组织、有目的的协调一致,系统就会从无序变为有序,这其中"必然有着某种内在的自动机制"[14](11)。这种自动机制就是伦理的协同机制,因为伦理不但内涵了作为宏观参量的规则系统,而且具有适应不同情境的序参量,如行为选择、价值排序、理性审慎等。伦理协同就是以公共理性为基础,通过均衡、连接等机制调节社会各种利益,实现社会基本正义价值的系统活动。伦理协同注重从伦理认识出发,通过伦理准则和伦理行为,达成一定的伦理目标(伦理回报),这就是伦理的实践逻辑。① 共同富裕的实质就是利益关系的调整,特别是物质利益的分配,实现社会成员收入和财富的大体均衡,这也是伦理学的重要使命。② 因为伦理的协调、均衡、连接等特殊功能(价值),可以担负起共同富裕实现过程中的协同使命,避免无序状态。

伦理不但具有规范功能,更有协调的功能,且规范服务于双向协调,其要旨是正确处理个人利益与整体(共同体)利益的关系。伦理协调不同于经济、政治、法律等协调方式,它既不以原子化的个体为基点,也不是维护空壳化的集体,而是立足于参与行动中的"互动—反馈"关系,即集体行动生态,进行多主体、多面向、多次数的调整,直到社会利益关系的大体均衡。

① 参见杨杜:《伦理的逻辑》,经济管理出版社 2020 年版,第 3 页。
② 参见李建华:《伦理学是利益均衡之学》,《上海师范大学学报》(哲学社会科学版),2022 年第 2 期。

伦理协调充分考虑了集体行动的生态学特性,充分把握社会利益关系的矛盾性、不确定性和可回旋性,而不是生硬地强制,或无力地鼓噪。当我们说利益是伦理学的基础的时候,本身就已经完全超越了个人利益至上的功利主义原则,而是着眼于社会整体利益。如果仅仅以个人利益为基点来考虑共同富裕,满足每个人的"小算盘",集体行动难免成为一种"计算",甚至产生对集体凝聚力的瓦解。而伦理协同所考虑的"利益"是"大格局利益",是个人利益、社会利益和人类利益的一体化,是目前利益和长远利益相统一的过程化。从社会利益体系的现实性而言存在多种划分①,如,从社会活动的过程性看可以把利益分为目前利益和长远利益;从社会利益重要程度看可以区分为一般利益和根本利益;从利益所涉及的范围看可分为局部利益和整体利益;从利益载体看可以分为个人利益、集体利益、社会利益和人类利益。伦理学就是要从人类的利益体系中合理协调好个人利益、集体利益和社会(人类)利益,维护好人类整体的、根本的、长远的利益。人类的整体利益就是基于共生共享共赢的命运共同体建构,人类的根本利益就是坚持和平与发展这一主题,人类的长远利益就是努力实现"世界大同"理想。所以,共同富裕必须立足于宏大目标,这就是促进社会公平正义,促进人的全面发展,实现社会和谐安定。当然,"无论社会安定和谐的价值诉求还是经济行稳致远的价值目标,统一到共同富裕的政治理想上则分别体现为社会主义制度所追求的秩序价值和发展价值"[15]。发展可以为共同富裕提供源源不断的可靠保障,秩序可以为共同富裕提供制度和程序保障。伦理协同就是通过不断发展和秩序构建来克服共同富裕实现过程中各自行动逻辑的局限性,确保社会整体利益的大致均衡。

均衡作为一个伦理学概念,谋求的是平等、平衡、稳定、相容、和谐,反对冲突、消除差等、避免斗争、化解矛盾。共同富裕作为一种集体行动,追求的就是均衡,由此也决定了不能任由单一的逻辑来支配,特别是不能变成简单的资本或财富的单向转移,需要最大限度地伦理调节。伦理调节的

---

① 参见苏宏章:《利益论》,辽宁大学出版社 1991 年版,第 59—62 页。

最大特殊性在于以利益均衡为目标,多向度地反复调适。如果说经济调节是谋求(经济)利益的最大化,政治调节是保证权力的威严,道德调节则是保持好行为主体的良知良能,这都不同程度地带有此消彼长的意味,那么,伦理调节则是追求利益关系的大体均衡,以此来维护好"最少受惠者"(罗尔斯语)的利益。基于伦理协同的均衡,我们需要特别防止共同富裕过程中的权利权力化、权力权利化、道义功利化,这也是经济逻辑、政治逻辑、道德逻辑三者脱节的最大危险。所谓权利的权力化就是以市场逻辑的正当性谋取政治权力,从而获得更多的市场资源;权力的权利化就是利用手中的公共权力谋取个体利益,就是以权谋私,就是腐败;道义的功利化就是仅仅把慈善事业或志愿服务当手段,其目的是获得更多的私利。当然,"如果我们想要通过主动行为来共同行动,让世界变得更加理性或人道,那么,首先我们就必须理解世界运行之道"[16](372)。进入工业化时代之后,世界运行之道基本上是有公权力参与的资本与技术合谋之道,也是以个体价值为最终的衡量标准之道,这是当代资本主义社会最深沉的危机。不过,"危机最惊人之处,不在于物质景观大幅改变,而是在于其他方面的戏剧性变化,包括思维方式和理解方式、制度和占主导地位的意识形态、政治倾向和政治过程、政治主体性、科技和组织形式、社会关系,以及影响日常生活的文化习俗和品位"[17](XVI)。社会主义社会是人类发展史上的全新阶段,也是一种全新的社会制度,其根本任务就是要解放和发展生产力,走共同富裕之路,实现人的自由全面发展。共同富裕的伦理意义在于,它强调的是"共同",不是少数人的富裕,不是所有人同时富裕,更不是整齐划一的平均主义,而是对"全社会""全体人民""14亿人民"而言。可见,"共同"的行动逻辑前提是多样性共生与共享,是差异化的平等,这就为伦理协同提供了必要和可能。因为"多样性共生的理念强调存在的平等性,与'存在是合理'的思维有着本质的区别,因为后者掩盖了世界存在的多样性和平等性,忽视了共生对于存在的伦理意义和巨大贡献"[18](37)。尽管一些西方发达资本主义国家走上了富裕道路,但"弱肉强食"的"丛林法则"仍然是生存法则,财富的两极分化十分明显。中国特色社会主义制度

共同富裕的行动逻辑及其伦理协同

的优越性,就是要把社会的公平正义放在首位,做到既要大力发展生产力,实现富裕社会,实现富强中国,又要消除两极分化,最终达到共同富裕,实现文明中国、幸福中国。这是伦理协同于中国特色社会主义道路的特殊意义,也是中国式现代化和人类文明新形态的基础性条件。

利益均衡的实现不是靠利益主体的此消彼长,更不是你死我活的敌对思维,而是靠连结的伦理。连结的伦理之所以可能,是人作为存在物具有相异性和相似性。"人们会将他人看成与其本人既不同又相似的另一个自己。他人也在保留其不同之处的同时与我分享共同的身份"[19](154),当人与人之间的相似性增大时,潜在的亲近感增强,而相异性增大时,敌对的潜在性增强。连结伦理的要义在于凸现人们的相似性和亲近感,强化人的利他主义伦理倾向。"利他主义伦理是一种连结的伦理,它要求保持对他人的开放、维护共同身份的情感,坚定并增强对他人的理解。"[19](155)但是,自工业化社会以来,越来越细的社会分工导致了普遍化的分离(区分)思维,并在社会生活中占据了主导地位。甚至可以说,近代以来的文明是一种分离式的文明,从同一性中不断剥离出差异,最终导致冒犯、隔离、蔑视、仇恨、对立、斗争无所不在、无时不有。正是这种分离、分隔思维,导致了现代性的伦理危机,因为"脱节或无连结的分离会造成恶,而善是分离中的连结"[19](155)。其实,无论从人的进化过程看,还是从人的生存样态看,人类生活的本质是连结性的。伦理是连结的律令表达,伦理的本质就是连结,从而形成人类伦理的精神共同体,用莫兰的话说:"伦理是连结,连结是伦理。"[19](64)连结成为现代伦理干预社会生活的主要方式,也是实现共同富裕的协同途径。我们应该清醒地看到,我们所处时代的伦理危机不是麦金太尔所说的规范性危机,也不是德性重要还是规范重要的问题,更不是个人与共同体何者优先的问题,而是连结的危机,这就需要有一场伦理连结的整体化行动。实现共同富裕如果还停留在"整体如何分离"的思维定式上,势必会造成利益争夺。如果具有了连结的伦理机制,把实现共同富裕作为"众人拾柴"的互利性集体行动,而不是自我利益的得失计量,社会和谐稳定的目标就能实现。作为利益均衡的和谐就是共同富裕的目标,也是伦理协同的价值追求,更是基于实践理性的可行动的伦理战略。实现共同富裕不搞条块分割、不搞"一刀切"、不搞齐头并进、不搞指标竞赛,强调富裕程度有高有低、时间有先有后、致富量力而行、物质与精神同富等。这些不仅是实践智慧,也是伦理协同的要义。

参考文献:

[1]　习近平.扎实推动共同富裕[J].求是,2021,(20).

[2]　马克思,恩格斯.马克思恩格斯选集:第二卷[M].北京:人民出版社,1995.

[3]　习近平.习近平谈治国理政:第三卷[M].北京:外文出版社,2020.

[4]　〔法〕托马斯·皮凯蒂.21世纪资本论[M].巴曙松,陈剑,余江,等,译.北京:中信出版社,2014.

[5]　龚六堂.缩小居民收入差距推进共同富裕的若干政策建议[J].国家治理,2020,(46).

[6]　厉以宁.关于经济伦理的几个问题[J].哲学研究,1997,(6).

[7]　赵忠.三次分配的作用和边界[N].中国纪检监察报(数字报刊),2021-09-02(8).

[8]　〔澳〕彼得·辛格.饥饿、富裕与道德[M].王银春,译.北京:中国华侨出版社,2021.

[9]　〔美〕曼瑟尔·奥尔森.集体行动的逻辑[M].陈郁,郭宇峰,李崇新,译.上海:上海三联书店,上海人民出版社,1995.

[10]　〔英〕詹姆斯·E·米德.效率、公平与产权[M].施仁,译.北京:北京经济学院出版社,1992.

[11]　〔英〕弗里德利希·冯·哈耶克.自由秩序原理[M].邓正来,译.北京:生活·读书·新知三联书店,1997.

[12]　〔美〕罗伯特·诺奇克.无政府、国家和乌托邦[M].姚大志,译.北京:中国社会科学出版社,2008.

[13]　〔美〕阿瑟·奥肯.平等与效率[M].王奔洲,译.北京:华夏出版社,1999.

[14]　〔德〕赫尔曼·哈肯.协同学——大自然构成的奥秘[M].凌复华,译.上海:上海译文出版社,2001.

[15]　向汉庆,唐斌.共同富裕的政治伦理内核[J].云梦学刊,2022,(2).

［16］〔美〕大卫·哈维.世界的逻辑［M］.周大昕,译.北京:中信出版社,2017.

［17］〔美〕大卫·哈维.资本社会的 17 个矛盾［M］.许瑞宋,译.北京:中信出版社,2016.

［18］ 袁年兴.族群的共生属性及其逻辑结构—— 一项超越二元对立的族群人类学研究［M］.北京:社会科学文献出版社,2015.

［19］〔法〕埃德加·莫兰.伦理［M］.于硕,译.上海:学林出版社,2017.

（李建华,武汉大学哲学学院、应用伦理学研究中心教授、博士生导师;本文发表于 2022 年第 4 期）

中国共产党人伦理精神的层次结构与实现路径

朱金瑞

摘 要 精神的大厦需要坚实的结构与有力的支撑。中国共产党人伦理精神之所以为立党兴党强党提供了丰厚滋养,对党的事业发展起到了培根固魂的作用,既源于这种精神具备独特的层次结构,也源于这种精神在百年演进中坚守一切为了人民,一切依靠人民,为人民谋幸福的价值主线,更源于这种精神具有知行合一的价值转化系统。

中国共产党人伦理精神是中国共产党人道德认知、情感、意志、信念、人格的体现和升华。尽管党在不同时期因形势与任务的不同,伦理精神的具体表述方式不一样,但其核心内涵贯穿始终,价值目标一脉相承,共同昭示着中国共产党为什么出发的初心和肩负使命、开拓前行的动力。从中国共产党人伦理精神的层次结构入手,找到伦理精神纵向演进的核心主轴,探寻这种精神横向展开的作用机理,既有助于全面立体地展示中国共产党人崇高的道德品格和精神境界,彰显一个马克思主义政党所占据的道义高点和精神高地,同时也有助于从知行统一上探寻百年大党团结带领人民"精神变物质"的制胜之谜。

一、中国共产党人伦理精神的层次结构

结构是功能的载体,功能是结构的作用结果。道德的心理结构一般包

括四个层次:道德认识、道德情感、道德意志和道德行为,但如果从政治伦理的角度来看,中国共产党人伦理精神的心理结构还应该将道德信念包括在内。对中国共产党而言,道德信念是共产党人在内心深处对共产主义道德理想、为人民服务道德原则(核心)和党章所规定的道德规范的真正确信和坚定认同,是构成共产党人特殊人格和政治品质的心理要素和精神力量。基于远大理想和崇高追求的道德信念一旦形成,就具有效果的稳定性和作用的持久性,成为共产党人自我反省和自我净化的内驱力量,深沉而持续地作用于共产党人的一生。因此,中国共产党人伦理精神的心理结构应该由道德认识、道德情感、道德意志、道德信念、道德行为构成,其中知是基础,情是动力,意是支柱,信是保证,行是关键。从结构与功能的关系入手,解析中国共产党人伦理精神的层次结构,是研究中国共产党人伦理精神的必然逻辑,也是探求"中国共产党是什么、要干什么"这一根本问题的内在价值依据。

(一)理想信念的支撑引领

在中国共产党人伦理精神的层次结构中,理想信念是基于伦理认知的情感倾向性和意志坚定性的体现,是认知、情感和意志的统一,具有跨层次的地位与作用。正是因为理想信念的跨层次作用,才使得中国共产党人在认知认同共产主义理想的基础上,对为之奋斗的伟大事业焕发出强烈的道德情感和伦理责任,并在推进实现伟大理想的过程中产生了强大的内驱力。马克思、恩格斯将共产党界定为"是为实现共产主义而奋斗的政党"。共产主义社会是人类最美好的社会制度,是人类最崇高的社会理想。马克思主义一经传入中国,共产主义就以其真理力量与道义力量照亮了中国先进分子探索人民解放的道路。习近平总书记指出:"中国共产党之所以叫共产党,就是因为从成立之日起我们党就把共产主义确立为远大理想。我们党之所以能够经受一次次挫折而又一次次奋起,归根到底是因为我们党有远大理想和崇高追求。"[1](34)在伟大建党精神中,"坚持真理、坚守理想"就是追求马克思主义真理,坚持社会主义信念和共产主义远大理想,这是共产党人的命脉与灵魂。在中国共产党人的精神谱系中,理想信念是精神谱系的核心支撑和价值主轴,无论是革命时期的井冈山精神、苏区精神、长征精神、抗战精神、红岩精神、西柏坡精神、照金精神、东北抗联精神等,社会主义建设时期的大庆精神、"两弹一星"精神、焦裕禄精神、大庆精神、塞罕坝精神等,还是改革开放以来形成的特区精神、载人航天精神、脱贫攻坚精神、抗疫精神等,无一不是共产党人理想信念的生动实践和集中彰显。一百年来,一代代共产党人认识、认同、信仰共产主义,并自觉投入到新民主主义革命、社会主义革命和建设的伟大斗争实践中,以实际行动开辟了实现理想的广阔道路。

(二)人民情怀的内在推动

在中国共产党人伦理精神的层次结构中,人民情怀是推动认知向行为转化的内在动力。中国共产党人的道德品格之所以具有穿越时空的感染力和感召力,就是因为它占据了"爱党、爱国、爱人民"的道义高点,具有独特的道德魅力和实践魅力。中国共产党人最真挚、最深沉的爱是爱人民,中国共产党人最神圣、最崇高的追求是为人民。在伟大建党精神中,这种人民情怀体现为"践行初心、担当使命"的追求与担当。在中国共产党人的精神谱系中,这种人民情怀体现为苏区精神所倡导的一心为民的执政理念、延安精神所践行的全心全意为人民服务的根本宗旨、沂蒙精神所展现的军民鱼水情、脱贫攻坚精神所践行的以人民为中心的发展思想和抗疫精神所彰显的"人民至上、生命至上"的理念。精神谱系中的每一种精神形态都展现了中国共产党人这一先进群体在特定环境和特定考验面前基于人民利益的道德选择与价值追求,深刻揭示了中国共产党初心不改、本色依旧的政治坚守,展现了党的强大政治优势。一百年来,爱民为民情怀已经深深融进了共产党人的血脉里,不仅丰富和升华了中国共产党人伦理精神的内涵,而且陶冶和铸造了共产党人的道德人格,塑造了一代代"特殊材料"的优秀共产党人。

(三)不懈奋斗的核心动能

在中国共产党人伦理精神的层次结构中,奋斗是意志、信念和行为的综合体现,展现的是具有心理意志特点的精神状态。奋斗是中国人民和中华民族的固有基因,也是中国人民和中华民族恒定如初的志气、骨气和底气;奋斗是中国共产党人独特的精神气质,也是中国共产党人永恒的精神状态。奋斗磨炼精神,奋斗砥砺意志。尽管在不同的历史时期因形势和任务的不同,中国共产党人伦理精神的内涵和表现形态不一样,但每个时期的伟大精神中都蕴含着奋斗的核心动能。奋斗成就伟业,奋进铸就伟大。在伟大建党精神中,这种核心动能体现为"不怕牺牲、英勇斗争"的风骨和品质,展现的是中国共产党人大无畏的勇气和意志的力量,蕴藏着党战胜困难、夺取胜利的心理能量。在中国共产党人的精神谱系中,这种核心动能体现为共产党人"为有牺牲多壮志,敢教日月换新天"的奋斗精神,包括新民主主义革命时期的"浴血奋战、百折不挠"、社会主义革命和建设时期的"自力更生、发愤图强"、改革开放和社会主义现代化建设新时期的"解放思想、锐意进取"、中国特色社会主义新时代的"自信自强、守正创新"。

(四)忠诚无私的政治品格

在中国共产党人伦理精神的层次结构中,忠诚是共产党人首要的政治品质,忠诚与牺牲一样是道德意志、道德信念和道德行为的综合体现,都具有跨层次的伦理意蕴和心理作用。对中国共产党人而言,忠诚以对党和人民的热爱为情感基础,以对党的信仰为价值目标。忠诚是信仰的必要条件,没有忠诚就不可能有真正的信仰。忠诚是奉献牺牲的内在支撑,奉献牺牲是忠诚的行为升华。中国共产党人是用"特殊材料"制成的,从诞生那天起就用信仰诠释忠诚,用行动践行忠诚,在任何时候、任何情况下都不改其心、不移其志、不毁其节,随时准备为党和人民牺牲一切,书写了无产阶级政党对党和人民的忠诚之歌。在伟大建党精神中,"对党忠诚、不负人民"深刻揭示了中国共产党人的道德品质和政治本色,"不负人民"是"对党忠诚"的根本要求和本质规定,将对党忠诚和不负人民融合统一起来,集中体现了对党忠诚与不负人民高度一致的政治本质,昭示了党性与人民性高度统一的党性特征。在中国共产党人的精神谱系中,忠诚无私的政治品格是贯穿始终的政治主轴,"对党忠诚、不负人民"是贯穿始终的一条红线。无私奉献是一种高尚的道德信念和人生态度,也是共产党人的重要精神特质,它是道德利他动机的具体体现和升华。在伟大建党精神中,无私奉献本身就意味着牺牲。在中国共产党人的精神谱系中,奉献成为贯穿百年的鲜亮底色和伦理基调。无论时代如何变化,无论在什么样的风险挑战面前,中国共产党无私奉献的品格始终不移,奉献人民的追求始终不变,奉献到底的目标始终如一,谱写了对祖国和人民的忠诚之歌。一百年来,忠诚无私已经凝聚为一代代共产党人的政治品格,共同支撑起中国共产党人百年精神的大厦。正如习近平总书记在给国测一大队老队员老党员的回信中明确指出的,"忠于党、忠于人民、无私奉献,是共产党人的优秀品质。党的事业,人民的事业,是靠千千万万党员的忠诚奉献而不断铸就的"[2]。

二、中国共产党人伦理精神百年演进的价值主轴

在中国共产党人伦理精神中,一切为了人民,一切依靠人民,为人民谋幸福,是贯穿中国共产党百年历史的价值主轴。中国共产党人伦理精神中的每一个时代精神坐标无不蕴含着党完全、彻底地为人民服务的道德情感与价值追求。

(一)人民是价值目的,坚持一切为了人民

中国共产党是为人民谋利益的政党,除了人民利益别无私利。为了人民是共产党人的价值追求,一百年来"人民"一词已经深深融进了一代代中国共产党人的血脉和生命中,成为共产党人红色基因的重要组成部分。早在1944年,毛泽东同志在《为人民服务》一文中向全党提出要完全、彻底地为人民服务的要求。1945年党的七大更是把全心全意为人民服务的宗旨写入了党章。从中国共产党的一大到党的十九大,虽然我们党在不同时期所面临的形势和任务有所不同,但为人民服务的宗旨贯穿始终,服务人民的要求始终如一。在新民主主义革命时期,从打土豪、分田地到浴血抗战、驱逐日寇,再到建立新中国,是为了人民;在社会主义革命和建设时期,从抗美援朝到土地改革再到在一穷二白的基础上进行社会主义建设,

是为了人民;改革开放以来,从温饱不足到总体小康,再到全面小康社会目标的顺利实现,同样是为了人民。党的十八大以来,我们党坚持以人民为中心的发展思想,坚持发展为了人民,以有力措施确保改革发展成果更多更公平地惠及全体人民。面对突发的新冠肺炎疫情的严峻考验,我们党坚持人民至上、生命至上,最大限度地保障人民的生命健康,用实际行动和抗疫效果诠释了一切为了人民的价值追求。

(二)人民是价值主体,坚持紧紧依靠人民

1945 年毛泽东同志在《论联合政府》一文中强调指出:"人民,只有人民,才是创造世界历史的动力。"[3](1031) 中国共产党的根基在人民,血脉在人民,力量在人民。以人民为价值主体,这是对人民群众创造历史价值的充分肯定,是马克思主义群众观的集中体现。马克思主义的唯物史观从社会存在决定社会意识的基本立场出发,认为历史活动是群众的事业,人民群众是推动社会发展的决定力量。马克思主义政党从诞生之日起,就牢固树立了群众观点,在革命、建设和改革发展的各个时期都注重发挥人民群众的伟大作用,形成了党的群众观点和群众路线。中国革命取得胜利的根本在依靠人民,从全民抗战中的人民战争威力,到小推车推出的淮海战役胜利,充分证明了中国共产党取得一个又一个胜利的最深厚的根源存在于民众之中。中国特色社会主义事业发展的根本同样在依靠人民,改革开放之初,农村搞家庭联产承包是人民的伟大发明,脱贫攻坚是人民的伟大荣光,实践一次又一次见证了蕴藏在亿万人民中的无穷力量。历史已经证明,江山就是人民,人民就是江山。紧紧依靠人民,党就能获得无穷无尽的力量,就能永远立于不败之地。

(三)人民幸福是价值尺度,坚持发展成果由人民共享

早在 1848 年,马克思、恩格斯在《共产党宣言》中就明确指出:"过去的一切运动都是少数人的,或者为少数人谋利益的运动。无产阶级的运动是绝大多数人的,为绝大多数人谋利益的独立的运动。"[4](411) 人民幸福是马克思主义政党的价值理想,也是评价共产党人一切工作的主客观标准。坚持以人民幸福为价值标准,一是要以人民幸福为价值旨归。党的一切工

作都要以造福人民为出发点,干革命、搞建设、抓改革都要以造福人民为出发点,领导干部想问题、做决策、定措施都要以增进人民福祉为依据。二是以人民幸福为价值尺度。人民幸福既有客观标准,也有主观标准。这一方面要求共产党人要在满足人民物质文化需要的基础上,在经济、政治、文化、社会、生态等方面不断满足人民日益增长的美好生活需要,在未来实现人的自由而全面发展;另一方面要求共产党人以群众是否满意、是否高兴、是否答应作为判断工作得失的尺度,以人民的获得感、幸福感、安全感作为检验党的政策和措施的标准。三是把为人民谋幸福融入实际行动。从争取人民解放到实现人民富裕,从满足人民物质文化生活水平的需要到满足人民美好生活的需要,我们党把人民幸福转化为一个个具体的阶段性目标,落实到具体的奋斗实践中,成为共产党人的自觉行动,书写了为人民谋幸福的壮丽篇章。

三、中国共产党人伦理精神的价值实现路径

习近平总书记强调,物质变精神、精神变物质是辩证法的观点。马克思也强调指出:"思想本身根本不能实现什么东西。思想要得到实现,就要有使用实践力量的人。"[5](320) 中国共产党既注重从百年奋斗的伟大实践中培育和丰富伟大精神,解决培育伟大精神的问题,又注重在实践中不断开辟精神的价值实现路径,解决实现伟大精神的问题,并在实践中总结出了一整套切实可行的可贵经验,探索出了一系列打通精神到实践转化通道的具体办法。

(一)注重凝练概括,解决"是什么"的问题

任何精神都源于实践,没有伟大实践绝不可能凭空形成伟大精神。中国共产党人伦理精神具有丰富的内容和多彩的呈现样态。从逻辑上看,中国共产党人伦理精神是一个有机整体;从横向上看,中国共产党人伦理精神涉及各个领域和各个方面;从纵向上看,中国共产党人伦理精神贯穿于党百年的奋斗历程。中国共产党人伦理精神根植于党百年奋斗的伟大实

践,是中国共产党领导人民在革命、建设和改革的伟大实践中孕育和升华的精神结晶。党自诞生之日起,就高度重视伟大精神的凝练与锻造,注重把各个时期党与人民的伟大创造进行理论概括,从中凝练提升出伟大精神的特定内涵,并以此指导和推动新的实践。这是马克思主义实践与认识辩证法在中国的具体体现,也是中国共产党的一个制胜法宝。

(二)注重宣传弘扬,解决"知什么"的问题

中国共产党人伦理精神是党在百年奋斗中党的建设的精神成果和宝贵财富。这些宝贵精神财富跨越百年时空,始终发挥着历久弥新的作用。重视伟大精神的宣传和弘扬,是中国共产党的优良传统。在革命、建设和改革的各个历史时期,每到党和国家事业发展的重要关头,我们党都要把宣传弘扬特定时期的伟大精神作为思想建党、理论强党的重要内容,把精神武装作为提高全党凝聚力、增强战斗力的一条重要经验。重视用伟大精神鼓舞教育人民,这是中国共产党的政治优势。每到重大挑战和考验面前,我们党都要充分发挥伟大精神对人民的激励与凝聚作用,以伟大精神引领和感召人民,激发人民的信心和勇气,凝聚奋进的磅礴合力,这是党民同心战胜困难、取得胜利的又一个制胜法宝。

(三)注重实践转化,解决"干什么"的问题

实践是精神向物质转化的桥梁和中介。中国共产党人伦理精神具有鲜明的实践特征,既在实践中孕育产生,又在实践中丰富发展。中国共产党人伦理精神孕育、产生、发展于中国革命、建设和改革的伟大实践,是中国共产党人在马克思主义科学理论指导下进行伟大实践的精神成果,是中国共产党团结带领人民在谋求民族独立、人民解放和国家富强、人民幸福的实践中孕育形成的宝贵精神财富。没有实践探索与实践创造,就谈不上伟大精神的形成与发展。马克思指出:"批判的武器当然不能代替武器的批判,物质力量只能用物质力量来摧毁;但是理论一经掌握群众,也会变成物质力量。"[5](11)中国共产党人伦理精神既是一个重大理论命题,也是一个重大实践命题。一百年来,中国共产党既在实践中培育形成"批判的武器",同时又以"批判的武器"指导和推进伟大实践。在革命、建设和改革

发展的每一个时期,我们党都活学活用"物质变精神、精神变物质"的辩证法,坚持理论与实践相结合,知与行相统一,注重把伟大精神转化为共产党人始终不渝的理想信念,转化为共产党人正确的世界观、人生观、价值观,转化为共产党人高尚的精神追求与实际行动。在每次重大挑战考验面前,我们党都注重团结带领人民进行开天辟地、改天换地、翻天覆地和惊天动地的伟大实践,一次次创造了"精神变物质"的人间奇迹。

（四）注重示范引领,解决"学什么"的问题

精神总是抽象的,必须通过生动具体的主体才能展现精神的境界和状态,才能体现精神的内涵和意义。中国共产党人伦理精神的核心主体是中国共产党人。在中国共产党人伦理精神培育生成的过程中,其具体精神主体具有多样性。中国共产党人伦理精神培育与呈现的形式也是丰富多样的:一是中国共产党的领袖人物如李大钊、毛泽东、邓小平、习近平等,他们以崇高的理想、坚定的信念、顽强的意志和深厚的家国情怀为中国共产党人伦理精神的形成、丰富和发展做出了卓越贡献;二是党的各级组织在不同时期的培育和弘扬,例如延安精神、西柏坡精神、大庆精神、红旗渠精神等,党的各级组织都发挥了重大作用;三是在中国共产党团结带领下亿万人民的伟大创造。一代代优秀中国共产党人用崇高的品德和顽强的精神感动了人民,使人民自愿与党同甘共苦,一起奋斗,由此,中国共产党人伦理精神与中华民族的精神有机融为一体。在伟大精神的实现转化过程中,重视先进典型和榜样的示范引领作用,既是中国共产党伟大精神的重要生成机制,也是伟大精神的价值实现机制。毛泽东同志说过,典型本身就是一种政治力量。抓典型带动、重示范引领是我们党思想政治教育的重要手段,也是党凝聚人心的重要法宝。在革命、建设和改革发展的各个历史时期,先进典型都承载着那个时代的价值取向与精神追求。雷锋、焦裕禄、谷文昌、孔繁森、杨善洲……一个典型就是一面旗帜,一个模范就是一座丰碑。各个时期涌现出的一批批优秀党员和先进典型,生动地展示了共产党人的良好形象和精神风貌,激励着全党和全国人民见贤思齐、奋力进取,才有了百年大党的盛世伟业。

（五）赓续红色基因,解决"传什么"的问题

红色基因是中国共产党的精神底色,也是共产党人的信仰根基,蕴含着我们"从哪里来、到哪里去"的精神密码,过去是、现在是、将来也仍然是我们党最为宝贵的精神财富。正如习近平总书记所强调的:"我们要继续弘扬光荣传统、赓续红色血脉,永远把伟大建党精神继承下去、发扬光大!"[6](8) 一百年来,中国共产党在奋斗中形成了彰显党的性质宗旨和政治品格的一系列伟大精神,这一系列的伟大精神已深深融入我们党、国家、民族和人民的血脉之中,成为我们党发展的底气与前行的动力。中国共产党在每一个历史时期都注重红色基因的传承,用党在百年奋斗中形成的伟大精神滋养自己、激励自己,以昂扬的精神状态书写中国共产党和中国人民的精神史诗。在新的征程上,我们要继续从红色基因中汲取砥砺奋进的精神力量,书写新时代的伟大荣光。

参考文献:

［1］ 习近平.习近平谈治国理政:第二卷[M].北京:外文出版社,2017.

［2］ 习近平总书记给国测一大队老队员老党员的回信[N].光明日报,2015-07-02.

［3］ 毛泽东.毛泽东选集:第三卷[M].北京:人民出版社,1991.

［4］ 马克思,恩格斯.马克思恩格斯选集:第一卷[M].北京:人民出版社,2012.

［5］ 马克思,恩格斯.马克思恩格斯文集:第一卷[M].北京:人民出版社,2009.

［6］ 习近平.在庆祝中国共产党成立100周年大会上的讲话[M].北京:人民出版社,2021.

（朱金瑞,河南财经政法大学道德与文明研究中心主任,马克思主义学院教授;本文发表于2022年第5期）

政治生活如何走进伦理学

晏　辉

摘　要　政治生活走进伦理学涉及"应当"与"能够"两个方面。政治生活"应当"走进伦理学的正当性基础在于政治生活的本质和伦理学的目的。政治是有关公民之根本利益分配的所有方面,政治的首要任务是提供"公共秩序",这是使社会良序运转的直接基础;政治应为每个公民提供平等的政治权利、公平的经济权利和多样化的精神产品。伦理学作为关于善与正当性问题的学问,除了规定个体行动者之行动的正当性之外,还必须规定集体行动者(企业、行政机关、国家)之行动的正当性。因制度性缺陷和权力滥用造成的损失有可能比个体因不遵守伦理规范造成的损失更大。政治生活接受公民的伦理反思、批判与规定乃是公民的正当性要求,在伦理学中应有重要位置。政治生活"能够"走进伦理学的现实条件取决于伦理约束权力的必要性与可能性。其必要性在于权力拥有者可能有利己动机;其可能性在于执政者因有德性而产生的自律以及社会舆论的强大监督。

一、反思与批判的伦理学

被实践证明为正确的伦理学应具备辩护、证明与批判(反思)三种品格,这是由伦理学这门学科的实践本质所决定的。伦理学作为实践精神把握世界的方式①,乃是指向行动者的事情,指向行动者就是伦理学的实践本质。而能够成为行动者的存在者必是有理性的,只有有理性的存在者才会内在地拥有辩护、证明与批判的品格,人类就是有理性的存在者。人类不但是行动者,而且是特殊的行动者。与动植物相比较,因其有理性,可在客体必然性和主体必然性基础上提出"应当"的问题,且能够依照实践理性做"应当"所要求做的事情;然而与"上帝"和"灵魂不朽者"相比,人类又是有限理性存在者。人是欲望与有限理性的混合体,因有欲望,强调"应当"是必要的;因有理性,实现"应当"又是可能的。命令式是仅适用于人类的行动必然性。但对于人类这个行动者,我们的伦理学研究却很少从其内部结构上做类型学上的划分,相反,行动者就是集知、情、意于一身的个体,各种类型的"应当"都只对个体有效,这已经成为伦理学上一个不证自明的前提。伦理学作为一门实践科学,不应把反思与批判只用于它所指向的个体,以使个体通过反思与批判的品格而实践先天实践法则,而应进一步用于自身,提供仅把个体作为伦理学研究对象的正当性理由。事实上,包括康德的道德哲学在内,无论是在西方还是在中国,作为主流形态的伦理学,似乎都不关心个体以外的其他行动者的行为正当性问题,如企业与国家行为的正当性问题。为何德性之美与城邦之善的关系不能进入伦理学的视野? 个中原因很值得研究。大致有三种可能:第一,伦理学家的知识积累和智慧不足以研究城邦之善的问题;第二,德性之美与城邦之善之关系尚未作为普遍问题出现;第三,理论上的自信或情感上的企盼。依

---

① 马克思在《1857-1858年经济学手稿》中的"政治经济学的方法"部分集中讲到了人类把握世界的四种基本方式:"具体总体作为思想总体,作为思想具体,事实上是思维的、理解的产物;但是,决不是处于直观和表象之外或凌驾其上而思维着的、自我产生着的概念的产物,而是把直观和表象加工成概念这一过程的产物。整体,当它在头脑中作为思想整体而出现时,是思维着的头脑的产物,这个头脑用它所专有的方式掌握世界,而这种方式是不同于对世界的艺术的、宗教的、实践精神的掌握的。"(《马克思恩格斯全集》第46卷上,人民出版社1979年版,第39页)哲学用思辨的、理性的方式,文学艺术用形象的、感性的方式,宗教用想象的、感悟的方式,那么伦理学用什么方式呢? 是实践精神的方式。何谓实践精神的方式? 伦理学是指向行动者及其行动的,其宗旨是把握和引导行动者。康德说,纯粹理性原是有实践力的。依照此种理解,伦理学方法问题就不应该仅限于指明伦理道德之原始发生的诸种特性,而应该进一步指明伦理道德以及伦理学发挥作用的方式。

照常识理解,第一种情况不大可能出现,第二种和第三种倒是可能的。亚里士多德、黑格尔以及中国传统伦理学似乎都有这种倾向。

其一,理论上的自信。依照一般的理论推论,被组织得良好的城邦一定是由善人组成的,但有善的个人却不一定导致良序的城邦。个体的德性之美只构成良序城邦的必要条件:无之必不然,有之不必然。这是一个无须证明的命题。然而由善的个人组成的社会一定是优良的社会,却是一个需要证明的命题。① 亚里士多德不无自信地认为,只要每个公民不但具有一般的善德且具有公民的善德,统治者除了具有一般人的善德,更具有统治者的善德,优良的城邦就是必然的了。在古希腊的伦理概念中,善人的品德与公民的品德是有细分的,成为公民的品德不必是善人的品德;在日常生活中,每个人不必是善人,但在城邦里司职,成为一个合格的公民,就必须具有公民的品德。亚里士多德以水手之于船舶的关系比附公民的品德与城邦之善的关系。作为一个团体中的一员,公民(之于城邦)恰恰好像水手(之于船舶)。水手们各有职司,一为划桨,另一为舵工,另一为瞭望,又一为船上其他职司的名称;(船上既按照各人的才能分配各人的职司)每一良水手所应有的品德就应当符合他所司的职分而各不相同。但除了最精确地符合于那些专职品德的各别定义外,显然还须有适合于全船水手共同品德的普遍定义:各司其事的全船水手实际上齐心合力于一个共同的目的,即航行的安全。在一个合法界定的雅典城邦共同体中,公民们一如水手那样,公民既各为他所属的政治体系中的一员,他的品德就应该符合这个政治体系。好公民不必统归于一种至善的品德,作为一个好公民,不必人人具备一个善人所应有的品德。[1] "所有的公民都应该有好公民的品德,只有这样,城邦才能成为最优良的城邦。"[1](121) 然而由于每个

---

① 依照道德的标准,就可能性而言,在道德的个人与道德的社会之间有四种组合方式:道德的个人与道德的社会;道德的个人与不道德的社会;不道德的个人与不道德的社会;不道德的个人与道德的社会。在实际的情况中,第一种和第四种组合较少出现,但并非不可能。亚里士多德对第一种情况充满了期待和信心。他在历数了斯巴达政体、克里特式政体、迦太基政体之优缺点之后评论道:"在前代立法家中,为雅典创制的梭伦可称贤达,他怀有民主抱负,完成一代新政,能保全旧德,不弃良规。"(亚里士多德著:《政治学》,吴寿彭译,商务印书馆1996年版,第440页)

政治生活如何走进伦理学

公民在政治体系中所司职位各不相同,甚至有很大分别,如支配者和被支配者,他们的品德是否相同呢?"全体公民不必都是善人,其中的统治者和政治家是否应为善人?我们当说到一个优良的执政就称他为善人,称他为明哲端谨的人,又说作为一个政治家他应该明哲端谨。"[1](122)"明哲(端谨)是善德中唯一为专属于统治者的德行,其他德行(节制、正义和勇毅)主从两方就应该同样具备(虽然两方具备的程度,可以有所不同)。'明哲'是统治者所应专备的品德,被统治者所应专备的品德则为'信从'('视真')。被统治者可比作制笛者;统治者为笛师,他用制笛者所制的笛演奏。"[1](125)为何统治者和政治家必须具备"明智"这种品德呢?这是由他们所从事的活动以及由这种活动所要求的品德所决定的。"明智是一种同善恶相关的、合乎逻各斯的、求真的实践品质。所以,我们把像伯利克里那样的人看作是明智的人,因为他们能分辨出那些自身就是善、就对于人类是善的事物。我们把有这种能力的人看作是管理家室和国家的专家。"[2]政治家在两个方面表现出明智的品德:一种主导性的明智是立法学,另一种明智是处理具体的政治事务,处理具体事务同实践和考虑相关,因为法规最终要付诸实践。

从亚里士多德的论述中,无论是从逻辑推论还是从实践经验看,他对德性之美与城邦之善之间的内在关联是充满自信的。事实上,这种自信更多地可能来自雅典城邦的现实,而不完全是理论上的勇气,以及对德性之美与城邦之善相和谐的憧憬。

其二,体制上的保证。雅典城邦体制无疑属于前现代性的社会治理模式,但这种体制却在两个方面有其特点。第一,自由与民主精神构成雅典政治生活的文化基础,一种充满智慧的辩论、对话表现于生活中的各个方面。通过辩论和对话以揭露对方的谬见,继而呈现真理。在弘扬自由与民主精神的同时,每个人都注重自身的德性修为,形成与自身的社会角色相匹配的主德:智慧、勇敢、节制、正义。雅典城邦本质上是一个合法界定的伦理共同体,追求总体上的善是它的直接目标,为每个人提供益于养成其优良品德、获得其幸福的社会良序是它的终极目标。第二,雅典城邦尽管处于水陆交通都极为发达的要地,但由于空间和人口的限制,基本上是一个熟人社会。而在一个相对稳定的熟人社会,类似于完整德性的这样一种优良品质是可以形成的,也会充分发挥它的作用。而被亚里士多德称之为统治者和政治家的那些"贤达"也确实拥有"明智"这样的善德,他们是公认的善人。由善人组成的管理集团有足够的意愿和能力将雅典城邦治理得很好。毫无疑问,构成雅典城邦共同体之坚实基础的是它的伦理体系,这种体系既支撑了雅典的政治体制(立法)和政治活动(实践),也维系了雅典人的日常生活。

黑格尔在《法哲学原理》中直接表达了国家伦理及其实现的自在自明性:"国家是伦理理念的现实——是作为显示出来的、自知的实体性意志的伦理精神,这种伦理精神思考自身和知道自身,并完成一切它所知道的,而且只完成它所知道的。"[3]由于国家是真实的真正的伦理共同体,所以个人只有在国家中才能获得规定和说明,也才能享有权利和履行义务。"由于国家是客观精神,所以个人本身只有成为国家成员才具有客观性、真理性和伦理性。结合本身是真实的内容和目的,而人是被规定着过普遍生活的;他们进一步的特殊满足、活动和行动方式,都是以这个实体性的和普遍有效的东西为其出发点和结果。"[3](254)不可否认,国家规定着个人的权利、义务、行动方式,国家蕴含着最大的伦理性,但如何保证国家作为自知、显示出来的伦理精神思考其自身并完成一切它所知道的呢?这些似乎都是充满疑问的承诺。

值得注意的是德性之美与城邦之善相统一的另类形态,这就是中国的传统社会。以儒家伦理为基本色调的传统社会,本质上是一个由差序格局构成的等级社会。一如雅典城邦那样,它也靠着理论上的自信和制度上的安排,从根本上保证了德性之美与城邦之善之间的内在统一。理论上的自信充分表现在儒家经典《大学》中:"大学之道,在明明德,在亲民,在止于至善。"朱熹说,此三者乃《大学》之纲领。"明明德"为根本途径,"亲民"为直接目标,"止于至善"为终极目的。而"古之欲明明德于天下者",必是解决八个条目的关系:平天下、治国、齐家、修身、正心、诚意、致知、格物。

而自天子以至于庶人,壹是皆以修身为本。通过格物致知、诚意正心、修身自为,以达到齐家治国平天下的目的。家与国的同构化使得德性之美与城邦之善之间具有了逻辑上的必然性,此所谓:"一家仁,一国兴仁;一家让,一国兴让;一人贪戾,一国作乱;其机如此。此谓一言偾事,一人定国。"(《礼记·大学》)朱熹还为德性之美与城邦之善之统一提供了认识论上的证明:"所谓致知在格物者,言欲致吾之知,在即物而穷其理也。盖人心之灵莫不有知,而天下之物莫不有理,惟于理有为穷,故其知有不尽也。是以大学始教,必使学者即凡天下之物,莫不因其已知之理而益穷之,以求至乎其极。至于用力之久,而一旦豁然贯通焉,则众物之表里精粗无不到,而吾心之全体大用无不明矣。此谓格物,此谓知之至也。"[4]格物之"物"既指自然之物,也指人伦之事。一旦体认到事物之理便可通行天下。在儒家那里,由个体善推论出城邦善也并非是一个纯粹的、应然的伦理命题,同时也是一个实践命题:以家庭为基本单位的伦理共同体是中国传统社会赖以存续的基石,而家族、村社和社会则是它的扩展形式。只有在公共生活和私人生活没有界分的境遇下,德性之美与城邦之善在认识论和实践论上的贯通才有可能。而在社会分工已日益精细化、社会活动领域业已分化的境遇下,尤其是资本使政治与经济相互通约从而把利己动机从经济领域扩展到政治领域的时候,城邦之善就成了十分突出的问题。但要使政治生活真正走进伦理学尚需前提批判的工夫,这就是伦理学批判政治生活的正当性理由。

二、政治生活走进伦理学的根由

政治生活之于每个人的重要性似乎无须论证,这从大量的社会事实中即可看得出来:因决策失误或行政官员滥用职权所造成的损失远比每个公民因不遵守伦理规范所造成的损失大。当然,指明政治生活走进伦理学的根由不能仅限于罗列这些直观的事实,而要找出可信、可靠的哲学根据来。所谓哲学根据就是,按其本质规定,政治生活原本就应该成为伦理学的

"题材"。摩尔曾严肃地指出,以学科或科学出现的伦理学到底该研究什么,是伦理学或道德哲学首先要加以解决的问题。摩尔把伦理学的研究对象归结为两大类:"第一类问题可以用这样的形式来表达:哪种事物应该为它们自身而实存? 第二类问题可以用这样的形式来表达:我们应该采取哪种行为? 我已力求证明:当我们探讨一事物是否应该为它自身而实存,一事物是否就其本身而言是善的,或者是否具有内在价值的时候,我们关于该事物,究竟探讨什么;当我们探讨我们是否应该采取某一行为,它是否是一正当行为或义务行为的时候,我们关于该行为,究竟探讨什么。"[5] 依照我的理解,内在价值或自在是善的事情是有关行动者的;正当或应当的事情是有关行动者之行动的。毫无疑问,这两个问题对具有意志和实践理性的个体而言都是有效的问题。然而,如果把行动者的概念贯彻到底,那么行动者就不仅仅指单个的人,还包括单个人的联合形式,即集体。集体虽然无良心可言,虽无忏悔之体验,但却有行动的正当性问题。因为集体也有追求私利的偏好,也有"搭便车"或"逃票"的机会主义倾向。当某一集体的"搭便车"或"逃票"行为涉及他者(个人、集体)的时候,其行动的正当性问题就必然成为利益相关者所反思与批判的对象。在诸多集体行动中,政治活动是最主要、最突出的一种。这是政治生活走进伦理学的最充分的理由。

政治是有关公民之根本利益的所有方面。政治的根本目的是为每个公民提供最大化的公共物品,包括公共秩序、由宪法所明确界定了的权利体系、就业机会和生活保障体系等。这些公共物品既是政治得以存续的根据,也是人们用以评价政治行动正当性的标准。政治概念是国家得以有效运行的灵魂,政治不是指政治精英集团将他们的意志贯彻到各个方面,也不是通过法律的保证和权力的强制获取日益增大的收益,相反,政治概念来源于公民的共同意志。作为政治概念的国家与作为地理概念的国家不同,它是面向公民之根本利益的事情。"国家的概念以政治的概念为前提。按照现代语言的用法,国家是在封闭的疆域内,一个有组织的人群拥有的政治状态。"[6] 政治构成了国家得以存在和运行的正当性基础,而"所有政治活动和政治动机所能归结成的具体政治性划分便是朋友与敌人的划分"[6](106)。划分敌我关系意味着国家处在特殊的状态,即战争状态,在此种状态下,朋友之间的关系被整合成统一的主权概念,国家内部的政治公共性变成了潜在的问题而被悬置起来。那么在相对和平的条件下,政治形态的公共性是如何可能的呢? 在此种社会条件下,国家最大的政治问题就是为每个公民提供公平有效的制度环境和社会秩序,亦即施米特所说的"国家的内政中中立化概念的各种意义和功能"①。把政治界定为有关公民之根本利益的所有方面,只是从一个方面提供了伦理学批判政治生活的根由,这个方面可称之为政治生活之"伦理性"的考察②,接续的任务就是伦理学能否为有伦理性的政治生活提供基础的问题,为具有伦理性的公共生活提供伦理基础既是必要的,也是可能的。政治生活的伦理性和伦理基础才是伦理学批判政治的最为直接也是最为坚实的基础。

利己动机某种意义上不仅是一个经济学上的人性假设,且是一种可以被证明的事实。虽然不能说人人时时处处都表现出利己动机和利己行为,但这却是可能的,这种可能的动机与行为既出现在日常生活中,又表现在经济活动和政治活动中。人们常常以为,亚当·斯密过分夸大了利己动机的作用,不符合日常的行为规律;也有人主张,即便利己动机是属实的,它也仅仅适用于经济活动,而不宜扩展到其他领域,如政治领域。利己动机

---

① "中立"一词的否定性即脱离政治决断的意义包括:(1)不干预、不关心、自由放任、否定性宽容意义上的中立;(2)工具性国家观意义上的中立:其含义为,国家是一种技术手段,这种手段应当起实际的可计算的作用,给每一个人以同样的利用机会;(3)形成国家意志方面机会平等意义上的中立;(4)平等意义上的中立:在同等条件下同样允许所有予以考虑的社群和倾向,在优惠或者其他国家福利的资助方面给予同等的关注。此外,"中立"一词还有肯定的即导致政治决断的意义:(1)在一种被承认的规范基础之上的客观性和实然性意义上的中立;(2)建立在没有私利的专业知识基础之上的中立;(3)中立即一种包容各种相互对立的社群划分,从而在自身将所有这些对立相对比的统一体和整体。(参见卡尔·施米特著:《政治的概念》,刘宗坤等译,上海人民出版社2005年版,第161—164页)
② "伦理性"与"伦理基础"是伦理学考察政治生活的两个维度,也是两个根据。其中"伦理性"又是"伦理基础"的前提,为一个没有"伦理性"的事情提供"伦理基础"是不成立的也是没有意义的工作。所谓"伦理性"是指某个观念、制度和行动所产生的善的相关性,这种相关性在伦理学上的表达就是"应当""正当",也就是"命令"。道德命令只向产生善的相关性的行为提出。政治生活因其产生的公共性最大,其所产生的善的相关性也最大,由公民向其提出道德命令是一正当性要求。

涉及事实与评价两个方面,倘若不对这两个方面做预先研究,"伦理性"与"伦理基础"问题都难以成为问题。人的特殊存在状态和存在方式是人的利己动机的哲学基础或人性前提。人是非自足因而是价值性的存在物。

人之存在的非自足性决定了人的受动性,而受动性决定了人是需要着的存在物。人不但实际地需要着,而且现实地意识到这种需要,并把这种需要和对需要的意识转换成行动的推动力,这就是利己动机之原始发生的内在过程。这是一个人人都能感觉得到的并通过想象推断他者也是如此这般的事实,这个事实对行动者而言是最直接的,没有空间距离只有想象距离。"我"既是实践的起点也是意识的起点,利他主义者不是没有"我"的意识和"我"的实践,只是他把这种实践和意识置于他者事实之后。于是关于利己的问题就被分成事实与评价两个方面,关于事实,我们已做了上述分析,问题的关键是如何评价作为事实的利己动机和利己行为。人有利己动机和利己行为,强调正当才是必要的;可以通过自律与他律将利己限制在正当边界以内,实现正当又是可能的。

问题的关键不在于是否承认利己这种事实,而在于如何看待和对待利己动机和行为在不同活动领域的表现方式及其限度问题。亚当·斯密虽然承认经济人的存在,但他同时认为市场那只看不见的手可以把利己动机和行为限制在合理范围内。"确实,他通常既不打算促进公共的利益,也不知道他自己是在什么程度上促进那种利益。由于宁愿投资支持国内产业而不支持国外产业,他只是盘算自己的安全;由于他管理产业的方式目的在于使其生产物的价值能达到最大程度,他所盘算的也只是他自己的利益。在这种场合,像在其他许多场合一样,他受着一只看不见的手的指导,去尽力达到一个并非他本意想要达到的目的。他追求自己的利益,往往使他能比在真正出于本意的情况下更有效地促进社会的利益。"[7] 在经济活动中之所以出现斯密所说的那种情况,是因为不同的经济主体之间在交往或交换的意义上是平等的;不同的经济主体之间具有利益相关性,无论是经营性的还是生产性的,一个特定的经济主体必然依赖于利益相关者(同类经济主体)的合作和(消费群体的)消费;对其经济行为的监督是多方面的:法律的惩戒、社会舆论的谴责、利益相关者的利益惩罚。

政治活动中的利己动机、利己行为及其后果问题则要复杂得多。我们不排除政治精英者、行政权力使用者拥有德性,并依靠其善良意志或实践理性使其政治行动和行政行为符合规范,提供最大化的、高质量的公共物品。但事实上,"以德治国"似乎是靠不住的承诺。假如人们相信,政治精英和公务人员拥有足够的德性,且有周全的知识,因而可以最大化地实现政治使命和行政目的,那么,一切制度安排和法律救济就是多余的,人们也不会穷尽一切知识和方法去寻求防止滥用职权的良好政治体制和具有足够震慑力的法律体系了。当利己动机和行动与有严重缺陷的体制结合在一起的时候,滥用职权的行为就不可避免了。反之,当我们预设了人们在政治权力面前可能具有利己动机,那么人们一定会穷尽知识和办法去寻找他律的方式,亦即体制设计、法律安排和舆论开放,并通过此种方式规约与谴责政治行动与行政行为中的利己与行为。

作为一种严密的合法的社会组织,国家及其行政机关与经济组织不同,它是垄断非营利组织。由于国家及其行政机关掌握着最大化的公共物品——政治权力,而政治权力是被嵌入在社会活动和社会关系结构中的资源投入,这种投入既给政治权力所及的公民、人群和组织带来收益,也给政治权力机关以及行使行政权力的官吏带来收益。作为一种支配性力量,权力具有逻辑上的优先性。由于缺少同类组织,没有竞争也没有相同力量的制衡,这就有可能使政治行动和行政行为中的利己动机变成利己行为。尽可以说,在行政主体(行政机关)与行政客体(行政相对人)之间具有平等的法律关系,但在社会行动的意义上则是不对等的,只因行政主体的管理活动才构成主体与客体之间的管理与被管理的关系。唯其如此,国家及其行政机关才具有优先性、优益性、强制性和权威性。这些性质一方面保证了国家机器的正常运行,另一方面又为滥用职权提供了条件。以此观之,政治活动是最充满风险也是最容易滋生腐败的场所。这是伦理约束政治活动的直接的、根本的理由。

伦理约束政治活动又是可能的。政治活动中的利己动机与利己行为只是一种可能性,同理,任何一种政治活动和行政行为都能提供优良的公共物品也不必然。然而,由政治活动的使命和行政行为的目的所决定,公民所要求的是必然的正当性的政治行动。要从可能性中求得必然性,就必须充分运用四种力量:德性的力量、体制的力量、舆论的力量和法律的力量。德性的力量与舆论的力量就是典型的伦理的力量。政治伦理就是要考察这两种伦理力量产生的土壤、发挥作用的条件。然而,这既是一个理论上的困境,又是一个实践上的难题。

三、政治伦理建设:困境与出路

政治精英和公务人员是否拥有德性在政治活动正当性中具有优先地位。拥有德性不一定导致正当,而没有德性往往导致失当。进一步的问题是,政治意义上的德性是一种何种类型的德性。由于政治活动所处理的"题材"与经济活动和日常活动所处理的"题材"有本质的不同,因而政治伦理所吁求的是,如何使政治精英和公务人员通过合理运行权力为公民提供优良的公共物品。若此,就必须使政治精英和公务人员形成正确的"权力"概念。我们可以通过如下两个定义分析"权力"概念的内涵与外延。定义一:权力是一种能够排除各种抗拒以贯彻其意志而不问其正当性基础为何的可能性。定义二:权力是能够排除各种抗拒以贯彻其意志而必问其正当性基础为何的可能性。这两个定义既是事实性陈述也是规范性陈述,而无论做怎样的规范,权力的本质是一样的,这就是,权力作为一种可能性,始终是一种支配性力量。权力作为一种被嵌入在人们的社会活动结构和社会关系结构中的资源,既立足当下更面向未来,是对公民之未来根本利益的规定与分配。只要有国家存在,权力总要掌握在政治精英集团手中,且总要产生支配性行为。然而最为根本的问题则在于,是否有可能对权力这种支配性行为的正当性提出有效性要求。定义一与定义二的本质区别就在于,定义一是自在的权力类型,而定义二则是反思的权力类型。在自在的权力类型下,如指望政治活动能够提供最大化的公共物品,就必须具备两个先决条件,这就是政治精英集团的知识体系和德性结构,而这种情况只有在一个超稳定的社会状态下才可能出现,这就是韦伯所说的"传统文化型"的社会治理模型。而在一个高度社会分工和领域分离的社会结构类型下,那种自在的权力类型就难以运行下去。市场的孕育与成熟,培养了公民反思与批判的能力,当这种能力发展到足够强的时候,就必然对政治活动的正当性基础提出有效性要求。当这种有效性要求作为公意成为一股不可忽视的社会力量的时候,公民就会团结起来采取集体的行动,通过各种形式进行意志表达。"个人所享有的形式的主观自由在于,对普遍事务具有他特有的判断、意见和建议,并予以表达。这种自由,集合地表现为我们所称的公共舆论……公共舆论是人民表达他们意志和意见的无机方式。无论哪个时代,公共舆论总是一支巨大的力量,尤其在我们时代是如此,因为主观自由这一原则已获得了这种重要性和意义。现时应使有效的东西,不再是通过权力,也很少是通过习惯和风尚,而确是通过判断和理由,才成为有效。"[3](331 – 332)

促使公民通过社会舆论的方式表达公益并非政治精英集团单方努力的结果,而是人类共同的智慧。当人类选择了市场社会这种经济组织方式的同时,也就选定了民主这种政治运行模式。在此种语境下,只管支配而不问支配的正当性基础的社会治理模式已经难以为继,于是便有四种力量①推动着政治精英集团要通过人民赋予的政治权力"为人民服务"。第一,德性的力量。政治伦理意义上的德性与传统社会的德性有很大的不同。在传统社会,同构化的社会安排使国与家没有了严格的界分,政治集团可按照处理熟人或血缘关系的那种方式处理公民与国家的关系,这种处理方式需要相当成熟的实践理性,这种实践理性是因人而异的,没有面向所有公民的伦理尺度,只有面向具体阶层和不同人群的伦理规则,在有形中见无形,在无形之中体悟有形。而在现代社会,实践理性表现为公共理

---

① 关于法律的力量问题已在先行发表的论文中进行了探讨,故在此不再赘述(参见晏辉:《现代性语境下的德与法》,载于《道德与文明》2007 年第 5 期)。

性,公共理性相关于私人事情,但它不直接处理私人事务,而是通过提供公共的善而为每个公民服务。"政治社会,以及事实上每个合理和理性的行为体,不管是个人、家庭、或者社团,甚至某种政治社会的结盟,都有明确表达其计划,将其目标置于优先秩序之中,以及相应地作出决策的方式。政治社会这样做的方式就是它的理性。它做这些事情的能力也是它的理性,虽然是在不同的意义上:它是一种知识和道德权力,扎根于人类成员的能力之中。"[8]公共理性是民主社会的特征:它是公民,是那些分享平等公民权地位的人的理性。其理性的目标是共同的善:正义的政治概念所要求的社会的基本制度结构,以及它们所服务的目的和目标。"因此,公共理性在三个方面是公共的:作为公民的理性,它是公众的理性;它的目标是共同的善和基本正义问题;它的性质和内容是公共的,因为它是由社会的政治正义概念所赋予的力量和原则,并且对于那种以此为基础的观点持开放态度。"[8](68-69)公共理性不唯为一般公众所具有,更应该为特殊公众群即政治精英集团所必备。因为公共理性作为相关于公共的善的事情,不唯为一般公众所要求,更应该由政治精英集团所供给。作为一种德性的力量,于政治精英集团而言的公共理性,就是要它有一种"从群众中来到群众中去"的概念,可称为"善良意志",始终将人民的事情放在"心头",而不用公共权力为自己"谋福利"。作为一种能力,公共理性就是创设好的体制,应对各种风险提供高质量的公共物品。这两个方面概括起来就是人们所说的"执政党的德性建设和能力建设"。

第二,体制的力量。体制是行动的规范化形式,为着追求和实现价值,任何一种活动要么遵循技术规则,要么遵守价值规则,优良的体制可以使一些品行不良的人成为好人,而劣质的体制则可能使一批品性优良者成为品行败坏之人,制度环境对人的构造作用比原初性的德性的力量更强大。政治体制是权力分割及权力运行的价值框架,它不是一种物理结构,而是有关权力这种支配性力量的观念结构和行动。任何一种政治体制只能在反复进行的实践中证明其优劣,而不能预先给出,人类也许永远也不能构造一种完美无缺的政治体制,以抑制政治活动中的腐败与渎职行为的发生,但可以找到相对为好的那种。衡量一种体制是否优劣的价值标准在于两点:抑制腐败和渎职的程度;供给公共物品的能力。因此,"体制性缺陷"是政治伦理的一个核心问题。"体制性缺陷"通常有两种表现,一是体制本身的缺陷,二是体制变迁过程中的"约束空场"。体制本身的缺陷通常是由政治体制本身的生成机制造成的。谁有资格和能力构造政治体制呢? 通常不是那些体制边缘人群,而是体制核心人群,体制的转型或体制的修复也往往是体制核心人群。这种既是运动员又是裁判员的情况很难使政治概念得到完整的实现,或是由于智力缺陷或是由于利己动机安排使得政治体制存有缺陷,这种缺陷为以权谋私提供了体制上的保证。如只有具体行政行为可以作为被告,而抽象行政行为不可以作为被告,就是体制性缺陷的一个重要表现。这种体制上的安排如何保证抽象行政行为是公正的呢? 若此,就得具备两个充分必要条件:完全理性和善良意志。而这恰恰是最靠不住的力量。体制本身缺陷的另一个表现是违约成本问题。当以权谋私行为所得收益大于违约成本时,腐败和渎职就会屡禁不止。行动前没有体制防范、行动中没有舆论监督、行动后没有制度处罚,以权谋私也就"畅通无阻"了。"约束空场"是体制性缺陷的又一集中表现,它通常发生在新旧体制交替过程中。任何一种体制上的转型实质上都是支配性力量的重构,以及利益集团的重组。而体制转型会形成一种体制内保护性机制,这就是"不溯及以往",亦即不对因以往的体制性缺陷而造成的有缺陷的政治活动和行政行为追求责任,哪怕是道义谴责,从而被视为理所应当。当旧的体制已经废止而新的体制尚未完善,其间的"约束空场"也就自然而然了。这种"约束空场"既抹掉了已有的缺陷又滋生了新的缺陷。如何摆脱体制上的既是运动员又是裁判员的悖论似乎是人类面临的一个难题,其实这种困难并不在人民这一方。改变或完善一种有缺陷的体制之所以艰难,根本问题在于特殊利益集团之间的利益均衡问题。如果体制性缺陷始终在体制以内加以解决,就不会有根本性的改变。如若指望政治体制真正走上完善的道路,就必须有一种体制外的力量逐步强大起来。如果不是在革命的意义上,而是在社会进步的意义上,这种体制外的力量应该是"公意"的力量。

第三,舆论的力量及其限度。"公意"是一种潜藏在人民之中的力量,然而倘若不具备使这种潜藏的力量充分发挥出来的体制安排,它就永远是一种潜在的力量,而不是一种现实的力量。当人类选择了市场经济这种经济组织方式也就同时选择了让"公意"这种潜在力量成为现实力量的体制。"市场"不仅仅是一种交易场所、交易主体、交易对象、交易行为和交易规则,更是一种拥有经济力量的人们表达其意志、交换其意志的社会空间。这个空间不但是流动的,而且是开放的。它不但在经济领域内流动,而且还向政治领域和文化领域流动,同时要求政治领域和文化领域也必须是开放的。市场社会不但培育了"公意"而且激发了公民强烈表达其意志的愿望。当这种强烈表达其意志的愿望变成一种理性化的集体行动的时候,一种只让其劳动而不闻其心声的体制也就不可能了。正是在这个意义上,黑格尔才说:"公共舆论中有一切种类的错误和真理,找出其中的真理乃是伟大任务的事情。谁道出了他那个时代的意志,把它告诉他那个时代并使之实现,他就是那个时代的伟大人物。他所做的是时代的内心东西和本质,他使时代现实化。谁在这里和那里听到了公共舆论而不懂得去藐视它,这种人决做不出伟大的事业来。"[3](334)一如黑格尔所说,公共舆论是表达公民意志的无机的方式,是有一切种类的错误和真理的,不排除个别人假借"公意"的名义行己之私,只有公共的善、共同的善才是集体行动的"逻辑",也只有把作为集体行动逻辑的公共的善、集体的善表达出来并使之实现才完成了历史的业绩。市场社会培养和提升了公民之质疑与反思的能力,同时也塑造了他们的公共理性。只有当公民充分运用其公共理性为着公共的善表达其意志时,也只有让公民通过多样化的现代传播媒介合理表达其意志的体制被建构起来的时候,一种真正意义上的政治伦理才是可能的。

政治生活如何走进伦理学

参考文献：

［1］〔古希腊〕亚里士多德．政治学［M］．吴寿彭，译．北京：商务印书馆，1996：120
－121．

［2］〔古希腊〕亚里士多德．尼各马可伦理学［M］．廖申白，译注．北京：商务印书馆，2003：173．

［3］〔德〕黑格尔．法哲学原理［M］．范扬，张企泰，译．北京：商务印书馆，1979：253．

［4］朱熹．四书章句集注［M］．北京：中华书局，1983：6－7．

［5］〔英〕摩尔．伦理学原理［M］．长河，译．北京：商务印书馆，1983：1．

［6］〔德〕卡尔·施米特．政治的概念［M］．刘宗坤，等，译．上海：上海人民出版社，2005：99．

［7］〔英〕亚当·斯密．国民财富的性质与原因的研究（下卷）［M］．郭大力，王亚南，译．北京：商务印书馆，1997：27．

［8］〔美〕罗尔斯．公共理性的观念［M］//协商民主：论理性与政治．詹姆斯·博曼，威廉·雷吉，主编．陈家刚，等，译．北京：中央编译出版社，2006：68．

（晏辉，北京师范大学哲学与社会学学院伦理学与道德教育研究所所长，教授、博士生导师；本文发表于 2012 年第 5 期）

重新认识民族道德生活研究的地位与作用

李　伟

　　党的十八大报告提出,让人民享有健康丰富的精神文化生活是全面建成小康社会的重要内容。我国从秦汉时期起,就是一个统一的多民族国家,在两千多年的历史长河中,每个民族都以自己的勤劳、智慧和勇敢开拓了祖国辽阔的疆土,创造了祖国悠久的历史和灿烂的文化,对中华文明的形成和发展做出了重要贡献,也形成了十分丰富、独特的民族道德生活。各民族道德生活是我国各族人民健康丰富的精神文化生活的重要组成部分,也是我国伦理学和社会学研究的重要内容。

　　美国哲学家詹姆斯·威廉认为,道德生活是人的道德心灵深处"永恒的红宝石拱顶"的呈现或映射,是心灵意识在善恶上予以取舍与选择的产物。道德生活的特殊品质就在于它是一种能动的、自觉的社会文化生活和精神生活。这种文化精神生活是由人们内心的价值信念产生的,并在一定的社会舆论支持下长期形成的一种带有浓厚的民族习俗、文化习惯的自律生活,它有着明确的价值指向和信念以及自觉的生活方式。

　　民族道德生活的实质是一种民族群体的精神文化现象,是民族群体中共有的精神思想和知识;其核心是民族群体在长期的社会实践生活中所形成的内在精神世界和价值信念。民族道德生活的表现形式是反映着民族群体的思想意识活动、包含着各种生命意义的符号象征。虽然道德生活的内容和表现形式非常复杂,但其本质是民族群体中共有的精神、思想和知识。这就意味着在民族伦理学和道德社会学的理论视野中，道德生活主要是指在民族群体共同的物质生活基础上道德主体的精神、思想与知识、信仰。它所汇集的是一种特殊的精神生活，而不是泛指包含一切物质文化和精神文化在内的人的全部活动及其产品。

民族道德生活是在民族群体和个体的道德心理活动支配下进行的。就民族道德生活的主动性和被动性而言，民族群体和个体的道德心理活动既是主动性的根基，也是主动性最活跃、最复杂、最深层的表现。所以不仅应当把道德心理活动看成是文化环境的产物和道德生活的反映，而且要看到道德心理活动对道德生活的基础作用。同时还应当看到，民族道德生活是一种秩序生活和制度生活。这种秩序和制度既有习俗、习惯，又有原则、规范；既有正式制度和秩序，又有非正式制度和秩序；既有显规则，又有潜规则。

道德生活源自民族群体的道德实践活动并潜移默化地影响民族群体与个体的道德实践。同时，民族群体道德实践活动的丰富和变化又影响着民族群体和个体道德生活的丰富和变化。从道德生活的历史渊源看，道德生活是人力造作或利用的特殊文化现象，是在个体与群体的关系中形成的一种文化现象，是在社会的种种群体形式下，把历史上民族、族群、个体的有限的生命经验积累起来变成一种共有的精神、思想与知识财富，又以各种方式保存在一个个活着的个体的生活、思想、态度和行为中，成为一种超越个体的东西。

民族道德生活的这些特殊品质规定了它首先是一个民族主观性的展现，它不仅不是单纯的客观性，而且也不能被简单地量化分析，得出"精确的"答案。需要指出的是，当前民族伦理学和道德社会学研究中有两种倾向。一种是偏重单纯的理论分析。这种研究倾向往往忽视民族道德生活丰富的实践特征和文化特征，抽象地把教科书中的理论一般地作为各民族道德生活的指南和理论分析的原则，然后得出各种主观结论。另一种是在思想理论准备不足的前提下，过高地估计客观原则和量化分析在民族道德生活研究中的普遍适应性，因而在分析研究中过分强调客观原则和依赖量化分析的结果。这样得出的结果恰恰与民族道德生活的客观实际有着过大的差距。应当承认在民族道德生活研究中理论分析和量化分析都是必不可少的。因为在民族道德生活研究中,既离不开对道德经验的理论提升,也离不开对各种道德现象的量化分析;各民族的道德生活中确实存在着某些可以客观观察和数学计算的道德现象。但是,如果理论分析脱离了各民族丰富而有特色的道德生活实践,就会变成一堆教条。同时还应当看到,民族道德生活中还有着大量的不可客观计算的主观性和道德文化现象,特别是那些表达道德主体意愿或理想追求的价值信念,更是不可量化分析的。并且大量的民族道德文化象征是感性形式,具有具体直观性和生动可感性,这种民族道德文化形式中蕴含的意义与价值必须经过充分理解和深层感悟才能真实地把握到。那些无视这种民族道德文化特征或满足于对经验事实存在状态和展开过程进行表面观察和简单描述的研究,即便接触到民族道德生活中的文化外在形式,也理解不到其蕴含的价值与意义,达不到对民族道德生活中价值信念和生命意义把握的研究。因此应当用解释的方法去理解道德生活中蕴含的民族群体的精神世界的意义或价值。特别是应当重视各少数民族“只能意会”“将心比心”等交流沟通方式和世代传承的文化传统。

重新认识民族道德生活研究的地位与作用无论是从中国社会今天所面临的紧迫任务还是从中国伦理学和社会学的学术发展角度都有着十分重要的学术价值和现实意义。而这种研究恰恰是改革开放以来伦理学和社会学研究的一个薄弱环节。改革开放以来,中国在现代化的进程中取得了举世瞩目的成就,但是也不可避免地遇到了“现代化陷阱”。发展的不平衡性开始不断加剧城乡之间、东西部地区之间、人与自然之间的差距与矛盾,这种差距和矛盾集中反映在西部地区。因为大多数少数民族在这里聚居,而且又多聚居在农村。利益分化、阶层分化、分配不公等社会公平问题在这里表现得尤为突出,这些情况又集中地反映在人们的道德生活中。如何有效地化解这些社会矛盾,保证民族地区的可持续发展,已成为中央和各级地方政府的当务之急。虽然进一步推进指向公平的经济改革,加强民族地区的社会建设与社会管理,能在一定程度上缓解民族地区的各种社会矛盾的发生和蔓延,但因为经济利益分割和社会贫富分化等社会矛盾所引起的民族地区人们思想观念冲突,仅凭经济制度和社会政策等方面的调整并不一定能够起到有效的化解作用。如果在上述措施实施的同时,能够针对民族地区社会层面的矛盾,在社会道德生活层面进行有效的引导和调适,或许会给民族地区的发展和稳定,以及化解各种社会矛盾奠定一个可持续发展的思想文化基础。而这方面的问题不仅已引起政府层面决策者的高度重视,而且也得到了学术层面研究者的积极响应。

中国各少数民族道德生活中包含着丰富的民族文化传统和大量的道德实践活动,包含着深厚的社会伦理思想和人文精神理念,蕴藏着推动民族伦理学与道德社会学研究的巨大潜力,是一个尚未认真挖掘的文化宝藏。深入发掘中国各少数民族丰富的道德生活中所蕴藏的历史文化传统与价值理念,在中国正在发生的伟大的社会变革实践中探索各民族道德生活的发展与变迁,以丰富具有中国特色的社会主义伦理思想与道德理论,是当代中国伦理学学术研究的一个非常有潜力的发展方向,也是中国学者在全球化背景下与开放的世界文明对话的一个重要途径。

如果从更广阔的视野和更长远的眼光看,民族道德生活的研究在伦理学和社会学的研究中的地位就更突出了。首先是全球化的发展,使得具有个性化的民族道德生活日益引起世界各国学者的关注。自近代以来,国外许多人类学、社会学学者就曾深入我国西部民族地区对少数民族道德生活做过大量的田野调研工作。改革开放三十多年来,这方面的研究成果更加引起国外学术界的关注。其次,中国的现代化进程也使得民族道德生活的研究显得更加迫切。在现代化进程中的工业化和城市化使得民族地区道德生活的方式和价值观念发生重组,这是伦理学和社会学研究亟待深入开展的重要根据。从农业社会向工业社会的转变,使民族地区人们的价值观念顺应大机器生产的要求,由崇尚个性和自由向追求集中统一、强化组织纪律的价值观念转化。它将导致民族地区旧的道德生活秩序的紊乱和新的道德生活秩序的重构,这种变化要求研究者更多地关注民族地区的道德生活和精神文化,把价值信念或思想观念的变迁看成导致整个社会结构和社会秩序变迁的直接根据。这不仅对伦理学和社会学研究提出了严峻的挑战,而且也为它们的研究提供了广阔的空间。

（李伟,宁夏大学教授、博士生导师;本文发表于 2013 年第 2 期）

社会治理创新的伦理学解读

王 莹

摘 要 党的十八届三中全会提出了"创新社会治理"的战略任务,并提出了"强化道德约束"、发挥伦理在社会治理中的作用的重要举措。发挥伦理在社会治理中的作用是当前我国社会建设与发展的时代命题,是实现由"社会管理"到"社会治理"的关键,也是我国长期社会管理实践得出的必然结论。伦理在社会治理中的作用,一是确立社会治理的正确价值导向;二是强化人的内在约束;三是调节利益关系;四是降低社会治理成本。伦理在社会治理中作用的发挥是通过党组织与政府、社区与社会组织、广大公民在社会治理中的不同作用来实现的。伦理要在社会治理中发挥好作用必须与制度相互支持、相互作用,这表现在伦理与制度在内容上相互吸收,在功能上相互补充,在实施过程中相互凭借。

党的十八届三中全会做出的《中共中央关于全面深化改革若干重大问题的决定》(以下简称《决定》),对我国经济、政治、文化、社会、生态文明、国防等方面的改革做出了全面部署,描绘了我国全面改革的新蓝图,凝聚了全社会对全面深化改革的思想共识和行动智慧。《决定》中指出:"完善和发展中国特色社会主义制度,推进国家治理体系和治理能力现代化",提出了"推进国家治理体系和治理能力现代化"的重大战略任务。社会治理是国家治理的基础,也是国家治理体系和治理能力现代化的重要体现。《决定》对社会治理的创新也做了部署,提出了"加快形成科学有效的社会治理体制,确保社会既充满活力又和谐有序"的目标;对社会治理提出了具体要求:创新社会治理,改进社会治理方式;指明了创新社会治理的具体路径:一方面"坚持综合治理,强化道德约束,规范社会行为,调节利益关系,解决社会问题",强调伦理在社会治理中的重要意义,另一方面"坚持依法治理,加强法治保障",发挥好制度在社会治理中的作用,从而为社会治理创新提出了一条伦理与制度相互作用、相互支持的现实路径。

一、社会治理的创新在于发挥好伦理的作用

在党的十八届三中全会的《决定》中,"社会治理"的理念第一次在党的重要文件中被提出来,而伦理在社会治理中的作用也是第一次被突出出来。在党的十六大报告中,关于社会管理的任务是这样表述的:"改进社会管理,保持良好的社会秩序。"这里使用的是"社会管理"一词,而且社会建设还没有作为单独一方面重点任务被提出来。在党的十七大报告中,社会建设被纳入中国特色社会主义事业的总体布局:"全面推进经济建设、政治建设、文化建设、社会建设。"而且报告中提出了加强社会管理的举措:"要健全党委领导、政府负责、社会协同、公众参与的社会管理格局。"党的十八大报告进一步明确了"经济建设、政治建设、文化建设、社会建设、生态文明建设"五位一体的总体布局,并提出了"加强和创新社会管理,推动社会主义和谐社会建设"的重要任务。与十七大报告相比,十八大报告不仅提出了"创新社会管理"的任务,而且加强社会管理的举措中首次加上了"法治保障"的内容:"加快形成党委领导、政府负责、社会协同、公众参与、法治保障的社会管理体制。"在十八届三中全会的《决定》中,"创新社会管理"的思路又得到了进一步明确,不仅用"社会治理"的理念代替了"社会管理",而且在强调"法治保障"的基础上又提出"强化道德约束"。由此可见,由"社会管理"到"社会治理",由"法治保障"到"加强法治保障"与"强化道德约束"并重,这充分体现了我们党关于社会建设思

想的逐渐成熟,逐步深化。

"强化道德约束",发挥伦理的作用,这是当前我国社会治理创新的重要举措。首先,发挥伦理在社会治理中的作用是我国社会建设与发展的时代命题。当前我国发展正处于社会转型期,这一转型不仅仅是经济体制由计划经济向市场经济的转型,而且也是经济体制、政治体制、文化体制、社会体制的全面转型。我国改革开放以来的建设与发展一直是以经济建设为中心的专项社会发展,但经过几十年的经济高速发展之后,社会矛盾、社会问题开始显现,变得复杂。这需要我们转变发展理念,从单一的经济社会发展转向社会的全面发展、科学发展。在这样的社会转型期,发挥文化、伦理、法制在社会治理中的作用,探索伦理与制度在社会治理中的不同作用及其相互支持、相互作用的途径,具有十分重要的理论和现实意义。

其次,发挥伦理在社会治理中的作用,是实现由"社会管理"到"社会治理"转变的关键。其一,从内涵上看,"社会管理"侧重于政府管理,是由上而下的、垂直的刚性管理,具有显著的强制性。而"社会治理"的重点在于党组织和政府、社区和社会组织与每个公民的共同参与、共同管理,这种共同参与、共同管理使社会治理具有了充分的伦理含义:由于社会治理的主体由政府一方变为多元参与,因此它是应当建立在共同责任基础上的;它是政府与基层组织、社会组织和公民进行平等协商来决定社会公共事务的,体现了民主精神;它也体现着平等理念,因为它是以政府尊重基层组织、社会组织和公民的独立法人地位并与之平等合作为前提的,否则就不能实现共同参与、共同管理。其二,从社会治理的方式上看,"社会治理"不同于"社会管理"的地方在于"社会治理"一方面在"治",另一方面要"理"。所谓"治",即法治,主要是通过制度的完善与实施治理当前我国社会管理领域中存在的一些突出问题。"理",即"德治",是通过道德教育的作用,提高人的道德素质,规范人们的社会行为,强化人们的内在道德约束,调节好人与人、人与社会、人与国家之间的关系。因此,"社会治理"离不开社会成员的道德自律与自觉,这是社会和谐有序的不可或缺的伦理基础。

最后,发挥好伦理的作用是我国在长期社会管理实践中得出的必然结论。以往我国在社会管理实践中没有对伦理的作用予以足够的重视，主要是制度在社会管理中发挥作用。这里所说的"制度"是指法律法规和行政组织规范。这二者是以国家权力和行政组织权力为后盾的，都表现为外在的强制力。而伦理作为社会管理中的一种重要力量，还远远没有发挥好作用。我国社会管理领域出现的一些矛盾和问题，如假冒伪劣、弄虚作假、坑蒙拐骗、贪赃枉法等现象的不断出现，不讲仁义、不讲诚信、损人利己、唯利是图等情况的不断发生，不但有制度建设和执行方面的问题，也有道德建设方面的原因，以及伦理在社会管理中发挥作用不够的问题。实际上，社会治理创新不仅意味着治理理念、体制机制、方式方法等的创新，同时也包含着对伦理价值的思考、选择和坚守。伦理在当前社会治理中具有重要的实践作用。

二、伦理在社会治理中的主要作用

马克思指出："国家的职能等等只不过是人的社会特质的存在方式和活动方式。因此不言而喻，个人既然是国家各种职能和权力的承担者，那就应该按照他们的社会特质，而不应该按照他们的私人特质来考察他们。"[1] 在这里，马克思认为不能仅仅把国家职能理解为管理机构，国家也具有伦理职能。国家是"人的社会特质的存在方式和活动方式"，从人的社会本质的角度说，国家的管理必须具有伦理职能。社会治理体现的是国家的职能和活动。具有社会特质的人是社会治理职能和权力的承担者，因此，我们应该从人的社会本质的角度，从道德是人类所特有的社会现象、只有人具有道德素质的角度来思考社会治理问题。

《决定》中对社会治理的目标进行了明确表述："着眼于维护最广大人民根本利益，最大限度增加和谐因素，增强社会发展活力……确保人民安居乐业、社会安定有序。"这一目标的实现离不开伦理的作用。

第一，确立社会治理的正确价值导向。习近平同志指出，意识形态工作是党的一项极端重要的工作。社会意识形态在社会治理中具有重要的作用。社会治理能力包括国家对社会意识形态的驾驭与运用能力。随着我国市场经济的发展和社会转型,意识形态领域也出现了纷繁复杂的情况,社会思想空前活跃,各种文化相互交融、相互激荡。特别是一些非马克思主义的思想意识有所滋长,一些人的人生观、价值观发生扭曲,一些封建主义、资本主义的腐朽思想意识沉渣泛起。社会意识形态领域这种日趋复杂的现实情况要求我们必须坚持和巩固马克思主义在意识形态领域的指导地位,以社会主义核心价值观引领社会思潮,增进社会意识,牢牢占领意识形态这块阵地。习近平总书记在五四青年节到北京大学考察时强调,核心价值观承载着一个民族、一个国家的精神追求,是最持久、最深层的力量。他要求广大青年要从现在做起,从自己做起,使社会主义核心价值观成为自己的基本遵循,并身体力行大力将其推广到全社会去。社会主义核心价值观决定着社会治理的方向,是社会治理创新的精神动力,是社会治理的思想道德基础。有社会主义核心价值观的引领,就能够在全社会形成富强、民主、文明、和谐,自由、平等、公正、法治,爱国、敬业、诚信、友善的道德氛围,从而能够维护正常的生产生活秩序,提高人与人之间的信任度,拓展人们相互关心、相互爱护、相互帮助的空间,也能够有效化解人与人之间的矛盾,构建人与人、人与社会的和谐关系,使伦理职能在社会治理中得到体现。

第二,强化人的内在约束。社会治理的最佳途径是实现硬约束与软约束、外在约束与内在约束、他律与自律的统一。伦理与制度的不同点就在于它是一种人的内在的软约束力量,主要依靠人的道德自觉,通过道德教育的感化、道德观念、社会舆论、风俗习惯、内在良心等非强制性的力量来实现。同时,在很大意义上说,社会治理是人及各种关系的自我规范、自我调整。因此,人的理想信念、人生观、价值观、荣辱观、责任感等都会影响到社会治理的水平。无数事实说明,我们的社会不是没有制度,而是一些人不执行制度或者是不很好地贯彻落实制度。这就涉及人的问题,是人的思想水平不高、道德品质不好的问题。费孝通先生曾经说过,"社会上人和人的关系是根据法律来维持的,但法律还得靠权力来支持,还得靠人来执行,法治其实是'人依法而治',并非没有人的因素"[2]。费孝通先生的这段话道出了制度与伦理关系的关键。比如,针对个别企业为了追逐经济效益而污染环境问题,《中华人民共和国环境保护法》明文规定"严禁通过暗管、渗井、渗坑、灌注或者篡改、伪造监测数据,或者不正常运行防治污染设施等逃避监管的方式违法排放污染物",同时明确了其法律责任,但还是有一些企业主为了经济利益而甘冒违法的风险。这里面固然有执法不严的问题,但也有企业主不讲道德、唯利是图的问题。

第三,调节利益关系。社会治理的过程也是对各类利益主体的利益诉求不断调整的过程,这是实现社会治理目标的关键。马克思指出:"人们奋斗所争取的一切,都同他们的利益有关。"[3] "人们为了能够'创造历史',必须能够生活。但是为了生活,首先就需要衣、食、住以及其他东西。因此第一个历史活动就是生产满足这些需要的资料,即生产物质生活本身。"[4]因此,需要是利益的必要基础,需要产生了人的利益追求,而利益也是人的社会化的需要。人们通常所说的利益首先是指物质利益。物质利益支配着人们的社会活动,是全部社会生活的基础,而伦理是调节人们之间利益关系的有效方式之一。伦理的一个突出特点就是在个人利益与他人利益、社会利益发生冲突时,以他人利益与社会整体利益为重,对个人利益做出必要的节制甚至或多或少的自我牺牲。它倡导人们不计名利、关爱他人,以自己的无私奉献去促进社会整体的利益。这是一种道德境界。如果人们都努力追求这一境界,相互之间的利益之争就会大大减少,人际关系就会和谐顺畅,社会就能安定有序。

第四,降低社会治理的成本。随着社会治理的要求的不断提高、领域的不断扩展,社会治理的成本也在增加。比如,由于社会问题的增多、社会矛盾的复杂化,各类群体性事件、突发性事件也在增加,由此带来了维护稳定的经费支出的增大。而伦理会大大降低社会治理的成本。伦理是人自身的一种内在精神力量,是社会道德要求转化为人们的内心信念,从而使人们自觉自愿按照社会道德规范的要求去行动的过程。因此,伦理在社会治理中的这种作用是法律法规和行政组织规范所无法代替的。比如,它可以使社会成员做到文明出行,从而大大减少维护交通秩序的人力和财力;它也可以使一些管理人员减少推诿扯皮,积极作为,提高工作效率;它还可以化解社会矛盾,减少"维稳"支出。

三、伦理在社会治理中发挥作用的现实途径

《决定》中指出:"加强党委领导,发挥政府主导作用,鼓励和支持社会各方面参与,实现政府治理和社会自我调节、居民自治良性互动。"由此可见,社会治理的体系是国家、社会、公民的三维治理结构体系。国家是指党组织与政府;社会主要是指社区与社会组织;公民是指广大社会成员。

首先,政府在社会治理中起着主导作用。从政府作为社会治理的主体看,伦理的作用主要是打造政府的公信力。一是政府决策要坚持以人为本。以人为本的"人"就是人民群众。以人为本就是以民为本,以最广大人民群众的根本利益为根本。制定政策是政府履行职责的一个环节,也是对社会进行治理的一种重要方式。决策只有坚持以人为本的原则才能够健康地引导社会生活,获得人民群众的信任和拥戴,提高政府的公信力。因此,政府决策应当以人民群众的根本利益为出发点,不断满足人民群众日益增长的物质文化需要,切实保障人民群众的经济、政治和文化权益,使发展的成果能够惠及全体人民。这就要求政府决策要秉承"立党为公,执政为民"的理念,以全心全意为人民服务为根本宗旨;实实在在地为人民群众办实事,办好事;在决策过程中要注意倾听民声,尊重民意。

二是坚持公共服务的均等性。《决定》指出:"政府的职责和作用主要是保持宏观经济稳定,加强和优化公共服务,保障公平竞争。"随着我国改革的全面深化,政府管理中管制的成分会越来越少,服务的比重会越来越大,直到政府成为服务型政府。坚持公共服务的均等性是保障人民群众根本利益的需要,也是解决当前我国社会主要矛盾的重要途径。当前我国社会公共服务不均等的现象还比较严重,比如,城乡之间不均等,农村的基本公共服务水平大大低于城市;区域之间不均等,东部发达地区和中西部欠发达地区的基本公共服务水平存在较大差距;不同人群之间不均等,在公共医疗、教育文化、住房消费等方面,低收入群体享受不到均等的公共服

务。[5]而要实现全面建成小康社会的目标,必须消除这些不均等的现象,实现公共服务的均等化。具体说来,坚持公共服务的均等性,就是要坚持服务的公共性,即政府的服务主要是促进公共利益的生成和发展,使广大人民群众受益;坚持服务的公正性,坚决摒除部门利益。

三是坚持利益的公平性。经济利益问题是当前我国社会领域里引发矛盾的核心问题。总的来说,党的十一届三中全会以来,"我们党以巨大的政治勇气,锐意推进经济体制、政治体制、文化体制、社会体制、生态文明体制和党的建设制度改革,不断扩大开放,决心之大、变革之深、影响之广前所未有,成就举世瞩目"[6]。因此,人民生活水平不断提高,经济利益也不断得到满足。但是由于市场经济的体制、城乡二元结构、社会利益调节机制不完善等方面的原因,人们利益实现的程度不可避免地存在着差异,利益不均衡的现象还比较严重地存在,比如,贫富两极分化,城乡之间经济利益不均衡,地区之间经济利益的不均衡,行业之间经济利益的不均衡等。[5](14-16)坚持利益的公平性,就必须建立健全利益调节机制:建立和完善利益分配机制、利益约束机制、利益诉求机制、利益补偿机制和利益引导机制。

一个不可回避的问题是:各级党组织在社会治理中有什么作用呢? 在西方国家,一般是政府作为社会治理的最主要的主体。与此不同,当代中国的社会治理中代表国家一方的治理主体是各级党组织与政府。一是中国共产党的一元化领导决定了党组织是领导核心,实施对社会治理的政治领导、思想领导、组织领导。而且政府部门的负责人往往也是党组织中的领导成员,与其他成员一起共同发挥着党组织的领导核心、协调四方的作用。二是中国共产党有八千多万名党员,有三百多万个各级党组织,领导着各级政府。即使在许多没有政府组织的社会领域,通常也都有党的组织,党组织覆盖社会治理的方方面面。具体说来,党组织在社会治理中的作用表现为:起领导作用和负责重大决策;选好人、用好人,其中包括选拔任用政府的各级领导干部。在社会治理中,党组织与政府共同发挥着作用,各有所侧重,又密不可分。

其次,社区与社会组织是社会治理的基础。伦理在社会治理中发挥作用的重点在社区,因为社区是社会治理的基础单位。随着我国社会变革与社会转型,新的社会事务大量产生,社区作为城乡社会治理的最基层组织,其作用越来越凸显,所承载的功能越来越广泛,地位也发生了深刻的变化。在城乡社区治理中,很多社区进行了大胆的改革,探索如何以居民需求为导向,实现政府行政管理与基层群众自治有效衔接和良性互动的路径。比如,石家庄市建南社区将志愿者队伍融入社会管理中,成立了"空巢帮扶队"和"治安巡逻队",在居民自我教育、自我服务、自我管理中发挥了很好的作用,也提高了社会服务的质量和水平。农村社区,比如,"道德青县"大勃留村是农村社区治理的一个先进典型。大勃留村曾经是全镇的落后村,管理混乱,村风不正,各种纠纷时常发生。在青县县委提出"加强国民道德建设,着力打造'道德青县'"后,大勃留村"两委"完善制度,加强管理,大力加强道德建设,建立起民主治理、公益救助、道德模范评选三大制度并持之以恒地推进实施,从而提高了村民的道德素质,改变了村风,互助互爱、共建美好家园在大勃留村蔚然成风,大勃留村也先后获得"全国民主法治示范村"和省、市、县"创建文明生态村明星村"等多项荣誉称号。

社会组织是社会治理的重要主体之一,其作用越来越被重视。《决定》指出:"推进社会组织明确权责、依法自治、发挥作用。"社会组织是独立于政府和市场之外、不以营利为目的的组织形态。它以促进互助合作和社会公益为目标,从事增进弱势群体的利益、保护生态环境、提供多样性的社会服务或促进社会发展的工作。从社会组织作为社会治理主体看,其伦理作用主要表现为以下三个方面。一是致力于慈善事业。比如开展社区服务、环境保护、知识传播、社会援助、青年服务等活动。"道德青县"的东姚庄就成立了"志愿者协会",开展了多项村民互帮互助活动。二是维护公众的民主权益。比如医学伦理委员会、消费者组织。三是提供公共服务。政府有限的财政投入无法全面覆盖公共服务领域,也无法满足公共服务个性化、差异化的要求。社会组织可以有效弥补政府这方面的不足。比如,青少年发展基金会就推出"希望工程营养健康计划",帮助贫困地区中小学生解决营养不良问题。

最后,公民的参与是实现社会治理的必要保障。《中华人民共和国宪法》第二条规定:"人民依照法律规定,通过各种途径和形式,管理国家事务,管理经济和文化事业,管理社会事务。"广大公民理所应当是社会治理的主体,公民参与是社会治理创新的基础与动力。没有有效、有序的公众参与,党的领导就会脱离人民群众,政府的主导作用也就失去了根基。公民参与就是要使广大社会成员在公共事务的决策、管理执行和监督过程中拥有知情权、话语权等权利,能够自由地表达自己的观点、意见和建议,能够合法地采取维护个人切身利益和社会公共利益的行为。社会治理中公众参与的伦理意义在于:一是社会成员在参与社会治理的过程中能够反映自身的利益诉求,使决策者直接听到人民群众的声音;二是使政府决策更加符合人民群众的需求,从而使决策更科学、更合理;三是公众参与也可以加强对政府的监督,使广大社会成员的评价成为政府社会治理绩效考核的重要指标。社会成员作为社会治理的主体,也应当增强社会责任意识、参与意识、法治意识和监督意识。

四、社会治理中伦理与制度必须相互支持、相互作用

由于伦理与制度有着各自的特殊性和功能,因此在社会治理中二者缺一不可。一方面,伦理的内在软约束作用必须有制度的外在强制力的支持与保障。因为伦理毕竟是一种软约束力量,依靠的是人的内在自觉,而有效的社会治理单靠人的道德自觉是不行的。惩治的威慑力量使制度成为伦理的坚强后盾,从而也有力地维护着伦理。另一方面,制度的实施、落实需要制度之外的力量——伦理来支持。因为任何制度都是以一个社会占统治地位的伦理价值体系为依托的,都必须具有善价值,伦理上的"应当"是制度生成的出发点;制度的落实离不开人的道德因素,好的制度需要有德之人来落实;伦理作为一种文化的积淀,最终还会形成人们遵守制度的环境和基础。

伦理与制度的相互支持、相互作用可以通过内容、功能、实施等途径表

现出来。

第一，伦理与制度在内容上相互吸收。罗尔斯曾经指出："一个法律体系是一系列强制性的公开规则。提出这些规则是为了调整理性人的行为并为社会合作提供某种框架。当这些规则是正义的时，它们就建立了合法期望的基础。它们构成了人们相互信赖以及当他们的期望没有实现时就可直接提出反对的基础。"[7]制度必须合乎伦理。我们既要善于总结和形成相互配套的规章制度，也要善于把伦理观念和要求融入其中，通过教化，达到规范人、塑造人、引导人的目的。一个社会的伦理与制度会有共同的价值追求，这是二者能够相互支持、相互作用的基础。比如，我国制定和颁布的《国务院工作人员守则》将职业道德规范制度化；《河北省奖励和保护见义勇为人员条例》通过立法来确认见义勇为的先进个人和先进事迹，以达到表彰先进、弘扬正气的目的。

第二，伦理与制度在功能上互相补充。一是在社会治理范围上，伦理能够超越既有制度的局限，填补制度覆盖不到的地方。制度"管大不管小"的特点决定了其在社会治理中难以面面俱到。而伦理则不同，只要是有是非善恶的地方，伦理都能发挥作用，大到虐待老人，小到随地吐痰，都会受到道德的谴责。二是在社会治理的层次上，伦理要高于制度。制度是对社会成员提出的能够达到并一定要达到的最基本、最起码的要求，伦理则以"应当怎样"为尺度来衡量人的行为，这不仅包括了最起码、最基本的要求，而且包含更高的要求："善""至善"。因此，遵守制度的行为不一定就是道德高尚的行为。从这个意义上说，伦理的要求高于制度的要求。比如，对工作纪律的要求，不迟到、不早退就是遵守纪律了，而伦理的要求是爱岗敬业。

第三，伦理与制度在实施过程中相互凭借。伦理可以引导人们尊重和遵守制度，可以防范尚未发生的违法违纪行为，制度则可以制止已经发生的违法违纪以及严重不道德行为。比如，对于社会上的失信行为，我国的法律法规、党纪党规都有诸多的惩罚规定。《中华人民共和国消费者权益保护法》规定："经营者提供商品或者服务有欺诈行为的，应当按照消费者的要求增加赔偿其受到的损失,增加赔偿的金额为消费者购买商品的价款或者接受服务的费用的三倍。"《中国共产党纪律处分条例》对于弄虚作假、骗取荣誉等,会依据情节给予相应的惩罚。

实际上,伦理与制度在社会治理中的相互支持、相互作用已经在社会治理实践中充分显现。比如,2012年起河北省开展的"善行河北"主题道德实践活动不仅促进了河北良好道德风尚的形成,也为社会治理创新开辟了新路径。2012年以来,河北省各类信访案件数量普遍下降50%以上,全省5万多个村庄稳定和谐,违法犯罪率大幅下降。石家庄市新华区北新街社区在社区志愿活动的基础上成立了以"七彩公益、情系你我"为主题的"草根"公益团,定期开展环境治理、治安巡逻、科普宣传等志愿活动,把社区建成了温馨的大家庭。[8]

参考文献:

[1] 马克思,恩格斯. 马克思恩格斯全集:第3卷[M]. 北京:人民出版社,2002:29-30.

[2] 费孝通. 乡土中国[M]. 北京:人民出版社,2008:53.

[3] 马克思,恩格斯. 马克思恩格斯全集:第1卷[M]. 北京:人民出版社,1956:82.

[4] 马克思,恩格斯. 马克思恩格斯全集:第3卷[M]. 北京:人民出版社,1960:31.

[5] 邵静野. 变革时代的社会管理创新[M]. 北京:国家行政学院出版社,2011:19-22.

[6] 中共中央关于全面深化改革若干重大问题的决定[EB/OL]. [2013-11-16](2014-02-12). http://www.sn.xinhuanet.com/2013-11/16/c_118166672.htm.

[7] 〔美〕约翰·罗尔斯. 正义论[M]. 何怀宏,何包钢,廖申白,译. 北京:中国社会科学出版社,1988:233.

[8] 夏伟东,等. 道德的力量——"善行河北"主题道德实践活动调查[J]. 红旗文稿,2013,(21).

(王莹,河北经贸大学社会管理德治与法治协同创新中心教授;本文发表于2014年第6期)

现代化的前鉴

——几种与财富伦理建构有关的理论述评

唐凯麟

摘　要　在世界工业文明的发展中,财富急剧增长,引发了人们对于财富伦理、财富文化的更多追问。由于西方社会率先进入现代化时代,西方学者面对财富与自然、财富与社会、财富与人的激烈冲突,提出了异化现象、物化现象、技术理性现象以及对消费主义的批判。我国在现代化建设中,如何走出金钱至上所造成的财富与伦理背离的历史迷雾,有必要对这些理论做出分析和阐发,以收警示和借鉴之功。

所谓财富,实质上是一种社会关系的承载体,是人们利益关系的凝结物。因此,财富不仅具有经济意义,也具有社会意义和伦理意义。财富伦理就是指人们创造、占有和安排财富的方式,以及与此相关联的财富生产、交换、分配和使用过程中蕴含的道德内涵和伦理意蕴。它是人类在认识、创造、支配和使用财富的过程中,对人与人、人与自然、人与社会之间相互关系的一种特定的观念把握,是社会经济行为的价值依据。财富伦理作为人类对自身行为的一种理性调节,是一种向善的实践理性,它规范和调节着经济利益的分割,既具有现实性基础,又包含着对现实生活的某种理论反思和超越。财富伦理主要包括三个方面:一是创造财富的冲动力,二是节约财富的抑制力,三是合理运用财富的智慧。财富伦理要求人们从其主体性地位出发,通过创造财富来发展自身的个性和潜能,通过合理运用财富来获得自身的意义和地位，实现自身的价值。财富伦理所要追求的是财富与自然、财富与人、财富与社会的和谐共生，从而推进社会的进步和人的自由全面发展。

近现代工业文明一方面带来了社会生产力和物质财富的极大丰富；另一方面也由于工具理性的僭越和价值理性的消退而造成物对人的统治、人的本质的异化等。西方社会由于率先进入了现代化，所以西方学者对此认识较早。从理论渊源上讲，最早可以追溯到马克思所批判的异化现象，再到卢卡奇所揭示的物化理论和法兰克福学派的技术理性批判理论。这些理论对于我们构建先进的财富伦理观不仅没有过时，而且具有重要的启发和借鉴意义。

一、马克思的异化理论

异化现象是私有制条件下财富社会难以避免的命运，也是西方现代性危机的一种深刻表现。马克思对异化劳动的批判，揭示了异化现象的秘密，为我们认识财富社会的伦理缺陷提供了一个重要的维度。海德格尔对此做出了高度的评价[1]，他认为马克思的异化理论深入到了"历史的本质性"中。

作为马克思在一百多年前所提出的概念，"异化"对工业化进程的批判意义历久而弥新。马克思对异化问题的研究是从国家问题开始的，他曾指出："政治国家的彼岸存在无非就是要确定它们这些特殊领导的异化。"[2] 在《论犹太人问题》中，马克思开始从政治异化转向经济异化，接触到异化的经济基础。他说："钱是从人异化出来的人的劳动和存在的本质；这个外在本质却统治了人，人却向它膜拜。"[2](448) 马克思这里所说的异化主要是指经济领域的异化，但内容绝不限于经济。这使他把劳动与人的异化问题结合起来予以深入的考察，认为异化是劳动的对象化，表现为对象的丧失和被对象奴役，而无偿占有他人的劳动是异化现象的本质。劳动是人类社会从自然界独立出来区别于自然界的标志。在人类社会的形成过程中,劳动起了决定性作用。劳动创造了人本身,是人之为人的内在本性的体现。马克思指出:"在生产中,人客体化,在消费中,物主体化。"[3] 人类通过劳动在各个方面发展和完善自己,这是劳动积极的一面。可是马克思认为在资本主义社会中,劳动还有其消极的一面。工人创造了财富,而财富却为资本家所占有并使工人受其支配。在马克思看来,劳动的利益本应是一种符合社会发展方向的、本质性的力量,但是劳动的异化却产生了与其对立的资本。这种财富及财富的占有、工人的劳动本身皆异化成为统治工人异己的力量,就是劳动异化。劳动被异化了,人的本性也就被异化了。

由此可见,马克思的"异化理论"是综合经济学、哲学相关概念后的理论创新。马克思从分析中得出:每个领域都是人的一种特定异化,而生产过程劳动的异化是一切异化的基础。在私有制社会里,劳动异化为产品、异化为财富、异化为权力、异化为一切历史和现实的社会关系。在这样的社会里,那些不劳动的社会集团通过各种形式无偿占有他人劳动,并剥夺他人的自主权。

关于马克思异化理论的主要内容,可以从如下几方面加以考察。

从生产结果看,劳动者和他的劳动产品异化。工人是劳动产品的生产者,主体应该是在劳动产品中实现自己并当然的归其占有,但在资本主义生产中,"劳动者生产得越多,他就不得不消费的越少。他越多创造价值,他就越加失去价值,失去品格,他的生产品越齐整则劳动者越不齐整,他的对象越成为文明的,劳动者则越沦为野蛮,劳动越有实力则劳动者越成为无力,劳动越有精神,则劳动者越加失去精神而成为自然奴隶"[3](54),这样,物的世界的增值同人的世界的贬值互为正比。"劳动为富人生产了奇迹般的东西,但是为工人生产了赤贫。劳动创造了宫殿,但是给工人创造了贫民窟。劳动创造了美,但是使工人变成畸形。劳动用机器代替了手工劳动,但是使一部分工人回到野蛮的劳动,并使另一部分工人变成机器。劳动生产了智慧,但是给工人生产了愚钝和痴呆。"[4]

从生产过程来看,劳动者和他的劳动活动异化。劳动产品不过是劳动活动的结果,劳动产品的异化就在于更为根本的劳动活动本身的异化。劳动活动的异化首先表现为劳动是外在的,"劳动不是自愿的劳动,而是被迫的强制劳动。因而,它不是满足劳动需要,而只是满足劳动需要以外的需要的一种手段"[4](94)。其次,从劳动过程来看,"在这里,活动就是受动;力量就是虚弱;生殖就是去势;工人自己的体力和智力,他个人的生命(因为,生命如果不是活动,又是什么呢?),就是不依赖于他、不属于他、转过来反对他自身的活动。这就是自我异化"[4](95)。最后,从劳动结果来看,"这种劳动不是他自己的,而是别人的;劳动不属于他;他在劳动中也不属于他自己,而是属于别人"[4](94)。"人(工人)只有在运用自己的动物机能——吃、喝、性行为,至多还有居住、修饰等等的时候,才觉得自己是自由活动,而在运用人的机能时,却觉得自己不过是动物。动物的东西成为人的东西,而人的东西成为动物的东西。"[4](94)

从人的类本质上看,劳动者与他的类本质异化。"这样一来,异化劳动造成如下结果:人的类本质——无论是自然界,还是人的精神的、类的能力——变成人的异己的本质,变成维持他的个人生存的手段。异化劳动使人自己的身体,以及在他之外的自然界,他的精神本质,他的人的本质同人相异化。"[4](97)

从人际关系方面来看,人与人关系的异化。人同自己的劳动产品、劳动活动和人的类本质相异化所造成的直接后果就是人与人的关系相异化。"通过异化劳动,人不仅生产出他同作为异化的、敌对的力量的生产对象和生产行为的关系,而且生产出其他人对他的生产和他的产品的关系,以及他对这些他人的关系。正像他自己的生产变成自己的非现实性,变成对自己的惩罚一样,正像他丧失掉自己的产品,并使它变成不属于他的产品一样,他也生产出不生产的人对生产和产品的支配。"[3](61)"人同自身的关系只有通过他同他人的关系,才成为对他说来是对象性的、现实的关系。"[4](99)如果劳动产品作为一种异己的力量同工人相对立,那么,"这只能是由于产品属于工人之外的另一个人。如果工人的活动对他本身来说是一种痛苦,那么,这种活动就必然给另一个人带来享受和欢乐"[4](99)。

这另一个人就是工人通过异化的劳动所生产出来的资本家。由此,马克思得出:"如果说人对他的劳动生产品,对他的生活活动,对他的族类存在疏远化,那么,从这里得到的一个直接的结论就是人和人的疏远化。"[3](60)

从上得知,人类作为主体通过劳动创造了一个新的现实物质世界,他也在这个世界中丧失了自己本来就应该具有的一切,这就是人的劳动本质的异化。以商品货币作为中介的资本主义社会是一种异化的社会。而在马克思看来,真正的社会是人作为人,按照人的样子来组织的社会。在这种社会里,人的本质成为人与人之间关系的纽带而不是商品货币。每个人的生产都是为了满足本质的需求,人们彼此重视的是人自身而不是物,更不是物的价值。

马克思的异化理论虽对资本主义社会中的人性异化进行了批判,但他同时看到了自我异化的扬弃与自我扬弃走的是同一条道路。"他们知道,财产、资本、金钱、雇佣劳动以及诸如此类的东西远不是想象中的幻影,而是工人自我异化的十分实际、十分具体的产物,因此也必须用实际的和具体的方式来消灭它们,以便使人不仅能在思维中、意识中,而且也能在群众的存在中、生活中真正成其为人。"[5]异化劳动在造成了人的奴役和畸形发展的同时,也为人的解放和异化的扬弃准备了物质条件。马克思已经意识到人的异化的扬弃是人的解放的核心,在现实层面上他把这一问题转换为消除政治压迫和经济剥削,期望通过改变财产的占有状况使人的劳动产品对人的统治问题得以解决。因此,"工人同劳动的关系,生产出资本家(或者不管人们给雇主起个什么别的名字)同这个劳动的关系。从而,私有财产是外化劳动,即工人同自然界和自身的外在关系的产物、结果和必然后果"[4](100)。在此基础上,"我们这个时代每一种事物好像都包含有自己的反面。我们看到:机器具有减少人类劳动和使劳动更有成效的神奇力量,然而却引起了饥饿和过度的劳动。新发现的财富的源泉,由于某种奇怪的、不可思议的魔力而变成贫困的根源。技术的胜利,似乎是以道德的败坏为代价换来的。随着人类愈益控制自然,个人却似乎愈益成为别人的奴隶或自身的卑劣行为的奴隶。甚至科学的纯洁光辉仿佛也只能在愚蠢无知的黑暗背景上闪耀。我们的一切发现和进步，似乎结果是使物质力量具有理智生命，而人的生命则化为愚蠢的物质力量。现代工业、科学与现代贫困、衰颓之间的这种对抗，我们时代的生产力与社会关系之间的这种对抗，是显而易见的、不可避免的和毋庸争辩的事实"[6]。

可见，马克思的异化理论从根本上是以人的生存方式为关注点，以人的解放为核心的批判的革命的实践哲学，它不仅为 21 世纪处于文化危机和文化冲突的批判思想家们提供了养分，而且也为我们建构先进的财富伦理观提供了指导。

二、卢卡奇的物化理论

在卢卡奇看来，20 世纪人类实践的发展带来了物质财富的空前丰富，也使异化普遍强化，不仅人的具体劳动产品而且许多文化力量如意识形态、技术理性等都成为可以统治人的异化力量。《历史和阶级意识》作为卢卡奇的代表作，确立了 20 世纪西方马克思主义对发达工业社会的文化批判的重要主题。

卢卡奇认为，物化是资本主义社会的普遍现象，"在论述这个问题之前，我们必须明白，商品拜物教问题是我们这个时代，即现代资本主义的一个特有的问题"[7]。"商品形式向整个社会的真正同质形式的这种发展只有在现代资本主义中才出现了。"[7](146)"我们的目的在于把物化作为构成整个资产阶级社会的普遍现象来理解。"[7](110)卢卡奇通过马克思关于商品拜物教的研究分析指出，这种商品拜物教现象正是现代人的物化现象，它使人的关系变成一种物的关系。在此基础上，卢卡奇给物化下了一个定义："人自身的活动，他自己的劳动变成了客观的、不以自己的意志为转移的某种东西，变成了依靠背离人的自律力而控制了人的某种东西。"[7](110)"工人必须作为他的劳动力的'所有者'把自己想象为商品……这种自我客体化，即人的功能变为商品这一事实，最确切地揭示了商品关系已经非人化和正在非人化的本质。"[7](154)

物化的表现,不仅表现在经济方面,还表现在政治和意识形态方面,不过,经济物化是根本。经济领域中物化主要表现为人的数字化与原子化。[8]人的数字化亦即人的符号化或抽象化。卢卡奇认为资本主义社会就是一个依据商品本性和理性原则建立起来的机械化体系。他论述道:"人无论在主观上还是在他对劳动过程的态度上都不表现为是这个过程的真正的主人,而是作为机械化的一部分被结合到某一机械系统里去。"[7](149)人失去了主体性和能动性,人自己也变成一个专门固定动作的机械重复。他进一步指出:"一方面,劳动过程越来越被分解为一些抽象合理的局部操作,以至于工人同作为整体的产品的联系被切断,他的工作也被简化为一种机械性重复的专门职能;另一方面……这种合理的机械化一直推行到工人的'灵魂'里,甚至他的心理特性也同他的整个人格相分离,同这种人格相对立地被客体化,以便能够被结合到合理的专门系统里去,并在这里归入计算的概念。"[7](149)人的原子化即人与人的隔膜、疏离、冷漠是经济物化的另一重要形式。在资本主义生产过程中,人们之间的有机联系被割断,人各自成为孤立的、被动的原子。"生产过程被机械地分成各个部分,也切断了那在生产是'有机'时把劳动的各种个别主体结合成的一个共同体的联系……生产的机械化也把他们变成了一些孤立的原子。"[7](152)"个人的原子化只是以下事实在意识上的反映,资本主义的'自然规律'遍及社会生活的所有表现。"[7](154)于是,"隐藏于直接的商品关系之后的人与人的关系,以及同应当真正满足人们需要的对象之间的关系,已经退化到人们既不能认识也不能感觉到的程度了"[9]。"把一切'人的'因素从无产阶级的直接存在中除掉,另一方面,同样的发展过程逐步地把一切'有机的'东西,把一切同自然的直接联系从社会形式中排除出去。"[9](189)人只是作为一种可以再生产的剩余价值的活的工具和物品出现,在"人的哲学"的背后,"人"已经丢失了。

在政治领域,法律、国家、管理等形式上的合理化,在主观上就意味着产生合理的和非人性的类似分工。"现代官僚政治制度意味着对人的生活方式、劳动方式和意识形态的调整,以适应于资本主义经济的一般的社会经济前提"[9](99)，"社会制度（物化）使人失去了其人的本质，人越是占有文化和文明（即资本主义和物化），人就越发不能作为人来存在"[9](143)。在这个背景下，人的物化更深刻、更广泛，而在外观上更隐蔽、更难以发觉。

卢卡奇认为，物化最深刻的表现便是它内化到人的思想领域，形成物化意识。物化"在人的整个意识中打上了自己的印记；人性和人的能力不是成为自己人格的组成部分，它们成为一种像外部世界的各种事务一样的能'占有'和'处理'的东西"[9](101)。人自觉地或非批判地认同外在的物化现象，并将这种物化当作规律和人的命运加以遵循与服从，使人丧失了批判和超越的主体性维度。可以说，卢卡奇的物化理论一方面继承和发挥了马克思的异化理论，另一方面也开启了法兰克福学派以技术理性批判为主要形态的文化批判思路。当代西方社会一方面是物质财富丰富，社会富裕；另一方面是精神的痛苦、心灵的折磨。资本主义已由劳动生产异化扩展到社会的总体异化。

三、技术理性批判理论

人类自进入 20 世纪以来，科学技术的迅猛发展带来了物质财富的丰裕和社会的进步。然而，由于对科学技术的片面性认识和资本主义应用而导致了技术理性膨胀和人的价值理性失落。西方现代人文主义者，特别是法兰克福学派、环保主义、罗马俱乐部、后现代主义以及社会公众等对技术理性的批判，一浪高过一浪。他们严厉抨击资本主义把经济增长、利益的最大化作为最高价值，走上了一条忽视人、轻贱人的价值的迷途。

所谓技术理性，其实质就是对人作为一种理性存在物所表现出来的主体性力量的崇拜。从古希腊起，理性主义就是西方伦理的基本精神之一，古希腊哲学家在本体论层面上对"宇宙理性"的揭示建构起西方最基本的理性主义信念。为摆脱中世纪文化的束缚，近代人文主义运动在吸取古希腊文化理性精神的基础上，高举"理性"的旗帜，反对神性，理性成为裁决一切的权威，一切都要在理性的法庭上接受自己是否能够继续存在的判决。在这种理性观的指导下，人类开始关注科学技术的实用性、逻辑演绎和数理分析等理性方法在认识驾驭自然界中的可能性等。黑格尔指出："有限的东西，现实的东西得到精神的尊重，这是自我意识与现实的真正和解。从这种尊重中，就产生出各种科学努力。"[10]"在19世纪后半叶，现代人让自己的整个世界观受实证科学的支配，并迷惑于实证科学所造就的繁荣。"[11]于是，人们一方面相信凭借理性、依靠技术征服就可以无限控制自然；另一方面认为对自然的理性把握和技术征服似乎可以带来人的自由和解放。然而事实却表明，如果把理性作为人类活动的唯一根据，把理性工具化，那么理性就会走向自己的反面。随着科学向技术的不断转化发展，技术层面的理性进一步获得了优先的地位。理性越来越局限于技术效能，具备着工具和技术的特征。至此，理性彻底转化成技术理性，而且急剧扩张。

但是，19世纪以来，科学技术的发展在为人类创造巨大物质财富的同时，也把人带入了被技术控制的困境之中，使人类陷入与自然、社会和人自身关系上全面冲突矛盾的困境之中。一方面是人与自然的危机。人类赖以生存的自然环境遭到破坏，如环境污染、能源危机以及技术的误用和滥用引起的核泄漏、战争虐杀等。人类凭借愈来愈先进的科学技术，在毫无节制地向自然索取的同时，又毫无节制地向自然排放。此外，高技术事故和高技术犯罪也给环境造成了巨大的危害。另一方面是人自身的危机。在技术统治之下，技术成为统治人、压迫人的异己力量，剥夺了人的自由，使人从属于它，人成了它的附属物。人成了整个社会机器中的一个部件，成为市场上可计算的交换价值。由于技术理性所追求的是工具效率，而不是人的需要或价值，使人越来越失去了对终极价值的依托和对生命意义的追寻，失去了存在的维度，人们感觉到越来越不自由、心灵世界空虚和生活无意义。在这些严峻的现实面前，人们需要重新思索人与自然、人与社会、人与自身的合理关系和价值定位。

现代科学技术对人的生存意义造成的诸多严重危机，使得西方学者们的批判理论一直关注人的存在，马克斯·韦伯对工具理性的批判、法兰克福学派对技术理性的批判理论等便应运而生。

马克斯·韦伯将黑格尔哲学的"理性"概念改造成为社会学的合理性概念。[12]合理性就是指人们强调通过理性的计算而自由选择适当的手段来实现目的。韦伯看到了资本主义生产方式和社会演进中科学技术对推进社会发展的意义,以及资本主义对财富的追逐和对效率的推崇,这使得他把理性划分为工具理性和价值理性两种。工具理性即强调手段的合适性和有效性;价值理性则强调目的、意识和价值的合理性。韦伯最先批判了工业社会理性的工具化倾向,西方社会的现代化过程就是工具理性展现和张扬的过程,是重实利、轻伦理的过程。它使生产力、科学技术、财富等都得到了快速发展,而人却丧失了其存在的价值和意义。韦伯认为,近现代理性观念所经历的实际上是实质理性不断萎缩、工具理性不断扩张与僭越的演变过程。因而,马克斯·韦伯主张通过限制工具理性,把价值意义诸如此类的人文伦理重新引入科学技术,恢复实质理性的权威。

法兰克福学派的学者则认为,人类在征服自然的凯歌行进中,技术、理性成了破坏自然的力量。沉浸于此中的发达工业社会不可能是一个正常的社会,而是一个与人性不相容的"病态社会"。在这种社会中,由于人们沉湎于富裕的生活,丧失了合理地批判社会现实的能力而成为"单向度的人",社会也失去它应有的多种向度。霍克海默和阿多尔诺于20世纪40年代发表的《启蒙辩证法》一书是法兰克福学派技术理性批判的代表作。《启蒙辩证法》揭示了以技术理性为核心、以人的主体性和对自然的技术统治为目的的文化启蒙精神最终却走向了反面,走向了启蒙的自我毁灭。霍克海默和阿多尔诺将理性划分为主观理性和客观理性。主观理性对应的是工具理性,而客观理性对应的则是价值理性。随着科学技术的飞速发展,主观理性得到了极度的张扬,客观理性却萎缩了。在他们看来,科技已成为一种统治力量,"今天,技术上的合理性,就是统治上的合理性本身。它具有自身异化的社会的强制性质"[13],"不仅对自然界的支配是以人与所支配的个体的异化为代价的,随着精神的物化,人与人之间的关系本身,甚至个人之间的关系也神话化了"[13](24)。法兰克福学派的另一个著名学者马尔库塞,在综合前人的基础上把理性划分为批判理性与技术理性。在他看来,技术理性是一个"统治着一个特定社会的社会理性"[14]。然而,这种绝对化的技术理性既无古典理性中的整体和谐,也缺乏近代启蒙理性中的人性关爱,相反地,它使科技变成了统治的力量,而文明"本身则成了一种普遍的控制工具"[15]。马尔库塞提出一个著名的公式:技术进步 = 社会财富的增长 = 奴役的扩展。科学技术在给社会带来巨大的物质财富的同时,也变成了一种操纵和统治的力量。人们沉溺于富裕的生活环境,丧失了批判和超越的维度,成为"单向度的人",社会也失去了它应有的多种向度。

应该指出,文化是多维的,人的价值和需要是多层次的。我们除了真理,还需要善和美;除了现实的物质利益,还需要理想。人是目的,技术只是手段。在大力发展科学技术的同时必须恢复人在生产中的主体地位,使人真正成为技术的主人。中国正处于由传统农业文明向现代工业文明过渡的社会转型时期,如果没有坚实的物质生产力基础,人的全面发展便只能是一句空话。但同时,卢卡奇的物化理论和西方技术理性的批判理论启示我们,必须注意和尽量避免过分追求科学技术可能导致的人的物化和异化,否则,不仅人的全面发展无从谈起,生产力的发展也必将因环境的恶化和人的主体性的丧失而走向无发展的增长。这也是现代先进的财富伦理观应当承担的使命。

四、消费主义的伦理困境

消费是经济运行的一个重要层次,消费要与经济发展水平相适应,既不能过度超前,也不能严重滞后。消费主义是一种视消费为生活目的和意义的来源,并把消费作为人生最高目的的消费观和生活价值观。消费主义产生于西方社会普遍完成工业化和现代化的时代,而后随着福特主义的产生,消费主义逐渐成为一种"大众消费"观念。20世纪80年代以后,随着经济全球化时代的到来,消费主义这种价值观念和生活方式在世界范围内蔓延。

　　什么是消费主义？霍尔克认为，现代消费主义的特点体现在三个方面：第一，欲望的形成超越了"必需"的水平；第二，欲望具有无限性；第三，人们产生了对新产品的无尽渴望。[16]贝尔克认为，消费主义（或消费文化）指的是这样一种文化，其中大部分消费者强烈地渴望物品和服务，这些物品和服务因其非功用性理由而被看重，如：地位获取、挑起妒忌和寻求新奇[17]，等等。格罗瑙则认为，现代消费是由对快乐的欲望所引起的；现代消费者本质上是享乐主义者。[18]鲍德里亚认为消费社会的过度生产造成资源耗费，庞大的消费主义刺激消费欲望，生活的意义仅仅是购物，生活的社会功能和意义在于奢侈的、无益的、无度的消费功能。[19]凡勃伦认为，"要获得尊荣仅仅保有财富或权力还是不够的，有了财富还必须能提出证明，因为尊荣只是通过这样的证明得来的"[20]。这种消费主义价值观念的证明是通过有闲、炫耀型消费等来实现的，这种有闲和消耗财物的消费的一个共同特点就是浪费。马尔库塞也认为，就消费而言，它的意义本在于给人一种更幸福、更满足的生活，而在当今资本主义社会里的消费主义消费，它已经背离了本来的意义，被赋予了其他意义。[21]

　　由上可见，消费主义就是一种视消费为生活的目的和意义的来源，并把消费作为人生最高目的的消费观和生活价值观。其实，消费主义就是一种现代消费欲望形态，消费主义的诡秘正在于它的"大众性"。齐格蒙特·鲍曼认为消费主义消费使"被迫行为"变成了"上瘾行为"，"禁欲主义"转向了"享乐主义"，"公民"转化为"消费者"[22]。斯蒂恩斯也认为，如果说古代社会也存在消费主义，那么，现代消费主义不同于古代消费主义的地方就在于它是大众现象。[23]

　　从消费主义的产生和形成来看，它出现于资本主义物质生产相对过剩的时代，并随着经济全球化和资本的世界性扩张而滋生蔓延。从本质上看，消费主义是资本逐利本性的内在要求。莱斯利·斯克莱尔曾经指出：资本主义现代化所需要的价值系统就是消费主义的文化霸权，全球资本主义在第三世界以向人们推销消费主义为己任。[24]有关消费主义成因的理论,法兰克福学派提出的"资本操纵论"产生了较大的影响。[25] 根据这一范式,资本为着自身增值和扩大再生产的需要,借助广告和大众媒体等构成的文化产业,创造了有关"幸福""快乐"和"消费"的意识形态和文化主导权,人为地刺激和制造了各种虚假的需要。马克思认为,工业的宦官为了攫取黄金鸟,不惜想方设法激起消费者最下流的欲念,然后让消费者主动、乖乖地从口袋里掏钱。[26] 消费者每次在虚假的需求获得满足并短暂快乐的同时,也再生产了资本主义的统治秩序与异化劳动的条件。并且,消费作为资本控制劳动力的机制,在使人们获得虚幻的"快乐"和"自由"的同时,恰恰使得他们失去了真正的快乐和自由。

消费主义的伦理困境就在于:为了永远无法满足的贪婪和欲望而进行无节制地占有和消费的消费主义,在实践中导致浪费性消费空前盛行,盲目消费有增无减,奢侈消费泛滥成灾。如果任凭这种价值理念及其所主导的消费方式蔓延,势必会腐蚀、损毁人类社会存在的根基,最终导致人类社会大厦的倾覆。

首先,消费主义必然加剧人类对自然的掠夺和破坏,危及人类生存的生态环境。在消费主义的影响下,人类对各种自然资源的掠夺呈现出非理性的疯狂和贪婪,远远超出了地球生物圈所能承受的限度。当今的环境污染、生态失衡、物种灭绝等一系列生态危机,正是消费主义造成的恶果。并且,西方消费主义的盛行,是以世界经济和政治体系发展的不平衡、不公正为前提的,在他们奢华享受的背后是发展中国家的贫穷和落后。发达国家一方面通过不平等贸易攫取发展中国家的资源,另一方面通过技术和经济手段把生态危机转移到发展中国家。当世界上都在为全球气候变暖这一异常现象而采取措施时,以美国为首的西方主要发达国家在哥本哈根会议上,在穷国与富国的攻防战中,却仍然在长期资金援助和自己的减排目标上没有任何松动。环境正义基金会发表的一份报告警告称:由于全球气候变暖,在未来40年,10%的全球人口,约为5亿到6亿人,将面临沦为"气候难民"的危险,他们届时将被迫迁往其他国家。目前全球已有2600万人因为气候变暖而开始搬迁。同时,全球气温升高迫使大部分陆地物种向两极和高山地区迁徙,但许多动植物无法实现这一点。这说明工业文明虽然成就了一个时代,但也可能在毁灭我们的未来。

其次,消费主义必然加剧人与人、人与社会的紧张和冲突。消费主义实质上是一种拜物教、占有主义、享乐主义和个人主义的混合物。消费主义把消费作为唯一追求,势必会无限制地占有一切,造成人与物的关系的异化,造成人与人之间关系的紧张,导致社会道德规范的严重扭曲。同时,由于地球资源是有限的,消费主义还会加剧穷人与富人、现代人与后代人之间的消费不公和紧张关系。

最后,消费主义必然造成人的自由性和超越性的泯灭。人是一种自由和超越的存在物。当一个人把生活目的及其价值的实现都局限在物质消费上时,他所关注的只是个人的物质享受,必然放弃自己应有的社会责任和历史使命,成为单向度的人。"我们再次面临着发达工业文明的一个最令人苦恼的方面:它的不合理性的合理特点。它的生产力和效率,它增加和扩大舒适面,把消费变成需求,把破坏变成建设的能力,它把客观世界改造成人的身心延长物的程度,这一切使得异化概念成了可怀疑的。人们在他们的商品中识别出自身;他们在他们的汽车、高保真度音响设备、错层式房屋、厨房设备中找到自己的灵魂。那种使个人依附于他的社会的根本机制已经变化了,社会控制锚定在它已产生的新需求上。"[21](9)弗洛姆在《爱的艺术》中认为,消费主义消费观念引导大家把最大限度的消费、享乐作为自己生活追求的目标,"他们贪婪地消费着这一切,吞噬着这一切。世界成了填充我们胃口的巨大物品——我们则永远在期待,永远在希望,也永远在失望"[27]。

由上可见,西方的消费主义理论内在地具有不可克服的伦理矛盾。它以人对自然界的掠夺为基础,使人类的享受挥霍建立在自然生态的破坏污染之上;它以不公正为前提,使少数人的奢华建立在大多数人的饥饿和贫穷之上;它以人性的异化为指向,使欲望的放纵建立在人的单向度发展之上。

总之,上述几种理论从不同的方面和各自的视角,共同地警示我们,隐藏在财富背后的是人的问题,是关系到人的生存与发展的重大问题。我们在加强社会主义现代化建设中必须加强对财富伦理的研究和建设。先进的科学的财富伦理观将有助于我们有效地克服市场经济自发性所造成的诸如劳动异化、社会物化、技术理性膨胀以及消费主义蔓延等众多道德缺失和价值失落,促进经济更加健康有序地运行,充分展示社会主义市场经济的合伦理性之维。先进科学的财富伦理观可以引导人们正确地理解金钱和财富的价值,以符合伦理要求的手段创造财富,以健康文明的方式使用财富,有效地促进目的与手段、经济人与道德人的统一,最终达到共同富裕,实现社会和谐与人的自由全面的发展。这是社会主义社会的本质要求,也是时代的呼唤。

参考文献:

[1] 李庆霞."现代性"批判的先声——重读马克思的异化劳动理论[J]. 哲学研究,2004,(6).

[2] 马克思,恩格斯. 马克思恩格斯全集:第 1 卷[M]. 北京:人民出版社,1956:283.

[3] 马克思.1844 年经济学哲学手稿[M]. 北京:人民出版社,2002:54.

[4] 马克思,恩格斯. 马克思恩格斯全集:第 42 卷[M]. 北京:人民出版社,1979:93.

[5] 马克思,恩格斯. 马克思恩格斯全集:第 2 卷[M]. 北京:人民出版社,1957:66.

[6] 马克思,恩格斯. 马克思恩格斯全集:第 12 卷[M]. 北京:人民出版社,1962:4.

[7] 〔匈〕卢卡奇. 历史与阶级意识——关于马克思主义辩证法的研究[M]. 杜章智,等,译. 北京:商务印书馆,1992:144.

[8] 衣俊卿. 异化理论、物化理论、技术理性批判[J]. 哲学研究,1997,(8).

[9] 〔匈〕卢卡奇. 历史与阶级意识[M]. 王伟光,张峰,译. 北京:华夏出版社,1989:93.

[10] 〔德〕黑格尔. 哲学史讲演录:第 4 卷[M]. 贺麟,王太庆,译. 北京:商务印书馆,1998:4 – 5.

[11] 〔德〕埃德蒙德·胡塞尔. 欧洲科学的危机与超验现象学[M]. 张庆熊,译. 上海:上海译文出版社,1988:5.

［12］ 周立秋. 走出技术理性的生存论困境［J］. 内蒙古民族大学学报（社会科学版），2008，（4）.

［13］ 〔德〕霍克海默，阿多尔诺. 启蒙辩证法（哲学片断）［M］. 洪佩郁，蔺月峰，译. 重庆：重庆出版社，1990：113.

［14］ 〔美〕马尔库塞. 现代文明与人的困境——马尔库塞文集［M］. 李小兵，等，译. 上海：上海三联书店，1989：108.

［15］ 〔美〕马尔库塞. 爱欲与文明［M］. 黄勇，薛民，译. 上海：上海译文出版社，1987：66.

［16］ Pasi Falk, *The Consuming Body*. London Sage，1994，p. 94.

［17］ RussellW. Belk. Third World Consurner Culture. *Research in Marketing Supplement*，1988，（4）.

［18］ Jukka Gronow. *The Socilogy of Taste*. London：Routledge，1997，p. 2.

［19］ 〔法〕鲍德里亚. 消费社会［M］. 刘成富，全志钢，译. 南京：南京大学出版社，2006：21.

［20］ 〔美〕凡勃伦. 有闲阶级论［M］. 蔡受百，译. 北京：商务印书馆，1964：31.

［21］ 〔美〕马尔库塞. 单向度的人［M］. 张峰，译. 重庆：重庆出版社，1988：240.

［22］ 郑莉. 理解鲍曼［M］. 北京：中国人民大学出版社，2006：57.

［23］ Peter N. Steams, *Consurnerism in World History*：*The Global Transformation of Desire*. London：Routledge，2001，p. 2.

［24］ 张传开. 超越西方消费主义［J］. 求是，2008，（23）.

［25］ 王宁. 国家让渡论：有关中国消费主义成因的新命题［J］. 中山大学学报（社会科学版），2007，（4）.

［26］ 马克思，恩格斯. 马克思恩格斯全集：第 3 卷［M］. 北京：人民出版社，2002：340.

［27］ 〔美〕弗洛姆. 爱的艺术［M］. 陈维钢，译. 成都：四川人民出版社，1986：97 －98.

（唐凯麟，中国特色社会主义道德文化协同创新中心主任，教授、博士生导师；本文发表于 2016 年第 5 期）

现代化的前鉴
——几种与财富伦理建构有关的理论述评

"微时代"的"微伦理学"批判

李培超

摘 要 时代的变化总会影响到伦理学的理论形态和实践模式。"微时代"的来临推动了"微伦理学"的兴起和发展。"微伦理学"并不代表一个新的伦理学概念或范式,只借它来反映伦理学在当代的研究出现了视域窄化、理论碎片化、价值导向世俗化等倾向。这些倾向造成了伦理学的部门化分割、追随性遮蔽引领性、底线挤压崇高等不良后果。因此,微时代的伦理学需要在回归生活世界的基础上,会通时代精神,坚守伦理学的学理和价值基础。

"微伦理学"在本文中并不标示一个新的伦理学概念或研究范式。笔者只是基于"微时代"的背景,以"微伦理学"来标示当今伦理学研究的一些倾向,通过对此的批判性反思来对伦理学的研究模式做一些思考。

一、微时代的生活样态与伦理学的"微化"

今天人们会直接地感受到微时代的来临,现实生活中的微博、微信、微电影、微小说、微媒体、微广告、微支付、微管理、微投资……无处不在地影响着人们的衣食住行乃至意识和行为。"微"已经成为现时代醒目的标识。

从一般意义上说,一个新时代的驾临绝非是由于时间的拖拽或者纯粹通过时间的流逝获得定义的,它除了有表象的特征外,还一定有其内在的特质。很显然,微时代的表象总是与微媒体的大量使用直接相关的。由于微媒体的发展应用给现实生活带来一些崭新的变化,因而人们便以"微时代"来表达或重新描述现实生活世界,借以凸显新的生活元素和生活样态。

　　微媒体时代的生活常常表现出一些新的面貌。一是生活层面空前拓展,个体的生活主体地位更加凸显。微时代背景下以个体为中心的各种生活单元可以随意随机地搭建,生活世界的差异性、选择性、创造性得到了充分体现,与此相对的同一性、普遍性、重复性的生活格调逐渐遭到否弃。个人都习惯将自己的生活看成一个完整的世界,自己经营着自己的"小宇宙"。这就像网上一句调侃语所说的那样:"世界上最远的距离,就是我在你身边,你却在玩手机。"其意是指,即便人们聚在一起,但是仍然可以借助新媒体选择自己独享的活动方式。这就是人们常常说的"微时代"的碎片化生活情境——各种各样的信息经过个体的选择性过滤,整全化的生活被撕扯成碎片,形成了一个体现私人情趣和追求个性化娱乐的细小生活单元,这些单元就像没有窗子的"单子"一样飘散在微时代的生活空间中。二是交往关系不断丰富,微时代的人际交往在现实世界和虚拟世界两个维度上迅速形成、发展。现实世界的人际交往是指人与人之间直接的、面对面的沟通与联系。以新媒体为媒介,借助于现代化的交通工具,当下的人际交往已经远远突破了"熟人圈子"的范畴,或者说把"熟人圈子"无限扩大以至于几乎完全遮蔽了"陌生人世界",天涯瞬间即可转化为咫尺,地球的村落意义可以为人们直接感触到。现实人际交往的愈益丰富使得公共生活的场域迅速扩大,公共性、共享性、开放性成为新媒体时代非常醒目的生活标识。虚拟世界的人际交往就是指网络世界中的交往。尽管人们常用"虚拟"二字来描述网络世界,但实际上它仍然是非常现实的人的存在方式,并非是虚构出来的人的行为方式,只是它与传统的人际交往方式有诸多不同而已,具有即时性、匿名性、偶发性、任意性等特征,使得网络世界中的人际关系常常"像雾像雨又像风",难以捉摸,也难以名状。三是"微

"微时代"的"微伦理学"批判

动力"和"微创新"凸显。所谓"微动力"就是指在微时代人们借助微媒体产生的一种明显的影响生活的传播力量。一个话题、一个事件、一幅照片或者一段广告等，现实生活中的某个细节或某种元素一经微媒体传播，往往会引发不同程度的关注，从而对现实生活产生足够的影响力。总而言之，在微时代，微动力就似水滴，不断汇聚也会形成排天大潮。"微创新"就是个人通过微媒体所释放的小聪明、所花费的小心思或给出的小点子，这些带有很强的个性创意的生活元素也把生活世界装扮得更加丰富多彩，勾勒出生活世界的层次性和多维性。通常而言，创新是一个具有"高大上"气质的词汇，体现了整体的魄力、专业化的要求和宏大的目标，尽管微时代并没有完全消解这种创新所蕴含的宏大意义指涉，但是却使得创新具有了通俗化、平实化甚至是表演性的品格。每个人都可以将自己构想、创制的与众不同的成果呈现出来分享，每个人都有展示自己生活趣味和特色的平台，而且这个平台可以在微时代通过微媒体而不断得到拓展和延伸。其实，无论是微动力还是微创新，这个"微"凸显的就是大千世界中的凡夫俗子，而动力和创新都体现了他们主动生活的态度和结果。

当然，微时代的新的生活面相远远不止上述这些方面，但是这些方面是人们能最直接、最经常感受到的，它们或由它们所搅动起来的生活旋流几乎将所有人裹挟起来，共同构造出一个新时代的生活节奏和框架。

虽然人们常常会以微媒体的出现和流行来描述和定义微时代，但从深层来说，微媒体只是充当了微时代的一种标签或载体，是一种表象化的或工具性的存在，表征微时代深层特质的还是人的价值取向和道德观念的变化。也就是说，微时代虽然奠基于工业文明，并因新媒体的飞速成长获得了强大的推动力，但最终影响的却是人类的生活方式、审美趣味和精神生态。因此，以"微"来标示或称谓一个时代，在根本上意味着这个时代的精神气质或精神特征发生了明显的变化，这种变化通过道德叙事或伦理书写表现得非常充分，结果就是"微伦理学"的大行其道。

所以，本文中提及的微伦理学并不是对微时代展开的伦理反思，也不是对微媒体进行的道德评判，它只是对微时代背景下伦理学研究的某些倾向进行的一种描述或者说是反映了微时代背景下伦理学的一些变化性状。概而言之,它指的是伦理学研究中存在这样的问题:在微时代中伦理学也变得越来越"微"了——视域窄化了、理论碎片化了、价值导向世俗化了等。不难看出,伦理学的这种微化现象与微时代的生活样态变化还是存在着密切关联的,实际上反映出伦理学越来越逃离人的本体性存在和道德的本质性诉求,在道德知识谱系扩张的背景下,道德工具主义也容易以各种隐蔽的形式泛滥起来,而这也昭示着微时代的微伦理学需要解构。

二、微伦理学的基本面相

伦理学始终是一门向生活世界敞开的科学。生活世界在变化,伦理学的面相也在发生变化。微时代的微伦理学是通过一些特点来显示自身的存在的。

（一）"部门化"的伦理学互不牵挂

"部门化"的伦理学互不牵挂,主要是指在微时代中,整体性的伦理学不断分裂解构,分化为分属于不同部门领域的伦理学,而且这些不同部门领域的伦理学彼此孤立,相互间没有形成密切的互动勾连。伦理学的这种部门化分化是微时代生活世界变化的反映。

今天人们可以从不同视角为微时代赋意。

若从社会和组织管理层面上看,微时代是一个"科层制"遭到颠覆的时代。一百多年前,马克斯·韦伯设计了一种理想化的理性的官僚体制——科层制(Bureaucracy)。它表现为一系列持续一致、稳定不变的程序化的"命令—服从"关系;主张在组织内部,每一个个体单元被分割成各自独立的部分,个体单元之间的交往完全排除情感纠葛;服从于建立在实践理性基础上的形式法律规定的制度安排,并体现出明显的趋向技术化的倾向。总之,科层制试图给社会管理带来的逻辑规范就像装配流水线给生产企业带来的逻辑规范一样精准有效。但是,微时代以信息膨胀为基础建构起了新的社会和组织形态,封闭不变的组织结构模式和社会管理模式发生动摇,思想上的共识在逐步丧失,统一的、普遍认可的行为标准在不断模糊,"每一种主张、理论、主义、意识形态都可以自成体系,自行其是,自己就是裁判,而不再仰仗传统意义上的'真理'和作为'真理'的载体的那种权威"[1]。社会和组织对个性化选择更加宽容,个体单元与组织整体之间的平等互动更加频繁,用统一的标准或模式来限定或衡量社会成员的观念和行为在微时代会遇到较大阻抗。同时,随着信息日益为社会大众广泛享用,进一步加速了信息搬运和信息载体的分散,催动社会不断地由单向度向多向度、价值由一元向多元、部门由同质向异质的方向发展。

若从知识生产的层面上看,微时代更是知识爆炸的时代。微时代不仅创造着信息传播流动的神话,而且也创造着知识生产的神话。近百年来,人类的知识谱系不断扩展,人们习惯于以"知识爆炸"这一概念来描述人类知识生产和增长的景况,而在微时代背景下,知识爆炸的程度更加突出。因为人类知识生产出现爆炸或喷发现象主要体现在两个方面,一是与科技或计算机科学有关的新科学不断出现,二是传统学科知识边界随着生活世界的不断分化而不断扩展,这两个现象的出现都与微时代的到来有关。而知识生产速度的极大提升、知识边界的迅速扩张,给人类个体或组织都带来一定的挑战,即个体或组织的认知接受能力与知识生产的速度之间呈现极大的落差,这就导致百科全书式的科学家和思想家在微时代是很难出现的,个人只能在一定的知识领域或思想层面上成为"专家",打上"专而精"而非"博而广"的印记。

若从生活场域变化来看,微时代是私人生活领域膨胀的时代。微时代突出了自我主体的意义,因而有人将微时代称为微主体时代。个人主体意义的凸显意味着个人对生活世界的现实诉求得到了响应或现实化满足,而私人生活场域的扩大就是重要的标志。私人生活有其基本的原则或规范,如私密性、排他性、独享性、非表演性等,与公共生活的开放性、兼容性、共享性、展示性等形成对比。当然,在微时代,私人生活领域的膨胀并不一定就意味着公共生活领域的萎缩,实际上这两者就像一枚硬币的两面,相互支撑,共同搭建起了微时代人类生活场域的框架,公共生活领域并没有被私人生活领域遮蔽和挤压,私人生活领域的膨胀与公共生活场域的生长并行而互不相害。

若从文化价值理念转换来看,微时代是一个"后福特主义"文化畅行的时代。"后福特主义"是相对于"福特主义"而言的。安东尼奥·葛兰西最早提出福特主义的概念,主要是来指称和概括美国式的大工业化生产模式。当然这种大工业化生产模式的延续和发展也在传达这样一种文化理念,即是对宏大题材的推崇——无论从理念到实践都倾慕"大"叙事、"大"结构、"大"运作、"大"利益,重视稳定、完整、均衡的秩序结构,强调"伟岸""恢宏""昂扬""壮美""深沉"的美学风格和价值向度。相形之下,后福特主义的文化理念则是对福特主义宏大叙事的文化格调和理念的颠覆,它更重视差异、局部、多样性、边缘化和非主流化,聚焦于偶然事件,重视对个案的分析,发掘个体的内在体验和心理感受,注重生活的选择性和价值判断的境遇性等,而这种后福特主义的文化节奏与微时代人类的生产方式、生活方式、思维方式的变动不居形成了合拍共振的效果。

上述这一切都成了部门化伦理学生长的沃土。因为微时代社会管理和组织运行模式的变化、知识生产方式的变化、生活场域的变化和文化价值理念的变化导致似乎很难形成调控社会生活一切领域和层面的整全性的道德规范和伦理准则体系,因而伦理学也就必须分化,迎合各种分化了的生活格局和具体化了的部门领域,形成了非常具体的部门伦理学群落,虽说是群落,实际上却"并不合群"。也就是说,就如同部门条块分割一样,分属于不同领域或部门的伦理学并没有相互关照和互动。我们今天可以看到伦理学领域出现了若干个部门伦理学,如政治伦理学、经济伦理学、企业伦理学、科技伦理学、生命伦理学、医学伦理学、环境伦理学、工程伦理学、建筑伦理学……似乎有多少个部门就出现了多少个部门伦理学。从表面看,部门伦理学的层出不穷似乎意味着伦理学不仅没有微化,而且是"膨化"。究其实,这些部门伦理学的出现微化了伦理学的视界,每一种部门伦理学都只关注部门问题或部门个案,并且这些不同部门伦理学之间并未形成协同互动的机制和路径。

（二）追随性遮蔽引领性

微时代的伦理学微化的第二种面相就是伦理学的引领性气质在逐渐消退，追随性或者说是顺应性在逐渐提升。这也是上述伦理学部门化生长的直接结果。

价值引领是伦理学合法性存在的支点。具体来说，伦理学的意义指向并不是满足于为人解释世界，而是在于引领人过一种有意义的生活，即它总是立足于"实然"但却着眼于"应然"，或者说总是立足于人的生存，而着眼于人的生活。对人而言，生存只是意味着活着，但生活则是好地或值得地活着，内含生命的自我实现，伦理学自诞生之日起就与对生命的省察、反思与价值承诺紧密地联系在一起。

但是微时代的微伦理学的出现似乎在一定程度上背离了伦理学的这种意义引领的本质，而成为被生活世界支配或者逐生活之流的元素，这种现象主要表现在三个方面。

一是知识性超越价值性。知识与美德的问题始终是伦理学的核心问题，由此也衍生出许多聚讼纷纭的伦理学命题，诸如真与善的问题、事实与价值的问题、合规律性与合目的性的问题、理性与自由的问题等。对这些问题的辩论尽管并没有形成最终的答案，但是人们大多认为，伦理学并不能完全排斥知识，否则必将沦为纯粹形式化的束缚生活的价值教条；然而伦理学并非纯粹的知识论域，其价值评判和引领的意义不能被知识湮没，否则伦理学也就失去了其存在的合法性根据。前文已述，微时代的知识生产进入到一个迅速膨胀的时期，知识似乎包括了一切生活领域，生活被广告化了，生活被专家化了，生活被链接化了，生活被数据化了，生活被程序化了……我们看到的都是飞舞着的、弥漫着的碎片化的知识，生活被知识和技术暴力地占领了。在这样一种背景下，伦理学的价值呼吁就必然会很微弱，价值反思和批判的声音也被知识的喧嚣掩盖，因而微时代的各种各样的新知识、新科学、新媒体都被贴上了伦理学的标签，也有了各种各样的微伦理学形态，并以此宣示着伦理学的创新。这也似乎在暗示着，谁垄断了伦理学的知识，谁就站在了美德的制高点上。其实仅仅从自然构造和复制性地运用知识、技术的层面上来说,人的局限性是显而易见的。荀子早就说过,"人,力不若牛,走不若马"(《荀子·王制》),更不用说当今机器对人所造成的一种全面的替代之势,"深蓝""阿尔法狗""阿尔法元"等智能机器人的表现都让人感到焦虑,过去科幻影片中所打造的机器对人的统治的场景是否会真的变成现实? 机器人能否成立作家协会? 然而无论如何,机器要全面代替人是不可能实现的,这是因为,人是具有价值观的,而机器是没有的,情感、意念是不可能转换成知识的密码并获得编程处理的。"人类最后的特点和优势,其实就是价值观。""没错,就是价值观。就是这个价、值、观划分了简单事务与复杂事务、机器行为与社会行为,低阶智能与高阶智能,让最新版本的人类定义得以彰显。"[2] 所以捍卫价值观不仅仅是捍卫伦理学,也是捍卫人类自身。

二是工具性替代目的性。当伦理学的价值引领性减弱之后,其目的性指向也就必然会模糊,工具性意义就必然凸显。伦理学的目的性是价值目的性,而所谓价值的目的性其实就是人作为主体的目的性。当然,人的目的性指向是多维度的,但伦理学体现的价值目的性就是人对善的追求,体现的是人对理想、信念、人格完美的不懈追求,而非对财富、权力、锦衣美食等外在事物的攫取,因而价值目的性也可以称之为人的内在目的性。与此相对,工具性意义就是对人的感官欲求的满足,通常以对外物的占有为目的。伦理学工具性意义的凸显就是指伦理道德成为人谋取外在利益的手段或工具,不再成为体现生命内在厚度的标尺。微时代的微伦理架构常常是基于把伦理道德当作日常生活中"谋取生机"的手段,生意场上的"生意经",人际交往的"权宜之计",官场上的"迎合之术",数据平台上作为人文情怀装饰的"温度计"等,因而微伦理学更多地迎合着"术"的需要,围绕着"术"来展开道德叙事。

三是事后品评取代价值前瞻。伦理学的存在不是满足于再现生活,而是反思和引领生活,因而价值前瞻和道德风险预测是伦理学当然之责,这就要求伦理学必须要有涵括当下生活世界又超越现实性的视野。但是微时代的伦理学话语和论题通常只是"尾随"生活而发,有"马后炮之嫌疑"。

例如,当"黑客"猖獗后,就出现了"黑客伦理",呼吁他们要遵守"鼠标下的德性";当信息也变成了"垃圾"时,又有"遗忘美德"概念提出,鼓励人们及时删除不需要的信息;当大数据成为热词后,又开掘出了"大数据伦理"的场域,叙述大数据时代带来的隐忧;当雾霾席卷之时,围绕着关于 PM2.5 的伦理思考又写出了许多著作和文章……生活场景在像走马灯一样变换,伦理学也似乎学到了川剧"变脸"的技艺,不断地变化着自己的面孔,以这样一种亦步亦趋的姿态融入微时代中。

(三)底线挤压崇高

在微时代,数据和信息以开放性、透明性、客观性的姿态,努力把生活捶打为一个平面。有人认为,这种平面化昭示了微时代书写出人类公平正义的新篇章,因为"数据信息面前人人平等"。这实际上意味着数据和信息再次实现了对生活的"祛魅"——借科学性、生活化之名,一切神圣事物都要被转化为数据和信息,既可近观,也可亵玩。

以这种平面化的生活世界为沃土生长出来的伦理学话语或道德思维,常常不可避免地带上了平面化的气质——简单地把事实当成价值,把"应然"降格为"实然"。以个体的选择性自由和价值维度的多元性为由,主张"常人道德",强调"选择性行善"。所谓常人道德,就是大众道德,体现的是普通人的平常追求。常人道德是有人性论基础的,就如同董仲舒所讲的"中民之性",既非小人,也非圣人。高尚的道德只是属于先进人物的,是少数的,大多数人都是处于常人道德水平的。常人道德表现为:"第一,其行为特征既非应当,也非失当,而表现为正当;第二,其价值观是义利兼顾的;第三,其人己观是人我两利的;第四,其行为动机是追求权利与义务的对等统一。常人道德的存在是一种道德生活的常态真实存在。"[3] 当代伦理学和道德建设要以此为基础,"要建立时代先进道德,必先奠定常人的道德基础。脱离了这个基础去追求道德的先进性,这种先进性一定是无源之水、无本之木"[4]。所谓选择性行善就是指当个体在面临道德选择的具体境遇时应该理性权衡、量力而行,不要做力所不及之事,也不要为了一种无法承担的使命和责任做无谓牺牲甚至付出生命的代价。论者认为选择性行善是对道德绝对主义的一个反拨,是对压抑个性的中国传统宗法道德文化的一种批判,也是对个体道德自由的重视和倡导。总之,常人道德和选择性行善等观念的提出旨在强调,伦理学要有一种现实的关切,道德要有一种朴实的胸襟,人们在新的时代条件下的道德追求不必"止于至善","止于底线"也是难能可贵的。

虽然上述三个方面不能代表微时代伦理学的全貌,但是这些问题还是比较突出的。它们隐藏在微时代光怪陆离的色彩中,实际上可能结出一些酸涩的果子,如以"小时代"为借口纵容实用主义,以"小清新"的样态包装精致的利己主义,以趣味化兜售历史虚无主义,以知识化为名拉低道德标准。我们需要对这些问题认真检视、反思,以澄明微时代伦理学的发展之路。

三、微伦理学的"破茧成蝶"

上述微时代的微伦理学的种种面相可谓对当下伦理学发展误区的揭橥,这些误区的出现并非微时代伦理学的一种必然趋向,而是一种偏向,是需要也是能够矫正的。微时代的伦理学发展应该涵摄以下三个理念,以走出"微"束缚,谱写"大"篇章。

(一)面向生活世界

伦理学是人类历史上最古老的学科之一,伦理学的生命力就在于始终向生活世界敞开,不断地在现实生活中发现问题并引导人们做出正确的价值选择。完全与现实生活相隔绝的伦理学终将被现实生活抛弃。

马克思强调哲学要以现实生活为基础,他批判德国哲学"爱好宁静孤寂,追求体系的完满,喜欢冷静的自我审视","就像一个巫师,煞有介事地念着咒语,谁也不懂得他在念叨什么"。他指出,"哲学家并不像蘑菇那样是从地里冒出来的,他们是自己的时代、自己的人民的产物,人民的最美好、最珍贵、最隐蔽的精髓都汇集在哲学思想里。正是那种用工人的双手建筑铁路的精神,在哲学家的头脑中建立哲学体系。哲学不是在世界之外,就如同人脑虽然不在胃里,但也不在人体之外一样。当然,哲学在用双脚立地以前,先是用头脑立于世界的;而人类的其他许多领域在想到究竟是'头脑'也属于这个世界,还是这个世界是头脑的世界以前,早就用双脚扎根大地,并用双手采摘世界的果实了"[5]。在伦理道德问题上,马克思也提出,人们总是自觉地或不自觉地从他们进行生产和交换的经济关系中来吸取自己的道德观念。而在现实生活中社会经济关系总是通过具体的利益表现出来,因而可以把正确理解的利益看作道德的基础。他批判布鲁诺·鲍威尔离开人的现实存在和实际需要来编造出人实现道德救赎的神话,把无产阶级在现实中遭受的一切苦难都消融在道德批判或宗教谴责中;他反对麦克斯·施蒂纳撇开社会经济关系和利益关系来虚构人类道德演化的历史,把不同类型利己主义思想的衍替说成道德的历史变迁,用道德说教来完成对现实的改造和承诺。他认为在归根结底的意义上,道德是直接与人们的物质活动、物质交往和现实生活的语言交织在一起的。离开了这一点,道德便不再保留独立性的外观了,既无历史,也无发展。因此,是现实生活赋予了道德存在的可能性、必要性和能动地作用于现实生活的实践性品格。

当然,道德来源于现实生活、属于思想意识范畴这一事实并未否定道德会随着人们物质生产活动、物质交往和语言的发展而获得相对独立的表现形态和发挥作用的独特方式。当生产力和人的交往关系发展到一定阶段,"意识才能摆脱世界去构造'纯粹的'理论、神学、哲学、道德等"[6]。因而道德虽然来源于生活,但它也并不会沦陷于现实生活的琐碎或杂多。由此也就决定了以道德为研究对象的伦理学的实践性并非指人的感性物质活动,而主要是指以思想的能动性和理论的彻底性来完成对人们实现人生价值和探究生命意义的指导和引领。所以扎根于现实生活的伦理学并不排斥理性思维和逻辑考辨,常常要通过"抽象力"来发挥作用。

"抽象力"是马克思提出的关于《资本论》研究方法的概念,他在《资本论》第一卷第一版"序言"中做了这样的说明:"分析经济形式,既不能用显微镜,也不能用化学试剂。二者都必须用抽象力来代替。"[7]因为在马克思看来,《资本论》的撰写并不是仅仅要弄清楚经济问题——像国民经济学家和庸俗经济学家那样只把无温度的数字、公式和图表呈现出来、把资本主义生产方式永恒化,而是旨在通过揭露资本增值和资本家榨取剩余价值的秘密来揭露资本主义的基本矛盾及其命运,唤起无产阶级摆脱奴役和压迫、实现自身解放的使命感和责任感。而要做到这一点就不能诉诸无批判的实证主义方法,更不能完全搬用德国古典哲学所推崇的漠视现实生活的充斥着"形而上学无谓的思辨"。那么马克思说的抽象力是指什么呢?马克思在《〈政治经济学批判〉导言》中这样谈道:"在第一条道路上,完整的表象蒸发为抽象的规定;在第二条道路上,抽象的规定在思维行程中导致具体的再现。"[8]列宁对《资本论》的方法也有这样的概括:"在《资本论》中,唯物主义的逻辑、辩证法和认识论(不必要三个词:它们是同一个东西)都应用于一门科学。"[9]这说明《资本论》的研究方法就是从具体到抽象、再从抽象到具体的方法。要洞悉资本主义的发展规律,需要从纷繁复杂的"经济事实"中抽象、总结出资本主义生产方式发展的一般规律。但是如果把认识停留在科学抽象阶段上,就要犯孤立地、静止地、片面地看问题的错误。所以在科学抽象之后,又要从抽象到具体,应用科学抽象得出的结论来研究资本主义生产的具体问题和矛盾。

马克思提出的运用抽象力的研究方法应该是科学研究遵循的一般方法,伦理学的研究更应遵循这一方法。一方面,对人生意义或人生价值的引领必须要对人的生命活动有一种整全的理解,要对人的本质有全面的把握;另一方面,对生命意义的体悟和人生价值的引领又必须与人的现实存在相对接,而不能陷入纯粹的形式主义的抽象演绎之中。因此,伦理学的研究和思考就必须借助"抽象力"。这意味着,微时代背景下伦理学的建构首先要面向生活世界或立足现实生活,即要从新的时代变迁中捕捉到人的价值实现的现实路径和目标,提炼出新的时代发展对人的解放和自我完善所创造的可能性、机遇和条件,然后在此基础上来引导每个人在融入时代的过程中体验到自身成长和价值实现的快乐与幸福、确立人生的价值坐标,让微时代丰富的内涵与色彩透进人所建构的意义世界中,不能在排斥

「微时代」的「微伦理学」批判

和脱离现实生活的基础上把伦理学变成一种空洞的话语游戏、碎片化的道德叙事和鼓吹自我放纵的自由意志。

（二）会通时代精神

每一个时代都有自己的精神气质和意义场域。时代精神之所以称之为时代精神，是因为它涵摄了对时代问题的发现、提出与解答。马克思说，任何真正的哲学都是自己时代的精神上的精华。真正的哲学就是能够反映时代要求，回答时代问题，抓住事物根本、说服人、掌握群众的理论体系，而不是头脑倒置的、脱离现实的、任意臆造的虚假的观念。微时代背景下的伦理学的发展也必须会通时代精神，反映时代要求，引领时代风潮。

我们今天对时代精神的把握可以从宏观和微观两个层面来进行。宏观层面就是基于整个世界变化和整个人类的价值诉求；微观层面就是立足于中华民族实现伟大复兴中国梦的实践过程。从宏观层面来看，人类进入以信息技术进步为引擎的微时代后，生产生活的交互性日趋紧密，真正形成了区域化的或地方性的历史快速进入世界历史进程的局面。同时，全球性问题的不断出现，也使得人们清醒地认识到，我们正处在一个任何个人或团体都不能单独应对的时代。因此，新的时代性问题就由工业文明时期所强调的"人如何成为你自己"转换为"我们如何在一起"，即人类如何结成休戚与共的"命运共同体"。这正如习近平所说："当今时代，以信息技术为核心的新一轮科技革命正在孕育兴起，互联网日益成为创新驱动发展的先导力量，深刻改变着人们的生产生活，有力推动着社会发展。互联网真正让世界变成了地球村，让国际社会越来越成为你中有我、我中有你的命运共同体。"[10]从微观层面来看，中华民族在微时代却在创造一个宏大的时代主题——实现中华民族伟大复兴的中国梦。这为每一个中国人实现人生价值搭建起了现实的舞台，生活在我们伟大祖国和伟大时代的中国人民，共同享有人生出彩的机会，共同享有梦想成真的机会，共同享有同祖国和时代一起成长与进步的机会。而在追求中华民族的伟大复兴的过程中创造一个和谐的世界便是我们在这个时代所要唱响的主旋律。

伦理学的发展要会通时代精神就是要接受时代精神的洗礼，自觉地把时代精神转换成伦理学的理论体系、话语体系和价值导向体系。实际上，当今时代的发展正为伦理学的创新提供了现实基础和强大动力。美国伦理学家奥尔多·利奥波德(Aldo Leopold)提出，"迄今为止发展起来的各种伦理都不会超越这样一个前提：个人是一个由各个相互影响的部分所组成的共同体的成员。他的本能使得他为了在这个共同体内取得一席之地而去竞争，但是它的伦理观念也促使他去合作"[11]。他认为，伦理在本质上不过是对共同体成员间合作行为的一种赞赏和确证，有利于共同体和谐的行为就被看成合乎道德的，反之就被判定为违背道德的。人类共同体不断扩大，伦理道德的标准也会随之而改变。当时代的发展把构建人类命运共同体的问题摆在世人面前时，伦理学就必须为问题的解答提供自己的视角方案。在国际关系中践行正确的义利观，坚持互利共赢，自觉承担国际责任，反对一切形式的霸权主义、种族主义和极端民族主义，打击恐怖势力，高扬人道主义，维护世界和平等，这些理念和价值都应当进入伦理学的视野。而弘扬中国精神，凝聚中国力量也是时代发展赋予伦理学的使命，引领人们以国家富强、人民幸福为己任，胸怀理想、志存高远，投身中国特色社会主义伟大实践，并为之终生奋斗。

因此，借微时代的自由、开放、多元、个性化、碎片化、小话题、偶然性、境遇性等名义在伦理学的外观和内涵上打上"小时代""小清新""小格调""小包容"的印记，用来标示各种形式的利己主义或唯我主义，把伦理学改造成纯粹体现个性心理体验、自我发挥和为道德相对主义、虚无主义乃至非道德主义进行辩护的理论体系，这些做法与时代精神是格格不入的。同时，以现实主义和矫正道德教条主义为名，把道德选择标准完全底线化或矮化的认识也是非常错误的。人的道德境界是存在差异的，但是人是社会存在物，是在社会发展中来实现和确证自己的本质的，因而人的道德水平不会始终停留在一个水平。诚如人会在社会中不断成长一样，人的道德境界也会不断提升。现实中不存在固定的、以道德境界高低为标尺划分的人群。对于个人来说，虽然自己暂时还达不到崇高，但是不能怀疑崇高更不能阻碍他人追求崇高。对于社会来说，固然不能完全用一个道德标准来要求所有人,但是一定要让所有人有追求崇高的自由和实现崇高人生价值的目标和路径。这样才会使时代精神成为伦理学创新发展的源泉。

(三)回到伦理学的根本

微时代的伦理学发展不仅要贴近生活,充分吸纳时代精神,而且要始终固守伦理学的学理根基,此即为回到伦理学的根本之意。

前文已述,伦理学是最古老的学科,几千年的历史演化成就了各种流派和学说,特别是在微时代背景下,其谱系又快速扩张,以至于今天人们要给出关于伦理学的严格的学理阐述都显得非常困难。那么如何来确定其学理根基或本体呢?

要确定伦理学的学理根基我们必须回到伦理学的历史之中,在历史流变中来发现其得以传承与维护的普遍的和相对恒定的原理或规定。但是迄今为止,思想史上出现的伦理学流派和思想家不胜枚举,即便在关于伦理道德这些基本概念的诠释上也难以形成共识,其他问题上的分歧与争辩更是显而易见。"人类对道德现象研究了 2000 多年,伦理学也是人类最古老的科学之一,它所研究的对象几乎人人知晓,天天见面,但对'道德'的严格科学的逻辑定义,却从未确定下来,或者说始终没有一个统一的普遍认同的逻辑定义。"[12]

但是通过爬梳伦理学的发展历史,仍然可以从各种分歧中探寻到关于这个学科所坚持的根本的学理支撑。中国传统文化中的伦理既有世俗伦常之意,以明君臣夫妇长幼之别;也有形上本体之意,以昭示伦理可贯通天道。同时这两个层面相即不隔,通过个人的修为而融通。所以中国传统文化中的伦理之于个人,既是立德树人之规范,也是超越自我之目的。其内在要义就是关于人格的修为与成长。从学科意义上说,西方伦理学起步较早,流派思潮繁多,观点杂陈。无论"伦理"最初指的是"人性的住所""赋予人以人性化的生存的东西"或教导人们"美好生活如何可能",还是后来专注于探讨"我是谁,我想成为谁,我应当如何生活",这都说明了,伦理学始终是与人的意义追求和价值探寻联系在一起的。在这一主题上,中外伦理学并无反差。"伦理学必须在有关人类的认识中有其根据,它能使我们说,某些生活方式符合我们的本性,另一些则与之背离。在此意义上,伦理理论一般来说可以被视为有关人类自我实现的理论。"[13]

所以,我们所说的伦理学的学理基础就是对人价值实现的指导和对人生意义的探寻,即伦理学是为人而存在的,是为"大写"的人而存在的,是对人存在的形而上的了悟,是包含世界观和形上本体论的理论体系。因而伦理学的视野应当是广阔的、超拔的,不会轻易迷失在生活的繁杂与琐碎之中。

毫无疑问,在微时代,伦理学要发展就必须学习新知识,掌握新技术,欣赏五彩斑斓的生活色彩,但是它不能止步于此,而必须回到伦理学的根本,反思时代发展究竟对人的价值实现带来了何种可能性或创设了何种条件,造成了哪些困境以及如何走出这些困境。不能因追逐知识、技术、色彩而遗忘了伦理学的使命担当。我们并不反对微时代中生发的各种各样的部门化伦理学,但是我们反对它们仅仅把伦理学当成肤浅的标签和符号或经营生活的"技术""策略",而忽视了在新的极大扩展了的生活平台上对人生进行更加深刻的反思和指导。

"倘若封闭了曾经开辟的宇宙本体论通道,失去了对世界的惊异和寻求智慧的思路、言路、理路,哲学还能否回家?"[14]同样的道理,倘若堵塞了对人生价值和生命意义探寻的路径,失去了对不懈奋斗、乐观向上的人生敬畏的勇气和信念,微时代的伦理学是否还会有家?

参考文献:

[1] 徐迅."后现代"景观中的国家[M]//刘军宁,等.自由与社群.北京:三联书店,1998:271.

[2] 韩少功.当机器人成立作家协会[J].读书,2017,(6).

[3] 肖群忠.论常人道德——以还物取酬为个案分析[J].伦理学研究,2007,(4).

[4] 刘荣荣.我们需要常人的道德——道德转型问题分析[J].中共中央党校学报,2012,(2).

[5] 马克思,恩格斯.马克思恩格斯全集:第1卷[M].北京:人民出版社,1995:219 –220.

『微时代』的『微伦理学』批判

［6］ 马克思,恩格斯.德意志意识形态(节选本)[M].北京:人民出版社,2003:26.

［7］ 马克思.资本论:第1卷[M].北京:人民出版社,2004:8.

［8］ 马克思,恩格斯.马克思恩格斯选集:第2卷[M].北京:人民出版社,1995:18.

［9］ 列宁.列宁全集:第55卷[M].北京:人民出版社,1990:290.

［10］ 习近平.向首届世界互联网大会致贺词强调 共同构建和平、安全、开放、合作的网络空间 建立多边、民主、透明的国际互联网治理体系[N].人民日报,2014－11－20(01).

［11］ 〔美〕奥尔多·利奥波德.沙乡年鉴[M].侯文蕙,译.长春:吉林人民出版社,1997:194.

［12］ 宋希仁."道德"概念的历史回顾——读黑格尔《法哲学原理》随想[J].玉溪师范学院学报,2004,(4).

［13］ 〔美〕伍德.黑格尔的伦理思想[M].黄涛,译.北京:知识产权出版社,2016:27.

［14］ 万俊人.世界的"膨胀"与哲学的"萎缩"[J].读书,2015,(10).

（李培超,湖南师范大学道德文化研究中心教授、博士生导师,中国特色社会主义道德文化协同创新中心首席专家;本文发表于2018年第2期）

职业伦理的现代价值与当代中国的成功实践

肖群忠

摘 要 职业伦理一直是人类不同历史时期道德结构中的重要因素,具有悠久和优良的传统。较之传统社会,现代职业伦理具有如下特性:利益与道义相统一;契约与德性相协调;制度与教化相结合。现代职业伦理在当代中国得到了很好的实践与发展,当代中国四十多年来取得令世人瞩目的快速发展,是各行各业的中华儿女干出来的,凝结在他们身上良好的职业道德是推动当代中国发展的强大精神力量。当代职业伦理的成功实践经验主要是:利益和竞争机制的驱动,良好的制度设计与安排,长期有效的思想教化。

职业活动是人类生存的需要,职业伦理是伴随着社会分工和职业的形成而产生的,是人们在职业活动中表现出来的所有价值观念、规范体系与主体品质的统一,它既包含着不同职业群体所拥有的不同的价值观,如医务道德的救死扶伤、实行人道主义,教师道德的传道授业、教书育人等;也包含着职业同事关系以及不同职业关系之间相互交往应遵循的道德规范,以及从业者作为该职业人的某些个人品质,如企业家精神、军人作风、干部作风、师德风范等。但从总体上看,职业伦理的重点似乎是一种做事的行业道德,虽然这并不排斥在职业活动中的做人道德与交往道德。职业伦理不仅在历史上有重要的地位和优良的传统,而且在现代社会具有更加重要的地位与作用。我国改革开放四十多年的社会发展进步,离不开职业道德的推动;同时,经济社会的发展和进步也推动着中国人职业道德水平的提升和进步。

一、职业伦理的历史地位与优良传统

职业就是人因社会分工不同而形成的不同形式的正当谋生劳动、活动形式和人群集团。人类最初是根据性别、年龄等因素而形成的自然分工,体现了人类最初的男耕女织的自然分工状况。之后,人类历史上相继出现了三次社会大分工,即农业、牧业、商业、手工业的相对分离独立。伴随着社会分工,从事某一分工的人员相对稳定,便形成了职业,相应地为调节职业活动而制定的规范、价值理念等职业伦理逐渐形成。在我国上古文献中就有职业分工和职业伦理的记载,《尚书·夏书·胤征》载,“每岁孟春,遒人以木铎徇于路,官师相规,工执艺事以谏,其或不恭,邦有常刑”,意指工匠艺人们用包含在工艺技术中的道理进行规劝,这说明当时不仅出现了各种技艺性的职业分工,而且有了一定的职业规范要求。《周礼》将职官分为六类:天官主管宫廷、地官主管民政、春官主管宗族、夏官主管军事、秋官主管刑罚、冬官主管营造,这是官员的职业分工。最后一篇《周礼·冬官考工记》又把当时社会中存在的职业分工概括为“六职”,即“坐而论道,谓之王公;作而行之,谓之士大夫;审曲面势,以饬五材,以辨民器,谓之百工;通四方之珍异以资之,谓之商旅;饬力以长地财,谓之农夫;治丝麻以成之,谓之妇功”。尽管这种分工还是社会阶级、职业、性别混合在一起,但已经有了职业分工及其伦理的初步思考。

在儒家原创时期,孔子、孟子、荀子都有关于职业分工及职业道德规范的思考,尽管这种思考还是很初步和简单的。《孟子·离娄上》曰:“上无道揆也,下无法守也;朝不信道,工不信度;君子犯义,小人犯刑,国之所存者,幸也”,虽然这些论述更多的是在谈朝野官民、君子小人的政治道德,但也包含着政治伦理对“工”这种职业伦理的影响。《荀子·王制》则对“工”的规范进行了专门论述:“论百工,审时事,辨功苦,尚完利,便备用,使雕琢文采不敢专造于家,工师之事也",考察工匠的技艺、审查生产事宜、辨别产品质量、挑选坚固好用的器具是工师的职责。《荀子·王霸》篇则认为,"农分田而耕,贾分货而贩,百工分事而劝,士大夫分职而听,建国诸侯之君分土而守,三公总方而议,则天子共己而止矣"。荀子上述思想虽然仍有职业伦理与政治伦理的混同,但毕竟已经开始清晰地论述了农、商、工、士四民的基本伦理义务,是儒家职业伦理思想的重要端启。

从古至今,凡具有劳动能力的成年人,欲在社会生活中获得生存所需的生产、生活资料,都要从事一定的社会生产劳动或工作,正如蔡元培先生所说:"凡人不可以无职业,何则? 无职业者,不足以自存也。"他还认为,如果一个人无正当职业,"无材无艺,袭父祖之遗财,而安于怠废,以道德言之,谓之游民"[1](93),其实就是社会的寄生虫。因此,职业不仅是人的谋生活动,更是一种以某种特定事业活动而结成人群集团的方式,或者说职业是因为这类人要做一种特定的事而结成的人群关系,因此,也就形成了这类人的行规、特有品质、价值观念和作风,即形成了不同的职业伦理。

涂尔干在其《职业伦理与公民道德》一书中把道德规范分为政治规范与职业规范两类,这二者构成了每个历史时代的公共规范。他分析了西方历史上职业伦理的发展,认为"在历史中,这种职业群体被称为法团(corporation)"[2](41),"任何职业活动都必须得有自己的伦理。实际上,我们已经看到许多职业都能够满足这样的需要"[2](39)。涂尔干认为,古罗马时期的"法团"还不是纯粹的职业团体,还兼有一些宗教、家庭共同体的性质,只有到了中世纪,随着手工业、商业的逐步发达和城市生活的兴起,"法团"才具有更为典型的职业行会性质。"法团用牢固的纽带把具有同样职业的人们结合起来。……在每一行中,雇主与雇工的相互义务也都有明确的规定,雇主之间亦如此,……其他规定则旨在保证职业诚实。"[2](48-49)"法团或法团制度(regime corporatif)的重要性似乎并非因为经济原因而是源于道德的理由。唯有借助法团体系,经济生活的道德标准才能形成。"[2](56)随着手工业和商业的发达,第三等级即平民阶层或资产阶级得以发展起来,"实际上,在相当长的一段时期里,资产阶级和商人是完全一样的,……资产阶级就是城镇居民"[2](60)。"商人(mercatores)和居民(forenses)这两个词与公民(cives)是同义的:都同样适用于公民权(jus civilis)和居民权(jus fori)。"[2](61)可见,西方历史上的职业伦理与公民伦理具有产生根源上的内在联系。到了现代社会,大工业消解了这种法团组织,因为经济活动范围越来越大,不再是一种地方性、城市性的活动,但在现代社会,仍然需要职业伦理,只是现代职业伦理需要国家力量的更多介入,"所有分崩离析的情形,所有政治无政府状态的趋势都会伴随着不道德的状况而产生"[2](104);"国家首先是一个道德纪律的机构"[2](102),"国家的基本义务就是:必须促使个人以一种道德的方式生活"[2](100);"公民道德所规定的主要义务,显然就是公民对国家应该履行的义务,反过来说,还有国家对个体负有的义务"[2](75)。通过国家道德或者公民道德对职业行为的调节,最终形成"产品和服务之间稳定和谐的交换,以及所有善良的人的相互合作,才能实现人们没有任何冲突而共享的理想"[2](101)。涂尔干在此书中分析了西方社会职业伦理的发展历史和现代职业伦理的国家干预,充分说明职业伦理和国家伦理(或称之政治伦理和公民伦理)始终是社会伦理结构的两个重要因素。

职业分工逐步明晰以后,相应的职业道德或者职业伦理就产生了。尽管传统社会的职业伦理远没有现代社会那么重要,中国传统道德或者儒家道德往往是以修身、齐家、治国、平天下几个方面加以分类的,修身伦理是基础,"自天子以至于庶人壹是皆以修身为本"(《大学》)。职业伦理虽然也有其传统,特别是一些比较稳定的自由职业伦理,如医德、师德、武德等历史悠久,但在主流伦理结构中似乎不占统治地位,有的职业被消解在阶级伦理中,比如士人道德大多被看作一种政治伦理而非职业道德;而涉及商业、手工业等行业的伦理规范大多是以民间行会、行规形式得以传承发展,它们显然在主流社会道德结构中不占主体地位。尽管如此,职业伦理在传统道德结构中还是长期存在、发展的,甚至梁漱溟先生还曾提出一种不为过去主流观点认同的意见,他认为,中国传统社会不是阶级对立的社会,而是职业分途的社会,"假如西洋可以称为阶级对立的社会,那么,中国便是职业分途的社会"[3](163)。"士、农、工、商之四民,原为组成此广大社会之不同职业。彼此相需、彼此配合。隔则为阶级之对立;而通则职业配合相需之征也。"[3](179)

恩格斯说:"每一个阶级,甚至每一个行业,都各有各的道德。"[4](240)这句话清楚地表明了在阶级社会,虽然各阶级都有其道德,阶级道德在阶级社会中居于核心地位,但同时也存在着职业道德,即"每一个行业,都各有各的道德"。这是因为,无论如何,人类要想生存和发展,就不能离开做事,离开了做事就不能生产出物质和精神产品,也不能产生在生产中因占有生产资料的不同从而对产品和利益进行占有分配的阶级关系,没有阶级的存在,自然阶级道德也就不复存在了。因此,在阶级社会,职业道德与阶级道德是相互联系,不可分割的。也可以说,阶级社会的道德结构主要是由这两种要素组成的。

正因为职业伦理在传统社会中长期存在,它自身也就形成了一些优良传统,其中以亘古延续的"执事以敬"为代表。孔子曰:"居处恭,执事敬,与人忠"(《论语·子路》),"敬",作为一种临事执业的态度、精神、行为规范,是在中国伦理史上出现较早的德目之一,具体包含如下几层含义。

第一,执事主一专一。宋儒陈淳在其著作《北溪字义·敬》中说:"程子谓'主一之谓敬,无适之谓一'。"文公合而言之,曰:"主一无适之谓敬;尤分晓。……所谓敬者无他,只是此心常存在这里,不走作,不散漫,常惺惺地惺惺,便是敬。主一只是心作主这个事,更不把别个事来参插。若作一件事,又插第二件事,又插第三件事,便不是主一,便是不敬。"可见,所谓"敬",首先是指对某种职业和事业要全心全意去做,不可三心二意、见异思迁。"敬"可以说是人们从业精神的总动员,而且要全神贯注、聚精会神。

第二,对待事情严肃认真。在西周金文中,王或者诸侯在册封官职之后,经常告诫被封者"敬夙夜勿废朕命",显然是要求被授职的人要严肃认真地对待君主的任命。孔子曰:"道千乘之国,敬事而信,节用而爱人,使民以时。"(《论语·学而》)在这里"敬事"是指严肃认真地对待政事。现代大儒冯友兰也说："有真至精神是诚，常提起精神是敬，粗浅一点说，敬即是上海话所谓'当心'。《论语》说：'执事敬。'我们做一件事，'当心'去做，把那一件事'当成一件事'做，认真做，即是'执事敬'。"[5](128)

第三，勤勉努力。《周礼》郑注："敬，不懈于位也"，说的就是努力。《说文》曰："惰，不敬也，慢，隋也。怠，慢也，懈，怠也。"这些字的说解从反面说明了敬有勤勉、努力的含义。"敬者何？不怠慢、不放荡之谓也。"（《朱子语类》）

第四，畏惧谨慎。《诗·大雅·报》中有曰："敬天之怒，无敢戏豫。敬天之渝，无敢驰驱。""戏豫"是游乐安逸的意思，只看这其中的"无敢"，便可知"敬天"之"敬"含有畏惧的意思。只有敬畏天地万民，才会办事谨慎。《左传·襄公二十九年》引逸《书》曰："慎始而敬终。"可见，敬和慎义极相近。

在西方，受新教的影响，甚至产生了"职业是天职"的观念。在新教教义中，"职业"一词是"呼唤""呼叫"的意思，即人的职业是上帝在天上对人类的呼唤和命令，是每个个体天赋的职责和义务，也是感恩神的恩召的举动。天职是一种使命，人必须各司其职、恪尽职守、兢兢业业、辛勤劳作，才能获得上帝的青睐。人应该将世俗的工作视作自己的神圣天职，视作自己的信仰。马克斯·韦伯在《新教伦理与资本主义精神》一书中认为，这种视工作为天职的观念作为一种精神道德力量极大地促进了资本主义的发展，"这种全身心投入的做法，过去是，现在也一直是我们的资本主义文化的一个特有的组成部分"[6](51)。这种基于新教伦理基础上的职业天职观，极大地促进了西方人的职业伦理进步，使西方从业人员对工作保有神圣感、使命感、责任感，以积极的心态对待工作，不是仅把工作看作一种谋生的手段，而且是为工作本身所具有的崇高意义而工作。在本职工作中内不自欺、外不欺人，踏踏实实地完成任务，才能获得上帝的认可。在现实生活中，做好本职工作是实现自我价值的舞台，更是提升自我，实现进步的阶梯。[7](14-15)

中西方由于各自的文化传统不同，在敬业精神方面既有共性，也表现出不同的历史和文化特点。"中西方敬业精神在强调勤勉努力、严肃认真方面,有一致性。但由于社会状况、文化背景不同,强调主一专心、谨慎稳妥则是中国传统敬业精神独有的,与西方之开拓进取、倡导冒险精神等是大异其趣的。而西方敬业精神中把赚钱、成功看作人生目的和人的天职,特别重视职业责任等因素,则是在西方市场经济发展、等价交换规律、权利义务相统一等的社会、文化基础上形成的,是独具特色的,也是中国传统敬业精神中所没有的。""敬业精神,作为一种对待职业劳动与事业追求的执事道德,不像人际道德那样,具有鲜明的时代性、阶级性特征,而有更强的历史延续性和继承性。"[8]我们在研究现代职业伦理时也要继承人类历史上一切有益的文明成果。

二、职业伦理的现代地位与特性

职业伦理在人类历史上一直存在并发挥着作用,但相较于传统社会,职业伦理在现代社会中具有了更重要的地位和作用,同时,也表现出一些不同于传统职业伦理的现代特征。

正如前述,在传统中国社会,人们是以修身的个体私德作为基础,而以家庭(家族)伦理和政治(君臣)伦理为核心,以天下治平伦理为目标的。职业伦理虽然长期存在,但并不居于核心地位。现代社会的生产活动打破了以家庭为单位的小农经济的生产模式,大工业生产必然带来更为精细的社会分工,这导致了现代的职业分化越来越细。虽然家庭仍然是人们的私人生活场所,但其生产甚至生活功能、教育功能、交往功能在很大程度上被分离出来,人们的生产与交往活动主要是在职业场所和公共领域中进行的。因此,在现代社会,社会的经济活动、个体的谋生职业活动和交往显得比传统社会更加频繁和重要,人们的社会交往关系主要是凭借业缘关系建立起来的。根据社会学的研究,现代社会较之传统社会,血缘关系和地缘关系逐步淡化,中国民众的生活方式已经由过去的四世同堂、聚族而居演变为核心家庭模式,即一对父母和儿女两代人生活在一起的模式。业缘关系的强化致使职业交往的频度和广度都增强了,随之地缘关系的范围也越来越大了,整个社会逐步由熟人社会变成陌生人社会,人们的交往关系主要是依靠业缘关系维系的,这种发展变化凸显了职业伦理在现代社会中的重要地位。

从个体的角度看,现代人的社会身份、利益获取、社会交往、自我实现主要是通过职业活动实现的。新中国成立以后,人民已经成为国家和社会的主人,人与人之间政治地位平等,相区别的只是职业身份,人们在社会中因职业不同而获得的身份认同不同,当然,这里并不排除公民在私人生活中因血缘关系而形成的家庭身份。现代社会强调公共领域与私人领域的区分,公民的社会公共身份主要是一种职业身份,从事不同职业劳动的公民,以自己特定的劳动提供相互服务,以尽自己的社会责任,从而获得收入和经济利益,以维持自己和家庭的生存和发展,同时也获得了社会生活的意义感,使自我得到了实现并获得了社会交往和社会荣誉的机会。

相较于传统职业伦理,现代职业伦理具有下述三个特征。

第一,从现代职业伦理的动力根源看,是利益与道义相统一。人们总是以某种特定的劳动方式和职业形式取得生活资源、获得收益,因此,职业劳动首先是一种谋生手段,如果某人不遵守一定的职业伦理,其直接的后果或者危机就是会"丢了饭碗",这是人们遵守职业伦理的自然的、基本的需要和动力,这也完全符合马克思"需要即他们的本性"的人性理论。人首先是一个肉体的自然存在,故必然有其基于生存和享受的物质利益,这种利益的满足必须通过一定的职业劳动来获得;而人不仅是一个自然存在物,更重要的,人还是一个社会存在物,因此,劳动就具有两重性质,即谋生和奉献社会,前者必须按照按劳分配的利益原则来实现,而后者则是职业劳动更加崇高的社会意义。马克思曾经说过:"在选择职业时,我们应该遵循的主要指针是人类的幸福和我们自身的完美。……相反,人的本性是这样的:人只有为同时代人的完美、为他们的幸福而工作,自己才能达到完美。如果一个人只为自己劳动,他也许能够成为著名的学者、伟大的哲人、卓越的诗人,然而他永远不能成为完美的、真正伟大的人物。""历史把那些为共同目标工作因而自己变得高尚的人称为最伟大的人物;经验赞美那些为大多数人带来幸福的人是最幸福的人;……如果我们选择了最能为人类而工作的职业,那么,重担就不能把我们压倒,因为这是为大家作出的牺牲;那时我们所享受的就不是可怜的、有限的、自私的乐趣,我们的幸福将属于千百万人。"[9](459)这段话明确地指出了职业的崇高社会价值和自我实现意义,因此,人们在选择和从事职业活动时,一定要把二者结合起来,可以选择那些高收入、高回报的职业,同时也应是我们自己所喜欢的并且具有崇高社会价值的职业。这样,我们才可以使自己过上既富足又高尚的生活。如果仅以收入的多少和待遇的好坏为标准选择职业就会带来人性的某些异化,使人陷入一种物役主义的状态,从而失去精神的快乐和幸福的体验。如果仅仅将职业当作一种谋生手段,那么,职业劳动和职业伦理对其就是一种外在的束缚;如果能将利益的追求与道义的追求结合起来,职业就变成崇高的事业,人就会迸发出无穷的创造力和持久的工作热情。

第二,从现代职业伦理的维护手段看,是契约与德性相协调。职业伦理不是被外部权威附加的道德教化,而是从业者们自发地创造和自觉地履行的一种行为规范。这是因为,选择职业的行为是建立在一种自愿的契约关系之上的。职业契约关系既为自愿,遵守该行业的行为规范也应是自愿的。某个行业的从业者遵守该行业的职业伦理既是德性,也是义务。正如涂尔干所说:"最为重要的事情,就是经济生活必须得到规定,必须提出它自己的道德标准,只有这样,扰乱经济生活的冲突才能得到遏制,个体才不至于生活在道德真空之中。……有必要确立职业伦理,……规范必须告诉每个工人他有什么样的权利和义务,它必须细致入微,面面俱到,而不能采用笼统的说法,它必须考虑到每天所发生的最普通的事情。"[2](37)这段话不仅强调了职业伦理的契约性的必要性,而且还要求这种规范细化,才会具有更好的可行性。职业伦理具有契约性、规范性,甚至技术性,但如果仅仅是这样,职业伦理就变成了职业集团内部的律法,它的作用只能是外在性的他律。真正的职业伦理还必须变成从业者真正的职业德性、品质和作风,才能真正内在地发挥作用,这不仅需要职业团体对其成员进行职业伦理教育,也需要职业人员对其职业伦理规范、价值观有内在的认同、服膺和践行,从而使其成为自己内在的德性。某些学者在介绍涂尔干关于职业伦理的相关思想时,比较强调职业伦理规范的技术性、价值中立性,甚至非道德化,这是值得商榷的。职业伦理不仅仅是一种基于契约的行业技术规范,更应该具有其价值性、道德性,舍此就不能称为伦理或者道德规范。当然,该文最后的结论仍然是正确的:"要化解职业道德带来的道德困境,我们首先应该通过德性伦理来恢复职业道德的道德属性,让'职业道德对人们的道德品质'发挥重要影响。"[10]因此,现代职业伦理应该是契约与德性的统一。

第三,从现代职业伦理的培育方式看,是制度与教化相配合。契约与规范必然在各种职业团体中以制度的形式得到体现和保障。因此,现代职业伦理在各种职业团体中往往以制度、守则、公约、誓言、条例等形式表现出来,如各个单位均有不同的岗位责任制和各种制度、公约,这样便于不同的职业与行业人员明确和践行职业伦理规范。这种显性的职业伦理规范具有行业规范的具体性和可操作性,并且可以用组织制度的机制力量确保这些规范得以贯彻实施。因此,现代职业伦理建设与培育,首先要求各个职业团体和单位要建立健全本职业团体、本单位的各种制度,其中包含着丰富的伦理规范内容,这是其道德成熟性的表现,也是建设现代职业伦理所必需的,是职业团体的伦理责任。如前所述,现代职业伦理不仅是契约性的约束性规范,它还是人的自觉德性追求与培育,而职业人良好的伦理德性的养成不仅需要个体的修养与实践,更需要社会与团体的思想教化。只有把二者很好地结合起来,既有明确的职业伦理规范与制度,又有对员工及时有效的职业伦理教化,从而促成员工职业德性的形成,才能真正培育建设好本职业团体的职业伦理与道德。

三、职业伦理是推动当代中国发展的强大精神力量

现代职业伦理在新中国得到了很好的实践与发展,尤其是改革开放之

后,中国取得了令世人瞩目的经济社会发展成就,这是各行各业的中华儿女干出来的,凝结在他们身上良好的职业伦理是推动当代中国发展的强大精神力量。

新中国成立以后,我们进入建设时期。要建设发展,自然需要各行各业职业伦理的支撑。我们在道德结构认知上,经过长期探索,逐步形成了以国家道德和主流道德为主导的新的道德结构体系,即以为人民服务为核心,以集体主义为原则,以"五爱"(爱祖国、爱人民、爱劳动、爱科学、爱社会主义)为公民基本道德规范,主要体现在三大社会生活领域的道德,即家庭道德、职业道德、社会公德。其中,职业道德居于重要地位,这并不是否定其他两个方面的重要性,而是突出强调职业道德是集中体现公民的社会贡献和实质价值的领域。因此,新中国出现了很多职业伦理的典型,比如工人职业的"以工人王进喜为代表的铁人精神"、农民的"大寨精神"、军人的"雷锋精神""王杰精神"、科技军事的"两弹一星精神"、干部的"焦裕禄精神"等,要取得非凡的成就,离不开职业伦理精神的支撑。当然,这其中可能也是基于职业人的革命热情和政治热情,但从行为和效果的角度看,显然也可以视作一种职业精神和职业伦理。

1978 年后,我国进入了改革开放的新的历史时期,经济模式主要是从计划经济转型为市场经济。伴随着社会主义市场经济的建立和完善,人们由"单位人"转变为"社会人",每个人自由发展的空间日益扩大,体现一个人最重要的社会价值的活动是其职业生活。经济活动与交往的复杂化需要更为具体的职业伦理加以规范,因为大多数职业活动与经济活动都有联系,职业伦理对于个人安身立命和社会发展的重要性显著增强了。正因为如此,相较于前一个发展阶段,社会和民众会更加重视职业伦理。在这一时期,中国的职业伦理建设也有了显著的进步。

对比这两个阶段我们能明显地感到:由于过去在计划经济时期实行"大锅饭"制度,"责、权、利的结合还不甚紧密,干好干坏一个样,责任由集体承担,加之管理体制、组织机构上的论资排辈、缺乏活力和竞争机制,这些都压抑了人们的社会积极性与敬业精神,甚至在部分人中还形成了与敬业精神相反的一种德行——混事（世）伦理态度。得过且过，做一天和尚撞一天钟，甚至做和尚也不撞钟，对职业劳动缺乏创业的热情，更谈不上顽强拼搏、开拓进取、优质服务、精益求精。缺乏严肃认真、恪尽职守的职业责任感。以至人们在打招呼时，相互问候不是说近来'干'得怎么样，而是问近来'混'得怎么样?"[11](191-192)改革开放初期，我们在工厂实行责任制、股份制，在农村实行包产到户责任制等改革，并把这种旨在实现权利义务平等的改革精神和物质利益原则向各行各业推广，极大地调动了各个行业从业者的积极性，使职业伦理的提升具有了动力机制，涌现出很多具有高度职业伦理精神的群体和个人先进典型，比如，"北斗"科技青年创业群体、抗击新冠肺炎疫情中的白衣天使群体，甚至近年来形成的快递外卖小哥群体，他们均遵守着不同形式的职业精神和职业伦理，为国家的强盛、民族的复兴、人民的生命健康和日常生活奉献着自己的智慧、汗水和辛劳。从个人模范典型方面看，有为"辽宁舰"歼15舰载机做出突出贡献的罗阳，有两次援藏而献出生命的党的好干部孔繁森，有以袁隆平、屠呦呦等为代表的科学家，抗击新冠肺炎疫情也使我们了解了钟南山、张伯礼等医者的大爱职业精神。这些群体和个人身上无不体现出当代中国职业伦理提升的现状。它们集中体现为一种劳模精神、劳动精神和工匠精神。

总结我们当代职业伦理得到提升的经验，主要是：利益和竞争机制的驱动，良好的制度设计与安排，长期有效的思想教化。这些都值得我们认真加以总结并在今后的职业道德建设活动中继续坚持，发扬光大。

第一，用利益和竞争机制作为激发提升人民群众职业精神的动力。马克思说："人们为了能够'创造历史'，必须能够生活。但是为了生活，首先就需要吃喝住穿以及其他一些东西，因此第一个历史活动就是生产满足这些需要的资料，即生产物质生活本身。"[12](79)这是历史唯物主义的一个基本原理。在社会主义初级阶段，劳动还是谋生的手段，人们要通过各种形式的劳动，即从事职业活动换取生活资料，甚至是某些生产资料。职业伦理作为人的一种职业精神，确实离不开思想教化与培育，但也离不开一定的利益机制作为激励机制，因为每个人都是要以某种职业开展其谋生活动,以维持其生计的,他如果想获得该职业的权益与利益,就必须遵守该职业的伦理规范,具有某种敬业精神。因此,这必然成为职业伦理的内在利益驱动力。为什么有些人愿意投入全部的热情与精力去从事职业劳动,因为那关涉他们的收入、地位、成就感、事业心、荣誉感等各种物质的、精神的利益,这成为他们职业活动的根本动力。国家用合理的利益机制如按劳分配、多劳多得,鼓励竞争、奖勤罚懒等激励机制调动人们的积极性,四十多年改革开放取得的巨大成就,就是这样依靠各行各业的中华儿女通过敬业创新、甘于奉献的职业伦理支撑取得的。

第二,用良好的制度设计与安排作为人民群众职业伦理的可靠保证。人民群众对美好生活的向往,需要的满足、利益的追求成为职业伦理提升的动力机制。但除此之外,还要用良好的制度设计与安排将职业伦理加以落实,并保障其持久健康运行。这些制度是一个体系,包含着很多相互联系的制度设计,比如契约制度体现了权利和义务相统一的根本原则,岗位责任制明确规定了从业人员的职业义务和责任及其行为规范甚至技术规范;又比如企业普遍实行的股份制改革,把投资者、经营者、劳动者很好地连接为一个整体,利益共享、风险共担极大地保证了从业者对企业的忠诚与敬业;再比如,诚信监督制度很好地保证了服务过程中的职业伦理规范的实施。以电商的发展为例,我们在网上下单购物,稍后就会有物流、安装、回访、投诉和评价等多个环节跟进和衔接,电商、快递投送业务之所以能够顺畅运行,皆源于有供货商、电商中介、送货几方的很好的制度安排与制约,这些都很好地保证了职业伦理和操守的健康实践。制度有激励性的,有保障性的,也有约束惩戒性的,如中共中央近年来制定的若干党内惩戒制度就很好地发挥了防止干部贪腐的效果,推动了政治伦理的发展和完善;教育部门也制定了相应的教师师德一票否决的相关制度,对维护师德起了积极的作用。对于职业伦理建设来说,制度的保障作用不可缺少。

第三,将长期有效的思想教化作为提升人民群众职业伦理自觉性的手段途径。职业道德比社会道德更具体,因此,它不同于一般的社会道德主要依靠宣传教化,它具有深厚的利益基础,也需要根本制度和行业制度的保障。即便如此，我们在职业伦理建设上的进步仍然离不开长期有效的思想教化，这是因为道德是人的道德，人是有主观能动性的，如果不具备自觉性、主动性，这种道德有可能仅仅是利益追求的自然行为，制度约束的规约，而不具更高的道德价值。因此，职业道德建设最终还是要按照道德建设的规律进行，坚持对民众进行长期有效的思想教化，使他们具有职业伦理的自觉意识和主动精神，而真正化约成他们的职业伦理精神、德性和良好作风，甚至形成不计定额、不计报酬、乐于奉献的共产主义劳动态度和崇高境界。实际上，很多劳模和敬业奉献的先进典型和模范人物就是这样做的，值得全社会见贤思齐，向他们学习。

国家、社会、单位长期以来都非常重视职业道德建设和宣传教育工作，将职业道德作为主流社会道德体系中的重要组成部分。中共中央、国务院2001年发布的《公民道德建设实施纲要》，把职业道德与家庭道德、社会道德作为社会三大生活领域的道德，道德教育的主体在过去的家庭、学校、社会三者的基础上，增添了单位这一道德教育的主体。2019年又颁布实施了《新时代公民道德建设实施纲要》，强调全面推进社会公德、职业道德、家庭美德、个人道德建设，持续强化教育引导、实践养成、制度保障在道德养成中的作用。我们长期坚持评选的全国道德模范分为助人为乐、见义勇为、诚实守信、敬业奉献、孝老爱亲五类，其中"敬业奉献"就是针对职业伦理而言的，"诚实守信"也是职业伦理的重要内容。党和国家领导人公开提倡和奖励"三牛"精神、工匠精神、劳模精神，甚至新发布的"第一批中国共产党人精神谱系"中的很多精神其实从一定的角度看都是职业伦理，这些都体现了党和国家对职业伦理宣传教化工作的重视。通过这些活动的开展，为全社会树立了职业伦理的价值引领和道德楷模。全社会各个职业团体尤其是企业，普遍进行了企业文化与伦理建设，创造形成自己团体的职业价值观、职业精神与伦理规范并加以宣传、推广、培训，使之成为员工的职业伦理行为和作风，我们大力宣传职业伦理中的敬业精神，使民众普遍形成了较强的职业伦理意识和敬业精神，职业伦理水平得到极大的提升和进步。

职业伦理是人类道德结构中的一个永远不可缺少的重要因素,在现代社会中显得尤为重要,和平与发展的年代需要人们用良好的职业伦理推动事业的发展,中华民族伟大复兴需要各行各业的中华儿女用敬业精神和工匠精神拼命奋斗才能实现,因此,今后我们应该更加自觉地在社会道德建设中重视并加强职业伦理建设。

参考文献:

[1] 蔡元培.国民修养两种[M].上海:上海文艺出版社,1999.

[2] 〔法〕涂尔干.涂尔干文集:第2卷[M].梁敬东,等,译.北京:商务印书馆,2020.

[3] 梁漱溟.中国文化要义[M].上海:上海人民出版社,2003.

[4] 马克思,恩格斯.马克思恩格斯选集:第四卷[M].北京:人民出版社,1995.

[5] 冯友兰.新世训:生活方法新论[M].北京:生活·读书·新知三联书店,2007.

[6] 〔德〕马克斯·韦伯.新教伦理与资本主义精神[M].林南,译.南京:译林出版社,2020.

[7] 肖群忠,郭清香,主编.天职与敬业:首都职工职业道德规范[M].北京:高等教育出版社,2010.

[8] 肖群忠.敬业精神与市场经济[J].甘肃社会科学,1995,(6).

[9] 马克思,恩格斯.马克思恩格斯全集:第一卷[M].北京:人民出版社,1995.

[10] 李育书.职业道德:兴起、困境及其化解之道[J].伦理学研究,2018,(3).

[11] 肖群忠.道德与人性[M].郑州:河南人民出版社,2003.

[12] 马克思,恩格斯.马克思恩格斯选集:第一卷[M].北京:人民出版社,1995.

(肖群忠,中国人民大学哲学院教授、博士生导师;本文发表于2022年第2期)

职业伦理的现代价值与当代中国的成功实践